詳細! PHP 8 +MySQL 入門ノート

大重美幸 著

詳しいコード注釈と図解。PHP 8 の新機能もすばやくキャッチ

本書は、プログラマとしての道を PHP でスタートしようという人、他のプログラム言語の経験はあるが PHP はきちんと学んだことがないという人を対象にしています。PHP 8 の基本と新機能を手軽に確認したい人にも勧められる 1 冊です。

Part 1　PHP をはじめよう

PHP を学習するには PHP を試せる環境が必要です。Windows と macOS に対応した無料の XAMPP、MAMP をインストールして、PHP 8 と MySQL データベースが動作するサーバ環境を作りましょう。

Part 2　PHP のシンタックス

変数とは？制御構造とは？からスタートし、関数、文字列や配列の操作、正規表現、さらに無名関数、オブジェクト指向プログラミングにも踏み込みます。初心者には続ける努力が求められますが、注釈とマーキングを助けに豊富なサンプルコードを繰り返し読み込めば必ず結果が付いてきます。PHP 8 の新機能はバッジが目印です。

Part 3　Web ページを作る

フォーム入力、セッション、クッキーというもっとも重要な技術を取り上げます。ファイルの読み書きを題材に例外処理と呼ばれるエラー処理も学習します。コラム「セキュリティ対策」で PHP プログラマに欠かせないセキュリティについての意識も高めていきましょう。

Part 4　PHP と MySQL

MySQL データベースを使うには SQL 文という課題が待ち受けています。最初に phpMyAdmin を使って MySQL データベースの構造を学習し、続いて PHP で SQL 文を実行してデータの取り出しと書き込みを行います。プリペアドステートメントやトランザクション処理などを使う総合的なスキル獲得のはじまりです。まさに PHP プログラマとしての実感がわく瞬間と言えるでしょう。

●新しい Web を作る人になる

簡単な日記や掲示板だった Web が、世界経済や政治、ニュース、医療、流通、教育、娯楽、アート、地球環境に至るまで、人々の日常に深く浸透しています。過去と未来、約束と行動、優しさと悲しみ、興奮と静寂、Web はこれからも人の想いを試すかのように進化します。Web 作りは無限を操る終わらない仕事です。新しい Web を作る人を世の中は常に待っています。

2021 年 6 月 6 日

長い混乱を忘れさせる梅雨入り前の静かな朝／大重美幸

CONTENTS

Part 3 Web ページを作る

Chapter 8 フォーム処理の基本

Chapter 9 いろいろなフォームを使う

Chapter 10 セッションとクッキー

Chapter 11 ファイルの読み込みと書き出し

Part 4 PHP と MySQL

Chapter 12 phpMyAdmin を使う

Chapter 13 MySQL を操作する

セキュリティ対策：コラム

本書の構成

本書は、全体を 4 つの Part に分け、そのなかで各 Section ごとに解説を行っています。

各 Section では、しくみや書式、記述方法を実際のソースを例に丁寧に解説を試みています。

ソースには、ソースサンプルのファイル名を記し、下記のダウンロードサイトからダウンロードした PHP のサンプルファイルを開いて、実際にブラウザで表示し確認しながら学習することができます。

ソース内には、引き出し線で、ソースのそれぞれの意味や注意点を補足しています。

「NOTE」欄では、補足的な内容や TIPS を記述しています。

PHP8 で新たに追加・改変された新機能の部分については、php8 アイコンで示しています。

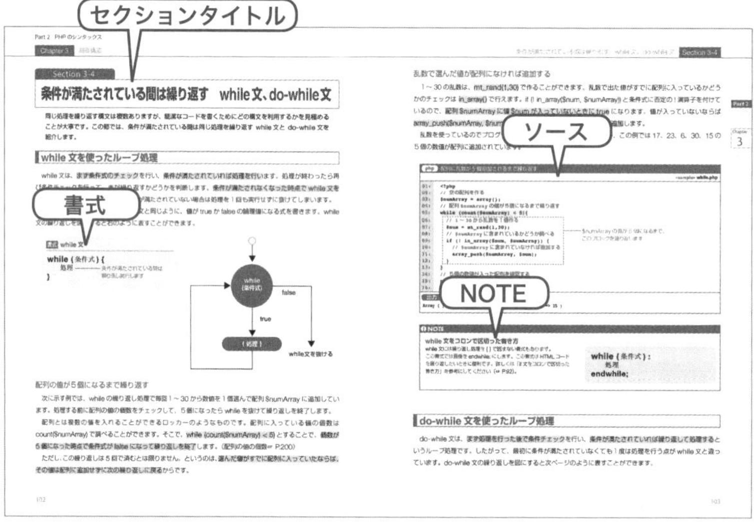

サンプルプログラムのダウンロードについて

本書で使用したサンプルは、下記のソーテック社 Web サイトのサポートページからダウンロードして使用することができます。サンプルプログラムダウンロードのほか、本書の補足説明、誤植などの訂正などを掲載しています。

「詳細！**PHP 8 + MySQL** 入門ノート　XAMPP ／ MAMP 対応」

サンプルプログラムダウンロード・サポートページ

http://www.sotechsha.co.jp/sp/1287/

Chapter 1

PHP の準備

PHP はサーバで実行されるサーバサイドスクリプトです。そのことを理解したうえで、PHP を実行するためのサーバ環境をパソコンに作りましょう。本書では、XAMPP または MAMP を使って PHP と MySQL のサーバ環境を作る方法を Windows 版と macOS 版とに分けて説明します。これらは PHP を学習する上では違いがありませんが、ダウンロードの際には、PHP の最新バージョンの対応などを比較して利用する環境を選んでください。

Section 1-1

PHP はサーバサイドスクリプト

Web ページのプログラミング言語には JavaScript や PHP があります。JavaScript はクライアントサイドスクリプト、PHP はサーバサイドスクリプトです。この両者の違いはどこにあるのでしょうか？

Web ページをブラウザで表示する

Webページの URL を Web ブラウザに入力すると、Web サーバから HTML ファイルや画像などがダウンロードされて Web ブラウザはそれを表示します。HTML コードで作られた Web ページは、テキストや写真などのレイアウトが固定したページになります。

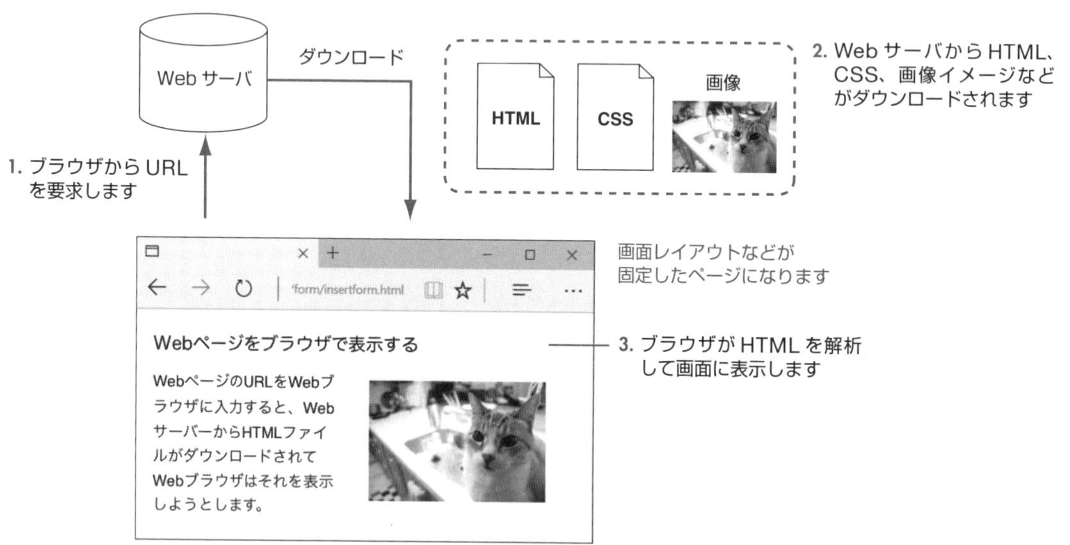

JavaScript や PHP で動的な Web ページを作る

ログインしている人によって表示する内容が違ったり、ショッピングカートのようにユーザの操作に応じて画面が変化したりする動的な Web ページを作るには、Web ページにプログラミングが組み込まれていなければなりません。そこで登場するのが、JavaScript や PHP といったプログラミング言語です。

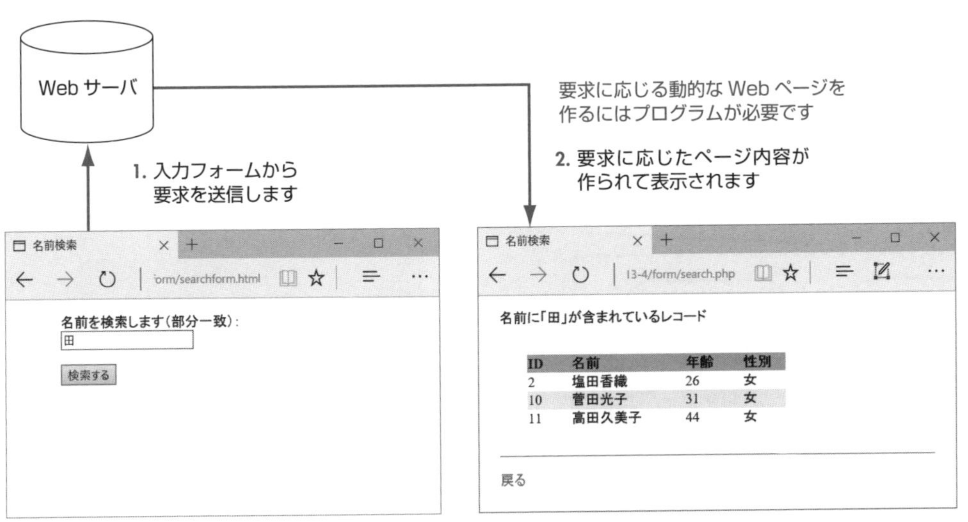

クライアントサイドスクリプトとサーバサイドスクリプト

JavaScript と PHP の両者には、クライアントサイドスクリプトなのかサーバサイドスクリプトなのかという大きな違いがあります。

クライアントサイドスクリプトの JavaScript

JavaScript はクライアントサイドスクリプトです。JavaScript は HTML ファイルに組み込まれるか、画像などと同じように Web サーバからダウンロードされます。ダウンロードされた JavaScript のプログラムは Web ブラウザで実行され、画面を変化させたり、計算結果を表示したりします。

ここで「JavaScript のプログラムは Web ブラウザで実行される」という部分が重要です。プログラムはクライアントサイド、つまり、ユーザ側の端末で実行されます。これがクライアントサイドスクリプトと呼ばれる理由です。

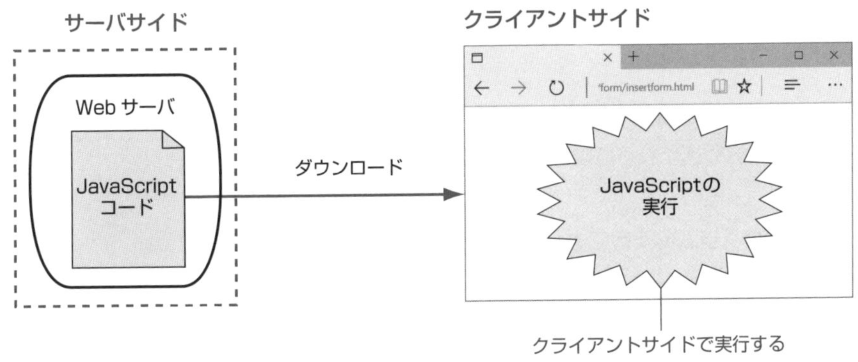

サーバサイドスクリプトの PHP

一方、PHP はサーバサイドスクリプトです。PHP のプログラムはダウンロードされる前に Web サーバで実行されます。Web ブラウザにダウンロードされるのはプログラムの実行結果としての HTML コードです。ダウンロードされた HTML コードを見ても PHP のプログラムコードは書いてありません。

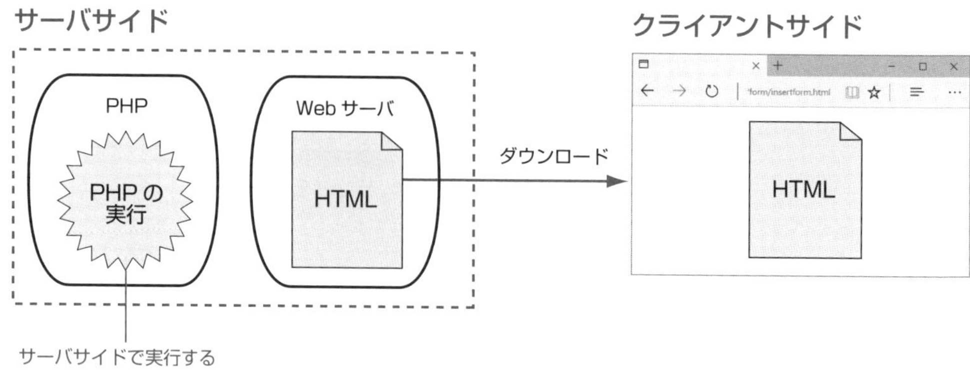

クライアントサイドスクリプトとサーバサイドスクリプトの長所と短所

クライアントサイドスクリプトとサーバサイドスクリプトには、それぞれ次に示すような一長一短があります。

クライアントサイドスクリプトの長所と短所

JavaScript などのクライアントサイドスクリプトの長所は、ブラウザ側での操作やウインドウの変化に即座に応じることができる点です。これを活かしてマウスの動きを利用したインタラクティブなアニメーションを演出することもできます。

○ 長所

- ブラウザ側での操作に即座に対応できる。
- ウインドウの変化やマウスの座標などを利用できる。

クライアントサイドスクリプトの短所には次のような点があります。Web ブラウザの種類やバージョンの違いによってプログラム言語に対応してなかったり、ユーザの設定によってはプログラムの実行が許可されていなかったりします。

また、プログラムコードを簡単に読まれてしまうことも短所の 1 つです。悪意のある開発者によって、端末側で実行される不正プログラムが埋め込まれる危険性もあります。

× 短所

- Web ブラウザによってはプログラムを実行できないことがある。
- 利用しないコードやデータをダウンロードする無駄がある。
- プログラムコードを読まれてしまう。
- 端末側で不正プログラムを実行できる。

サーバサイドスクリプトの長所と短所

PHP などのサーバサイドスクリプトの長所は、クライアント、つまり Web ブラウザの違いにプログラムの処理が影響されない点です。サーバサイドスクリプトのプログラムコードはダウンロードされないので、プログラムコードを盗み見されません。また、端末側では不正プログラムを実行できません。

〇 長所

- プログラムの実行が Web ブラウザの違いに影響されない。
- プログラムコードを盗み見されない。
- 端末側で不正プログラムを実行できない。

一方、サーバサイドスクリプトはユーザの操作に応じてリアルタイムで画面の一部を書き替えるといった処理には向きません。プログラムコードがサーバで実行されることから、サーバ攻撃へのセキュリティ対策が欠かせません。

× 短所

- 操作に応じたリアルタイムな処理には向かない。
- サーバ攻撃への対策が必要。

PHP が活躍する利用場面

サーバサイドスクリプトである PHP がもっとも得意とする利用場面は、MySQL などのデータベースとの連携です。データベースにデータを追加する、値を検索して表示する、値を更新するといった処理を提供します。具体的には、ブログ、SNS、ショッピングサイト、スケジュール管理、会員管理といったデータベースを組み合わせたサイト構築に PHP のプログラムが利用されています。

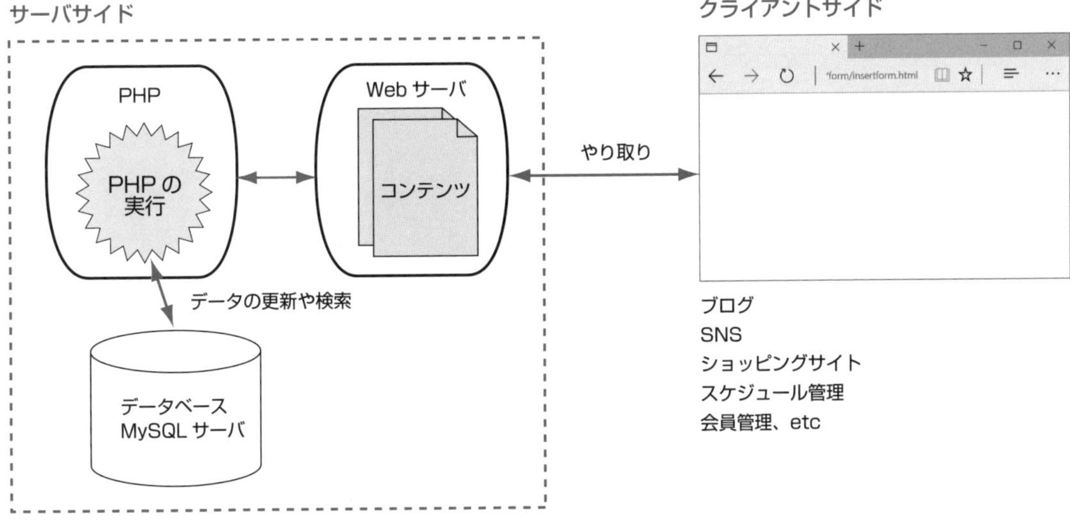

PHPコードを編集するエディタ

PHPコードを編集するエディタは、UTF-8を編集できるテキストエディタならばなんでも構いません。PHPコードのシンタックスを色分けしたり、自動インデントやコード補完を行ってくれるエディタもあります。無料のコードエディタもいくつかありますが、ここではAtomとCotEditorを紹介します。どちらも数多くのプログラミング言語のシンタックスに対応しており、アップデートも頻繁に行われ安心して利用できます。

Atomのダウンロードサイト

Atomには Windows、macOS、Linuxのバージョンがあります。
Atomのページを開くと、OSに応じたバージョンのダウンロードボタンが表示されます。

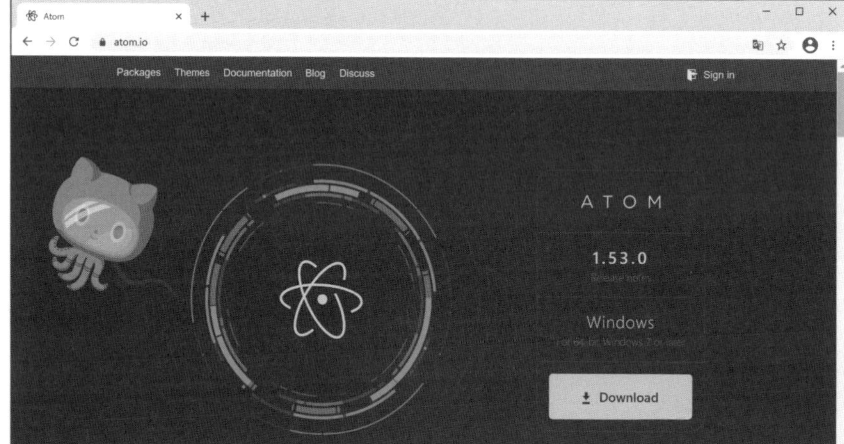

https://atom.io/

AtomはPHPファイルのコードを色分けしてくれるほか、便利な機能がたくさん組み込まれています。

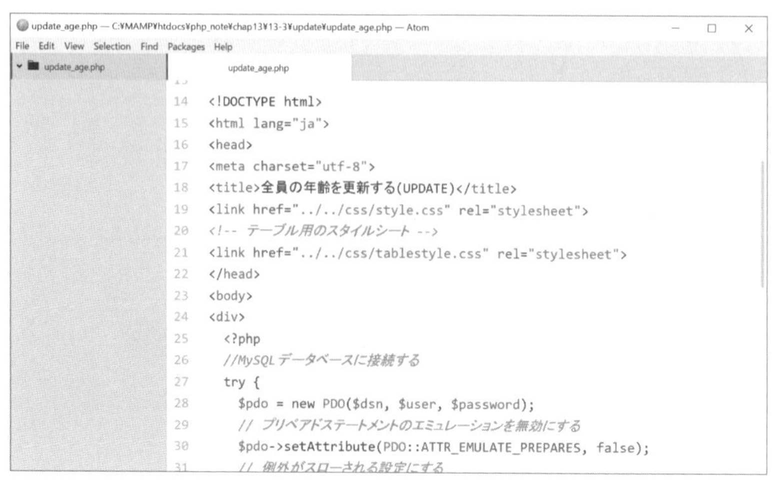

Atomでコードを開いた画面
コードを色分けできる

CotEditor

macOS ならば CotEditor がお勧めです。CotEditor は App Store から無料でダウンロードできます。CotEditor は日本生まれなので設定画面はもちろんのこと、細かい部分にまで日本語に対応しています。

App Atore の CotEditor のページ

PHP の公式マニュアル

PHP の公式マニュアルは「http://php.net/manual/ja/index.php」にあります。日本語にも対応しています。

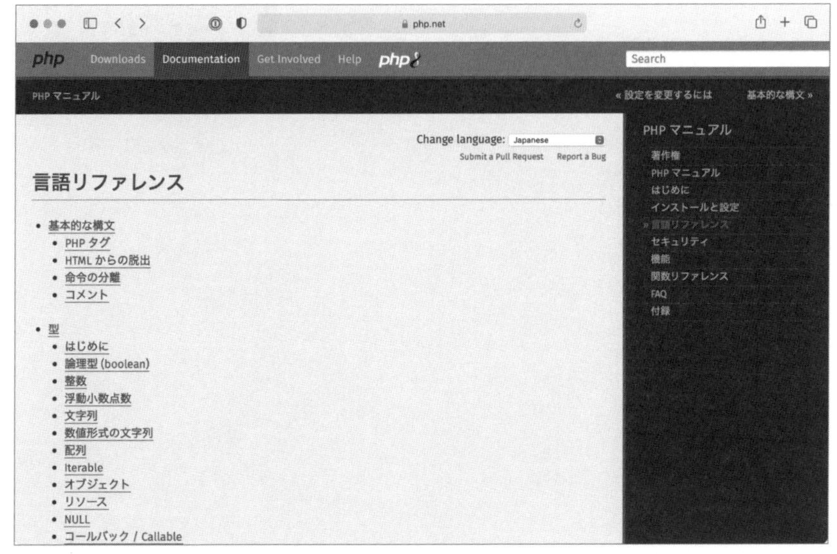

過去バージョンから PHP 8 への移行

過去のバージョンから PHP 8 への変更点、追加機能などは、公式マニュアルの付録として「PHP 7.4.x から PHP 8.0.x への移行」のようにまとめてあります。

https://www.php.net/manual/ja/migration80.php

Section 1-2

PHP+MySQL の環境を作る／ XAMPP Windows 版

XAMPP は Web サーバ Apache、PHP、MySQL サーバ MariaDB、phpMyAdmin がそろった環境を簡単に構築できるディストリビューションです。XAMPP には Windows、Linux、macOS に対応したバージョンがありますが、この節では Windows 版のインストールと初期設定などについて説明します。

Windows 版の XAMPP をダウンロードする

XAMPP のウェブサイトを開くと画面の下に Windows、Linux、macOS にそれぞれ対応する XAMPP をダウンロードするボタンがあります。「Windows 向け XAMPP」と書いてあるダウンロードボタンをクリックしてインストーラをダウンロードします。

https://www.apachefriends.org/jp/index.html

クリックしてダウンロードします

Windows 版 XAMPP をインストールする

それでは Windows 版の XAMPP をインストールする手順を見ていきましょう。

1 インストールを開始する

Windows版XAMPPをダウンロードしてインストーラを起動すると図に示すセットアップウィザードが開きます。Nextボタンをクリックして先に進めていきます。

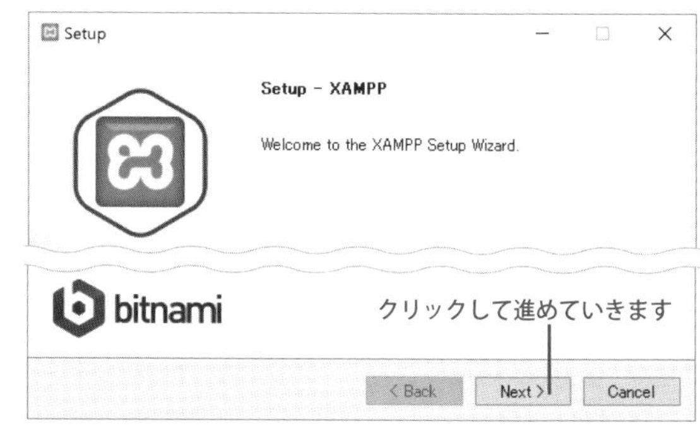

2 インストールするコンポーネントを選択する

XAMPPには複数のソフトが含まれているのでインストールしたいものを選択します。すべてを選択しても構いませんが、本書で利用するのはApache、MySQL、PHP、phpMyAdminです。これらをチェックして次に進みます。なお、XAMPPのMySQLデータベースはMariaDBです。

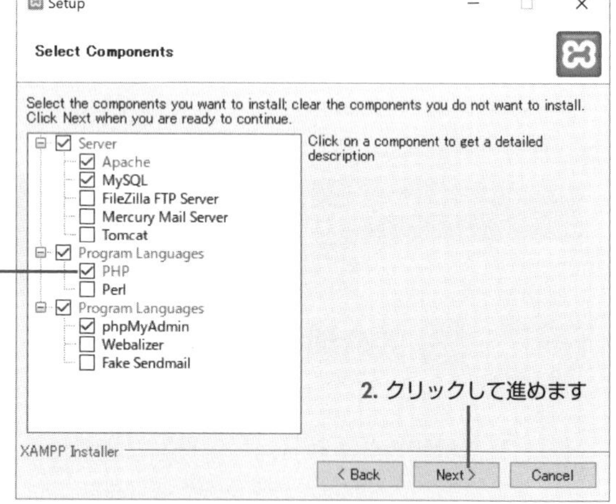

3 インストール先、表示言語を選ぶ

続いて表示されるパネルでインストール先や表示言語を選んで次へ進めます。

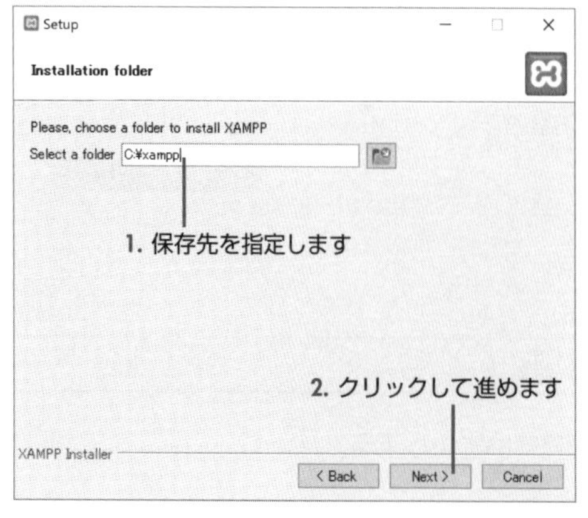

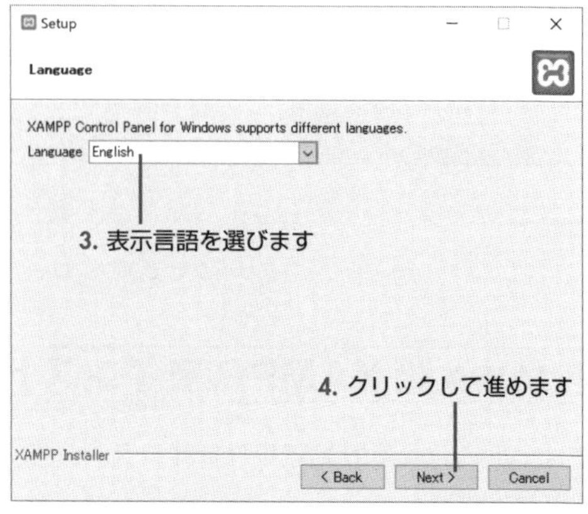

4 インストールを開始する

Bintami サイトの案内が Web ブラウザで開きます。ウィザードの Next ボタンで次へ進み、準備が整って次の Next ボタンでインストールが開始します。

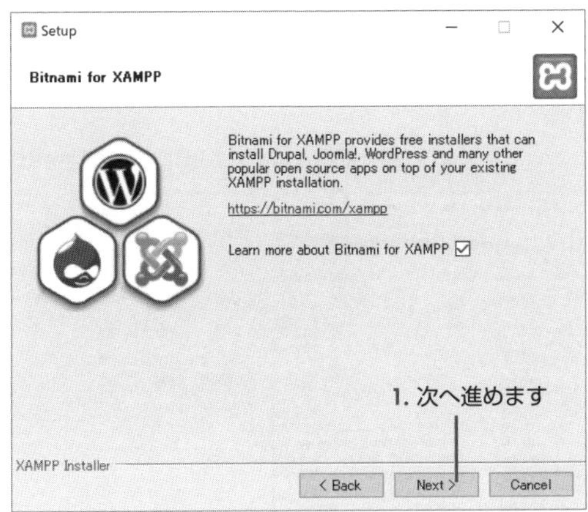

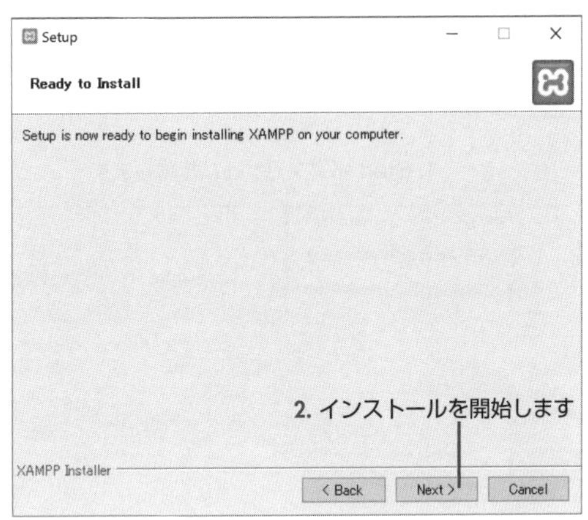

5 インストールの完了

インストールの進捗が表示されインストールが完了すると Finish ボタンになりクリックで終了します。

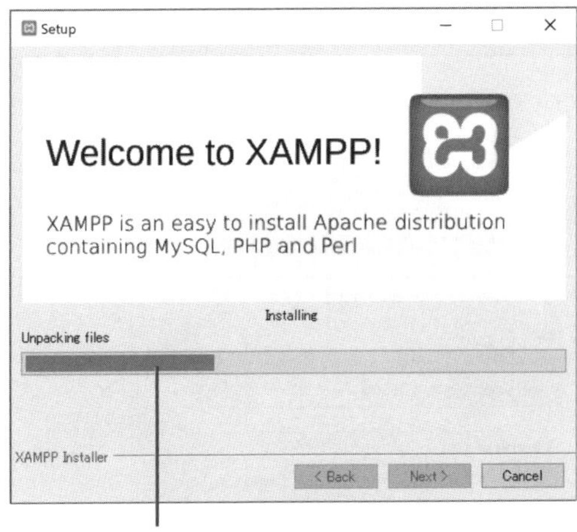

サーバの起動と停止

インストールされた XAMPP Control Panel（xampp-control.exe）を起動すると XAMPP コントロールパネルが表示されます。コントロールパネルの Apache の Start ボタンをクリックすると Web サーバ Apache が起動します。MySQL の Start ボタンをクリックするとデータベースの MySQL サーバが起動します。サーバが起動するとポート番号などが表示され Start が Stop に変わります。Stop ボタンでサーバが停止します。

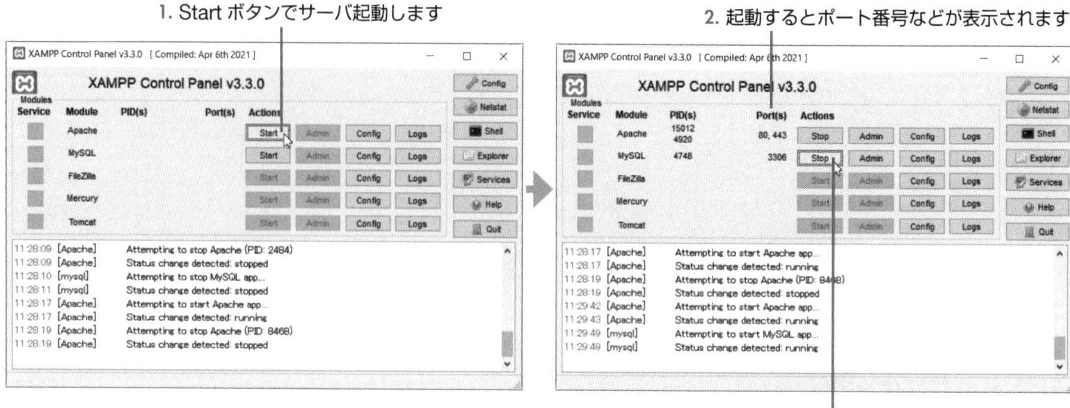

XAMPP の設定

XAMPP コントロールパネルの右上の Config ボタンをクリックすると XAMPP の設定画面が表示されます。標準で利用するテキストエディタや XAMPP 起動時にサーバを起動するかどうかなどを指定できます。

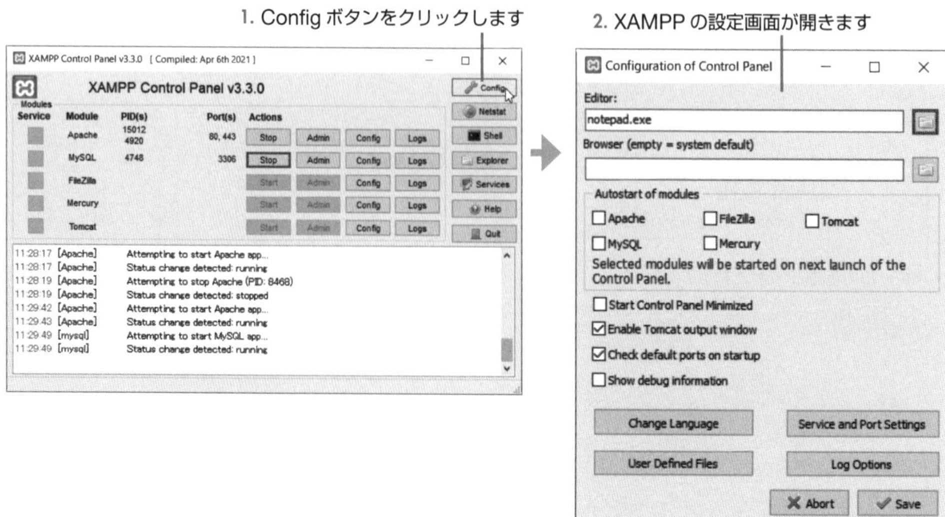

ポート番号の確認と設定

設定画面の Service and Port Settings ボタンをクリックするとポート番号の確認と設定ができます。ここで Apache と MySQL のポート番号を確認してください。

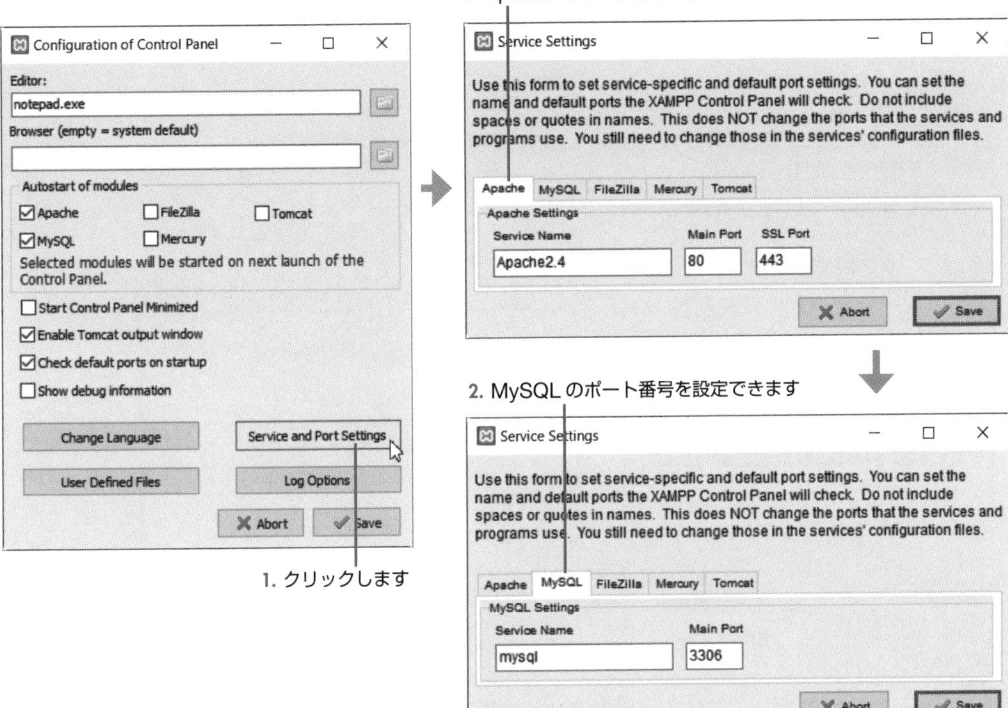

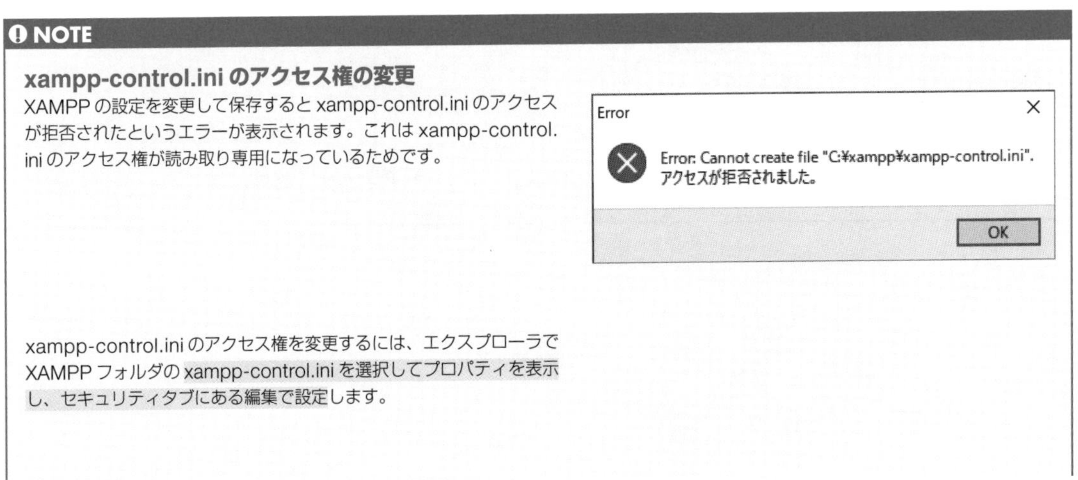

NOTE

xampp-control.ini のアクセス権の変更

XAMPP の設定を変更して保存すると xampp-control.ini のアクセスが拒否されたというエラーが表示されます。これは xampp-control.ini のアクセス権が読み取り専用になっているためです。

xampp-control.ini のアクセス権を変更するには、エクスプローラで XAMPP フォルダの xampp-control.ini を選択してプロパティを表示し、セキュリティタブにある編集で設定します。

2. プロパティをクリックします
1. xampp-control.ini を選択します
3. セキュリティタブを開きます
4. 編集ボタンをクリックします
5. フルコントロールにします
6. クリックして設定します

ダッシュボード（dashboard）を表示する

Apacheを起動して、実際にローカルのWebサーバとして機能しているかどうか確認してみましょう。XAMPPには、PHPやMySQLを手軽に利用するためのダッシュボード（dashboard）が入っています。まずはこれを表示してみましょう。ブラウザから次のURLを開いてみてください。localhost:80の80はApacheの初期値のポート番号です。初期値から変更した場合はその値を指定してください。

http://localhost:80/index.php

このURLを開くとすぐに http://localhost:80/dashboard/ にリダイレクトします。もちろん、最初から http://localhost:80/dashboard/ を開いても構いません。ブラウザによっては、アドレスバーにはlocalhost/dashboard/のように表示されます。そのブラウザでは localhost/dashboard/ でも開くことができるはずです。ポート番号を指定せずに試してみてください。

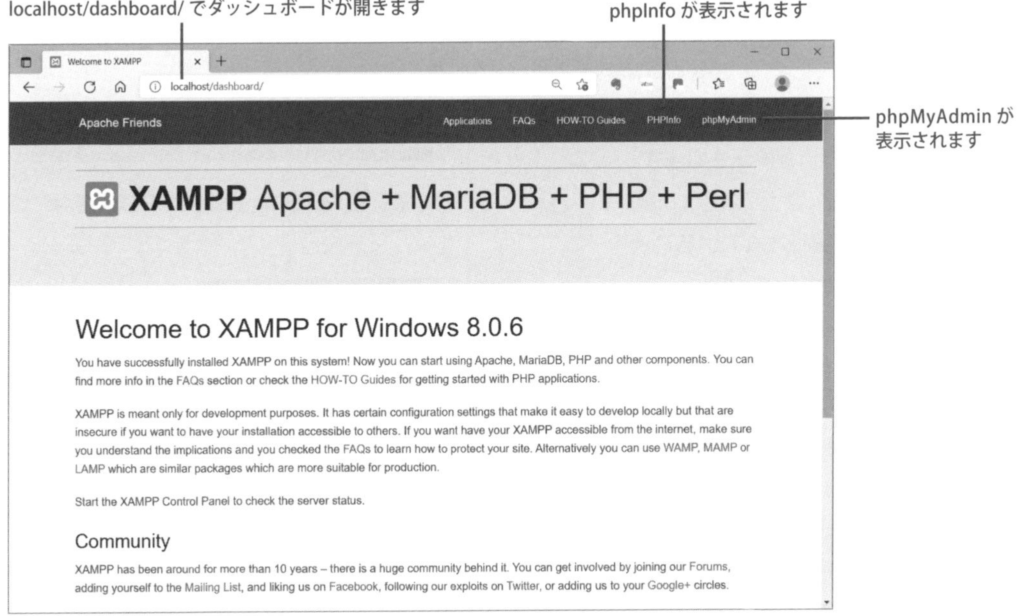

ダッシュボードにはXAMPPの説明に加えて、PHPの現在の設定を確認できるphpInfo、MySQLデータベースを操作するWebアプリphpMyAdminを表示するリンクがあります。

phpinfoを表示する

ダッシュボードの「PHPInfo」をクリックするとphpInfoが表示されます。phpInfoを正しく表示できれば、PHPを正常に実行できたことになります。phpInfoにはPHPやApacheのバージョン、設定ファイルのパスや設定値、ポート番号などが表示されています。

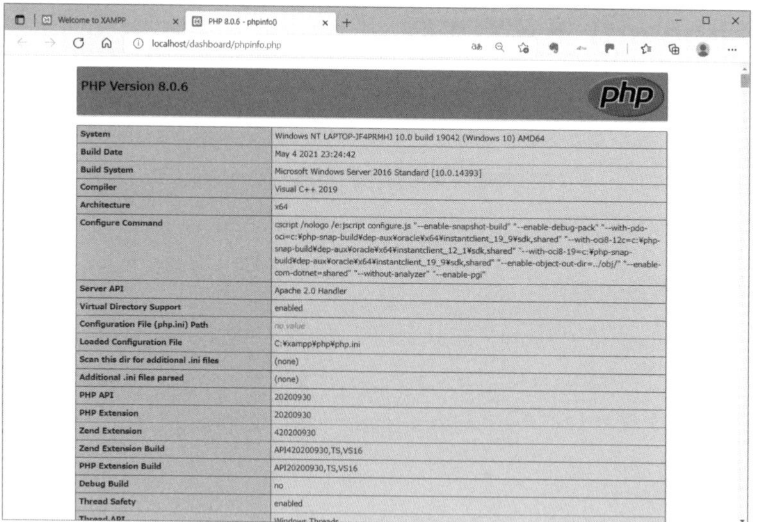

PHP Version 8.0.6	
System	Windows NT LAPTOP-JF4PRMHJ 10.0 build 19042 (Windows 10) AMD64
Build Date	May 4 2021 23:24:42
Build System	Microsoft Windows Server 2016 Standard [10.0.14393]
Compiler	Visual C++ 2019
Architecture	x64
Configure Command	cscript /nologo /e:jscript configure.js "--enable-snapshot-build" "--enable-debug-pack" "--with-pdo-oci=c:¥php-snap-build¥dep-aux¥oracle¥x64¥instantclient_19_9¥sdk,shared" "--with-oci8-12c=c:¥php-snap-build¥dep-aux¥oracle¥x64¥instantclient_12_1¥sdk,shared" "--with-oci8-19=c:¥php-snap-build¥dep-aux¥oracle¥x64¥instantclient_19_9¥sdk,shared" "--enable-object-out-dir=../obj/" "--enable-com-dotnet=shared" "--without-analyzer" "--enable-pgi"
Server API	Apache 2.0 Handler
Virtual Directory Support	enabled
Configuration File (php.ini) Path	no value
Loaded Configuration File	C:¥xampp¥php¥php.ini
Scan this dir for additional .ini files	(none)
Additional .ini files parsed	(none)
PHP API	20200930
PHP Extension	20200930
Zend Extension	420200930
Zend Extension Build	API420200930,TS,VS16
PHP Extension Build	API20200930,TS,VS16
Debug Build	no
Thread Safety	enabled

PHP の現在の設定を確認できる phpInfo

phpMyAdmin を表示する

ダッシュボードの「phpMyAdmin」をクリックするとphpMyAdminが表示されます。phpMyAdminを正しく表示できれば、MySQLサーバが正常に実行されていることを確認できます。phpMyAdminでは、データベースの作成や更新、ユーザアカウントの設定など、データベースを操作できます。

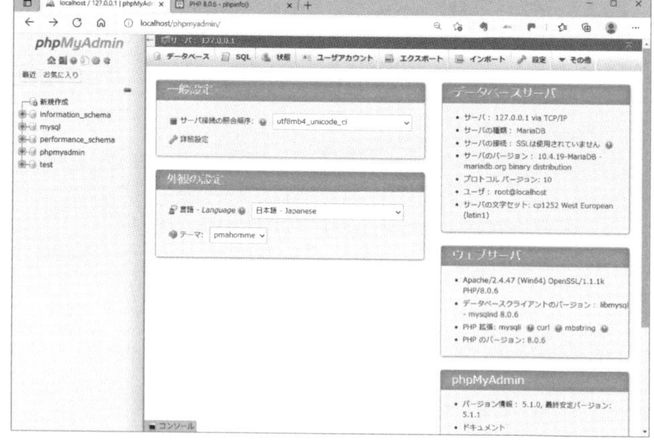

MySQL データベースを操作できる phpMyAdmin

ドキュメントルートを確認する

Web ページに表示する HTML ファイルなどのコンテンツは、Web サーバのドキュメントルートの下に保存します。XAMPP の初期設定では、XAMPP をインストールしたフォルダにある htdocs フォルダがドキュメントルートになっています。本書のサンプルファイルを入れた php_note もこの中に保存すれば実行できます。

C:¥xampp¥htdocs¥

それでは「ハローワールド！」と表示する簡単な HTML ファイルを作成してドキュメントルートに保存し、Web ブラウザで表示してみましょう。

1 helloworld.html を作る

テキストエディタで次の HTML コードを書いて保存します。ファイル名は helloworld.html にします。

html 「ハローワールド！」と表示する HTML コード

«sample» **helloworld.html**

```
<!DOCTYPE html>
<html>
<head>
  <meta charset="utf-8">
  <title>Hello World!</title>
</head>
<body>
<h1>ハローワールド！</h1>
</body>
</html>
```

2 ドキュメントルートに保存する

helloworld.html ファイルをドキュメントルート C:¥xampp¥htdocs¥ に保存します。

本書のサンプルファイルもここに保存します

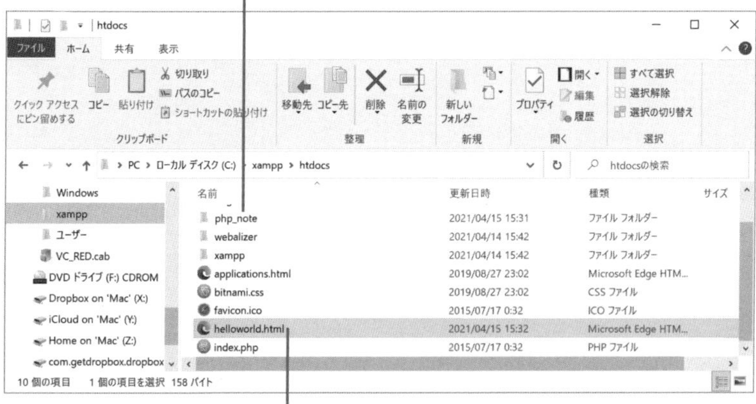

ドキュメントルートの XAMPP > htdocs の中に入れます

3 Web ブラウザで表示する

Web ブラウザで次の URL を開きます。
「ハローワールド！」と表示されたでしょうか？

http://localhost:80/helloworld.html

表示されたならば、ポート番号を指定せずに試してみてください。

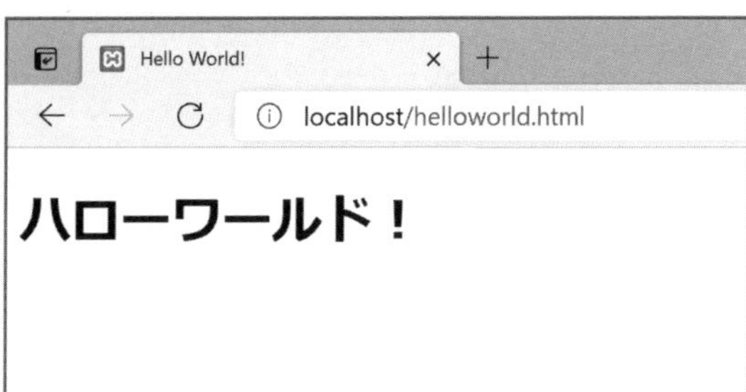

PHP の設定ファイルを変更する

PHP の設定は php.ini で行います。php.ini には多くの設定項目がありますが、ここでは言語、タイムゾーン、文字コードなどの最低限必要な設定を行います。php.ini は XAMPP コントロールパネルの Apache の Config ボタンから開くことができますが、C:¥xampp¥php¥php.ini に保存されています。

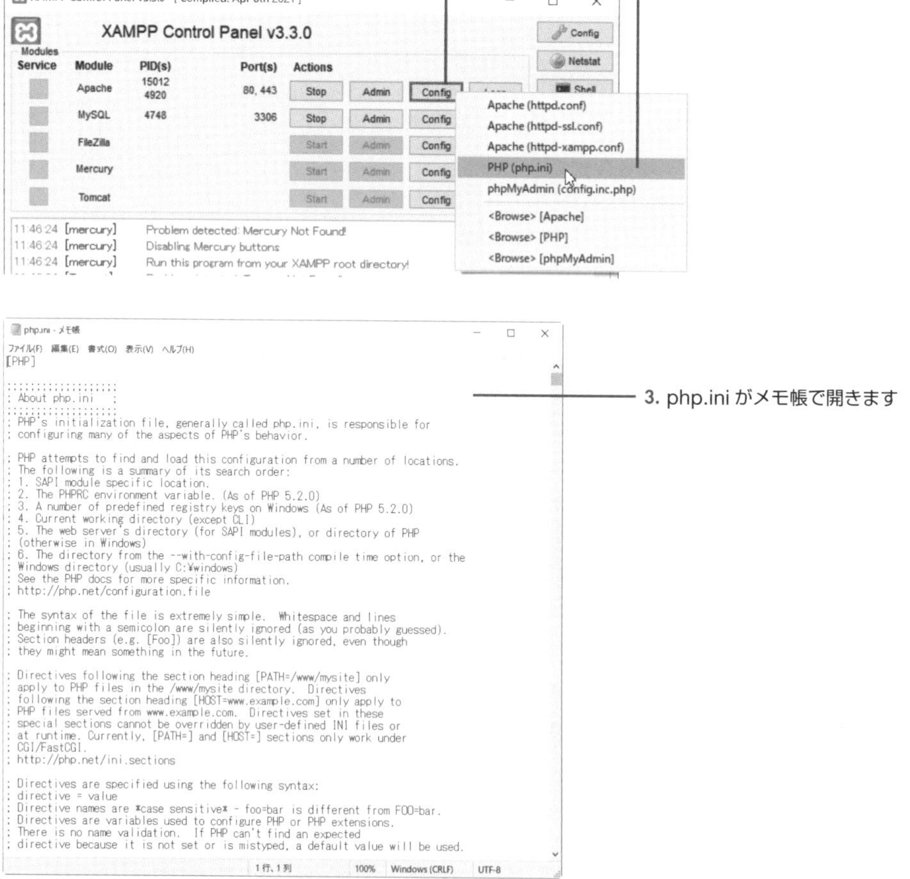

php.ini の変更箇所

php.ini の以下の設定値を変更します。マーカーが付いている箇所が変更箇所です。行の先頭に ; がある場合は ; を取り除いてください。行番号は PHP のバージョンの違いでずれていることがあるので、検索機能を利用して設定項目を見つけてください。date.timezone の設定行が2箇所あるので注意してください。設定の変更が終わったら Apache を再起動してください。

変更前／ php.ini

```
1646 ;mbstring.language = Japanese
1653 ;mbstring.internal_encoding =
1661 ;mbstring.http_input =
1671 ;mbstring.http_output =
1679 ;mbstring.encoding_translation = Off
1684 ;mbstring.detect_order = auto
1689 ;mbstring.substitute_character = none
1968 date.timezone=Europe/Berlin
```

変更後／ php.ini

```
1646 mbstring.language = Japanese
1653 mbstring.internal_encoding = utf-8
1661 mbstring.http_input = utf-8
1671 mbstring.http_output = pass
1679 mbstring.encoding_translation = Off
1684 mbstring.detect_order = utf-8
1689 mbstring.substitute_character = none
1968 date.timezone = Asia/Tokyo
```

エラーメッセージの画面表示とログファイル

開発中やPHPの学習時にエラーメッセージが画面表示されるようにするには php.ini の display_errors=On の設定にします。なお、運用時には必ず Off に設定してください。エラーのログは log_errors=On で取ることができます。ログファイルは error_log で指定します。

php.ini の設定箇所

```
501 display_errors = On
520 log_errors = On
972 error_log = "C:\xampp\php\logs\php_error_log"
```

NOTE

一時的にエラーメッセージが表示されないようにする

エラー表示する display_errors = On の設定で運用時においては、実行時に error_reporting() を使ってエラーメッセージが表示されないようにすることができます。display_errors = Off での運用時にエラーメッセージを表示させることはできません。関連するPHPコードは次のとおりです。

全てのエラー出力をオフにする

```
error_reporting(0);
```

単純な実行時エラーを表示する

```
error_reporting(E_ERROR | E_WARNING | E_PARSE);
```

全ての PHP エラーを表示する

```
error_reporting(E_ALL);
```

セキュリティ対策 **php.ini-development と php.ini-production**

Windows 版 XAMPP の php フォルダの中に php.ini の雛形となる php.ini-development と php.ini-production の2つのファイルがあります。php.ini-development は開発時に手助けとなるエラー等を出力する設定で、一方の php.ini-production は本番運用時のセキュリティや軽量化を目的とした設定になっています。php.ini には development と production の値がコメントアウトして書いてあるので、本番運用時は設定値を見直してください。

Section 1-3

PHP+MySQL の環境を作る／ XAMPP macOS 版

この節では macOS 版 XAMPP のインストールと初期設定などについて説明します。macOS には VM（Virtual Machine：仮想マシン）版とアプリ版があります。Windows 版とはコントロールパネルの機能や使い方が違っていますが、Web サーバ、PHP、MySQL サーバなどには違いがありません。

macOS 版の XAMPP をダウンロードする

XAMPP のウェブサイトを開くと画面の下に Windows、Linux、macOS にそれぞれ対応する XAMPP をダウンロードするボタンがあります。macOS VM 版は「OS X 向け XAMPP」のボタンからダウンロードします。

https://www.apachefriends.org/jp/index.html

macOS VM 版 XAMPP をインストールする

「OS X 向け XAMPP」のボタンからダウンロードしたファイルを解凍して開くと XAMPP アプリのアイコンとアプリケーションフォルダのエイリアスが並んだウィンドウが表示されます。ウィンドウ上の XAMPP アプリのアイコンをアプリケーションフォルダにドラッグ＆ドロップすると VM 版 XAMPP がインストールされます。

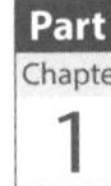

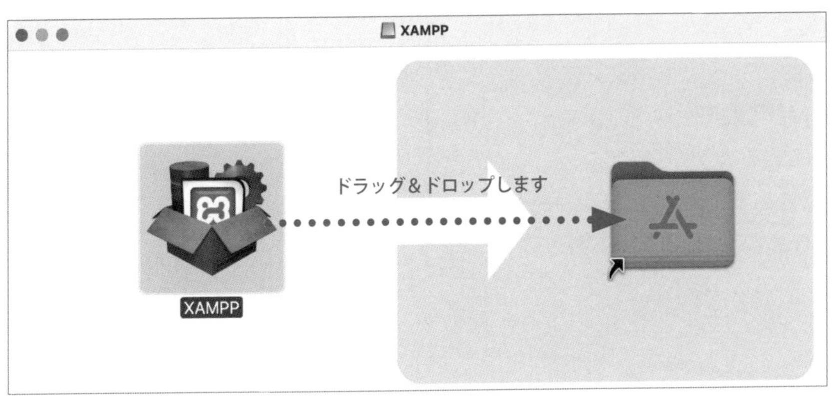

サーバの起動と停止（macOS VM版XAMPP）

インストールされたXAMPPアプリを起動するとXAMPPコントロールパネルが表示されます。Generalパネルの Startボタンをクリックし、しばらくするとStatusランプがオレンジから緑に変わり、IPアドレスが表示されます。ただし、Statusランプが緑になっていてもApacheやMySQLのサーバが起動しているとは限りません。

2. Statusが緑になりIPアドレスも表示されます

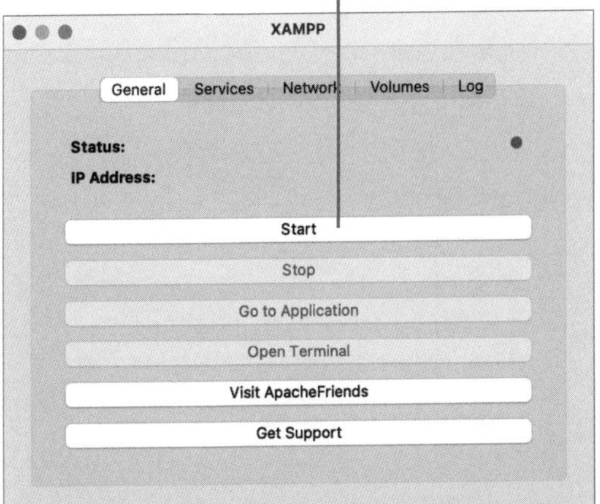

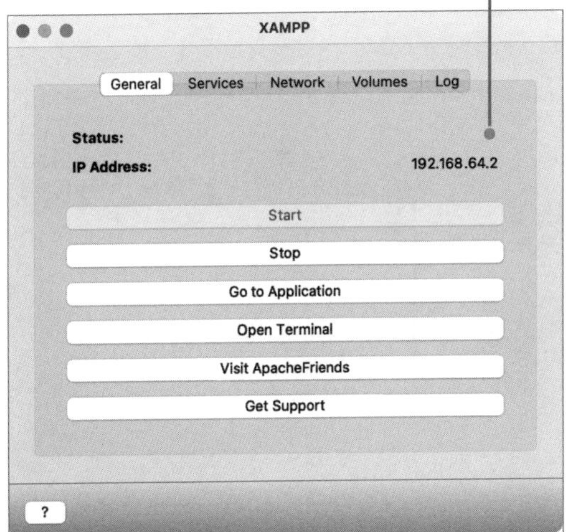

Servicesパネル

Statusランプが緑の状態でServicesボタンをクリックするとApacheやMySQLのサーバのスタート/ストップを個別に指定できるようになります。

しばらく待つとサーバは自動で起動しますが、Startボタンをクリックすればすぐに起動できます。

サーバが正常に起動すると緑ランプになります

Webサーバや MySQLサーバがスタートします

選択したサーバを個別にスタート/ストップできます

Networkパネル

Networkパネルには Webサーバのポート番号の設定があります。macOSでは標準でポート番号80のhttp:localhost:80をローカルホストとして使用しているので、「localhost:8080 -> 80(Over SSH)」を選択してEnableボタンをクリックしてオンにします。これでXAMPPのWebサーバはlocalhost:8080をローカルホストとして使えるようになり、独自のドキュメントルートを指定できるようになります。

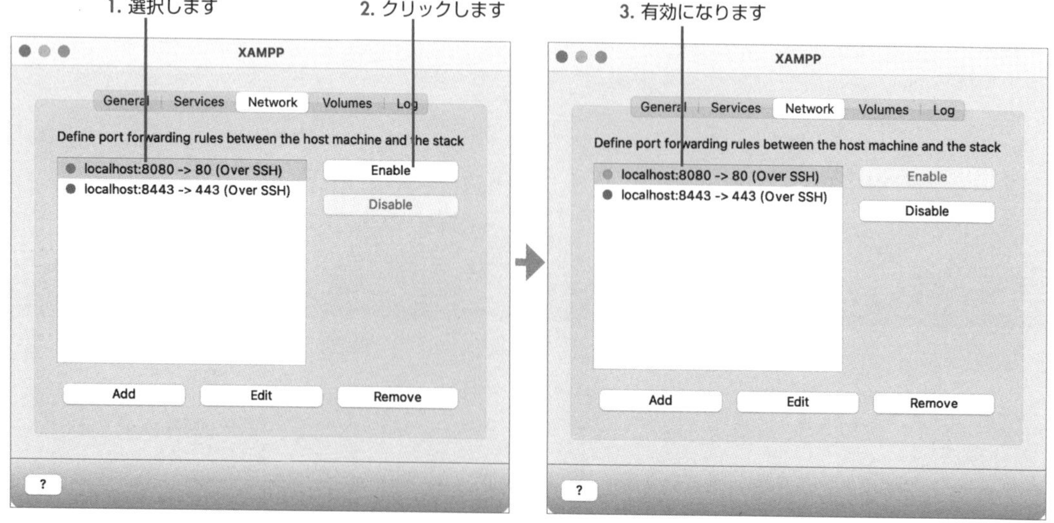

macOS アプリ版 XAMPP をインストールする

XAMPP のトップページの左下にある「ダウンロード」ボタンをクリックすると、各 OS に対応したその他のバージョンの XAMPP をダウンロードできるページに移動します。

ページを下にスクロールすると「XAMPP for OS X」と書いたリストがあります。リストの上から3つ目が PHP 8 に対応したアプリ版 XAMPP のダウンロードリンクなので、これをクリックしてインストーラをダウンロードします。

ダウンロードしたファイルを開くとインストーラが表示されるので、ダブルクリックしてインストールを行います。インストールされた XAMPP フォルダの manager-osx が XAMPP アプリです。

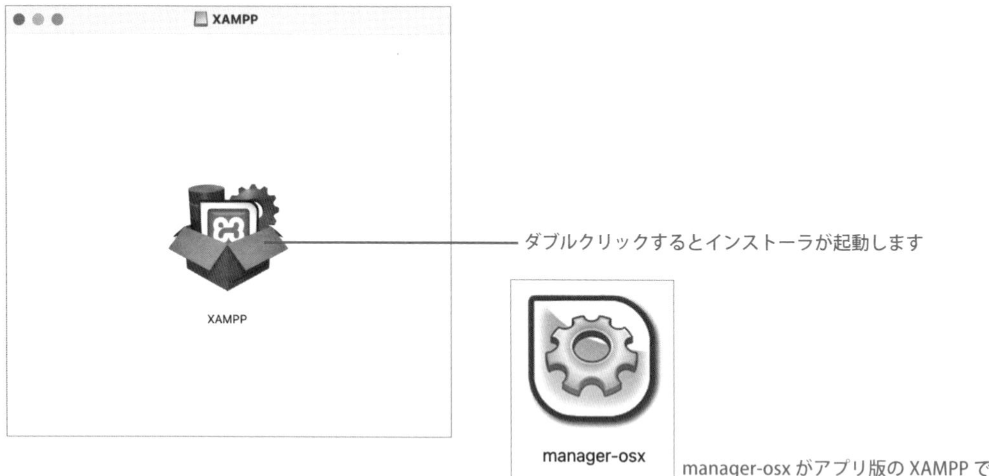

サーバーの起動と停止（macOS アプリ版 XAMPP）

manager-osx を起動するとアプリケーションマネージャーの Welcome パネルが開きます。Manage Servers をクリックして開き、下にある Start All ボタンでサーバを起動します。リストでサーバを選択して個々にスタート／ストップ／リスタートすることもできます。

リストの Apache Web Server を選択して Configure をクリックするとサーバのポート番号の設定と確認ができます。

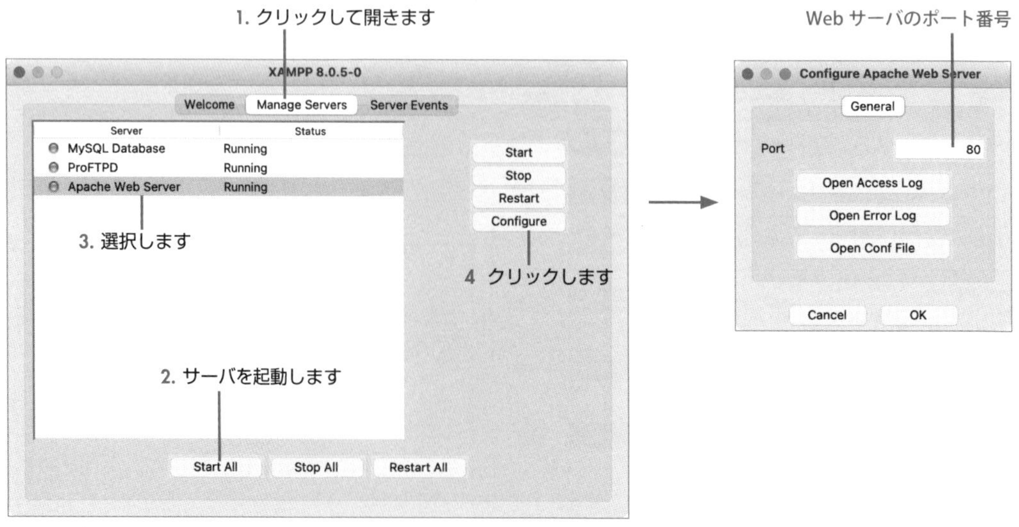

ダッシュボード（dashboard）を表示する

XAMPP には、PHP や MySQL を手軽に利用するためのダッシュボード（dashboard）が入っています。まずはこれを表示してみましょう。Web サーバーが起動した状態で Go to Application をクリックするとダッシュボードのページが開きます。

macOS VM 版 XAMPP の場合

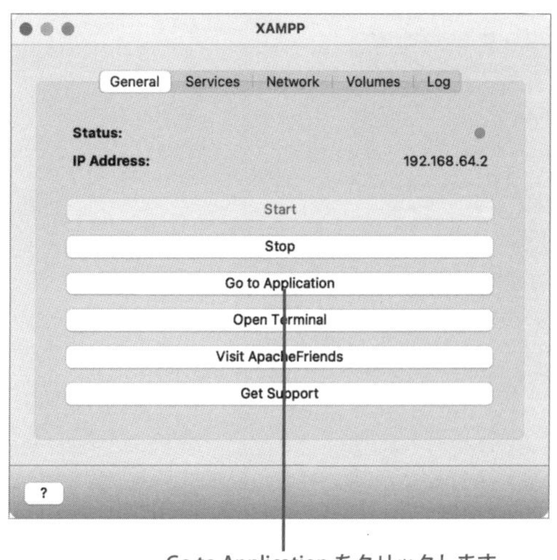

Go to Application をクリックします

macOS アプリ版 XAMPP の場合

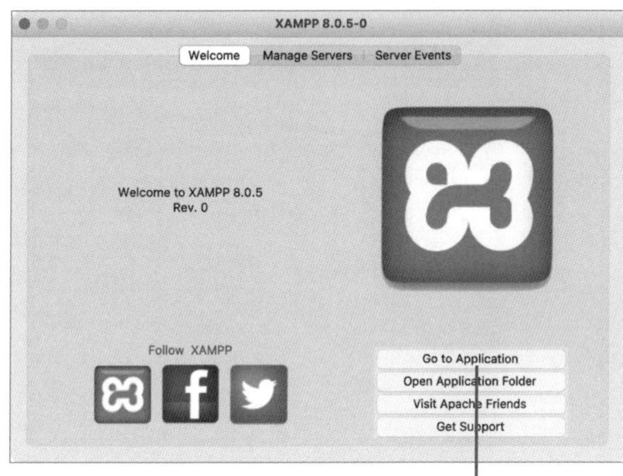

Go to Application をクリックします

localhost/index.php でダッシュボードが開きます

phpInfo が表示されます

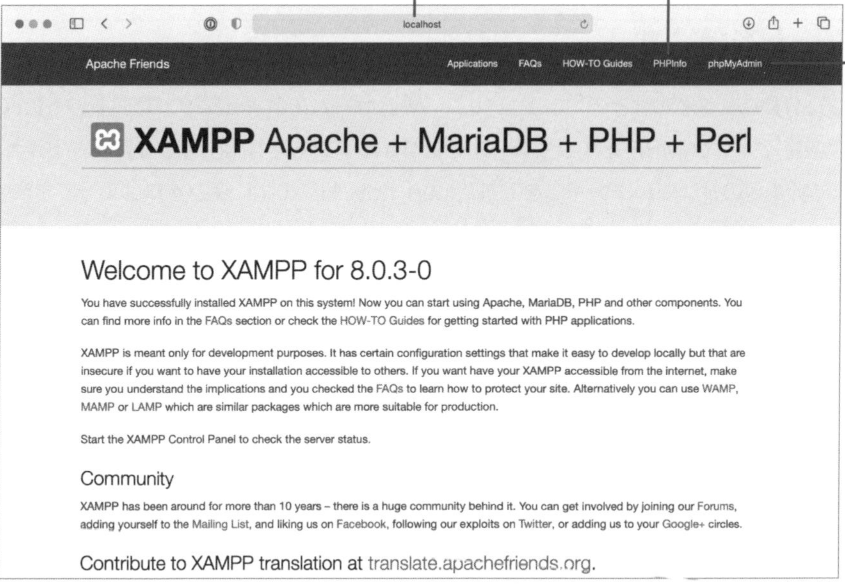

phpMyAdmin が表示されます

phpinfo を表示する

ダッシュボードの「PHPInfo」をクリックするとphpInfoが表示されます。phpInfoを正しく表示できれば、PHPを正常に実行できたことになります。phpInfoにはPHPやApacheのバージョン、設定ファイルのパスや設定値、ポート番号などが表示されています。

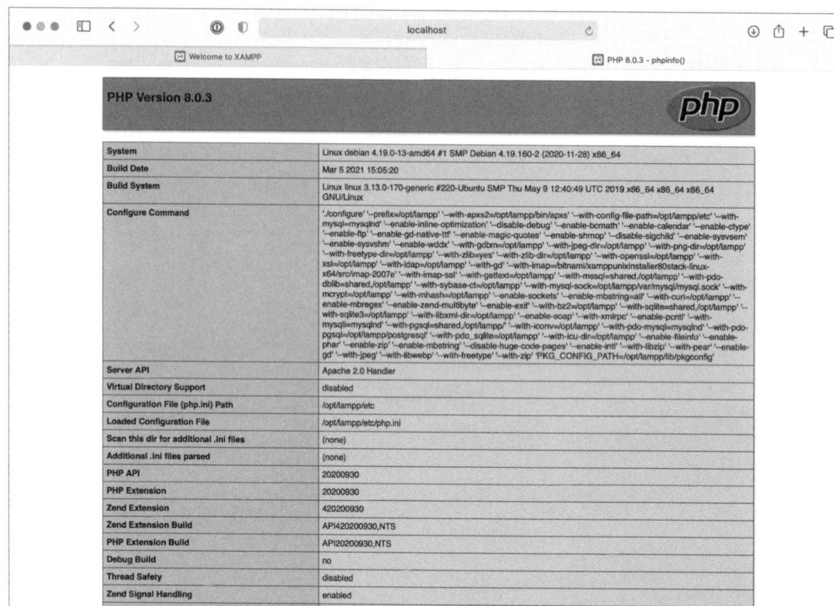

PHP の現在の設定を確認できる phpInfo

ドキュメントルートを確認する

Webページに表示するHTMLファイルなどのコンテンツは、Webサーバのドキュメントルートの下に保存します。XAMPPの初期設定では、XAMPPをインストールしたフォルダにあるhtdocsフォルダがドキュメントルートになっています。本書のサンプルファイルを入れたphp_noteもこの中に保存すれば実行できます。

VM 版 XAMPP の VM（仮想マシン）をマウントする

macOS VM版のXAMPPはVM（virtual machine：仮想マシン）で実行されています。XAMPPがインストールされているフォルダを見るには、VMをマウントしなければなりません。

1 VM をマウントする

XAMPPコントロールパネルのVolumesパネルを開き、Mountボタンをクリックします。Exploreボタンが有効になるのでクリックします。

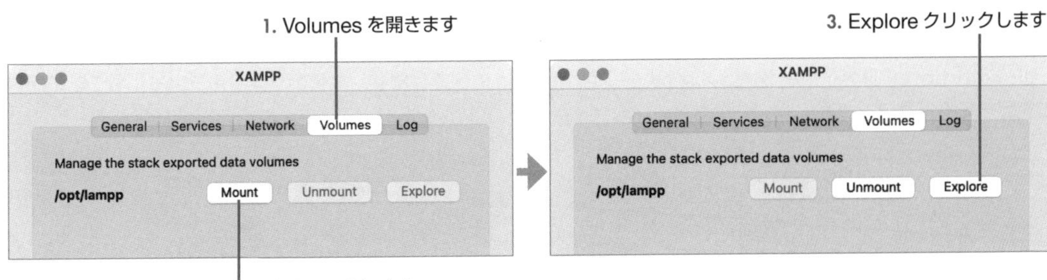

2 ドキュメントルートを確認する

lampp ボリュームがマウントしてウィンドウが開きます。ここにドキュメントルートの htdocs フォルダが入っています。

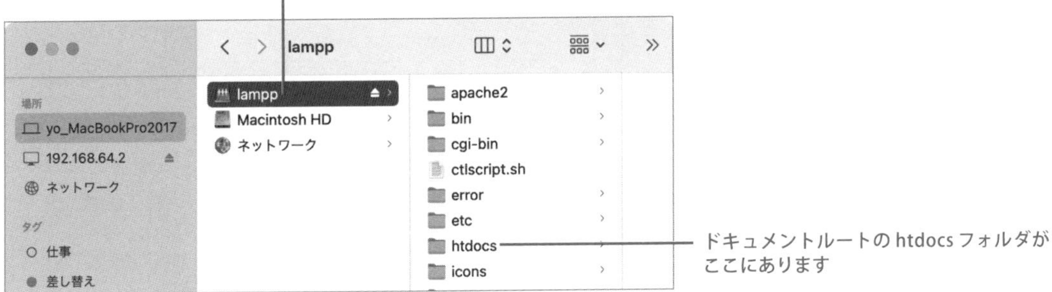

HTML ファイル作って Web ブラウザで表示する

それでは「ハローワールド！」と表示する簡単な HTML ファイルを作ってドキュメントルートに保存し、Web ブラウザで表示してみましょう。

1 helloworld.html を作る

テキストエディタで次の HTML コードを書いて保存します。ファイル名は helloworld.html にします。

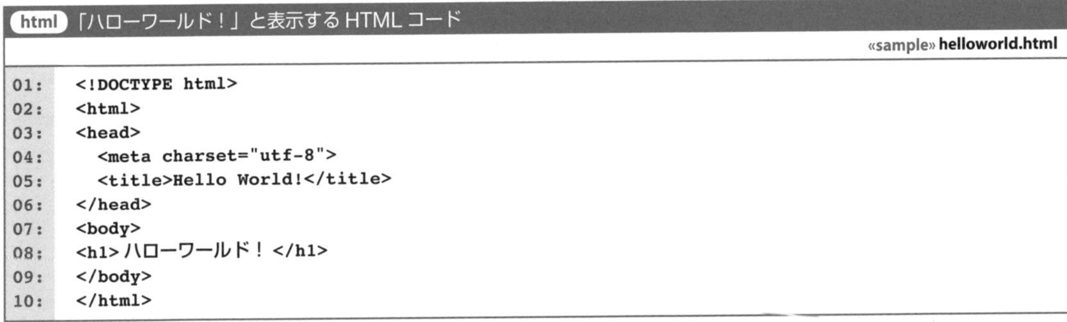

html 「ハローワールド！」と表示する HTML コード

«sample» helloworld.html

```
<!DOCTYPE html>
<html>
<head>
  <meta charset="utf-8">
  <title>Hello World!</title>
</head>
<body>
<h1> ハローワールド！ </h1>
</body>
</html>
```

2 ドキュメントルートに保存する

helloworld.html ファイルをドキュメントルートの htdocs に保存します。本書のサンプルファイルもここに保存して実行してください。

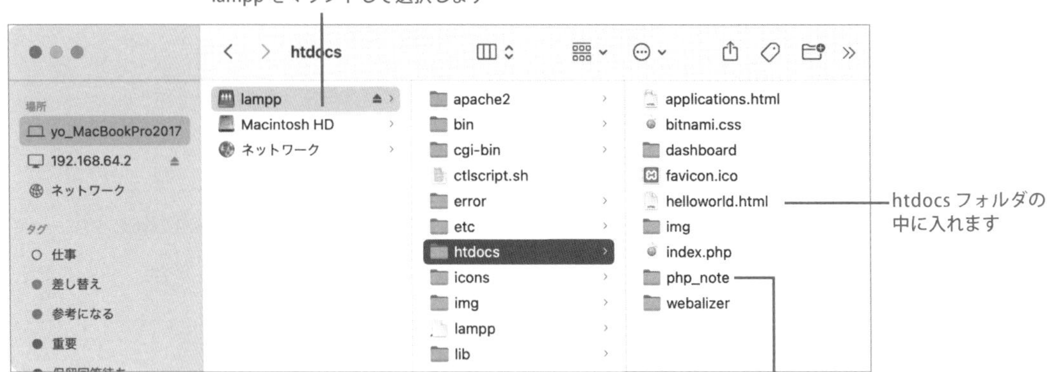

macOS アプリ版 XAMPP のドキュメントルート

macOS アプリ版 XAMPP のドキュメントルートはアプリケーション /XAMPP フォルダの htdocs です。ここに helloworld.html ファイルを保存します。

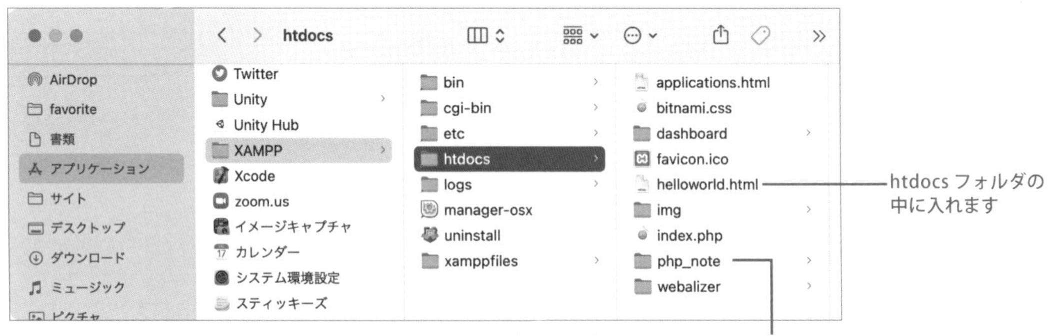

3 Web ブラウザで表示する

Web ブラウザで次の URL を開きます。「ハローワールド！」と表示されたでしょうか？

http://localhost/helloworld.html

PHP の設定ファイルを変更する

PHP の設定は php.ini で行います。php.ini には多くの設定項目がありますが、ここでは言語、タイムゾーン、文字コードなどの最低限必要な設定を行います。php.ini は /etc/php.ini にあります。

● macOS VM 版 XAMPP の場合

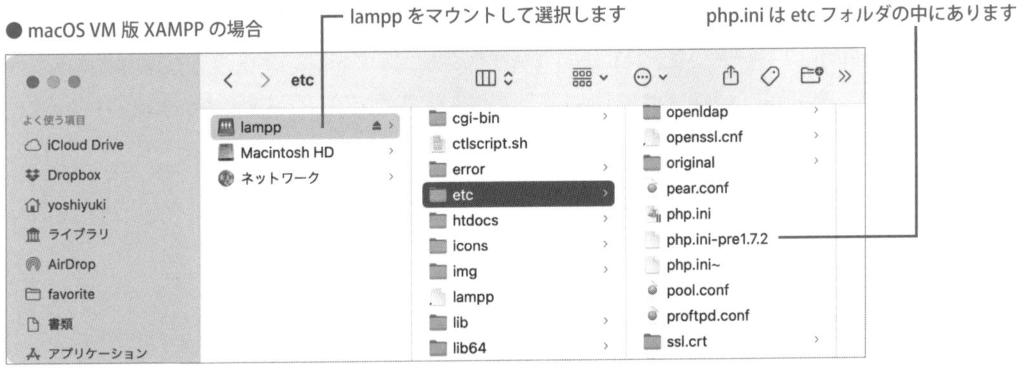

● macOS アプリ版 XAMPP の場合

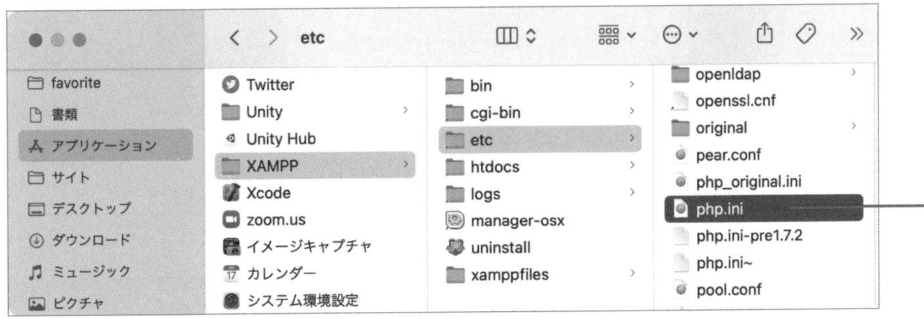

php.ini の変更箇所

php.ini の以下の設定値を変更します。マーカーが付いている箇所が変更箇所です。行の先頭に ; がある場合は ; を取り除いてください。行番号は PHP のバージョンの違いでずれていることがあります。検索機能を利用して設定項目を見つけてください。設定の変更が終わったら Apache を再起動してください。

変更前／ php.ini

```
945 ;date.timezone = Europe/Berlin
1633 ;mbstring.language = Japanese
1595 ;mbstring.internal_encoding =
1603 ;mbstring.http_input =
1613 ;mbstring.http_output =
1621 ;mbstring.encoding_translation = Off
1626 ;mbstring.detect_order = auto
1631 ;mbstring.substitute_character = none
```

変更後／ php.ini

```
945 date.timezone = "Asia/Tokyo"
1633 mbstring.language = Japanese
1595 mbstring.internal_encoding = utf-8
1603 mbstring.http_input = utf-8
1613 mbstring.http_output = pass
1621 mbstring.encoding_translation = Off
1626 mbstring.detect_order =  utf-8
1631 mbstring.substitute_character = none
```

エラーメッセージの画面表示とログファイル

開発中や PHP の学習時にエラーメッセージが画面表示されるようにするには php.ini の display_errors=On の設定にします。なお、運用時には必ず Off に設定してください。エラーのログは log_errors=On で取ることができます。ログファイルは error_log で指定します。

php.ini の設定箇所

```
471 display_errors = On
489 log_errors = On
563 error_log = "/opt/lampp/logs/php_error_log"
```

NOTE

一時的にエラーメッセージが表示されないようにする

エラー表示する display_errors = On の設定で運用時においては、実行時に error_reporting() を使ってエラーメッセージが表示されないようにすることができます。display_errors = Off での運用時にエラーメッセージを表示させることはできません。関連する PHP コードは右のとおりです。

全てのエラー出力をオフにする

```
error_reporting(0);
```

単純な実行時エラーを表示する

```
error_reporting(E_ERROR | E_WARNING | E_PARSE);
```

全ての PHP エラーを表示する

```
error_reporting(E_ALL);
```

セキュリティ対策　php.ini の Default Value、Development Value、Production Value

php.ini にはコメントアウトされている状態で Default Value、Development Value、Production Value が書いてあります。Default Value は省略時の設定値です。Development Value は開発時の推奨の設定値です。Production Value は本番運用時の推奨の設定値です。本番運用時にはセキュリティ対策として設定値を見直してください。

Section 1-4

PHP+MySQL の環境を作る／MAMP

MAMP も XAMPP 同様に Web サーバ Apache、PHP、MySQL サーバ、phpMyAdmin がそろった環境を簡単に構築できるディストリビューションです。MAMP には PHP のバージョンを手軽に切り替える機能や有料の Pro 版があります。

無料の MAMP を使って学習環境を作る

MAMP（My Apache - MySQL - PHP）をインストールすると、最新の PHP、Web サーバの Apache、データベースの MySQL がすべてそろった状態の開発環境を簡単に用意できます。

MAMP には無料の MAMP と有料の MAMP PRO がありますが、PHP を学ぶ目的だけならば、無料の MAMP で十分です。MAMP には macOS 版と Windows 版があるので、Mac ユーザでも Windows ユーザでもすぐに利用できます。

> **注意事項**
>
> **MAMP の PHP 8 の対応について**
>
> Mac 版 MAMP 6.3 は PHP 8 対応版ですが、執筆時現在、phpMyAdmin が一部対応していません。Windows 版 MAMP 4.2 は PHP 8 に未対応です。利用者に評価が高い MAMP ですが、利用の際には PHP 8 への対応を確認してください。

1 MAMP のウェブサイトを開く

MAMP のウェブサイト（https://www.mamp.info/en/mamp/）を開くと MAMP のダウンロードページが表示されるので、「Free Download」ボタンをクリックします。

https://www.mamp.info/en/mamp/

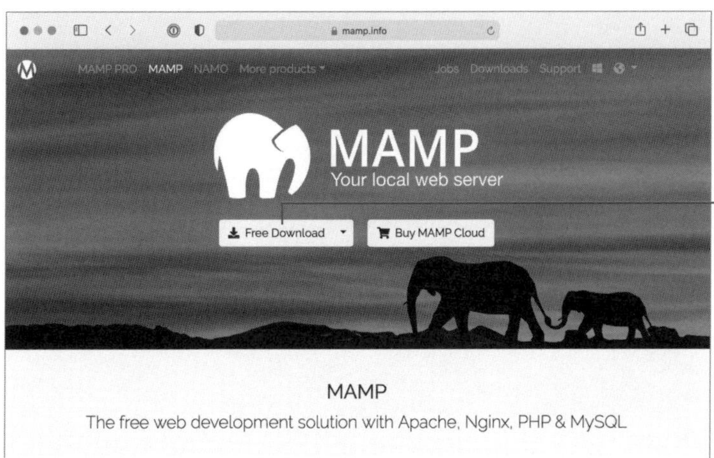

無料の標準 MAMP をダウンロードします

2 無料版の MAMP を選んでインストールする

無料版の MAMP をダウンロードした場合でも、ダウンロードデータには有料版の MAMP PRO が含まれています。ダウンロードしたインストーラに従ってインストールを行います。お試し版の MAMP PRO もインストールされますが、MAMP フォルダに無料版 MAMP のアプリが入っています。

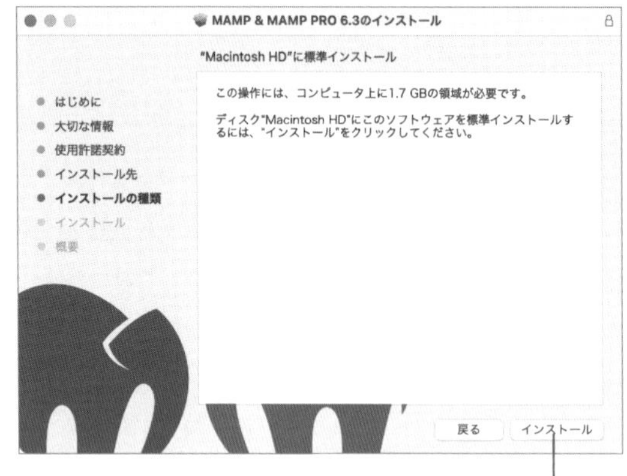

1. 指示に従ってインストールします

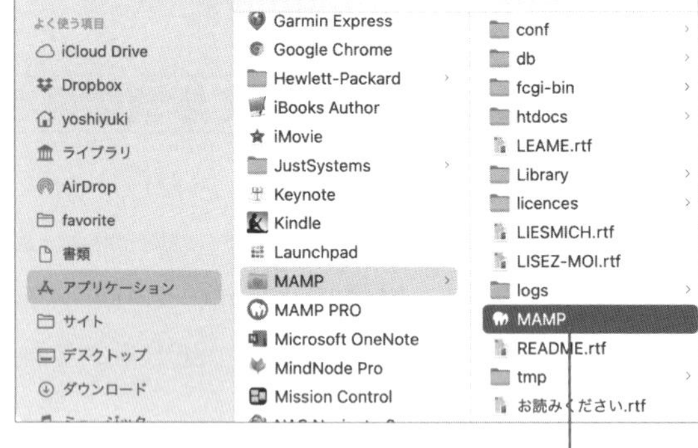

2. MAMP フォルダにアプリが入っています

> **NOTE**
>
> **MAMP と MAMP PRO**
>
> 標準インストールすると MAMP と MAMP PRO の両方がインストールされ、MAMP PRO の2週間トライアルが起動するようになります。MAMP PRO を試した後で MAMP に切り替えるには、MAMP PRO のアンインストーラを使って MAMP PRO をアンインストールします。PHP の設定は MAMP で引き続き使えますが、MAMP PRO で作った MySQL のデータベースは削除されるので注意してください。データベースはエクスポート機能で書き出すことができます。

サーバの起動と停止

ではさっそく MAMP を起動してみましょう。MAMP は複数のツールが集まった開発環境ですが、１個のアプリケーションのように扱うことができます。

画面には現在のドキュメントルートや PHP のバージョンなどが表示されています。右上に Stop ボタンが表示されているならば、Web サーバが起動している状態です。クリックすると Web サーバが停止します。Web サーバが停止している状態では Start ボタンが表示されます。クリックすれば Web サーバが起動します。

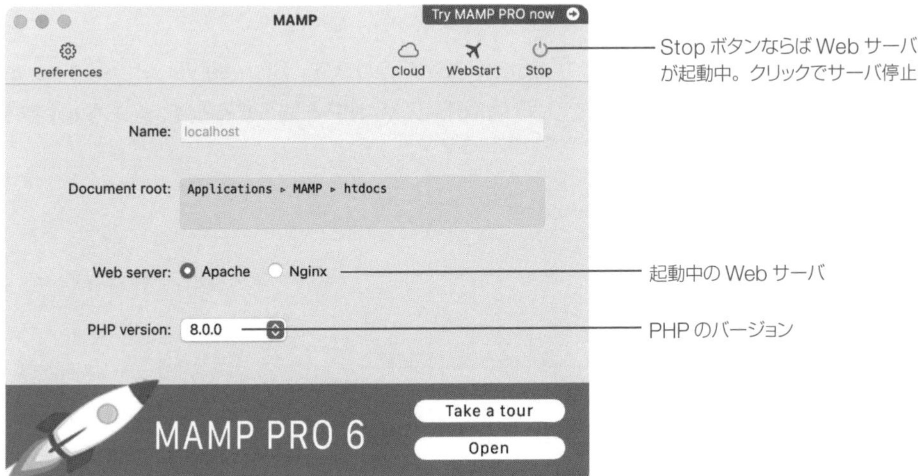

PHP のバージョン

無料版の MAMP では2つの PHP バージョンを切り替えることができます。本書ではバージョン 8.0.0 を利用します。

MAMP の設定

MAMPのPreferencesボタンをクリックすると設定パネルが表示されます。設定を変更したならばWebサーバを再起動してください。

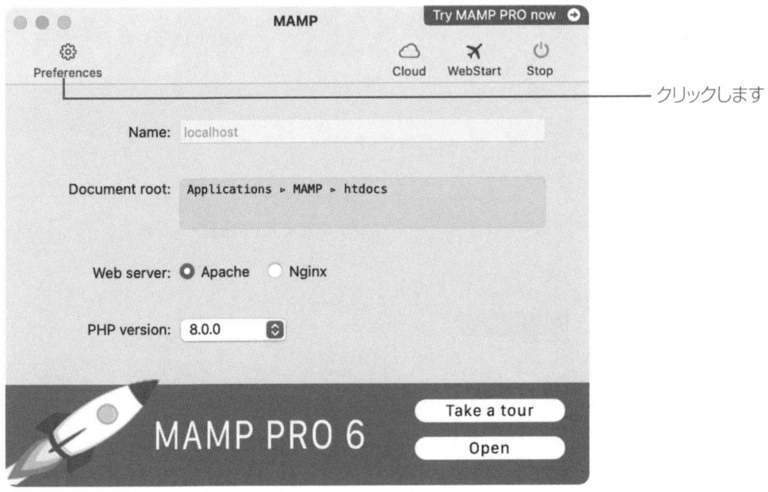

サーバをMAMP起動時に始動する

Genelalには MAMP起動時にサーバを起動するかどうかの設定があります。Start serversとStop serversをチェックしておくと、MAMPを起動すると自動でサーバも起動し、MAMPを終了するとサーバも停止します。

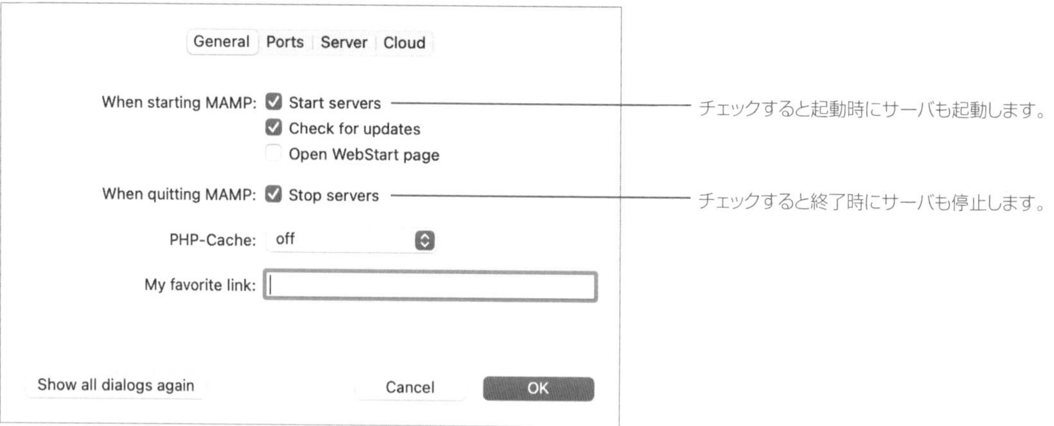

ポートの設定

Portsタブには、Apache、MySQLで使用するポート番号の設定があります。macOSが標準で80を利用しているので、MAMPでは8888が初期値として設定されています。

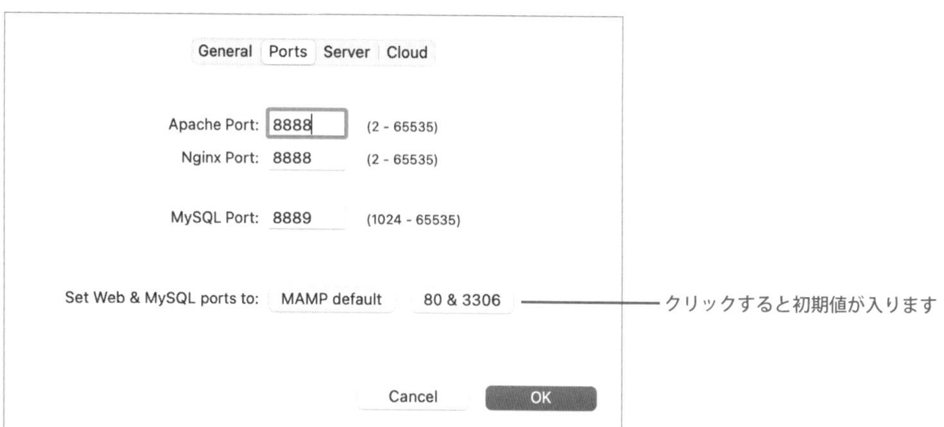

Web サーバのドキュメントルート

Server では、利用する Web サーバのドキュメントルートを指定できます。ドキュメントルートとは Web サーバのデータを保存するパソコン内のパスです。初期値ではインストールされた MAMP フォルダの中にある htdocs フォルダがドキュメントルートになっています。

Mac 版

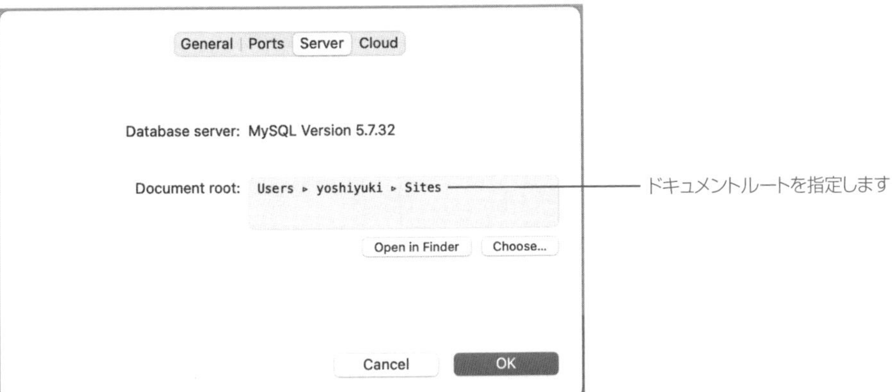

HTML ファイル作って Web ブラウザで表示する

それでは Web ブラウザでドキュメントルートに保存した HTML ファイルが表示されるかどうかを実際に確かめてみましょう。本書のサンプルファイルもここに保存すれば実行できます。

1 helloworld.html ファイルを作る

「ハローワールド！」と表示する簡単な HTML コードを書いた helloworld.html ファイルを作ります。文字コードは UTF-8 で作ります。

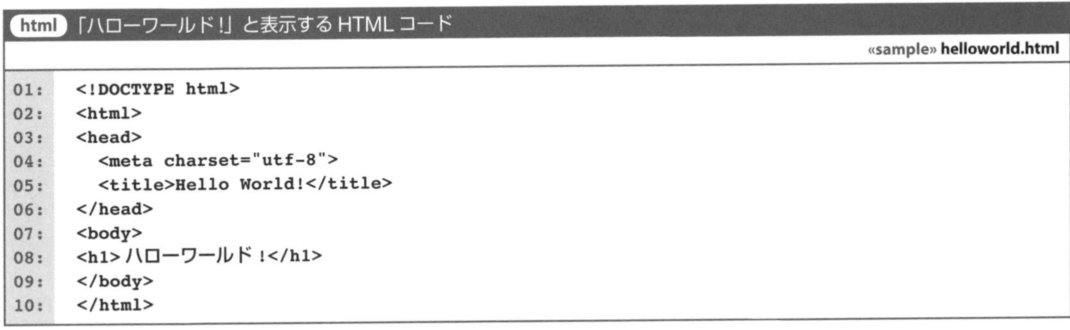
html 「ハローワールド！」と表示する HTML コード

«sample» helloworld.html

```
<!DOCTYPE html>
<html>
<head>
  <meta charset="utf-8">
  <title>Hello World!</title>
</head>
<body>
<h1>ハローワールド！</h1>
</body>
</html>
```

2 ドキュメントルートに保存する

helloworld.html ファイルをドキュメントルートに保存します。次の図では初期値のドキュメントルート「MAMP/htdocs」の中に helloworld.html を入れています。

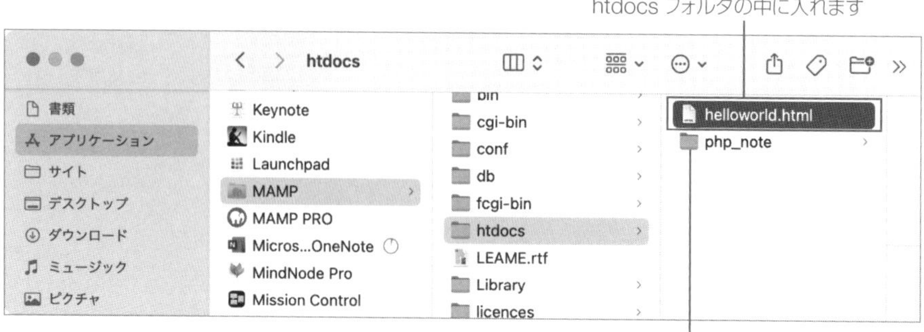

次の図は macOS のサイトフォルダをドキュメントルートに指定している場合です。

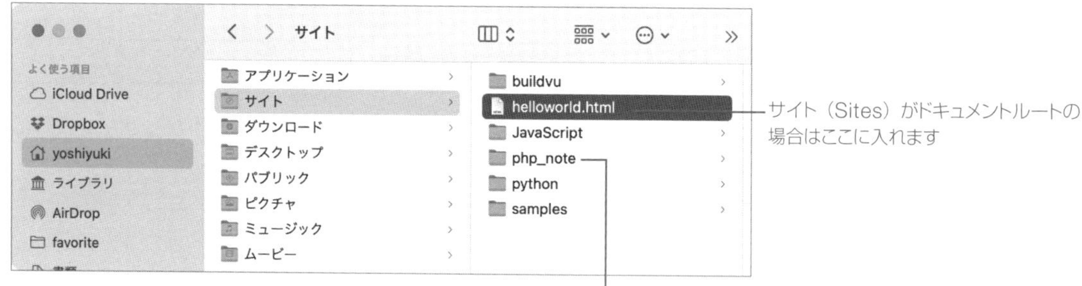

3 Web ブラウザで表示する

Web ブラウザで Web サーバにアクセスします。http://localhost:8888/ を開くと保存した index.html ファイルが読み込まれて「ハローワールド！」と表示されるはずです。URL の :8888 は Preferences の Ports で設定したポート番号です。

Web Startページを利用する

Webサーバが正常に起動しているとき、右上にあるWebStartボタンをクリックするとWebブラウザでWebStartページが開きます。Web StartページはMAMPのインストール状況のほか、MAMPに関するニュースが表示されるスタート画面です。phpInfoでPHPの設定内容を表示できたり、MySQLデータベースを管理できるphpMyAdminを呼び出したりすることもできます。

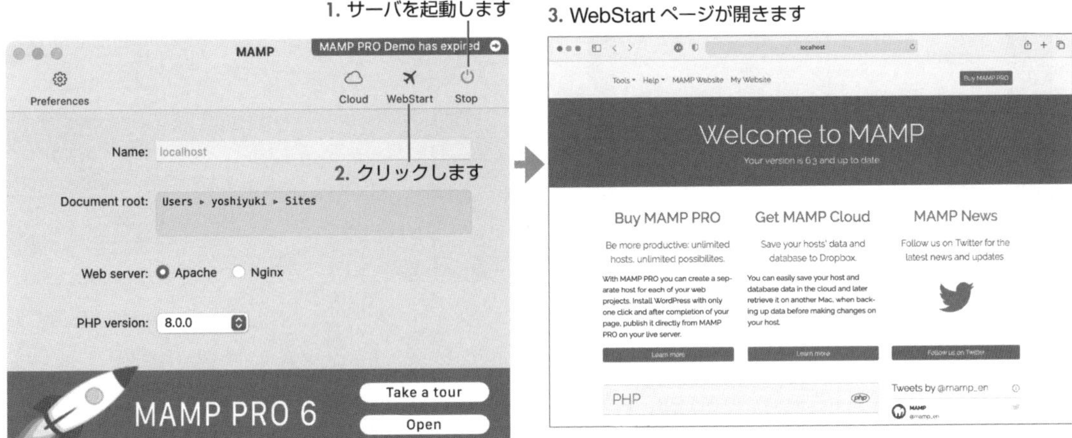

phpInfoを確認する

WebStartページのToolsメニューからphpInfoを選択すると、phpInfo()の実行結果が表示されます。phpInfo()ではPHPのバージョン、各種設定ファイルのパスや設定値を確認できます。

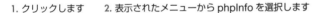

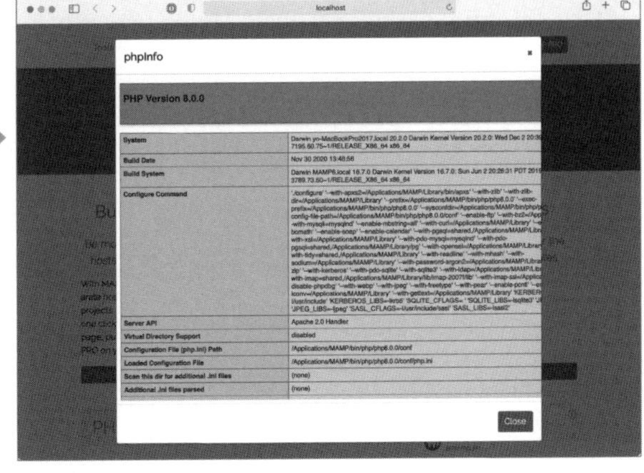

phpMyAdmin を開く

WebStart ページの Tools メニューには、phpMyAdmin と phpLiteAdmin があります。どちらも MySQL データベースを手軽に利用するためのツールですが、PHP 8 では phpMyAdmin を利用します。

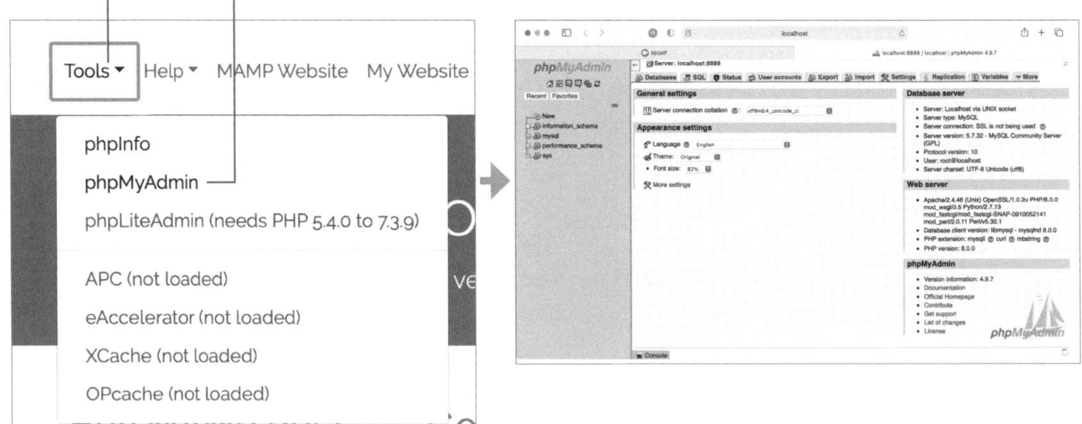

PHP の設定ファイルを変更する

PHP の設定は php.ini で行います。php.ini には多くの設定項目がありますが、ここで文字コードなどの最低限の設定を行っておきましょう。php.ini の編集には文字コードの UTF が利用できるテキストエディタを使ってください。修正する php.ini は次のパスに保存されています。パスは php のバージョン番号に合わせてください。

macOS の場合
/ アプリケーション /MAMP/bin/php/php8.0.0/conf/php.ini
php.ini のパスは WebStart ページの phpInfo でも確認できます。

Configuration File (php.ini) Path	/Applications/MAMP/bin/php/php8.0.0/conf
Loaded Configuration File	/Applications/MAMP/bin/php/php8.0.0/conf/php.ini

php.ini を変更する前に必ずオリジナルの php.ini の複製を作っておいてください。

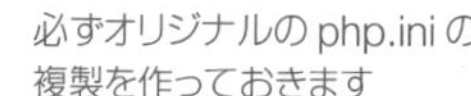

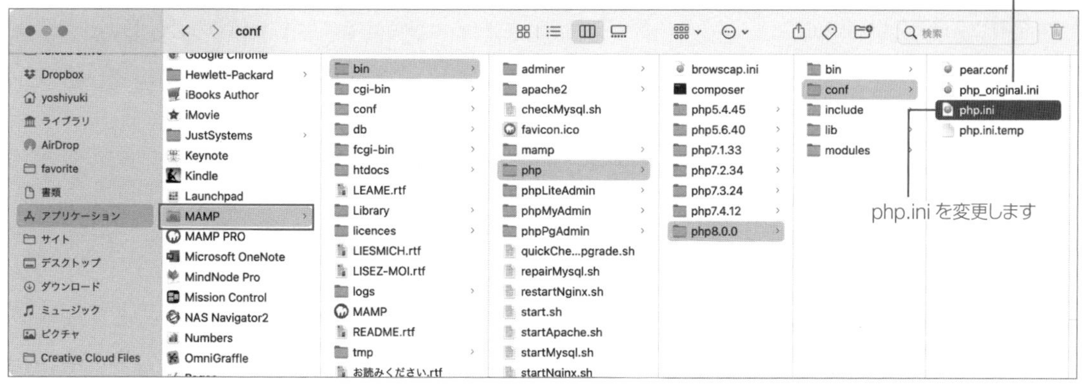

php.iniの変更箇所

php.iniの以下の設定値を変更します。設定値を変更する前に必ずphp.iniのバックアップをとってください。行の最初に ; がある場合は ; を取り除きます。バージョンの違いで行番号がずれていることがあるので、設定項目は検索して見つけてください。設定の変更が終わったならば、Webサーバを再起動します。

変更前／ php.ini

```
948  ;date.timezone = "Europe/Berlin"
1630 ;mbstring.language = Japanese
1637 ;mbstring.internal_encoding =
1645 ;mbstring.http_input =
1655 ;mbstring.http_output =
1633 ;mbstring.encoding_translation = Off
1668 ;mbstring.detect_order = auto
1673 ;mbstring.substitute_character = none
```

変更後／ php.ini

```
948  date.timezone = "Asia/Tokyo"
1630 mbstring.language = Japanese
1637 mbstring.internal_encoding = utf-8
1645 mbstring.http_input = utf-8
1655 mbstring.http_output = pass
1633 mbstring.encoding_translation = Off
1668 mbstring.detect_order = utf-8
1673 mbstring.substitute_character = none
```

エラーメッセージの画面表示とログファイル

開発中や PHP の学習時にエラーメッセージが画面表示されるようにするには php.ini の display_errors=On の設定にします。なお、運用時には必ず Off に設定してください。エラーのログは log_errors=On で取ることができます。ログファイルは error_log で指定します。

php.ini の設定箇所（macOS 版）

```
505 display_errors = On
524 log_errors = On
596 error_log = "/Applications/MAMP/logs/php_error.log"
```

NOTE

一時的にエラーメッセージが表示されないようにする

エラー表示する display_errors = On の設定で運用時においては、実行時に error_reporting() を使ってエラーメッセージが表示されないようにすることができます。display_errors = Off での運用時にエラーメッセージを表示させることはできません。関連する PHP コードは次のとおりです。

全てのエラー出力をオフにする

```
error_reporting(0);
```

単純な実行時エラーを表示する

```
error_reporting(E_ERROR | E_WARNING | E_PARSE);
```

全ての PHP エラーを表示する

```
error_reporting(E_ALL);
```

Chapter 2
変数や演算子

PHPの開始タグと終了タグ、変数や定数を使った式、演算子の種類など、PHPのコードを書くための最低限必要になる基本要素について説明します。特に変数については、しっかり理解してください。

Section 2-1

PHP コードの開始タグと終了タグ

PHP のコードはどこに、どのように書けばよいのでしょうか。まずは、簡単なコードをいくつかの書き方で試してみましょう。PHP コードを実行し、結果を確認する方法も説明します。

コードブロックの開始タグと終了タグ　<?php ～ ?>

PHP のコードは、HTML などに埋め込んで実行することが多いことから、コードブロックを示す開始タグと終了タグがあります。開始タグが <?php、終了タグが ?> です。このタグに囲まれている範囲が PHP のコードとして判断されて実行されます。PHP のファイルは .php の拡張子を付けて保存します。

たとえば、次のコードは PHP コードとして実行されます。echo は文字や変数の値を表示する命令です。

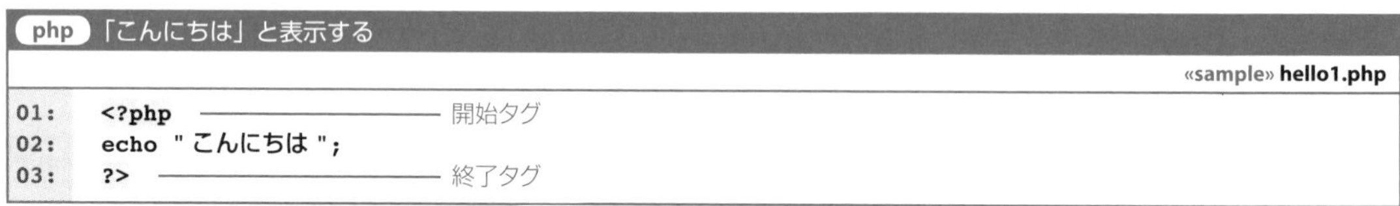

php「こんにちは」と表示する

«sample» hello1.php

```
<?php ―――――― 開始タグ
echo " こんにちは ";
?> ―――――― 終了タグ
```

このコードを hello1.php に書いてドキュメントルート内に保存します。ドキュメントルートからのパスが php_note/chap02/2-1/hello1.php ならば、URL は次のようになります。サーバに接続できない場合は localhost:8080 などのようにポート番号を指定してみてください。

http://localhost/php_note/chap02/2-1/hello1.php

ブラウザには、図に示すように「こんにちは」と表示されます。

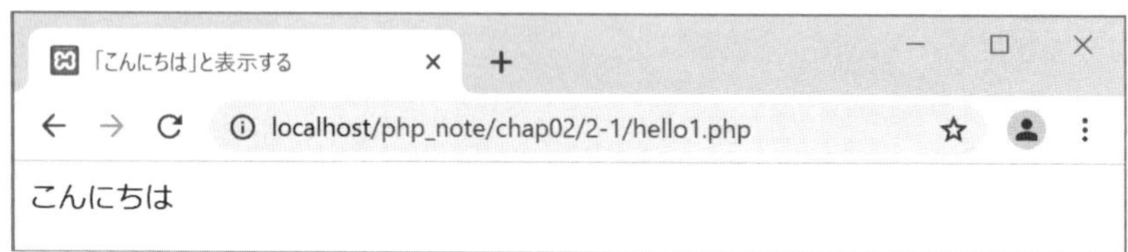

このコードは次のように 1 行で書いた場合も同じコードとして処理されます。

php「こんにちは」と表示する（1 行コード）

«sample» hello2.php

```
<?php echo " こんにちは "; ?>
```

変数を使ったコード

次の例は変数を使ったコードです。$who が変数です。このコードを実行すると「こんにちは、PHP 8」と表示されます。変数については、あらためて詳しく説明します。

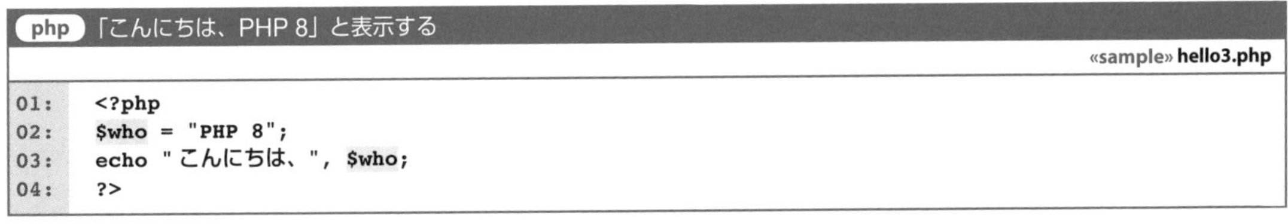

php 「こんにちは、PHP 8」と表示する

«sample» hello3.php

```php
<?php
$who = "PHP 8";
echo "こんにちは、", $who;
?>
```

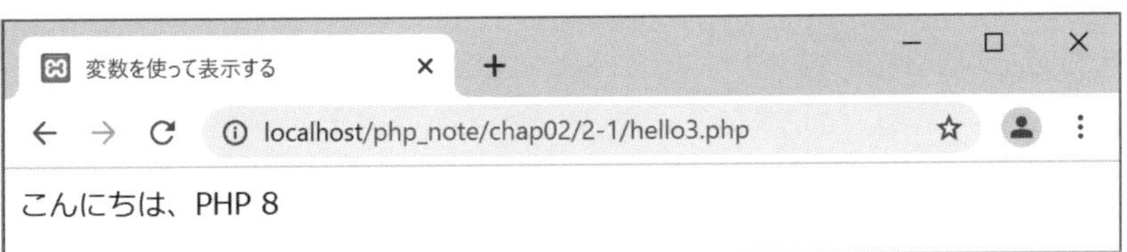

NOTE

終了タグの省略

ファイルの終端が PHP ブロックの場合には終了タグはオプションです。include や require を利用して PHP コードを外部ファイルから読み込む場合は、終了タグを省略する方が誤動作を防げます。(☞ P.415)

NOTE

開始タグと終了タグの種類

開始タグと終了タグには、<?php ～ ?> のほかにも違う書き方があります。ただし、使用するには php.ini の設定が必要なものや、現在のバージョンでは削除されたものもあります。

開始タグと終了タグ	備考
<?php ～ ?>	通常の書き方です。
<?= 文字列 ; ?>	<?php echo 文字列 ; ?> の省略形です。
<? ～ ?>	php.ini の設定が必要です（short_open_tag = On)。
<% ～ %>	PHP 7 で削除されました。
<script language="php"> ～ </script>	PHP 7 で削除されました。

HTML コードに PHP コードを埋め込む

PHP の開始タグと終了タグを使えば、HTML コードの中に PHP コードを埋め込むことができます。この場合もファイルの拡張子は .html ではなく .php を付けて保存します。

Web サーバに配置されている PHP ファイル

次ページの lunchmenu.php には、HTML コードの中に PHP の開始タグと終了タグで囲まれた範囲が 3 カ所に分かれて組み込まれています。

php PHP コードが 3 カ所に含まれている HTML コード

«sample» **lunchmenu.php**

```
<!DOCTYPE html>
<html>
<head>
  <meta charset="utf-8">
  <title>本日のランチ</title>
  <link  href="./css/style.css" rel="stylesheet" type="text/css">
</head>

<?php
$meat = "チキン南蛮香味だれ";
$fish = "鯖の竜田揚げ";
?>

<body>
<div class="main-contents">

本日のランチ、肉料理は、
<h1>
<?php echo $meat; ?>
</h1>
魚料理は、
<h1>
<?php echo $fish; ?>
</h1>
です。<br>

</div>
</body>
</html>
```

PHP のコードが含まれているので、拡張子は .php で保存します

PHP コード

PHP コード

PHP コード

Web ブラウザにダウンロードされる HTML コード

この lunchmenu.php を Web サーバに置き、Web ブラウザで URL を指定して読み込みます。すると Web サーバで PHP コードの部分が実行されて、次のように HTML コードとして書き出されたものがダウンロードされます。

php PHP 実行後のコード

«sample» **lunchmenu.php**

```
<!DOCTYPE html>
<html>
<head>
  <meta charset="utf-8">
  <title>本日のランチ</title>
  <link  href="./css/style.css" rel="stylesheet" type="text/css">
</head>


<body>
<div class="main-contents">

本日のランチ、肉料理は、
<h1>
```

ここにあった PHP コードは、何も出力しないので空白です

```
チキン南蛮香味だれ </h1>
魚料理は、
<h1>
鯖の竜田揚げ </h1>
です。<br>

</div>
</body>
</html>
```

PHP コードが実行された結果で料理名に置き換わりました

Web ブラウザで表示されるページ

Web ブラウザに読み込まれるのはこのコードなので、Web ブラウザの画面には次の図のように表示されます。フォントサイズなどはリンクしている style.css の CSS に従ってレイアウトされます。

CSS　リンクしている CSS

«sample» css/style.css

```
@charset "UTF-8";
body{
   margin: 10;
   padding: 10;
   font-family: " ヒラギノ角ゴ ProN W3", "Hiragino Kaku Gothic ProN", " メイリオ ", Meiryo, Osaka, " ＭＳ Ｐゴシック ", "MS PGothic", sans-serif;
}
.main-contents h1{
   padding: 5px 0 5px 30px;
   font-size: 32px;
}
```

Section 2-2

ステートメントの区切りとコメント

前節ではPHPコードの開始タグと終了タグについて説明しました。この節では、PHPコードのステートメントの区切りやコメント文の書き方など、いくつかの決まり事について説明します。

ステートメントの区切り

PHPコードのステートメント（行、命令文）の区切りはセミコロン（；）です。したがって、次の2つのコードは同じコードとして処理されて同じ結果になります。

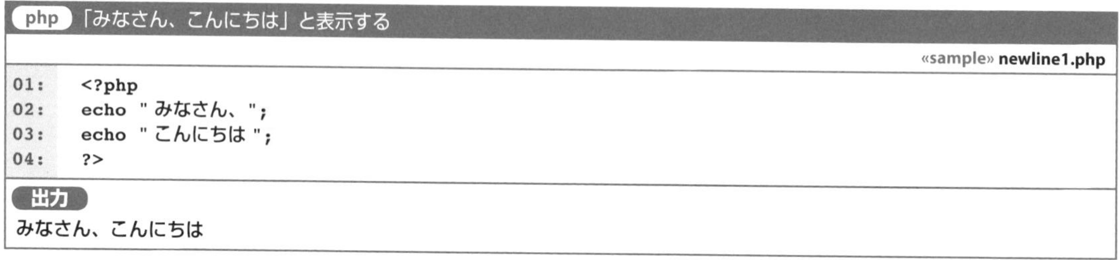

php 「みなさん、こんにちは」と表示する

«sample» newline1.php

```
<?php
echo "みなさん、";
echo "こんにちは";
?>
```

出力

みなさん、こんにちは

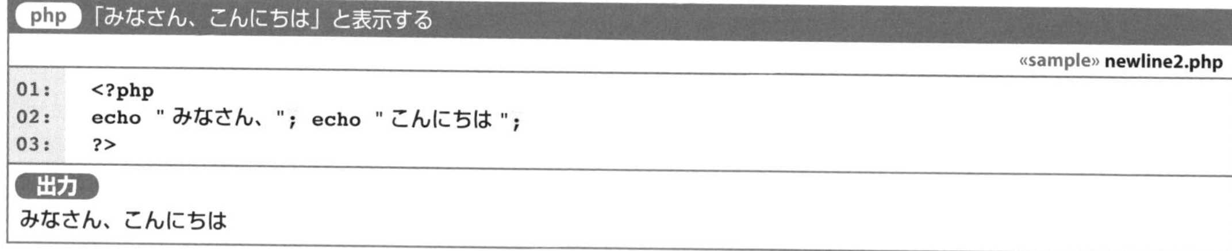

php 「みなさん、こんにちは」と表示する

«sample» newline2.php

```
<?php
echo "みなさん、"; echo "こんにちは";
?>
```

出力

みなさん、こんにちは

Webブラウザではどちらも次のように表示されます。

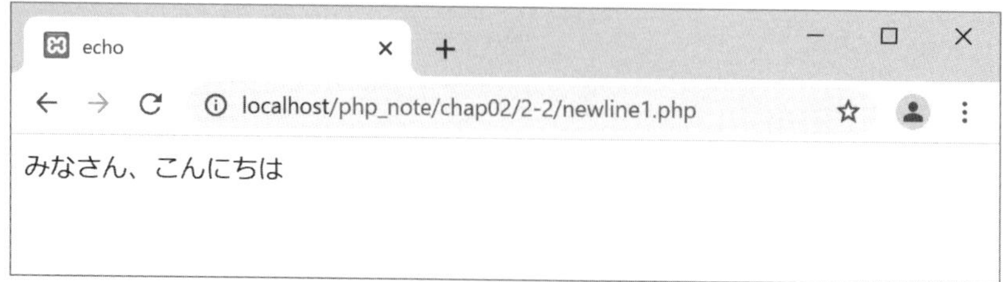

なお、終了タグはセミコロンを含んでいるため、セミコロンを付ける必要はありません。ただし、終了タグの直後に改行がある場合は、その改行を含んでしまうので最終行にもセミコロンを付けた方がよいでしょう。

大文字と小文字の区別

大文字と小文字の区別については少し注意が必要です。echo、if、while といった PHP のキーワード、ユーザが定義した関数やクラスの名前は大文字小文字を区別しません。しかし、ユーザが定義した変数名と定数名は大文字小文字を区別します。

例えば、echo 関数は小文字で書いても大文字で書いても同じコマンドとして処理されます。

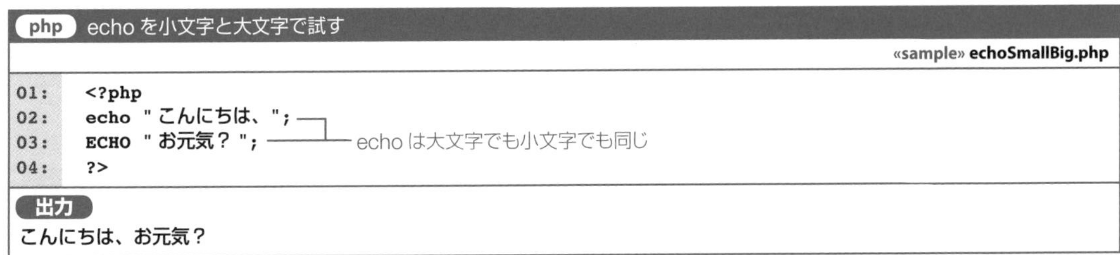

php echo を小文字と大文字で試す

«sample» echoSmallBig.php

```
<?php
echo "こんにちは、";
ECHO "お元気？";
?>
```


出力

```
こんにちは、お元気？
```

ただ、PHP コードに SQL データベースを操作する SQL 文を含めるケースが多くあります。このとき、SQL 文を大文字で書くのが一般的なので、PHP コードは小文字で書くようにしておくとよいでしょう。

変数名の大文字と小文字

変数についてはあらためて説明しますが、ここでは変数名が大文字と小文字で区別されるという注意点を示しておきます。次の例では $myColor と $myCOLOR の２つの変数を使っています。２つの変数名はスペルが同じですが、大文字と小文字が区別されるので、別々の変数として処理されます。

php 変数名は大文字と小文字が区別される

«sample» varSmallBig.php

```
<?php
$myColor = "green";
$myCOLOR = "YELLOW";
echo $myColor;
echo "、";
echo $myCOLOR;
?>
```

$myColor と $myCOLOR は別の変数

出力

```
green、YELLOW
```

コメント文の書き方

コメント文は、コードの説明を書いたり、一時的にコードが実行されないようにしたりするために用います。コードをコメントにすることを「コメントアウトする」と言います。PHP には、複数の種類のコメント文の書き方があります。

#を使った1行コメント

行の先頭に#を書くと、その行はコメント文になります。行の途中に#を書くと、#の後ろからがコメント文になります。

php #を使った1行コメントの例

«sample» comment_sharp.php

```
<?php
# この行はコメントです。
echo "こんにちは";
#
# この3行もコメントです。
#
echo "ありがとう";
?>
```

出力

```
こんにちはありがとう
```

//を使った1行コメント

#と同様に行の先頭に//を書くと、その行はコメント文になります。行の途中に//を書くと、//の後ろからがコメント文になります。1行コメントは、改行または終了タグが来たところで終わります。

php //を使った1行コメントの例

«sample» comment_slash.php

```
<?php
// この行はコメントです。
echo "こんにちは";
//
// この3行もコメントです。
//
echo "ありがとう";
?>
```

出力

```
こんにちはありがとう
```

複数行コメント（ブロックコメント）

/* から */の間はコメント文になります。/* ～ */を使うと行の途中にコメントを入れることもできます。1行コメントを含んでコメントアウトすることはできますが、/* ～ */のブロックコメントを含んだ範囲をさらに/* ～ */で囲んでコメントにすることはできません。

次のコードをWebブラウザで表示すると、/* ～ */で囲まれている2カ所は無視されて「こんにちは。さようなら。」とだけ表示されます。

php /* ～ */ を使った複数行コメントの例

«sample» comment_block.php

```
<?php
echo "こんにちは。";
/*
// この区間はコメントです。
echo "ありがとう。";
*/
echo /* 途中をコメント */ "さようなら。";
?>
```

出力

```
こんにちは。さようなら。
```

NOTE

ドキュメントコメント

PHP コードを書く約束事として、コードの先頭、クラスやメソッドの定義文の直前にコメント文を書いて機能説明するドキュメントコメントがあります。ドキュメントコメントは書式として /** ～ */ のように書きます。開始行は /** のように * を必ず2個並べ、複数行の各行は * から開始します。

なお、ドキュメントコメントを使う場合に通常の /* ～ */ の複数行コメントは紛らわしいので // を使うようにするとよいでしょう。

```
/**
* ドキュメントコメント
* ドキュメントコメント
*/

/** ドキュメントコメント */
```

空白と改行

連続した空白は1個の空白と同じです。空白行は無視されます。また、ステートメントの区切りはセミコロンなので改行も無視されます。したがって、コードを読みやすくする目的で、空白、空白行、改行を活用できます。つまり、次の2つのコードはまったく同じものとして処理されます。

php 空白と改行があるコード

«sample» space1.php

```
<?php↵
$name   = "佐藤";↵
$age    = 16;↵ ――― 連続した空白は1個の空白と同じです
↵
echo $name, "、",↵――― 改行は無視されます
        $age;↵
 ?>
```

出力

```
佐藤、16
```

php 空白と改行がないコード

«sample» space2.php

```
<?php $name="佐藤";$age=16;echo $name,"、",$age;?>
```

出力

```
佐藤、16
```

Section 2-3

変数と定数

変数は値を一時的に保管したり、計算式などの処理を記述したりするために用います。変数は宣言文や型指定もなく手軽に利用できます。変数名は大文字と小文字を区別するので注意してください。

変数を作る

変数の作成には宣言文が必要なく、名前に$を付けるだけですぐに利用できます。変数は値を入れた時点で作成されます。

変数名

変数名は英字またはアンダースコアから開始し、2文字目からは数字も利用できます。スペルが同じでも英字の大文字と小文字は区別されます。大文字と小文字が区別されることから、$_idと$_IDは別の変数として扱われます。

変数名の例
$price
$room1
$room2
$redCar
$_id
$_ID

変数に値を代入する

変数には値を1つだけ入れることができます。値を入れることを「代入」と呼び、値の代入は = 演算子を使って行います。次のコードは変数に値を入れたのち、echoで書き出しています。

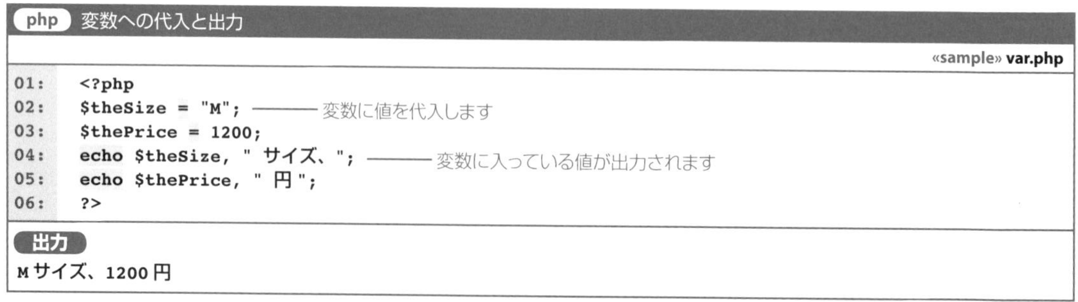

php　変数への代入と出力

«sample» var.php

```
<?php
$theSize = "M"; ——— 変数に値を代入します
$thePrice = 1200;
echo $theSize, " サイズ、"; ——— 変数に入っている値が出力されます
echo $thePrice, " 円";
?>
```

出力

```
Mサイズ、1200円
```

Webブラウザでは次のように表示されます。

変数を使って式を作る

プログラムコードでは変数を使って式を書きます。変数を使うことで、式の処理内容が明確になる、同じ式を使って多くの値を計算できる、式を書く時点では値が決定していなくても処理のアルゴリズムを記述できるといった大きなメリットがあります。

次のコードでは３教科の得点の合計と平均点を求めています。

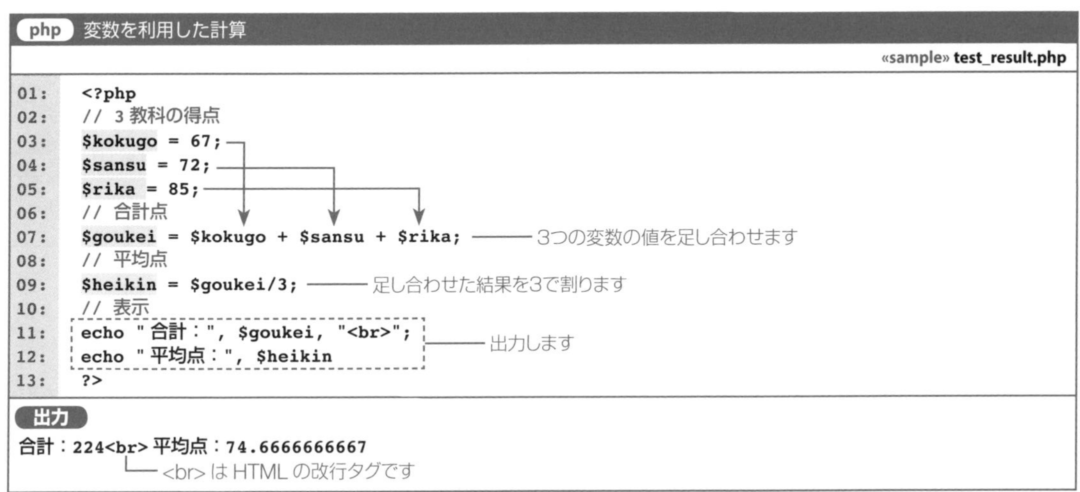

php 変数を利用した計算

«sample» test_result.php

```
<?php
// 3 教科の得点
$kokugo = 67;
$sansu = 72;
$rika = 85;
// 合計点
$goukei = $kokugo + $sansu + $rika;
// 平均点
$heikin = $goukei/3;
// 表示
echo "合計：", $goukei, "<br>";
echo "平均点：", $heikin
?>
```

3つの変数の値を足し合わせます
足し合わせた結果を3で割ります
出力します

出力

```
合計：224<br>平均点：74.6666666667
```


 は HTML の改行タグです

Web ブラウザでは次のように表示されます。

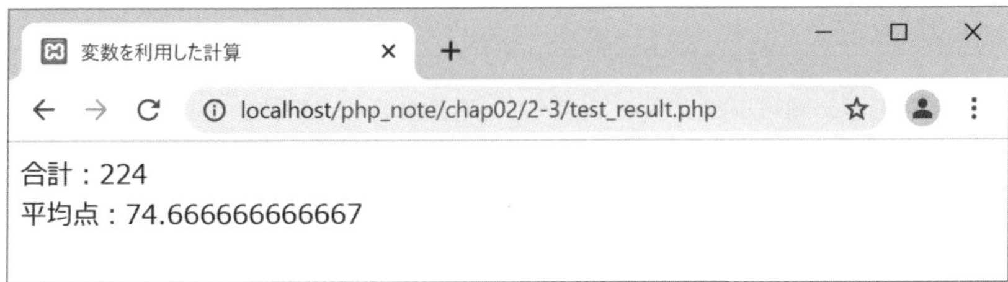
変数を利用した計算
localhost/php_note/chap02/2-3/test_result.php
合計：224
平均点：74.666666666667

NOTE

小数点以下の桁数

平均点を 74.7 のように小数点以下 1 位まで表示したい場合には、printf() を使って表示します（☞ P.145）。四捨五入などで小数点以下 1 位の値に丸めたい場合には round()、cell()、floor() といった関数を利用します（☞ P.114）。

変数に入れることができる値

変数には数値、文字列、オブジェクトなど、さまざまなタイプの値を入れることができます。PHP の変数には型のチェックがありません。次の例の $zaiko のように、文字列が入っていた変数に数値を入れるといったことができます。

php 文字列の入っていた変数に数値を入れる

«sample» var_type.php

```php
<?php
$zaiko = "在庫なし"; // 文字列を入れる
echo $zaiko, "<br>";
$zaiko = 5; // 数値を入れる
echo $zaiko;
?>
```

出力

```
在庫なし<br>5
```

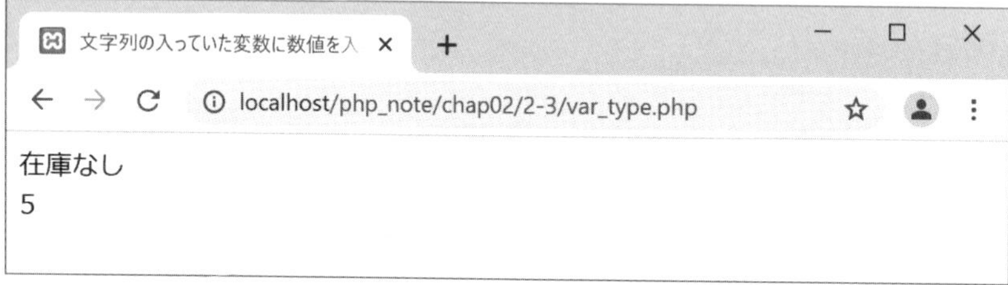

変数のスコープ（有効範囲）

変数にはスコープ（有効範囲）があり、同じプログラムコードの中であっても、変数が使われている場所が違うと同名の変数なのに値が違うといったことが起こります。

変数の有効範囲に着目したとき、変数にはローカルスコープの変数、グローバルスコープの変数、スーパーグローバル変数の３種類があります。さらに、関数の中で値が保持されるスタティック変数というものもあります。これらの違いについては、ユーザ定義関数の解説で説明します。（☞ P.117）

定義済み変数

PHP には定義済みの変数があります。それぞれの変数については、利用場面で詳しく取り上げます。$_ で始まる変数はスーパーグローバル変数と呼ばれています。

定義済み変数	値
$GLOBALS	グローバルスコープで使用可能なすべての変数への参照。
$_SERVER	サーバ情報および実行時の環境情報。
$_GET	HTTP GET 変数。
$_POST	HTTP POST 変数。
$_FILES	HTTP ファイルアップロード変数。
$_REQUEST	HTTP リクエスト変数。
$_SESSION	セッション変数。
$_ENV	環境変数。
$_COOKIE	HTTP クッキー。
$php_errormsg	直近のエラーメッセージ。
$HTTP_RAW_POST_DATA	生の POST データ。
$http_response_header	HTTP レスポンスヘッダ。
$argc	スクリプトに渡された引数の数。
$argv	スクリプトに渡された引数の配列。

定数を定義する

定数は一度値を決めたら後から値を変更できません。逆に言えば、後から変更してはいけない値を定数として定義します。定数は const を使って定義します。定数名は変数と同じように、名前の大文字小文字を区別します。名前は慣例としてすべてを大文字にします。

const で定義した定数はプログラムコード全体のどこからでも参照できるグローバル定数です。関数定義、if 文、ループ文、try - catch ブロックの中で定義することはできません。

const で定数を定義する

次のコードは定数 TAX を定義し、続く計算式で使っています。使い方は変数の場合と同じように名前を書くだけです。

php 定数 TAX を const で定義する

«sample» teisu_const.php

```
<?php
const TAX = 0.08;
$price = 1250 * (1+TAX);
echo $price;
?>
```

出力

```
1350
```

NOTE

define() で定数を定義する

定数は define() でも定義できます。定数 TAX の値は define("TAX", 0.08) のように定義します。define() ではローカル定数を定義できます。(teisu_define.php)

定義済みの定数

PHP には定義済みの定数があります。定義済みのコアモジュール定数とマジック定数（マジカル定数）について簡単に説明します。

コアモジュール定数

PHP のコアで値が定義されている定数があります。よく利用する定数には次のようなものがあります。

コアモジュール定数	値
PHP_VERSION_ID	実行中の PHP のバージョンを整数値で表したもの。
PHP_EOL	現在の OS の改行文字。
PHP_INT_MAX	整数型の最大値。
PHP_INT_MIN	整数型の最小値。
PHP_OS	現在の OS。
TRUE	論理値の真の値。小文字の true も多用される。
FALSE	論理値の偽の値。小文字の false も多用される。
NULL	変数が値をもっていない。小文字の null も多用される。
E_ERROR	重大な実行時エラー。
E_PARSE	コンパイル時のパースエラー。

マジック定数

マジック定数（マジカル定数）には、状況に応じた値が入っています。これらの定数は、主にデバッグ時に利用します。

マジック定数	値
__LINE__	ファイル上の現在の行番号。
__FILE__	ファイルのフルパスとファイル名。
__DIR__	ファイルが存在するディレクトリ。
__FUNCTION__	現在の関数名。
__CLASS__	クラス名。トレイトを use しているクラス名。
__TRAIT__	トレイト名。
__METHOD__	クラスのメソッド名。
__NAMESPACE__	現在の名前空間の名前。

Section 2-4

文字や変数の値を表示する

変数や定数の値を文字列にして表示する方法、デバッグのために変数の値を調べる方法について解説します。文字列に変数を埋め込んで表示する方法については、「Section5-1　文字列を作る」も合わせて確認してください。

複数の値を表示する　echo

echo はHTMLの中に文字列を出力するために使用します。値が1個の場合はカッコを付けた書式が使えます。HTMLコードの"
"を出力することでWebブラウザで改行して表示されます。

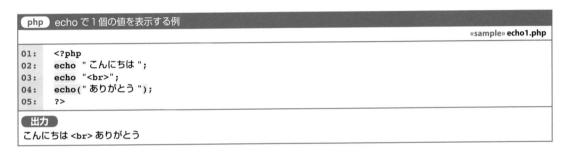

php echo で1個の値を表示する例

«sample» echo1.php

```php
<?php
echo "こんにちは";
echo "<br>";
echo("ありがとう");
?>
```

出力

こんにちは
ありがとう

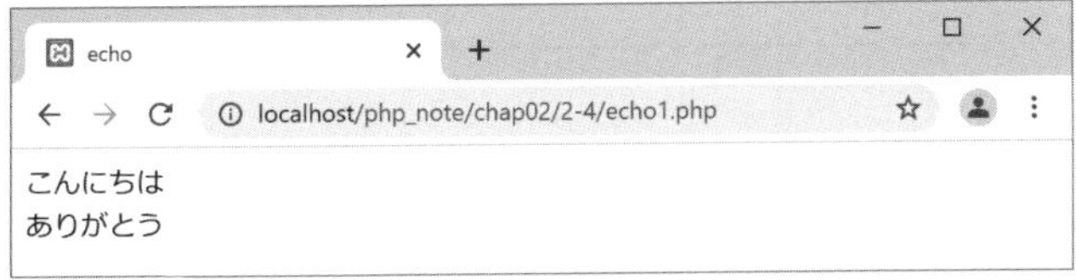

複数の値を表示する

echo は値をカンマ（,）で区切ることで、複数の値を続けて表示できます。先の例の3行は、次のように1行で書くことができます。値が複数の場合にはカッコ付きの書式はエラーになるので注意してください。

php echo で複数の値を表示する例

«sample» echo2.php

```php
<?php
echo "こんにちは", "<br>", "ありがとう";
?>
```

出力

こんにちは
ありがとう ―― 先のコードと同じ出力になります

NOTE

<?= 文字列 ?>

<?php echo "こんにちは"; ?> は、<?="こんにちは"; ?> のように省略形が使えます。

1 個の値を表示する　print()

print() は引数で指定した値を 1 個だけ表示できる関数です。カッコは付けなくても構いませんが、echo のように複数の値を出力することはできません。

php print() で値を表示する例

«sample» **print.php**

```
<?php
$msg = "ハローグッバイ";
print($msg);
?>
```

出力

```
ハローグッバイ
```

文字列はピリオド（ . ）を使って連結できます。そこで、複数の文字列を連結して 1 個にして print() で書き出すという使い方がよくされています。次の例では、変数の $who、$age に、"さん。" と "才" を 1 個に連結して表示しています。$age には数値が入っていますが、文字列として連結されます。（☞ P.74）

php ピリオド（ . ）を使って文字列を連結する

```
<?php
$who = "田中";
$age = 35;
print $who . "さん。" . $age . "才"; ——— 文字列を連結して出力します
?>
```

出力

```
田中さん。35 才
```

> **NOTE**
>
> **文字列のフォーマット**
> printf() を利用すると出力の書式を指定できます。また、sprintf() を使うと書式指定した文字列を変数で受け取ることができます。文字列のフォーマットについては「Section5-2 フォーマット文字列を表示する」で解説します。（☞ P.145）

デバッグのために変数の値を表示する

デバッグ中に配列の値を確認したいことがあります。echo と print() では、配列やオブジェクトの中身を見ることはできません。print_r() または var_dump() を使えば、文字列や数値だけでなく配列の値やオブジェクトのプロパティの値を確認できます。（配列☞ P.197、オブジェクトのプロパティ☞ P.243）

print_r()

次の例では、配列の $colors と DateTime オブジェクトの $now を print_r() を使って書き出しています。出力結果をブラウザで見ても改行されませんが、ソースコードは見やすい形に改行されて出力されています。（DateTime ☞ P.400）

php print_r() で配列とオブジェクトの値を確認する

«sample» **print_r.php**

```
<?php
$colors = array("red", "blue", "green");
$now = new DateTime();
print_r($colors);
print_r($now);
?>
```

出力

```
Array
(
    [0] => red
    [1] => blue
    [2] => green
)
DateTime Object
(
    [date] => 2021-04-19 15:51:38.328678
    [timezone_type] => 3
    [timezone] => Asia/Tokyo
)
```

$colors の出力結果

$now の出力結果

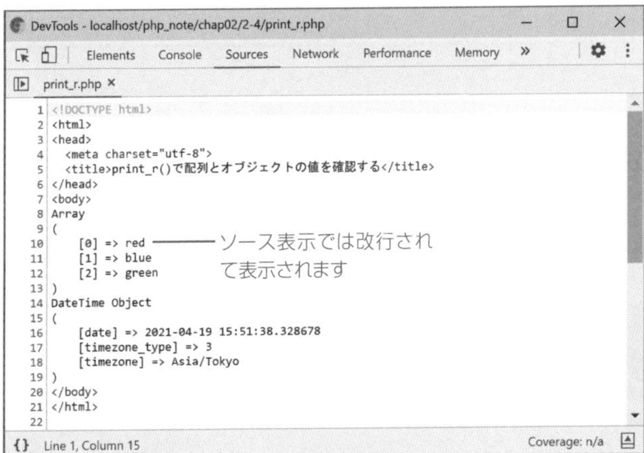

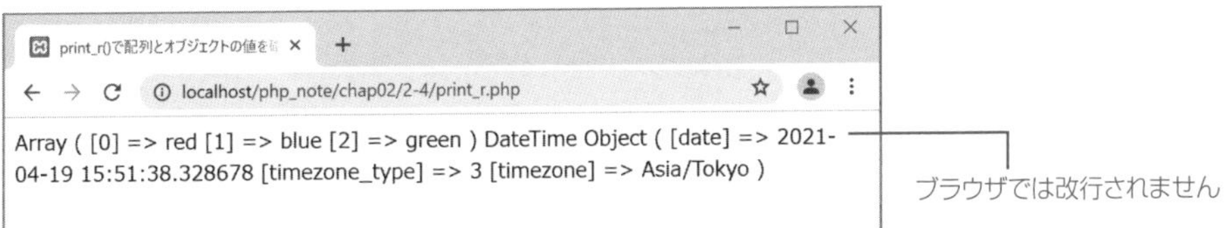

var_dump()

実は print_r() では論理値と NULL を出力できません。var_dump() は NULL や論理値を出力でき、値の型も合わせて出力されることから、デバッグでは print_r() よりも var_dump() が適していることがわかります。ソースコードは見やすい形に改行されて出力されます。次の例を見ると変数 $userName に値がないことから、実行結果ではエラーメッセージの Warning（Undefined variable ）に続いて NULL が出力されています。

php var_dump() を使って変数の値を確認する

«sample» **var_dump.php**

```
<!DOCTYPE html>
<html>
<head>
  <meta charset="utf-8">
  <title>var_dump() の出力 </title>
</head>
<body>
<?php
$msg = " おはよう "; // 文字列
$colors = array("red", "blue", "green"); // 配列
$now = new DateTime(); // DateTime オブジェクト
$tokuten = 45; // 整数
$isPass = ($tokuten>80); // 論理値
$userName; // 値なし
var_dump($msg);
var_dump($colors);
var_dump($now);
var_dump($tokuten);
var_dump($isPass);
var_dump($userName)
?>
</body>
</html>
```

出力

```
string(12) " おはよう "  ―― $msg の出力
array(3) {
  [0]=>
  string(3) "red"  ―― $colors の出力
  [1]=>
  string(4) "blue"
  [2]=>
  string(5) "green"
}
object(DateTime)#1 (3) {
  ["date"]=>
  string(26) "2021-04-19 16:02:55.999156"  ―― $now の出力
  ["timezone_type"]=>
  int(3)
  ["timezone"]=>
  string(10) "Asia/Tokyo"
}
int(45)  ―― $tokuten の出力
bool(false)  ―― $isPass の出力
<b>Warning</b>:  Undefined variable $userName in <b>C:\xampp\htdocs\php_note\chap02\2-4\var_
dump.php</b> on line <b>20</b><br />
 on line 20
NULL  ―― $userName の出力
```

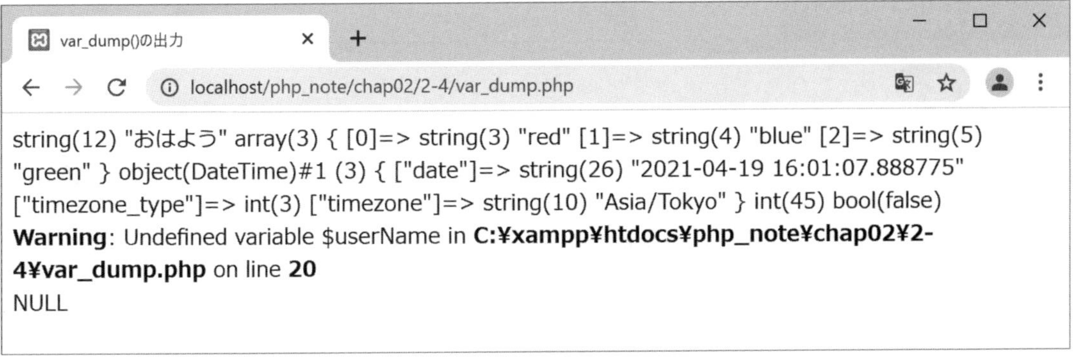

NOTE

Warning の表示

Warning は警告でありこの時点で実行を中断するエラーではありません。この警告は error_reporting(0) を実行するか、php.ini の display_errors を Off に設定することで表示されなくなります。（☞ P.27、P.38、P.48）

<pre> ～ </pre> を利用して Web ブラウザでも見やすく表示する

改行コードは Web ブラウザで見ても改行して表示されません。また、空白やタブも詰めて表示されます。そういった出力は、<pre> ～ </pre> で囲んでおくと Web ブラウザでも確認しやすくなります。

次の例では、var_dump() の出力結果を <pre> ～ </pre> で囲んでいます。

php var_dump() の出力を <pre> ～ </pre> で囲む

«sample» **var_dump_pre.php**

```
<pre>
<?php
$colors = array("red", "blue", "green");
var_dump($colors);
?>
</pre>
```

var_dump()をブラウザでも見やすく出

localhost/php_note/chap02/2-4/var_dump_pre.php

```
array(3) {
  [0]=>
  string(3) "red"
  [1]=>
  string(4) "blue"
  [2]=>
  string(5) "green"
}
```

ブラウザでも改行されて見やすくなります

Section 2-5

演算子

演算子とは、+、- などのように、演算を行う記号のことです。算術演算子、論理演算子のように演算対象の型に応じた演算子が用意されています。PHPでは、文字列に含まれている数字をそのまま算術計算できるなどの暗黙の型変換（キャスト）が随所で行われます。

代入演算子

= は代入演算子です。= の左項に置いた変数、定数などに右項の値を代入、設定します。「$a = 1」の式で変数$aに1が入ります。これが代入です。

演算子	演算式	説明
=	$a = b	$aにbの値を代入、設定する

$aに5が入っているとき、「$b = $a」を実行すると変数$bに5が入ります。$aの値を$bに入れると$aは空になりそうですが、$aの値は5のまま変化しません。代入は値を右から左へ移すのではなく、右項の値をコピーして左項に設定する操作です。

次の例では、2行目で$aに100を代入し、次の3行目では = の右項にある式「$a + 1」の結果を左項の$bに代入します。「$a + 1」は101なので、$bには101が代入されます。代入後の変数の値をvar_dump()で確認するとわかるように、$aの値は操作後も100のまま変化せず、$bには101が入っています。

$b = $a + 1

左項（$b）　右項（$a + 1）

php　変数に値を代入する

«sample» assignment1.php

```
01:  <?php
02:  $a = 100;
03:  $b = $a + 1; ——— 右項の $a + 1 の結果を左項の $b に代入します
04:  var_dump($a);
05:  var_dump($b);
06:  ?>
```

出力

```
int(100) ——— $aの値
int(101) ——— $bの値
```

$a = $b = $c = 100の式は右から実行され、$c、$b、$aの順に100が入ります。複数の変数を同じ値で初期化したい場合に便利です。

php 複数の変数を同じ値にする

«sample» assignment2.php

```
<?php
$a = $b = $c = 100;
var_dump($a);
var_dump($b);
var_dump($c);
?>
```

出力

```
int(100)
int(100)
int(100)
```

複合代入演算子

複合代入演算子は、変数自身に対する演算と代入を組み合わせたものです。たとえば、「$a += 1」は変数$aに1を加算した値を変数$aに代入します。すなわち、「$a = $a+1」と同じ結果になります。代表的な複合代入演算子には次のものがあります。複合代入演算は、文字列演算子、バイナリ演算子、配列結合にもあります。

演算子	演算式	説明
+=	$a += b	$a = ($a + b) と同じ。
-=	$a -= b	$a = ($a - b) と同じ。
*=	$a *= b	$a = ($a * b) と同じ。
/=	$a /= b	$a = ($a / b) と同じ。
%=	$a %= b	$a = ($a % b) と同じ。% は除算の余りを求める演算子です。☞ P.70
.=	$a .= b	$a = ($a . b) と同じ。. は文字列の連結を行う演算子です。☞ P.74

php $aに10を加算する

«sample» assignment3.php

```
<?php
$a = 0;
$a += 10;
echo $a;
?>
```

出力

```
10
```

算術演算子

算術演算子は数値計算を行う演算子です。aとbの演算を行って結果を求めますが、元になるaとbの値は変化しません。たとえば、$total - 5は変数$totalから5を引いた値を求める演算ですが、計算後も変数$totalの値は変化しません。

演算子	演算式	説明
+	+a	a の値。
-	-a	a の正負を反転した値。
+	a + b	a と b の足した値。加算
-	a - b	a から b を引いた値。減算
*	a * b	a に b を掛けた値。乗算
/	a / b	a を b で割った値。除算
%	a % b	a を b で割った余り。剰余
**	a ** b	a の b 乗。累乗

NOTE

0 での割り算

0 での割り算に対応できる intdiv()、fdiv()、fmod() といった関数が用意されています（☞ P.114）。

php 合計を求めて 5 を引いた最終結果を出す

«sample» total.php

```
<?php
$total = 80 + 40;
$result = $total - 5;
echo "合計{$total}、最終結果{$result}";
?>
```

変数を文字列に埋め込んで出力できます（04 行目）

出力

```
合計120、最終結果115
```

次の例では合計金額を 4 人で割り勘した場合の 1 人当たりの金額と不足分を求めています。

NOTE

変数を { } で囲む

変数を { } で囲むことで、前後に空白を開けずに文字列に埋め込むことができます（☞ P.138）。

php $kingaku を 4 人で割り勘した場合の金額を求める

«sample» warikan.php

```
<?php
$kingaku = 5470;
$amari = $kingaku % 4;
$hitori = ($kingaku - $amari)/4;
echo "1人{$hitori}円、不足{$amari}円";
?>
```

4 で割った余りを求めます（03 行目）

出力

```
1人1367円、不足2円
```

余りを求める計算（剰余演算）では、先に演算対象の値（オペランド）を整数にします（小数点以下は切り捨て）。たとえば、11.6%4.1 は 11%4 と同じになり、余りの値は 3 になります。

php 余りは整数で計算される

«sample» amari.php

```
<?php
$ans = 11.6%4.1;
echo $ans;
?>
```

出力

```
3
```

NOTE

オペレータとオペランド

演算子のことをオペレータ、演算対象の値のことをオペランドと呼びます。11.6%4.1 ならば、% がオペレータ、11.6 と 4.1 がオペランドです。

文字列の数字を使った計算

数字が入っている文字列を計算式で使った場合、警告のWarningが出ますが、数値（int、float）と解釈できる場合は数字を文字列から取り出して計算します。Warningはphp.iniのdisplay_errorsをOffでWebサーバー運用するか、error_reporting(0)を実行して出力されないようにすることができます（☞ P.27、P.38、P.48）。

たとえば、"3人" + "2人" は5になります。このように、PHPでは随所で暗黙のキャスト（型変換）が行われるという特徴があります。

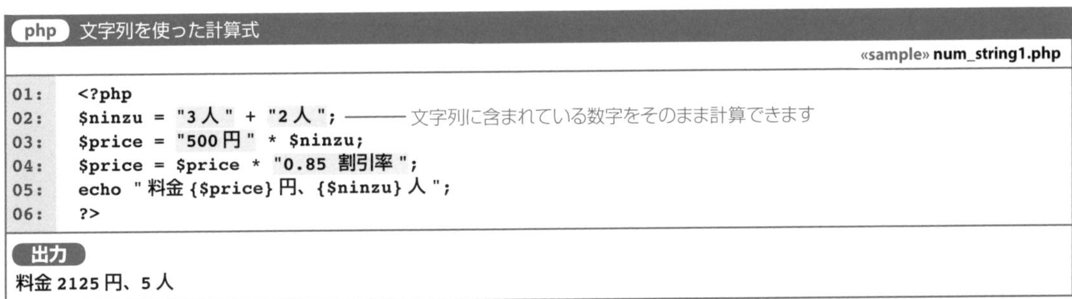

php 文字列を使った計算式

«sample» num_string1.php

```
<?php
$ninzu = "3人" + "2人"; ——— 文字列に含まれている数字をそのまま計算できます
$price = "500円" * $ninzu;
$price = $price * "0.85 割引率";
echo "料金{$price}円、{$ninzu}人";
?>
```

出力

料金2125円、5人

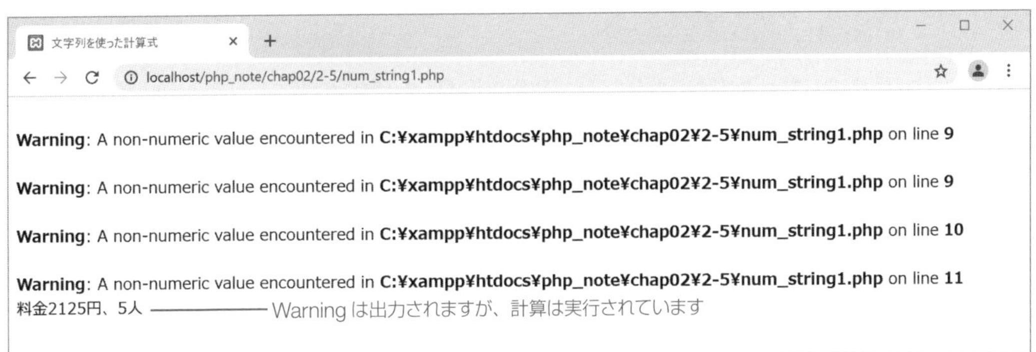

数値として判断される文字列 php8

文字列に含まれている数字が数値と評価されるにはいくつかの条件があります。また、PHP 8からはデータの型チェックが厳しくなり、先の例のように数値として処理される場合にも警告が出ることがあります。

文字列の数字が数値として評価されるのは、数字だけ、数字の前に文字がない、数字の間にスペースがある場合は先頭の数字、"1.2e-3" といった指数表記のケースです。

文字列の種類	式	結果	備考
整数だけの数字	2 + "15"	17	
小数点がある数字	2.3 + "1.25"	3.55	
符号付きの数字	2 + "-4"	-2	
前後に半角スペース	" 5 " + " 6 "	11	
途中に半角スペース	"5　6" + 7	12	5 + 7 で計算、Warning が発生
指数表記の文字	"1.2e-3" * 2	0.0024	
数字の後に文字	"250 円 " * 2	500	Warning が発生
数字の前に文字	" 番号 99" + 1	中断	Fatal error（致命的エラー）
数字が含まれていない	10 + " 円 "	中断	Fatal error

では、実際に試してみましょう。8、10行目はWarningが出ますが数値計算が行われます。11、12行目を実行するとFatal errorで処理が中断します。この2行はコメントアウトされているので、先頭の#を取り除くことで試すことができます。

php　数字が含まれている文字列を使った計算の例

«sample» **num_string2.php**

```
01: <?php
02: <?php
03: # error_reporting(0); # Warning が出力されないようにしたいときに実行する
04: $a = 2 + "15";
05: $b = 2.3 + "1.25";
06: $c = 2 + "-4";
07: $d = " 5 " + " 6 ";
08: $e = "5   6" +  7; # Warning が発生
09: $f = "1.2e-3" * 2;
10: $g = "250 円 " * 2; # Warning が発生
11: # $h = " 番号 99" + 1; # Fatal error で中断
12: # $i = 10 + " 円 "; # Fatal error で中断
13:
14: echo "a {$a}、b {$b}、c {$c}、d {$d}、e {$e}、f {$f}、g {$g}";
15: ?>
```

出力

```
a 17、b 3.55、c -2、d 11、e 12、f 0.0024、g 500
```

インクリメントとデクリメント

プログラミングでは、変数に1を足す（インクリメント）、変数から1を引く（デクリメント）という演算がよく行われるので専用の演算子があります。

++$aならば変数$aの値に1を足します。$a+1とは違い、変数$aの値が直接変化するので注意してください。--の場合も同様です。--$aならば変数$aの値から1を引きます。

演算子	演算式	説明
++	++$a	$aに1を足す。
--	--$a	$aから1を引く

次の例では、まず ++$a で $a の値が 1 になります。その後で $b に $a の値を代入するので、結果として $b の値も 1 になります。なお、\$ は「$」の文字を出力するためのエスケープシーケンスです（☞ P.139）。

php $a に 1 を加算した後で $a の値を $b に代入する

«sample» **increment.php**

```
<?php
$a = 0;
$b = ++$a; ——— 変数の前に ++ があります
echo "\$a は {$a}、\$b は {$b}"; ——— "\$" のバックスラッシュは "$" を文字として表示するためのエスケープシーケンスです。(☞ P.139)
?>
```

出力

```
$a は 1、$b は 1
```

ポストインクリメントとポストデクリメント

$a++ のように ++ を変数の後ろに書くと、ステートメントを抜ける際に演算が行われます。これをポストインクリメントと呼びます。$a-- ならばポストデクリメントです。

先の例では $a に 1 を足した後で $a の値を $b に代入していますが、次の $a++ を $b に代入する式では、まず $a の値を $b に代入します。したがって、この時点で $a は 0 なので $b には 0 が代入されます。そして、その後で $a に 1 を足します。結果として、$a は 1、$b は 0 になります。

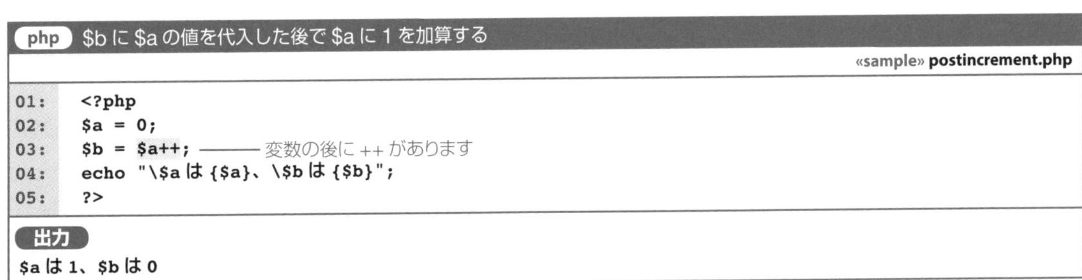

php $b に $a の値を代入した後で $a に 1 を加算する

«sample» **postincrement.php**

```
<?php
$a = 0;
$b = $a++; ——— 変数の後に ++ があります
echo "\$a は {$a}、\$b は {$b}";
?>
```

出力

```
$a は 1、$b は 0
```

文字列のインクリメントとデクリメント

文字列に対してインクリメント／デクリメントを行うと、"19" は数値として扱われて "20" になり、"a" はアルファベットの次の文字の "b" になります。

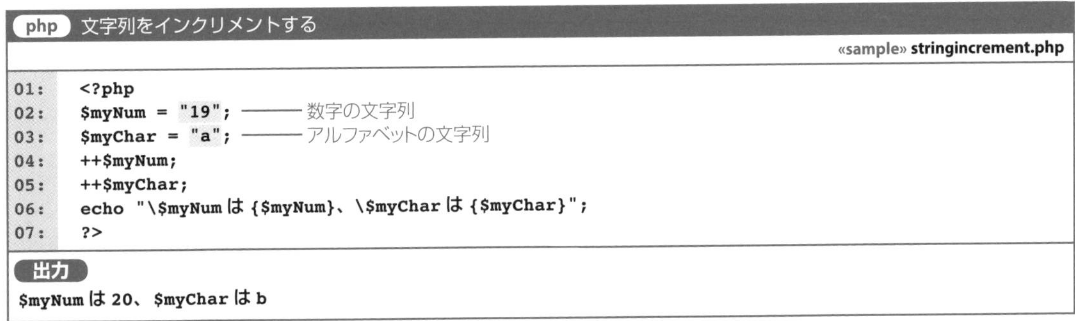

php 文字列をインクリメントする

«sample» **stringincrement.php**

```
<?php
$myNum = "19"; ——— 数字の文字列
$myChar = "a"; ——— アルファベットの文字列
++$myNum;
++$myChar;
echo "\$myNum は {$myNum}、\$myChar は {$myChar}";
?>
```

出力

```
$myNum は 20、$myChar は b
```

NOTE

加算子／減算子

インクリメント／デクリメントの演算子は、日本語で加算子／減算子と言います。そして、オペランドの前に置く加算子を前置加算子、後ろに置く加算子を後置加算子のように区別します。

文字列結合演算子

文字列を連結する操作はよく行われるので、ピリオド（.）が専用の演算子として用意されています。

次の例では、変数の $who、$hello に入っている文字列と " さん。" を連結しています。

php 文字列を連結する

«sample» **period.php**

```
<?php
$who = "青島";
$hello = "こんにちは";
$msg = $who . "さん。" . $hello;
echo $msg;
?>
```

出力

```
青島さん。こんにちは
```

数値の連結

数値をピリオドで連結すると自動的に文字列として扱われます。次の例では変数 $num に入っている数値を $msg1 では文字列の " 番 " と連結し、msg2 では数値の 77 と連結しています。PHP_EOL は OS に応じた改行を自動的に割り当てる定数です。

php 数値をピリオド連結する

«sample» **period_num.php**

```
<?php
$num = 19 + 1;
$msg1 = $num . "番" . PHP_EOL;
$msg2 = $num . 77; ――――― 数値同士も文字列のように連結します
echo $msg1;
echo $msg2;
?>
```

出力

```
20番
2077
```

比較演算子

比較演算子は大きさを比べる演算子です。次の比較演算子を使って作った式の結果は、true または false の論理値になります。論理値の「true ／ false」は、「YES ／ NO」、「正しい／間違い」という意味を示す値です。

true でなければ false、false でなければ true というように必ずどちらかの値になります。

比較演算子を使えば if 文、while 文の条件式を書くことができ、「80 点以上ならば合格」、「値が正の間は処理を繰り返す」といった処理を行えます。(if 文☞ P.86、while 文☞ P.102)

演算子	演算式	説明
>	a > b	a が b より大きい値のとき true
<	a < b	a が b より小さい値のとき true
>=	a >= b	a が b 以上（b を含む）の値のとき true
<=	a <= b	a が b 以下（b を含む）の値のとき true
==	a == b	a と b の値が等しいとき true（緩やかな比較）
!=	a != b	a と b の値が等しくないとき true（緩やかな比較）
===	a === b	a と b の値も型も等しいとき true（厳密な比較）
!==	a !== b	a と b の値または型が等しくないとき true（厳密な比較）

次の例では、変数 $a と $b の値の大きさを比較しています。$a より $b の値が大きいので、($a<$b) が true、($a>$b) が false になります。

php 変数 $a と $b の値を比較する

«sample» **hikaku.php**

```php
<?php
$a = 7;
$b = 10;
$hantei1 = ($a<$b);
$hantei2 = ($a>$b);
var_dump($hantei1);
var_dump($hantei2);
?>
```

出力

```
bool(true)
bool(false)
```

次のコードは if-else 文での比較演算子の利用例です。$point の値が 11.6 なので、($point >= 10) が true になり echo " 合格 " が実行されます（if-else 文 ☞ P.87）。

php $point の値が 10 以上のときに合格

«sample» **kensa.php**

```php
<?php
$point = 11.6;
if ($point >= 10) {
  echo " 合格 ";
} else {
  echo " 失格 ";
}
?>
```

出力

```
合格
```

緩やかな比較　==、!=

数値と文字列の数字とを比較するとき、== と != では「緩やかな比較」が行われ、数値を文字列に変換したのちに等しいかどうかを評価します。たとえば、文字列の "99" と数値の 99 を ("99" == 99) のように比べると、結果は true、つまり同じ値と判断されます。

php 数値と文字列を緩やかに比較する

«sample» hikaku_==.php

```
<?php
$hantei1 = ("99" == 99);  ——— 文字列の "99" と数値の 99 が同じかどうか比較します
$hantei2 = ("99" != 99);
var_dump($hantei1);
var_dump($hantei2);
?>
```

出力

```
bool(true) ——— "99" と 99 は等しい
bool(false)
```

厳密な比較　===、!==

"99" と 99 は別の値として区別したい場合には、=== または !== で「厳密な比較」を行い、値だけでなく型が等しいかどうかも比べます。この結果、("99" === 99) は等しくないと判断されて false、("99" !== 99) は true になります。文字列の比較については「Section5-5 文字列の比較と数値文字列」でも詳しく取り上げます（☞ P.166）。

php 数値と文字列を厳密に比較する

«sample» hikaku_===.php

```
<?php
$hantei1 = ("99" === 99);  ——— 値だけでなく、型も同じかどうかも含めて比較します
$hantei2 = ("99" !== 99);
var_dump($hantei1);
var_dump($hantei2);
?>
```

出力

```
bool(false) ——— "99" と 99 は厳密には等しくない
bool(true)
```

NOTE

== による緩やかな比較と === による厳密な比較

== 演算子による緩やかな比較では、次のような比較結果になります。たとえば、true == true は当然ながら true ですが、1、-1、"1"、"-1"、"php" との比較も true になります。
これに対して === 演算子の厳密な比較では、true === true だけが true、"1" === "1" だけが true のように値と型が一致する場合だけ true になります。次の表では色文字が厳密な比較の結果です。

	true	false	1	0	-1	"1"	"0"	"-1"	null	array()	"php"	""
true	true	false	true	false	true	true	false	true	false	false	true	false
false	false	true	false	true	false	false	true	false	true	true	false	true
1	true	false	true	false	false	true	false	false	false	false	false	false
0	false	true	false	true	false	false	true	false	true	false	false	false
-1	true	false	false	false	true	false	false	true	false	false	false	false
"1"	true	false	true	false	false	true	false	false	false	false	false	false
"0"	false	true	false	true	false	false	true	false	false	false	false	false
"-1"	true	false	false	false	true	false	false	true	false	false	false	false
null	false	true	false	true	false	false	false	false	true	true	false	true
array()	false	true	false	false	false	false	false	false	true	true	false	false
"php"	true	false	false	false	false	false	false	false	false	false	true	false
""	false	true	false	false	false	false	false	false	true	false	false	true

論理演算子

論理値の演算を行うのが論理演算子です。論理値の演算結果も論理値になります。論理演算子には次の種類があります。

演算子	演算式	説明
&&	a && b	a かつ b の両方が true のとき true。（論理積）
and	a and b	同上（論理積）
||	a || b	a または b または両方が true のとき true。（論理和）
or	a or b	同上（論理和）
xor	a xor b	a または b のどちら片方だけが true のときに true。（排他的論理和）
!	!a	a が true ならば false、false ならば true。（否定）

論理積は「かつ」、論理和は「または」、排他的論理和は「どちらか片方」、否定は「ではない」という言葉で言い表せます。論理演算子を使った論理式は、「1 つでも 80 点以上のとき」、「すべての項目に入力があるとき」といった条件式を作る場合に利用します。

php 論理積、論理和、否定の演算

«sample» **boolean_operator.php**

```
<?php
$test1 = TRUE;
$test2 = FALSE;
$hantei1 = $test1 && $test2;
$hantei2 = $test1 || $test2;
$hantei3 = !$test1;
var_dump($hantei1);
var_dump($hantei2);
var_dump($hantei3);
?>
```

出力

```
bool(false)
bool(true)
bool(false)
```

and と or を使った論理式

論理積は && と and、論理和は || と or のように2種類の演算子があります。上のコードを and と or を使って書くと次のようになります。

php and、or 論理演算子を使ったコード

«sample» **boolean_and_or.php**

```
<?php
$test1 = TRUE;
$test2 = FALSE;
$hantei1 = ($test1 and $test2);
$hantei2 = ($test1 or $test2);
var_dump($hantei1);
var_dump($hantei2);
?>
```

（4行目）and、or を使う場合は論理式をカッコでくくる必要があります

出力

```
bool(false)
bool(true)
```

演算子の優先順位が原因の誤ったコード

and と or を利用する場合は、($test1 and $test2) のように、論理式をカッコでくくる必要があります。その理由は、and と or の優先順位が代入の = よりも低いからです。論理式をカッコでくくらないと先に $hantei1 = $test1 の部分が実行され、誤ったコードになります。演算子の優先順位は節の最後にまとめてあります。(☞ P.84)

php 誤ったコード

«sample» boolean_operator_NG.php

```
<?php
$test1 = TRUE;
$test2 = FALSE;
$hantei1 = $test1 and $test2; ——— 色を付けた部分が先に実行され、誤った結果になります
$hantei2 = $test1 or $test2;
var_dump($hantei1);
var_dump($hantei2);
?>
```

出力

```
bool(true)
bool(true)
```

三項演算子 ?:

?: は3つのオペランドがある演算子なので三項演算子と呼ばれます。書式は次のようになります。論理式が true のときと false のときで式の値が振り分けられます。(オペランド ☞ P.71)

書式 三項演算子

論理式 **?** true のときの値 **:** false のときの値

次の例では $a、$b の値を乱数で作り、大きな方の値を bigger に代入しています。mt_rand(0,50) は、0 ~ 50 の中の1つの整数を選び出します。

例では $a が 8、$b が 21 になったので、($a>$b) は false です。したがって、false の値として指定してある $b が $bigger に代入されます。なお、\$ は「$」の文字を出力するためのエスケープシーケンスです(☞ P.139)。

php 大きなほうの値を採用する

«sample» bigger_sankou.php

```
<?php
$a = mt_rand(0,50); ——— 0 ~ 50 の乱数を作ります
$b = mt_rand(0,50);
$bigger = ($a>$b)? $a : $b;——— 大きい方を選びます
echo "大きな値は{$bigger}、\$aは{$a}、\$bは{$b}";
?>
```

出力

```
大きな値は21、$aは8、$bは21
```

このコードは if-else を使って次のように書くことができます(☞ P.87)。

php 大きなほうの値を採用する

«sample» bigger_if.php

```
<?php
$a = mt_rand(0,50);
$b = mt_rand(0,50);
if ($a>$b){
  $bigger = $a;
} else {
  $bigger = $b;
}
echo "大きな値は{$bigger}、\$aは{$a}、\$bは{$b}";
?>
```

宇宙船演算子 <=>

<=> は 左項と右項の大きさを比較する演算子です。見た目から宇宙船演算子（Spaceship operator）と呼ばれています。演算結果は、左項が右項より大きいとき 1、等しいとき 0、小さいとき -1 になります。

<=> を使う場面として、カスタムソート定義があげられます。少し難しい例になりますが、次のコードでは配列 nums の要素を絶対値の大きさで並べ替えています。詳しくは配列のセクションで解説します(☞ P.228)。

php 配列の要素を絶対値の大きさで並べ替える

«sample» hikaku_spaceship.php

```
<?php
$nums = [3, 4, -2, 1, -3, 9, 0, 5];
usort($nums, function($a, $b){
  return abs($a) <=> abs($b);
});
print_r($nums);
?>
```

出力

```
Array
(
    [0] => 0
    [1] => 1
    [2] => -2
    [3] => 3
    [4] => -3
    [5] => 4
    [6] => 5
    [7] => 9
)
```

NULL に対応するための演算子

変数に値が入っていないとき、つまり NULL の場合にそのまま利用するとエラーの原因になります。そこで変数の値が NULL の場合に対応するための演算子が用意されています。

?? NULL 合体演算子

?? を使えば、値が NULL だったときに代替値を指定できます。次の例は単価に個数を掛けて金額を求めていますが、$kosu に値が入っておらずに NULL の場合は、代わりに 2 を使って $price の計算式を実行しています。

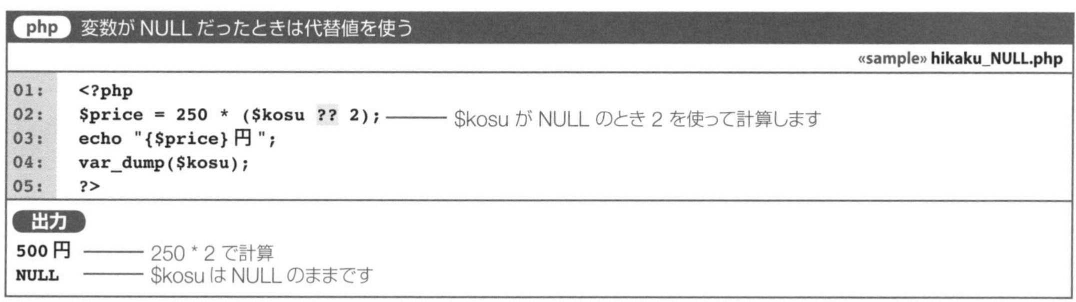

php 変数が NULL だったときは代替値を使う

«sample» hikaku_NULL.php

```
<?php
$price = 250 * ($kosu ?? 2); ——— $kosu が NULL のとき 2 を使って計算します
echo "{$price} 円";
var_dump($kosu);
?>
```

出力

```
500 円 ——— 250 * 2 で計算
NULL   ——— $kosu は NULL のままです
```

この例では $kosu が NULL だったとき 2 を代替値として使いますが、$kosu は NULL のままなので後から再び $kosu を使おうとしたとき代替値を知ることができません。

そこで $kosu が NULL だったときは初期値を 2 として初期化する方法があります。

php 変数が NULL だったときは初期化する

«sample» hikaku_NULL2.php

```
<?php
$kosu = $kosu ?? 2; ——— $kosu が NULL のとき 2 で初期化します
$price = 250 * $kosu;
echo "{$price} 円、{$kosu} 個 ";
?>
```

出力

```
500 円、2 個 ——— $kosu に 2 が入っています
```

??= NULL 合体代入演算子 php8

NULL 合体演算子 ?? を使って変数を初期化する例を示しましたが、PHP 8 で追加された NULL 合体代入演算子 ??= を使ってこの式を簡略して書くことができます。

??= は ?? と = を合わせた演算子です。これは複合代入演算子の += などと同じように理解できます（複合代入演算子 ☞ P.69）。

たとえば、$a = ($a + 1) の式を $a += 1 と書けるように、$a = ($a ?? 1) の式は $a ??= 1 と書くことができます。つまり、変数 $a が NULL のときに $a に 1 を代入して初期化できます。

したがって、$kosu が NULL だったときに 2 を代入して初期化する先の例のコードは、??= を使って次のように書くことができます。

php 変数がNULLだったときは初期化する

«sample» hikaku_NULL3.php

```
<?php
$kosu ??= 2; ——— $kosuがNULLのとき2で初期化します
$price = 250 * $kosu;
echo "{$price}円、{$kosu}個";
?>
```

出力

```
500円、2個 ——— $kosuに2が入っています
```

NOTE

nullsafe演算子？

PHP 8で？が1個のnullsafe演算子が追加されています。詳しくはオブジェクト指向プログラミングで説明します（☞ P.265）。

ビット演算子

ビット演算では、数値を2進形式にして処理します。たとえば、10進数の5を00000101の2進形式にして処理します。

ビットシフト

ビットシフトは指定した方向に桁をシフトする演算です。10進数の数値を左へ1桁シフトすると値が10倍になるように（例：5→50)、2進数の値を左へ1桁シフトすると値が2倍になります（例：1→10)。左へ2桁シフトすると4倍です（例：1→100)。シフトしてあふれた桁は捨て、空いた桁は0で埋めます。

演算子	演算式	説明
<<	a << b	aを左へb桁シフトする。
>>	a >> b	aを右へb桁シフトする。

ビット積、ビット和、排他的ビット和、ビット否定

数値を2進形式にして各桁のビットごとに比較し演算します。

演算子	演算式	説明
&	a & b	各桁同士を比較し、両方が1ならば1、そうでなければ0。(ビット積)
|	a | b	各桁同士を比較し、どちらかが1ならば1、そうでなければ0。(ビット和)
^	a ^ b	各桁同士を比較し、片方だけが1ならば1、そうでなければ0。(排他的ビット和)
~	~a	各桁の1と0を逆転させる。(ビット否定)

NOTE

整数の表記方法

10進形式のほかに、2進形式、8進形式、16進形式があります。2進形式は先頭が0bでその後に0か1の数字（例：0b10101010)、8進形式は先頭が0でその後に0～7の数字（例：0567)、16進形式は先頭が0xでその後に0～9またはA～Fが続きます（例：0xA9)。

キャスト演算子

PHPでは変数に型宣言が必要なく、演算によって値の型が自動変換されます。したがって、値の型を意識しないでコードを書くことができますが、型を特定したい場合もあります。そのような場合にキャスト演算子を使うことができます。ただし、元の値を変換するのではなく、値を指定した型で扱います。

演算子	演算式	説明
(int)	(int)$a	整数として扱う。(integer) と同じ。
(bool)	(bool)$a	論理値として扱う。(boolean) と同じ。
(float)	(float)$a	浮動小数点数として扱う。(double)、(real) と同じ。
(string)	(string)$a	文字列として扱う。
(array)	(array)$a	配列として扱う。
(object)	(object)$a	オブジェクトとして扱う。
(unset)	(unset)$a	NULL として扱う。

次の例では $theDate を論理値として評価し、その結果を $isAccess に代入しています。$theDate が null のままならば false、DateTime() が代入されると true になります。

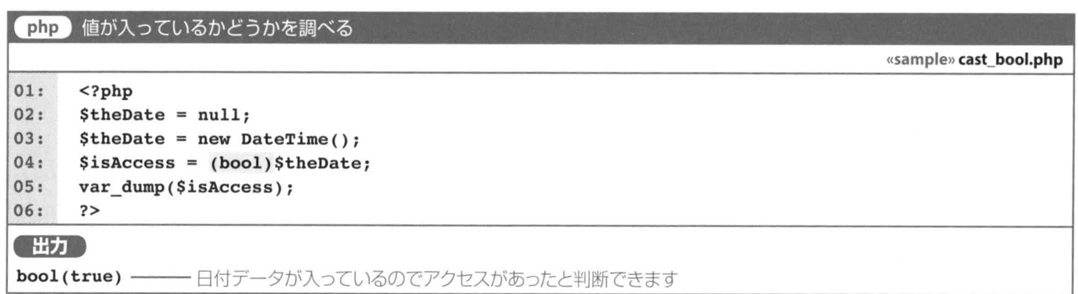

php 値が入っているかどうかを調べる

«sample» cast_bool.php

```
<?php
$theDate = null;
$theDate = new DateTime();
$isAccess = (bool)$theDate;
var_dump($isAccess);
?>
```

出力

```
bool(true)
```

―― 日付データが入っているのでアクセスがあったと判断できます

型演算子

instanceof は変数が指定したクラスのインスタンスかどうかを調べる、型を判定する演算子です。指定したクラスであれば true、そうでなければ false になります。

php 値が DateTime クラスかどうかを調べる

«sample» instanceof.php

```
<?php
$now = new DateTime();
$isDate = $now instanceof DateTime;
var_dump($isDate);
?>
```

出力

```
bool(true)
```

演算子の優先順位

(5 + 3 * 2) の式では先に 3 * 2 の演算が先に実行されるというように、演算子には実行の優先順位があります。

次の表は演算子を実行の優先順位に並べたものです。表の上にあるほうが優先順位が高いものです。同じ行に並んでいる演算子は優先順位が同じです。優先順位が同じ場合は、結合性によってグループ分けが行われて評価順が決まります。実行順が紛らわしい式は、演算式を ( ) でくくることで無用な間違いを防ぐことができます。

たとえば、$a = $b = $c は = が右結合なので、$a = ($b = $c) の実行順になります。$a = $b and $c は and の優先順位が = よりも低いので、($a = $b) and $c の実行順になってしまい、無意味な式になります。

<table>
<tr><th>演算子</th><th>結合性</th></tr>
<tr><td>clone　new</td><td>結合しない</td></tr>
<tr><td>**</td><td>右</td></tr>
<tr><td>++　--　~　(int) (float) (string) (array) (object) (bool) @</td><td>右</td></tr>
<tr><td>instanceof</td><td>結合しない</td></tr>
<tr><td>!</td><td>右</td></tr>
<tr><td>*　/　%</td><td>左</td></tr>
<tr><td>+　-　.</td><td>左</td></tr>
<tr><td><<　>></td><td>左</td></tr>
<tr><td><　<=　>　>=</td><td>結合しない</td></tr>
<tr><td>==　!=　===　!==　<>　<=></td><td>結合しない</td></tr>
<tr><td>&</td><td>左</td></tr>
<tr><td>^</td><td>左</td></tr>
<tr><td>|</td><td>左</td></tr>
<tr><td>&&</td><td>左</td></tr>
<tr><td>||</td><td>左</td></tr>
<tr><td>??</td><td>右</td></tr>
<tr><td>?:</td><td>左</td></tr>
<tr><td>=　+=　-= *=　**=　/=　.=　%=　&=　|=　^=　<<=　>>=　??=</td><td>右</td></tr>
<tr><td>and</td><td>左</td></tr>
<tr><td>xor</td><td>左</td></tr>
<tr><td>or</td><td>左</td></tr>
</table>

Chapter 3

制御構造

条件分岐や繰り返し処理を行うための制御構造は、プログラミングの醍醐味であるアルゴリズムを記述するために欠かせない構文です。条件式を記述するために利用する比較演算子や論理演算子と合わせて学んでください。

Section 3-1

条件によって処理を分岐する　if 文

if 文を使うと「もし〜ならば A を実行する。そうでなければ B を実行する」のように、条件を満たしているかどうかで処理を分岐させることができます。if 文には条件の数に応じるために複数の書式があります。

1 個の条件を満たせば実行する

ある 1 つの条件を満たすならば実行するという処理には、if 文の次の書式を使います。条件式は値が true か false のどちらかになる論理式を書きます。そして値が true のときだけ処理 A が実行されます。

条件式は比較演算子や論理演算子を使って書くことができます。関数やプロパティの値が true または false の論理値になるものを条件式として指定することもできます。if 文の中での処理は複数行のステートメントを実行できます。

書式 if 文

```
if ( 条件式 ) {
    処理 A
}
```

if 文の分岐の流れを図にすると次のように表すことができます。

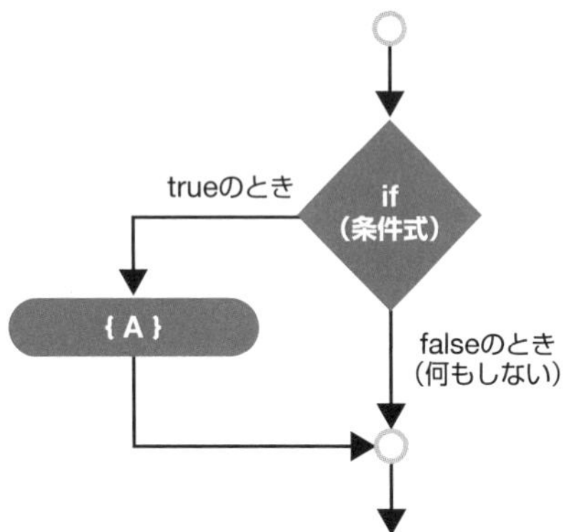

次のコードでは $tokuten が 80 以上の時に if 文の中に書いた「素晴らしい！」と表示する処理が実行されます。最初の例のように得点が 85 点ならば「素晴らしい！」と表示され、続けて if 文を抜けた後に「85 点でした。」と出力されます。

php $tokuten が 85 点だったとき

«sample» **if_true.php**

```
<?php
$tokuten = 85;
if ($tokuten>=80) {
  echo "素晴らしい！";  ―― $tokuten が 80 以上のときに実行されます
}
echo "{$tokuten} 点でした。"
?>
```

出力

```
素晴らしい！ 85 点でした。
```

もし、$tokuten が 50 ならば if 文の中が実行されずに「50 点でした。」とだけ出力されます。

php $tokuten が 50 点だったとき

«sample» **if_false.php**

```
<?php
$tokuten = 50;
if ($tokuten>=80) {
  echo "素晴らしい！";  ―― $tokuten が 50 だと実行されません
}
echo "{$tokuten} 点でした。"
?>
```

出力

```
50 点でした。
```

条件に合うときと合わないときの2種類の処理を作る

条件に合うときの処理と合わないときの処理を別々に用意したい場合には、if-else の書式を使います。条件式が true のときに処理 A、false のときには処理 B が実行されます。if-else の分岐の流れを図にすると下のように表すことができます。

書式 if-else

```
if (条件式) {
  処理 A
} else {
  処理 B
}
```

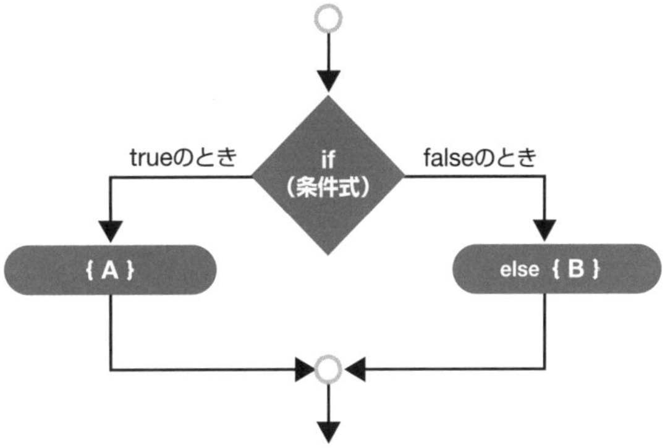

次の例では、$tokuten が 45 なので条件式の ($tokuten>=80) が false になるので、else ブロックが実行されます。したがって、「もう少しがんばりましょう！ 45 点でした。」と表示されます。

php $tokuten が 45 点のとき、else ブロックが実行される

«sample» if_else_false.php

```
<?php
$tokuten = 45;
if ($tokuten>=80) {
  echo "素晴らしい！";
} else {
  echo "もう少しがんばりましょう！"; ——— $tokuten が 80 未満のときに実行されます
}
echo "{$tokuten} 点でした。"
?>
```

出力

```
もう少しがんばりましょう！45 点でした。
```

複数の条件式で振り分ける

if-else if-else の書式を利用することで、複数の条件式をつなげて処理方法を分岐させることができます。if-else if-else if-else if-else のように、else if を条件の数だけ連結できます。else if は elseif のように空白を詰めて書くこともできます。

書式 **if-else if-else**

```
if (条件式 1) {
  処理 A
} else if (条件式 2) {
  処理 B
} else if (条件式 3) {
  処理 C
……
} else {
  処理 Z
}
```

if-else if-else の分岐の流れを図にすると次のように表すことができます。

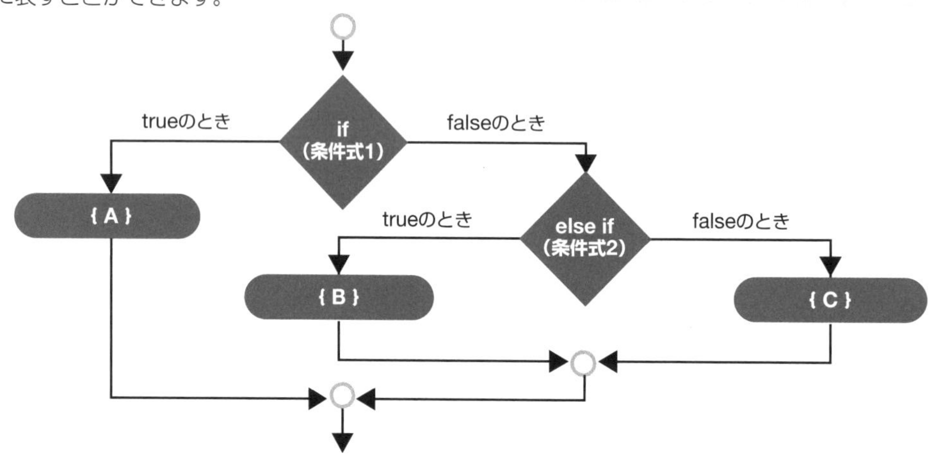

この書式について説明しましょう。まず、(条件式 1) が true かどうかを調べて、true ならば処理 A を実行して if 文を抜けます。(条件式 1) が false ならば続く (条件式 2) を調べます。(条件式 2) が true ならば処理 B

を実行して if 文を抜けます。そして、(条件式 2) が false ならば続く (条件式 3) を調べるというように、条件式が true になるまで評価を続けます。最後まで条件式が false ならば、最後の else の処理 Z を実行します。

なお、最後の else{ 処理 Z } はなくても構いません。else がない場合、すべての条件を満たさないときは何も実行せずに if 文を抜けます。

次の例では、年齢によって料金を振り分けています。年齢は $age に入れ、$age が 13 未満なら 0 円、13 〜 15 歳は 500 円、16 〜 19 歳は 1000 円、20 歳以上は 2000 円の値を $price に代入します。

例では $age が 18 の場合を試しています。$age が 18 の場合は、最初の ($age<13) 、次の ($age<=15) と条件を満たさずに false が続きますが、($age<=19) が true になるので $price = 1000 を実行して if 文を抜けます。

php 13 歳未満は 0 円、15 歳以下は 500 円、19 歳以下は 1000 円、20 歳以上は 2000 円

«sample» **if_else_if_18.php**

```
<?php
$age = 18; // 年齢が 18 歳の場合
if ($age<13) {
  $price = 0;
} else if ($age<=15) {
  $price = 500;
} else if ($age<=19) {
  $price = 1000;  ——— $ageが 18 の場合は、この式が実行されます
} else {  ——— 20 歳以上
  $price = 2000;
}
echo "{$age} 歳なので {$price} 円です。"
?>
```

出力

```
18 歳なので 1000 円です。
```

なお、年齢が 15.3 のように整数ではない場合を考慮したい場合は、端数を切り捨て、切り上げ、四捨五入といった方法で年齢を整数にする方法が考えられます。15.7 歳は 15 歳のように端数を切り捨てるならば floor() 関数を使います（よく利用する数学関数 ☞ P.114）。

php 年齢の端数は切り捨てて処理する

«sample» **if_else_if_floor.php**

```
<?php
$age = 15.7; // 年齢が 15.7 歳の場合
$age = floor($age); // 年齢の端数を切り捨てる
if ($age<13) {
  $price = 0;
} else if ($age<=15) {
  $price = 500;
} else if ($age<=19) {
  $price = 1000;
} else {
  $price = 2000;
}
echo "{$age} 歳なので {$price} 円です。"
?>
```

出力

```
15 歳なので 500 円です。
```

if 文のネスティングと論理演算

if 文の中で if 文を使うことで、より複雑な条件分岐ができます。これを if 文のネスティングと言います。

ネスティングを利用した条件式

次の例では、数学と英語がともに 60 点以上のときに「おめでとう！合格です！」と表示し、どちらか一方でも 60 点未満ならば「残念、不合格です。」と表示します。

まず数学 $sugaku の得点が 60 点以上かどうかを調べ、60 点以上ならば英語 $eigo の得点が 60 点以上かどうかを調べます。数学が 60 点未満ならば、英語の得点はチェックせずに不合格にします。

英語も 60 点以上ならば、数学と英語の両方が 60 点以上ということになるので「おめでとう！合格です！」と表示します。数学が 60 点以上でも英語が 60 点未満ならば不合格です。

php 数学と英語がともに 60 点以上のときに合格

«sample» if_nesting.php

```
<?php
$sugaku = 85;
$eigo = 67;
if ($sugaku>=60) {
  if ($eigo>=60) {          ——— $sugaku が 60 以上のときに、$eigo の値を評価します
    echo "おめでとう！合格です！";   ——— $sugaku と $eigo の両方が 60 以上のときに実行されます
  } else {
    echo "残念、不合格です。";
  }
} else {
  echo "残念、不合格です。";
}
?>
```

出力

おめでとう！合格です！

論理積を利用した条件式

if 文のネスティングの階層が深くなるとコードの可読性が下がり、誤りの元になります。先のコードは論理積の演算子 && を使うことで、次のようにネスティングせずに書くことができます。このほうがはるかに読みやすいコードになります。（論理演算子 ☞ P.77）

php 数学と英語がともに 60 点以上のときに合格

«sample» if_and.php

```
<?php
$sugaku = 85;
$eigo = 67;
// 両方とも 60 以上のときに合格
if (($sugaku>=60) && ($eigo>=60)) {   ——— 論理積の && 演算子を利用します
  echo "おめでとう！合格です！";
} else {
  echo "残念、不合格です。";
}
?>
```

出力

おめでとう！合格です！

論理和を利用した条件式

論理和の演算子 || を利用すると数学と英語のどちらか一方でも 60 点以上ならば合格といった条件式を簡単に作ることができます。次の例では数学が 42 点で 60 点に足りていませんが、英語が 67 点なので合格になります。

php 数学と英語のどちらか一方でも 60 点以上ならば合格

«sample» if_or.php

```
<?php
$sugaku = 42;
$eigo = 67;
// どちらか一方でも 60 以上ならば合格
if (($sugaku>=60) || ($eigo>=60)) {  ——— 論理和の || 演算子を使います
  echo " おめでとう！合格です！ ";
} else {
  echo " 残念、不合格です。";
}
?>
```

出力

おめでとう！合格です！

ネスティングと論理演算を利用した if 文

ネスティングと論理演算をうまく組み合わせることで、読みやすいコードを書くことができます。次の例では、最初に性別 $sex で女性かどうかを判断し、次に年齢 $age で判断しています。年齢は 30 以上 40 未満という条件を論理積を使って 1 つの条件式にしています。このように、数値の範囲に入っているかどうかを判定したいときに論理積を活用します。

php 30 代の女性のみが合格

«sample» if_nesting_and.php

```
<?php
$sex = "woman";
$age = 34;
if ($sex == "woman") {
  if (($age>=30) && ($age<40)) {
    echo " 採用です。";
  } else {                          ——— 女性のときだけ年齢を評価します
    echo "30 代の方を募集しています。";
  }
} else {
  echo " 女性のみの募集です。";
}
?>
```

出力

採用です。

NOTE

if 文をコロンで区切った書き方

各文を { } で囲まずにコロン（:）で区切る書式もあります。この書式では「else if」を空白で区切らずに elseif と書き、最後は endif; で終わります。この書式は条件によって HTML コードを選びたいときに使われます。（☞ P.316）

書式 if:-else if:-else:-endif;

```
if (条件式 1):
  処理 A
elseif (条件式 2):
  処理 B
......
else:
  処理 Z
endif;
```

php 15 歳以下は 500 円、19 歳以下は 2000 円、20 歳以上は 2500 円

«sample» if_elseif_colon.php

```
<!DOCTYPE html>
<html>
<head>
  <meta charset="utf-8">
  <title> コロンで区切った if 構文 </title>
</head>
<body>
<?php
$age = 25; // 年齢が 25 歳の場合
?>
<?php if ($age<=15):?>
  15 歳以下の料金は 500 円です。<br>
<?php elseif ($age<=19):?>
  16 歳から 19 歳は 2,000 円です。<br>
<?php else:?>
  20 歳以上の大人は 2,500 円です。<br>
<?php endif;?>
</body>
</html>
```

該当した HTML コードだけが表示されます

出力

```
20 歳以上の大人は 2,500 円です。
```

Section 3-2

値によって処理を分岐する　switch 文

条件を満たしているかどうかではなく、選んだ値が 1 なのか 2 なのかのように値によって処理を分岐したい場合は switch 文か much 式を利用できます。PHP 8 で新たに追加された match 式については次節で説明します。

値で分岐する　switch 文

条件式ではなく、式の値によって処理を分岐したい場合は switch 文を利用できます。switch 文では、式が値 1 ならば処理 A、値 2 なら処理 B のように式の値によって実行する処理をケース分けしておきます。

switch 文の構文は次のように switch(式) で評価する値の式を書き、式の値によって振り分けたい処理を case 値 : でケース分けします。式の値がどのケースにも該当しない場合は default: で用意した処理を実行します。なお、case 値 1, 値 2: のように 1 つの case に複数の値を指定することはできません。

各ケースの処理は複数行のステートメントを実行できます。後で例を示しますが、default 文は省略できます。また、break も省略できますが、省略するとフォールスルーと呼ばれる処理の流れになるので注意が必要です。これについても後で説明します。

if 文の分岐の流れを図にすると次のように表すことができます。

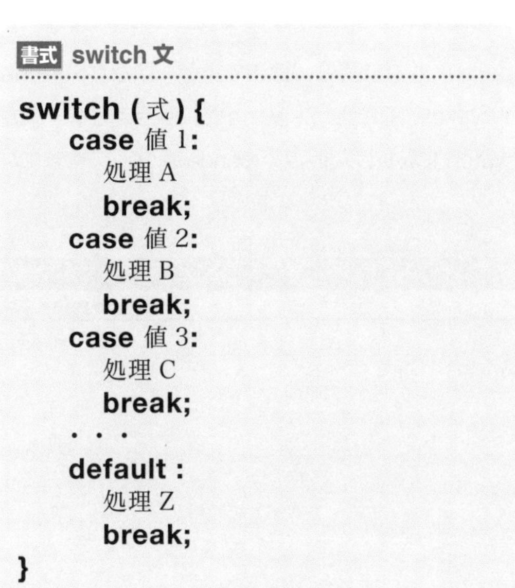

書式 switch 文

```
switch ( 式 ) {
    case 値 1:
        処理 A
        break;
    case 値 2:
        処理 B
        break;
    case 値 3:
        処理 C
        break;
    ・・・
    default :
        処理 Z
        break;
}
```

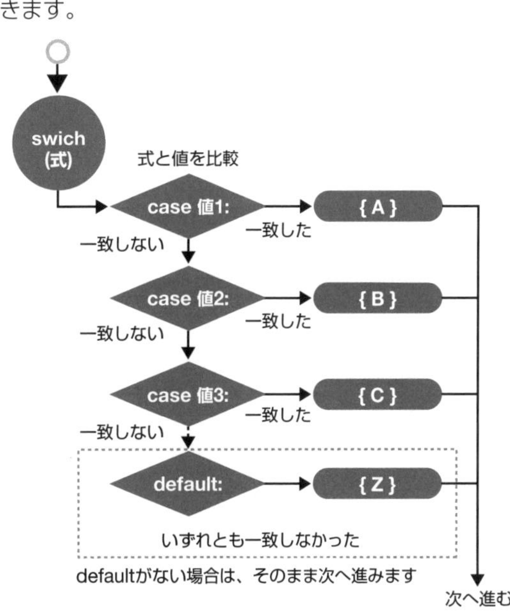

次の例では、$color の値が "green"、"red"、"blue" のいずれであるかで処理を分岐して $price の値を設定しています。どの色にも当てはまらない場合は default が実行されて $price には 100 が代入されます。例では $color の値が "blue" なので、$price には 160 が代入されます。

これと同じ分岐処理をif文を使って書くこともできますが、switch文のケース分けのほうが可読性が高いコードになります。

php 色によって値段を決める

«sample» switch_1.php

```
<?php
$color = "blue"; ――― $color が "blue" だった場合
switch ($color) { ――― $color の値で分岐します
  case "green":
    $price = 120;
    break;
  case "red":
    $price = 140;
    break;
  case "blue": ――― このケースに当てはまるので、$price には 160 が代入されます
    $price = 160;
    break;
  default:
    $price = 100;
    break;
}
echo "{$color} は {$price} 円 ";
?>
```

出力

```
blue は 160 円
```

default を省略する

書式の説明で書いたように、default は省略できます。default がない場合、該当するケースがない場合は何も実行せずに switch 文を抜けます。次の例では $color が "yellow" のとき、switch 文に該当するケースがありません。$price には最初に 100 が代入されているので、switch 文を抜けた時点で $price は 100 のままになっています。

php default のケースを指定しない

«sample» switch_2.php

```
<?php
$color = "yellow"; ――― ケース分けにはない "yellow" を代入します
$price = 100;
switch ($color) {
  case "green":
    $price = 120;
    break;
  case "red":
    $price = 140;
    break;
}
echo "{$color} は {$price} 円 ";
?>
```

出力

```
yellow は 100 円 ――― $price は最初に代入された 100 がそのまま入っています
```

break せずに次のケースも実行する（フォールスルー）

各ケースの最後は break を実行することで switch 文を抜けます。break を書かないと、ケース内の処理を実行した後で続く case に書いてある処理を無条件で実行（フォールスルー：fall through）することになり、ケース分けの正しい結果が得られません。しかしながら、この動作をうまく活用することで、複数の値に対して同じ処理を行うといったことができます。

たとえば、次のように case "green" を書くことで、$color が "green" または "red" の場合には、$price に 140 を設定する同じコードを実行できるようになります。ただ、このような用法は第三者が見たときに意図的なのか、誤りなのかを判断しかねるので、コメント文などでの補足説明を入れておくべきでしょう。

php green と red を同じ値段にする

«sample» switch_3.php

```
<?php
$color = "green";
switch ($color) {
  // "green" と "red" で同じ処理を行う
  case "green":
  case "red":
    $price = 140;
    break;
  case "blue":
    $price = 160;
    break;
  default:
    $price = 100;
    break;
}
echo "{$color} は {$price} 円";
?>
```

case "green" で break せずに、そのまま case "red" を実行します

出力

```
green は 140 円
```

NOTE

case に複数の値を指定する

プログラミング言語によっては、case "green", "red": のように 1 つのケースに複数の値を指定できるものもありますが、PHP では 1 つの値しか指定できません。

NOTE

switch文をコロンで区切った書き方

switch(){ }のようにケース分け全体を{ }で囲まず、switch():のようにコロン（：）で区切る書式もあります。この書式では最後をendswitch;にします。各caseの行末はコロンではなくセミコロン（；）でも構いません。この書式は値によってHTMLコードを選びたいときに使われます。if文をコロンで区切った書き方も参考にしてください（☞ P.92）。

php コロンで区切ったswitch構文

«sample» switch_endswitch.php

```
<!DOCTYPE html>
<html>
<head>
  <meta charset="utf-8">
  <title>コロンで区切ったswitch構文</title>
</head>
<body>
<?php
$color = "red"; // 色がredのとき
?>
<?php switch ($color): ?>
<?php case "green": ?>
  緑色は120円です。<br>
<?php break; ?>
<?php case "red": ?>
  赤色は150円です。<br>
<?php break; ?>
<?php default: ?>
  その他の色は100円です。<br>
<?php break; ?>
<?php endswitch; ?>
</body>
</html>
```

該当したHTMLコードだけが表示されます

出力

20歳以上の大人は2,500円です。

Section 3-3

値によって処理を分岐する　match 式

値によって実行する処理を分けたいとき、PHP 8 から match 式を使うことができるようになりました。前節で説明した switch 文との違いと合わせて match 式の使い方を見ていきましょう。

値で分岐する　mach 式　php8

前節では値で処理を分岐する switch 文について説明しましたが、match 式も値で処理を分岐したい場合に使う構文です。match 式は PHP 8 で追加された新機能です。

match 式を次の書式で説明すると、match(制約式) の制約式の値が値 1 ならば式 A を実行、値 2 または値 3 ならば式 B を実行、値 4 ならば式 C を実行といった動作をします。

制約式の値がいずれの値とも一致しなかったとき、最後に default パターンを指定することができます。default パターンを指定しない場合は、制約式の値が必ず候補の値のいずれかと一致しなければなりません。

値と一致した場合に実行する式は 1 行のステートメントで、その実行結果が match 式の値になります。候補の値 1、値 2 などは変数や関数で指定することもできます。

書式 match 式

```
変数 = match( 制約式 ) {
    値 1 => 式 A,
    値 2, 値 3 => 式 B,  ── 複数の値を , で区切って指定できます
    値 4 => 式 C,
    ...
    default => 式 Z,  ── いずれの値にも一致しなかったときに default を実行します
};
└─最後に ; が必要です        └─最後に , が必要です
```

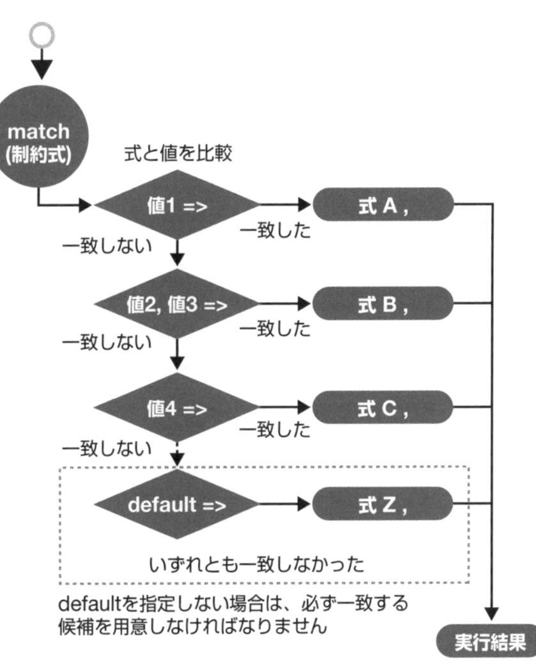

番号にマッチする色を選ぶ

それでは match 式を使う例を示します。次のコードでは $colorNumber の値が 0 ならば青、1 または 2 ならば緑、3 ならば黒、それ以外の値では白が match 式の値になり、その値を $colorName に代入しています。例では $colorNumber が 1 なので、「1 番は緑色です。」と出力されます。

php 番号で色を選ぶ

«sample» match_1.php

```
<?php
$colorNumber = 1;
$colorName = match($colorNumber){
  0 => "青",
  1, 2 => "緑",——— $colorNumber は 1 なので match 式の値は "緑" になります
  3 => "黒",
  default => "白",
};
echo "{$colorNumber} 番は {$colorName} 色です。";
?>
```

出力

```
1 番は緑色です。
```

値が必ずマッチする場合に default を省略できる

先のコードでは $colorNumber が 0、1、2、3 の値ではない場合には default で受けて色を決めています。もし、$colorNumber が必ず 0、1、2、3 の 4 つの値のいずれかになるならば default は必要ありません。

次の例では $colorNumber の値に関わらず $number が必ず 0、1、2、3 になるようにしています。abs() は絶対値を求める関数で、% は割り算の余りを求める演算子です。abs($colorNumber) % 4 ならば 4 で割った余りになるので、その余りは必ず 0、1、2、3 のいずれかになります。例のように $colorNumber が 7 ならば 4 で割った余りの 3 が $number に代入され match($number) では 3 の黒が選ばれます。

php match 式で default が必要ない場合

«sample» match_2.php

```
<?php
$colorNumber = 7;
$number = abs($colorNumber) % 4; ——— 4 で割った余りなので、必ず 0、1、2、3 のいずれかになります
$colorName = match($number){
  0 => "青",
  1, 2 => "緑",
  3 => "黒",
}; ——— default が不要です
echo "{$colorNumber} 番は {$colorName} 色です。";
?>
```

出力

```
7 番は黒色です。
```

match 式と switch 文との違い

最後に match 式と switch 文との違いについて確認しておきましょう。両者には次のような違いがあります。

1 match 式は 1 ステートメントしか実行できない。switch 文は複数のステートメントを実行できる。
2 match 式はフォールスルーしない。switch 文は break を実行しなければフォールスルーする（☞ P.95）
3 match 式は複数の値を列挙できる。switch 文は 1 つのケースに 1 つの値しか指定できない。
4 match 式は該当する値がない場合はエラーになる。switch 文はすべてのケースに該当しなければそのまま文を抜ける。
5 match 式は厳密な比較をする。switch 文は緩やかな比較を行う。
6 match 式は値を返す。switch 文は値を返さない。

match 式は 1 ステートメントしか実行できない

switch 文は各ケースで複数のステートメントの処理を実行できますが、match 式は 1 行ステートメントしか実行できません、そこで、match 式で複数のステートメントが必要な処理を行いたい場合は、処理内容を関数定義して実行しなければなりません（関数定義 ☞ P.117）。

次の例では $course が "A" または "B" の場合の料金を match 式で求めることができるように、料金を計算する diner() 関数を定義して実行しています。diner() では 21 時以降だと 500 円追加しています。

php match 式で関数を実行する

«sample» **match_function.php**

```
<?php
$course = "B"; // B コースの場合
$price = match($course){
  "A" => diner(2800),
  "B" => diner(4000),
};
// 関数定義
function diner($total){
  $time = date("G", time());
    if ($time>=21) {
      $total += 500; // 21 時以降は 500 円追加
    }
  return $total;
}
// 表示して確認
$now = date("G:i", time());
echo "{$course} コースは {$price} 円。{$now}";
?>
```

1行で実行します

match 式で実行したい複雑な式を
1個の関数に定義します

出力

```
B コースは 4000 円。11:28
```

match 式は厳密な比較をする

match 式と switch 文では値の比較結果が少し違います。たとえば、"99" == 99 の結果が true になるように（☞ P.76）、switch 文でも緩やかな比較を行います。match 式は厳密な比較を行うために型が一致しない "99" と 99 とは別の値と判定します。

次のコードはその違いを実際に試したものです。$num が "99" のとき、switch 文では「当たり」ですが、match 式では「該当無し」になります。

php match 式と switch 文で比較の違いを確かめる

«sample» match_hikaku.php

```
<?php
$num = "99";
// switch の場合
switch ($num){
  case 1:
    $result_switch = " 普通 ";
    break;
  case 99:
    $result_switch = " 当たり ";
    break;
  default:
    $result_switch = " 該当無し ";
    break;
}
echo "switch の判定　{$result_switch} <br>";

// match の場合
$result_match = match($num){
  1 => " 普通 ",
  99 => " 当たり ",
  default => " 該当無し ",
};
echo "match の判定　{$result_match}";
?>
```

出力

```
switch の判定　当たり
match の判定　該当無し
```

match 式は値を返すが、switch 文は値を返さない

値によって変数 $result の値を決めたいとき、switch 文ではケース毎に $result への代入式を何度も書く必要があり、代入忘れのバグが入り込む余地があります。その点、match 式では $result = match() という式を書くことになるので $result への代入を忘れることがありません。

php switch文で$resultの値を決める場合

«sample» result_switch.php

```
<?php
$level = 2;
switch ($level){
  case 1:
    $result = "初心者";  ――― ケース毎に代入式が必要
    break;
  case 2:
    $result = "中級者";
    break;
  default:
    $result = "該当無し";
    break;
}
echo "判定　{$result}";
?>
```

出力

判定　中級者

これをmatch式で書くと次のように簡潔になり、$resultへの代入忘れというミスも起こりません。

php match式で$resultの値を決める場合

«sample» result_match.php

```
<?php
$level = 2;
$result = match($level){  ――― 代入は1回だけ
  1 => "初心者",
  2 => "中級者",
  default => "該当無し",
};
echo "判定　{$result}";
?>
```

出力

判定　中級者

Section 3-4

条件が満たされている間は繰り返す　while文、do-while文

同じ処理を繰り返す構文は複数ありますが、簡潔なコードを書くためにどの構文を利用するかを見極めることが大事です。この節では、条件が満たされている間は同じ処理を繰り返す while 文と do-while 文を紹介します。

while 文を使ったループ処理

while 文は、まず条件式のチェックを行い、条件が満たされていれば処理を行います。処理が終わったら再び条件チェックを行って、まだ繰り返すかどうかを判断します。条件が満たされなくなった時点で while 文を抜けます。したがって、最初に条件式が満たされていない場合は処理を 1 回も実行せずに抜けてしまいます。

書式は次のとおりです。条件式は if 文と同じように、値が true か false の論理値になる式を書きます。while 文の繰り返しを図にすると右のように表すことができます。

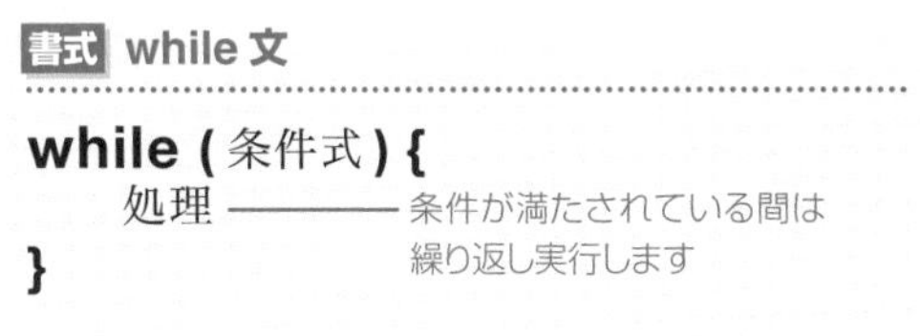

書式 while 文
while (条件式) {
処理
}
条件が満たされている間は
繰り返し実行します

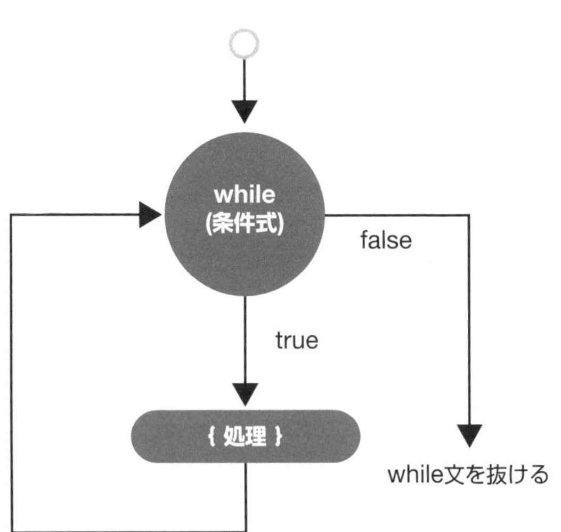

配列の値が5個になるまで繰り返す

次に示す例では、while の繰り返し処理で毎回 1 ～ 30 から数値を 1 個選んで配列 $numArray に追加しています。処理する前に配列の値の個数をチェックして、5 個になったら while を抜けて繰り返しを終了します。

配列とは複数の値を入れることができるロッカーのようなものです。配列に入っている値の個数は count($numArray) で調べることができます。そこで、while (count($numArray) < 5) とすることで、個数が 5 個になった時点で条件式が false になって繰り返しを終了します。（配列の値の個数☞ P.200）

ただし、この繰り返しは 5 回で済むとは限りません。というのは、選んだ値がすでに配列に入っていたならば、その値は配列に追加せずに次の繰り返しに戻るからです。

乱数で選んだ値が配列になければ追加する

1〜30 の乱数は、mt_rand(1,30) で作ることができます。乱数で出た値がすでに配列に入っているかどうかのチェックは in_array() で行えます。if (! in_array($num, $numArray)) と条件式に否定の ! 演算子を付けているので、配列 $numArray に値 $num が入っていないときに true になります。値が入っていないならば array_push($numArray, $num) を実行して、乱数で選んだ値を配列に追加します。

乱数を使っているのでプログラムを実行する度に結果が変わりますが、この例では 17、23、6、30、15 の５個の数値が配列に追加されています。

php 配列に乱数が５個追加されるまで繰り返す

«sample» while.php

```php
<?php
// 空の配列を作る
$numArray = array();
// 配列 $numArray の値が5個になるまで繰り返す
while (count($numArray) < 5){
  // 1～30 から乱数を1個作る
  $num = mt_rand(1,30);
  // $numArray に含まれているかどうか調べる
  if (! in_array($num, $numArray)) {
    // $numArray に含まれていなければ追加する
    array_push($numArray, $num);
  }
}
// 5個の数値が入った配列を確認する
print_r($numArray);
?>
```

$numArray の値が５個になるまで、このブロックを繰り返します

出力

```
Array ( [0] => 17 [1] => 23 [2] => 6 [3] => 30 [4] => 15 )
```

NOTE

while 文をコロンで区切った書き方

while 文には繰り返し処理を { } で囲まない書式もあります。この書式では最後を endwhile; にします。この書式は HTML コードを繰り返したいときに便利です。詳しくは「if 文をコロンで区切った書き方」を参考にしてください（☞ P.92）。

```
while ( 条件式 ) :
    処理
endwhile;
```

do-while 文を使ったループ処理

do-while 文は、まず処理を行った後で条件チェックを行い、条件が満たされていれば繰り返して処理するというループ処理です。したがって、最初に条件が満たされていなくても１度は処理を行う点が while 文と違っています。do-while 文の繰り返しを図にすると次ページのように表すことができます。

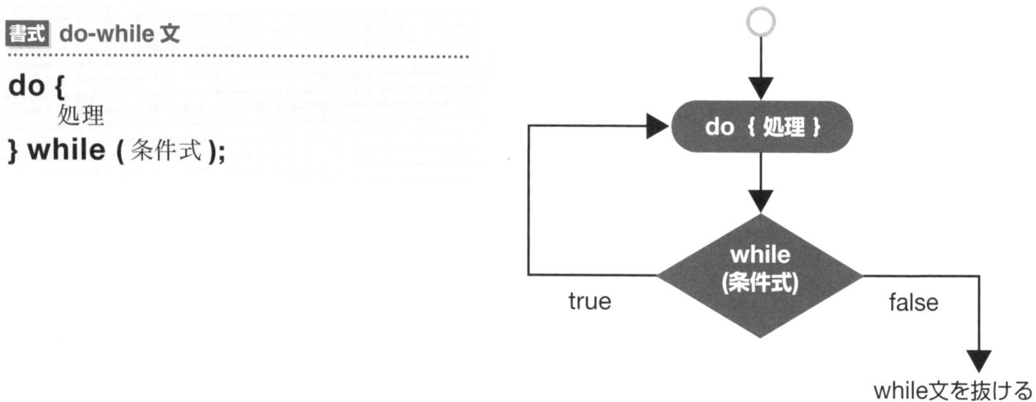

繰り返しを中断する　break

次の例では変数 $a、$b、$c の値を乱数で決めます。while(TRUE) にしているので無限にループを繰り返すコードになっていますが、3個の値の合計が 21 になったならば break を実行してループを抜ける if 文が入れてあります。

php 合計が 21 になる3個の変数が決まるまで繰り返す

«sample» **dowhile.php**

```
<?php
do {
  // 変数に 1 ～ 13 の乱数を入れる
  $a = mt_rand(1, 13);
  $b = mt_rand(1, 13);
  $c = mt_rand(1, 13);
  $abc = $a + $b + $c;
  // 合計が 21 になったらループを抜ける
  if ($abc == 21) {
    break;  ―――― ループを終了します
  }
} while (TRUE);
echo " 合計が 21 になる3個の数字。{$a}、{$b}、{$c}";
?>
```

出力

```
合計が 21 になる3個の数字。5、9、7
```

Section 3-5

カウンタを使った繰り返し　for文

カウンタを使って繰り返し回数を数えるのがfor文です。カウンタで繰り返し回数を数えるだけでなく、現在のカウンタの値を繰り返し処理の中でうまく活用するのが一般的な使い方です。for文をネスティングさせることで、複雑な繰り返し処理を行えます。

繰り返す回数をカウンタで数える

for文を使うと10回繰り返す、100回繰り返すというように、繰り返し回数を指定して同じ処理を実行できます。for文には、カウンタの初期化、条件式、カウンタの更新の３つの要素があります。

書式 **for文**

```
for (カウンタの初期化; 条件式; カウンタの更新){
    処理
}
```

カウンタの初期化を最初に1回だけ行ったならば、次に条件式を評価します。条件式がtrueならば処理を実行してカウンタを更新します。続いて再び条件式を評価し、trueならば処理を繰り返してカウンタを更新します。これを繰り返して、条件式がfalseになったところでfor文を抜けて繰り返しを終了します。for文の繰り返しを図に示すと次のように表すことができます。

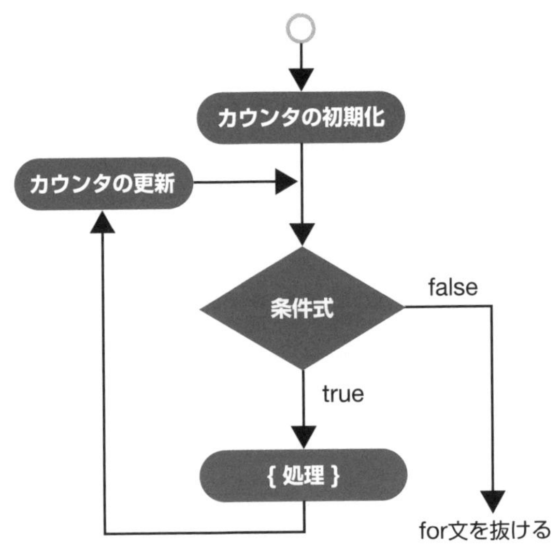

少し複雑な印象がありますが、次のもっともシンプルな例を見ると動作がよく理解できると思います。処理を10回繰り返しています。

php　for文で処理を10回繰り返す

«sample» for.php

```
<?php
for ($i=0; $i<10; $i++){
  echo "{$i}回。";   ―― $iを0から1ずつカウントアップしながら繰り返し、10になったらループ終了です
}
?>
```

出力

```
0回。1回。2回。3回。4回。5回。6回。7回。8回。9回。
```

このfor文ではカウンタに変数$iを使い、繰り返す度に$i++を実行して$iの値に1加算します。$iが10になったならば処理を終了します。最初に$iを0に初期化しているので、処理を10回繰り返すことになります。カウンタの最終値は10ですが、echoで出力する最後の処理ではまだ9なので間違えないようにしてください。

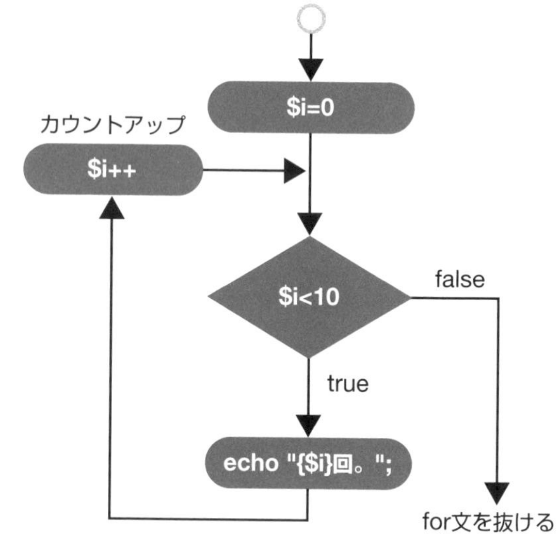

カウントダウンする

次のようにカウントダウンを使った繰り返し処理のコードを書くこともできます。次の例では、カウンタの値を$i--のようにデクリメントするので、カウンタの値は初期値の10から1ずつ減って0になったところで処理を終了します。0でfor文を抜けるので、最後に出力されるのは1です。

php　カウンタの値を減らしていく

«sample» for_countdown.php

```
<?php
for ($i=10; $i>0; $i--){   ―― カウントダウンします
  echo "{$i}回。";
}
?>
```

出力

```
10回。9回。8回。7回。6回。5回。4回。3回。2回。1回。
```

カウンタの値に意味をもたせた処理

次の例ではカウンタの値を単なる繰り返し回数ではなく、人数として使います。人数が 3 人までなら 1 人 1000 円、4 人目からは半額の 500 円として 6 人までの料金を計算しています。

php カウンタを人数として計算する

«sample» for_calc.php

```
<?php
$price = 0;
$max = 6;
for ($kazu=1; $kazu<=$max; $kazu++){ ——— 人数の $kazu をカウンタとして使います
  if ($kazu<=3){
    $price += 1000;
  } else {
    $price += 500;
  }
  echo "{$kazu} 人、{$price} 円。";
}
?>
```

出力

```
1 人、1000 円。2 人、2000 円。3 人、3000 円。4 人、3500 円。5 人、4000 円。6 人、4500 円。
```

NOTE

for 文をコロンで区切った書き方

繰り返し処理を { } で囲まずにコロン（:）で区切る書式もあります。この書式では最後を endfor; にします。詳しくは「if 文をコロンで区切った書き方」を参考にしてください（☞ P.92）。

```
for ( カウンタの初期化 ; 条件式 ; カウンタの更新 ):
    処理
endfor;
```

for 文をネスティングして使う

for 文をネスティングする、つまり for 文の中に for 文を入れることで、複雑な繰り返し処理を行うことができます。単に複雑になりますという話ではなく、活用場面も多く有用なコードが生まれます。

次の例はカウンタ $i の for 文の中にカウンタ $j の for 文が入れ子で入っています。これを実行すると、まず、カウンタ $i が 0 のときカウンタ $j が 0 から 5 までの 6 回が繰り返されます。次に $i が 1 にカウントアップされ、再びカウンタ $j が 0 から 5 まで繰り返されます。$i が 3 になり、$j の 6 回の繰り返しが終わったならば終了です。合計 24 回の繰り返し処理が行われます。出力は {$i}-{$j} なので、0-0 | 0-1 | 0-2 | 0-3 | 0-4 | 0-5 | 1-0 | 1-1 |1-2 | .... の順に 3-5 | まで出力されます。PHP_EOL は、現在の OS の改行文字を示す定数です（☞ P.62）。

php for文をネスティングする

«sample» for_nesting.php

```
<pre>
<?php
for ($i=0; $i<=3; $i++){
  for ($j=0; $j<=5; $j++){
    echo "{$i}-{$j}" . " | ";
  }
  echo PHP_EOL;
}
?>
</pre>
```

カウンタ $i の外の繰り返し
カウンタ $j の内側の繰り返し

出力

```
0-0 | 0-1 | 0-2 | 0-3 | 0-4 | 0-5 |
1-0 | 1-1 | 1-2 | 1-3 | 1-4 | 1-5 |
2-0 | 2-1 | 2-2 | 2-3 | 2-4 | 2-5 |
3-0 | 3-1 | 3-2 | 3-3 | 3-4 | 3-5 |
```

繰り返しの中断とスキップ

繰り返し処理を途中で中断する、残りの処理をスキップするといったことができます。

繰り返しを中断する　break

breakはfor文の繰り返しを中断し、そこでfor文を抜けます。次の例では、配列$listから値を1個ずつ取り出して合計しています。そのとき、取り出した値がマイナスだったならば処理を中断します。配列$listには「20, -32, 50, -5, 40」の5個の数値が入っています。（配列☞ P.198）

配列からは、$list[0]で最初の値20、$list[1]で2番目の値-32、$list[2]で3番目の値50というように順に取り出すことができます。そこでfor文のカウンタ$iを使って$list[$i]で配列の値を順に取り出します。配列からすべての値を1個ずつ取り出すのなら、繰り返す回数は配列に入っている値の個数なので、count($list)で繰り返し回数を設定します。

繰り返しの処理では、$list[$i]で取り出した値$valueがマイナスかどうかをif文でチェックし、マイナスだったならば$sumに「マイナスの値{$value}が含まれていたので中断しました。」と入れます（{$value}には数値が入ります）。そして、breakを実行してfor文の繰り返しをそこで中断します。

次の例では-32を取り出したところでbreakが実行されて処理が中断します。マイナスの値がなければ、すべての値を合計した結果を表示します。

php 配列にマイナスの値があったらそこで繰り返しを中断する

«sample» for_break.php

```
<?php
$list = array(20, -32, 50, -5, 40);
$count = count($list); // 配列の値の個数
$sum = 0;
for ($i=0; $i<$count; $i++){
```

```
    // 配列 $list から値を1つずつ取り出す
    $value = $list[$i];
    if ($value<0){
      $sum = "マイナスの値 {$value} が含まれていたので中断しました。";
      break;  ――― $value がマイナスだったとき、繰り返しを中断します
    } else {
      $sum += $value;
    }
  }
  echo "合計：$sum";
  ?>
```

出力

```
合計：マイナスの値 -32 が含まれていたので中断しました。
```

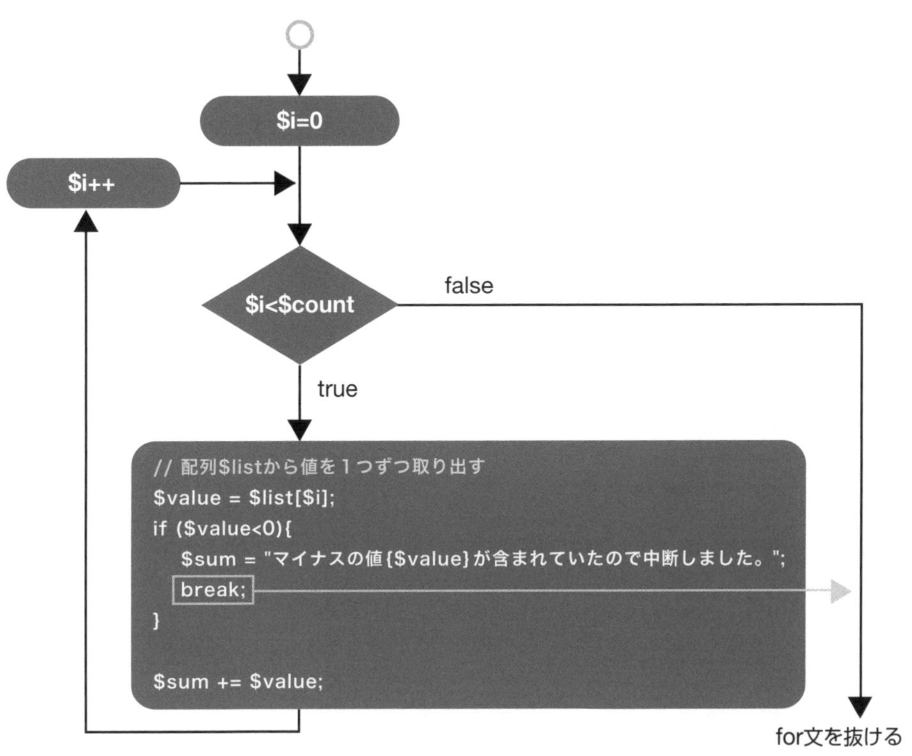

繰り返しをスキップする　continue

continueは、今の繰り返しの回の残りの処理をスキップして次の繰り返しへ移行します。先のコードでは、配列から取り出した値にマイナスの値が見つかったところでbreakして処理を中断しましたが、次のコードではcontinueを実行して合算の処理をスキップし、残りの値の取り出しを続行します。つまり、マイナスの値を合計せずにプラスの値だけを合算します。

php 配列に入っている正の値だけを合算する

«sample» **for_continue.php**

```
<?php
$list = array(20, -32, 50, -5, 40);
$count = count($list); // 配列の値の個数
$sum = 0;
for ($i=0; $i<$count; $i++){
  // 配列 $list から値を 1 つずつ取り出す
  $value = $list[$i];
  if ($value<0){
    // 値がマイナスだったらこの繰り返し処理をスキップする
    continue;
  }
  $sum += $value;
}
echo "合計：$sum";
?>
```

continue; ―― $value がマイナスだったとき、処理をここで中断して、次の繰り返しへとスキップします

出力

```
合計：110
```

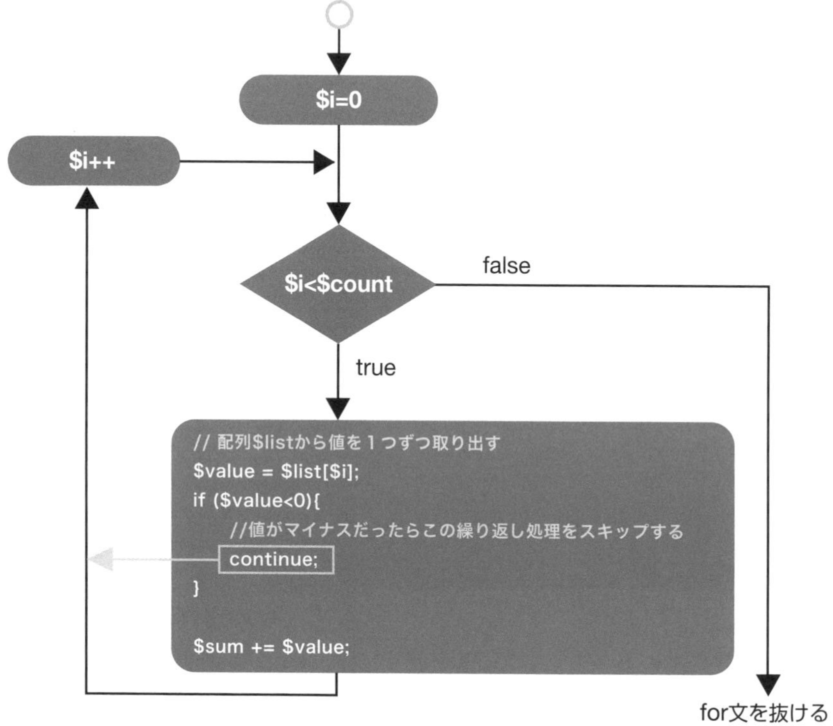

NOTE

配列からすべての値を取り出す　foreach

配列から値を取り出す繰り返し処理には、専用の foreach 文が用意されています。foreach 文については、「Chapter6　配列」で解説します（☞ P.219）。

Chapter 4

関数を使う

PHP には便利な関数がたくさんあります。この章では、関数の使い方と関数をユーザ定義する方法を説明します。後半には変数のスコープ、参照渡し、可変変数、可変関数といった、少し難しい項目もありますが、必要に応じてわかる範囲で進めればだいじょうぶです。

Section 4-1

関数

この節では関数の使い方とよく利用する関数について説明します。ここでは標準で利用できる関数を取り上げますが、次節で説明するユーザ定義関数なども含めて、関数の考え方や使い方は共通しています。

関数を使う

何度も利用する処理は関数として定義しておくと、次からはその関数を呼び出すだけで実行できるようになります。一般によく利用する処理や複雑な処理は PHP の組み込み関数として用意してあります。

関数の書式

乱数を作る mt_rand() 関数を使って関数の使い方を説明します。mt_rand() は、指定した数値の範囲から乱数を 1 個だけ戻す関数です。戻ってくる値を「戻り値」または「返り値」と呼びます。1 ～ 100 の間の乱数を作るならば、mt_rand(1, 100) のように最小値と最大値を指定します。このように関数に渡す値を「引数（ひきすう）（パラメータ）」と呼びます。

PHP の公式ページにある説明では、mt_rand() の書式は次のように書いてあります。関数名は大文字小文字を区別しませんが、標準の関数は小文字で呼び出すことが慣例となっています。

書式 mt_rand() の書式

```
mt_rand ( ) : int
mt_rand ( int $min , int $max ) : int
```

http://php.net/manual/ja/function.mt-rand.php

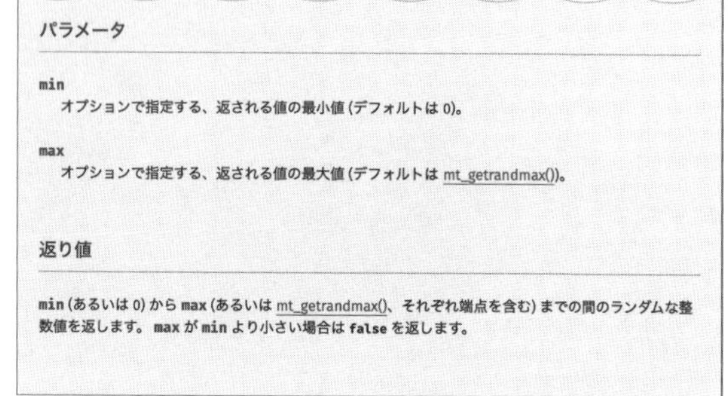

関数名と引数（パラメータ）

ここで書式の読み方を説明します。まず、関数名と引数（パラメータ）についてです。公式の説明には２つの書式が書いてあります。mt_rand が関数名、カッコの中が引数の説明です。

２つ目の書式にはカッコの中に (int $min , int $max) のように書いてあります。引数の値はカンマで区切られた２つの変数、$min と $max へ順に代入されます。int は引数の型を示しています。つまり、$min と $max に渡す引数は整数でなければなりません。整数ではない値を指定すると自動的に整数に変換されて処理されます。発生する乱数の最小値と最大値を指定したい場合にこの書式を使います。

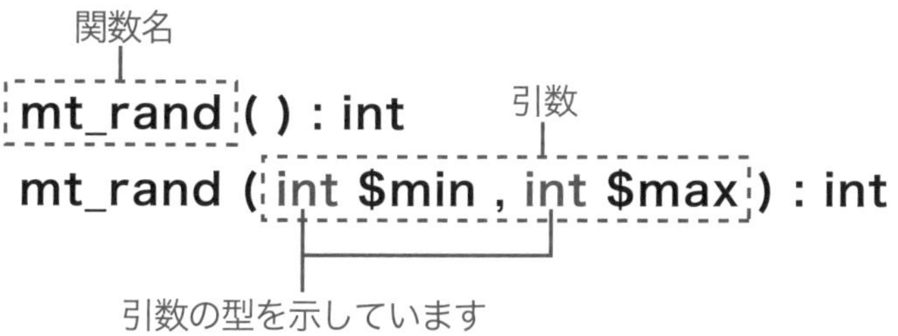

１つ目の書式に引数がありませんが、これは引数の $min と $max を省略したかたちです。引数がなくてもカッコは付けます。引数を省略するとそれぞれの引数に指定されている初期値を使って 0 以上の整数の乱数を発生します（引数の初期値 ☞ P.121）。

戻り値の型

関数名の後ろに付いている :int は関数が戻す値の型を示しています。つまり、mt_rand () : int は int 型すなわち整数を返すことを示しています。

```
mt_rand ( ) : int
mt_rand ( int $min , int $max ) : int
```

戻り値の型を示しています

1 ～ 100 の乱数を 10 個作る

1 ～ 100 の間の乱数を 10 個作るならば、for 文を使って mt_rand(1, 100) を 10 回繰り返します。mt_rand(1, 100) を実行すると 1 が $min に入り、100 が $max に入ります。mt_rand(1, 100) の戻り値は $num に代入されます。

php　1 ～ 100 の間の乱数を 10 個作る

«sample» mt_rand.php

```
<?php
for ($i=1;$i<=10;$i++){
  $num = mt_rand(1, 100); ——— 1 ～ 100 から 1 個の整数を mt_rand() 関数で作り、$num に代入します
  echo "{$num}, ";
}
?>
```

出力

```
42, 81, 86, 51, 72, 17, 74, 56, 50, 24,
```

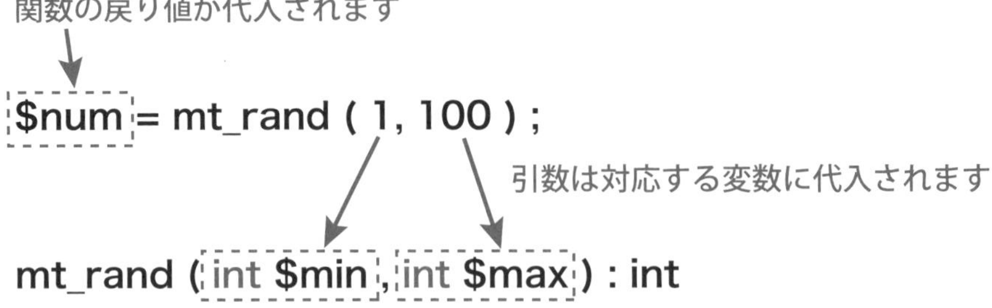
関数の戻り値が代入されます
$num = mt_rand (1, 100) ;
引数は対応する変数に代入されます
mt_rand (int $min , int $max) : int

よく利用する数値関数

ここでは数値を扱う関数の中から比較的よく利用する関数を紹介します。よく利用する関数には、文字列、配列、日時などを扱うものも多くありますが、それらはあらためて解説します。ここではわかりやすく簡素に書いているので、詳細な書式については公式サイトを参照してください。fdiv() は PHP 8 から利用できる関数です。（公式サイト ☞ https://www.php.net/manual/ja/ref.math.php

関数	戻り値
intdiv(整数 1, 整数 2)	整数 1 を整数 2 で割った整数商。整数 2 が 0 のとき例外がスローされる
fdiv(数値 1, 数値 2)	数値 1 を数値 2 で割った商。数値 2 が 0 のとき INF、-INF。数値 1 と数値 2 ともに 0 のとき NAN。（INF は無限大、NAN は非数値） php8
fmod(数値 1, 数値 2)	数値 1 を数値 2 で割った余り。数値 2 が 0 のとき NAN
abs(数値)	数値の絶対値
ceil(数値)	数値の小数点以下を切り上げた数値（float）
floor(数値)	数値の小数点以下を切り捨てた数値（float）
round(数値 , 有効桁数 , モード)	数値の小数点以下を四捨五入した数値（float）
max(値 , 値 , ...)	値の中の最大値（sring 同士ならアルファベット順）
min(値 , 値 , ...)	値の中の最小値（sring 同士ならアルファベット順）
sqrt(数値)	数値の平方根
pow(a, b)	a の b 乗（a**b と同じ）
mt_rand()	0 から mt_getrandmax() の間の整数の乱数
mt_rand(最小値 , 最大値)	最小値から最大値の間の整数の乱数
pi()	円周率

sin(θ)	θ ラジアンの正弦
cos(θ)	θ ラジアンの余弦
tan(θ)	θ ラジアンの正接
is_nan(値)	値が数値のとき true、数値ではないとき false

数値を丸めることができる round() のオプション

数値を整数に四捨五入できる round() は、丸める桁数やその方法をオプションを指定できます。round() の正確な書式は次のとおりです。

書式 値を整数に四捨五入する

round (float **$val ,** int **$precision = 0 ,** int **$mode = PHP_ROUND_HALF_UP) :** float

第2引数の $precision は数値を丸める精度（有効桁数）です。正の 2 なら小数点以下 2 位、負の -3 ならば 1000 の位で数値を丸めます。初期値は 0 なので、省略すると小数点以下が丸められます。

php 数値 123.456 を round() を使って有効桁数を指定して丸める

«sample» **round_precision.php**

```php
<?php
$value = 123.456;
// 数値を丸める
$num1 = round($value); // 初期値 0
$num2 = round($value, 2); // 小数点以下 2 位
$num3 = round($value, -1); // 1の桁を丸める
// 結果
var_dump($num1);
var_dump($num2);
var_dump($num3);
?>
```

出力

```
float(123)
float(123.46)
float(120)
```

第3引数の $mode は端数の 5 を切り捨てるか、切り上げるかを決める方法です。$mode は次の４つの定数から１つを選びます。省略した場合は PHP_ROUND_HALF_UP です。なお、5 より小さい値は切り捨て、5 より大きな値は切り上げます。

定数（モード）	説明
PHP_ROUND_HALF_UP	0 から遠い方に丸めます。1.5 は 2、-1.5 は -2 になります。
PHP_ROUND_HALF_DOWN	0 に近い方に丸めます。1.5 は 1、-1.5 は -1 になります。
PHP_ROUND_HALF_EVEN	近い偶数に丸めます。1.5 と 2.5 は 2、3.5 は 4 になります。
PHP_ROUND_HALF_ODD	近い奇数に丸めます。1.5 は 1、2.5 と 3.5 は 3 になります。

数値の 1.5 と 2.5 が $mode の違いでどのように丸められるかを実際に確認してみましょう。

php round() の $mode を指定して数値を丸める

«sample» round_mode.php

```
<?php
// 数値を丸める
$num1 = round(1.5, 0, PHP_ROUND_HALF_UP);
$num2 = round(1.5, 0, PHP_ROUND_HALF_DOWN);
$num3 = round(2.5, 0, PHP_ROUND_HALF_EVEN);
$num4 = round(2.5, 0, PHP_ROUND_HALF_ODD);
// 結果
var_dump($num1);
var_dump($num2);
var_dump($num3);
var_dump($num4);
?>
```

出力

```
float(2)
float(1)
float(2)
float(3)
```

距離と角度から高さを求める

次のコードでは、tan() を使って距離（20m）と角度（32 度）から木の高さを計算しています。tan() の角度は、度数 *pi()/180 でラジアンに変換しています。計算結果を 10 倍した値を round() で四捨五入し 10 で割ることで、値を小数点以下 1 位に丸めて表示しています。

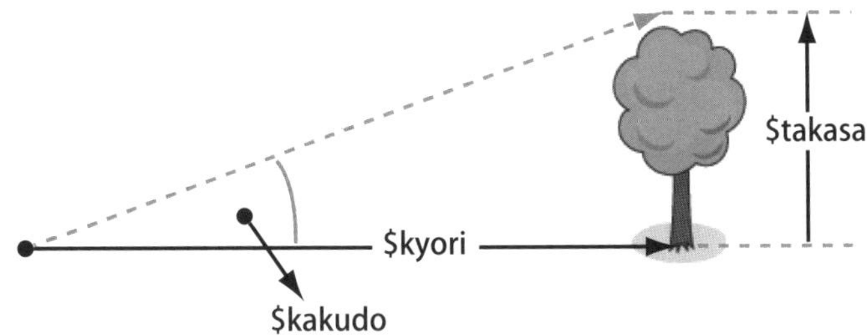

php 距離と角度から高さを求める

«sample» takasa.php

```
<?php
$kyori = 20;
$kakudo = 32 * pi()/180; // 度数をラジアンに変換
$takasa = $kyori * tan($kakudo);
$takasa = round($takasa*10)/10; ——— 小数点以下1位に丸める

echo "木の高さは {$takasa}m です。"
?>
```

出力

```
木の高さは 12.5m です。
```

Section 4-2

ユーザ定義関数

繰り返し利用する処理や長いコードは、ユーザ定義関数としてまとめることができます。関数を定義することで、むだなコードをすっきり読みやすく整理できます。関数の細かな処理は後から組み込むことにして、先に全体の流れを作っていく場合にもユーザ定義関数は欠かせません。

関数を定義する

繰り返し利用する処理や長いコードは、ユーザ定義関数としてまとめることができます。ユーザ定義関数にすることで全体のコードが短くなるだけでなく、関数を修正するだけで機能を改善したり、間違いの訂正ができるようになります。複数の処理が含まれている長いコードを処理ごとの関数に分けることで、整理された読みやすいコードになります。

ユーザ定義関数の書式

ユーザ定義関数は、function に続いて関数名とその定義内容を書きます。関数名は英字またはアンダースコア（ _ ）から始めます。関数名の大文字小文字は区別されません。引数を受け取ることができ、処理結果は return で返します。値を返さない関数も定義できます。その場合は最後の return 文は書きません。

書式 ユーザ定義関数

```
function 関数名 ( 引数 1, 引数 2, ... ) {
    処理
    return 戻り値 ;
}
```

さらに、引数と戻り値の型を指定できる書式もあります。その書式については後ほど説明します。（☞ P.126）

簡単なユーザ定義関数を作る

それでは、引数で受けとった数値を 2 倍にして返す簡単な関数 double() を定義してみましょう。関数名は double、引数は $n、計算結果を return で返します。

php 数値を２倍にするユーザ定義関数 double() を定義する

«sample» func_double.php

```
<?php
function double($n){
  $result = $n * 2;
  return $result;
}
?>
```

ユーザ定義関数を呼び出す方法は標準の関数と同じです。定義したdouble()を使って125を2倍にしてみましょう。double(125)を実行すると、その結果が戻って$ansに入ります。結果は250です。

php double()で125を2倍にしてみる

«sample» func_double.php

```
<?php
$ans = double(125);
echo $ans;
?>
```

出力

```
250
```

料金を計算するprice()を定義する

もう少し複雑な関数price()を定義してみましょう。price()は引数で与えられた単価と個数から料金を計算します。計算式は「単価×個数」ですが、これに送料250円がかかります。ただし、料金が5000円以上のときは送料は無料です。

この仕様を踏まえてprice()を定義すると次のようになります。単価と個数を引数で受け取れるようにprice($tanka, $kosu)のように変数を指定します。料金は$tanka * $kosuで計算できますが、これに送料を加算しなければなりません。5000円以上は送料無料なので、if文を使って5000円未満のときに送料250円を加算する式にします。

php 5000円未満では送料250円を加算する料金計算の関数

«sample» func_price.php

```
<?php
function price($tanka, $kosu) {
  $souryo = 250;
  $ryoukin = $tanka * $kosu;――― 単価 × 個数
  // 5000円未満は送料250円
  if ($ryoukin<5000){
    $ryoukin += $souryo;――― 料金5000円未満は送料を加算します
  }
  return $ryoukin;――― 計算結果を返します
}
?>
```

ユーザ定義関数price()を使って計算する

先のdouble()の例ではdouble()のユーザ定義文と実行文を別々の<?php ～ ?>タグで囲みましたが、price()の定義文とprice()を使う文を同じタグ内に書いても構いません。

次の例では、2400円を2個購入した場合と1200円を5個購入した場合を計算しています。PHP_EOLは、OSに応じた改行を自動で割り当てる定数です。ブラウザでは無視されますが、出力結果は改行されるので見やすくなります。

php ユーザ定義関数 price() を使って計算する

«sample» func_price2.php

```
<?php
function price($tanka, $kosu) {
  $souryo = 250;
  $ryoukin = $tanka * $kosu;
  // 5000 円未満は送料 250 円
  if ($ryoukin<5000){
    $ryoukin += $souryo;
  }
  return $ryoukin;
}

// 2400 円を 2 個購入した場合と 1200 円を 5 個購入した場合
$kingaku1 = price(2400, 2);
$kingaku2 = price(1200, 5);
echo " 金額 1 は {$kingaku1} 円 " . "<br>" . PHP_EOL;
echo " 金額 2 は {$kingaku2} 円 ";
?>
```

ユーザ定義関数 price()

price() を使って計算します

出力

```
金額 1 は 5050 円 <br>
金額 2 は 6000 円
```


ユーザ定義関数を HTML コードに組み込んだ例

ユーザ定義関数の定義文は、その関数を呼び出すよりも後に定義されていても構いません。次のように HTML コードに PHP のコードを組み込んで使うこともできます。<?php ～ ?> で囲まれているコードをよく見てください。

php ユーザ定義関数を HTML コードに組み込む

«sample» func_price_html.php

拡張子は .php にします

```
<!DOCTYPE html>
<html>
<head>
  <meta charset="utf-8">
  <title> ユーザ定義関数を HTML コードに組み込む </title>
</head>
<body>
2400 円を 2 個購入した場合の金額は
<?php
$kingaku1 = price(2400, 2);
echo "{$kingaku1} 円 "
?>
<br>

1200 円を 5 個購入した場合の金額は
<?php
$kingaku2 = price(1200, 5);
echo "{$kingaku2} 円 ";
?>

<?php
function price($tanka, $kosu) {
  $souryo = 250;
  $ryoukin = $tanka * $kosu;
```

PHP コード

PHP コード

ユーザ定義関数

```
  // 5000 円未満は送料 250 円
  if ($ryoukin<5000){
    $ryoukin += $souryo;
  }
  return $ryoukin;
}
?>
</body>
</html>
```

出力

```
<!DOCTYPE html>
<html>
<head>
  <meta charset="utf-8">
  <title> ユーザ定義関数を HTML コードに組み込む </title>
</head>
<body>
2400 円を 2 個購入した場合の金額は
5050 円 <br>          ―― 送料を加算した計算結果

1200 円を 5 個購入した場合の金額は
6000 円 </body>       ―― 送料無料の計算結果
</html>
```

ブラウザでは右の図のように表示されます。

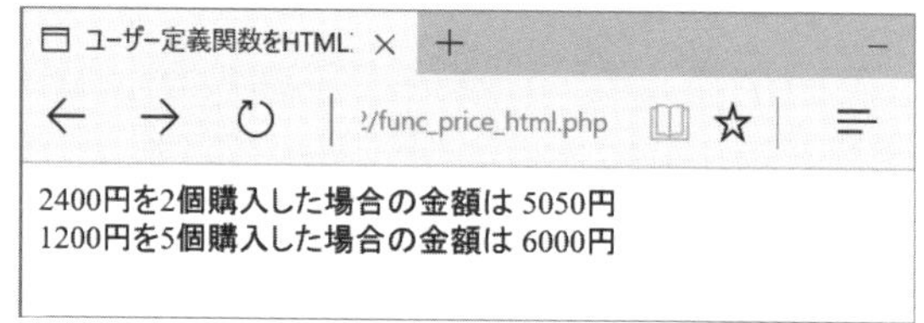

ユーザ定義関数は HTML コードよりも前に置くこともできます。次のように書いても結果は同じです。

php ユーザ定義関数を HTML コードより前に書く

«sample» func_price_html2.php

```
<?php
function price($tanka, $kosu) {
  $souryo = 250;
  $ryoukin = $tanka * $kosu;
  // 5000 円未満は送料 250 円          ―― ユーザ定義関数
  if ($ryoukin<5000){
    $ryoukin += $souryo;
  }
  return $ryoukin;
}
?>
<!DOCTYPE html>
<html>
<head>
  <meta charset="utf-8">
  <title> ユーザ定義関数を HTML コードに組み込む </title>
</head>
<body>
2400 円を 2 個購入した場合の金額は
```

```
<?php
$kingaku1 = price(2400, 2);
echo "{$kingaku1}円"
?>
<br>

1200円を5個購入した場合の金額は
<?php
$kingaku2 = price(1200, 5);
echo "{$kingaku2}円";
?>
</body>
</html>
```

関数の中断

関数を最後まで実行せずに中断することができます。次のwarikan()は、$totalを$ninzuで割った値を表示します。計算結果を返すのではなく、そのままecho()で出力します。このとき、第2引数の$ninzuが正の数でないときは、割り算をせずに処理を中断します。処理を中断するには、何も返さないreturnを実行します。

この例ではwarikan()を3回試していますが、2番目はwarikan(3000, 0)で$ninzuが0なので、出力を見ると結果が表示されていないことがわかります。

php 人数が正ではないときは処理を中断する

«sample» warikan_return.php

```
<?php
function warikan($total, $ninzu){
  // 人数が正ではないときは処理を中断する
  if ($ninzu<=0){
    return; // 中断する ―― 人数が0以下のとき、関数の処理を中断します
  }
  // 割り算の結果を表示する
  $result = $total/$ninzu;
  echo "{$total}円を{$ninzu}人で分けると{$result}円。";
  echo  "<br>" . PHP_EOL;
}
// 計算
warikan(2500, 2);
warikan(3000, 0); ―― 人数が0なので計算が中断されて、結果は出力されません
warikan(5500, 4);
?>
```

出力

```
2500円を2人で分けると1250円。<br>
5500円を4人で分けると1375円。<br>
```

引数の省略と初期値

引数に初期値を設定することで、引数を省略できる関数を定義することができます。後ろの引数から省略可能になるように、初期値がない引数を先に指定し、初期値がある引数を後の並びにします。つまり、引数1に

は初期値があるが引数 2 には初期値がないという順番では定義できません。

書式 **引数に初期値が設定してあるユーザ定義関数**

```
function 関数名 ( 引数 1 = 初期値 1, 引数 2 = 初期値 2 , ... ) {
    処理
    return 戻り値 ;
}
```

次の charge() は宿泊料金を計算するユーザ定義関数です。第 1 引数 $rank は宿泊ランクを "A"、"B" で指定します。第2引数 $days は宿泊日数です。$rank には初期値がないので省略できませんが、$days には初期値として 1 が設定されているので、省略すると 1 泊の計算になります。

php 第2引数を省略した場合は 1 で計算する

«sample» param_default.php

```
<?php
function charge($rank, $days=1) {
  switch ($rank){
    case "A":
      $ryoukin = 15000 * $days;
      break;
    case "B":
      $ryoukin = 12000 * $days;
      break;
    default:
      $ryoukin = 8000 * $days;
      break;
  }
  return $ryoukin;
}
?>
```

第 2 引数の宿泊数が省略されたときは、$days には初期値の 1 が入ります

では、charge() を試してみましょう。最初に charge("B", 2) のように B ランクで 2 泊の場合、次は charge("A") のように第2引数の宿泊数を省略した場合です。出力結果で確認するとわかるように、A ランクで第2引数を省略した場合は、1 泊で計算されています。

php B ランクで2泊の場合と A ランクで宿泊数を省略した場合

«sample» param_default.php

```
<?php
// B ランクで2泊の場合と A ランクで宿泊数を省略した場合
$kingaku1 = charge("B", 2);
$kingaku2 = charge("A");
echo "金額 1 は {$kingaku1} 円" . "<br>" . PHP_EOL;
echo "金額 2 は {$kingaku2} 円";
?>
```

第 2 引数の宿泊数を省略

出力

```
金額1は24000円<br>
金額2は15000円
```
（2行目の注記）Aランクで1泊の料金

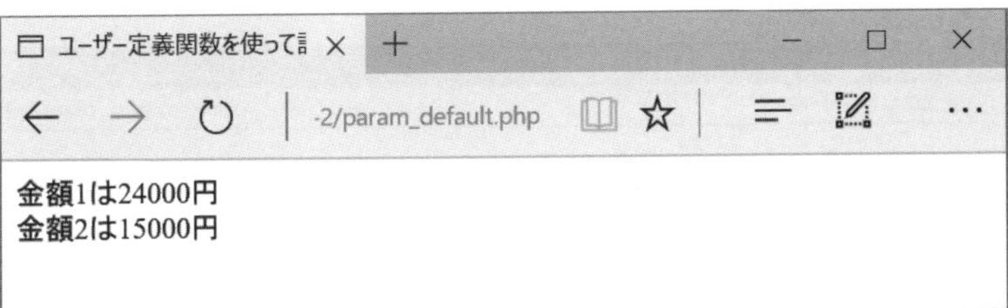

NOTE

初期値が設定されていない引数は省略できない php8

初期値が設定されていない引数を省略した場合、PHP 7では引数が未定義（Null）のまま処理が進みましたが、PHP 8では引数の個数が合わないというエラーで処理が止まります（Fatal error: Uncaught ArgumentCountError）。

引数の個数を固定しない

処理内容によっては、関数定義する時点では引数の個数がわからない場合もあります。次の例のteam()では第1引数にチーム名を指定し、第2引数以降にチームメンバーの名前をカンマで区切って指定します。このとき、メンバーが何人なのかわからないので...$membersのように第2引数の変数名の前に...を付けます。すると、第2引数以降の引数の値がすべて配列$membersに入ります。

たとえば、team("Peach", "佐藤", "田中", "加藤")のように引数を与えると、第1引数の"Peach"は$nameに入り、残りの3人の名前は配列$membersに入ります。次のコードでは引数で受け取った値をprint_r()を使って確認しています。print_r()を使うと配列を見やすい形で出力できます（☞P.64）。

php 第2引数以降の引数の個数を固定しない

«sample» func_team.php

```
<?php
function team($name, ...$members){
  print_r($name . PHP_EOL);
  print_r($members);
}

// team() を試す
team("Peach", "佐藤", "田中", "加藤");
?>
```
（3行目の注記）第2引数以降の引数は配列$membersに入ります

出力

```
Peach
Array
(
    [0] => 佐藤
    [1] => 田中
    [2] => 加藤
)
```
（Array部分の注記）第2引数以降は、配列の$membersに入っています

次のコードは、team()を書き替えてチームデータをストリングで返すようにしたものです。配列$membersの値は、implode("、", $members)を実行するだけで、配列の値を「、」で区切られたストリングとして取り出すことができます。（☞ P.207）

php チーム名とメンバーをチームデータにして返す

«sample» func_team2.php

```
<?php
function team($name, ...$members){
  // 配列 $members の名前を「、」で連結する
  $list = implode("、", $members);
  return "{$name}：{$list}";
}

// チームを作る
$team1 = team("Peach", "佐藤", "田中", "加藤");
$team2 = team("カボス", "ひろし", "きえこ");
echo $team1 . "<br>" . PHP_EOL;
echo $team2;
?>
```

出力

```
Peach：佐藤、田中、加藤<br>
カボス：ひろし、きえこ
```

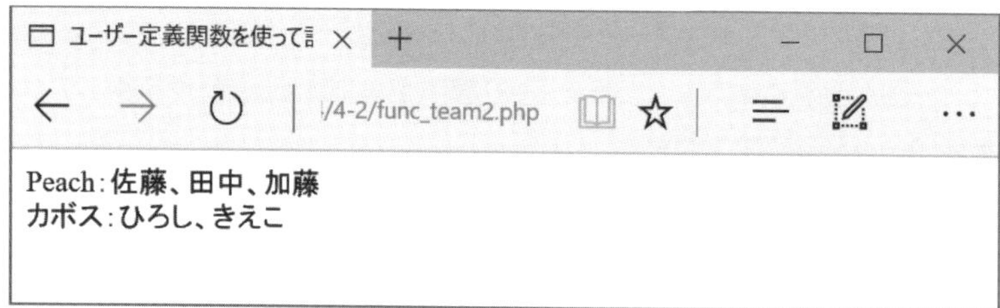

値を渡す引数を引数名で指定する（名前付き引数） php8

入場料が大人1000円、子供600円の料金を、大人、子供の人数を引数にして計算する関数fee()を次のようにユーザー定義したとします。$adultと$childの2つの引数に注目してください。

php 大人、子供の人数を引数にして料金を計算する関数fee()

«sample» param_name.php

```
<?php
function fee($adult=0, $child=0) {
  $adult_fee = 1000 * $adult;
  $child_fee = 600 * $child;
  $fee = $adult_fee + $child_fee;
  return $fee;
}
?>
```

大人１人、子供２人の順番で引数を指定する

「大人１人、子供２人」の料金を fee() で計算してみます。その場合、引数の指定順に従うと fee(1, 2) のように計算します。

Part 2 Chapter 2 Chapter 3 Chapter 4 Chapter 5 Chapter 6 Chapter 7

php 順番に合わせて引数を指定する（大人１人、子供２人）

«sample» param_name.php

```php
<?php
$total = fee(1, 2);
echo "大人１人、子供２人の料金：";
echo "{$total}円";
?>
```

出力

大人１人、子供２人の料金：2200円

名前付き引数を利用して子供２人、大人１人の順で指定する

ところが「子供２人、大人１人」と受け付けた場合、fee(2,1) と誤ってしまう可能性があります。このような引数の順番の誤りは引数が多くなるほど避けがたくなります。

この間違いを防ぐために、変数（パラメータ変数）を変数名で指名する「名前付き引数」を使うことができます。fee() の引数の変数は $adult と $child なので、fee(child:2, adult:1) のように引数の変数名で指名すれば定義順とは違っていても正しく値を渡すことができます。名前の前に＄は付けません。

php 名前付き引数を利用して値を渡す（子供２人、大人１人）

«sample» param_name.php

```php
<?php
$total = fee(child:2, adult:1);  ——— 引数を名前で指名します。名前の前に＄は付けません。
echo "子供２人、大人１人の料金：";
echo "{$total}円";
?>
```

出力

子供２人、大人１人の料金：2200円

名前付き引数を利用して引数を省略する

名前付き引数では引数の省略もわかりやすくなります。次の例では大人の人数は省略して子供１人の場合の料金を fee(child:1) で計算しています。

php 名前付き引数で引数を省略する（子供１人）

«sample» param_name.php

```php
<?php
$total = fee(child:1);
echo "子供１人の料金：";
echo "{$total}円";
?>
```

出力

子供１人の料金：600円

引数と戻り値の型指定

ユーザ定義関数の引数および戻り値の型を指定できます。型指定は次の書式のように行います。

書式 引数と戻り値の型指定

```
function 関数名 ( 型 引数1, 型 引数2, ... ) : 戻り値の型 {
  処理
  return 戻り値 ;
}
```

戻り値がない関数では戻り値の型を指定する必要がありませんが、戻り値がないことを示すために : void と書くことができます。

データ型	説明
array	配列
callable	コールバック関数
bool	ブール値
float	浮動小数点数（float、double、実数）
int	整数値
string	文字列
クラス名／インターフェース名	指定のクラスのインスタンス
mixed	あらゆる値 php8

引数の型指定

次の例では引数の型を int 型に指定しています。int ではない値を引数で受け取ると、その値を int に変換して処理を行います。例のように 10.8 を引数で渡すと引数として受け取った時点で 10 に直されて計算されます。計算では 10 を2倍して返すので、結果は 20 になります。

php 引数を int 型として受け取って処理する

«sample» declare_type.php

```
<?php
// 引数は整数
function twice(int $var) {
  $var *= 2;        └──── 引数の型
  return $var;
}

// 実行する
$num = 10.8;
$result = twice($num);
echo "{$num} の 2 倍は ", $result;
?>
```

出力

```
10.8 の 2 倍は 20
```

戻り値の型指定

次の例では、引数は float で受け取り、計算後の結果を int で返します。先の例と同じく 10.8 を引数として与えていますが、そのまま10.8を2倍するので21.6になります。これをintにして戻すので、計算結果は21になります。

php 計算結果を整数にして戻す

«sample» declare_returnType.php

```
<?php
// 計算結果を整数で返す
function twice(float $var):int {
  $var *= 2;
  return $var;
}

// 実行する
$num = 10.8;
$result = twice($num);
echo "{$num} の 2 倍は ", $result;
?>
```

戻り値の型（:int）

出力

```
10.8 の 2 倍は 21
```


引数と戻り値に複数の型を指定する php8

PHP 8では引数および戻り値に複数の型を指定できるようになりました。複数の型を指定するには、int | float のように型を | で区切って並べます。これをUnion型と呼びます。Union型は init | null のようにnull型も指定できます（null型は単独では使用できない）。さらに、どのような値でもよい場合には mixed型を利用できます。Union型、mixed型 ともにPHP 8からの新機能です。

次のtwice()はstring型とfloat型の引数を受け取ります。引数に"1.9cm"を与えると$var *= 2の式でWarningが出ますが計算は実行されます。もし、float型しか認めていない場合は引数を受け取った時点でFatal error（TypeError）になり処理が中断します。

php 複数の型を受け取る関数

«sample» union_type.php

```
<?php
// string と float 型の引数を受け取る
function twice(string|float $var):float {
  $var *= 2;
  return $var;
}
// 実行する
$num1 = "1.9cm";
$num2 = 2.6;
$result1 = twice($num1);
$result2 = twice($num2);
echo "{$num1} の 2 倍は ", $result1 , PHP_EOL;
echo "{$num2} の 2 倍は ", $result2;
?>
```

2つのどちらの型も受け付けます（string|float）

出力

```
1.9cm の 2 倍は 3.8
2.6 の 2 倍は 5.2
```

Section 4-3

変数のスコープ

変数には値が有効な範囲があります。これは「変数のスコープ」と呼ばれています。ユーザ定義関数内で変数を利用する場合は、変数のスコープを理解しておく必要があります。変数のスコープに関連して、スタティック変数についても説明します。

変数のスコープとは

「サッカー部の井上と演劇部の井上は別人」、「家では赤箱で通じるけど外では通じない」。これと同じように、同じ変数名でも場所によって別物だったり、通用しなかったりします。この原因は変数が有効な範囲、すなわちスコープにあります。

ローカルスコープとグローバルスコープ

次のprice()関数では、250に変数$kosuの値をかけて表示しています。最初に$kosuには2が代入されているので、250 * 2が計算されて「500円です。」と表示されるはずです。

ところが、実行してみると「2個で0円です。」と誤った計算結果が出力されます。では、$kosuに2が入っていないのかというと、echo "{$kosu}個で"のコードが「2個で」と出力されているように、$kosuには2が入っています。

php 個数から料金を計算する（誤ったコード）

«sample» scope_local.php

```
<?php
// 個数
$kosu = 2;

// 料金を計算する
function price(){
  $ryoukin = 250 * $kosu;
  echo "{$ryoukin}円です。";
}
// 実行する
echo "{$kosu}個で";
price();
?>
```

- $kosu = 2; ── 2を代入します
- $kosu（関数内） ── 値が入っていません／この$kosuはprice()の内部でだけ有効なローカル変数です
- echo "{$kosu}個で"; ── 2が入っています

出力

2個で0円です。

料金の計算が誤っている原因はどこにあるのでしょうか？　その原因は、price()関数定義の中で使われている$kosuと関数定義の外で使われている$kosuが、名前は同じでも別の変数として扱われることにあります。price()関数定義の外では$kosuの値は2ですが、関数定義の中では値が未設定の変数となり、250 * $kosuの式では$kosuは0と判断されて料金は0円になります。

次の料金計算 taxPrice() にもまったく同じ過ちがあります。税込み価格を計算するために消費税率 10% を変数 $tax に入れて計算していますが、taxPrice() 関数の中で使われている $tax には値が入っていません。したがって、taxPrice(tanka:250, kosu:4) は消費税 0% で計算されてしまい 1000 円になります（Warning: Undefined variable も発生します）。

このように変数の有効範囲は、関数の中で定義してある変数はその範囲内のみ有効な「関数レベルのローカルスコープ」になり、関数の外で定義してある変数は「グローバルスコープ（グローバル変数）」になります。

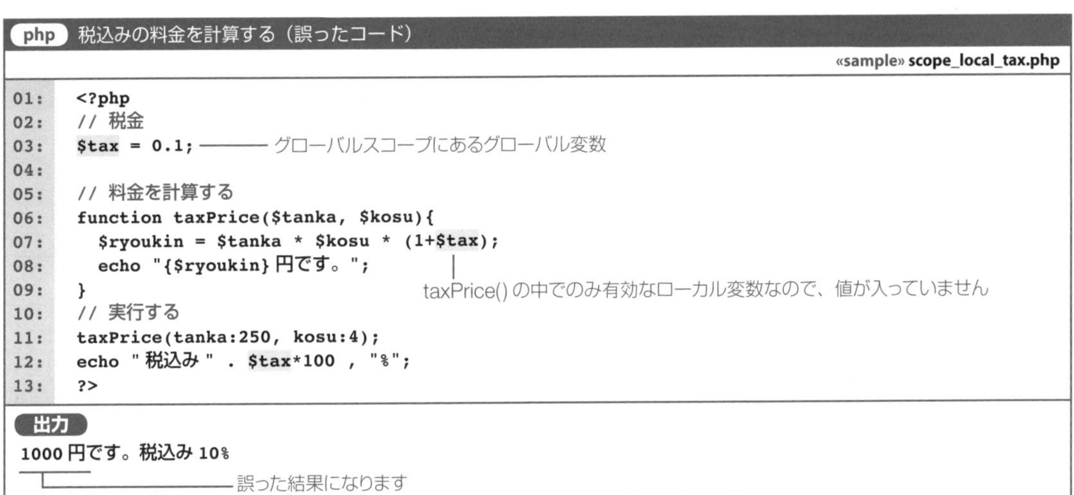

php 税込みの料金を計算する（誤ったコード）

«sample» scope_local_tax.php

```
<?php
// 税金
$tax = 0.1; ——— グローバルスコープにあるグローバル変数

// 料金を計算する
function taxPrice($tanka, $kosu){
  $ryoukin = $tanka * $kosu * (1+$tax);
  echo "{$ryoukin} 円です。";
}           taxPrice() の中でのみ有効なローカル変数なので、値が入っていません
// 実行する
taxPrice(tanka:250, kosu:4);
echo " 税込み " . $tax*100 , "%";
?>
```

出力

```
1000 円です。税込み 10%
```

誤った結果になります

グローバル変数

taxPrice() が正しく計算されるようにするには、taxPrice() の内側からグローバルスコープにある変数 $tax を利用しなければなりません。その方法はとても簡単です。関数の最初に「global $tax;」の宣言文を 1 行を加えるだけです。

書式 グローバル変数

global $変数名 **;**

では、先のコードにこの 1 行を追加して、その結果を確認してみましょう。今度は 10% が上乗せされて 1100 円になりました。

php グローバルスコープにある変数 $tax を使って計算する

«sample» scope_global_tax.php

```
<?php
// 税金
$tax = 0.1;

// 料金を計算する
function taxPrice($tanka, $kosu){
  global $tax; // グローバル変数を使う
```

```
    $ryoukin = $tanka * $kosu * (1+$tax);
    echo "{$ryoukin} 円です。";
  }
  // 実行する
  taxPrice(tanka:250, kosu:4);
  echo " 税込み " . $tax*100 , "%";
  ?>
```

今度は 0.1 が入っています

出力

```
1100 円です。税込み 10%
```

正しい結果になります

> **NOTE**
>
> **スーパーグローバル変数**
>
> PHP の定義済み変数には、スーパーグローバル変数と呼ばれるものがあります（☞ P.295）。その中の 1 つの $GLOBALS は、グローバルスコープにある変数を配列で管理している変数です。先の $tax ならば、$GLOBALS["tax"] でアクセスできます。
>
> «sample» **scope_superglobals_tax.php**

スタティック変数

スタティック変数は関数内でのみ有効なローカルスコープの変数ですが、その値はグローバルスコープの変数と同じようにずっと保持されます。スタティック変数は次のように static を付けて初期化し、関数が複数回呼ばれても最初の 1 回だけ実行されます。スタティック変数については、クラス定義でもあらためて説明します（☞ P.260）。

書式　スタティック変数

```
static $変数名 = 初期値;
```

次のコードではスタティック変数 $count を使って利用回数をカウントしています。

php　スタティック変数でカウントアップする

«sample» **static_count.php**

```
<?php
function countUp(){
  static $count = 0; // 初期化
  $count += 1; // カウントアップ
  return $count;
}

// 10 回実行する
for ($i=1; $i<=10; $i++){
  $num = countUp();
  echo "{$num} 回目。";
}
?>
```

初期化は最初の1回しかされません

出力

```
1 回目。2 回目。3 回目。4 回目。5 回目。6 回目。7 回目。8 回目。9 回目。10 回目。
```

Section 4-4

より高度な関数

このセクションで紹介するものは少し難易度が上がります。取り上げるのは、変数の参照渡し、可変引数、可変関数、無名関数といったものです。中級者レベルの内容になるので、プログラミング初心者が学ぶ必要はありません。

変数の値渡しと参照渡し

関数の引数に変数を渡したとき、関数には変数に入っている値が渡されます。次の例を見てください。$numには最初5が入っています。そしてoneUp($num)のようにoneUp()の引数に$numを渡します。$numを$varで受け取ったoneUp()では$varに1を加算します。

oneUp($num)を実行した後の$numの値を確認すると、最初の5のままです。oneUp()の引数に$numを渡したにも関わらず、$numの値が1増えていません。その理由は、oneUp()では$numに入っている5を受け取っただけであって、変数自体を受け取っていないからです。これを「変数の値渡し」と呼びます。

php 変数の値渡し

«sample» callby_value.php

```
<?php
function oneUp($var){
  $var += 1;          ──── 変数 $num に入っている値の 5 を受け取ります
}

// 実行する
$num = 5;
oneUp($num); ──── $num を引数にします
echo $num; ──── 実行後の $num の値を確認します
?>
```

出力

```
5 ──── $num の値は変化しません
```

変数の参照渡し

次に「変数の参照渡し」の例を見てください。oneUp()の定義文の引数に&を付けて、&$varとしてあります。これだけの違いですが、$numの出力結果が6になります。引数の前に&を付けると、変数の値ではなく変数の参照（アドレス）を受け取ります。$numの参照を受け取った$varは、実質的に$numそのものになったと考えることができます。つまり、$varに1を足すということは、$numに1を足すことになるわけです。多くの配列関数が処理する配列を変数の参照渡しで受け取っているので、そこで利用例を見ることができます。（☞ P.209、p.211）

php 変数の参照渡し

«sample» callby_reference.php

```
<?php
function oneUp(&$var){
  $var += 1;        └─ 変数 $num の値ではなく、$num を指す参照を受け取ります
}
 └──────────── $num を操作していることになります
// 実行する
$num = 5;
oneUp($num); ──── $num を引数にします
echo $num; ──── 実行後の $num の値を確認します
?>
```

出力

```
6 ──── $num に 1 が加算されています
```

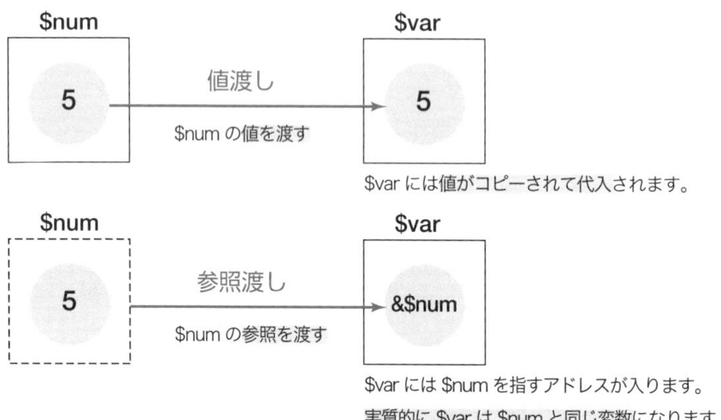
$num
5
値渡し
$num の値を渡す
$var
5
$varには値がコピーされて代入されます。
$num
5
参照渡し
$num の参照を渡す
$var
&$num
$varには$numを指すアドレスが入ります。
実質的に$varは$numと同じ変数になります。

引数の個数を固定しない

「Section4-2　ユーザ定義関数」では、関数の定義で引数に ...$members のように指定することで、引数の個数が決まっていない場合に対応する方法を説明しました（☞ P.123）。ここでは、関数に渡された引数を調べることができる3つの関数を使う方法を紹介します。

func_get_args() は、関数に渡された引数を配列で返します。func_num_args() は、引数の個数を返します。func_get_arg() は指定した引数の値を返します。

次の myFunc() では、この3つの関数を使って引数で与えた数値の合計と平均、最後の値を表示しています。myFunc() の定義文には引数を受け取る引数変数がありませんが、何個の引数でも処理できます。例では「43, 67, 55, 75」の4個の値で試しています。なお、array_sum() は配列の値の合計を求める関数です。配列の値を操作する方法については、「Chapter6　配列」を参考にしてください（☞ P.197）。

php 引数の個数を固定しない関数

«sample» func_args.php

```
<?php
function myFunc(){
  // すべての引数
  $allArgs = func_get_args();  ――― 引数を配列に入れます
  // 引数の値の合計
  $total = array_sum($allArgs);  ――― 配列の値を合計します
  // 引数の個数
  $numArgs = func_num_args();  ――― 引数の個数を調べます
  if ($numArgs>0){
    $average = $total/$numArgs;
    // 最後の値を取り出す
    $lastValue = func_get_arg($numArgs-1);  ――― 指定した位置の引数を取り出します
  } else {
    $lastValue = $average = $total = "（データ無し）";  ――― 3つの変数に"（データ無し）"を
  }                                                          代入しています
    echo "合計点", $total, PHP_EOL;
    echo "平均点", $average, PHP_EOL;
    echo "最後の点数", $lastValue, PHP_EOL;
}

// 実行する
myFunc(43, 67, 55, 75);
?>
```

出力

```
合計点240
平均点60
最後の点数75
```

NOTE

バージョンの違い

func_get_arg() と func_get_args() は、PHP 5 と PHP 7 以降では結果が異なります。詳しくは公式ドキュメントを参照してください。
https://www.php.net/manual/ja/function.func-get-arg.php

可変変数

変数名に $ を重ねて付けた可変変数を利用すると変数名を動的に変更できます。たとえば、$$color のように $ を重ねることで、元の $color に入っていた値を名前にした変数を作れます。

次の例で見てみましょう。最初、変数 $color には "red" が入っています。次に $$color に 125 と代入すると変数 $red に 125 を入れたことになります。$color の値が "red" なので、$($color) は $red になると考えるとわかりやすいでしょう。

php 可変変数を試す

«sample» variable_variables.php

```
<?php
$color = "red";
$$color = 125;  ――― $red と同じになります
echo $red;
?>
```

出力
```
125
```

もう1つ例を示します。単価に個数を掛けて料金を計算したいとします。計算式は「$ryoukin = $tanka * $kosu」です。ところが、単価は $unitPrice、個数は $quantity の変数が割り当てられていたとします。

ここで、$tanka = "unitPrice"、$kosu = "quantity" のように式で使いたい変数にそれぞれの変数名をストリングで割り当てます。そして「$ryoukin = $$tanka * $$kosu」のように可変変数を使って式を書きます。この式は「$ryoukin = $unitPrice * $quantity」と同等の式になります。

php　可変変数を使って計算式の変数を入れ替え

«sample» variable_variables2.php

```
<?php
$unitPrice = 230;
$quantity = 5;
// 変数に変数名を入れる
$tanka = "unitPrice";
$kosu = "quantity";
// 入っている変数名の変数を使って計算する
$ryoukin = $$tanka * $$kosu;
echo $ryoukin . "円";
?>
```

出力
```
1150円
```

配列と可変変数を組み合わせる場合にはどのように展開されるかに注意が必要です。間違いを防ぐには、${$var[0]}、あるいは、${$var}[0] のように { } を使って展開順を明確にします。

NOTE

グローバル変数と可変変数の組み合わせ

PHP 7 以降ではグローバル変数と可変変数を組み合わせて使うことができなくなりました。

可変関数

可変関数を使うと式で使う関数を動的に入れ替えることができます。可変関数は、$var() のように関数名が代入してある変数に () を付けて実行します。考え方は可変変数と同じですが、指定した関数が存在するかどうかを function_exists() で確かめてから実行します。

php 可変関数を実行する

«sample» variable_functions.php

```
<?php
function hello($who){
  echo "{$who} さん、こんにちは！ ";
}

function bye($who){
  echo "{$who} さん、さよなら！ ";
}

// 実行する関数名
$msg = "bye";              ―――― 実行する関数を決めます
 if (function_exists($msg)){
  $msg(" 金太郎 ");         ―――― bye(" 金太郎 ") を実行します
 }
?>
```

出力

金太郎さん、さよなら！

無名関数

無名関数は関数名を指定しない関数で、クロージャ、ラムダ式、ラムダ関数とも言います。無名関数は、コールバック関数として関数の引数にすることがよくあります。また、無名関数は変数に入れて扱うことができ、$var() のように変数にカッコを付けて実行します。次に示す書式では型指定、戻り値がありますが、なくても構いません。

書式 無名関数

```
function ( 型 引数 1, 型 引数 2, ... ) : 型 {
    処理
    return 戻り値 ;
}
```

次の例は、無名関数を変数 $myFunc に代入して実行しています。変数への代入文なので、行末にセミコロンを付けるのを忘れないでください。代入した関数は $myFunc(" 田中 ") のように実行します。

php 変数 $myFunc に代入した無名関数を実行する

«sample» anonymous_func.php

```
<?php
$myFunc = function($who){
  echo "{$who} さん、こんにちは！ ";
}; // 代入文なのでセミコロンが必要

// 実行する
$myFunc(" 田中 ");
?>
```

無名関数を変数 $myFunc に代入します

出力

```
田中さん、こんにちは！
```

無名関数で使う変数に値を設定する

親のスコープにある変数を無名関数の中で使うには、use ($var) のように use キーワードを使って無名関数に変数を渡します。これは無名関数を呼び出す際に渡す引数とは違います。

次の例で言えば $msg に " ありがとう " を代入し、その値を use ($msg) で無名関数に渡しています。これにより、「echo "{$who} さん、" . $msg」の文は「echo "{$who} さん、" . " ありがとう "」に確定します。グローバル変数とは違うので、無名関数を $myFunc に代入した後で親のスコープで $msg の値を変更しても無名関数の中の $msg の値は変化しません。

php 無名関数で使う変数に値を設定する

«sample» anonymous_func_use.php

```
<?php
// 無名関数で使う変数に値を設定する
$msg = " ありがとう ";
$myFunc = function ($who) use ($msg){
  echo "{$who} さん、" . $msg, PHP_EOL;
};

// $myFunc への代入後に $msg の値を変更する
$msg = " さようなら ";

// 実行する
$myFunc(" 田中 ");
$myFunc(" 佐藤 ");
?>
```

出力

```
田中さん、ありがとう
佐藤さん、ありがとう
```

Chapter 5

文字列

PHP は Web ページを作る目的で使用するので、文字列の連結、フォーマット、文字列の取り出し、文字の変換、不要な文字の除去、検索／置換、正規表現など、文字列を扱う機能がたくさんあります。入力データのチェックでも文字列に対する知識が必要になります。

Section 5-1

文字列を作る

この節では文字列の作り方や文字列に変数を埋め込む方法、シングルクォートの文字列とダブルクォートの文字列の違いなどを改めて説明します。さらに、数値として扱われる数値文字列、数値として計算できる文字列について正しく理解しておきましょう。

ダブルクォートで囲まれた文字列

文字列はシングルクォートまたはダブルクォートで囲むことで作ることができます。両者の違いは、文字列の中に変数やエスケープシーケンスが含まれている場合に出てきます。

文字列の中で変数を展開して表示したい場合や、改行などの特殊文字を埋め込みたい場合にはダブルクォートで囲んだ文字列を使います。

変数をダブルクォートで囲んだ場合

ダブルクォートで囲んだ文字列の中に変数が入っている場合は、変数が展開されて中に入っている値に置き換えられます。

次の例では echo で出力している $msg の値がダブルクォートで囲まれた文字列です。その中に変数の $theSize と $thePrice が含まれていますが、出力結果を見ると「M サイズ、1200 円」となって、$theSize と $thePrice の位置に変数の値が埋め込まれているのがわかります。

php　ダブルクォートの中に変数を入れた場合

«sample» var_doubleQuote.php

```
<?php
$theSize = "M";
$thePrice = 1200;
$msg = "$theSize サイズ、$thePrice 円";  ――― 変数名に続く文字との間に空白が必要です
echo $msg;
?>
```

出力

```
M サイズ、1200 円 ――― 変数が値と置き換わっています
```

変数を { } で囲って埋め込む

文字列に変数を埋め込む際に "$thePrice円" のように空白を詰めて書くと「$thePrice円」が変数名になってしまうことから、"$thePrice 円" のように変数名に続く文字との間に空白を入れなければなりません。

しかし、先の例のように変数名と文字の間を空けて出力すると、当然ながら「M サイズ、1200 円」となって値と文字の間に空白が入ります。"{$thePrice} 円" のように変数を { } で囲むと間に空白を入れずに変数と本文を区分できます。出力結果に { } は表示されません。

php 変数を { } で囲って埋め込む

«sample» var_doubleQuote_trim.php

```
<?php
$theSize = "M";
$thePrice = 1200;
$msg = "{$theSize} サイズ、{$thePrice} 円 ";
echo $msg;
?>
```

（04行目）変数を { } で囲めば空白を開ける必要がありません

出力

```
M サイズ、1200 円
```

数字と文字を詰めて表示できます。変数を囲む { } は出力されません

ダブルクォートの文字列で使えるエスケープシーケンス

改行やタブなどのような特殊文字を文字列に埋め込みたいときにバックスラッシュ \ を使ったエスケープシーケンスを利用します。

エスケープシーケンス	変換される文字列
\"	"
\n	ラインフィード（LF）
\r	キャリッジリターン（CR）
\t	水平タブ（HT）
\v	垂直タブ（VT）
\e	エスケープ（ESC）
\\	\
\$	$
\{	{
\}	}
\0 から \777	8 進形式の ASCII 文字
\x0 から \xFF	16 進形式の ASCII 文字

ドル記号 $ を表示する

ダブルクォートの中では $ は変数名の接頭辞として判断されるため、ドル記号 $ を表示するにはエスケープシーケンスを使います。次の例では、最初の「\$1」はエスケープシーケンスによって「$1」とドル記号が表示され、次の $yen は変数 $yen が展開されて 117 と表示されます。

php ダブルクォートの文字列の中に $ 記号を含める

«sample» esc_seq_doubleQuote.php

```
<?php
$yen = 117;
echo " 今日のレートは、\$1 = $yen 円です。";
?>
```

出力

```
今日のレートは、$1 = 117 円です。
```

シングルクォートで囲まれた文字列

文字列はシングルクォートで囲むことでも作ることができます。シングルクォートで囲んだ文字列の中に変数が入っている場合は、$変数名がそのまま文字として表示されます。先のダブルクォートの文字列をシングルクォートで囲んで出力結果を見ると「$theSize サイズ、$thePrice 円」となって、そのまま変数名が書き出されます。

php シングルクォートの中に変数を入れた場合

«sample» var_singleQuote.php

```
<?php
$theSize = "M";
$thePrice = 1200;
$msg = '$theSize サイズ、$thePrice 円';
echo $msg;
?>
```

出力

```
$theSize サイズ、$thePrice 円
```

―― 変数名がそのまま書き出されています

シングルクォートの文字列で使えるエスケープシーケンス

シングルクォートで囲まれた文字列の中で利用できるエスケープシーケンスは、次の2種類だけです。

エスケープシーケンス	変換される文字列
\'	'
\\	\

次の例では、シングルクォートの文字列に「Y's」のようにシングルクォートが含まれているので、これをエスケープシーケンスを使って「Y\'s」と入力します。

php シングルクォートの文字列にシングルクォートを含める

«sample» esc_seq_singleQuote.php

```
<?php
$msg= 'そこは Y\'s ROOM です。';
echo $msg;
?>
```

出力

```
そこは Y's ROOM です。
```

シングルクォートの文字列の中にはダブルクォートを入れることができます。

php シングルクォートの文字列にダブルクォートを含める

«sample» esc_seq_singleQuote2.php

```
<?php
$msg= ' そこは "Y\'s ROOM" です。';
echo $msg;
?>
```

出力

```
そこは "Y's ROOM" です。
```


ヒアドキュメント構文

複数行の文字列はヒアドキュメントと呼ばれる構文で手軽に作ることができます。ヒアドキュメントは、<<< に続いて、空白を空け、ダブルクォートで囲んだ任意の識別子を使って文章を囲む構造をしています。終端の識別子はダブルクォートでは囲まず、必ず行の先頭から書き、間を空けずにセミコロンを続けてすぐに改行します。識別子は何でもよいですが、EOD、EOT、EOL、END などがよく利用されています。開始の識別子のダブルクォートの囲みは省略できます。

書式 ヒアドキュメント構文

```
<<< "識別子" ―― 識別子をダブルクォートで囲みます
～ 任意の文字列 ～
識別子; ―― 行の先頭から書いて、セミコロンの後はすぐに改行します
```

変数を展開するヒアドキュメント

次の例では $msg にヒアドキュメントを代入しています。"EOD" が開始と終端の識別子です。ヒアドキュメント内の変数 $version は「"PHP 8"」のように値の 8 に展開され、ダブルクォートもそのまま出力されています。ヒアドキュメントでは、シングルクォートもそのまま出力されます。

php 複数行の文字列をヒアドキュメントで作成する

«sample» heredocument.php

```
<?php
$version = 8;
$msg = <<< "EOD"
これから一緒に "PHP $version" を学びましょう。
本気出すよ。
EOD;
// ヒアドキュメントを表示する
echo $msg;
?>
```

出力

```
これから一緒に "PHP 8" を学びましょう。
本気出すよ。      └── 変数 $version が展開されています
```

なお、ヒアドキュメントの出力が複数行でも Web ブラウザでは改行されません。改行したい場合は出力されたコードを <pre> タグで囲んでを表示すると手軽です。

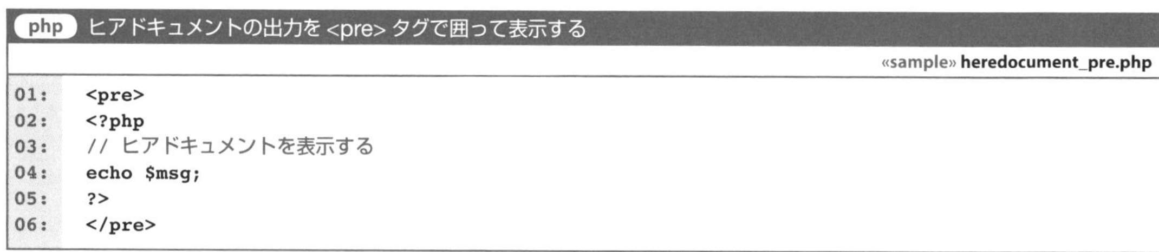

php　ヒアドキュメントの出力を <pre> タグで囲って表示する

«sample» **heredocument_pre.php**

```
<pre>
<?php
// ヒアドキュメントを表示する
echo $msg;
?>
</pre>
```

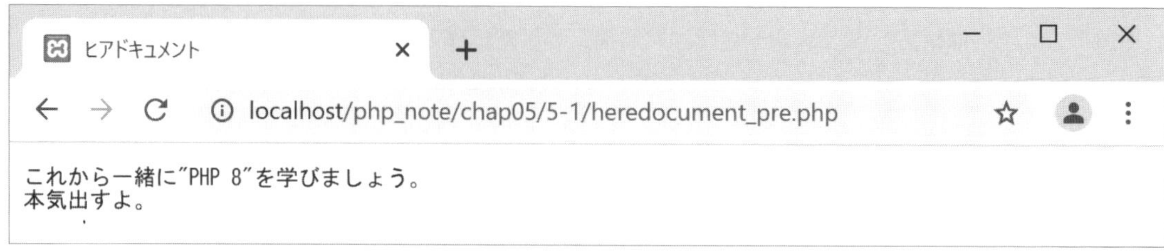

Nowdoc 構文

ヒアドキュメント構文と同じような機能に Nowdoc 構文があります。Nowdoc はヒアドキュメントと同じ構造ですが、開始の識別子をシングルクォートで囲みます。

書式 Nowdoc 構文

```
<<< '識別子' ――― 識別子をシングルクォートで囲みます
～ 任意の文字列 ～
識別子; ――― 行の先頭から書いて、セミコロンの後はすぐに改行します
```

変数を展開しない Nowdoc

Nowdoc の場合は、ヒアドキュメントと違って文章内の変数を展開しません。つまり、ヒアドキュメントはダブルクォートで囲まれた文字列、Nowdoc はシングルクォートで囲まれた文字列に相当します。PHP のコードや大量のテキストを埋め込む際にエスケープが不要になるので便利です。

次の Nowdoc では、$version がそのまま文字として出力されています。

php 複数行の文字列を Nowdoc で作成する

«sample» nowdoc.php

```
<?php
$version = 8;
$msg = <<< 'EOD'
これから一緒に "PHP $version" を学びましょう。
本気出すよ。
EOD;
// Nowdoc を表示する
echo $msg;
?>
```

出力

```
これから一緒に "PHP $version" を学びましょう。
本気出すよ。
```

変数が展開されていません

数値として扱われる数値文字列

PHP では "123" といった数字の文字列を数値の 123 と同じように扱います。これらを「数値文字列」（数値形式の文字列：numeric strings）として通常の文字列とは区別します。

数値文字列は数式で使えるだけでなく、型が int や float の関数の引数として与えてもエラーになりません。また、数値と比較したときに "123" == 123 などは true になります（数値と数値文字列を比較する ☞ P.166）。

数字の前後に 0 個以上の半角スペースがある数値文字列 php8

PHP 7 までと PHP 8 からでは数値文字列に変更があり、PHP 8 では数字の前後に 0 個以上の半角スペースがあるものを数値文字列とするシンプルな仕様になりました。たとえば、次のような文字列が数値文字列です。

数字の前後に 0 個以上の半角スペースがある数値文字列の例

"123"、"　123"、"123　"、"　123　"、"123.0"

次に示すように数値文字列は数値として計算できます。最初の２例は数値文字列と数値の計算、３番目は数値文字列同士の計算です。

php 数値文字列を使った計算

«sample» numeric_string.php

```
<?php
$ans1 = "1980" + 300;
$ans2 = 2000 * "1.5";
$ans3 = "50" / "2";
echo $ans1, "、", $ans2, "、", $ans3;
?>
```

出力

```
2280、3000、25
```

数値の後ろに文字がある文字列

数値文字列ではありませんが、例外として "123km" のように数値の後ろに文字がある文字列は数値計算ができます。数字の前に文字がある "€123" などは数値として計算できません。

数字の後ろに文字があり計算できる文字列の例（数値文字列ではない）
"123km"、"123 円"、"123 メートル"

たとえば、"1200 秒" / 60、"400 メートル" * 4、"5400 円" / "4 人" のような計算を行えます。ただし、これらは数値文字列ではないので Warning: A non-numeric value が発生するので注意してください。

php 数値として扱える文字列を使った計算

«sample» numeric_like_string.php

```
<?php
$ans1 = "1200 秒 " / 60;
$ans2 = "400 メートル " * 4;
$ans3 = "5400 円 " / "4 人 ";
echo $ans1, "、", $ans2, "、", $ans3;
?>
```

出力

```
20、1600、1350
```

Section 5-2

フォーマット文字列を表示する

変数の値をそのまま出力するのではなく、フォーマット文字列を使って表示する方法について説明します。フォーマット文字列を使うと、値を表示する際に小数点以下の桁数を指定する、前ゼロを付ける、桁揃えするといった指定ができます。数値の３桁区切りを行う number_format() も紹介します。

フォーマットされた文字列を表示する　printf()

変数などの値は、echo、print()、print_r() を使って文字列に埋め込んで表示できますが、いずれも値をそのまま出力するだけです（☞ P.63、P.64）。ここで説明する printf() は、出力する値の表示書式をフォーマット文字列で指定できます。printf() の f は format のことです。フォーマット文字列は書式文字列と訳されていることもあります。複数の値をフォーマットして出力できます。戻り値はフォーマット後の文字数です。フォーマット後の文字列そのものを戻り値として取り出したい場合には後述する sprintf() を使います（☞ P.151）。

たとえば、0.3333 という値に対して '%.2f' のフォーマット文字列を指定すると、0.33 と少数第 2 位までが出力されます。

書式 printf() の書式

printf (string **$format** , mixed **...$values) :** int —— 戻り値は文字数です

次の例では、円周率の M_PI を echo で出力した場合と printf() で出力した場合を比較しています。printf() では、M_PI の表示のフォーマット文字列に '%.3f' を指定しているので 3.142 のように小数第 3 位まで表示されます。echo の出力結果と見比べるとわかるように、小数第 3 位は四捨五入されています。printf() の戻り値を代入した $n にはフォーマット後の文字数の 5 が入っていることも確認できます。

php 小数第3位までを出力する

«sample» echo_printf.php

```
<?php
// 円周率をそのまま出力する
echo M_PI;
echo "<br>", PHP_EOL; // 改行
// フォーマット文字列を指定して出力する
$n = printf('%.3f', M_PI);
echo "<br>", PHP_EOL;
echo " 文字数 $n";
?>
```

出力

```
3.1415926535898
3.142
文字数 5
```

フォーマット文字列の書き方

フォーマット文字列はシングルクォートまたはダブルクォートで囲みます。% の位置に値が置換され、その際に指定した書式が適用されます。フォーマット文字列の中に複数個の % があれば、前から順に値が置き換わります。

置換する値が 1 個の場合

次の例は置換する値が 1 個の場合です。先の例の円周率 M_PI の出力では値だけを出力していましたが、今度は ' 円周率は %.2f です。' のように値を文字列に埋め込んでいます。

php 文字列に値を埋め込む

«sample» printf_pi.php

```
<?php
printf('円周率は %.2f です。', M_PI);
?>
```

出力

```
円周率は 3.14 です。
```

置換する値が複数個の場合

次の例では ' 最大値 %.1f、最小値 %.1f' のように置換する % が 2 個あります。その値は変数 $a と $b に入っています。出力結果を見ると、フォーマット文字列の % が $a、$b の値に順に置換され、少数第 1 位に四捨五入されて表示されています。

php 変数 $a、$b の値を少数第 1 位で表示する

«sample» printf_dot_f.php

```
<?php
$a = 15.69;
$b = 11.32;
printf('最大値 %.1f、最小値 %.1f', $a, $b);
?>
```

出力

```
最大値 15.7、最小値 11.3
```

次のようにフォーマット文字列を変数に入れて指定することもできます。次のコードは同じ結果になります。

php フォーマット文字列を変数 $format で指定する

«sample» printf_dot_f2.php

```
<?php
$format = '最大値%.1f、最小値%.1f';
$a = 15.69;
$b = 11.32;
printf($format, $a, $b);
?>
```

出力

```
最大値15.7、最小値11.3
```

Part 2 Chapter 2 Chapter 3 Chapter 4 Chapter 5 Chapter 6 Chapter 7

フォーマット文字列の構文

先にも書いたようにフォーマット文字列では文字列全体をシングルクォートまたはダブルクォートで囲み、その中の%の位置に値が置き換わります。置換される値は、%に続く書式指定に従って表示されます。書式は後述する書式修飾子で作ります。置換する値の型によって表示形式が違うので、書式修飾子の最後に型指定子を付けます。フォーマット文字列は次のような構文になっています。... は任意の文章です。1つのフォーマット文字列の中に複数の置換を埋め込むことができます。値番号と書式修飾子は省略できますが、最後の型指定子は必ず必要です。

書式 フォーマット文字列の構文

'... % 値番号 書式修飾子 型指定子 ...'

%と置き換える値を値番号で指定する

複数個の%と置換する値がある場合には、対応する値を番号で指定できます。%と対応する値は「番号$」で指定します。番号$は値の並び順で1$、2$、3$のように指定します。値を番号で指定することで、同じ値を%の位置に関係なく複数回利用できるようになります。値番号を省略すると先頭から順に%と変数が割り当てられます。

次の例ではprintf()の$aの値が%1$、$bの値が%2$に置き換わってフォーマットされます。

php 置き換える値を値番号で指定する

«sample» format_sign.php

```
<?php
$format = '%1$fと%2$fは、それぞれ%1$.2fと%2$.2fになります。';
$a = 12.5673;
$b = 23.6256;
printf($format, $a, $b);
?>
```

出力

```
12.567300と23.625600は、それぞれ12.57と23.63になります。
```

書式修飾子

書式修飾子には次に示すように複数の種類があります。複数の修飾子を指定する場合は順番どおりに指定しなければなりません。

書式　フォーマット文字列の構文（書式修飾子を具体的に書いた構文）

'...% 値番号 [1. 符号 2. パディング 3. アラインメント 4. 幅 5. 精度] 型指定子 ...'

1. 符号指定子

値が数値のとき、初期値では -5、9 のように負のときだけ - 符号が付き、正の場合は符号が付きません。+ の修飾子を指定すると -5、+9 のように正で + が付くようになります。

次の例では '%+d' を指定して、数値を表示しています。d は値が整数値であることを示す型指定子です。

php　数値が負のとき -、正のとき + を付けて表示する

«sample» format_sign.php

```php
<?php
$a = -5;
$b = 9;
printf('%+d', $a);
echo "、";
printf('%+d', $b);
?>
```

出力

```
-5、+9
```
―――― プラスの数値には + 符号が付きます

2. パディング指定子

指定の文字数にするために、足りない分を埋める文字を指定します。文字数は後述の表示幅指定子で指定します。空白か 0 以外の文字を指定するには、全体をダブルクォートで囲み、埋める文字の前にシングルクォートを置きます。置換する値の文字数の方が多い場合は、値がそのままの文字数で表示されます。

次の例の最初の %03d の指定は、3 桁になるように前を 0 で埋めます。2 番目の %'*6d は 6 桁になるように * で埋めます。

php　文字数に足りない部分は 0 や * で埋める

«sample» format_padding.php

```php
<?php
$a = 7;
$b = 2380;
printf('番号は %03d です。', $a);   ―――― 3 桁になるように前に 0 を付けます
printf("請求額は %'*6d 円", $b);   ―――― 6 桁になるように前に * を付けます
?>
```

出力

```
番号は 007 です。請求額は **2380 円
```

次の例では、年月日が「0000-00-00」の書式になるように変数の値を埋め込んでいます。

php 年月日の書式を「0000-00-00」で表示する

«sample» format_thedate.php

```
<?php
$year = 1987;
$month = 3;
$day = 9;
printf('%04d-%02d-%02d', $year, $month, $day);
?>
```

出力

```
1987-03-09
```

3. アラインメント指定子

指定文字数になるようにパディング指定子で埋めるとき、値を左寄せにするか右寄せにするかを指定します。- で左寄せ、+ で右寄せになります。

次の例では、最初の指定では左寄せ、後の指定では右寄せで値が表示されます。s は値が文字列であることを示す型指定子です。

php パディング指定子で埋めるとき、値を左寄せにするか右寄せにするか

«sample» format_alignment.php

```
<?php
$a = "23ab";
printf("ID は %'#-8s です。", $a); ——— 左寄せ 8 文字で不足桁は # を埋めます
printf("ID は %'*+8s です。", $a); ——— 右寄せ 8 文字で不足桁は * で埋めます
?>
```

出力

```
ID は 23ab#### です。ID は ****23ab です。
```

4. 幅指定子

幅指定子は、置換後に最低何文字にするかを指定します。置換する値が幅指定の文字数より少ないときは、パディング指定子で指定した文字を埋めます。値の文字数が多いときはそのまま値を表示します。ただし、かな漢字などのマルチバイト文字は正しく処理されないので注意が必要です。

次の3つの例では、$a の値は指定の 4 文字に足りないので「0083」のように 0 が 2 個補われ、$b は 5 文字あるのでそのまま表示されます。最後の $c は 3 文字なので「03-A」のように4文字になるように 0 が 1 個補われています。

php　値の最低文字数を指定する

«sample» format_width.php

```
<?php
$a = 83;
$b = 92018;
$c = "3-A";
printf('番号は %04d です。', $a); ――― 4 桁に満たないとき前に 0 を付けます
printf('番号は %04d です。', $b);
printf('ID は %04s です。', $c); ――― 4 文字に満たないとき前に 0 を付けます
?>
```

出力

```
番号は 0083 です。番号は 92018 です。ID は 03-A です。
```

5. 精度指定子

ピリオドに続いて小数点以下の桁数（文字数）を指定します。浮動小数点の場合は桁数で四捨五入されますが、文字列の場合は文字数で切り捨てられます。ピリオドと数値の間に桁埋めのパディング指定子を指定できます。通常、0 を補って数値の精度を示す場合に利用します。

次の３つの例では、$a の値は小数第 2 位までに四捨五入されます。$b は値の桁数が足りないので、3.10 のように 0 を補って少数第 2 位の精度で表示されます。$c の値は文字列なので、先頭から 5 文字で切り取られています。ただし、かな漢字などのマルチバイト文字は正しく処理されないので注意が必要です。

php　小数点以下の桁数、値の文字数を指定する

«sample» format_precision.php

```
<?php
$a = 10.2582;
$b = 3.1;
$c = "Hypertext Preprocessor ! ";
printf('結果は %.2f です。', $a);
printf('結果は %.02f です。', $b);
printf('PHP は %.5s ...', $c);
?>
```

出力

```
結果は 10.26 です。結果は 3.10 です。PHP は Hyper ...
```

型指定子

フォーマット文字列の最後に型指定子を付けます。型指定子は、置換する値の型を指定します。すでにいくつかの例を見てきたように、数値なのか文字列なのかといった型の違いによって書式修飾子の適用のされ方が変わります。型指定子には次の種類があります。

型指定子	意味
%	% の文字を表示する。
b	整数値にした後、2 進数で表示する。
c	整数値にした後、指定の ASCII コードの文字を表示する。
d	整数値にした後、10 進数で表示する。
e	倍精度数値にした後、e を使って表示する。
E	倍精度数値にした後、E を使って表示する。（大文字）
f	倍精度数値にした後、浮動小数点として表示する。
F	浮動小数点にした後、浮動小数点として表示する。
g	%e か %f で文字数が短かくなるほうで表示する。
G	%E か %f で文字数が短かくなるほうで表示する。
o	整数値にした後、8 進数で表示する。
s	文字列にした後に表示する。
u	整数値にした後、符号無し整数値を 10 進数で表示する。
x	整数値にした後、16 進数で表示する。小文字を使う。
X	整数値にした後、16 進数で表示する。大文字を使う。

変数の値は型指定子によって次の型の値として扱われます。その値が書式に従って表示されます。

型指定子	型
s	文字列（string）
d、u、c、o、x、X、b	整数値（integer）
g、G、e、E、f、F	倍精度数値（double）

型指定子の % は他と少し違うので例を示します。これは「15.4%」のように % が置換の指定子ではなく、100 パーセントの記号としてそのまま表示したいときにエスケープシーケンスのような意味合いで使う指定子です。次の例で示すように %% と続けて書きます。

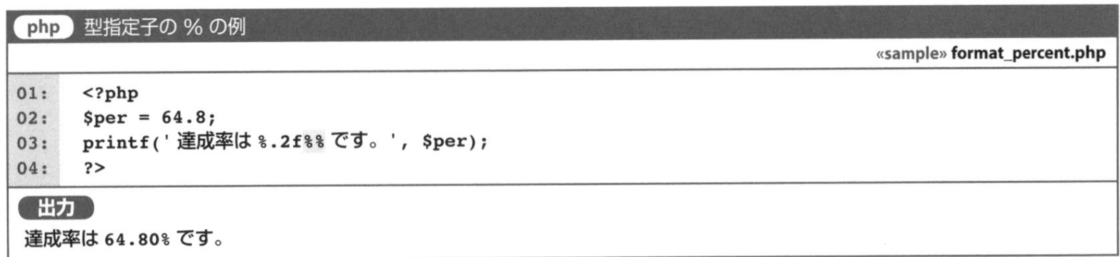

php 型指定子の % の例

«sample» format_percent.php

```
<?php
$per = 64.8;
printf('達成率は %.2f%% です。', $per);
?>
```

出力

```
達成率は 64.80% です。
```

フォーマットされた文字列を返す関数　sprintf()

printf() はフォーマット文字列を適用した文字列を表示して戻り値は文字数を返しますが、sprintf() はフォーマット文字列を適用した文字列を返す関数です。sprintf() を使えば、フォーマット後の文字列を変数などに代入できます。

次の例では 3 個の変数をフォーマットして文字列に埋め込み、完成した文字列を変数 %id に入れています。そして最終的に echo でほかの文字列と連結して表示しています。

php フォーマット済みの文字列を変数に入れて扱う

«sample» sprintf.php

```
<?php
$year = 2016;
$seq = 539;
$type = "P7";
$id = sprintf('%04d%06d-%s', $year, $seq, $type); ——— フォーマット後の文字列を $id に代入します
echo "製品 ID は", $id, "です。";
?>
```
（$id：フォーマット済みの文字列を表示します）

出力

```
製品 ID は 2016000539-P7 です。
```

置換する値を配列で指定する

文字列の中に置換する値が複数個あるとき、printf() の代わりに vprintf() を使うと置換する値を配列で指定できます。同様に sprintf() に対して vsprintf() があります。配列についてはあらためて説明しますが、ここで例を示しておきます。（配列☞ P.197）

次の例では、最大値、最小値、平均値の３つの値を配列 $data に入れておき、その値を vprintf() を使ってフォーマット文字列内の % へ順に置換して表示しています。

php フォーマット文字列の % を配列の値で置換する

«sample» vprintf.php

```
<?php
$max = 15.69;
$min = 11.32;
$ave = 13.218;
// 置換する配列
$data = array($max, $min, $ave); ——— 値を配列にします
// フォーマット文字列
$format = '最大値 %.1f、最小値 %.1f、平均値 %.1f';
// 値を置換して表示する
vprintf($format, $data); ——— 配列に入っている値をフォーマットして出力します
?>
```

出力

```
最大値 15.7、最小値 11.3、平均値 13.2
```

数値の3桁区切りフォーマット

数値の3桁区切りには、専用の number_format() が用意されています。数値を引数に与えると、3桁区切りの文字列が作られます。

php 数値を3桁区切りにする

«sample» number_format.php

```
<?php
$price = 1980 * 2;
$kingaku = number_format($price);
echo $kingaku, "円";
?>
```

出力

```
3,960円
```

3桁区切りになります

number_format() の第2引数で小数点以下の桁数を指定できます。

php 3桁区切りし、小数第2位まで表示する

«sample» number_format2.php

```
<?php
$num = 235.365;
$length = number_format($num, 2);
echo $length, "m";
?>
```

小数点以下2桁になるように四捨五入します

出力

```
235.37m
```

Section 5-3

文字を取り出す

文字数を調べる、文字列から文字を取り出すといった方法を説明します。文字数のチェックや文字列の抜き出しは、文字列を扱う場合の基本操作です。文字列を操作する関数には、半角英数字だけの文字列でしか利用できないものがあるので注意が必要です。

文字数を調べる

文字数はmb_strlen()で調べることができます。フォーム入力の文字数チェックなどに利用します。次の例では、文字数によって料金を計算する関数price()を作り試しています。

php 文字数によって料金を計算する

«sample» mb_strlen.php

```
<?php
// 文字数によって料金を計算する
function price(string $str){
  $kakaku = 3000; // 基本料金
  // 文字数を調べる
  $length = mb_strlen($str);——————引数で受け取った$strの文字数を調べます
  // 11 文字目から 1 文字 100 円増し
  if ($length>10){
    $kakaku += ($length - 10)*100;
  }
  // 3桁位取り
  $kakaku = number_format($kakaku);
  $result = "{$length} 文字 {$kakaku} 円 ";
  return $result;
}
?>

<!DOCTYPE html>
<html>
<head>
  <meta charset="utf-8">
  <title> 文字数によって料金を計算する </title>
</head>
<body>
<pre>
<?php
// 試す
$msg1 = "Hello World!";
$msg2= " ハローワールド ";
echo price($msg1);
echo PHP_EOL;
echo price($msg2);
?>
</pre>
</body>
</html>
```

出力

```
12 文字 3,200 円
7 文字 3,000 円
```

文字列から文字を取り出す

文字列から途中の文字を取り出す場合は mb_substr() を使います。第1引数 $string に対象の文字列、第2引数 $start に先頭文字の位置、第3引数 $length に取り出す文字数を指定します。

書式 文字列から途中の文字を取り出す

mb_substr (string **$string** , int **$start** , int|null **$length** = null ,
string|null **$encoding** = null **) :** string

文字位置は 0 から数え 1 文字目が 0 になります。-1 は最後の文字、-2 は最後から 2 番目の文字を指します。文字数を省略すると先頭位置から最後までの文字を取り出します。エンコーディング（"UTF-8"、"EUC-JP"、"SJIS" など）を省略した場合は内部エンコーディングが採用されます。

次の例では $msg に入っている文字列から途中の文字を取り出しています。mb_substr($msg, 4) は先頭の位置が 4 なので、5 文字目からの文字列を取り出します。

php 途中の文字を取り出す

«sample» mb_substr.php

```
<?php
$msg = "我輩は猫である。名前はまだない。";
echo mb_strlen($msg), PHP_EOL; // 文字数
echo mb_substr($msg, 4), PHP_EOL; // 5 文字目から最後まで
echo mb_substr($msg, 4, 10), PHP_EOL; // 5 文字目から 10 文字
echo mb_substr($msg, -6); // 最後から 6 文字
?>
```

出力

```
16
である。名前はまだない。
である。名前はまだな
はまだない。
```

最後の文字を削除する

mb_substr() を使って文字を取り出すということは、取り出さなかった文字は削除したと考えることができます。たとえば、文字列の最後の文字を削除したいとき、先頭から最後の 1 つ手前までの文字列を取り出せば、最後の文字を削除したことになります。

次の例を試すと $msg は「春はあけぼの。」の最後の句点が取り除かれて「春はあけぼの」になります。

php 最後の文字を削除する

«sample» mb_substr_delete.php

```
<?php
$msg = "春はあけぼの。";
$msg = mb_substr($msg, 0, -1); // 最後の文字を削除する
echo $msg;
?>
```

（0, -1：先頭から最後の 1 つ手前）

出力

```
春はあけぼの
```

半角英数文字だけの文字列

半角英数文字の文字列でも mb_strlen()、mb_substr() が使えますが、文字列が半角英数文字だけならば、文字数は strlen()、文字の抜き出しには substr() を利用できます。

php 半角英数文字だけの文字列から文字を抜き出す

«sample» substr.php

```
<?php
$id = "ABC1X239JP";
echo substr($id, 4), PHP_EOL; // 5 文字目から最後まで
echo substr($id, 5, 3), PHP_EOL; // 6 文字目から 3 文字
echo substr($id, -2); // 最後から 2 文字
?>
```

出力

```
X239JP
239
JP
```

文字列をインデックス番号で参照する

文字列 [インデックス番号] で文字列の 1 文字を取り出すことができます。インデックス番号は文字列の 1 文字目を 0、2 文字目を 1 のようにカウントし、-1 が最後の文字、-2 が最後から 2 番目の文字のように指すことができます。

次の例では strlen() で文字数（かな漢字は 2 倍）を調べ、for ループを利用して $id に入っている文字列から 1 文字ずつ取り出しています。

php 1 文字ずつ順に取り出す

«sample» string_index.php

```
<?php
$id = "Peace";// 半角英数文字
$length = strlen($id);————文字数を調べます
for ($i=0; $i<$length; $i++){
  $chr = $id[$i];————$i 番目の文字を取り出します
  echo "{$i}-", $chr, PHP_EOL;
}
?>
```

出力

```
0-P
1-e
2-a
3-c
4-e
```

NOTE

文字列のバイト数

かな漢字では strlen() は文字数の 2 倍の数を返します。つまり、strlen() は文字列のバイト数を返すわけです。strlen() で 20 以内のように制限すれば、英数文字なら 20 文字以内、かな漢字文字なら 10 文字以内のように換算できます。

Section 5-4

文字の変換と不要な文字の除去

Web ページの入力フォームの文字列やデータベースから取り出した値が、必ずしもそのまま利用できるとは限りません。入力フォームに入力されては困る文字が含まれていることもあります。この節では、文字を変換したり不要な文字を除去したりする方法で、目的に応じた安全な文字列を作る方法を紹介します。

全角／半角、ひらがな／カタカナの変換

mb_convert_kana() を使うことで、全角／半角を変換する、ひらがな／カタカナを変換するといったことができます。英字だけを半角にする、数字だけを半角にするといった指定もできます。

mb_convert_kana() の書式は次のようになっています。エンコーディング（"UTF-8"、"EUC-JP"、"SJIS" など）を省略した場合は内部エンコーディングが採用されます。

書式 **文字を変換する**

mb_convert_kana (string **$string** , string **$mode** = "KV" , string|null **$encoding** = null **) :** string

全角の英数記号、全角空白を半角に変換する

全角文字の英数記号文字および全角空白を半角文字に変換するには、次のモードを指定します。

モード	変換
r	全角英字 → 半角英字
n	全角数字 → 半角数字
a	全角の英数記号 → 半角の英数記号
s	全角空白 → 半角空白

次の例は、全角の英数記号文字と全角空白を半角にします。英数記号文字を半角にするモードが "a"、スペースを半角にするモードが "s" なので、これを合わせて "as" をモードに指定します。文字列にはマルチバイト文字が混ざっていても構いません。

php 全角の英数記号、全角空白を半角にする

«sample» alphabet2hankaku.php

```
<?php
$msg = "Ｈｅｌｌｏ！　ＰＨＰ８をはじめよう。";
echo mb_convert_kana($msg, "as");
?>
```

出力

```
Hello! PHP8 をはじめよう。
```

半角の英数記号および半角空白を全角に変換する

逆に半角文字の英数記号文字および半角空白（スペース）を全角文字に変換するには、次のモードを指定します。全角から半角にするモードは小文字でしたが、半角から全角へのモードは大文字です。

モード	変換
R	半角英字 → 全角英字
N	半角数字 → 全角数字
A	半角の英数記号 → 全角の英数記号
S	半角空白 → 全角空白

先ほどの例とは逆に半角の英数記号文字、半角空白（スペース）を全角に変換するコードは次のようになります。モードには "AS" を指定します。

php 半角の英数記号文字、半角空白を全角に変換する

«sample» alphabet2zenkaku.php

```
<?php
$msg = "Hello! PHP8 をはじめよう。";
echo mb_convert_kana($msg, "AS");
?>
```

出力

```
Ｈｅｌｌｏ！　ＰＨＰ８をはじめよう。
```

ひらがなをカタカナに変換する

ひらがなをカタカナに変換するには、次のモードを指定します。カタカナには全角と半角があります。

モード	変換
h	ひらがな → 半角カタカナ
C	ひらがな → 全角カタカナ

次の例では、$yomi に入っているひらがなの読みを半角カタカナ、全角カタカナに変換しています。

php ひらがなをカタカナに変換する

«sample» hiragana2katakana.php

```
<?php
$yomi = "ふじのさぶろう";
$hankaku_katakana = mb_convert_kana($yomi, "h");
$zenkaku_katakana = mb_convert_kana($yomi, "C");
echo $hankaku_katakana, PHP_EOL;
echo $zenkaku_katakana, PHP_EOL;
?>
```

出力

```
ﾌｼﾞﾉｻﾌﾞﾛｳ
フジノサブロウ
```

カタカナをひらがなに変換する

逆にカタカナをひらがなに変換するには、次のモードを指定します。半角カタカナから変換する場合には、濁点がある文字を1文字にするかどうかのVモードを付加できます。たとえば「が」を「か」「゛」の2文字ではなく「が」の1文字にするということです。

モード	変換
H	半角カタカナ → ひらがな
c	全角カタカナ → ひらがな
V	濁点付きの文字を1文字に変換する

次の例では、半角または全角のカタカナで入っている読みをひらがなに変換しています。濁点があるカタカナは1文字にまとめています。したがって、"HcV" のように3つのモードを重ねて指定します。

php カタカナをひらがなに変換する

«sample» katakana2hiragana.php

```
<?php
$yomi1 = "ｽｺｯﾄ・ﾗﾌｧﾛ";
$yomi2 = "チャーリー・ミンガス";
$hiragana1 = mb_convert_kana($yomi1, "HcV");
$hiragana2 = mb_convert_kana($yomi2, "HcV");
echo $hiragana1, PHP_EOL;
echo $hiragana2, PHP_EOL;
?>
```

出力

```
すこっと・らふぁろ
ちゃーりー・みんがす
```

カタカナの半角／全角を変換する

カタカナには半角と全角があるので、これを変換するモードもあります。全角カタカナに変換するKモードには、先のHモードと同様に濁点がある文字を1文字にするかどうかのVモードを付加できます。モードを省略した場合の初期値が "KV" です。

モード	変換
k	全角カタカナ → 半角カタカナ
K	半角カタカナ → 全角カタカナ
V	濁点付きの文字を1文字に変換する

次の例では、$yomi に入っている半角カナ、ひらがなを全角カナに変換しています。濁点付きの文字は1文字に変換しています。全角カナはそのまま全角カナのままです。

php 半角カタカナ、ひらがなを全角カタカナに変換する

«sample» kana2zenkakukatakana.php

```
<?php
$yomi1 = "ﾌｼﾞﾔﾏｻｸﾗ";
$yomi2 = "あしがらきんたろう";
$hiragana1 = mb_convert_kana($yomi1, "KCV");
$hiragana2 = mb_convert_kana($yomi2, "KCV");
echo $hiragana1, PHP_EOL;
echo $hiragana2, PHP_EOL;
?>
```

出力

```
フジヤマサクラ
アシガラキンタロウ
```

英文字の大文字／小文字の変換

半角の英文字は strtoupper() で小文字を大文字に変換することができます。

php 小文字を大文字にする

«sample» strtoupper.php

```
<?php
$msg = "Apple iPhone";
echo strtoupper($msg);
?>
```

出力

```
APPLE IPHONE
```

逆に大文字を小文字に変換するには、strtolower() を利用します。

php 大文字を小文字にする

«sample» strtolower.php

```
<?php
$msg = "Apple iPhone";
echo strtolower($msg);
?>
```

出力

```
apple iphone
```

単語の先頭文字だけ大文字にする

ucfirst() は英文の先頭の文字を大文字にします。ucwords() は英文に含まれているすべての単語の先頭の文字を大文字にします。どちらも 2 文字目以降は変更しないので、単語の 1 文字目だけ大文字にしたいならば strtolower() ですべての文字を小文字に変換した後で ucwords() で 1 文字目を大文字に変換します。

php 単語の先頭文字だけ大文字にする

«sample» strtolower_ucword.php

```
<?php
$msg = "THE QUICK BROWN FOX";
echo ucwords(strtolower($msg));
?>
```

出力

```
The Quick Brown Fox
```

不要な空白や改行を取り除く

フォームに入力されたテキストの先頭や末尾には不要な空白や改行などが入っていることが考えられます。そこで、そういった不要な文字を取り除く関数があります。trim() が先頭と末尾、ltrim() が先頭（左側）、rtrim() は末尾（右側）の除去を行う関数です。

次の例の $msg に入っている文字列には先頭にタブ（\t）、末尾に複数の半角空白に続いて改行（\n）が2個連続して入っています。これを trim() に通すと先頭と末尾にある不要な文字がすべて取り除かれています。このように、不要な文字が連続している場合も、文字を取り除いた後に繰り返して先頭と末尾の不要な文字がないかがチェックされます。

php 文字列の前後にある不要な文字を取り除く

«sample» trim_default.php

```
<?php
$msg = "\tHello World!!    \n\n";
$result = trim($msg);
echo "処理前：" . PHP_EOL;
echo "[{$msg}]" . PHP_EOL;
echo "処理後：" . PHP_EOL;
echo "[{$result}]" . PHP_EOL;
?>
```

（2行目）前後に不要なタブ、半角空白、改行が入っています

出力

```
処理前：
[	Hello World!!

]
処理後：
[Hello World!!]
```

（[Hello World!!]）前後の不要な文字が取り除かれています

全角空白を取り除く

初期値で取り除かれる文字は、半角空白（"0x20"）、タブ（"\t"）、改行（"\n"）、キャリッジリターン（"\r"）、NUL（"\0"）、垂直タブ（"\v"）です。つまり、初期値では全角空白を取り除くことができません。

trim() は第２引数で取り除きたい文字を指定できますが、２バイト文字は正しく処理されない場合があります。そこで trim(mb_convert_kana($msg, "s")) のように先に全角空白を半角空白に変換した後で trim() を実行します。ただ、この方法では途中の全角空白も半角空白にしてしまうので、必要ならば trim() 後に今度は半

角空白を全角空白に変換します。さらに細かい置換が必要ならば正規表現を使う方法もあります（全角空白と半角空白の変換 ☞ P.157、正規表現☞ P.178）。

次の例では、住所の前に全角空白、後ろに全角空白と改行が入っています。これを trim() で取り除いています。

php 前後にある全角空白と改行を削除する

«sample» trim_charlist.php

```
<?php
$msg = "　東京都千代田区　\n\n";
$result = trim(mb_convert_kana($msg, "s"));
echo "処理前：" . PHP_EOL;
echo "[{$msg}]" . PHP_EOL;
echo "処理後：" . PHP_EOL;
echo "[{$result}]" . PHP_EOL;
?>
```

先に全角空白を半角空白に変換します

出力

```
処理前：
[　東京都千代田区

]
処理後：
[東京都千代田区]
```

HTML タグ用のエンティティ変換（HTML エスケープ）

フォームから入力された文字に < や > などの HTML タグに含まれている記号文字が混ざっているとき、その内容をそのまま使ってページ表示すると表示が崩れてしまいます。そのような文字は、htmlspecialchars() を利用して次のように & から始まる文字列（エンティティ）に置き換えます。この処理は、セキュリティ対策としても重要で、エンティティ変換、HTML エスケープと呼ばれます。（☞ P.306）

文字	変換後の文字列（エンティティ）
&	&
"	"
'	&039;
<	<
>	>

次の例では、$msg に「東京 <-> 京都 'Eat & Run' ツアー」のように <、>、'、& の文字が含まれています。このまま HTML コードに埋め込むわけにはいかないので、htmlspecialchars() を利用して文字を置き換えます。出力結果で確認できるようにこれらは & で始まる文字列に置き換えられています。

なお、htmlspecialchars() の第２引数で ENT_QUOTES を指定していますが、これはシングルクォートとダブルクォートの両方を変換するためのオプションです。デフォルトではダブルクォートのみを変換します。

php HTML タグ用の文字をエンティティに変換して出力する

«sample» **htmlspecialchars.php**

```
<?php
$msg = "東京<->京都 'Eat & Run' ツアー"; ——— HTML で使う文字が含まれている文字列
?>
<!DOCTYPE html>
<html>
<head>
  <meta charset="utf-8">
  <title>エンティティ変換</title>
</head>
<body>
<?php
// エンティティ変換を行って表示する
echo htmlspecialchars($msg, ENT_QUOTES, 'UTF-8');
?>
</body>
</html>
```

出力

```
<!DOCTYPE html>
<html>
<head>
  <meta charset="utf-8">
  <title>エンティティ変換</title>
</head>
<body>
東京&lt;-&gt;京都 &#039;Eat &amp; Run&#039;ツアー</body> ——— 文字が置き換わっています
</html>
```

出力結果をブラウザで確認すると、エンティティに変換されている文字は元の文字で表示されています。

HTML タグを取り除く

文字列に含まれている HTML タグをエンティティに変換するのではなく取り除いてしまうこともできます。HTML タグを取り除く関数は strip_tags() です。

次の例では $msg に HTML タグ（<p>、<b>、
 など）が含まれた文字列が入っていますが、出力結果を見るとわかるように strip_tags() を通すとタグがすべて取り除かれています。

php 文字列から HTML タグを取り除く

«sample» strip_tags.php

```php
<?php
$msg = "<p><b>北原白秋『砂山』</b>海は荒海<br>向こうは佐渡よ<br></p>";
echo strip_tags($msg);
?>
```

出力

```
北原白秋『砂山』海は荒海向こうは佐渡よ
```
——含まれていた HTML タグがすべて取り除かれています

セキュリティ対策 strip_tags() の第2引数を利用してはいけない

strip_tags() は、削除せずに残すタグを第2引数で指定できますが、タグの属性も残ることからセキュリティホールができます。安全に見えるタグでも残してはいけません。

URL エンコード

URL に空白やマルチバイト文字が含まれている場合に URL エンコードが必要になります。URL エンコードを行う関数には rawurlencode() と urlencode() の２種類があります。両者の違いは空白文字の扱いです。rawurlencode() は空白文字を %20 に変換し、urlencode() は + に変換します。後者はクエリ文字列やクッキーの値で利用する形式です。

次に示す例では、rawurlencode() を使って URL エンコードを行っています。

php 文字列を URL エンコードする

«sample» rawurlencode.php

```php
<?php
$page = "PHP 8 サンプル .html";
$path = rawurlencode($page);
$url = "http://sample.com/{$path}";
echo $url;
?>
```

出力

```
http://sample.com/PHP%208%E3%82%B5%E3%83%B3%E3%83%97%E3%83%AB.html
```
——マルチバイト文字が URL エンコードされています

URL デコード

rawurlencode() で URL エンコードされた文字列は rawurldecode()、urlencode() で URL エンコードされた文字列は urldecode() でそれぞれデコードできます。

php URLデコードする

«sample» rawurldecode.php

```
<?php
$encoded = "PHP%208%E3%82%B5%E3%83%B3%E3%83%97%E3%83%AB.html";
$decoded = rawurldecode($encoded);
echo $decoded;
?>
```

出力

```
PHP 8 サンプル .html
```

Section 5-5

文字列の比較と数値文字列

この節では文字列が等しいかどうかを調べたり、アルファベット順での並びを調べたりする方法を説明します。文字列を扱う場合には、半角英数文字だけの文字列とマルチバイト文字が混ざっている文字列では結果が違ってくるので注意してください。また、数値と文字列を比較する場合は、数値として扱われる数値文字列について正しく理解しておく必要があります。

同じ文字列かどうか演算子で比較する

2つの文字列が同じかどうかの比較は == 演算子で行うことができます。次の例の holiday() では、引数で受け取った $youbi が " 土曜日 " か " 日曜日 " のときに true になって、" ～はお休みです。" と返します。

php　文字列と文字列の比較

«sample» equal_strstr.php

```
<?php
function holiday($youbi){
  if(($youbi == " 土曜日 ")||($youbi == " 日曜日 ")){
    echo $youbi, " はお休みです。", PHP_EOL;
  } else {
    echo $youbi, " はお休みではありません。", PHP_EOL;
  }
}
// 試す
holiday(" 金曜日 ");
holiday(" 土曜日 ");
holiday(" 日曜日 ");
?>
```

出力

```
金曜日はお休みではありません。
土曜日はお休みです。
日曜日はお休みです。
```

数値と数値文字列を比較する php8

数値文字列を数値と比較したときに、== 演算子を使う「緩やかな比較」と === 演算子を使う「厳密な比較」では結果が違います。（数値文字列 ☞ P.143）

== 演算子を使う「緩やかな比較」

数値と文字列を == 演算子で比較するとき、数値文字列は数値に直されて比較されます。つまり、"123" や "　123　" は数値の 123 と同じになるので、"123" == 123 や "　123　" == 123 は true になります。

比較式	結果
"123" == 123	true
" 123" == 123	true
"123 " == 123	true
" 123 " == 123	true
"123.0" == 123	true

数値と比較する文字列が数値文字列ではないときは、PHP 8 では数値を文字列に変換して比較します。たとえば、"P123" と 123 を比較すると "P123" == "123" で比較することになって結果は false です。"123km" は数値として計算できますが数値文字列ではないので、"123km" == 123 は false です。

比較式	変換後の比較式	結果
"P123" == 123	"P123" == "123"	false
"123km" == 123	"123km" == "123"	false
"hello" == 0	"hello" == "0"	false

=== 演算子を使う「厳密な比較」

数値と数値文字列を === 演算子で比較すると「厳密な比較」が行われます。厳密な比較では型も比較するために "123" == 123 は false になります。

比較式	結果
"123" === 123	false
" 123" === 123	false
"123 " === 123	false
" 123 " === 123	false
"123.0" === 123	false

NOTE

PHP 7 までの数値文字列と緩やかな比較

PHP 7 までは数値の後ろに文字がある "123km" や "123 メートル " も数値文字列としていました。したがって、"123km" == 123 は true と判断されました。また、"hello" などの数値文字列ではない文字列と数値を比較した場合、PHP 8 では数値を文字列に変換するのに対して、PHP 7 までは文字列を数値に変換して比較を行っていました。したがって、"hello" を数値にすると 0 になるために "hello" == 0 は true になりました。

比較式	変換後の比較式	結果
"123km" == 123	123 == 123	true
"P123" == 123	0 == 123	false
"hello" == 0	0 == 0	true

文字列の大小比較

比較演算子（<、<=、>、>=）も文字列に対して使用できますが、大小関係はアルファベット順になります。大小の比較を有効に利用できるのは半角英文字同士の場合で、１文字目を比較して同じならば２文字目、３文字目と比較します。大文字と小文字では、大文字のほうが前の順になります。

次の例では、"apple" と "android" の比較で１文字目が同じなので２文字目以降を比較した結果「android、apple」の順になっています。"apple" と "APPLE" では、「APPLE、apple」の順になっています。

php 英単語をアルファベット順で比較する

«sample» str_cmp_operator.php

```php
<?php
function compare($a, $b){
  if($a < $b){
    echo "{$a}、{$b} の順。" . PHP_EOL;
  } else if($a == $b){
    echo "{$a} と {$b} は同じ。" . PHP_EOL;
  } else if($a > $b){
    echo "{$b}、{$a} の順。" . PHP_EOL;
  }
}
// 試す
compare("apple", "apple");
compare("apple", "beatles");
compare("apple", "android");
compare("apple", "APPLE");
?>
```

出力

```
apple と apple は同じ。
apple、beatles の順。
android、apple の順。
APPLE、apple の順。
```

数値文字列ではない文字列と数値を大小比較した場合 php8

"95" と 99 のように文字列の数字と数値が混ざっていることがあります。数値文字列の場合は数値の比較と結果が同じですが、"ABC" や "3 人 " などのように数値文字列ではない文字列と数値を比較すると、数値を文字列に変換して比較します。たとえば、"123km" < 15 は "123km" < "15" で比較するので true、"SEVEN" < 11 は "SEVEN" < "11" で比較するため false です。

比較式	PHP 8 での比較	結果
"123km" < 15	"123km" < "15"	true
"9 本 " < 10	"9 本 " < "10"	false
"SEVEN" < 11	"SEVEN" < "11"	false

php 数値文字列ではない文字列と数値を大小比較する

«sample» str_cmp_operator2.php

```
<?php
$ans1 = "123km" < 15;
$ans2 = "9 本 " < 10;
$ans3 = "SEVEN" < 11;
var_dump($ans1);
var_dump($ans2);
var_dump($ans3);
?>
```

出力

```
bool(true)
bool(false)
bool(false)
```

NOTE

PHP 7 で文字列と数値を大小比較した場合

PHP 7 までは文字列と数値を大小比較した場合、文字列を数値に変換していました。たとえば、"123km" < 15 は 123< 15、"9 本 " < 10 は 9 < 10、"SEVEN" < 11 は 0 < 11 で比較することから、PHP 8 とは結果が逆になります。

比較式	PHP 7 での比較	結果
"123km" < 15	123 < 15	false
"9 本 " < 10	9 < 10	true
"SEVEN" < 11	0 < 11	true

文字列を比較する関数

演算子ではなく、文字列の大きさを比較する関数もあります。strcmp($str1, $str2) を使うと引数が数値の場合は文字列にキャストして比較します。結果は $str1 が $str2 より小さいとき負の値、等しいとき 0、大きいとき正の値になります。

次の 1 番目の例では数値文字列の "123" と数値の 99 を比較していますが、数値が "99" にキャストされるので「123、99」の順になります。

php strcmp() を使って比較する

«sample» strcmp.php

```
function compareStr($a, $b){
  // 文字列にキャストして比較する
  $result = strcmp($a, $b);
  if($result < 0){
    echo "{$a}、{$b} の順。" . PHP_EOL;
  } else if($result === 0){
    echo "{$a} と {$b} は同じ。" . PHP_EOL;
  } else if($result > 0){
```

```
    echo "{$b}、{$a} の順。" . PHP_EOL;
  }
}
// 試す
compareStr("123", 99);
compareStr("A123", 99);
compareStr("009", 99);
?>
```

出力

```
123、99 の順。
99、A123 の順。
009、99 の順。
```

大文字と小文字を区別せずに比較する関数

strncasecmp() は引数を文字列にキャストし、英文字の大文字と小文字を区別せずに比較します。結果は strcmp() と同じように負、0、正で返します。次の例では2つの単語を大文字小文字を区別せずに比較したとき、一致するかどうかを調べています。

php 大文字と小文字を区別せずに比較する

«sample» strcasecmp.php

```
<?php
$id1 = "AB12R";
$id2 = "ab12r";
// 大文字小文字を区別せずに比較する
$result = strcasecmp($id1, $id2);
echo "{$id1} と {$id2} を比較した結果、";
if ($result == 0){
  echo "一致しました。";
} else {
  echo "一致しません。";
}
?>
```

出力

```
AB12R と ab12r を比較した結果、一致しました。
```

前方一致で比較する

strncmp() を使うと先頭の3文字が同じならば一致しているというような比較ができます。つまり、前方一致を調べることができるわけです。引数は文字列にキャストされ、英文字の大文字と小文字は区別します。大文字小文字を区別せずに比較したい場合は strncasecmp() を使います。

次の書式で言えば、str1 と str2 の len 文字目までの大小を比較します。結果は str1 のほうが小さいとき負の値、等しいとき 0、大きいとき正の値になります。どちらの関数も str1 が str2 より短い場合に負の値、等しい場合に 0 、str1 が str2 より大きい場合に正の値を返します。

書式 前方一致で len 文字目までを比較する

strncmp(string **$str1** , string **$str2** , int **$len** **):** int

書式 大文字小文字を区別せずに len 文字目までを前方一致で比較する

strncasecmp(string **$str1** , string **$str2** , int **$len**)**:** int

次の例では、引数の値が大文字小文字を区別せずに "ABC" で始まるかどうかを調べています。使う関数は strncasecmp() です。何文字目まで比較するかは "ABC" の文字数、つまり strlen($str1) でカウントします。一致するかどうかだけをチェックするので、strncasecmp() で比較した結果が 0 かどうかで判断できます。

php 前方一致で比較する

«sample» strncasecmp.php

```
<?php
function check($str2){
  $str1 = "ABC";
  // $str2 が str1 ではじまっているかどうかをチェックする
  $result = strncasecmp($str1, $str2, strlen($str1));
  echo "{$str2} は ";
  if ($result == 0){
    echo "{$str1} から始まる。" . PHP_EOL;
  } else {
    echo " その他。" . PHP_EOL;
  }
}
// 試す
$id1 = "ABCR70";
$id2 = "xbcM65";
$id3 = "AbcW71";
$id4 = "xABC68";
check($id1);
check($id2);
check($id3);
check($id4);
?>
```

"ABC" なので3文字目まで比較します

出力

```
ABCR70 は ABC で始まる。
xbcM65 はその他。
AbcW71 は ABC で始まる。
xABC68 はその他。
```

AbcW71: 大文字と小文字を区別せずに比較しています
xABC68: ABC が含まれていますが、先頭からではありません

Section 5-6

文字列の検索

この節では文字列の検索を行い、見つかった位置を調べる、指定の文字が含まれているか調べる、文字列を置換する方法を説明します。検索置換を利用することで、検索位置に文字列を挿入する、検索文字を削除するといったこともできます。なお、文字列の検索や置換は正規表現を使って行うこともできます。正規表現については次節で説明します。

文字列を検索する

文字列を検索する関数はいくつかありますが、strpos() または mb_strpos() は、検索して最初に見つかった位置を返します。マルチバイト文字の検索には mb_strpos() のほうを使います。文字の位置は 0 から数え、見つからない場合は false を返します。このとき、if 文では 0 は false と判定されるので、=== 演算子を使って厳密な比較を行う必要があります。

次の例では check() を定義して引数 1 に引数 2 の文字列が含まれているかどうかを調べています。見つかった位置を 0 から数えるので、1 を足した値で何文字目かを示しています。

php　文字列が含まれている位置を調べる

«sample» mb_strpos.php

```
<?php
function check($target, $str){
  $result = mb_strpos($target, $str);
  if($result === false){
    echo "「{$str}」は「{$target}」には含まれていません。" . PHP_EOL;
  } else {
    echo "「{$str}」は「{$target}」の", $result+1, "文字目にあります。" . PHP_EOL;
  }
}
// 試す
check("東京都渋谷区神南", "渋谷");
check("東京都渋谷区神南", "新宿");
check("PHP, Swift, C++", "PHP");
check("PHP, Swift, C++", "Python");
?>
```

出力

```
「渋谷」は「東京都渋谷区神南」の 4 文字目にあります。
「新宿」は「東京都渋谷区神南」には含まれていません。
「PHP」は「PHP, Swift, C++」の 1 文字目にあります。
「Python」は「PHP, Swift, C++」には含まれていません。
```

NOTE

最後に見つかった位置

最後に見つかった位置を返す strrpos() および mb_strrpos() もあります。

Part 2 Chapter 2 Chapter 3 Chapter 4 Chapter 5 Chapter 6 Chapter 7

文字列が含まれている個数を調べる

mb_substr_count() は、検索した文字列が何個含まれているかを返す関数です。次の例では、この関数を使って「不可」が3個以上含まれているときに「再試験」にしています。

php 「不可」が含まれている個数を調べる

«sample» mb_substr_count.php

```
<?php
function check($target){
  $result = mb_substr_count($target, "不可");
  if($result >= 3){
    echo "不可が{$result}個あるので、再試験です。" . PHP_EOL;
  } else {
    echo "合格です。" . PHP_EOL;
  }
}
// 試す
check("優,不可,良,可,優,可");
check("可,優,不可,不可,良,不可");
check("不可,可,不可,不可,良,不可");
check("可,良,良,不可,良,不可");
?>
```

出力

```
合格です。
不可が3個あるので、再試験です。
不可が4個あるので、再試験です。
合格です。
```

見つかった位置から後ろの文字列を取り出す

mb_strstr() は、特定の文字を検索して最初に見つかった位置から後ろにある文字列を取り出す関数です。英文字の大文字小文字を区別しないで検索するならば mb_stristr() を使います。検索した文字列が見つからない場合は false が戻ってきます。

次の例では mb_stristr() を使って検索を行う pickout() を定義しています。mb_stristr() で検索した結果が false でなければ返ってきた値を表示し、false ならば (not found) を返します。例ではこの pickout() を使って住所の検索を行っています。

php 見つかった位置から後ろの文字列を取り出す

«sample» mb_stristr.php

```
<?php
function pickout($target, $str){
  $result = mb_stristr($target, $str);
  if($result === false){
    echo "(not found)" . PHP_EOL;
  } else {
    echo "{$result}" . PHP_EOL;
  }
}
```

```
// 試す
pickout("東京都港区赤坂 2-3-4", "赤坂");
pickout("東京都渋谷区神南 1-1-1", "渋谷区");
pickout("東京都渋谷区道玄坂 5-5-5", "原宿");
?>
```

出力

```
赤坂 2-3-4
渋谷区神南 1-1-1
(not found)
```

検索して置換する

検索した文字を置換したい場合には str_replace() を使います。この関数はマルチバイト文字でも利用できます。英文字の大文字小文字を区別せずに検索置換したい場合には str_ireplace() を利用します。実行すると検索置換した結果が返されますが、$subject の文字列が直接書き換わるわけではありません。

書式 検索して置換する

```
str_replace(array|string $search , array|string $replace , string|array $subject ,
            int &$count = null ) : string|array
```

書式 大文字小文字を区別せずに検索置換する

```
str_ireplace(array|string $search , array|string $replace , string|array $subject ,
             int &$count = null ): string|array
```

第1引数 $search に検索する文字、第2引数 $replace で置換する文字、第3引数 $subject で検索対象の文字列を指定します。第4引数 $count に変数を指定すると置換された回数が入ります。検索した文字が複数個含まれている場合には、すべてが置換されます。検索した文字が見つからなかった場合は、検索対象の文字列がそのまま返ってきます。なお、引数の型が array|string とあるように、引数に配列（array）を指定することもできます。配列での指定は後述します。

次に示す例では $subject に入っている文字列の「猫」の文字を置換しています。最初は「犬」に次は「馬」に置換しています。最後に表示している $subject を見てもわかるように、str_replace() は元の文字列を直接書き替えていないことがわかります。

php 検索置換を行う

«sample» str_replace.php

```
<?php
// 同じ文字列を使って別の語句に置換する
$subject = "我輩は猫である。";
echo str_replace("猫", "犬", $subject), PHP_EOL; ——— 猫を犬に置換します
echo str_replace("猫", "馬", $subject), PHP_EOL; ——— 猫を馬に置換します
echo $subject;
?>
```

出力

```
我輩は犬である。
我輩は馬である。
我輩は猫である。 ——— 元の文字列は変化しません。
```

> **NOTE**
>
> **検索置換を使って文字を削除する**
>
> 検索した文字を空白 "" に置換することで、見つかった文字を削除することができます。

置換した個数を調べる

次の例では str_ireplace() を使って大文字小文字を区別せずに "Apple Pie" に含まれている "p" を "?" に置き換えています。第4引数で $count を指定しているので、$count には置換した個数が入ります。

php "p" を "?" に置換し、置換した個数を調べる

«sample» str_ireplace.php

```php
<?php
$subject = "Apple Pie";
// 大文字小文字を区別せずに置換する
$result = str_ireplace("p", "?", $subject, $count); ——— P を ? に置換した文字列を作ります
echo "置換前：{$subject}", PHP_EOL;
echo "置換後：{$result}", PHP_EOL;
echo "個数：{$count}";
?>
```

出力

```
置換前：Apple Pie
置換後：A??le ?ie ——— p が ? に置換されました
個数：3
```

検索文字と置換文字を配列で指定する

str_replace() と str_ireplace() では、第１引数と第２引数を配列で指定することもできます。つまり、複数個の検索文字を置換するとか、複数の検索文字に対して個別に置換文字を設定するといったことができるわけです。

複数の検索文字を置き換える

次の例では文字列に含まれている "p" と "e" を "?" に置き換えています。検索する文字が２種類あるので、２つの文字を配列 $search で ["p", "e"] のように指定しています。大文字と小文字を区別しないで置換できるように str_ireplace() を使っています。

php "p" と "e" を "?" に置き換える

«sample» str_ireplace2.php

```
<?php
// 検索文字
$search = ["p", "e"];
// 対象文字列
$subject = "a piece of the apple pie";
// 大文字小文字を区別せずに置換する
$result = str_ireplace($search, "?", $subject, $count);
echo "置換前：{$subject}", PHP_EOL;
echo "置換後：{$result}", PHP_EOL;
echo "個数：{$count}";
?>
```

出力

```
置換前：a piece of the apple pie
置換後：a ?i?c? of th? a??l? ?i?
個数：9
```

複数の検索文字をそれぞれ別の文字に置き換える

次の例では名前と年齢をそれぞれ "A" と "x" に置換しています。それぞれの置換を行うために、検索文字 $search、置換文字 $replace ともに配列で指定しています。置換文字の配列は置き換える順番で値を登録します。

php 名前と年齢を別の文字に置換する

«sample» str_replace2.php

```
// 検索文字
$search = ["鈴木", "35歳"];  ——— 検索する文字を配列で指定します
// 置換文字
$replace = ["A","x歳"];  ——— 置換する文字を順に指定します
// 対象文字列
$subject = "担当は鈴木さんです。鈴木さんは35歳の男性です。";
$result = str_replace($search, $replace, $subject);
echo "置換前：{$subject}", PHP_EOL;
echo "置換後：{$result}";
?>
```

出力

```
置換前：担当は鈴木さんです。鈴木さんは35歳の男性です。
置換後：担当はAさんです。Aさんはx歳の男性です。
```

複数の検索文字を置き換える場合の注意点

検索文字と置き換え文字を配列で指定する場合には、検索文字を順に置き換えていくことから、先に検索置換した文字を後の検索結果で置換し直されることがあるので注意してください。

たとえば、"XG90, XG100, P10, P15" に含まれている "XG" を "XP"、"P10" を "P10a" にそれぞれ置換したいと思って次のようなコードを書いたとします。出力結果を見ると2番目の "XG100" が "XP100" ではなく、"XP10a0" に置換されています。こうなった理由は、まず "XG100" が "XP100" に置換され、続いて "XP100" の "P10" の部分が "P10a" に置換されてしまって "XP10a0" になったわけです。

php 置換結果が繰り返して置換されてしまうミス

«sample» str_replace_NG.php

```
<?php
// 検索文字
$search = ["XG", "P10"];
// 置換文字
$replace = ["XP","P10a"];
// 対象文字列
$subject = "XG90, XG100, P10, P15";
$result = str_replace($search, $replace, $subject);
echo "置換前：{$subject}", PHP_EOL;
echo "置換後：{$result}";
?>
```

出力

```
置換前：XG90, XG100, P10, P15
置換後：XP90, XP10a0, P10a, P15
```


NOTE

配列の値を置換する

str_replace()、str_ireplace() は、配列に含まれている要素を検索置換することもできます。（☞ P.234）

Section 5-7

正規表現の基本知識

この節では、文字列の検索や置換をパターンを使って行う正規表現の基本を解説します。正規表現は記号が多く暗号文みたいに見えますが、ルールがわかれば意外と簡単です。文字整理を行うことが多いPHPにおいて、正規表現は強力な武器となるのでぜひ取り組んでみてください。

正規表現とは

正規表現とは文字列をパターンで検索して、パターンにマッチするかどうかチェックする、置換する、分割するといった文字列処理を行う手法です。パターンの書き方によって、非常に高度な文字列処理を行えますが、セキュリティの脆弱性をはらむ危険性があるため複雑なパターンを書くにはある程度の習熟が不可欠です。ただ、よく利用するパターンは決まっているので、積極的に利用していきたいテクニックのひとつです。

パターンにマッチするとは？

さて、パターンにマッチするとはどういうことでしょうか。パターンマッチで利用する関数は preg_match() です。preg_match() の簡単な書式は次のとおりです。第1引数の $pattern にパターンの文字列、第2引数の $subject に検索対象の文字列を指定して preg_match() を実行します。

書式 preg_match() の書式

```
preg_match ( string $pattern , string $subject ) : int|false
```

preg_match() の実行結果は、パターンにマッチしたときに 1、マッチしなかったときに 0 が戻ります。そして、パターンを解析できなかった場合など、エラーがあった場合は false になります。

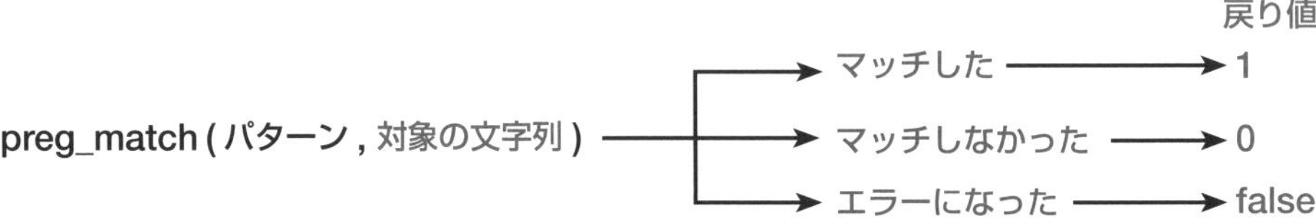

NOTE

preg_match() の正確な書式

preg_match() の正確な書式は次のとおりです。第3引数の &$matches は次節で詳しく説明します。

書式 preg_match() の書式

```
preg_match( string $pattern , string $subject , array &$matches = null ,
            int $flags = 0 , int $offset = 0): int | false
```

たとえば、車のナンバーが「46-49」だとわかっているとき、文字列に「46-49」が含まれているかを正規表現を使ってチェックします。まず、調べるナンバーの「46-49」を /46-49/ のように / で囲んでパターンを作ります。

php 「46-49」が含まれているかどうかを調べる

«sample» preg_match1.php

```
<?php
// 探しているナンバーは「46-49」
$result1 = preg_match("/46-49/u", " 確か 49-46 でした ");
$result2 = preg_match("/46-49/u", " たぶん 46-49 だった "); ――― 46-49 が含まれています
$result3 = preg_match("/46-49u", "41-49 かな? ");
// 結果                              パターン式が間違っています
var_dump($result1);
var_dump($result2);
var_dump($result3);
?>
```

出力

```
int(0) ――― パターンとマッチしなかった
int(1) ――― パターンとマッチした
bool(false) ――― パターン式にエラーがある
```

パターンにマッチするとは、「文字列の中にパターンが見つかった」と言い換えることができます。

示した例で言えば「確か 49-46 でした」には「46-49」が含まれていないので int(0)、「たぶん 46-49 だった」は「46-49」が含まれているので int(1) が出力されます。そして、最後のパターンにはエラーがあるので結果は bool(false) になっています。

なお、例に示すパターンには /46-49/u のように u の文字が付いています。これは UTF-8 を正しくマッチングするための修飾子です（☞ P.181）。

任意の 1 文字を含むパターン

では、「4?-49」のようにナンバーの一部が不明だったときはどうなるでしょう。正規表現を利用すれば、このような場合も検索できます。この場合のパターンは不明文字にドット（.）を使った /4.-49/ です。

これでパターンマッチを行った場合、49-46 はマッチしませんが、46-49 と 41-49 はマッチします。

php 「4?-49」のように不明な番号がある

«sample» preg_match2.php

```
<?php
// 探しているナンバーは「4?-49」
$result1 = preg_match("/4.-49/u", " 確か 49-46 でした ");
$result2 = preg_match("/4.-49/u", " たぶん 46-49 だった ");
$result3 = preg_match("/4.-49/u", "41-49 かな? ");
// 結果                      ――― . は何でもよい 1 文字
var_dump($result1);
var_dump($result2);
var_dump($result3);
?>
```

出力

```
int(0)
int(1)
int(1)
```

任意の 1 文字が 6 〜 9 の数字のパターン

それでは、「4?-49」の不明な番号？が 5 より大きな数字つまり 6 〜 9 の数字だったことがわかっているとします。正規表現ではこのようなケースでも検索することができます。この場合のパターンは /4[6-9]-49/ です。これでパターンマッチを行うと、49-46 と 41-49 はマッチせず、46-49 はマッチします。

> **NOTE**
>
> **PCRE 関数と POSIX 拡張**
>
> PHP 7 から、Perl 互換の正規表現を PCRE 関数で行います。POSIX 拡張の正規表現関数は PHP 7.0.0 で削除されました。

php　「4?-49」の不明な番号は 6 〜 9 である

«sample» **preg_match3.php**

```
<?php
// 探しているナンバーは「4?-49」、? は 6 〜 9 の番号
$result1 = preg_match("/4[6-9]-49/u", " 確か 49-46 でした ");
$result2 = preg_match("/4[6-9]-49/u", " たぶん 46-49 だった ");
$result3 = preg_match("/4[6-9]-49/u", "41-49 かな？ ");
// 結果
var_dump($result1);
var_dump($result2);
var_dump($result3);
?>
```

出力

```
int(0)
int(1)
int(0)
```

正規表現の構文

このように正規表現を利用することで、柔軟な文字列検索が可能になります。検索パターンの基本構文は次のようになっています。パターンには後置オプション（パターン修飾子）を付けることができます。

書式　正規表現のパターン構文

/ パターン / 後置オプション

区切り文字（デリミタ）

パターンはスラッシュ（/）で囲みますが、この区切り文字は / でなくてもよく、英数字とバックスラッシュ以外の文字ならば何でも使えます。したがって、ファイル名などのようにスラッシュを含む文字列を検索したい場合はスラッシュ以外の文字、たとえば # を区切り文字にしたほうがスラッシュをエスケープする必要がなくて便利です。

次の例ではファルパスの /image/ を探します。最初のパターンはスラッシュを区切り文字にしているので、パスを区切るスラッシュをバックスラッシュを使って /\/image\// のようにエスケープしています。2番目の

パターンは # を区切り文字にしているので #/image/# のように読みやすくなっています。

php # をパターンの区切り文字に使う例

«sample» **delimiter.php**

```
<?php
$filepath = "/goods/image/cat/";
// 区切り文字がスラッシュの場合
var_dump(preg_match("/\/image\//u", $filepath));
// 区切り文字が # の場合
var_dump(preg_match("#/image/#u", $filepath));
?>
```

(4行目) パターンに含まれる / をエスケープしています

出力

```
int(1)
int(1)
```

パターンで利用する特殊文字（メタ文字）

先の例のパターンにピリオド（ . ）や [ ] といった記号が含まれていたように、パターンには規則性を示す特殊文字（メタ文字）を含めることができます。

/4.-49/ のピリオドは、任意の 1 文字を意味しています。/4[6-9]-49/ のパターンにある [6-9] は、6 ～ 9 の連続番号を意味します。[0-9] ならば数字全部を意味します。同様に [a-z] ならば小文字のアルファベット全部です。ここで使われているメタ文字は、ピリオド、[ ]、ハイフン（ - ）です。

後置オプション（PCRE パターン修飾子）

後置オプションのパターン修飾子は、パターンの解析方法を指定するオプションです。パターン修飾子には次のもの以外にもありますが、特に重要なのは u 修飾子です。UTF-8 エンコードのパターンには必ず u 修飾子を付けるようにします。他に指定がない場合は u 修飾子を付けておくとよいでしょう。

後置オプション	説明
i	アルファベットの大文字小文字を区別しない。
m	行単位でマッチングする。
s	ドット（ . ）で改行文字もマッチングする。
u	パターン文字を UTF-8 エンコードで扱う。
x	パターンの中の空白文字を無視する（\s、文字クラス内の空白を除く）

文字クラスを定義する [ ]

/4[6-9]-49/ には [ ] で囲まれた範囲があります。[ ] の式は文字クラスと呼ばれます。「文字クラス」と聞くと難しそうですが、文字クラスを使っていないパターンと文字クラスを使っているパターンを比べると文字クラスの役割を理解できます。

文字クラスを使っていないパターン

まずは文字クラスを使っていないパターンを見てみましょう。/ 赤の玉 / のパターンは、「赤の玉」の文字列を含んでいる場合にマッチします。例ではパターンを $pattern に入れています。

php 文字クラスを使っていないパターン

«sample» charclass_notuse.php

```php
<?php
// 赤の玉にマッチする
$pattern = "/ 赤の玉 /u";
var_dump(preg_match($pattern, " 赤の玉です ")); ——— パターンが一致します
var_dump(preg_match($pattern, " 青の玉です "));
var_dump(preg_match($pattern, " 赤の箱です "));
?>
```

出力

```
int(1)
int(0)
int(0)
```

この正規表現では「赤の玉」にしかマッチしませんが、「青の玉」、「緑の玉」もマッチさせるようにするにはどうしたらよいでしょうか。それが次の文字クラスを使った正規表現です。

文字クラスを使ったパターン

赤、青、緑の３色にマッチするパターンを作りたいとき、この３色を示す特殊な１文字があると便利です。そこで [赤青緑] のように [ ] で囲った文字列を１つの文字として扱えるように文字クラスを定義するわけです。この文字クラスを使えば、「赤の玉」、「青の玉」、「緑の玉」にマッチするパターンは /[赤青緑] の玉 / のように書くことができます。

php 文字クラスを使っているパターン

«sample» charclass_use.php

```php
<?php
// 赤の玉、青の玉、緑の玉のどれかにマッチする
$pattern = "/[ 赤青緑 ] の玉 /u";
var_dump(preg_match($pattern, " それは赤の玉です "));
var_dump(preg_match($pattern, " 青の玉が2個です "));
var_dump(preg_match($pattern, " 緑の玉でした "));
var_dump(preg_match($pattern, " 緑の箱でした "));
?>
```

出力

```
int(1)
int(1)
int(1)
int(0)
```

文字クラス定義 [ ] の中で使うメタ文字

文字クラス文字クラス [ ] の中で使うことができるメタ文字には右の文字があり、それぞれに特殊な機能があります。

メタ文字	説明
\	エスケープ文字
^	否定（1 文字目に置いたときのみ）
-	文字の範囲の指定

否定

^ は [^ 青] のように使います。[^ 青] は「青」以外の文字にマッチします。次の例の /[^ 青赤] 木 / というパターンの場合は「青木」と「赤木」ではない「? 木」にマッチします。したがって、最初の「大木」にはマッチします。最後の「赤木､白木」は「白木」にはマッチするのでパターンが見つかったことになり 1 が戻ります。

php 青木または赤木ではないとき

«sample» charclass_deny.php

```php
<?php
// 青木または赤木ではないときにマッチする
$pattern = "/[^青赤]木/u";
var_dump(preg_match($pattern, "大木"));
var_dump(preg_match($pattern, "青木"));
var_dump(preg_match($pattern, "赤木"));
var_dump(preg_match($pattern, "赤木、白木"));
?>
```

出力

```
int(1)
int(0)
int(0)
int(1)
```

文字の範囲の指定

先にも例を示しましたが、ハイフンは文字の範囲を示します。すべての数字は [0-9]、小文字のアルファベットは [a-z]、大文字ならば [A-Z]、すべてのアルファベットは [a-zA-Z]、英数字は [0-9a-zA-Z] のように文字クラスを定義します。

次の例では、「A1 ～ F9」の文字を検索します。数字の 0 やアルファベットの小文字、G 以降はマッチしません。「1A」のように並びが逆の場合もマッチしません。

php A1 ～ F9 にマッチする

«sample» charclass_range.php

```php
<?php
// A1～F9 にマッチする
$pattern = "/[A-F][1-9]/u";
var_dump(preg_match($pattern, "B8"));
var_dump(preg_match($pattern, "G7"));
var_dump(preg_match($pattern, "D6"));
var_dump(preg_match($pattern, "a2"));
var_dump(preg_match($pattern, "1A"));
?>
```

出力
```
int(1)
int(0)
int(1)
int(0)
int(0)
```

なお、[ ] の外にあるハイフンは単なる文字なので、/[A-F]-[0-9]-[0-9a-zA-Z]/ というパターンは「A-5-5」や「F-9-c」といった文字にマッチします。各文字は 1 文字ずつなので「G-17-10」はマッチしません。「a-2-9」は a が小文字なのでマッチしません。

php 大文字 - 数字 - 英数字にマッチする

«sample» charclass_range2.php

```
<?php
// 大文字 - 数字 - 英数字にマッチする
$pattern = "/[A-F]-[0-9]-[0-9a-zA-Z]/u";
var_dump(preg_match($pattern, "A-5-5"));
var_dump(preg_match($pattern, "F-9-c"));
var_dump(preg_match($pattern, "G-17-10"));
var_dump(preg_match($pattern, "a-2-9"));
?>
```

出力
```
int(1)
int(1)
int(0)
int(0)
```

定義済みの文字クラス

よく利用する文字クラスには、定義済みの文字クラスがあります。たとえば、[0-9] の代わりに \d、[0-9a-zA-Z] の代わりに \w、空白文字の [\n\r\t \x0B] の代わりに \s と書くことができます。ただし、これらはマルチバイト文字で意図しない結果になることもあるので、動作確認を慎重に行って使ってください。

文字クラス	意味
\d	数値。[0-9] と同じ。
\D	数値以外。[^0-9] と同じ。
\s	空白文字。[\n\r\t \x0B] と同じ。
\S	空白文字以外。[^\s] と同じ。
\w	英数文字、アンダースコア。[a-zA-Z_0-9] と同じ。
\W	文字以外。[^\w] と同じ。

文字クラス定義 [ ] の外で使うメタ文字

文字クラスを定義することで、複数の文字を 1 つの文字種のように指定できることがわかりました。しかし、8 桁の数字を指定したいとか、先頭一致で検索したいといったケースもあります。次に説明するのが、そのようなパターンを作るためのメタ文字です。

メタ文字	説明
\	エスケープ
^	先頭一致（複数行の場合は行の先頭）
$	終端一致（複数行の場合は行末）
.	任意の1文字（改行を除く）
[ ]	文字クラスの定義
|	選択肢の区切り
( )	サブパターンの囲み
{n}	n 回の繰り返し
{n,}	n 回以上の繰り返し
{n,m}	n ～ m 回の繰り返し
*	{0,} の省略形（0 回以上の繰り返し）
+	{1,} の省略形（1 回以上の繰り返し）
?	{0,1} の省略形（0 または 1 回の繰り返し）

任意の1文字の指定

ピリオド（ . ）は任意の1文字（改行を除く）を表します。たとえば、/ 田中 .. 子 / というパターンならば、「田中佐知子」、「田中亜希子」のように「田中」と「子」の間に2文字が入る名前とマッチします。「田中幸子」は1文字、「田中向日葵子」は3文字なのでマッチしません。なお、パターンには後置オプションの u 修飾子を必ず付けてください。

php 田中？？子とマッチする名前を探す

«sample» metachar_period.php

```
<?php
// 田中？？子にマッチする
$pattern = "/田中..子/u"; ——— 間が2文字でなければなりません
var_dump(preg_match($pattern, "田中佐知子"));
var_dump(preg_match($pattern, "田中亜希子"));
var_dump(preg_match($pattern, "田中幸子"));
var_dump(preg_match($pattern, "田中向日葵子"));
?>
```

出力

```
int(1)
int(1)
int(0)
int(0)
```

先頭一致と終端一致

^ は先頭一致（スタート）、$ は終端一致（エンド）のメタ文字です。探している文字列が文の途中ではなく最初、あるいは最後にあるときだけマッチするようなパターンを書きたいときに使います。^ は [ ] の中で使うと否定になりますが、[ ] の外で使うと先頭一致になります。

たとえば、名前が「山」からはじまる人を探したいときは、/^ 山 / というパターンになります。これで検索すると「山田建設」や「山本接骨医院」はマッチしますが、「大山観光」や「藤田商店 , 山崎商店」はマッチしません。

php 山から始まる名前にマッチする

«sample» metachar_start.php

```
<?php
// 山から始まる名前にマッチする
$pattern = "/^山/u";
var_dump(preg_match($pattern, "山田建設"));
var_dump(preg_match($pattern, "山本接骨医院"));
var_dump(preg_match($pattern, "大山観光"));
var_dump(preg_match($pattern, "藤田商店, 山崎商店"));
?>
```

出力

```
int(1)
int(1)
int(0)
int(0)
```

同様に $ は文字列の終わりの文字を指定します。

^ と $ の両方を使えば、文字列の最初の文字と最後の文字を指定したパターンを作ることができます。/^山..子$/ のパターンならば、山で始まり、子で終わる名前です。間にピリオドが2個あるので「山田智子」のような4文字の名前がマッチします。

php 山から始まり、子で終わる 4 文字の名前にマッチする

«sample» metachar_startend.php

```
<?php
// 山から始まり、子で終わる 4 文字の名前にマッチする
$pattern = "/^山..子$/u";
var_dump(preg_match($pattern, "山田智子"));
var_dump(preg_match($pattern, "山本あさ子")); —— 山から始まり子で終わりますが、5 文字なのでマッチしません
var_dump(preg_match($pattern, "山崎貴美"));
?>
```

出力

```
int(1)
int(0)
int(0)
```

選択肢

東京または横浜にマッチするパターンを作りたいときは、/東京|横浜/のように選択肢を | で区切ります。

php 東京または横浜にマッチする

«sample» metachar_branch.php

```
<?php
// 東京または横浜にマッチする
$pattern = "/東京|横浜/u";
var_dump(preg_match($pattern, "東京タワー"));
var_dump(preg_match($pattern, "横浜駅前"));
var_dump(preg_match($pattern, "新東京美術館"));
var_dump(preg_match($pattern, "東横ホテル"));
?>
```

出力

```
int(1)
int(1)
int(1)
int(0)
```


繰り返し

3 桁の数字のパターンは /[0-9][0-9][0-9]/ ですが、これが 16 桁の数字だとどうでしょう？　このような場合に繰り返しのメタ文字の {n,m} を活用します。{n,m} の n は最小繰り返し数、m は最大繰り返し数です。{n,} のように m を省略すると n 回以上の繰り返しになります。{n} ならば、n 回の繰り返しを指定します。

たとえば、/[0-9]{3}/ は数字 3 桁のパターンです。したがって /[0-9]{3}-[0-9]{2}/ ならば「123-45」のような3桁と2桁の数字をハイフンでつないだ文字列にマッチします。

php 数字 3 桁 -2 桁にマッチする

«sample» metachar_repeat1.php

```php
<?php
// 数字 3 桁 -2 桁にマッチする
$pattern = "/[0-9]{3}-[0-9]{2}/u";
var_dump(preg_match($pattern, "123-45"));
var_dump(preg_match($pattern, "090-88"));
var_dump(preg_match($pattern, "11-222"));
var_dump(preg_match($pattern, "abc-de"));
?>
```

[0-9] が 3 個、[0-9] が 2 個

出力

```
int(1)
int(1)
int(0)
int(0)
```

次の /[a-z]{4,8}/ は小文字のアルファベットの 4 文字以上 8 文字以下にマッチするパターンです。「cycling」や「marathon」にマッチしますが、「run」や「SURF」にはマッチしません。

php 小文字の 4 文字以上 8 文字にマッチ

«sample» metachar_repeat2.php

```php
<?php
// 小文字の 4 ～ 8 文字にマッチする
$pattern = "/[a-z]{4,8}/u";
var_dump(preg_match($pattern, "cycling"));
var_dump(preg_match($pattern, "marathon"));
var_dump(preg_match($pattern, "run"));
var_dump(preg_match($pattern, "SURF"));
?>
```

[a-z] が4から 8 文字

出力

```
int(1)
int(1)
int(0)
int(0)
```

サブパターンの囲み

パターンを( )で囲むことでパターンの中にサブパターンを入れることができます。たとえば、「090-1234-5678」といった携帯番号は /(090|080|070)-{0,1}[0-9]{4}-{0,1}[0-9]{4}/ のパターンでチェックできます。最初の (090|080|070) の部分が( )で囲まれたサブパターンです。090、080、070のいずれかとマッチします。-{0,1} の部分はハイフンが0個か1個、[0-9]{4} は数字4桁です。

php 携帯番号にマッチする

«sample» subpattern1.php

```
<?php
// 携帯番号にマッチする
$pattern = "/(090|080|070)-{0,1}[0-9]{4}-{0,1}[0-9]{4}/u";
var_dump(preg_match($pattern, "090-1234-5678"));
var_dump(preg_match($pattern, "080-1234-5678"));
var_dump(preg_match($pattern, "07012345678"));
var_dump(preg_match($pattern, "12345678"));
?>
```

ハイフンが0個か1個
0-9の数字が4個

出力

```
int(1)
int(1)
int(1)
int(0)
```

なお、このパターンは後ろの -{0,1}[0-9]{4} の繰り返しをサブターンとして囲んで2回繰り返し、さらに {0,1} の省略形の ? 、[0-9] の定義済み文字クラス \d を利用することで /(090|080|070)(-?\d{4}){2}/ のように短く書くことができます。

php 携帯番号にマッチする

«sample» subpattern2.php

```
<?php
// 携帯番号にマッチする
$pattern = "/(090|080|070)(-?\d{4}){2}/u";
var_dump(preg_match($pattern, "090-1234-5678"));
var_dump(preg_match($pattern, "080-1234-5678"));
var_dump(preg_match($pattern, "07012345678"));
var_dump(preg_match($pattern, "12345678"));
?>
```

このパターンが2個あります
- はなくてもマッチします

出力

```
int(1)
int(1)
int(1)
int(0)
```

メタ文字をエスケープしたパターンを作る便利な関数

正規表現で探したい文字列にパターンで利用するメタ文字などが含まれている場合には、その文字をエスケープしなければなりません。そのような場合に、文字列を preg_quote() に通すと必要な箇所にエスケープの \ を埋め込んでくれます。

たとえば、「http://sample.com/php/」を検索するパターンを作りたいとき、この中のスラッシュとピリオドはエスケープする必要があります。そこでに preg_quote() を利用してこれらをエスケープした文字列に変換します。スラッシュをエスケープするには、パターンの区切り文字（デリミタ）であるスラッシュを第2引数で指定する必要があります。

次のコードのようにエスケープ後の文字列をスラッシュで囲んでパターンを作ります。エスケープ後のパターンは /http\:\/\/sample\.com\/php\//u のようになっています。

php URL に含まれるメタ文字をエスケープしてパターンを作る

«sample» preg_quote.php

```
<?php
// URL に含まれるメタ文字をエスケープする
$escaped = preg_quote("http://sample.com/php/", "/"); ———— エスケープした文字列を作ります
$pattern = "/{$escaped}/u"; ———— / と /u で囲んでパターンを作ります
echo $pattern, PHP_EOL;
var_dump(preg_match($pattern, "URL は http://sample.com/php/ です "));
var_dump(preg_match($pattern, "URL は http://sample.com/swift/ です "));
?>
```

出力

```
/http\:\/\/sample\.com\/php\//u ———— エスケープ処理後のパターン
int(1)
int(0)
```

Section 5-8

正規表現でマッチした値の取り出しと置換

この節では正規表現を使ってマッチした文字列を取り出す、マッチした文字列を置換するといった方法を説明します。文字列の検索置換が行える関数については Section5-6 で解説しましたが、正規表現を使うことで、より複雑な検索置換を行えます。

マッチした文字列を取り出す

前節ではパターンとマッチしたかどうかだけを preg_match() でチェックしていましたが、preg_match() の第３引数に変数を指定すると、マッチした値が引数で渡した変数に配列で入ります。

書式 preg_match() の書式

preg_match (string **$pattern** , string **$subject** , array &**$matches** = null **) :** int|false

書式で説明すると、マッチした値は実行結果に戻るのではなく、第３引数で参照渡しした $matches に入ります。戻り値は、マッチした個数、またはエラーがあった場合の false です。第３引数の $matches は配列ですが、preg_match() はマッチした文字列が見つかったならばそこで走査を中断するので値は１個しか入りません。つまり、見つかった値は $matches[0] で取り出せます。

NOTE

&$matches は参照渡し

preg_match() の書式を見ると第３引数は &$matches のように変数名の前に & が付いています。これは $matches が参照渡しであることを示しています。したがって、マッチした値は引数で渡した変数に代入されます。（変数の値渡しと参照渡し☞ P.131）

次の例では、「佐」から始まり「子」で終わる名前を /佐.+子/u のパターンを使って取り出します。まず、preg_match() の戻り値をチェックし、false ならば preg_last_error() でエラー番号を表示します。戻り値が正の値ならばマッチした値を配列から取り出して表示します。. は任意の１文字を示すメタ文字、+ は１個以上を示すメタ文字なので .+ は任意の文字が１個以上あるパターンです。（メタ文字☞ P.185）

なお、$subject をヒアドキュメントを使っている理由は、これを「佐藤有紀、佐藤ゆう子、塩田智子、杉山香」のように１行にすると、「佐」から始まり「子」で終わる名前として「佐藤有紀、佐藤ゆう子」にマッチしてしまうからです。（ヒアドキュメント☞ P.141）

php マッチした名前を取り出す

«sample» preg_match_matches.php

```
<?php
//「佐」から始まり「子」で終わる名前
$pattern = "/佐.+子/u";
// ヒアドキュメント
$subject = <<< "names"
佐藤有紀
佐藤ゆう子
塩田智子
杉山香
names;
// マッチテスト
$result = preg_match($pattern, $subject, $matches);
// 実行結果をチェックする
if ($result === false) {
  echo "エラー：", preg_last_error();
} else if ($result == 0){
  echo "マッチした値はありません。";
} else {
  echo "「", $matches[0], "」が見つかりました。";
}
?>
```

マッチした値を代入する変数

引数で渡した変数に入った配列を調べます

出力

「佐藤ゆう子」が見つかりました。

Part 2 Chapter 2 Chapter 3 Chapter 4 Chapter 5 Chapter 6 Chapter 7

マッチしたすべての値を取り出す

preg_match() はパターンとマッチした文字列が見つかったならばそこで走査を中断しますが、preg_match_all() は対象の文字列全体を調べて、マッチした文字列をすべてを $matches に入れます。書式は preg_match() と同じですが、複数の値を取り出すので $matches[0] には値が配列で入ります。つまり、$matches は多次元配列になります。

書式 マッチしたすべての値を取り出す

```
preg_match_all(string $pattern , string $subject , array &$matches = null ) : int|false|null
```

次に示す例では、$subject に入っている複数の型式から、2012 ～ 2015 の AX 型または FX 型を探します。これにマッチするパターンは /201[2-5](AX|FX)/i です。最後の i はパターンの大文字小文字を区別しない修飾子です。つまり、ax 型や Fx 型でもマッチします。

preg_match_all() でマッチした値は $matches[0] に配列で入っていますが、値は配列なので implode() を使って配列から値を取り出して連結します。implode("、", $matches[0]) のように実行すると、$matches[0] の配列から値がすべて取り出され「､」で連結された文字列になります（ implode( ) ☞ P.207)。

php　マッチしたすべての型式を取り出す

«sample» preg_match_all.php

```
<?php
// 2012～2015のAX型またはFX型を探す。小文字でもよい。
$pattern = "/201[2-5](AX|FX)/i";
$subject = "2011AX, 2012Fx, 2012AF, 2013FX, 2015ax, 2016Fx";
$result = preg_match_all($pattern, $subject, $matches);
// 実行結果をチェックする
if ($result === false) {
  echo "エラー：", preg_last_error();
} else if ($result == 0){
  echo "マッチした型式はありません。";
} else {
  echo "{$result}個マッチしました。" . PHP_EOL;
  // 配列の値を取り出して文字列に連結する
  echo implode("、", $matches[0]);
}
?>
```

出力

```
3個マッチしました。
2012Fx、2013FX、2015ax
```

サブパターンの値を調べる

このようにpreg_match()およびpreg_match_all()の第3引数の$matchesはマッチした値が入りますが、パターンに( )で囲まれたサブパターンがある場合には、$matches[1]、$matches[2]・・・にサブパターンでマッチした値が順に入ります。preg_match_all()の場合は値が複数個になるので、サブパターンでマッチした値も配列になっています。

次の例で使っているパターン /2013([A-F])-(..)/ には2個のサブパターンがあります。最初のサブパターン([A-F])は、大文字のA～Fの1文字、サブパターン(..)は任意の2文字にマッチするので、/2013([A-F])-(..)/は、「2013F-fx」といった形式にマッチします。

このパターンを使ってpreg_match_all($pattern, $subject, &$matches)のようにパターンマッチを行うと、$matches[0]にマッチした値、$matches[1]に最初のサブパターン([A-F])でマッチした値、$matches[2]に2番目のサブパターン(..)でマッチした値がそれぞれ配列の形で入ります。

それぞれの値は配列に入っているので、implode()を使って文字列として連結して変数$all、$model、$typeに取り出して表示します。

php 2013のA～F型を探し、モデルとタイプを取り出す

«sample» preg_match_all_sub.php

```
<?php
// 2013のA～F型を探す
$pattern = "/2013([A-F])-(..)/";
$subject = "2012A-sx, 2013F-fx, 2013G-fx, 2013A-dx, 2015a-sx";
$result = preg_match_all($pattern, $subject, $matches);
// 実行結果をチェックする
if ($result === false) {
  echo "エラー：", preg_last_error();
} else if ($result == 0){
  echo "マッチした型式はありません。";
} else {
  // 配列の値を取り出して文字列に連結する
  $all =  implode("、", $matches[0]);
  $model =  implode("、", $matches[1]);
  $type =  implode("、", $matches[2]);
  echo "見つかった型式：{$all}", PHP_EOL;
  echo "モデル：{$model}", PHP_EOL;
  echo "タイプ：{$type}", PHP_EOL;
}
```

出力

```
見つかった型式：2013F-fx、2013A-dx
モデル：F、A
タイプ：fx、dx
```

正規表現を使って検索置換を行う

preg_replace()を使うことで正規表現を使った複雑な検索置換を行うことができます。単純な文字列の検索や置換で済む場合はstr_replace()のほうが高速に行えます（☞ P.174）。

preg_replace()の機能を書式で説明すると、第３引数の$subjectの文字列を$patternのパターンで検索し、マッチした値をすべて$replacementで置換した新しい文字列が作られて、関数の値として戻されます。マッチした値がなかった場合は元の$subjectと同じ文字列が返り、エラーの場合はNULLが返ります。NULLチェックはis_null()で行うことができます。

書式 preg_replace()の書式

```
preg_replace(string|array $pattern , string|array $replacement ,
             string|array $subject): string|array|null
```

次の例ではクレジットカード番号のパターンにマッチしたならば、「**** **** **** **56」のように末尾の２桁以外をアスタリスクの伏せ文字にして表示します。カード番号は４桁の数字が４回繰り返す並びですが、４桁ごとに空白が入っても入らなくてもよいようにし、最後の２桁はサブターンとして( )で囲んでおきます。d{4}が４桁の数字、\s?が空白があってもなくてもよいパターンを示します。

php クレジットカード番号を伏せ文字にする

«sample» preg_replace.php

```
<?php
function numbermask($subject){
  // クレジットカード番号パターン
  $pattern = "/^\d{4}\s?\d{4}\s?\d{4}\s?\d{2}(\d{2})$/";
  $replacement = "**** **** **** **$1";
  $result = preg_replace($pattern, $replacement, $subject);
  // 実行結果をチェックする
  if (is_null($result)) {
    return "エラー：" . preg_last_error();
  } else if ($result == $subject) {
    return "番号エラー";
  } else {
    return $result;
  }
}
// 番号をチェックして伏せ文字にする
$number1 = "1234 5678 9012 3456";
$number2 = "6543210987654321";
$num1 = numbermask($number1);
$num2 = numbermask($number2);
echo "{$number1} は次のようになります。", PHP_EOL;
echo $num1, PHP_EOL;
echo "{$number2} は次のようになります。", PHP_EOL;
echo $num2, PHP_EOL;
?>
```

サブパターン

サブパターンと一致した文字が入ります

出力

```
1234 5678 9012 3456 は次のようになります。
**** **** **** **56
6543210987654321 は次のようになります。
**** **** **** **21
```

最後の2桁をサブパターンとして分ける理由は、サブパターンでマッチした値は $1、$2、$3 と順に取り出せるからです。そこで、「**** **** **** **$1」で置換すると最後の2桁だけが表示されて、ほかは伏せ文字の並びになります。

パターンと置換文字を配列で指定する

パターンと置換文字を配列で指定することで、複数の検索置換を同時に行えます。次に簡単な例を示します。開催日と開始時間をパターンで検索し、それぞれを曜日と時間で置換しています。検索置換は配列に入っている順に処理されていきます。

php パターンと置換文字を配列で指定する

«sample» **preg_replace2.php**

```
<?php
// パターンと置換文字を配列で指定する
$pattern = ["/開催日/u", "/開始時間/u"];  ――― 置き換えられる文字
$replacement = ["金曜日", "午後2:30"];  ――― 見つかった文字と置き換える値
$subject = "次回は開催日の開始時間からです。";
$result = preg_replace($pattern,$replacement, $subject);
echo $result;
?>
```

出力

金曜日の午後2:30からです。

NOTE

配列の値を検索置換する

preg_replace() および preg_filter() を使えば、配列の値を正規表現を使って検索置換できます。(☞ P.234)

Chapter 6
配列

配列は複数の値を効率よく扱うために欠かせない機能です。配列を作る、値を追加する、値を取り出す、更新する、連結する、重複を取り除く、ソートする、検索する、関数を適用するなど、配列の操作はたくさんあります。すべてを一度に覚える必要はありませんが、どのようなことができるかをざっと見ておくことは大事です。

Section 6-1

配列を作る

複数の値を扱うとき配列は欠かせません。この節では配列を作る、配列の値を調べる、変更するといった基本的な知識と操作について解説します。

配列とは

配列を利用すると複数の値を１つのグループのように扱えるようになります。たとえば、$name1 ～ $name5 の５つの変数のそれぞれに名前が入っているとします。

php　変数を使ってメンバーの名前を管理する

«sample» var_names.php

```
$name1 = "赤井一郎";
$name2 = "伊藤五郎";
$name3 = "上野信二";
$name4 = "江藤幸代";
$name5 = "小野幸子";
```

これでも名前を管理することはできますが、グループ分けすることを考えた場合はどうすればよいでしょうか。こんなとき配列を使います。配列を使うと次のように $teamA は男性３人のチーム、$teamB は女性２名のチームとして扱えるようになります。[ ] で囲っている部分が配列です。

php　配列を使ってチーム分けする

«sample» array_nameList.php

```
$teamA = ["赤井一郎", "伊藤五郎", "上野信二"];
$teamB = ["江藤幸代", "小野幸子"];
```

では、名前だけでなく年齢も合わせて扱いたい場合はどうすればよいでしょうか。ここで利用するのが連想配列です。連想配列では、キー（添え字）と値を組み合わせて配列を作ります。

次の例では、名前は 'name'、年齢は 'age' をキーに使ってメンバーのデータを連想配列で作って変数に入れています。連想配列も全体を [ ] で囲みます。

php　連想配列を使ってメンバーの名前と年齢を管理する

«sample» array_memberList.php

```
$member1 = ['name' => '赤井一郎', 'age' => 29];
$member2 = ['name' => '伊藤五郎', 'age' => 32];
$member3 = ['name' => '上野信二', 'age' => 37];
$member4 = ['name' => '江藤幸代', 'age' => 26];
$member5 = ['name' => '小野幸子', 'age' => 32];
```

各自のデータは $member1 ～ $member5 の変数に入っているので、先と同じようにメンバーを $teamA と $teamB の配列でチーム分けすることができます。

php 配列を使ってチーム分けする

«sample» array_memberList.php

```
$teamA = [$member1, $member2, $member3];
$teamB = [$member4, $member5];
```

インデックス配列

配列の概略がなんとなく理解できたかと思うので、もう少し詳しく配列について説明しましょう。いま見てきたように PHP の配列には、[ ] の中に値だけが入っている配列とキーと、値がペアになっている連想配列の２種類があります。値だけが入っている配列は、連想配列に対してインデックス配列と呼ばれます。

書式 インデックス配列

$myArray = [値 1, 値 2, 値 3, ...];

インデックス配列は、最初の例で示した $teamA の ["赤井一郎", "伊藤五郎", "上野信二"] のような配列です。これをインデックス配列と呼ぶ理由は、並び順であるインデックス番号で値にアクセスするからです。$teamA の配列に入っている最初の値は $teamA[0]、２番目は $teamA[1]、３番目は $teamA[2] のようにアクセスします。

そこで、次のように $teamA からメンバーを１人ずつ取り出すことができます。インデックス番号は０番からカウントアップするので注意してください。

php 配列から値を取り出す

«sample» teamAList.php

```
<?php
$teamA = ["赤井一郎", "伊藤五郎", "上野信二"];
echo $teamA[0], "さん", PHP_EOL;
echo $teamA[1], "さん", PHP_EOL;
echo $teamA[2], "さん", PHP_EOL;
?>
```

出力

```
赤井一郎さん
伊藤五郎さん
上野信二さん
```

インデックス番号

0 1 2

$teamA = ["赤井一郎", "伊藤五郎", "上野信二"];

$teamA[0] $teamA[1] $teamA[2]

インデックスで指した値を変更する

インデックス番号で配列の値を調べることができましたが、インデックス番号で指定した値を書き替えることもできます。次の例では $teamA[1]、つまり配列 $teamA のインデックス番号 1 の値を変更しています。インデックス番号は0からカウントするので、並びでは2番目の値を変更します。出力結果を見ると2番目の「伊藤五郎」が「石丸四郎」に変更されたのがわかります。

php 配列の値を変更する

«sample» teamAList_update.php

```
<?php
$teamA = ["赤井一郎", "伊藤五郎", "上野信二"];
// インデックス番号 1 の値を変更する
$teamA[1] = "石丸四郎";
echo $teamA[0], "さん", PHP_EOL;
echo $teamA[1], "さん", PHP_EOL;
echo $teamA[2], "さん", PHP_EOL;
?>
```

出力

```
赤井一郎さん
石丸四郎さん ――― 伊藤五郎から石丸四郎に更新されました
上野信二さん
```

配列の値の個数

配列に入っている値の個数は count() で調べることができます。count($teamA) ならば、$teamA に入っている配列の値の数が 3 と返ります。この count() を利用することで、次のように for 文を使って効率よく配列から値を取り出すことができます。

php for 文を利用して配列から値を取り出す

«sample» teamAList_count.php

```
<?php
$teamA = ["赤井一郎", "伊藤五郎", "上野信二"];
for($i=0; $i<count($teamA); $i++){
  echo $teamA[$i], "さん", PHP_EOL;
}               └── for 文のカウンタ $i をインデックス番号として使います
?>
```

出力

```
赤井一郎さん
伊藤五郎さん
上野信二さん
```

次の例では、配列の値をHTMLの <ol><li> 〜 </li></ol> タグを使ってリスト表示するユーザ定義関数 teamList() を作り、$teamA と $teamB の配列をリスト表示しています。なお、PHP_EOL は出力画面で改行して見られるように入れている改行コードです。

php 配列の値をリスト表示する関数を作る

«sample» teamList.php

```
<?php
// 配列を使ってチーム分けする
$teamA = ["赤井一郎", "伊藤五郎", "上野信二"];
$teamB = ["江藤幸代", "小野幸子"];
// チームメンバーの名前をリスト表示する
function teamList($teamname, $namelist){
  echo "{$teamname}", PHP_EOL;
  echo "<ol>", PHP_EOL;
  for($i=0; $i<count($namelist); $i++){
    echo "<li>", $namelist[$i], "</li>, PHP_EOL;
  }
  echo "</ol>, PHP_EOL;
}
?>

<!DOCTYPE html>
<html>
<head>
  <meta charset="utf-8">
  <title>名前の配列</title>
</head>
<body>
<!-- チームの表示 -->
<?php
teamList('Aチーム', $teamA);
teamList('Bチーム', $teamB);
?>
</body>
</html>
```

名前を順に取り出します

出力

```
<!DOCTYPE html>
<html>
<head>
  <meta charset="utf-8">
  <title>名前の配列</title>
</head>
<body>
<!-- チームの表示 -->
Aチーム
<ol>
<li>赤井一郎</li>
<li>伊藤五郎</li>
<li>上野信二</li>
</ol>
Bチーム
<ol>
<li>江藤幸代</li>
<li>小野幸子</li>
</ol>
</body>
</html>
```

このように出力されます

この出力結果を Web ブラウザで見ると次のように表示されます。

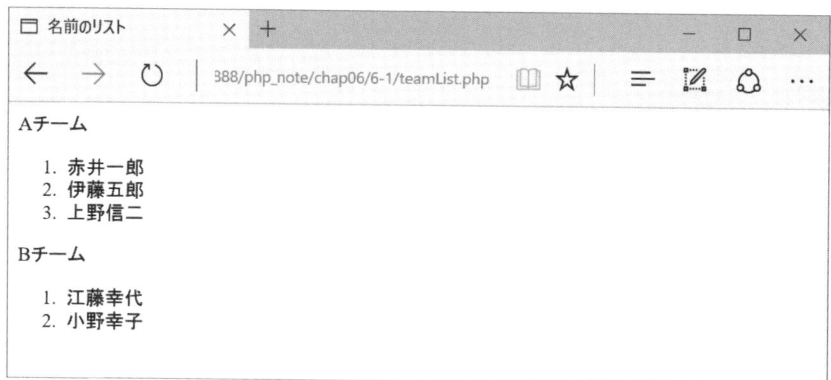

> **NOTE**
>
> **配列からすべての値を順に取り出す**
>
> 配列からすべての値を順に取り出すには、foreach 文を利用する方法があります。（☞ P.219）

array() でインデックス配列を作る

インデックス配列は array() で作ることもできます。array() の書式は次のようになります。

書式　array() でインデックス配列を作る

```
$myArray = array( 値 1, 値 2, 値 3, ...);
```

たとえば、次のように配列を作ります。なお、この例で示すように配列は print_r() または var_dump() を使って出力します。echo() では配列を出力できません。print_r() で出力すると [0] => 赤 のようにインデックス番号とその値がペアで表示されます。

php　配列を array() で作る

«sample» array_index.php

```
<?php
$colors = array("赤", "青", "黄色"); ——— 配列を作ります
print_r($colors); ——— 配列は echo() ではなく print_r() で出力します
?>
```

出力

```
Array
(
    [0] => 赤
    [1] => 青
    [2] => 黄色
)
```

配列に値を追加する

配列に値を順次追加していくことで、配列を作っていく方法もあります。まず、空の配列を作ります。空の配列は [] または array() で作ることができます。値を追加するには、array_push(配列 , 値) のように実行するか、インデックス番号を指定せずに値を代入します。すると配列の最後に値が追加されていきます。

php 空の配列に値を追加していく

«sample» array_index_add.php

```
<?php
// 空の配列を用意する
$colors = [];
$colors[] = "赤";
$colors[] = "青";
$colors[] = "黄";
$colors[] = "白";
// 確認する
print_r($colors);
?>
```

値を順に追加します

出力

```
Array
(
    [0] => 赤
    [1] => 青
    [2] => 黄
    [3] => 白
)
```

インデックス番号を指定して値を代入すると、すでに指定したインデックス番号に値があった場合は値の更新になりますが、存在しないインデックス番号を指定するとそのインデックス番号に値が納まります。その場合はインデックス番号が連番にならずに空き番ができてしまうこともあります。

次の例では３番目に追加した " 黄 " をインデックス５に追加したことから、２〜４は空き番になってしまいました。続いて追加した " 白 " はインデックス６に納まっています。

php 空の配列にインデックス番号を指定して値を代入する

«sample» array_index_add2.php

```
<?php
// 空の配列を用意する
$colors = [];
$colors[0] = "赤";
$colors[1] = "青";
$colors[5] = "黄";
$colors[] = "白";
// 確認する
print_r($colors);
?>
```

インデックス番号を指定して値を追加します

出力

```
Array
(
    [0] => 赤
    [1] => 青 ——— インデックス番号 2 ～ 4 は空き番号になっています
    [5] => 黄
    [6] => 白 ——— インデックス番号を指定していなかったので、最後に追加されます
)
```

NOTE

配列を複製する

PHP の配列はオブジェクトではないため、変数に代入するだけで複製されます。

連想配列

連想配列はキー（添え字）と値を組み合わせた配列です。キーは整数または文字列で指定し、重複があってはいけません。連想配列の書式は次のとおりです。「キー => 値」を 1 つの要素にして各要素はカンマで区切ります。

書式　連想配列

```
$myArray = [キー 1 => 値 1, キー 2 => 値 2, キー 3 => 値 3, ...];
```

この書式は、次のように書いた方が見やすくなり、編集もやりやすくなります。

書式　連想配列

```
$myArray = [
    キー 1 => 値 1,
    キー 2 => 値 2,
    キー 3 => 値 3,
    ...
];
```

連想配列もインデックス配列と同じように array() で作ることができます。

書式　array() で連想配列を作る

```
$myArray = array(
    キー 1 => 値 1,
    キー 2 => 値 2,
    キー 3 => 値 3,
    ...
);
```

次の連想配列 $goods は、id キーの値が "R56"、size キーの値が "M"、price キーの値が 2340 です。連想配列も echo() では表示できないので、print_r() または var_dump() で出力して確認します。

$goods

id キーの値は	"R56"
size キーの値は	"M"
price キーの値は	2340

php 連想配列を作る

«sample» array_key.php

```
<?php
// 連想配列を作る
$goods = [
  "id" => "R56",
  "size" => "M",
  "price" => 2340
];
// 確認する
print_r($goods);
?>
```

出力

```
Array
(
    [id] => R56
    [size] => M
    [price] => 2340
)
```

連想配列から値を取り出す

連想配列の値はキーを指定して取り出します。キーの指定は $goods['id'] のように [ ] の中にキーを書きます。

php 連想配列からキーで指した値を取り出す

«sample» array_key_access.php

```
<?php
// 連想配列を作る
$goods = [
  'id' => 'R56',
  'size' => 'M',
  'price' => 2340
];
// 表示する
echo "id：" . $goods['id'] . PHP_EOL;
echo "サイズ：" . $goods['size'] . PHP_EOL;
echo "価格：" . number_format($goods['price']) . "円" . PHP_EOL;
?>
```

出力

```
id：R56
サイズ：M
価格：2,340円
```

キーで指した値を変更する

連想配列の要素をキーで指せば、その値を変更できます。それでは、先の$goodsの価格を変更してみましょう。$goods['price'] = 3500のようにキーを指定して値を更新します。

php　priceキーの値を変更する

«sample» array_key_update.php

```
<?php
// 連想配列を作る
$goods = [
  'id' => 'R56',
  'size' => 'M',
  'price' => 2340
];
// price キーの値を変更する
$goods['price'] = 3500;
// 表示する
echo "id：" . $goods['id'] . PHP_EOL;
echo "サイズ：" . $goods['size'] . PHP_EOL;
echo "価格：" . number_format($goods['price']) . "円" . PHP_EOL;
?>
```

出力

```
id：R56
サイズ：M
価格：3,500円
```

（priceキーの値が変更されています）

連想配列に要素を追加する

連想配列に存在しないキーを指定して値を設定すると、新規に要素を追加することになります。つまり、空の連想配列を用意し、キーを指定して値を設定していく方法で連想配列を作っていくことができます。

次の例では空の$user配列を作り、続いてnameキー、yomiキー、ageキーの値を設定しています。$user配列にはそのようなキーがないので、キーが追加されて値も設定されます。

php　空の連想配列に要素を追加していく

«sample» array_key_add.php

```
<?php
// 連想配列を作る
$user = [];
$user['name'] = "井上萌";
$user['yomi'] = "いのうえもえ";
$user['age'] = 28;
// 確認する
print_r($user);
?>
```

（配列にキーと値を追加していきます）

出力

```
Array
(
    [name] => 井上萌
    [yomi] => いのうえもえ
    [age] => 28
)
```

NOTE

インデックス配列は連想配列？

インデックス配列を print_r() で出力すると連想配列と形式が共通していることからも気付くように、インデックス配列は、キーが 0、1、2、……と整数の連番が付けられた連想配列だと言えます。

ただし、インデックス配列を値でソート（並べ替え）したり、削除、挿入したりすると、インデックス番号は自動的に付け直されます。つまり、キーと値が固定のペアになっているわけではないので、その点に注意する必要があります。

文字列から配列を作る

カンマ（，）や改行などで区切られた文字列から配列を作ることができます。利用するのは explode() です。第１引数に区切り文字、第２引数に文字列を指定します。第３引数で最大個数を指定することもできます。

次の例ではカンマで区切った名前リストから配列を作っています。

php カンマで区切った名前リストから配列を作る

«sample» explode_comma.php

```
<?php
$data = "赤井一郎,伊藤　淳,上野信二";   ——— 値をカンマで区切った文字列
$delimiter = ",";
$nameList = explode($delimiter, $data);   ——— 値を取り出して配列に入れます
print_r($nameList);
?>
```

出力

```
Array
(
    [0] => 赤井一郎
    [1] => 伊藤　淳
    [2] => 上野信二
)
```

配列から文字列を作る

explode() の逆で配列の値を連結して１つの文字列にすることができます。利用するのは implode() です。配列の値は、指定した連結文字で連結された文字列になります。なお、配列の要素が１個の場合は連結するものがないので、連結文字を付けずにそのまま値を戻します。

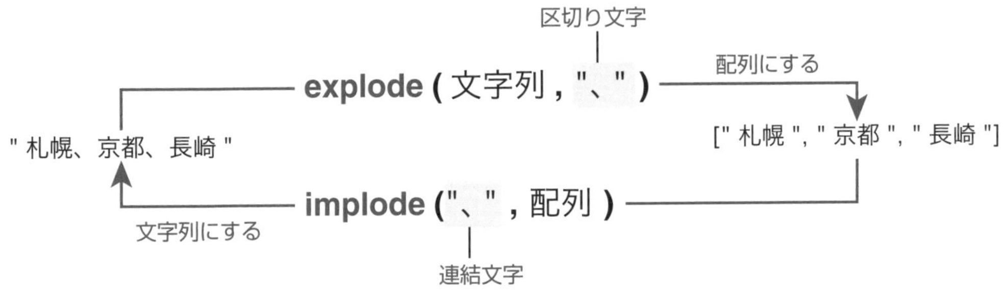

次の例では、名前に「さん」が付くように「さん、」を付けて連結しています。「さん、」は区切りだけで最後に「さん」が付かないので後から連結しています。

php　配列から文字列の名前リストを作る

«sample» implode_glue.php

```
<?php
$data = ["赤井一郎", "伊藤　淳", "上野信二"]; ——— 配列に入った値
$glue = "さん、";
$nameList = implode($glue, $data); ——— 値を取り出して「さん、」で連結します
$nameList .= "さん"; ——— 最後に「さん」を追加します
print_r($nameList);
?>
```

出力

```
赤井一郎さん、伊藤　淳さん、上野信二さん
```

配列を定数にする

配列は define() を使って定数にできます。定数になった配列は読み取り専用で値を変更できません。

php　配列を定数にする

«sample» define_array.php

```
<?php
define("RANK", ["松", "竹", "梅"]); ——— RANK 定数を作ります
print_r(RANK);
echo RANK[1];
?>
```

出力

```
Array
(
    [0] => 松
    [1] => 竹
    [2] => 梅
)
竹
```

Section 6-2

要素の削除と置換、連結と分割、重複を取り除く

配列関数を利用すると複数の要素を削除する／置換する／挿入する、配列を連結する、配列を切り出す、重複した値を取り除くといったことができます。似た名前の同じような関数が多数あるので、違いをよく理解しましょう。実行結果をわかりやすく示すために、戻り値を代入する式で書式を説明します。

配列の要素を削除する

array_splice() を使うことで、配列から要素を削除できます。次の書式で説明すると、第１引数の配列 $myArray の $offset で指定した位置から $length で指定した個数の要素を削除します。$length を省略すると初期値の 0 になり 1 個も削除しません。$offset をマイナスにすると後ろから数えた位置になります。実行結果で $removed に戻るのは、削除後の配列ではなく、削除した要素の配列です。第１引数は & が付いた参照渡しなので、引数 $myArray で渡した配列を直接書き替える点に注意してください（参照渡し☞ P.117)。

書式 配列の要素を削除する

```
$removed = array_splice(&$myArray, $offset, $length);
```

取り除いた要素の配列（$removed）
引数の配列を直接書き替えて削除します（&$myArray）

では、具体的な例で動作を確認してみましょう。次の例では $myArray にインデックス配列の ["a", "b", "c", "d", "e"] が入っています。array_splice($myArray, 1, 2) を実行すると、$myArray のインデックス番号 1 から 2 個の要素、つまり "b" と "c" を削除します。そして、削除した 2 個の値は $removed に配列として代入されます。

出力結果で確認すると引数で渡した $myArray からは 2 個が削除されて ["a", "d", "e"]、$removed は削除した値の配列 ["b", "c"] になっているのがわかります。

php インデックス配列から値を削除する

«sample» array_splice_delete.php

```
<?php
// 元の配列
$myArray = ["a", "b", "c", "d", "e"];
// 配列の要素を削除する
$removed = array_splice($myArray, 1, 2);   ――― インデックス配列から値を取り除きます
echo '実行後：$myArray', PHP_EOL;
print_r($myArray);
echo '戻り：$removed', PHP_EOL;
print_r($removed);
?>
```

出力

```
実行後：$myArray ——— 元の配列から要素が取り除かれています
Array
(
    [0] => a
    [1] => d ——— c、d が取り除かれて、インデックス番号が付け替わっています
    [2] => e
)
戻り：$removed ——— 新しい配列が戻ります
Array
(
    [0] => b
    [1] => c ——— $myArry から取り除いた値の配列 $removed
)
```

連想配列も削除する要素をインデックス番号で指す

array_splice() は、連想配列の場合でも同じようにインデックスで位置を指定して要素を削除します。先のコードの $myArray の配列を ["a" => 10, "b" => 20, "c" => 30, "d" =>40, "e" =>50] の連想配列にして実行すると、同じように先頭の２番目から２個の ["b" => 20, "c" => 30] が削除されて $removed に入ります。

php 連想配列の２番目から２個の要素を削除する

«sample» array_splice_delete_key.php

```php
<?php
// 元の配列
$myArray = ["a" => 10, "b" => 20, "c" => 30, "d" => 40, "e" => 50];
// 配列の要素を削除する
$removed = array_splice($myArray, 1, 2); ——— 連想配列でも要素をインデックス番号で指定します
echo '実行後：$myArray', PHP_EOL;
print_r($myArray);
echo '戻り：$removed', PHP_EOL;
print_r($removed);
?>
```

出力

```
実行後：$myArray
Array
(
    [a] => 10
    [d] => 40 ——— b キー、c キーの要素が削除されています
    [e] => 50
)
戻り：$removed
Array
(
    [b] => 20
    [c] => 30
)
```

NOTE

指定の位置から最後まで削除する

指定の位置 $offset から最後まで削除したい場合には、削除する個数を count($myArray)-$offset で指定します。

配列の先頭／末尾の値を取り出す

array_shift() は配列の先頭の値（要素）を取り出す、array_pop() は配列の末尾の値（要素）を取り出す配列関数です。この2つの関数も array_splice() と同じように引数で渡した配列 $myArray を直接操作して値を削除してしまうので注意してください。値を取り除くと、値の並びのインデックス番号はリセットされます。引数が配列ではなかったり、配列が空だったときは null が返ります。

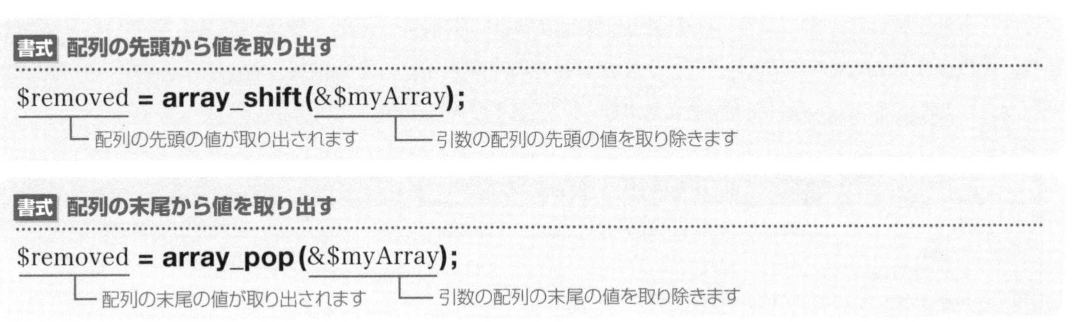
書式 配列の先頭から値を取り出す
$removed = array_shift(&$myArray);
配列の先頭の値が取り出されます
引数の配列の先頭の値を取り除きます
書式 配列の末尾から値を取り出す
$removed = array_pop(&$myArray);
配列の末尾の値が取り出されます
引数の配列の末尾の値を取り除きます

php 配列の先頭の値を取り出す

«sample» array_shift.php

```
<?php
// 元の配列
$myArray = ["a", "b", "c", "d"];
// 先頭の要素を取り出す
$removed = array_shift($myArray);
echo '実行後：$myArray', PHP_EOL;
print_r($myArray);
echo '戻り：$removed', PHP_EOL;
print_r($removed);
?>
```

出力

```
実行後：$myArray
Array
(
    [0] => b  ——— 先頭の a が削除されて、インデックス番号が付け替わっています
    [1] => c
    [2] => d
    [3] => e
)
戻り：$removed
a
```

配列の要素を置換／挿入する

array_splice() に第4引数 $replacement を指定すると、要素の置換ができます。次の書式で説明すると、配列 $myArray の $offset 位置から $length 個を削除し、それを $replacement の配列と置換します。2個の要素を3個の要素で置き換えるというように、$length と $replacement の個数は違っていても構いません。$length が 0 ならば、$offset の位置に要素を挿入することになります。$removed には削除された要素の配

列が入ります。

書式 配列の要素を置換する

```
$removed = array_splice(&$myArray, $offset, $length, $replacement);
```

- $removed：取り除かれた要素の配列
- &$myArray：引数の配列を直接書き替えます
- $replacement：置換する要素の配列

では、実際に試してみましょう。次のように実行すると、$myArrayのインデックス番号1から3個が削除され、代わりに$replaceの["X", "Y", "Z"]が置換されて入ります。その結果、$myArrayは["a", "X", "Y", "Z", "e"]になり、$removedには削除した["b", "c", "d"]が入ります。

php 配列の2番目から3個の要素を置換する

«sample» array_splice_replace.php

```php
<?php
// 元の配列
$myArray = ["a", "b", "c", "d", "e"];
// 置換する配列
$replace = ["X", "Y", "Z"];
// 配列の要素を置換する
$removed = array_splice($myArray, 1, 3, $replace);
echo '実行後：$myArray', PHP_EOL;
print_r($myArray);
echo '戻り：$removed', PHP_EOL;
print_r($removed);
?>
```

（1, 3：インデックス番号1から3個の要素と置換します）

出力

```
実行後：$myArray
Array
(
    [0] => a
    [1] => X
    [2] => Y
    [3] => Z
    [4] => e
)
戻り：$removed
Array
(
    [0] => b
    [1] => c
    [2] => d
)
```

（X, Y, Z：置き換わった値／b, c, d：取り除かれた値）

配列と配列を連結する

配列と配列を連結する方法はいくつかありますが、それぞれで結果が違うので違いをよく理解して使い分けてください。

+ 演算子で連結する

配列 A + 配列 B のように + 演算子を使って配列を連結すると、配列 B が配列 A よりも要素の個数が多いときに、その多い部分を配列 A に追加した配列 C が作られます。これは具体的な例を見るとよくわかります。

次の例では変数 $a に ["a", "b", "c"]、変数 $b に ["d", "e", "f", "g", "h"] の配列が入っています。この2つの配列を $a + $b のように足し合わせると、その結果の $result は ["a", "b", "c", "g", "h"] になります。["a", "b", "c", "d", "e", "f", "g", "h"] にはなりません。

php 配列を + 演算子で連結する

«sample» array_plus.php

```php
<?php
$a = ["a", "b", "c"];
$b = ["d", "e", "f", "g", "h"];
// 配列を連結する
$result = $a + $b;
print_r($result);
?>
```

出力

```
Array
(
    [0] => a
    [1] => b   $a からの値
    [2] => c
    [3] => g   $b からの値
    [4] => h
)
```

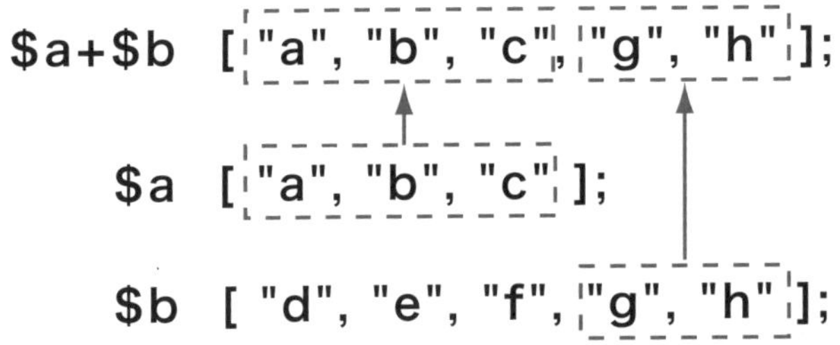

```
$a+$b  ["a", "b", "c", "g", "h"];
$a     ["a", "b", "c"];
$b     [ "d", "e", "f", "g", "h"];
```

array_merge() でインデックス配列を連結する

次に array_merge() で配列を連結する場合を見てみましょう。書式に示すように、複数の配列を連結することができます。

書式 **複数の配列を連結する**

$result = array_merge ($array1, $array2, $array3, ...);

- $result ― 連結後の配列
- $array1, $array2, $array3, ... ― 連結する配列

では、変数 $a、$b、$c に入った配列を array_merge() で連結してみましょう。結果を見るとわかるように、["a", "b", "c"]、["d", "e", "f"]、["g", "h"] を連結すると３つが順に並んだ ["a", "b", "c", "d", "e", "f", "g", "h"] になります。

php インデックス配列を array_merge() で連結する

«sample» **array_merge_index.php**

```
<?php
$a = ["a", "b", "c"];
$b = ["d", "e", "f"];
$c = ["g", "h"];
// インデックス配列を連結する
$result = array_merge($a, $b, $c);
print_r($result);
?>
```

出力

```
Array
(
    [0] => a
    [1] => b   $a
    [2] => c
    [3] => d
    [4] => e   $b
    [5] => f
    [6] => g
    [7] => h   $c
)
```

これはインデックス配列を連結した場合の結果です。連想配列を array_merge() で連結した場合にキーが重複しているとどうなるかを知っておく必要があります。

array_merge() で連想配列を連結する

次に示す例では $a が ["a"=>1, "b"=>2, "c"=>3]、$b が ["b"=>40, "d"=>50] です。この２つの配列を見比べると b キーが重複しています。このように重複するキーがあった場合、array_merge() で連結すると引数で後から指定した値が前の値を上書きします。したがって、連結後の配列は ["a"=>1, "b"=>40, "c"=>3, "d"=>50] のように b キーの値は 40 になり、すべてのキーと値が足し合わされた配列が作られます。

php 連想配列を array_merge() で連結する

«sample» **array_merge_key.php**

```
?php
$a = ["a"=>1, "b"=>2, "c"=>3];
$b = ["b"=>40, "d"=>50];  ―― "b" キーが重複しています
// 連想配列を連結する
$result = array_merge($a, $b);
print_r($result);
?>
```

出力

```
Array
(
    [a] => 1
    [b] => 40  ――― 重複しているキーの値は、後の配列の値で上書きします
    [c] => 3
    [d] => 50
)
```

Part 2 Chapter 2 Chapter 3 Chapter 4 Chapter 5 Chapter 6 Chapter 7

array_merge_recursive() で連想配列を連結する

array_merge_recursive() も配列を連結する関数です。これは array_merge() と似ていますが、重複するキーがあった場合の連結の仕方に違いがあります。array_merge() は重複したキーがあった場合には後の配列の値が採用されましたが、array_merge_recursive() は重複したキーの値を多重配列にしてすべて残します。

では、先の array_merge() の連結を array_merge_recursive() で行ってみましょう。するとbキーの値は [2, 40] となり2つの値が配列で保持されています。

php 連想配列を array_merge_recursive() で連結する

«sample» array_merge_recursive.php

```php
<?php
$a = ["a"=>1, "b"=>2, "c"=>3];
$b = ["b"=>40, "d"=>50]; ――― "b" キーが重複しています
// 連想配列を連結する
$result = array_merge_recursive($a, $b);
print_r($result);
?>
```

出力

```
Array
(
    [a] => 1
    [b] => Array
        (
            [0] => 2
            [1] => 40  ――― 重複したキーの値が配列になります
        )

    [c] => 3
    [d] => 50
)
```

2つの配列から連想配列を作る

array_combine(keys, values) を使うと、配列 keys をキー、配列 values を値にした連想配列を作ることができます。次の例では、配列 $point がキー、配列 $split がそれに対応する値になる連想配列を作っています。

php 通過地点をキー、スプリットを値にした連想配列にする

«sample» array_combine.php

```
<?php
// 通過地点
$point = ["10km", "20km", "30km", "40km", "Goal"];
// スプリット
$split = ["00:50:37", "01:39:15", "02:28:25", "03:21:37", "03:34:44"]; ―― 各地点での値
// 通過地点をキー、スプリットを値にした連想配列にする
$result = array_combine($point, $split);
print_r($result);
?>
```

出力

```
Array
(                              ―― $point の値がキーになります
    [10km] => 00:50:37
    [20km] => 01:39:15
    [30km] => 02:28:25 ―― $split が各キーの値になります
    [40km] => 03:21:37
    [Goal] => 03:34:44
)
```

配列から重複した値を取り除く

array_unique() を利用すると配列から重複した値を取り除くことができます。次の例では $a、$b、$c に入っている３つの行列を array_merge() で連結したのちに、重複した値を array_unique() で取り除いています。

php 配列を連結して重複を取り除く

«sample» array_merge_unique.php

```
<?php
$a = ["green", "red", "blue"]; ―― "blue"、"pink" が重複しています
$b = ["blue", "pink", "yellow"];
$c = ["pink", "white"];
// 配列を連結する
$all = array_merge($a, $b, $c);
// 重複した値を取り除く
$unique = array_unique($all);
print_r($all);
print_r($unique);
?>
```

出力

```
Array
(
    [0] => green
    [1] => red
    [2] => blue
    [3] => blue  ―― $a、$b、$c を連結した配列 $all には
    [4] => pink     重複した値があります
    [5] => yellow
    [6] => pink
    [7] => white
)
```

```
Array
(
    [0] => green
    [1] => red
    [2] => blue
    [4] => pink
    [5] => yellow
    [7] => white
)
```

$unique は重複した値が取り除かれています

配列を切り出す（スライス）

array_slice() を利用すると、配列を切り出して新しい配列を作ることができます。この操作をスライスと呼びます。次の書式で説明すると、第1引数の $myArray の $offset の位置から $length の長さだけ切り出して、$slice に代入します。$length を省略すると $offset の位置から最後までが切り出されます。$offset をマイナスにすると後ろから数えた位置になります。$myArray に入っている元の配列は変化しません。

書式 配列を切り出す

```
$slice = array_slice($myArray, $offset, $length)
```

$slice：切り出した配列
$offset, $length：切り出しの開始位置と個数

次に3つの切り出し例を示します。元になる $myArray には ["a", "b", "c", "d", "e", "f"] が入っています。最初の $slice1 はインデックス番号 0 から3個を切り出すので、$myArray の先頭から3個の ["a", "b", "c"] が入ります。$slice2 はインデックス番号の 3 から2個を切り出すので ["d", "e"] が入ります。$slice3 はスタート位置が -3 で個数が省略されているので、後ろから3番目から最後まで、つまり後ろから3個が切り出されて ["d", "e", "f"] が入ります。

元の配列 $myArray は変化しないので、このように何回でもスライスして新しい配列を作ることができます。

インデックス番号 0 から 3 個

$slice1 ["a", "b", "c", "d", "e", "f"]

インデックス番号 3 から 2 個

$slice2 ["a", "b", "c", "d", "e", "f"]

後ろから 3 番目から最後まで

$slice3 ["a", "b", "c", "d", "e", "f"]

php 配列を切り出す

«sample» **array_slice.php**

```
<?php
$myArray = ["a", "b", "c", "d", "e", "f"];
// トップ3
$slice1 = array_slice($myArray, 0, 3); ――― 先頭から３個
// 4番、5番
$slice2 = array_slice($myArray, 3, 2); ――― インデックス番号３から２個
// ラスト3
$slice3 = array_slice($myArray, -3); ――― 後ろから３個
print_r($slice1);
print_r($slice2);
print_r($slice3);
?>
```

出力

```
Array
(
    [0] => a
    [1] => b ――― $slice1
    [2] => c
)
Array
(
    [0] => d ――― $slice2
    [1] => e
)
Array
(
    [0] => d
    [1] => e ――― $slice3
    [2] => f
)
```

NOTE

スライス後のインデックス番号をリセットしない

array_slice() で抜き出された配列はインデックス番号がリセットされて０から振り直されます。抜き出した配列のインデックス番号をリセットしたくない場合は、array_slice() の第４引数に true を追加します。array_slice() の正式な書式は次のとおりです。

書式 **array_slice() の正式な書式**

array_slice (array **$array ,** int **$offset ,** int|null **$length** = null **,** bool **$preserve_keys** = false **) :** array

Section 6-3

配列の値を効率よく取り出す

配列からすべての値を順に取り出したり、条件に合った値を抽出したりできます。また、連想配列の要素を変数に展開するといったこともできます。この節では、そういった配列の値を効率よく取り出す方法を紹介します。

配列から順に値を取り出す

foreach 文を使うことで、配列から順に値を取り出すことができます。foreach 文には、値だけを取り出す書式とキーと値の両方を取り出す書式の 2種類の構文があります。また、for 文と同様に break と continue で繰り返しの中断とスキップができます。詳しくは for 文の解説を参照してください（☞ P.108）。

foreach 文で値を順に取り出す

インデックス配列から値を取り出すとき、次の書式を利用します。$array から順に値を $value を取り出して、すべて値に対して { } の文を繰り返し実行します。

書式 配列から値を順に取り出して繰り返す

```
foreach ( $array as $value){
    $value を使った繰り返しの処理
}
```

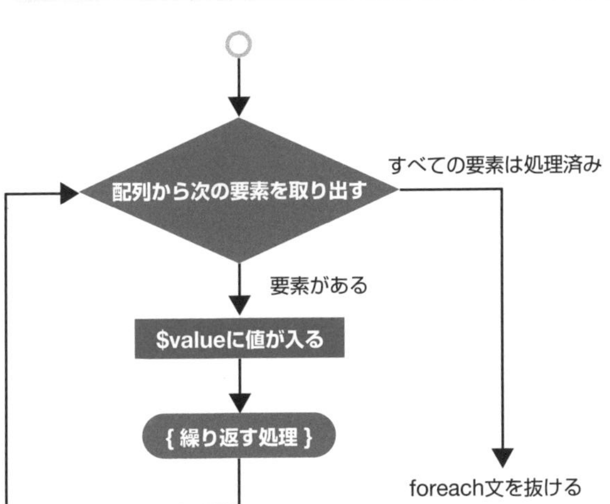

次の例では配列 $namelist から値を順に取り出し、<ol><li> 〜 </li></ol> タグを使ってリスト表示しています。なお、$value の変数名は自由です。$nameList as $name とすれば、名前は $name に入ります。

php 名前の配列からリストを作る

«sample» foreach_value_list.php

```
<?php
$namelist = ["赤井一郎", "伊藤五郎", "上野信二"];
echo "<ol>", PHP_EOL;
// 配列から順に値を取り出す
foreach($namelist as $value){
  echo "<li>", $value, "さん</li>", PHP_EOL;
}
echo "</ol>", PHP_EOL;
?>
```

出力

```
<ol>
<li>赤井一郎さん</li>
<li>伊藤五郎さん</li>
<li>上野信二さん</li>
</ol>
```

配列から順に値を取り出す
localhost:8888/php_note/chap06/6-

1. 赤井一郎さん
2. 伊藤五郎さん
3. 上野信二さん

次の例では配列 $valuelist から値を順に取り出し、正の値だけの合計を求めています。

php 配列の正の値を合計する

«sample» foreach_value_sum.php

```
<?php
$valuelist = [5, -3, 12, 6, 9];
$sum = 0;
// 配列から順に値を取り出す
foreach($valuelist as $value){
  // 正の値だけ合計する
  if ($value>0){
    $sum += $value;
  }
}
echo "正の値の合計は{$sum}です。";
?>
```

出力

```
正の値の合計は32です。
```

NOTE

配列の値を合計する

配列の値の合計は array_sum() で求めることができます。

foreach 文でキーと値を順に取り出す

連想配列からキーと値を取り出すとき、次の書式を利用します。先の書式と同じように $array から順にキーと値を $key と $value に取り出して、すべて要素に対して { } の文を繰り返し実行します。

書式 配列からキーと値を順に取り出して繰り返す

```
foreach ($array as $key => $value){
    $key と $value を使った繰り返しの処理
}
```

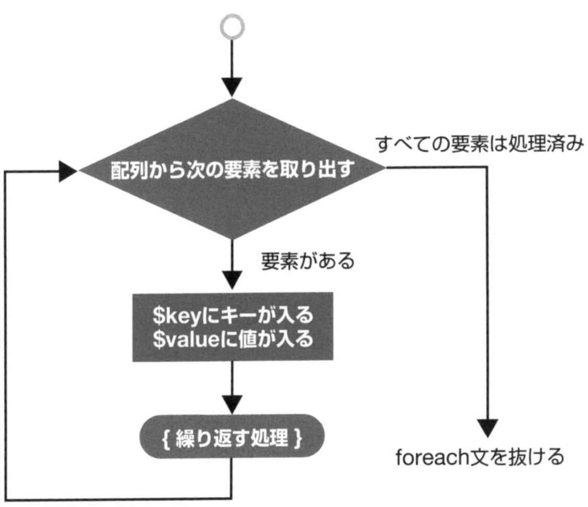

php 配列からすべてのキーと値を取り出す

«sample» foreach_keyvalue_list.php

```
<?php
$data = ["ID"=>"TR123", "商品名"=>"ピークハント", "価格"=>14500];
echo "<ul>", PHP_EOL;
// 配列から順にキーと値を取り出す
foreach($data as $key => $value){
  echo "<li>", $key, ": ", $value, "</li>", PHP_EOL;
}
echo "</ul>", PHP_EOL;
?>
```

出力

```
<ul>
<li>ID: TR123</li>
<li>商品名: ピークハント</li>
<li>価格: 14500</li>
</ul>
```

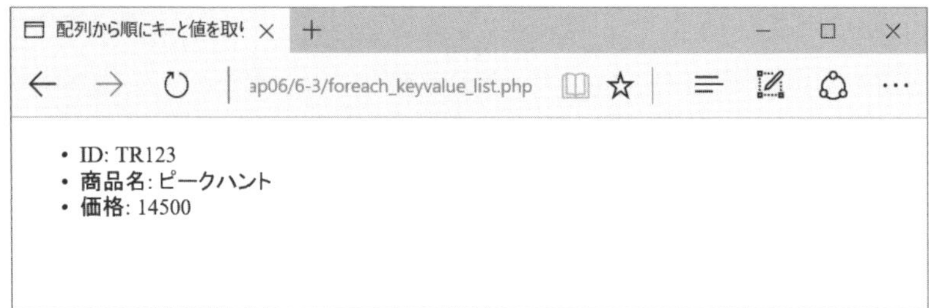

配列から条件に合う値を抽出する

array_filter()を利用すると条件に合う値を配列から抽出することができます。array_filter()の使い方を次の書式で説明すると、$myArrayの配列の値をcallbackで指定した関数で判定し、結果がtrueになった値だけを$filteredの配列に抽出します。callback関数には配列の値が引数として渡されます。元の配列はインデックス配列でも連想配列でも構いません。

書式 配列から条件に合う値を抽出する

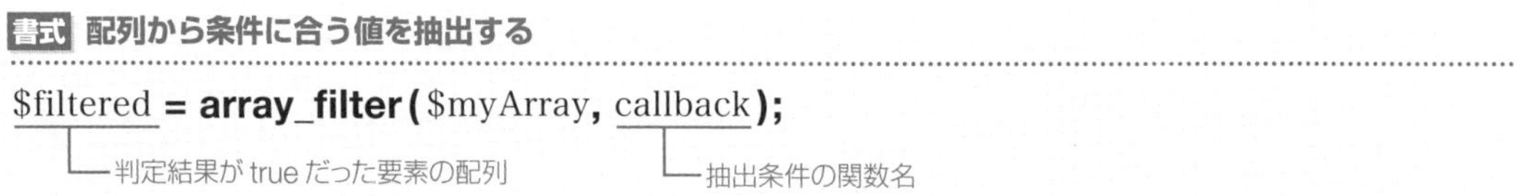

$filtered = array_filter($myArray, callback);
判定結果がtrueだった要素の配列
抽出条件の関数名

少しわかりにくいので、配列から値が正のものだけを抽出する簡単な例を示します。まず、引数$valueに渡される配列の値が正ならばtrueを返し、0または負ならばfalseを返す関数isPlus()を定義します。そして、このisPlus()をarray_filter()の第2引数のコールバック関数にします。コールバック関数は"isPlus"のように名前を文字列で指定します。実行結果を見ると正の値の要素だけが抽出されて$filteredに入ったことがわかります。

php 配列から正の値だけを抽出する

«sample» array_filter_value.php

```
<?php
// コールバック関数
function isPlus($value) {
  return $value>0;
}

// 元の配列
$valueList = ["a"=>3, "b"=>0, "c"=>5, "d"=>-2, "e"=>4];
// 配列から正の値だけを抽出する
$filtered = array_filter($valueList, "isPlus");
print_r($filtered);
?>
```

値が正ならtrueを返して抽出します

$valuelistから値を順に取り出して評価します

出力

```
Array
(
    [a] => 3
    [c] => 5
    [e] => 4
)
```

値が正の要素だけが取り出された配列になります

インデックス配列を変数に展開する

list() を使うとインデックス配列の値を効率よく変数に代入できます。list() の書式は次のように少し変わって list() に配列を代入する形式です。配列の値を代入する変数は、list() の引数として並べます。

書式 配列を変数に展開する

list($var1**,** $var2**,** $var3**, ...) =** インデックス配列 **;**

次の例では、list() を使って ["a987", " 鈴木薫 ", 23] の値を、それぞれ $id、$name、$age の3つの変数に代入しています。

php 配列を変数に展開する

«sample» list_var.php

```php
<?php
$data = ["a987", "鈴木薫", 23];
list($id, $name, $age) = $data;
echo "会員ID: ", $id, PHP_EOL;
echo "お名前: ", $name, PHP_EOL;
echo "年齢: ", $age, PHP_EOL;
?>
```

配列 $data の値が各変数に入ります

出力

```
会員ID: a987
お名前: 鈴木薫
年齢: 23
```

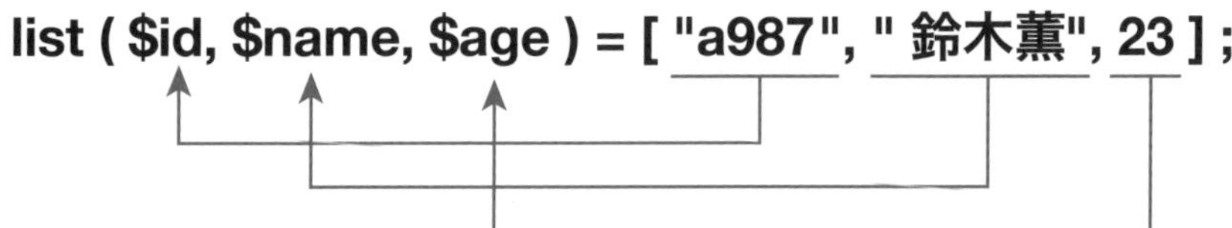

Section 6-4

配列をソートする

配列を値の大きさで並べ替える、並びを逆順にする、シャッフルするというように、配列の要素をいろいろな方法でソートする（並べ替える）ことができます。配列をソートする関数はたくさんありますが、ここでは代表的なものを説明します。

インデックス配列のソート

小さな値から大きな値へと並んでいる並びを「昇順」、大きな値から小さな値へと並んでいる並びを「降順」と呼びます。値が数値の場合は数値の大きさ、文字列の場合はアルファベット順で並びます。

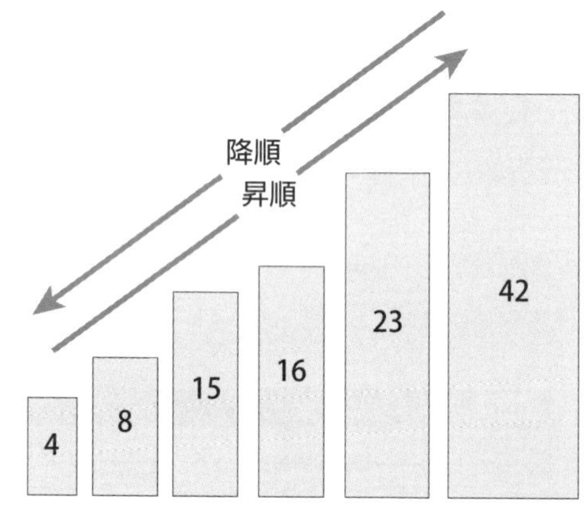

値を昇順に並べる

sort() はインデックス配列の値を昇順に並び替える関数です。次のように値を並び替えたい配列を引数で渡すと値が昇順で並び替わり、インデックス番号もリセットされます。値が並び変わった新しい配列が作られるのではなく、引数で渡した配列の値が並び替わります。この sort() に限らず、配列をソートする関数は配列を直接操作するので注意してください。

次の例では数値が入った配列を昇順にソートしています。

php　配列の値を昇順にソートする

«sample» sort.php

```
<?php
$data = [23, 16, 8, 42, 15, 4];
// 昇順にソートする
sort($data);
print_r($data);
?>
```

出力

```
Array
(
    [0] => 4
    [1] => 8
    [2] => 15
    [3] => 16   ———— sort() では値が小→大に並びます
    [4] => 23
    [5] => 42
)
```

値を降順にソートする

値を降順に並べたいときは、rsort() を使います。次の例では数値が入った配列を降順にソートしています。

php　配列の値を降順にソートする

«sample» rsort.php

```
<?php
$data = [23, 16, 8, 42, 15, 4];
// 降順にソートする
rsort($data);
print_r($data);
?>
```

出力

```
Array
(
    [0] => 42
    [1] => 23
    [2] => 16
    [3] => 15
    [4] => 8
    [5] => 4
)
```

rsort() では値が大→小に並びます

複製した配列をソートする

元になっている配列を直接ソートするのではなく、配列を複製してソートしたい場合があります。PHP の配列は変数に代入するだけで複製されます。そこで次のようにソートする前に複製 $clone を作成してソートします。$clone をソートした後で確認すると、元の $data の並びはそのままで、複製した $clone だけがソートされていることがわかります。

php　複製した配列をソートする

«sample» sort_clone.php

```
<?php
$data = [23, 16, 8, 42, 15, 4];
// 配列を複製する
$clone = $data;
// 昇順にソートする
sort($clone);
// 確認する
echo "元：";
print_r($data);
echo "複製：";
print_r($clone);
?>
```

代入で配列が複製されます（$clone = $data;）

出力

```
元：Array
(
    [0] => 23
    [1] => 16
    [2] => 8
    [3] => 42
    [4] => 15
    [5] => 4
)
複製：Array
(
    [0] => 4
    [1] => 8
    [2] => 15
    [3] => 16
    [4] => 23
    [5] => 42
)
```

$data の並びは変化しません

$clone をソートした結果

昇順に並んで、インデックスが付け替わります

連想配列のソート

連想配列を値の大きさでソートしたい場合は、昇順のソートはasort()、降順のソートはarsort()を使います。

先のsort()、rsort()ではソート後にインデックスのキーがリセットされていますが、次の例で示すようにasort()とarsort()でソートした場合は、"S" => 23、"M" => 36、"L" => 29というキーと値の関係性が壊れません。

php 連想配列を値で昇順にソートする

«sample» asort.php

```
<?php
$data = ["S" => 23, "M" => 36, "L" => 29];
// 昇順にソートする
asort($data); ——— 連想配列をソートします
print_r($data);
?>
```

出力

```
Array
(
    [S] => 23 ——— 値でソートされています
    [L] => 29
    [M] => 36
)
```

NOTE

ソートのオプション（第2引数）

sort()やasort()などでは、値を数値としてソートするか、文字列としてソートするかといったオプションを第2引数で指定できます。

オプション	動作
SORT_REGULAR	型変更をしない（初期値）
SORT_NUMERIC	数値として比較
SORT_STRING	文字列として比較
SORT_LOCALE-STRING	現在のロケールに基づく
SORT_NATURAL	文字列として自然順で比較する（☞ P.228）
SORT_FLAG_CASE	大文字小文字を区別しない （SORT_STRING I SORT_FLAG_CASE、SORT_NATURAL I SORT_FLAG_CASEのように使う）

並びをシャッフルする

shuffle() は要素の並びをランダムに並び替える、シャッフルする関数です。次の例では名前が入った配列をシャッフルして、順番を入れ替えています。

php 値の並びをシャッフルする

«sample» shuffle.php

```
<?php
$nameList = ["田中", "鈴木", "佐藤", "杉山"];
// 並びをシャッフルする
shuffle($nameList);
print_r($nameList);
?>
```

出力

```
Array
(
    [0] => 田中
    [1] => 佐藤
    [2] => 杉山
    [3] => 鈴木
)
```

値の順番が毎回変わります

並びを逆順にする

array_reverse() を使うと配列の要素を元の並びの逆に並び替えることができます。array_reverse() は、元の配列を変更せずに逆順にした新しい配列を作って戻します。第2引数を true にすると、インデックス番号がリセットされません。初期値は false です。

php 値の並びを逆順にする

«sample» array_reverse.php

```
<?php
$nameList = ["田中", "鈴木", "佐藤", "杉山"];
// 並びを逆順にする
$result = array_reverse($nameList);
print_r($result);
?>
```

出力

```
Array
(
    [0] => 杉山
    [1] => 佐藤
    [2] => 鈴木
    [3] => 田中
)
```

値が逆順に並びます

自然順に並べる

自然順とは、文字と数値が混じっている値を ["image1", "image12", "image7"] ではなく、["image1", "image7", "image12"] のように並べるソート順です。自然順に並べるには、sort() や asort() の第２引数で SORT_NATURAL を指定するか、natsort() または natcasesort() の関数を使います。次の例では natsort() を使って値を自然順で並べ替えています。

php 値を自然順で並べる

«sample» natsort.php

```
<?php
$data = ["image7", "image12", "image1"];
// 自然順でソートする
natsort($data);
print_r($data);
?>
```

出力

```
Array
(
    [0] => image1  ———— 順番が自然順になります
    [1] => image7
    [2] => image12
)
```

NOTE

配列をソートする関数

配列をソートする関数には次のものがあります。値とキーのどちらでソートするか、キーと値の関係性が維持されるか、昇順か降順かといった違いがあります。

関数名	概要	ソートの基準	キーと値の関係性	ソート順
asort()	連想配列を値で昇順にソートする	値	維持する	昇順
arsort()	連想配列を値で降順にソートする	値	維持する	降順
krsort()	連想配列をキーで降順にソートする	キー	維持する	降順
ksort()	連想配列をキーで昇順にソートする	キー	維持する	昇順
natcasesort()	大文字小文字を区別せず自然順でソートする	値	維持する	自然順
natsort()	自然順でソートする	値	維持する	自然順
rsort()	値で降順にソートする	値	維持しない	降順
shuffle()	ランダムに並べる	値	維持しない	ランダム
sort()	値で昇順にソートする	値	維持しない	昇順
uasort()	値でユーザ定義順にソートする	値	維持する	ユーザ定義
uksort()	キーでユーザ定義順にソートする	キー	維持する	ユーザ定義
usort()	値でユーザ定義順にソートする	値	維持しない	ユーザ定義

Section 6-5

配列の値を比較、検索する

この節では、配列の値を比較、検索して値があるかどうかを判断したり、検索置換したりする方法を説明します。正規表現を使って配列の値を検索する方法もあります。

配列の値を検索する

配列の検索でもっとも簡単なものは、in_array() を使った検索です。in_array() は配列に探している値があるかどうかをチェックし、値が見つかったならば true、見つからなかったならば false を返します。次の書式で説明すると、配列 $array に $value が見つかれば $isIn に true が代入されます。インデックス配列、連想配列のどちらの値でも検索できます。

書式 **ある値が配列に含まれているかどうかチェックする**

```
$isIn = in_array($value, $array);
```

次の例では、foreach 文を使って配列 $numList から番号を1個ずつ取り出し、配列 $numbers にその番号があるかどうかをチェックして結果を表示します（foreach 文 ☞ P.219）。チェックに使うユーザ定義関数 checkNumber() は、引数で渡された番号が $numbers に見つかれば「〜番は合格です。」見つからなければ「〜番は見つかりません。」と表示します。配列 $numbers は checkNumber() の外で値を設定しているので、グローバル変数にして参照しています。（グローバル変数 ☞ P.129）

php 番号が合格番号に含まれているかどうか調べる

«sample» in_array_numbers.php

```
<?php
// チェックする番号
$numList = [1008, 1234, 1301];
// 合格番号
$numbers = [1301, 1206, 1008, 1214];
// 合格チェック
function checkNumber($no){
  global $numbers;
  if (in_array($no, $numbers)){
    echo "{$no} 番は合格です。";
  } else {
    echo "{$no} 番は見つかりません。";
  }
}
?>

<!DOCTYPE html>
<html>
```

合格番号の配列

合格番号に $no が含まれているかどうかをチェックします

```
  <head>
    <meta charset="utf-8">
    <title>配列を検索する</title>
  </head>
  <body>
  <?php
  // 結果リスト
  echo "<ol>", PHP_EOL;
  // $numList の値をすべてチェックする
  foreach ($numList as $value) {
    echo "<li>", checkNumber($value), "</li>", PHP_EOL;
  }
  echo "</ol>", PHP_EOL;
  ?>
  </body>
  </html>
```

checkNumber() で $numList の番号を順にチェックします

出力

```
<!DOCTYPE html>
<html>
<head>
  <meta charset="utf-8">
  <title>配列を検索する</title>
</head>
<body>
<ol>
<li>1008番は合格です。</li>
<li>1234番は見つかりません。</li>
<li>1301番は合格です。</li>
</ol>
</body>
</html>
```

この出力結果を Web ブラウザで見ると次のように表示されます。

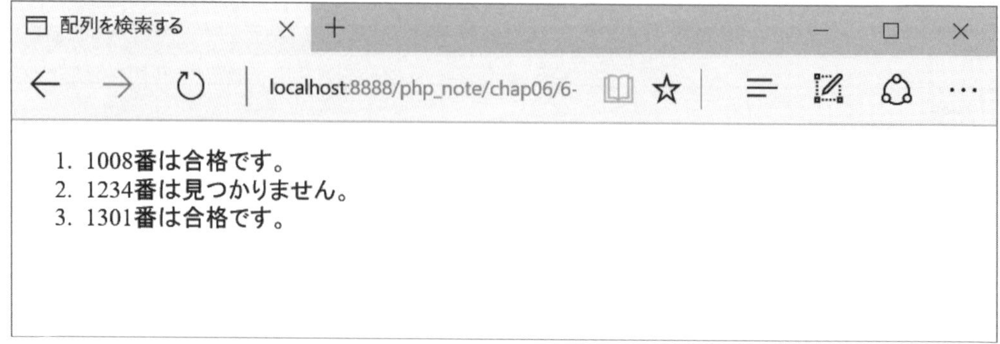

文字列の配列の検索（完全一致検索）

in_array() は文字列の検索もできます。このとき、文字列の完全一致でなければ検索できません。また、アルファベットの大文字小文字を区別します。文字列の部分一致で検索したい場合や大文字小文字を区別せずに検索したい場合は、後述する正規表現を使った検索を利用します（☞ P.235）。型も同じかどうかをチェックしたい場合には、第３引数で true を指定します。

次の例では名前の配列を検索しています。完全一致で検索するので、名字だけや大文字小文字が一致しない名前は見つけることができません。

php　文字列の配列を検索する

«sample» in_array_string.php

```
<?php
$nameList = ["田中達也", "Sam Jones", "新井貴子"];
function nameCheck($name){
  global $nameList;
  if (in_array($name, $nameList)){
    echo "メンバーです。";
  } else {
    echo "メンバーではありません。";
  }
}
// 試す
echo nameCheck("田中達也"), PHP_EOL;
echo nameCheck("新井"), PHP_EOL;          ———— 完全一致ではないので false
echo nameCheck("Sam Jones"), PHP_EOL;
echo nameCheck("SAM JONES"), PHP_EOL;     ———— 大文字小文字が一致しないので false
?>
```

出力

```
メンバーです。
メンバーではありません。
メンバーです。
メンバーではありません。
```

NOTE

配列と配列を比較する

array_diff() を使えば、配列と配列を比較して未登録者のみの配列を作ることができます。（☞ P.233）

配列の値をチェックして新規の値だけを追加する

次の例では、重複がないように新規の値だけを配列に追加する関数 array_addUnique() を in_array() を利用して作っています。第１引数で元の配列、第２引数で追加する値を渡します。追加する値が配列にすでにあるかどうかを in_array() でチェックして存在したならば false を返し、存在しなければ値を追加して true を返します。第１引数には & を付けて &$array として参照渡しをしているので、引数で渡した配列を直接操作しています。（参照渡し ☞ P.131）

php 配列に新規の値のみを追加する

«sample» array_addUnique.php

```
<?php
// 配列に新規の値のみを追加する
function array_addUnique(&$array, $value){
  if (in_array($value, $array)){
    return false;
  } else {
    // 値を追加する
    $array[] = $value; ―――― 値が含まれていなかったときに値を追加します
    return true;
  }
}
// 試す
$myList = ["blue", "green"];
array_addUnique($myList, "white");
array_addUnique($myList, "blue");―――― 最初から入っているので重複します
array_addUnique($myList, "red");
array_addUnique($myList, "white");―――― 追加済みで重複します
print_r($myList);
?>
```

出力

```
Array
(
    [0] => blue
    [1] => green
    [2] => white   ―――― 値が重複していません
    [3] => red
)
```

NOTE

配列から重複した値を削除する

array_unique() を使うと重複した値を削除した配列を新規に作ることができます。(☞ P.216)

値が見つかった位置、キーを返す

array_search() は見つかった値のキーを返します。インデックス配列の場合は、値のインデックス番号がキーとして戻ります。複数の値が一致する場合は、一番最初に見つかった値のキーを返します。見つからなかった場合は false が返ります。

次の例では、名前の配列を検索して見つかったキーで年齢の配列から値を取り出しています。

php 見つかったキーで別の配列から値を取り出す

«sample» array_search.php

```
<?php
// 名前の配列
$nameList = ["m01"=>"田中達也", "m02"=>"佐々木真一", "w01"=>"新井貴子", "w02"=>"笠井　香"];
// 年齢の配列
$ageList = ["m01"=>34, "m02"=>42, "w01"=>28, "w02"=>41];
function getAge($name){
  global $nameList;
  global $ageList;
```

```
    // 見つかった名前のキーを取り出す
    $key = array_search($name, $nameList);
    // 名前から年齢を調べる
    if ($key !== false){
      // $ageList の同じキーの年齢を取り出す
      $age = $ageList[$key];
      echo "{$name} さんは {$age} 歳です。";
    } else {
      echo "「{$name}」はメンバーではない。";
    }
  }
  echo getAge("新井貴子"), PHP_EOL;
  echo getAge("田中達也"), PHP_EOL;
  echo getAge("林　純一"), PHP_EOL;
  echo getAge("佐々木真一"), PHP_EOL;
  ?>
```

出力

```
新井貴子さんは 28 歳です。
田中達也さんは 34 歳です。
「林　純一」はメンバーではない。
佐々木真一さんは 42 歳です。
```

配列を比較して違いを取り出す

array_diff() を使うことで、配列 A と配列 B を比較して、配列 A の中から配列 B にはない値を見つけ出すことができます。これを使うことで、これまでの配列には含まれていなかった新規の要素を調べるといったことが可能になります。

次の例では、$checkID の配列に入っている値が、$aList と $bList の 2 つの配列に登録済みかどうかをチェックします。$aList と $bList のどちらにも見つからない値は、新規の ID として $diffID に配列で取り出されます。

php $aList と $bList のどちらにもない値を取り出す

«sample» array_diff.php

```
<?php
// チェックする配列
$checkID = ["a21", "d21", "d33", "e53"];
// 基準となる配列
$aList = ["a12", "b15", "d21"];
$bList = ["d13", "e53", "f10", "k12"];

// ID をチェックする
$diffID = array_diff($checkID, $aList, $bList);
foreach ($diffID as $value) {
  echo "{$value} は新規です。", PHP_EOL;
}
?>
```

$aList、$bList のどちらにも含まれていない値を調べます

出力

```
a21 は新規です。
d33 は新規です。
```

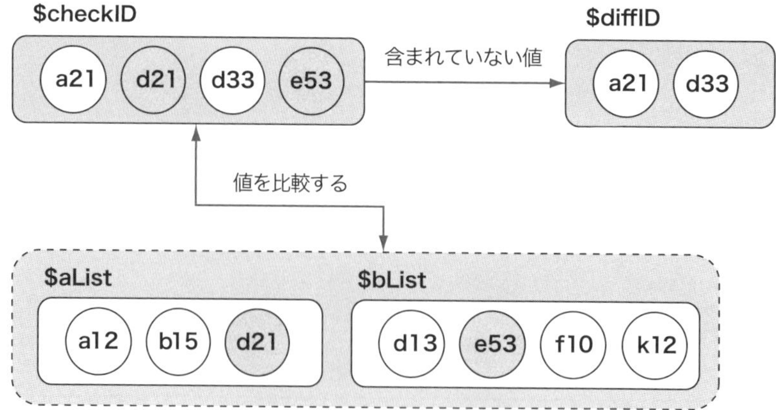

配列の値を検索置換する

「Section5-6　文字列の検索」では、str_replace()、str_ireplace() を使って文字列を置換する方法を説明しましたが（☞ P.174）、配列の文字列を検索置換することもできます。検索できるのはインデックス配列の値のみで、連想配列の値を検索置換したい場合は後述する preg_replace() を使います。

str_replace() と str_ireplace() の違いは、検索でアルファベットの大文字小文字を区別するかどうかの違いです。配列の値を直接書き替えるのではなく、置換後の新しい配列を作って返します。

次の例では、$data に入っている NV、ST、MD といった略語を検索して、それぞれを「New Vision」、「スリムタワー」、「マルチドライブ」に置換して表示します。

php　配列の値を検索置換して表示する

«sample» str_replace_array.php

```
<?php
$data= ["NV15", "ST", "MD500GB"]; ———— 略語を検索して置換します
$search = ["NV", "ST", "MD"];
$replacement = ["New Vision", "スリムタワー","マルチドライブ"];
$result = str_replace($search, $replacement, $data);
echo "商品データ：", PHP_EOL;
echo $result[0], "、", $result[1], "、", $result[2];
?>
```

出力

```
商品データ：
New Vision15、スリムタワー、マルチドライブ500GB
```

正規表現を使って配列を検索する（部分一致検索）

preg_grep() を使うと正規表現を使って配列の値を検索できます（正規表現の基礎知識 ☞ P.178）。正規表現を使うことで、文字列の部分一致、大文字小文字を区別せずに検索する、マッチした複数の値を取り出すといったことができます。

文字列が部分一致する値をすべて調べる

次の例では名前の配列 $nameList から「田」が付く名前をすべて取り出しています。

php 配列から「田」の付く名前を取り出す

«sample» preg_grep_array.php

```
<?php
$nameList = ["田中達也", "川崎賢一", "山田一郎", "杉山直樹"];
$pattern = "/田/";
// パターンにマッチする値を配列からすべて取り出す
$result = preg_grep($pattern, $nameList);  ――― 結果は配列で返ります
echo "該当" . count($result) . "件" . PHP_EOL;
foreach ($result as $value) {
  echo $value , PHP_EOL;
}
?>
```

出力

```
該当2件
田中達也
山田一郎
```

マッチしなかった値の配列

preg_grep() の第３引数に PREG_GREP_INVERT を指定すると、マッチしなかった値を配列として取り出すことができます。

php A または R を含まない ID を取り出す

«sample» preg_grep_array_invert.php

```
<?php
$data = ["R5", "E2", "E6", "A8", "R1", "G8"];
$pattern = "/['A'|'R']/";  ――― A または R を含むパターン
// パターンにマッチしない値を配列からすべて取り出す
$result = preg_grep($pattern, $data, PREG_GREP_INVERT);  ――― パターンにマッチしない値を取り出します
echo "該当しない" . count($result) . "件" .  PHP_EOL;
// 値を改行で連結して文字列にする
$resultString = implode(PHP_EOL, $result);
echo $resultString;
?>
```

出力

```
該当しない3件
E2
E6
G8
```

配列の値を正規表現で検索置換する

preg_replace() は文字列だけでなく（☞ P.193）、配列の値を正規表現で検索置換できます。ただし、配列の値を直接書き替えるのではなく、置換後の新しい配列を作って返します。先の str_replace()、str_ireplace() と違って（☞ P.234）、連想配列の値を検索置換できます。

次の例では $data の電話番号の形式を正規表現で検索し、末尾４桁を伏せ文字に置換して表示しています。

php　電話番号の末尾４桁を伏せ字にして表示する

«sample» preg_replace_array.php

```
<?php
$data = [];
$data[] =["name"=>" 井上真美 ", "age"=>37, "phone"=>"090-4321-9999"];
$data[] =["name"=>" 坂田京子 ", "age"=>32, "phone"=>"06-3434-7788"];
$data[] =["name"=>" 石岡　稔 ", "age"=>29, "phone"=>"0467-89-9191"];
$data[] =["name"=>" 多田優美 ", "age"=>35, "phone"=>"59-1212"];
$pattern = "/(-)\d{4}$/";———— 後ろから 数値 4 文字
$replacement = "$1****";———— 置換します
// 配列から値を取り出す
foreach ($data as $user) {
  // 電話番号の末尾４桁を伏せ文字に置換する
  $result = preg_replace($pattern, $replacement, $user);
  // 配列のキーと値を表示する
  foreach ($result as $key => $value) {
    echo "{$key}：", $value, PHP_EOL;
  }
}
?>
```

出力

```
name：井上真美
age：37
phone：090-4321-****
name：坂田京子
age：32
phone：06-3434-****
name：石岡　稔
age：29
phone：0467-89-****
name：多田優美
age：35
phone：59-****
```

Section 6-6

配列の各要素に関数を適用する

foreach 文や for 文を使うことで配列の要素を順に取り出して処理することができますが、この処理をさらに効率よく行うのが array_walk()、array_map() といった関数です。同じような機能なので混乱しそうですが、よく理解して使い分けましょう。

配列の値を関数で処理して置き換える

array_walk() は、配列のすべての要素を順に関数で処理して置き換えます。

書式 各要素を引数にして関数を繰り返し実行する

```
$result = array_walk(&$array, $callBack, $userdata);
```

- $result：成功失敗が入る
- &$array：引数の配列を直接書き替えます

$array の配列から 1 つ要素を取り出し、それを引数として $callBack で指定したコールバック関数を実行します。$callBack ではコールバック関数名を文字列で指定します。

実行し終えたならば、次の要素を取り出し、その要素を引数として再び $callBack 関数を実行します。この操作を配列の要素の数だけ繰り返します。実行結果は元の要素と入れ替わります。$userdata はオプションですが、$callBack 関数の第３引数として渡すことができる値です。戻り値の $result には、array_walk() の処理が成功したとき true、失敗したとき false が返ります。

$callBack で指定するコールバック関数

コールバック関数では、配列の値（要素）、キーを順に受け止める引数を定義します。このとき、第１引数には &$value のように & を付けて値の参照を受け取る仕様にします（☞ P.131）。$userdata を使う場合は、コールバック関数の第３引数にも引数変数を用意しておきます。もし、array_walk() の第１引数がインデックス配列ならば、コールバック関数の第２引数にはキーの代わりにインデックス番号が渡されます。

書式 コールバック関数

```
function 関数名 (&$value, $key, $userdata) {
    処理文
}
```

１回目の計算　２回目の計算

```
array_walk ([キー 1=> 要素 1, キー 2=> 要素 2,...], myFunc, 引数);

function myFunc (&$value, $key, $userdata ){
    処理文
}
```

（要素 1 → &$value、キー 1 → $key、引数 → $userdata）

次の例では、array_walk($priceList, "exchangeList", $dollaryen) のように実行することで、配列 $priceList に入っている円の値を、ユーザ定義した exchangeList() でドルに換算してドル記号を付けた値で置き換えます。コールバック関数 exchangeList() の第 1 引数は &$value のようにリファレンスを受け取る指定をします。

php 配列の値をドル換算して値を置き換える

«sample» **array_walk.php**

```
<?php
// 通貨換算してリスト表示するコールバック関数
function exchangeList(&$value, $key, $rateData){
  // レート換算する
  $rate = $rateData["rate"];
  if ($rate == 0) {
    return;
  }
  // レート換算する
  $value = $value/$rate;
  // 小数第2位に丸める
  $value = round($value, 2);
}

// 円での値段
$priceList = [2300, 1200, 4000];
// 円／ドルのレート
$dollaryen = ["symbol"=>'$', "rate"=>112.50];
// 換算して値を置き換える
array_walk($priceList, "exchangeList", $dollaryen);
print_r($priceList);
?>
```

- &$value：配列の要素を参照渡しで受け取ります
- $value = $value/$rate;：要素を直接書き替えます
- "exchangeList"：コールバック関数は文字列で指定します

出力

```
Array
(
    [0] => $20.44
    [1] => $10.67
    [2] => $35.56
)
```

$priceList の値段が円からドルに書き換わりました

配列の要素で関数を実行した結果を求める

array_map() には2つの使い方があります。１つは指定した配列の要素で関数を実行した結果を得たいときです。その場合には次のような書式で利用します。array_walk() とは違って、引数で与えた配列を直接書き替えるのではなく、コールバック関数で処理した結果の配列が $result に入ります。先にコールバック関数を指定するので注意してください。

書式 配列の要素でコールバック関数を実行する

```
$result = array_map($callBack, $array);
```

- $result：実行後の配列が戻ります
- $array：元の配列は変化しません

ユーザ定義するコールバック関数では、配列の値を受け取る引数を用意し、処理後の値を返します。引数は参照渡しではなく普通の値渡しで受け取ります。

書式 コールバック関数

```
function 関数名 ($value) {
    処理文
    return 値 ;
}
```

値渡しで受け取ります

次の例では、円が入っている配列 $priceYen の値を exchange() 関数でドルに換算して、戻った配列を $priceDollar に代入しています。先のサンプルでは数値の表示桁を sprintf() で指定しましたが、ここでは数値を round() で丸めています（round() ☞ P.115）。

php コールバック関数で、配列に入っている円をドルに換算する

«sample» array_map.php

```
<?php
// 通貨換算するコールバック関数
function exchange($value){
  global $rate;
  if ($rate == 0) {
    $rate = 1;
  }
  // レート換算する
  $exPrice = $value/$rate;
  // 小数第2位に丸める
  $exPrice = round($exPrice, 2);
  return $exPrice;
}

// 円での値段
$priceYen = [2300, 1200, 4000];
// 円／ドルのレート
$rate = 112.50;
// ドル換算の値段
$priceDollar = array_map("exchange", $priceYen);
print_r($priceDollar);
?>
```

出力

```
Array
(
    [0] => 20.44
    [1] => 10.67
    [2] => 35.56
)
```

$priceDollar には、$priceYen の値をドル換算した値が入っています

複数の配列を並列的に処理する

array_map() のもう１つの利用方法では、**複数の配列を平行して処理**できることを利用します。その場合は２個目、３個目の配列を引数に追加します。**同時に処理する配列の要素の個数は同じ**でなければなりません。$result には return で戻した値が配列で返ります。

書式　複数の配列を並列的にコールバック関数で処理する

```
$result = array_map($callBack, $array1, $array2, ... );
```

書式　コールバック関数

```
function 関数名($value1, $value2, ... ){
    処理文
    return 値;
}
```

$value1：$array1 から受け取る値
$value2：$array2 から受け取る値

次の例では、通過地点の配列 $point とスプリットタイムの配列 $split を合わせてリスト表示しています。

php　コールバック関数で、２つの配列を合わせてリスト表示する

«sample» array_map2.php

```
<?php
// ２つの配列の値をリストアップする
function listUp($value1, $value2){
  // <li> タグを付けてリスト形式で表示する
  echo "<li>", $value1, " -- ", $value2, "</li>", PHP_EOL;
}

// 通過地点
$point = ["10km", "20km", "30km", "40km", "Goal"];
// スプリット
$split = ["00:50:37", "01:39:15", "02:28:25", "03:21:37", "03:34:44"];
echo "<ul>", PHP_EOL;
array_map("listUp", $point, $split);
echo "</ul>";
?>
```

$value1：$point の値
$value2：$split の値
$point, $split：2つの配列の値を１個ずつコールバック関数に渡します

出力

```
<ul>
<li>10km -- 00:50:37</li>
<li>20km -- 01:39:15</li>
<li>30km -- 02:28:25</li>
<li>40km -- 03:21:37</li>
<li>Goal -- 03:34:44</li>
</ul>
```

$point と $split の2つの配列の値を１個ずつ受け取ってリスト表示しています

Chapter 7

オブジェクト指向プログラミング

今やほとんどのプログラム言語はオブジェクト指向プログラミング（OOP）を取り入れています。もちろん、PHPもOOPでの開発に必要な機能を十分に備えています。
今後、OOPの手法を積極的に取り入れていきたい方は、その基礎知識として本章を読んでください。初心者の方は、この章を読み飛ばしても構いません。

Section 7-1

オブジェクト指向プログラミングの概要

この節ではオブジェクト指向プログラミング（OOP）の仕組みや用語の意味の概要を説明します。コードの書式なども示しますが、OOP 入門として登場するキーワードを知っておく程度でも構いません。他のプログラム言語での OOP を理解している人は、PHP での用語や書式の違いを確認してください。

OOP 料理店では従業員を雇う

あなたは料理店のオーナーです。料理も含めてお店のことは全部１人でできるんですが、数名の従業員を雇いたいところです。人を雇うからには、料理、接客、仕入れなどの仕事をやってもらわなければなりません。これはプログラミングに置き換えることができます。なんでも１人でやるように、１つのプログラムコードに機能を盛り込んでいくことはできます。関数に分けてコードを整理したとしても、全体としては機能が詰まった１つの大きなコードです。しかし OOP（ウープ、Object Oriented Programing）では従業員を雇うという現実に近い発想でコードを組み上げます。

できる人と物を定義して採用する

まず OOP では、料理人の Cook クラス、店員の Staff クラス、調理道具の Kitchen クラスなど、必要になる条件を満たすクラスを定めます。そしてコックを２人雇うなら、Cook クラスからコックを２人募って採用し、店員３人なら Staff クラスから３人採用します。

仕事を任せる

そして、ここからが OOP のポイントです。コックとスタッフを雇ったのですから、料理はコックに、接客やレジはスタッフに任せます。コックはオーダーを受けると自分の仕事として処理します。コックは現在のオーダーの溜まり具合や材料の在庫などにも目を配ります。料理はコックに任せているので、オーナーやスタッフや調理器具はコックの仕事を逐次見張って指示する必要はありません。２人のコック同士も互いの仕事を見張る必要はありません。自分の仕事をやり遂げて結果を出すだけです。

Cook クラスのコック

・料理を作る

Staff クラスのスタッフ

・接客する

コックのこうした技能は、Cook クラスに定めてある仕様です。Cook クラスがフランス料理を作れる仕様ならばフランス料理人、中華料理の仕様ならば中華料理人になるわけです。同様にスタッフの能力は Staff クラス、調理道具は Kitchen クラスの仕様で決定します。

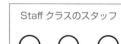

Kitchen クラスの調理道具

・調理で使う

クラスとインスタンス

OOP の考え方を料理店でたとえました。この考え方は家電工場と家電品、車工場と車、ロボット工場とロボットのように置き換えて説明することもできます。これを OOP の用語に置き換えると、クラスとオブジェクトの関係になります。

「クラス」は機能の仕様（設計）であり、そのクラスの仕様から作られた「もの」がオブジェクトです。厳密に言えばクラスから作られたものは「インスタンス」と呼び、「オブジェクト」はひとつ上の概念を示す用語です。

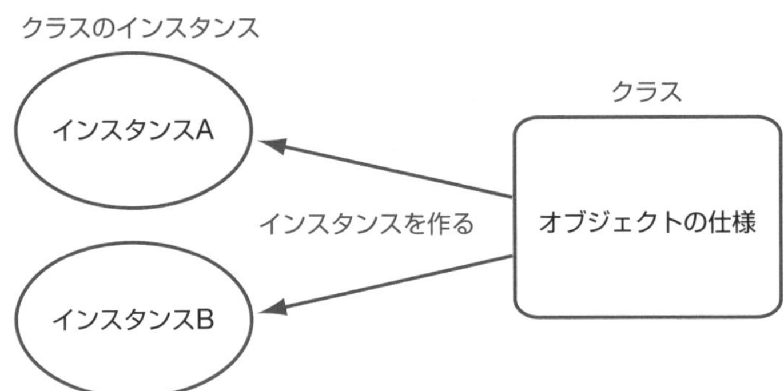

先の例で言えば、Cook クラスのインスタンス A、B、Staff クラスのインスタンス A、B、C のように個々に区別して指し示し、どのインスタンスもオブジェクトです。意味的にインスタンスは「～の子供」、オブジェクトは「人間」に相当します。佐藤さんの子供、鈴木さんの子供のように指し示し、どの子も「人間」です。

この概念をもう少し広げれば、世の中のほとんどの物はクラスとインスタンスの関係にあります。iPhone は「iPhone」クラスのインスタンス、パンは「パン」クラスのインスタンスです。それぞれにクラス（設計図、レシピ）に基づいて作られたオブジェクトです。

メソッドとプロパティ

OOP で言うオブジェクトは、定義としてはすっきりしています。オブジェクトとは、「機能とデータをもったもの」です。プログラムコードとして機能はメソッドとして定義し、データはプロパティで定義します。したがって、オブジェクトとは「メソッドとプロパティをもったもの」と言い換えることができます。メソッドは機能を示します。つまり、実行できる処理がメソッドです。プロパティは属性です。人ならば名前、身長、年齢など、車ならば色、車種、燃料などがプロパティに相当します。プロパティは値を設定できたり、読み取れたりします。

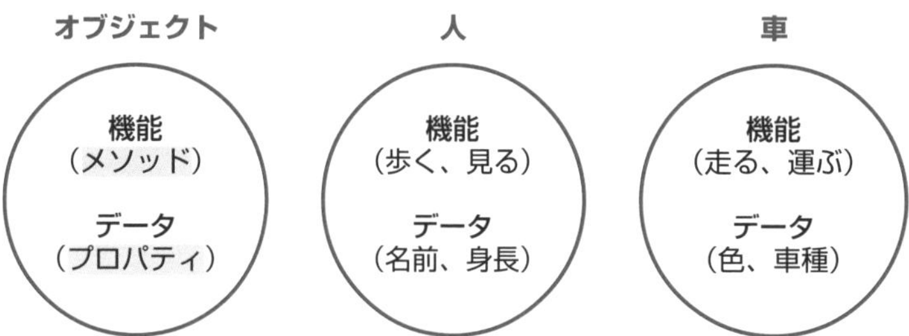

クラス定義 ☞ P.250

オブジェクトにどんなプロパティがあり、メソッドがあるかを定義したものがクラスです。具体的なコードは次のセクションで詳しく説明しますが、大枠としてクラス定義は次のとおりです。

書式 プロパティとメソッドを定義するクラス

```
class クラス名 {
    プロパティの定義
    メソッドの定義
}
```

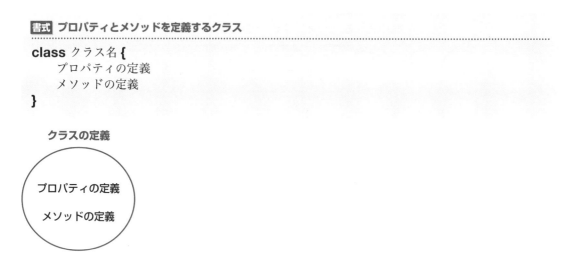

Cookクラスならば、次のようになります。

php Cookクラスを定義する

```
class Cook {
  // コックのプロパティ ———— 名前や性別などの属性
  // コックのメソッド ———— 料理を作るといった機能
}
```

クラスからインスタンスを作る ☞ P.252

クラスからインスタンスを作るにはnew演算子を使います。たとえば、次のように実行するとCookクラスのインスタンスが2個作られて、それぞれ$cook1と$cook2に入ります。

php Cook クラスのインスタンスを作る

```
$cook1 = new Cook();
$cook2 = new Cook();
```

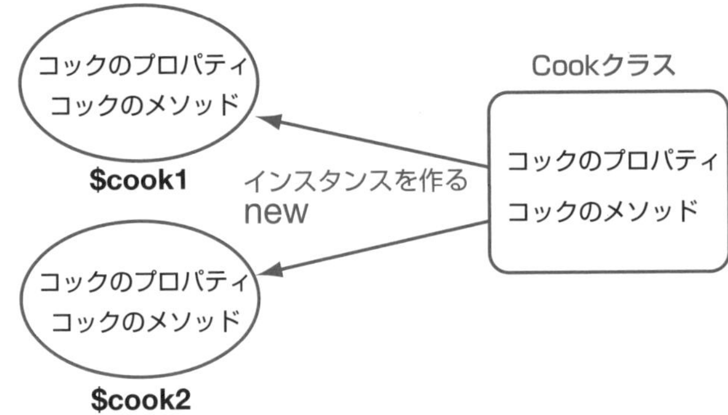

プロパティのアクセスとメソッドの実行 ☞ P.252

クラスのインスタンスを使って何か処理を行うには、インスタンスに命令したり、インスタンスに問い合わせたりします。もちろん、命令したり、問い合わせたりできる内容はクラスで定義されていることに限ります。

たとえば、Cook クラスに age プロパティと omlete() メソッドが定義されているならば、次のように -> 演算子を使って $cook1 の age プロパティを設定し、$cook2 の omlete() メソッドを実行します。

php $cook1 の年齢を 26 歳に設定する

```
$cook1->age = 26;
```

php $cook2 にオムレツをオーダーする

```
$cook2->omlete();
```

$cook1 -> age = 26 $cook1のageプロパティを26に設定する

$cook2 -> omlete() $cook2のomlete()メソッドを実行する

クラスの継承 ☞ P.270

OOP ではプログラムコードの機能を改変、拡張したいとき「継承」を使います。継承こそが OOP の醍醐味と言えるでしょう。継承では A クラスに追加したい機能があるとき、A クラスのコードを書き替えずに、A クラスを継承した B クラスを作ります。そして、A クラスに追加したい機能を B クラスに実装します。そうすると B クラスは自身で追加したコードに加えて、A クラスから継承した機能を兼ね備えたクラスになります。

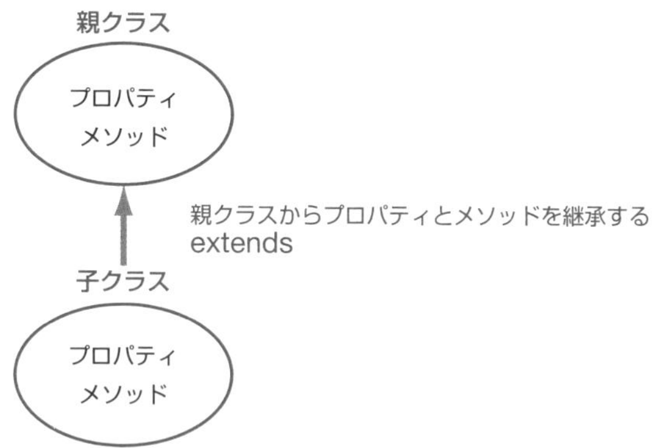

これは親が子に、師匠が弟子に技術を継承することにも似ています。子は親の記述を授かりますが、さらに自身のアイデアを追加したり、継承した技術をアレンジしたりしてオリジナルのスタイルを確立します。これが継承という手法です。

プログラム言語によって「スーパークラスとサブクラス」、「親クラスと子クラス」、「基底クラスと派生クラス」のように継承関係を違う用語で表現します。PHP の場合は parent キーワードで継承される側のクラスを指し示すので、「親クラスと子クラス」という表現がぴったりでしょう（parent ☞ P.274）。

extends キーワード

PHP では継承を extends キーワードを使って記述します。次の書式で示すように、子クラスが親クラスを指定します。親クラスが自分の子クラスを指定することはできません。したがって上図でも「子クラス→親クラス」のように矢印を親クラスに向けて描きます。

書式 クラスの継承

```
class 子クラス extends 親クラス {
}
```

Cook クラスを継承した FrenchCook クラスを定義するならば、次のようなコードになります。

php Cook クラスを継承した FrenchCook クラスを定義する

```
class FrenchCook extends Cook {
    // FrenchCook で拡張する内容
}
```

トレイト ☞ P.277

PHP にはトレイトというコードのインクルード（読み込み）に似た仕組みがあります。trait キーワードでプロパティやメソッドを定義しておくと、use キーワードでトレイトを指定するだけで、そのトレイトのコードを自分のクラスで定義してあるかのように利用できます。複数のトレイトを採用したり、トレイトを組み合わせて新しいトレイトを作ることもできます。トレイトの考え方はシンプルですが、利用する際には名前の衝突などに気を配る必要があります。

書式 トレイトの定義

```
trait トレイト名 {
    // トレイトのプロパティ
    // トレイトのメソッド
}
```

書式 トレイトを利用するクラス

```
class クラス名 {
    use トレイト名 ;
    // クラスのコード
}
```

use トレイト名 ; ── トレイトで定義してあるプロパティやメソッドを自分のクラスのコードのように利用できるようになります

インターフェース ☞ P.283

インターフェースは規格のようなものです。クラスが採用しているインターフェースを見れば、そのクラスで確実に実行できるメソッドと呼び出し方がわかります。Web サービスなどで公開されている API（Application Programming Interface）がありますが、ここで使われているインターフェースという言葉と同じ意味合いで理解できます。インターフェースは interface キーワードを付けて宣言して定義し、インターフェースを採用するクラスでは implements キーワードで指定します。

書式 インターフェースの定義

```
interface インターフェース名 {
    function 関数名 ();
}
```

書式 インターフェースを採用するクラス

```
class クラス名 implements インターフェース名 {
    // クラスのコード
}
```

インターフェース名 ── このインターフェースを採用します

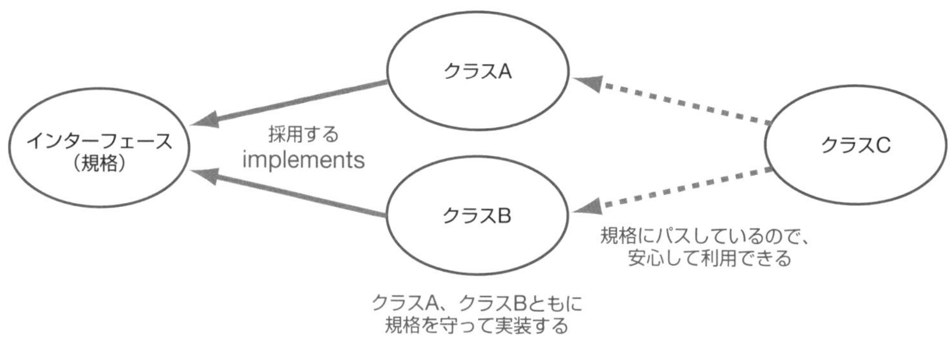

抽象クラスと抽象メソッド ☞ P.288

メソッド宣言のみを行って処理を実装しない特殊なメソッド定義があります。abstract(意味:抽象的な)キーワードを付けてメソッド宣言を行うことから抽象メソッドと呼びます。そして、抽象メソッドが1つでもあるクラスにはabstractキーワードを付ける必要があり、抽象クラスと呼びます。

抽象クラスのインスタンスを作ることはできず、必ず継承して利用します。そして、抽象メソッドの機能を子クラスでオーバーライド（上書き）して実装します。他の言語と違い、PHPの抽象メソッドには初期機能を実装できません。

抽象クラスはインターフェースと似た側面がありますが、抽象メソッドだけでなく通常のメソッドを実装できることから、クラスとしての機能をもつことができます。クラス内のメソッドから抽象メソッドを実行することで、実際の処理は子クラスに任せる設計（デリゲート delegate）が可能になります。

書式 抽象クラス

```
abstract class 抽象クラス名 {
    abstract function 抽象メソッド名 (); ——— メソッド名を宣言するだけで、機能は定義しません
}
```

書式 抽象メソッドを実装する

```
class クラス名 extends 抽象クラス名 {
    function 抽象メソッド名 () {
        // メソッドをオーバーライドして機能を定義する
    }
}
```

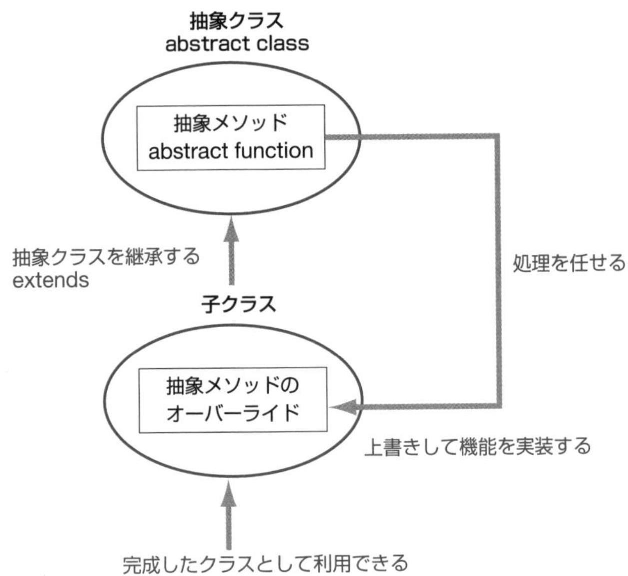
抽象クラス
abstract class
抽象メソッド
abstract function
抽象クラスを継承する
extends
処理を任せる
子クラス
抽象メソッドの
オーバーライド
上書きして機能を実装する
完成したクラスとして利用できる

Section 7-2

クラス定義

前節でクラスやインスタンスの概念について説明しましたが、この節ではクラス定義の書式、インスタンスの作成と利用について具体的に解説します。コンストラクタ、$this、外部クラスファイルの作成と読み込み、アクセス修飾子といった新しい用語も出てきます。

クラス定義

クラス定義は class キーワードで宣言します。クラスに定義できる内容はたくさんありますが、基本的にはプロパティとメソッドです。プロパティは変数と定数で定義し、メソッドは関数で定義します。クラス名は大文字小文字を区別し、慣例として大文字から始めます。public キーワードはアクセス権を示します（☞ P.263）。public を付けると他のクラスからもアクセスできるようになります。プロパティのアクセス権は必須ですが、メソッドのアクセス権は省略できます。メソッドのアクセス権を省略すると public になります。

書式 プロパティとメソッドがあるクラス定義

```
class クラス名 {
    // プロパティ
    public const 定数名 = 値 ;
    public $変数名 ;

    // メソッド
    public function メソッド名 () {
    }
}
```

この書式で定義しているプロパティとメソッドは、インスタンスのプロパティとメソッドなので、正確にはインスタンスプロパティとインスタンスメソッドと呼びます。というのも、クラスにもプロパティとメソッドを定義できるからです。

たとえば、Staff クラスの定義は次のように書きます。Staff クラスには name プロパティ、age プロパティ、hello() メソッドが定義してあります。

php Staff クラスを定義する

«sample» class_Staff.php

```
<?php
// Staff クラスを定義する
class Staff {
  // インスタンスプロパティ
  public string $name;
  public int $age;

  // インスタンスメソッド
  public function hello() {
    echo "こんにちは！" . PHP_EOL ;
  }
}
?>

<!DOCTYPE html>
<html>
<head>
  <meta charset="utf-8">
  <title>クラスを定義する</title>
</head>
<body>
<pre>
<?php
  // Staff クラスのインスタンスを作る
  $hana = new Staff();
  $taro = new Staff();
  // プロパティの値を設定する
  $hana->name = "花";
  $hana->age = 21;
  $taro->name = "太郎";
  $taro->age = 35;
  // インスタンスを確認する
  print_r($hana);
  print_r($taro);
  // メソッドを実行する
  $hana->hello();
  $taro->hello();
?>
</pre>
</body>
</html>
```

Staff クラス

Staff クラスのインスタンスを作ります

プロパティの初期値

プロパティには初期値を設定できます。ただし、設定できるのは単純な値だけで、計算式などの式は指定できません。

設定できる初期値

```
public $hour = 360;
```

設定できない初期値

```
public $hour = 60 * 60;
```

計算式は初期値で設定できません

インスタンスを作る

クラスのインスタンスは new 演算子で作ります。先の Staff クラスのインスタンス $hana と $taro を作るコードは次のようになります。new Staff のようにカッコを付けなくても構いません。

php　Staff クラスのインスタンスを作る

«sample» class_Staff.php

```
<?php
  // Staff クラスのインスタンスを作る
  $hana = new Staff();
  $taro = new Staff();
```

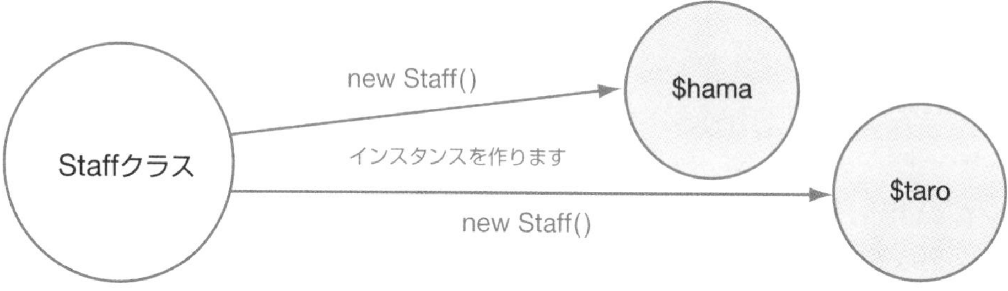

インスタンスプロパティのアクセス

Staff クラスには $name プロパティと $age プロパティがあります。このプロパティには初期値が設定されていないので、値を設定したいと思います。インスタンスの値は、それぞれのインスタンスに -> 演算子を使ってアクセスします。

書式　インスタンスプロパティにアクセスする

$ インスタンス **->** プロパティ名

次のコードはインスタンス $hana と $taro のそれぞれの $name プロパティと $age プロパティに値を設定している部分です。このとき、「$hana->name」のようにプロパティ名の name には $ を付けないので注意してください。

print_r() で確認すると、2 個のインスタンスが作られて、それぞれのプロパティに値が設定されていることがわかります。

php インスタンスプロパティに値を設定する

«sample» class_Staff.php

```
    // プロパティの値を設定する
    $hana->name = "花";
    $hana->age = 21;
    $taro->name = "太郎";
    $taro->age = 35;
    // インスタンスを確認する
    print_r($hana);
    print_r($taro);
```

$hana の name、age プロパティ

$taro の name、age プロパティ

出力

```
Staff Object
(
    [name] => 花
    [age] => 21
)
Staff Object
(
    [name] => 太郎
    [age] => 35
)
```

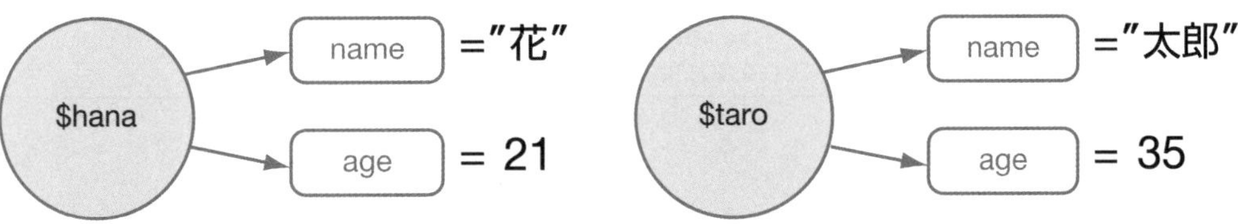

NOTE

$hana->$name

「$hana->$name」は「$hana->{$name}」と解釈され、同名の変数 $name に入っている値がプロパティ名として適用されます。

インスタンスメソッドの実行

インスタンスメソッドを実行する場合も同じように -> 演算子を使います。

書式 インスタンスメソッドを実行する

$ インスタンス **->** メソッド ()

$hana と $taro に対して hello() を実行するコードは、それぞれ $hana->hello()、$taro->hello() です。Staff クラスで定義してある hello() が実行されて、「こんにちは！」のように出力されます。

php インスタンスメソッドを実行する

«sample» class_Staff.php

```
    // メソッドを実行する
    $hana->hello();
    $taro->hello();
```

出力

```
こんにちは！
こんにちは！
```

インスタンス自身を指し示す　$this

どのインスタンスで hello() を実行しても同じ結果なので、「こんにちは、花です！」「こんにちは、太郎です！」のように自分の名前を入れて答えるようにしたいと思います。そうすると、Staff クラスの hello() の出力コードは次のように書けばいいように思います。

php 間違ったコード：自分のプロパティ $name にアクセスする

```
    public function hello() {
      echo "こんにちは、{$name} です！" . PHP_EOL ;
    }
```

└── これでは自分のプロパティ $name にアクセスできません

$this-> プロパティ名

ところが、このコードは間違っています。$name ではプロパティ $name にはアクセスできません。$name は同名のローカル変数を探すために値は NULL です。プロパティ $name にアクセスするには、インスタンス自身を指し示す $this を使って、「$this->name」のように記述しなければなりません。

php 正しいコード：自分のプロパティ $name にアクセスする

```
    public function hello() {
      echo "こんにちは、{$this->name} です！" . PHP_EOL ;
    }
```

└── $this でインスタンス自身を指します

ところで、$name には初期値が設定されていません。値が設定されていないとき、その値は NULL です。そこで、is_null() 関数を使って NULL を判断し、値が NULL のときは「こんにちは！」を表示するように hello() を書き直します。これで Staff クラスは次のようになります。

php Staff クラス

«sample» class_Staff_this.php

```
<?php
// Staff クラスを定義する
class Staff {
  // インスタンスプロパティ
  public string $name;
  public int $age;

  // インスタンスメソッド
  public function hello() {
    if (is_null($this->name)) {
      echo " こんにちは！ " . PHP_EOL ;
    } else {
      echo " こんにちは、{$this->name} です！ " . PHP_EOL ;
    }
  }
}
?>
```

書き替えた hello()

この Staff クラスでインスタンスを作って hello() メソッドを実行すると、プロパティ $name の名前を使ったあいさつ文が出力されます。

php hello() メソッドを実行する

«sample» class_Staff_this.php

```
  // メソッドを実行する
  $hana->hello();
  $taro->hello();
```

出力

```
こんにちは、花です！
こんにちは、太郎です！
```

各インスタンスの name プロパティの値が取り出されます

コンストラクタ

いま作った Staff クラスではインスタンスを作った際に $name と $age プロパティの初期値がありません。もちろん、プロパティを定義する際になんらかの初期値を設定しておくことはできますが、名前や年齢は個別に設定する値なので初期値があっても意味がありません。そこで「new Staff(" 花 ", 21)」のようにインスタンスを作成する際に初期値を引数で渡せるようにします。

ここで使うのが「コンストラクタ」です。コンストラクタはインスタンスが作られる際に自動的に呼ばれる特殊な関数です。そこで、インスタンスを作る際に最初に実行したいことをコンストラクタに書いておきます。コンストラクタは、__construct() という名前で定義します。アンダースコア（ _ ）が最初に2個付き、インスタンスを作成する際に引数を渡すことができます。なお、コンストラクタの引数を省略した場合の初期値は、通常の関数の引数と同じように指定できます。（☞ P.122）

書式 コンストラクタ

```
function __construct(引数 1, 引数 2, ...){
    // インスタンス作成時に最初に実行したい処理
}
```

「new Staff(name:" 花 ", age:21)」のように $name と $age プロパティの初期値を引数で渡すならば、引数として受けた値をそれぞれのプロパティに設定しなければなりません。そこでコンストラクタをもった Staff クラスは次のように書くことができます。

php コンストラクタが定義してある Staff クラス

«sample» class_Staff_construct.php

```
<?php
// Staff クラスを定義する
class Staff {
  // インスタンスプロパティ
  public string $name;
  public int $age;

  // コンストラクタ
  function __construct(string $name, int $age){
    // プロパティに初期値を設定する
    $this->name = $name;
    $this->age = $age;
  }

  // インスタンスメソッド
  public function hello() {
    if (is_null($this->name)) {
      echo " こんにちは！ " . PHP_EOL ;
    } else {
      echo " こんにちは、{$this->name} です！ " . PHP_EOL ;
    }
  }
}
?>
```

コンストラクタを追加します

それでは、新しい Staff クラスを使ってインスタンスを作って試してみましょう。インスタンスを作る際にプロパティの値を渡しているので、あとから設定する必要がありません。

php Staff クラスのインスタンスを作る

«sample» class_Staff_construct.php

```
<?php
  // Staff クラスのインスタンスを作る
  $hana = new Staff(name:" 花 ", age:21);
  $taro = new Staff(name:"" 太郎 ", age:35);
  // メソッドを実行する
  $hana->hello();
  $taro->hello();
?>
```

出力

```
こんにちは、花です！
こんにちは、太郎です！
```

コンストラクタ引数でプロパティ宣言と値の設定を行う php8

インスタンスプロパティの初期値をコンストラクタの引数で受けて設定することが多いことから、PHP8 からこの手続きを簡略して書くことができるようになりました。

__construct() の引数でプロパティ宣言を行うと、インスタンスを作成する際にコンストラクタが受け取った引数の値がそのままプロパティに代入されます。

書式 引数でプロパティ宣言と値の設定を行うコンストラクタ

```
function __construct(public プロパティ1 = 初期値, public プロパティ2 = 初期値, ...) {
    // インスタンス作成時に最初に実行したい処理
}
```

この書式を使うことで、先の class_Staff_construct.php のコードを次のように書くことができます。インスタンスプロパティの $name と $age の宣言（5～6行）が不要となり、コンストラクタで $this->name = $name のようにして $name と $age に初期値を代入する必要もありません（11～12行）。

php コンストラクタ引数でプロパティ宣言と値の設定も行う

«sample» class_Staff_construct_property.php

```
01: <?php
02: // Staff クラスを定義する
03: class Staff {
04:
05:   // コンストラクタ
06:   function __construct(public string $name, public int $age){
07:   }
08:
09:   // インスタンスメソッド
10:   public function hello() {
11:     if (is_null($this->name)) {
12:       echo "こんにちは！" . PHP_EOL;
13:     } else {
14:       echo "こんにちは、{$this->name}です！" . PHP_EOL;
15:     }
16:   }
17: }
18: ?>
```

インスタンスプロパティ宣言を兼ねています

引数の値がそのままプロパティに代入されます

クラス定義ファイルの作成とコードへの読み込み

これまでの例ではStaffクラス定義とStaffクラスを利用するコードを同じphpファイルに書いていました。具体的には次のように書いていました。

php クラス定義とクラスを利用するコードを同じファイルに書いている

«sample» class_Staff_construct_property.php

```
<?php
// Staff クラスを定義する
class Staff {

  // コンストラクタ
  function __construct(public string $name, public int $age){
  }

  // インスタンスメソッド
  public function hello() {
    if (is_null($this->name)) {
      echo "こんにちは！" . PHP_EOL ;
    } else {
      echo "こんにちは、{$this->name}です！" . PHP_EOL ;
    }
  }
}
?>

<!DOCTYPE html>
<html>
<head>
  <meta charset="utf-8">
  <title>コンストラクタがあるクラスを利用する</title>
</head>
<body>
<pre>
<?php
  // Staff クラスのインスタンスを作る
  $hana = new Staff(name:"花", age:21);
  $taro = new Staff(name:""太郎", age:35);
  // メソッドを実行する
  $hana->hello();
  $taro->hello();
?>
</pre>
</body>
</html>
```

Staffクラス

Staffクラスのインスタンスを作って
メソッドを実行します

クラス定義ファイルを作る

しかし、クラスを開発する上でも活用する上でも、クラスごとにファイルを作って保存するほうが合理的です。そして、利用するファイルで外部のクラスファイルを読み込んで使うようにします。クラス定義ファイルを作る場合は、1つのファイルに1つのクラスを定義するようにし、定義するクラスと同名のファイル名にすると管理がしやすくなります。たとえば、Staffクラス定義はStaff.phpに保存します。

また、PHP コードだけのクラスファイルではファイルの最後が終了タグ ?> で終わるので、終了タグを書かないようにします。これを間違えないために、?> を書かないことを明確に示すためにコメントアウトした状態にしておきます。

php Staff クラス定義ファイル

«sample» bar1/Staff.php

Staff クラスだけが書いてあるファイルとして保存します

```php
<?php
// Staff クラスを定義する
class Staff {

  // コンストラクタ
  function __construct(public string $name, public int $age){
  }

  // インスタンスメソッド
  public function hello() {
    if (is_null($this->name)) {
      echo "こんにちは！" . PHP_EOL ;
    } else {
      echo "こんにちは、{$this->name}です！" . PHP_EOL ;
    }
  }
}
// ?> ——— PHP コードだけのファイルでは、終了タグを書きません
```

クラス定義ファイルを読み込む

クラス定義ファイルを読み込んで利用するには、require_once() を使います。次のコードは、Staff.php と同じ階層に保存されている myBar.php のコードです。require_once("Staff.php") で Staff.php を読み込んで Staff クラスを利用しています。クラス定義ファイルの読み込みはファイルの先頭である必要はありませんが、インスタンスを作るよりも前に読み込む必要があります。

> **NOTE**
>
> **外部ファイルのコードを読み込むメソッド**
>
> 外部ファイルのコードを読み込むメソッドには、include、include_once、require、require_once があります。_once が付く include_once と require_once は、同じファイルを繰り返して読み込まない仕様です。両者の違いは読み込みエラーの対応です。include_once は警告だけで処理が続行しますが、require_once は Fatal エラーとなり処理が中断します。以上から、通常は require_once を使います。

php 同じ階層にある Staff.php を読み込んで Staff クラスを使う

«sample» bar1/myBar.php

```
<?php
  // Staff クラスファイルを読み込む
  require_once("Staff.php");
?>

<!DOCTYPE html>
<html>
<head>
  <meta charset="utf-8">
  <title>Staff クラスを読み込んで利用する </title>
</head>
<body>
<pre>
<?php
  // Staff クラスのインスタンスを作る
  $hana = new Staff(" 花 ", 21);
  $taro = new Staff(" 太郎 ", 35);
  // メソッドを実行する
  $hana->hello();
  $taro->hello();
?>
</pre>
</body>
</html>
```

Staff クラスが定義してあるファイルを読み込みます

読み込んだ Staff.php で定義してある Staff クラスを利用します

クラスプロパティとクラスメソッド

クラスには、インスタンスのプロパティとメソッドだけでなく、クラス自身のクラスプロパティとクラスメソッドを設定することができます。PHP では、これを static キーワードを利用して作るスタティックプロパティ（静的プロパティ）とスタティックメソッド（静的メソッド）で代替します。（スタティック変数☞ P.130）

書式 クラスプロパティとクラスメソッドがあるクラス定義

```
class クラス名 {
    // クラスプロパティ
    public static const 定数名 = 値 ;
    public static $変数名 ;

    // クラスメソッド
    public static function メソッド名 () {
    }
}
```

クラスの中からクラスメンバーにアクセスする

このクラスメンバーをクラス内で利用するには、「self::$ 変数名」あるいは「self:: メソッド名 ()」のように self:: を付けてアクセスします。

では、Staff クラスにクラスプロパティ $piggyBank とクラスメソッド deposit() を定義してみましょう。$piggyBank は貯金箱で、その貯金箱にお金を入れるメソッドが deposit() です。

deposit() では引数で受けた値 $yen を $piggyBank に加算します。$piggyBank には self::$piggyBank の式でアクセスします。

php クラスメンバーがある Staff クラス定義ファイル

«sample» bar2/Staff.php

```
<?php
// Staff クラスを定義する
class Staff {
  // クラスプロパティ
  public static $piggyBank = 0;
  // クラスメソッド
  public static function deposit(int $yen = 0) {
    self::$piggyBank += $yen;
  }

  // コンストラクタ
  function __construct(public string $name, public int $age){
  }

  // インスタンスメソッド
  public function hello() {
    if (is_null($this->name)) {
      echo "こんにちは！" . PHP_EOL ;
    } else {
      echo "こんにちは、{$this->name}です！" . PHP_EOL ;
    }
  }

  // 遅刻して罰金
  public function latePenalty(){
    echo "{$this->name}さんが遅刻して罰金を払いました。";
    // スタティックメソッドを実行
    self::deposit(1000);
  }
}
// ?>
```

クラスメンバーを定義します

クラスメソッドの中でクラスプロパティ $piggybank を使っています

インスタンスメソッドの中でクラスメソッド deposit() を利用しています

インスタンスメソッドからクラスメソッドを実行する

インスタンスメソッドの latePenalty() は、遅刻すると 1000 円罰金を支払うメソッドです。latePenalty() を実行するとクラスメソッドの deposit(1000) が実行されて、クラスプロパティ $piggyBank に 1000 が加算されます。つまり、遅刻したスタッフはスタッフ全員で共有している貯金箱に罰金を入れるわけです。インスタンスメンバーからクラスメンバーを利用する場合も同じように「self:: クラスメンバー」の式で self::deposit(1000) のように実行します。

> **NOTE**
>
> **クラスメンバーとインスタンスメンバー**
>
> プロパティとメソッドを合わせてメンバーと呼びます。したがって、クラスのプロパティとメソッドはクラスメンバー、インスタンスのプロパティとメソッドをインスタンスメンバーと呼びます。また、プロパティのことをメンバー変数、メソッドのことをメンバー関数と呼ぶこともあります。

クラスの外からクラスメンバーを利用する

ほかのクラスから利用する場合は「クラス名 :: クラスメンバー」でアクセスします。

次のコードではStaffクラスの外からStaffクラスの機能を利用しています。最初にStaff.phpを読み込み、次にStaff::deposit(100)のようにStaffクラスのクラスメンバーを直接指して実行しています。そして、クラスプロパティにStaff::$piggyBankでアクセスして預金した結果を調べます。

続いてインスタンス$hanaを作り、$hanaのインスタンスメソッドlatePenalty()を実行します。latePenalty()を実行すると1000円預金されるので、Staff::$piggyBankでアクセスして預金額をもう一度確認しています。

php Staffクラスをクラスの外から利用する

«sample» bar2/myBar.php

```
<?php
  // Staff クラスファイルを読み込む
  require_once("Staff.php");
?>

<!DOCTYPE html>
<html>
<head>
  <meta charset="utf-8">
  <title>Staff クラスメンバーを使う </title>
</head>
<body>
<pre>
<?php
// クラスメソッドを実行する
Staff::deposit(100);
Staff::deposit(150);
// クラスプロパティを確認する
echo Staff::$piggyBank, " 円になりました。" . PHP_EOL ;

// インスタンスを作る
$hana = new Staff(name:" 花 ", age:21);
// インスタンスメソッドを実行する
$hana->latePenalty();
// クラスプロパティを確認する
echo Staff::$piggyBank, " 円になりました。" . PHP_EOL ;
?>
</pre>
</body>
</html>
```

Staffクラスのクラスメソッドdeposit()を直接実行します

Staffクラスのクラスプロパティ$pippyBankの値を取り出します

遅刻して罰金

出力

```
250円になりました。 ―― クラスプロパティ $piggyBank を直接確認した結果
花さんが遅刻して罰金を払いました。
1250円になりました。 ―― インスタンス $hana で latePenalty() を実行した結果
```

アクセス修飾子

メンバーのアクセス権は、public、protected、private の３種類のアクセス修飾子で設定します。適切な使い分けには OOP に対する中級者レベルの理解が必要になる場面があります。

修飾子	アクセス権
public	どこからでもアクセスが可能
protected	定義したクラスと子クラスからアクセス可能
private	定義したクラス内のみでアクセスが可能

リードオンリーまたはライトオンリーのプロパティを作りたいといった場合に、protected や private のアクセス修飾子を利用してプロパティの読み書きを禁止に設定し、public なメソッドを介してアクセスできるようにするといった手法を使います。

NULL かもしれないオブジェクトのメンバを使う

オブジェクトのメンバ（プロパティ、メソッド）を使うとき、オブジェクトが NULL（小文字の null と同じです）かもしれないケースでは、オブジェクトが NULL かどうかを判定する必要があります。

たとえば、次の nextOrder() では array_shift() を使って配列 orderlist から先頭の値を取り出して $order に代入し、$order のメンバを利用しています（array_shift() ☞ P.211）。最初の２回は $order に値があったので内容が出力されましたが、３回目に取り出した $order が NULL だったので $order->getDate()、$order->items、$order->info がエラーになってしまいました。

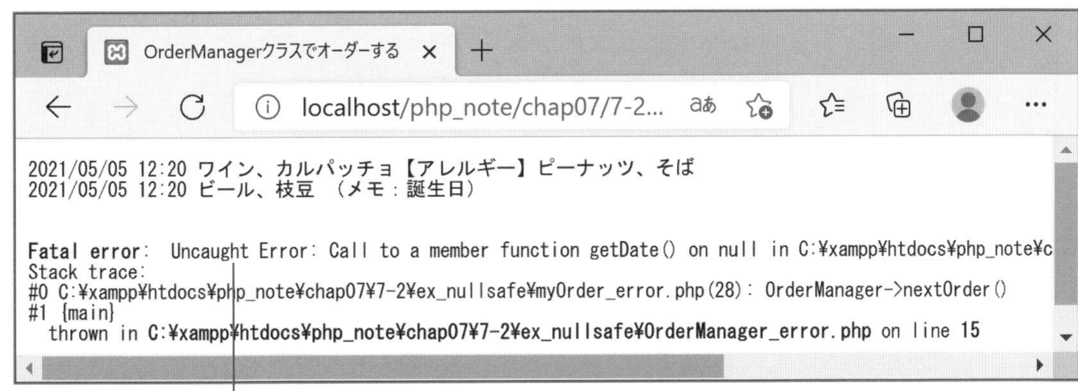

参照した $order が NULL だったのでエラーになりました

php 配列 orderlist から取り出した $order が NULL のときエラーになるコード

«sample» ex_nullsafe/OrderManager_error.php

```
    // 次のオーダーを取りだしてストリングで返す
    public function nextOrder():string {
      // 先頭のオーダーを取りだして $orderlist から取り除く
      $order = array_shift($this->orderlist);
      $date = $order->getDate();
      $items = $order->items;
      // 配列からストリングを作る、項目名を付ける
      $items = ($items != null) ? implode("、", $items) : "";
      // 戻り値のストリングを作る
      $orderdata = "{$date} {$items}";

      // info オブジェクトの情報を取り出す
      $info = $order->info;
      $allergys = $info->allergys;
      $memo = $info->memo;
      // 配列からストリングを作る、項目名を付ける
      $allergys = ($allergys != null) ? ("【アレルギー】".implode("、", $allergys)) : "";
      $memo = ($memo != null) ? "（メモ：{$memo}）" : "";
      // 戻り値のストリングに追加する
      $orderdata = $orderdata . "{$allergys} {$memo}";

      return $orderdata;
    }
```

$order が NULL だとエラーになります

$order または $info が NULL だとエラーになります

if 文で NULL チェックをしてエラーを回避する

そこで、次のコードでは $order が NULL かどうかを if 文でチェックすることでエラーを回避しています。さらに $order が NULL でなくても $order->info が NULL だと $info->allergys と $info->memo がエラーになるのでこれも if 文でチェックしています。

なお、最終的に $items、$allergys、$memo に取り出した値をストリングにして戻り値の $orderdata に代入するために、変数が NULL だった場合は空白ストリングの "" を変数に代入する式では三項演算子 ?: を使っています（三項演算子 ?: ☞ P.79）。implode() は配列の要素をストリングに連結する関数です（☞ P.207）。

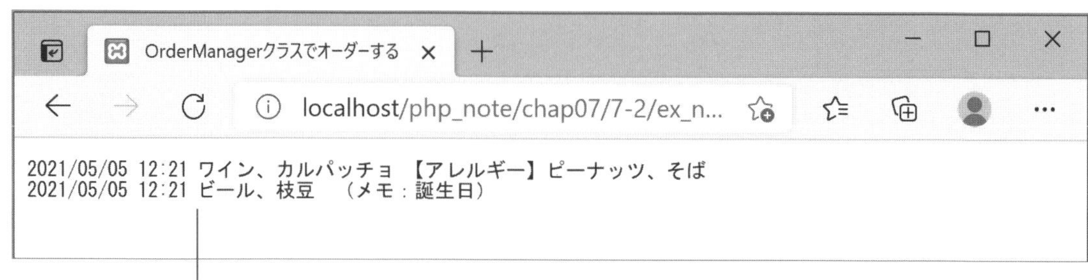

$order が NULL の場合のエラーを if 文で回避しています

php $order と $order->info が NULL かどうかを if 文でチェックしてエラーを回避するコード

«sample» ex_nullsafe/OrderManager_if.php

```
    // 次のオーダーを取りだしてストリングで返す
    public function nextOrder():string {
      // 先頭のオーダーを取りだして $orderlist から取り除く
      $order = array_shift($this->orderlist);

      // オーダーの情報を取り出す
      if ($order == null){
        return "";  // 中断する
      }
      $date = $order->getDate();
      $items = $order->items;
      // 配列からストリングを作る
      $items = ($items != null) ? implode("、", $items) : "";
      // 戻り値のストリングを作る
      $orderdata = "{$date} {$items}";

      // info オブジェクトの情報を取り出す
      $info = $order->info;
      if ($info != null){
        $allergys = $info->allergys;
        $memo = $info->memo;
        // 配列からストリングを作る、項目名を付ける
        $allergys = ($allergys != null) ? ("【アレルギー】".implode("、", $allergys)) : "";
         $memo=  ($memo != null) ? "（メモ：{$memo}）" : "";
        // 戻り値のストリングに追加する
        $orderdata = $orderdata . "{$allergys} {$memo}";
      }

      return $orderdata;
    }
  }
```

$order が NULL かどうか if 文でチェックして、NULL の場合は処理を中断します

$info が NULL かどうか if 文でチェックします

nullsafe 演算子 ? を使ってエラーを回避する php8

このようにオブジェクトのメンバを参照する場合はオブジェクトの NULL チェックが欠かせませんが、PHP 8 では nullsafe 演算子 ? を使うことでエラーを回避できるようになりました。

次の2行は後述するサンプルで ? 演算子を使っている例ですが(☞ P.268)、このようにオブジェクトのメソッドやプロパティを参照する式でオブジェクトに付けて使います。以下の式では $order が NULL でなければ通常通りに $date には getDate() の実行結果、$items には items プロパティの値が代入されます。一方、$order が NULL だった場合はエラーにならずに $date、$items ともに NULL が代入されます。

php nullsafe 演算子 ? を使って $order が NULL だった場合のエラーを回避する

«sample» ex_nullsafe/OrderManager.php

```
      $date = $order?->getDate();
      $items = $order?->items;
```

nullsafe演算子？を連結して利用する

さらに次のように式を連結することもできます。この場合も$orderがNULLならばそこで式が終わって$allergys、$memoにはNULLが代入されますが、$orderがNULLではないときは$orderのinfoプロパティが求められます。続けてinfo?->allergys、info?->memoをそれぞれ実行することになります。infoがNULLでなければallergysプロパティとmemoプロパティの値がそれぞれの$allergys、$memoの変数に代入されますが、infoがNULLだった場合はエラーにならずにNULLが代入されます。

php　nullsafe演算子？を連結して利用する

«sample» ex_nullsafe/OrderManager.php

```
        $allergys = $order?->info?->allergys;
        $memo = $order?->info?->memo;
```

料理のオーダーの追加と表示を行う　myOrder.php

それではnullsafe演算子？を使ったサンプルの全体の概要を説明しましょう。このサンプルではOrderManager.phpとmyOrder.phpの2つのファイルを使います。OrderManager.phpにはOrderManagerクラス、Orderクラス、Infoクラスが定義してあります。myOrder.phpはOrderManager.phpで定義されているOrderManagerクラスを利用して料理の注文の追加と取り出しを実行し、その結果をWebページに表示するコードが書いてあります。

先に料理のオーダーの追加と表示を行うmyOrder.phpのコードから見ておきましょう。OrderManager.phpには複数のクラスが定義されていますが、myOrder.phpから直接使うのはOrderManagerクラスです。

料理をオーダーする

OrderManagerクラスのインスタンス$theOrderを作り、$theOrderに対してaddOrder()を実行すると料理のオーダーができます。オーダーでは複数の料理に加えて、アレルギー、メモの情報を付けて注文できます。料理は1個ではなく、複数の料理を引数itemsで配列で指定できます。アレルギーも配列で引数allergysに指定します。メモはストリングで引数memoで指定します。allergysとmemoは省略することができます。

php　オーダーを2つ追加する

«sample» ex_nullsafe/myOrder.php

```
$theOrder->addOrder(items:["ワイン", "カルパッチョ"], allergys:["ピーナッツ", "そば"]);
$theOrder->addOrder(items:["ビール", "枝豆"], memo:"誕生日");
```

先に追加したオーダーから取り出して表示する

$theOrderに対してnextOrder()を実行すると最初に追加したオーダーから順に取り出されます。取り出された結果はeho()でそのまま表示できます。サンプルではこれを続けて3回実行しています。オーダーは2個なので3回目の実行ではNULLエラーになるケースですが、？演算子の利用でエラーは回避されます。

php オーダーを取り出して表示する

«sample» ex_nullsafe/myOrder.php

```
$orderstring = $theOrder->nextOrder();
echo($orderstring.PHP_EOL);
```


myOrder.php の全体のコード

myOrder.php の全体のコードは次のとおりです。最初に require_once("OrderManager.php") を実行して、OrderManager クラスが定義してあるクラスファイルを読み込んでおきます。

php OrderManager クラスを使って注文を行う myOrder.php の全体のコード

«sample» ex_nullsafe/myOrder.php

```
<?php
  // クラスファイルを読み込む
  require_once("OrderManager.php");
?>

<!DOCTYPE html>
<html>
<head>
  <meta charset="utf-8">
  <title>OrderManager クラスでオーダーする </title>
</head>
<body>
<pre>
<?php
// OrderManager クラスのインスタンスを作る
$theOrder = new OrderManager();
// オーダーを２つ追加する
$theOrder->addOrder(items:[" ワイン ", " カルパッチョ "], allergys:[" ピーナッツ ", " そば "]);
$theOrder->addOrder(items:[" ビール ", " 枝豆 "], memo:" 誕生日 ");

// 最初のオーダーを取り出して表示する
$orderstring = $theOrder->nextOrder();
echo($orderstring.PHP_EOL);
// 次のオーダーを取り出して表示する
$orderstring = $theOrder->nextOrder();
echo($orderstring.PHP_EOL);
// 次のオーダーを取り出して表示する（3つ目は空です）
$orderstring = $theOrder->nextOrder();
echo($orderstring.PHP_EOL);
?>
</pre>
</body>
</html>
```

オーダーを2つ追加します

オーダーを1個ずつ取り出して表示する操作を3回続けます

追加したオーダーは2個なので、3回目は取り出すオーダーがありません

出力

```
2021/05/05 12:27 ワイン、カルパッチョ 【アレルギー】ピーナッツ、そば
2021/05/05 12:27 ビール、枝豆 （メモ：誕生日）
```

$order が NULL の場合のエラーを nullsafe 演算子？で回避しています

nullsafe 演算子？を利用している OrderManager クラス　php8

OrderManager クラスにはオーダーを追加する addOrder()、次のオーダーを取り出す nextOrder() があり、配列の $orderlis プロパティにオーダー内容の Order オブジェクトを入れています。

先にも説明したように nextOrder() で nullsafe 演算子？を使っています。if 文で NULL チェックをしてエラーを回避する nextOrder() と比較すると行数も少なく、構造もわかりやすくなっています（if 文でエラーを回避 ☞ P.264）。

php　Order オブジェクトの作成と追加、取り出しを行う OrderManager クラス

«sample» ex_nullsafe/OrderManager.php

```
<?php
class OrderManager {
  private array $orderlist = [];

  // オーダーを追加する
  public function addOrder(array $items, array $allergys=[], string $memo=""):void {
    // Order オブジェクトを作って配列 $orderlist に追加する
    $this->orderlist[] = new Order($items, $allergys, $memo);
  }

  // 次のオーダーを取りだしてストリングで返す
  public function nextOrder():string {
    // 先頭のオーダーを取りだして $orderlist から取り除く
    $order = array_shift($this->orderlist);

    // オーダーの情報を取り出す
    $date = $order?->getDate();
    $items = $order?->items;
    $allergys = $order?->info?->allergys;
    $memo = $order?->info?->memo;

    // 配列からストリングを作る、項目名を付ける
    $items = ($items != null) ? implode("、", $items) : "";
    $allergys = ($allergys != null) ? ("【アレルギー】".implode("、", $allergys)) : "";
    $memo = ($memo != null) ? "（メモ：{$memo}）" : "";

    // 戻り値のストリングを作る
    $orderdata = "{$date} {$items} {$allergys} {$memo}";

    return $orderdata;
  }
}
```

nullsafe 演算子？を使って NULL エラーを回避します

オーダーのオブジェクトを作る Order クラスと Info クラス

オーダーのオブジェクトは Order クラスで作ります。注文された料理の配列はコンストラクタでプロパティ宣言している $items に設定されます。アレルギーとメモの内容は引数の $allergys と $memo で受けた後、どちらかに値があれば Info オブジェクトを作って $info プロパティに設定します。$date プロパティにはオーダーを受けた時点の DateTime オブジェクトが設定されます。$date プロパティの値はアクセス権が private で外部から参照できませんが、public な getDate() を使って日付フォーマットされたストリングで取り出せるようにしてあります（アクセス権 ☞ P.263）。

php オーダーを作る Order クラス

«sample» ex_nullsafe/OrderManager.php

```
// オーダーを作る Order クラス
class Order {
  private DateTime $date;
  public Info|null $info = null;

  function __construct(public array $items, array $allergys, string $memo) {
    // オーダーの作成日時
    $this->date = new DateTime();
    // アレルギーかメモがある場合だけ info に Info オブジェクトを設定する
    if (($allergys !=[]) || ($memo != "")){
      $this->info = new Info($allergys, $memo);
    }
  }

 // 日付オブジェクトを日付のストリングで返す
  public function getDate():string {
    return $this->date->format("Y/m/d H:i");
  }
}
```

外部から直接読み書きできないようにします

$nfo プロパティに Info オブジェクトを設定します。

直接アクセスできない $date の値を日付フォーマットしたストリングで取り出せる関数を用意します

アレルギーとメモを保管する Info クラス

Order オブジェクトの info プロパティに設定される Info オブジェクトは Info クラスで作ります。配列の $allergys プロパティとストリングの $memo があり、コンストラクタでプロパティ宣言されています。どちらも初期値が設定してあるので省略が可能です。

php $allergys と $memo のプロパティがある Info クラス

«sample» ex_nullsafe/OrderManager.php

```
// Info オブジェクトを作るクラス
class Info {
  function __construct(public array $allergys=[], public string $memo="") {
  }
}
// ?>
```

Section 7-3

クラスの継承

この節ではクラス継承の定義とその使い方を具体的に示します。クラス継承では、親クラスの機能をそのまま利用するだけでなく、上書きして変更することもできます。このオーバーライドと呼ばれる機能を積極的に使うために、親クラスのメソッドを直接指し示すことができたり、逆にオーバーライドを禁止したりすることもできます。

クラスを継承する

クラスの継承とは、既存のクラスを拡張するように自身のクラスを定義する方法です。クラス A をもとにクラス B を作りたいとき、クラス A を継承して追加変更したい機能だけをクラス B で定義します。ベースになるクラス A のコードを改変せずに拡張するので、拡張による影響がクラス A には及ばないというメリットがあります。

クラスの継承には extends キーワードを使います。クラス A を継承してクラス B を作る場合、クラス A が親クラス、クラス B が子クラスという関係になります。

書式 クラスの継承

```
class 子クラス extends 親クラス {
}
```

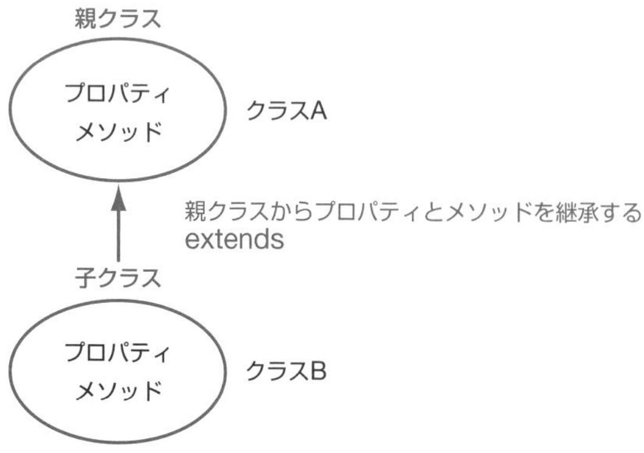

親クラスの Player クラス

では実際にクラス継承を簡単な例で試してみましょう。まず、親クラスとなる Player クラスを用意します。Player クラスには $name プロパティ、コンストラクタ、マジックメソッドの __toString()、そして who() メソッドが定義してあります。

php 親クラスにする Player クラス

«sample» ex_Player_Soccer/Player.php

```
<?php
// Player クラスを定義する
class Player {

  // コンストラクタ
  function __construct(public string $name = '名無し'){
  }

  // ストリングにキャストされたとき返す文字列
  public function __toString() {
    return $this->name;
  }

  // インスタンスメソッド
  public function who() {
    echo "{$this->name} です。" . PHP_EOL ;
  }
}
// ?>
```

引数でプロパティの宣言を兼ねます（☞ P.257）

マジックメソッドの定義

子クラスの Soccer クラス

次に Player クラスの子クラスとなる Soccer クラスを作ります。Soccer クラスは Player クラスを継承するので、最初に Player クラスを定義している Player.php ファイルを読み込みます。

次に「class Soccer extends Player」のように Player クラスを親クラスに指定して Soccer クラスを定義します。Soccer クラスには play() メソッドを定義しています。play() メソッドでは親クラスの Player クラスでプロパティ宣言されていて Soccer クラスでは宣言していない $name プロパティを自身のインスタンスプロパティのように {$this->name} の式で参照している点に注目してください。

php Player クラスを継承する子クラスの Soccer クラス

«sample» ex_Player_Soccer/Soccer.php

```
<?php
// Player クラス定義ファイルを読み込む
require_once("Player.php");
// Soccer クラスを定義する
class Soccer extends Player {
  // インスタンスメソッド
  public function play() {
    echo "{$this->name} がシュート！" . PHP_EOL ;
  }
}
// ?>
```

Player クラスを継承します

親の Player クラスで宣言されている $name プロパティ

Soccerクラスのインスタンスを作って利用する

では、子クラスのSoccerクラスを使って継承の機能を確かめてみます。次のコードを使ってSoccerクラスのインスタンスを作ります。

php Soccerクラスのインスタンスを作って試すコード

«sample» ex_Player_Soccer/myGame.php

```
<?php
  // クラスファイルを読み込む
  require_once("Soccer.php");
?>

<!DOCTYPE html>
<html>
<head>
  <meta charset="utf-8">
  <title>Soccerクラスを利用する</title>
</head>
<body>
<pre>
<?php
  // Soccerクラスのインスタンスを作る
  $player1 = new Soccer("シンジ");
  // 親クラスのメソッドを試す
  $player1->who();
  // 子クラスのメソッドを試す
  $player1->play();
?>
<!-- マジックメソッドを試す -->
<?php
  // Soccerクラスのインスタンスを作る
  $player2 = new Soccer("つばさ");
  // __toString()メソッドを試す
  echo "{$player2}";
?>
</pre>
</body>
</html>
```

who()は親クラスのPlayerクラスで定義してあります

マジックメソッドの__toString()で文字列にキャストされます

クラスファイルを読み込む

まず最初にSoccer.phpファイル（☞ P.271）を読み込んでおきます。

php Soccer.phpファイルを読み込んでおく

«sample» ex_Player_Soccer/myGame.php

```
  // クラスファイルを読み込む
  require_once("Soccer.php");
```

子クラス（Soccerクラス）のインスタンスを作る

次にSoccerクラスのインスタンスをnew Soccer("シンジ")のように作ります。Soccerクラスにはコンストラクタがないので、"シンジ"は親クラスのPlayerクラスのコンストラクタにそのまま渡され、$nameプロパティに設定されます（Playerクラス☞ P.271）。

php 親クラスのコンストラクタに名前を渡す

«sample» ex_Player_Soccer/myGame.php

```
    // Soccer クラスのインスタンスを作る
    $player1 = new Soccer(" シンジ ");
```

Player クラスのコンストラクタに渡されます

親クラスのメソッドと子クラスのメソッドを試す

次に親クラスのメソッド who() と子クラスのメソッド play() を試してみます。メソッドを呼び出す式を見たとき、どちらも $player1-> メソッド () の式なので、式を見ただけでは親クラスのメソッドなのか子クラスのメソッドなのかを区別することはできません。どちらもインスタンスのメソッドとして同じように利用できています。

php 親クラスのメソッドと子クラスのメソッドを試す

«sample» ex_Player_Soccer/myGame.php

```
    // 親クラスのメソッドを試す
    $player1->who();
    // 子クラスのメソッドを試す
    $player1->play();
```

親クラスの Player クラスで定義してある who() が実行されます

出力

```
シンジです。
シンジがシュート！
```

マジックメソッド　__toString() を試す

Player クラスには __toString() というメソッドが定義されています。これはマジックメソッドと呼ばれる特殊なメソッドの 1 つで、インスタンスがストリングにキャストされたときに返す文字列を定義できます。Player クラスでは $name プロパティの値を返しています。

php ストリングにキャストされたとき返す文字列

«sample» ex_Player_Soccer/Player.php

```
    public function __toString() {
      return $this->name;
    }
```

マジックメソッドの __toString() で返す文字列を定義します

Soccer クラスは Player クラスを継承しているので、__toString() の機能も利用できます。インスタンス $player2 を作って、echo "{$player2}" で出力すると $name プロパティの値が表示されます。

php マジックメソッドを試す

«sample» ex_Player_Soccer/myGame.php

```
    // Soccer クラスのインスタンスを作る
    $player2 = new Soccer(" つばさ ");
    // __toString() メソッドを試す
    echo "{$player2}";
```

出力

```
つばさ
```

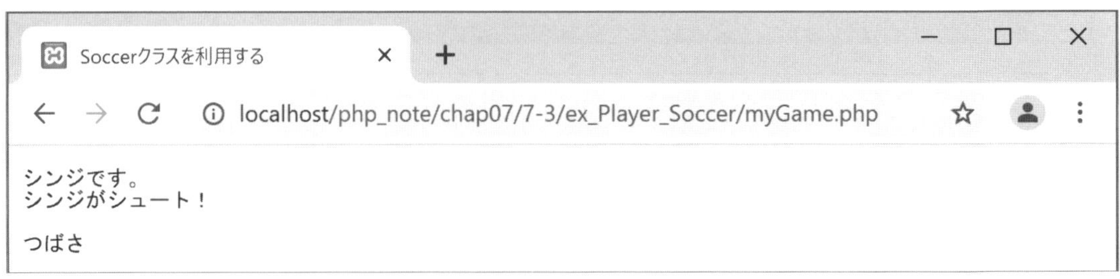

子クラスのコンストラクタから親クラスのコンストラクタを呼び出す

では、子クラスにコンストラクタが定義されているときにはどうなるでしょうか？　次の Runner クラスは Soccer クラスと同じように Player クラス（☞ P.271）を継承して作られていますが、年齢の $age プロパティが追加してあります。そして、この $age プロパティの初期値をインスタンス作成時に設定したいと思います。しかし、インスタンス作成時には $name プロパティの値も引数で受け取る必要があります。

つまり、インスタンスを作る際に new Runner(name:" 福士 ", age:23) のように名前と年齢の両方の値を受け取り、名前は親クラスの Player クラスのコンストラクタに送り、年齢は子クラスの Runner クラスのコンストラクタで処理できるようにしなければなりません。

そこで、次の Runner クラスのコンストラクタのように、子クラスのコンストラクタから親クラスのコンストラクタを parent::__construct($name) のように呼び出して値を渡します。これで、親クラスで $name の初期値が設定され、続いて子クラスの $age も初期化できます。

php Runner クラス

«sample» ex_Player_Run/Runner.php

```
<?php
// Player クラス定義ファイルを読み込む
require_once("Player.php");
// Runner クラスを定義する
class Runner extends Player {

  // コンストラクタ
  function __construct(string $name, public int $age){
    // 親クラスのコンストラクタを呼ぶ
    parent::__construct($name);
  }

  // インスタンスメソッド
  public function play() {
    echo "{$this->name} が走る！ " . PHP_EOL ;
  }
}
// ?>
```

Player クラスを継承しています

Runner クラスの $age プロパティの宣言

Player クラスのコンストラクタに $name を渡します

インスタンスを親クラスと子クラスのコンストラクタで初期化する

では実際に new Runner(name:" 福士 ", age:23) でインスタンス $runner1 を作り、print_r($runner1) で

出力して $runner1 の name プロパティと age プロパティの値を調べてみましょう。Runner クラスのコンストラクタから親クラスの Player クラスのコンストラクタに $name の値を渡せていれば、インスタンス $runner1 の name プロパティに値が設定されています。

php Runner クラスを試してみる

«sample» ex_Player_Run/myRace.php

```
<?php
  // クラスファイルを読み込む
  require_once("Runner.php");
?>

<?php
  // Runner クラスのインスタンスを作る
  $runner1 = new Runner(name:"福士", age:23);
  // インスタンスを確認する
  print_r($runner1);
?>
```

名前は親クラスの Player クラスのコンストラクタに渡されます

出力

```
Runner Object
(
    [age] => 23
    [name] => 福士
)
```

[age] => 23 ― 子クラスで定義しているプロパティ
[name] => 福士 ― 親クラスで定義しているプロパティ

親クラスのメソッドをオーバーライドして書き替える

クラス継承している親クラスのメソッドをそのまま使うのではなく、子クラスで同じ名前のメソッドを定義することで、親クラスの同名のメソッドを上書きすることができます。この手法をオーバーライドと呼びます。オーバーライドでは関数名だけでなく、引数も同じにします。アクセス権は同じかそれよりも緩くします（☞ P.263）。先の Runner クラスでは $age プロパティを追加しましたが、親クラスの Player クラスの who() メソッドでは $name プロパティのみを表示しています。

php Player クラスの who() メソッド

«sample» ex_Player_Run_who/Player.php

```
  // インスタンスメソッド
  public function who() {
    echo "{$this->name} です。" . PHP_EOL ;
  }
```

この who() を Runner クラスでオーバーライドして、年齢も表示する who() に変えたいと思います。

php who() をオーバーライドした Runner クラス

«sample» ex_Player_Run_who/Runner.php

```
<?php
// Player クラス定義ファイルを読み込む
require_once("Player.php");
// Runner クラスを定義する
class Runner extends Player {

```

Player クラスを継承しています

```
    // コンストラクタ
    function __construct(string $name, public int $age){
      // 親クラスのコンストラクタを呼ぶ
      parent::__construct($name);
    }

    // オーバーライドする
    public function who() {
      echo "{$this->name}、{$this->age}歳です。" . PHP_EOL ;
    }

    // インスタンスメソッド
    public function play() {
      echo "{$this->name}が走る！" . PHP_EOL ;
    }
  }
  // ?>
```

Playerクラスのwho()をオーバーライドしています

オーバーライドしたwho()を試す

それではRunnerクラスのインスタンスを作ってwho()メソッドを試してみましょう。次の myRace.phpを実行するとRunnerクラスでオーバーライドしたwho()が実行されて、ブラウザには「福士、23歳です。」のように名前だけでなく年齢も表示されます。

php Runnerクラスのインスタンスでオーバーライドしたwho()を試す

«sample» ex_Player_Run_who/myRace.php

```
<?php
  // クラスファイルを読み込む
  require_once("Runner.php");
?>

<!DOCTYPE html>
<html>
<head>
  <meta charset="utf-8">
  <title>Runnerクラスを利用する</title>
</head>
<body>
<?php
  // Runnerクラスのインスタンスを作る
  $runner1 = new Runner(name:"福士", age:23);
  // オーバーライドしたwho()を試す
  $runner1->who();
?>
</body>
</html>
```

Runnerクラスで定義したwho()が実行されます

出力

```
福士、23歳です。
```

> **NOTE**
>
> **継承の禁止、オーバーライドの禁止**
>
> final class ～のようにクラス定義にfinalキーワードを付けることで継承されないように制限できます。同様にfinal function ～のようにメソッド定義にfinalキーワードを付けることで、子クラスからのオーバーライドを禁止できます。

Section 7-4

トレイト

クラス継承では親クラスを1個しか指定できませんが、トレイトでは複数のトレイトを同時に指定してコードを活用することができます。この節ではトレイトの定義と利用について説明します。

トレイトを定義する

トレイトはtraitを使って定義します。extendsで指定したクラスを継承したトレイトを定義することもできます。トレイトもクラスファイルと同じように個別にファイル保存すると管理しやすくなります。

書式 トレイトの定義

```
trait トレイト名 {
    // トレイトのプロパティ
    // トレイトのメソッド
}
```

書式 親クラスを指定したトレイトの定義

```
trait トレイト名 extends 親クラス {
    // トレイトのプロパティ
    // トレイトのメソッド
}
```

DateTool トレイトを定義する

次の例ではDateToolトレイトを定義しています。DateToolトレイトには、ymdString()とaddYmdString()の2つの関数が定義してあります。ymdString()は引数で受け取ったDateTimeクラスの日付データを「2021年02月28日」といった年月日のストリングにして返します。addYmdString()は引数で受け取った日付の指定日数後の日付を年月日のストリングにして返します。

php 2つの関数があるDateToolトレイト

«sample» ex_trait/DateTool.php

```
<?php
// DateTool トレイトを定義する
trait DateTool {
  // DateTime を年月日の書式で返す
  public function ymdString(DateTime $date): string  {
    $dateString = $date->format('Y年m月d日'); ――― 年月日のストリングにします
    return $dateString;
  }
```

```
    // 指定日数後の年月日で返す
    public function addYmdString(DateTime $date, int $days): string{
      $date->add(new DateInterval("P{$days}D"));  ―― $date に $days 日数を加算した日付データにします
      return $this->ymdString($date);  ―― 年月日ストリングで返します
    }
  }
  // ?>
```

トレイトの使い方

トレイトを利用するには、use キーワードでトレイトを指定します。同時に複数のトレイトを指定して利用することができます。外部ファイルのトレイトを使う場合は、先に require_once() で読み込んでおいてください。

書式 トレイトを利用するクラス

```
class クラス名 {
    use トレイト名, トレイト名, ... ;
    // クラスのコード
}
```

DateTool トレイトを利用する Milk クラスを定義する

Milk クラスは、インスタンスの「作成日」と作成から 10 日後の「期限日」をプロパティの値として保管するクラスです。日付データから作成日と期限日を作る関数は DateTool トレイトで定義してある関数を利用します。

Milk クラスで DateTool トレイトを利用するためには、まず最初に require_once(DateTool.php) で読み込み、use DateTool で DateTool トレイトの利用を宣言します。

Milk クラスのコンストラクタでは、インスタンスが作られた日時のデータを作るために、DateTime クラスのインスタンス $now を作ります。$now には現在の日時データが入ります。これを DateTool トレイトで定義してある ymdString() を使って年月日のストリングにして $theDate に保存し、addYmdString() を使って 10 日後の年月日を求めて $limitDate に保存します。$this-> で指していることからもわかるように、どちらの関数も Milk クラスで定義してある関数のように使うことができます。

php DateTool トレイトを利用している Milk クラス

«sample» ex_trait/Milk.php

```
<?php
require_once("DateTool.php");
// Milk クラスを定義する
class Milk {
  // DateTool トレイトを使用する
  use DateTool;  ―― DateTool トレイトの利用を宣言します
  // プロパティ宣言
```

```
    public String $theDate;
    public String $limitDate;

    function __construct(){
      // 今日の日付
      $now = new DateTime();
      // 年月日に直して設定する
      $this->theDate = $this->ymdString($now);
      // 10 日後の日付
      $this->limitDate = $this->addYmdString($now, 10);
    }
  }
  // ?>
```

DateToolトレイトで定義してあるメソッドを自分のメソッドのように使います

10日後の日付を作ります

Milkクラスのインスタンスを作って確かめる

Milkクラスのインスタンス$myMilkを作って、2つのプロパティに値が設定されたかどうかを確かめてみます。$myMilk->theDateを見ると作った日付、$myMilk->limitDateを見るとその10日後の日付が入っています。

php Milkクラスのインスタンスを作ってプロパティを調べる

«sample» ex_trait/myMilkShop.php

```
<?php
  // Milk クラスファイルを読み込む
  require_once("Milk.php");
  // Milk クラスのインスタンスを作る
  $myMilk = new Milk();
  echo "作成日:", $myMilk->theDate;
  echo PHP_EOL;
  echo "期限日:", $myMilk->limitDate;
?>
```

出力

```
作成日:2021年02月28日 ——— インスタンスを作った日付
期限日:2021年03月10日 ——— 作成日の10日後
```

メソッドの衝突を解決する

複数のトレイトを使うと同じ名前でメソッドが定義されていることがあります。そのような場合にどのトレイトのメソッドを使うかを指定する方法があります。

同じ名前のメソッドがあるトレイト

まず、TaroToolトレイトとHanaToolトレイトを用意します。どちらにもhello()があって、名前が衝突しています。TaroToolトレイトには「今日は水曜日です。」のように今日の曜日を表示するweekday()も定義してあります。

php TaroTool トレイトを定義する

«sample» trait_insteadof/TaroTool.php

```
<?php
// TaroTool トレイトを定義する
trait TaroTool {
  public function hello() {   ——— TaroToolトレイトには hello() があります
    echo "ハロー！";
  }

  // 今日の曜日
  public function weekday() {
    $week = ["日", "月", "火", "水", "木", "金", "土"];
    $now = new DateTime();
    $w = (int)$now->format('w');   ——— $nowの曜日を番号（0～6）で返します
    $weekday = $week[$w];
    echo "今日は", $weekday, "曜日です。";
  }
}
// ?>
```

php HanaTool トレイトを定義する

«sample» trait_insteadof/HanaTool.php

```
<?php
// HanaTool トレイトを定義する
trait HanaTool {
  public function hello() {   ——— HanaToolトレイトにも hello() があります
    echo "ごきげんよう。";
  }
}
// ?>
```

insteadof キーワードを使って名前の衝突を避ける

名前の衝突を避けるにはinsteadofキーワードを使います。「A instead of B」は「Bの代わりにA」という意味なので、insteadofもそのように使います。

次のMyClassクラスはTaroToolトレイトとHanaToolトレイトを利用します。トレイトを指定するuse文では、TaroTool、HanaToolと2つのトレイトの指定に加えてブロック文が付いています。ブロック文ではHanaTool::hello insteadof TaroToolのようにTaroToolのhello()の代わりにHanaToolトレイトのhello()を使うことを宣言しています。

php 2つのトレイトを使う MyClass クラス

«sample» trait_insteadof/MyClass.php

```
<?php
require_once("TaroTool.php");
require_once("HanaTool.php");
// MyClass クラスを定義する
class MyClass {
  // 2つのトレイトを使用する
  use TaroTool, HanaTool {   ——— TaroToolとHanaToolの2つのトレイトの利用を宣言します
    HanaTool::hello insteadof TaroTool;
  }        └ TaroToolの代わりにHanaToolのhello()を使うことを宣言します
}
// ?>
```

では、実際にMyClassクラスのインスタンスを作り、どちらのhello()が利用されるかを確認してみましょう。次のように試してみると、「ハロー！」ではなく「ごきげんよう。」と表示されてHanaToolトレイトのhello()が実行されたことがわかります。また、weekday()の結果も表示されるのでTaroToolトレイトも利用できています。

Part 2 Chapter 2 Chapter 3 Chapter 4 Chapter 5 Chapter 6 Chapter 7

php MyClassクラスでどちらのhello()が使われるかを試す

«sample» trait_insteadof/myClassTest.php

```
<?php
  // MyClass クラスファイルを読み込む
  require_once("MyClass.php");
  // MyClass クラスのインスタンスを作る
  $myObj = new MyClass();
  $myObj->hello();  ——— hello()を実行します
  echo PHP_EOL;
  $myObj->weekday();
?>
```

出力

```
ごきげんよう。 ——— TaroToolではなくHanaToolのhello()が実行されています
今日は水曜日です。
```

メソッドに別名を付ける

このようにinsteadofを使うことでhello()はHanaToolトレイトで定義してあるものを使うことを指定できましたが、TaroToolトレイトのhello()も使いたいという場合もあるかもしれません。

そのような場合には、as演算子を使ってTaroToolトレイトのhello()にはtaroHello()のように別名を付けることで呼び出せるようにします。

次の例ではhello()はHanaToolトレイトのhello()を使うという指定に加えて、TaroToolトレイトのhello()にはtaroHello()、HanaToolトレイトのhello()にもhanaHello()の別名を付けています。

php 衝突しているメソッドに別名を付けて利用できるようにする

«sample» trait_as/MyClass.php

```
<?php
require_once("TaroTool.php");
require_once("HanaTool.php");
// MyClass クラスを定義する
class MyClass {
  // 2つのトレイトを使用する
  use TaroTool, HanaTool {
    TaroTool::hello as taroHello;  ——— 2つのhello()に別名を付けます
    HanaTool::hello as hanaHello;
    HanaTool::hello insteadof TaroTool;
  }
}      単にhello()が呼ばれたときはHanaToolのhello()を実行します
// ?>
```

この MyClass クラスを使って試してみると、それぞれのトレイトで定義してある hello() を taroHello トレイトは taroHello() で、HanaTool トレイトは hanaHello() で実行できることがわかります。

php MyClass クラスで別名を付けた hello() を試す

«sample» trait_as/myClassTest.php

```
<?php
  // MyClass クラスファイルを読み込む
  require_once("MyClass.php");
  // MyClass クラスのインスタンスを作る
  $myObj = new MyClass();
  $myObj->hello(); ――― HanaTool トレイトの hello() を実行します
  echo PHP_EOL;
  $myObj->taroHello(); ――― TaroTool トレイトの hello() を実行します
  echo PHP_EOL;
  $myObj->hanaHello(); ――― HanaTool トレイトの hello() を実行します
?>
```

出力

```
ごきげんよう。
ハロー！
ごきげんよう。
```

Section 7-5

インターフェース

このセクションではインターフェースについて簡単に解説します。インターフェースを効果的に使いこなすには中級者レベルの経験が必要になるかもしれませんが、コードの書き方を理解することは初心者にも難しくありません。

インターフェースとは

インターフェースはクラスで実装すべきメソッドを規格として定めるものです。たとえば、MyClass クラスが RedBook インターフェースを採用するならば、MyClass クラスは RedBook インターフェースで定められているメソッドを必ず実装しなければなりません。ただ、インターフェースではメソッドの機能については定めていないので、MyClass クラスがメソッドにどんな機能を実装するかについては関知しません。これは、モバイルバッテリーの「規格」に合っている製品ならば何でも充電でき、逆に充電する製品側はモバイルバッテリーがどのような仕組みなのかを知る必要がないという関係に似ています。

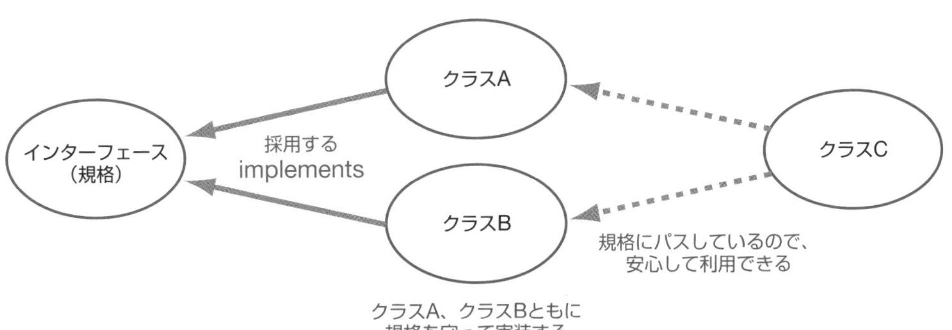

インターフェースを定義する

インターフェースではメソッドと定数を定義できます。メソッドは名前と引数の形式だけを定義し、機能の実装は行いません。引数と戻り値の型は省略することができますが、型が指定してある場合はクラスで実装する際には型も含めて守る必要があります。アクセス権は public のみが設定可能です。指定を省略すると初期値の public が適用されるので指定する必要はありません。

書式 インターフェースの定義

```
interface インターフェース名 {
    const 定数 = 値 ;
    function 関数名 ( 型 引数 , 型 引数 , ... ): 戻り値の型 ;
}
```

ほかのインターフェースを継承したインターフェースも作ることもできます。継承する親インターフェースを extends キーワードで指定します。

書式 ほかのインターフェースを継承したインターフェース

```
interface 子インターフェース名 extends 親インターフェース名 {
    const 定数 = 値 ;
    function 関数名 ( 型 引数 , 型 引数 , ... ) : 戻り値の型 ;
}
```

もっとも簡単な例として WorldRule インターフェースを作ってみます。WorldRule インターフェースでは、hello() メソッドの実装だけを指定しています。

php WorldRule インターフェース

«sample» ex_interface/WorldRule.php

```
<?php
interface WorldRule {
  function hello();
}
// ?>
```

WorldRule インターフェースの規格では、hello() を実装しなければなりません

インターフェースを採用する

インターフェースを採用するクラスでは、implements でインターフェースを指定します。継承と違って、複数のインターフェースを採用できます。

書式 インターフェースを採用するクラス

```
class クラス名 implements インターフェース名 , インターフェース名 , ... {
    // クラスのコード
}
```

もし、クラスの継承も行う場合は次の書式になります。

書式 インターフェースを採用するクラスに親クラスがある場合

```
class クラス名 extends 親クラス名 implements インターフェース名 , インターフェース名 , ... {
    // クラスのコード
}
```

先のWorldRuleインターフェースを採用するMyClassクラスは、implementsキーワードでWorldRuleを指定してクラス定義します。WorldRuleインターフェースで必ず実装しなければならないのはhello()です。ここではhello()が実行されたならば「こんにちは！」と表示するようにしています。

php WorldRuleインターフェースを採用しているMyClassクラス

«sample» ex_interface/MyClass.php

```
<?php
require_once("WorldRule.php");

class MyClass implements WorldRule {

  // WorldRuleインターフェースで指定されているメソッド
  public function hello(){
    echo "こんにちは！" . PHP_EOL ;
  }
  // MyClass独自のメソッド
  public function thanks(){
    echo "ありがとう" . PHP_EOL ;
  }
}
// ?>
```

WorldRuleインターフェースを採用します

WorldRuleインターフェースで指定されているhello()を実装します

GameBookインターフェースを作る

次の例では、GameBookインターフェースを作ります。GameBookインターフェースには、newGame()、play()、isAlive()の3つのメソッドが宣言してあります。newGame()には引数、isAlive()には戻り値の型が指定してあります（戻り値の型 ☞ P.113）。newGame()とplay()には戻り値があってもなくても構いません。

GameBookインターフェースで指示されているのは、「newGame()は持ち点$pointで新しいゲームを開始しなさい」、「play()でゲームを実行しなさい」、「isAlive()でゲームの結果がわかるようにtrue／falseで返しなさい」という3点です。

php GameBookインターフェース

«sample» gamebook/GameBook.php

```
<?php
interface GameBook {
  function newGame(int $point);
  function play();
  function isAlive():bool;
}
// ?>
```

newGame()には引数が1個あります

戻り値がbool型でなければなりません

GameBookインターフェースを採用したMyGameクラス

次のMyGameクラスでは、先のGameBookインターフェースを採用しています。したがって、インターフェースの指定に基づいて、newGame()、play()、isAlive()の3つのメソッドを実装しています。

まず、newGame()では引数で受けた値を$myPointプロパティに設定しています。play()ではゲームの内容を実装します。どのようなゲームかというと0～50の乱数$numを作り、$numが偶数ならばポイントつまり$myPointに$numを加算し、$numが奇数ならば$myPointから$numを引きます。$numが偶数か奇数かの判断は 余りを求める%演算子を使い $num%2 が 0 ならば2で割り切れるので偶数と判断します。isAlive()では現在のポイント$myPointが0より大きければtrue、0またはマイナスならばfalseを返しています。

php GameBookインターフェースを採用しているMyGameクラス

«sample» gamebook/MyGame.php

```
<?php
require_once("GameBook.php");

class MyGame implements GameBook { ――― GameBookインターフェースを採用します
  public int $hitPoint= 0;

  function __construct(int $coins = 1){
    $startPoint = 100 * $coins;  // 開始のポイントはコインの100倍
    $this->newGame($startPoint); // ゲーム開始 ――― インスタンスの作成と同時にゲームを開始します
  }

/* GameBookインターフェースで指定されているメソッド */
  // ニューゲーム
  public function newGame(int $point){ ――― インターフェースの指定に基づいて引数が1個です
    $this->myPoint = $point;
    echo "スタート：{$point}ポイント" . PHP_EOL ;
  }
  // ゲーム開始
  public function play(){
    $num = random_int(0,50);
    if ($num%2 == 0){  // 偶数の時
      echo "＋{$num}↑ " ;
      $this->myPoint += $num;
    } else {
      echo "ー{$num}↓ " ;
      $this->myPoint -= $num;
    }
    echo "現在{$this->myPoint}ポイント" . PHP_EOL ;
  }
  // 勝敗のチェック
  public function isAlive():bool{ ――― インターフェースの指定に基づいて戻り値の型を
    return ($this->myPoint > 0);       bool値にしています
  }
}
// ?>
```

MyGameクラスを試してみる

では、MyGameクラスのインスタンスを作ってゲームをしてみましょう。new MyGame(coins 3)のようにコイン3枚でインスタンスを作ると、newGame(300)が実行されて持ち点300からゲームが始まります。play()を実行する度に1回ゲームが行われるので、for文を使ってplay()を10回繰り返します。繰り返す度にisAlive()をチェックして、falseならば繰り返しをブレイクして抜けています。

php ゲームを試してみる

«sample» gamebook/playMyGame.php

```
<?php
  // MyGame クラスファイルを読み込む
  require_once("MyGame.php");
  // MyGame クラスのインスタンスを作る
  $myPlayer =  new MyGame(coins: 3);
  for ($i=0; $i<10; $i++){
    $kai = $i + 1;
    echo "{$kai} 回目 :";
    $myPlayer->play();
    if (! $myPlayer->isAlive()) {
      break;
    }
  }
  echo "ゲーム終了" . PHP_EOL;
?>
```

10 回プレイします

false になったら break します

出力

```
スタート：300 ポイント
1 回目 : − 93 ↓ 現在 207 ポイント
2 回目 : − 29 ↓ 現在 178 ポイント
3 回目 : ＋ 6 ↑現在 184 ポイント
4 回目 : − 73 ↓ 現在 111 ポイント
5 回目 : − 87 ↓ 現在 24 ポイント
6 回目 : ＋ 20 ↑現在 44 ポイント
7 回目 : − 45 ↓ 現在 -1 ポイント
ゲーム終了
```

1 回の play() でポイントが増減して現在ポイントが出ます

マイナスになるとゲーム終了です

Section 7-6

抽象クラス

この節では抽象クラスとその利用方法について簡単に説明します。抽象クラスは機能的にインターフェースと似ていますが、実装の方法からクラス継承の特殊なかたちと考えるとわかりやすいかもしれません。

抽象クラスを定義する

抽象クラスとは、抽象メソッドがあるクラスのことをいいます。抽象メソッドはメソッドの宣言だけで機能を実装していないメソッドで、抽象クラスを継承した子クラスで必ずオーバーライドして機能を実装しなければなりません。抽象メソッドにはpublic、protected、privateのアクセス権を指定することができます。

次の書式で示すように、抽象メソッドにはabstractキーワードを付けます。抽象メソッドを宣言したならば、クラス定義にもabstractキーワードを付けます。

書式 抽象クラス

```
abstract class 抽象クラス名 {
    abstract function 抽象メソッド名 ( 型 引数 , 型 引数 , ... ): 戻り値の型 ;
    // 抽象クラスの機能の実装
}
```

次のShopBizクラスは抽象メソッドthanks()をもった抽象クラスです。ShopBizクラスには、$uriageプロパティとsell()メソッドも実装されています。sell()メソッドでは、抽象メソッドのthanks()を実行していますが、thanks()は子クラスで実装することを前提にしているので、この時点ではthanks()がどのような実装になるのかは不明のまま実行しています。つまり、thanks()の機能は子クラスにまかせているわけです。これをOOPでは「委譲」と表現します。

php 抽象メソッドthanks()をもった抽象クラスShopBiz

«sample» ex_abstract/ShopBiz.php

```
<?php
abstract class ShopBiz {
  // 抽象メソッド
  abstract function thanks();
  // インスタンスメンバー
  protected $uriage = 0;
  protected function sell(int $price = 0){
    echo "{$price}円です。";
    $this->uriage += $price;

    // 子クラスで実装されるメソッドを呼び出す
    $this->thanks();
```

abstract function thanks(); —— 機能は定義しません。子クラスにまかせます（委譲）

$this->thanks(); —— 抽象メソッドのthanks()の機能は、ShowBizクラスの子クラスで実装します

```
    }
}
// ?>
```

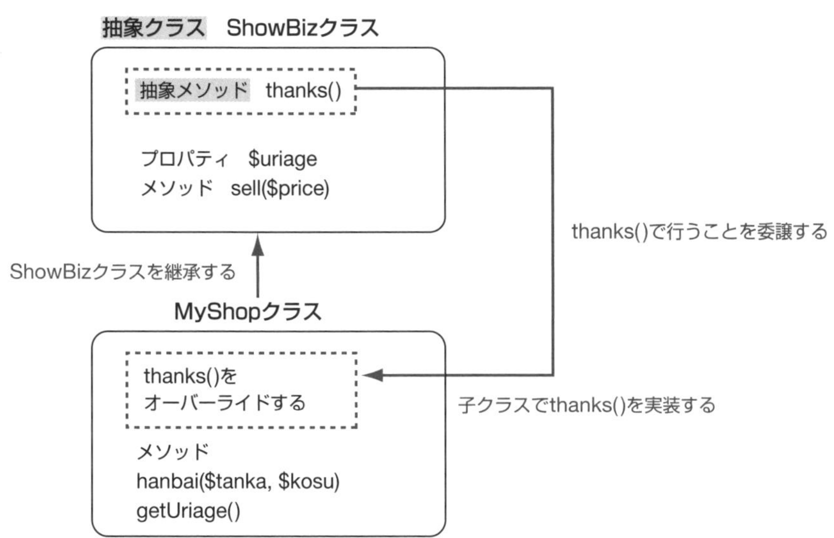

抽象クラスを継承して抽象メソッドを実装する

抽象クラスのインスタンスを直接作ることはできません。抽象クラスは必ず継承して使います。そして、抽象クラスを継承した子クラスでは抽象メソッドを必ずオーバーライドして機能を実装しなければなりません。抽象メソッドにアクセス権が設定されている場合には、子クラスでオーバーライドする場合には同じかそれよりも緩いアクセス権を設定しなければなりません（アクセス権 ☞ P.263）。

書式 抽象クラスを継承して抽象メソッドを実装する

```
class クラス名 extends 抽象クラス名 {
    function 抽象メソッド名 () {
        // メソッドをオーバーライドして機能を定義する
    }
    // 子クラスの機能の実装
}
```

ShopBiz 抽象クラスを継承する

次の MyShop クラスは先の ShopBiz 抽象クラスを継承しているクラスです。したがって、ShopBiz クラスで宣言されている抽象メソッドの thanks() をオーバーライドして実装しています。さらに hanbai() を定義し、その中で親クラスであるShopBizクラスのsell()を呼び出して使っています。

thanks()は「ありがとうございました。」と表示するだけですが、hanbai()では引数で受け取った単価と個数から金額$priceを求めて、継承しているsell($price)を実行しています。getUriage()では、ShopBizクラスのsell()で加算しているuriageプロパティの値を調べて表示します。

php ShopBizクラスを継承したMyShopクラス

«sample» ex_abstract/MyShop.php

```
<?php
require_once("ShopBiz.php");

class MyShop extends ShopBiz {
  // ShopBiz 抽象クラスで指定されている抽象メソッド
  public function thanks(){
    echo "ありがとうございました。" . PHP_EOL ;
  }

  // 販売する
  public function hanbai(int $tanka, int $kosu){
    $price = $tanka * $kosu;
    // ShopBiz 抽象クラスから継承しているメソッドを実行
    $this->sell($price);
  }
  // 売上合計を調べる
  public function getUriage(){
    echo "売上合計は、{$this->uriage}円です。";
  }
}
// ?>
```

ShowBizクラスを継承します
ShopBizクラスの抽象メソッドthanks()を実装します
ShowBizクラスのsell()の中でthanks()が実行されます
ShowBizクラスで定義されているプロパティです

MyShopクラスのインスタンスを作って試してみる

それではMyShopクラスのインスタンス$myObjを作って、hanbai()とgetUriage()を試してみましょう。$myObj->hanbai(tanka:240, kosu:3)を実行すると値段が計算されてsell()に渡され、「720円です。ありがとうございました。」と表示されます。「ありがとうございました。」は抽象メソッドthanks()をオーバーライドした結果です。$myObj->getUriage()を実行するとShowBizクラスから継承したプロパティ$uriageを参照して「売上合計は、1120円です。」のように表示されます。

php MyShopクラスのインスタンスを作って試す

«sample» ex_abstract/myShopTest.php

```
<?php
  // MyShop クラスファイルを読み込む
  require_once("MyShop.php");
  // MyShop クラスのインスタンスを作って試す
  $myObj = new MyShop();
  $myObj->hanbai(tanka:240, kosu:3);
  $myObj->hanbai(tanka:400, kosu:1);
  $myObj->getUriage();
?>
```

出力

```
720円です。ありがとうございました。
400円です。ありがとうございました。
売上合計は、1120円です。
```

ShowBizクラスの抽象メソッドthanks()に機能が実装されて使われています

Chapter 8

フォーム処理の基本

Web サービスを行う上でフォーム入力は欠かせない機能です。フォームは HTML で作りますが、ユーザからの入力データは PHP で処理します。フォームから送られてくる、GET リクエスト、POST リクエストのデータを安全に処理するために必要になる基本的な知識を説明します。

Section 8-1

HTTP の基礎知識

Web ページのフォームの入力処理を理解するには、Web サーバと Web ブラウザの間で行われるやり取り、すなわち HTTP（HyperText Transfer Protocol）について知っておくことが大事です。この節では HTTP の基本を簡単に説明します。

HTTP リクエストと HTTP レスポンス

Web ページを開いたりフォーム入力を行ったりすると、Web サーバと Web ブラウザの間でデータのやりとりが行われます。このやりとりは、HTTP という仕様（プロトコル）に基づいて行われます。

Web ブラウザは、ブラウザの情報やフォーム入力データなどのデータのヘッダを添えて、開きたい Web ページのアドレスを Web サーバに要求します。この要求を「リクエスト」といいます。

Web ページからの要求を受けた Web サーバは、サーバ情報や処理結果を示すエラーコードやメッセージのヘッダを添えて、Web ページのコンテンツを回答します。この回答を「レスポンス」といいます。

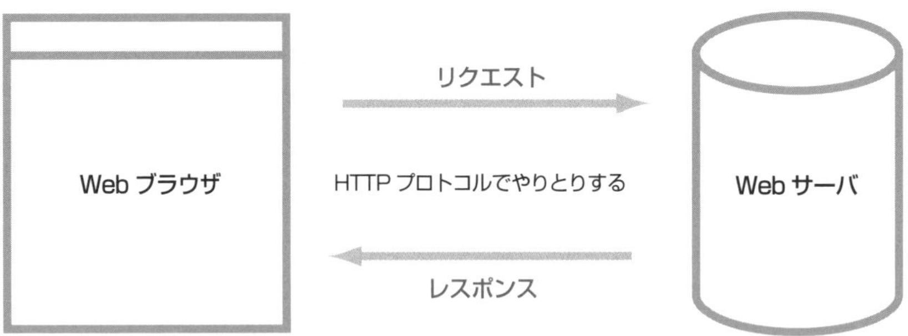

このやり取りの内容は Web ブラウザの開発ツール機能などで確認することができます。Windows 10 の Microsoft Edge の場合は、その他のツール＞開発者ツールの「ネットワーク」の「ヘッダー」にリクエストとレスポンスの内容が表示されます。たとえば、「ハローワールド」と表示するだけの helloWorld.html を開いた場合を見てみましょう。

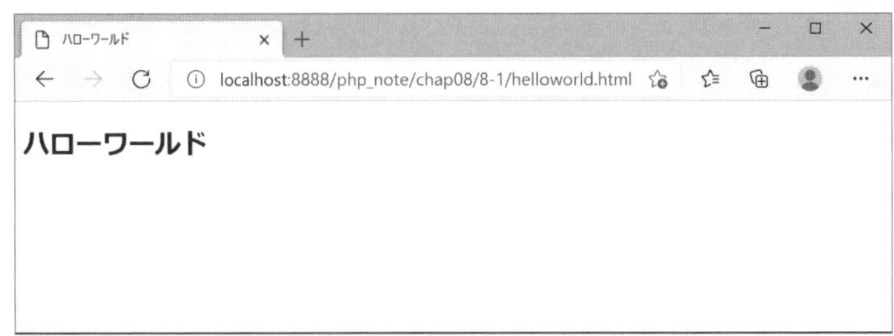

Windows 10 の Microsoft Edge で「その他のツール」>「開発者ツール」を選択する

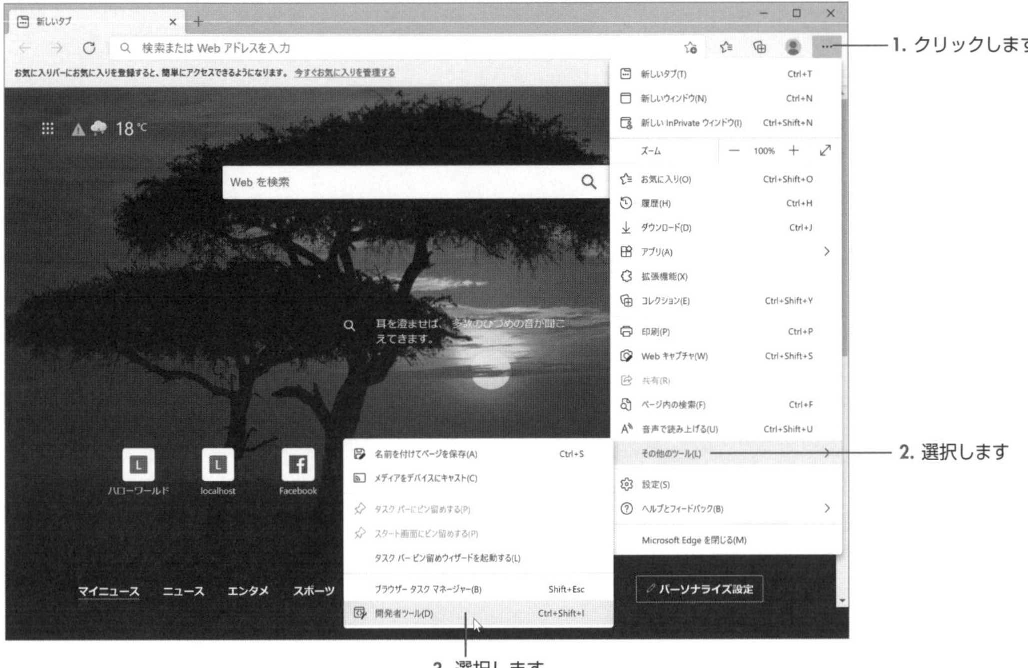

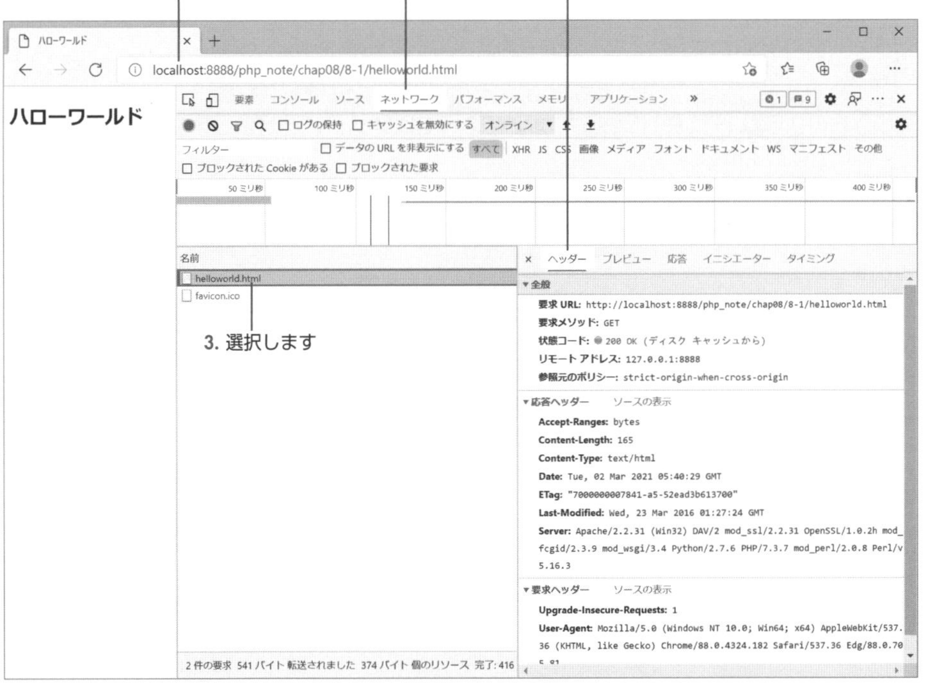

macOS の Safari の場合は開発メニューの Web インスペクタの「リソース」にリクエストとレスポンスのヘッダの一内容が表示されます。

macOS の Safari の Web インスペクタ

リクエストの内容

リクエストの先頭は次のような HTTP メソッドです。この行ではメソッドとドキュメントの URL、そしてプロトコルのバージョンを送っています。

GET /index.html HTTP/1.1

HTTP メソッド

先の開発ツールの図では、メソッドはリクエストの「要求メソッド」、「メソッド」の項目に GET と表示されています。HTTP メソッドでもっとよく用いられるのが GET と POST です。Web ブラウザのアドレスバーに URL を入力して Web ページを表示する場合にも GET でリクエストされます。

Windows 10のMicrosoft Edgeの開発ツール

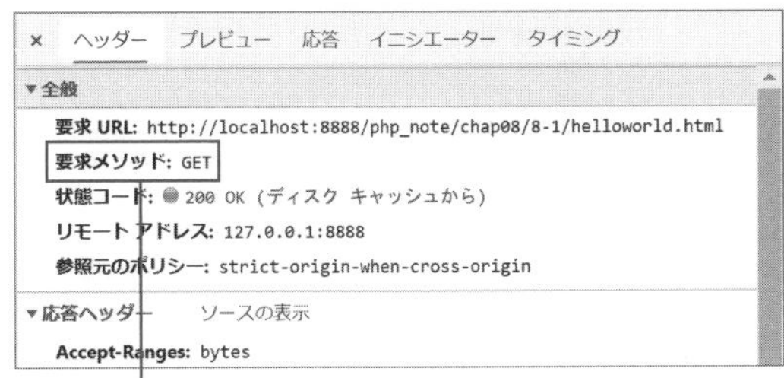

要求メソッド：GET

macOSのSafariのWebインスペクタ

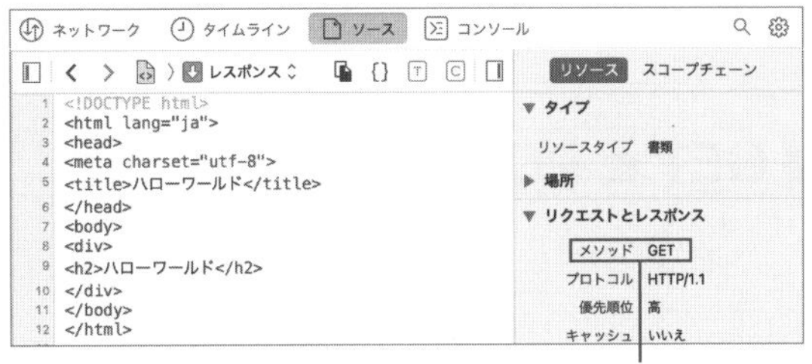

メソッド GET

また、ボタンやフォーム入力のHTMLで次のようなコードを目にしたことがあると思います。ここでは、method属性でPOSTが指定されています。

```
<form method="POST" action="entry.php">
```

リクエストには、この後にUser-Agent、Acceptが続きます。User-AgentはWebブラウザの情報、AcceptはMIMEタイプの指定です。

レスポンスの内容

Webサーバからのレスポンスの最初の1行は次に示すようなHTTPステータスです。この行ではプロトコルのバージョンに続いて、処理結果のコードとメッセージが書いてあります。コードの200番台は成功、300番台はリダイレクト、400番台はクライアントエラー、500番台はサーバエラーを示します。

HTTP/1.1 200 OK ——— HTTPステータス

レスポンスには、この後にDate、Server、Content-Type、Content-Lengthが続きます。Serverは、Webサーバのソフトウエア情報です。

スーパーグローバル変数

PHPではWebサーバへのリクエストの情報、つまり、フォーム入力やクッキーの値、アップロードファイルの情報、サーバ側の環境変数、セッションの情報などを参照したり操作したりするためのスーパーグローバル変数をもっています。スーパーグローバル変数はどこからでも参照できる配列です。詳しくは改めて説明しますが、まとめると次のような配列があります。

変数名	内容
$_GET	GETリクエスト（クエリ情報）のパラメータ。パラメータ名が配列のキーになる。
$_POST	POSTリクエストのパラメータ。パラメータ名が配列のキーになる。
$_COOKIE	クッキーの値。クッキーの名前が配列のキーになる。
$_SESSION	セッション変数。
$_FILES	アップロードされたファイルの情報。
$_SERVER	Webサーバに関する情報。
$_ENV	サーバ側の環境変数。環境変数名が配列のキーになる。

上記以外に$_REQUESTがあります。これは$_GET、$_POST、$_COOKIEをまとめた配列ですが、同名のキーが上書きされるといった理由から利用しない方がよいとされています。

GETとPOSTの違い

Webブラウザから Webサーバへデータを送るHTTPメソッドでよく利用されるのがGETとPOSTです。GETとPOSTの違いは大きく3つあります。

1. GETはリクエストをURLに付けるのでブックマークできる

GETはパラメータをURL形式にエンコードしたクエリ情報（クエリ文字列）を作って送信します。URLのアドレスの後に?を付けて、キーと値のペアを続けた部分がクエリ文字列です。複数のパラメータがある場合は&でつなぎます。

書式　クエリ文字列

URL**?** キー 1**=** 値 **&** キー 2**=** 値 **&** キー 3**=** 値

次の図で示すURLにはクエリ文字列の「?goukei=2500&ninzu=3」が付いています。このクエリ文字列には、goukeiキーとninzuキーの2つのパラメータが含まれています。

パラメータ1　パラメータ2
http://localhost:8888/ … /warikan.php**?goukei=2500&ninzu=3**
URL　クエリ文字列

このリクエストの内容はWebブラウザのアドレスバーに表示されてしまうことから、これをブックマークできてしまいます。ブックマークを呼び出すとGETリクエストを実行した場合と同じ結果になります。これは場合によっては便利なこともありますが、本来は好ましくありません。

また、アドレスバーに表示されたリクエストをもとにして、パラメータの値を変更したリクエストを再発行するといったことも簡単にできます。

図で示すようにGETリクエストは<a>タグを使って簡単に送信することができます。なお、フォームを使ってGETリクエストを送信する方法は次節で説明します（☞ P.301）。

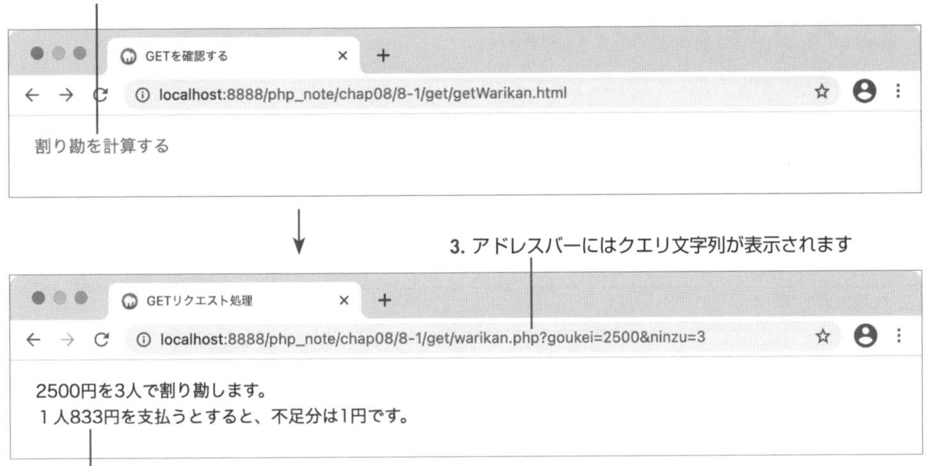

一方のPOSTはフォームのパラメータをURLに含めるのではなく、リクエストの本文に含めて送ります。したがって、GETのようにリクエスト内容を簡単に見られることがなく、ブックマークすることもできません。

Part 3 Chapter 8 Chapter 9 Chapter 10 Chapter 11

セキュリティ対策　機密保持には暗号化通信を使う

アドレスバーに表示されないので、POSTリクエストの内容が安全に保護されているということではありません。機密を保持した通信を行うには、SSLなどの暗号化通信を利用してください。

2. GETで送信できるデータサイズに制限がある

POSTのデータサイズは無制限であるのに対し、GETのクエリ情報には制限があります。利用するWebブラウザ、サーバによってデータサイズの制限は異なりますが、URLのアドレスとの合計サイズでの上限があります。データサイズの制限がない実行環境であっても、極端に長いURLは動作が遅くなってしまうことがあります。

3. GETのレスポンスはキャッシュされるがPOSTはキャッシュされない

GETリクエストに対するレスポンスはキャッシュされます。したがって、同じ内容のGETリクエストは毎回同じ結果になります。つまり、いつも内容が変化しないレスポンスを得たい場合のリクエストに向いています。GETで毎回最新のレスポンスを得たい場合には、パラメータに時刻を付けることで毎回のリクエストを変更するといったテクニックが利用されていることがあります。これに対してPOSTリクエストに対するレスポンスはキャッシュされません。したがって、掲示板やショッピングカートの内容を表示したいといった場合にはPOSTを使います。データベースの更新にGETを使ってはいけません。

Section 8-2

フォーム入力処理の基本

フォームにはテキストフィールドだけでなく、ラジオボタンやプルダウンメニューなど多くのタイプがありますが、基本的には同じように処理します。まずは簡単な例でフォーム処理の基本を見てみましょう。さらにセキュリティ対策として必要な HTML エスケープと文字エンコードのチェックするコードも紹介します。ユーザ定義関数 es() と cken() は次節からも利用します。

送信フォームを作る

HTML で送信フォームを作り、フォームのアクションで PHP プログラムを実行します。具体的には、フォームは <form> タグで囲み、その中に <input> タグでテキストフィールドや送信ボタンを作ります。<form> タグの method 属性で "POST" または "GET" を指定し、action 属性で実行する PHP ファイルを指定します。

使用するメソッド　　実行する PHP ファイル

```
<form method="POST" action="calc.php">

  この中にテキストフィールドや送信ボタンなどの
  UI 部品を指定します

</form>
```

テキストフィールドの値を POST メソッドで送信する

calcForm.php で作るフォームには、単価と個数のテキストフィールドがあり、「計算する」ボタンをクリックすると 2 つのテキストフィールドに入力された値を POST メソッドで calc.php に送ります。

calc.php では、フォームの値を取り出して「単価 × 個数」の計算結果を新しいページで表示します。

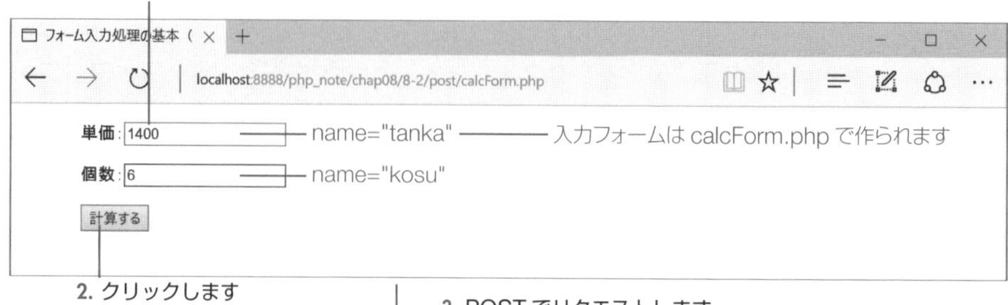

4. 結果が表示されたページが開きます

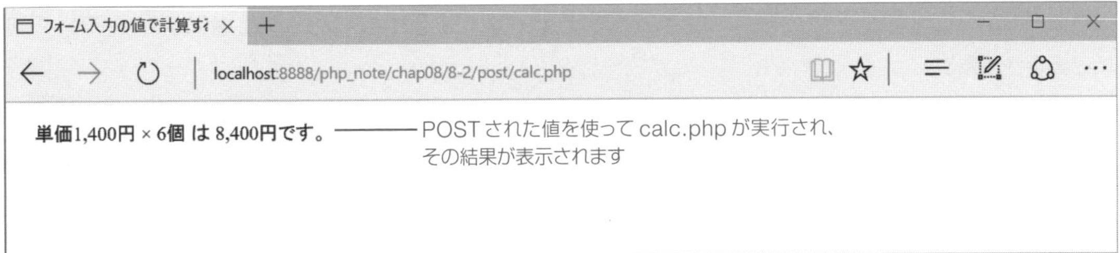

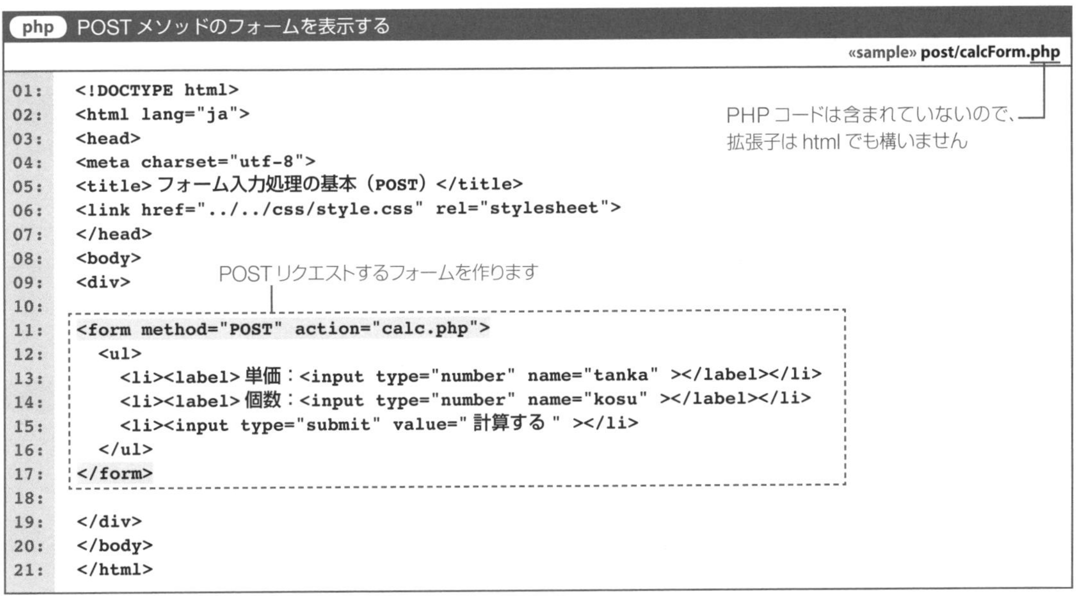

php POSTメソッドのフォームを表示する

«sample» post/calcForm.php

```
<!DOCTYPE html>
<html lang="ja">
<head>
<meta charset="utf-8">
<title>フォーム入力処理の基本（POST）</title>
<link href="../../css/style.css" rel="stylesheet">
</head>
<body>
<div>

<form method="POST" action="calc.php">
  <ul>
    <li><label>単価：<input type="number" name="tanka" ></label></li>
    <li><label>個数：<input type="number" name="kosu" ></label></li>
    <li><input type="submit" value="計算する" ></li>
  </ul>
</form>

</div>
</body>
</html>
```


テキストフィールドを作る

テキストフィールドは<input>タグで作り、type属性でUIの形状を指定します。type属性については改めて説明しますが、ここで重要なのはname属性です。単価のテキストフィールドのname属性には"tanka"、個数のテキストフィールドのname属性には"kosu"と設定してあることに注目してください。

「単価：」、「個数：」のラベルとテキストフィールドを<label>～</label>で囲むとラベルをクリックしたときに該当するテキストフィールドにフォーカスが移動するようになります。

php 単価と個数を入力するテキストフィールドを作る

«sample» post/calcForm.php

```
    <li><label>単価：<input type="number" name="tanka" ></label></li>
    <li><label>個数：<input type="number" name="kosu" ></label></li>
```

送信ボタンを作る

送信ボタンも<input>タグで作ります。typeを"submit"にするとボタンになり、valueの値がボタン名として表示されます。

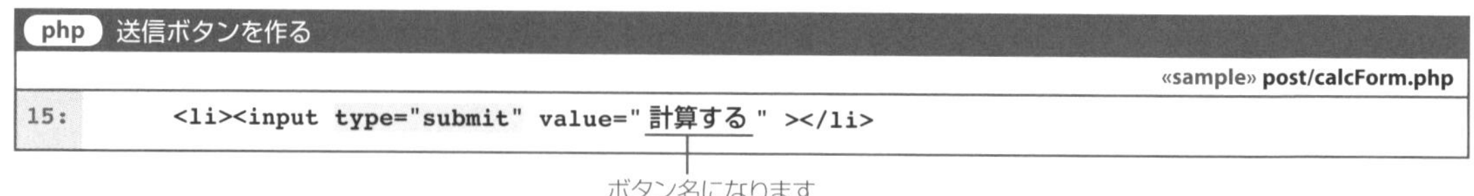

php 送信ボタンを作る

«sample» post/calcForm.php

```
        <li><input type="submit" value="計算する" ></li>
```

ボタン名になります

POSTされた値を取り出す

フォームの送信ボタンがクリックされると<form>タグのaction属性に設定されていたcalc.phpが呼び出されます。calc.phpでは、POSTされたテキストフィールドの値を取り出して計算を行います。calc.phpのコードは次のような内容です。

なお、ここでは単価と個数に数値が入っていることを前提に処理しています。本来ならば値が入力されているか、数値計算ができる値であるかといったことをチェックする必要があります。入力データのチェックについては次節で説明します。

php POSTメソッドを処理するPHPコード

«sample» post/calc.php

```
<!DOCTYPE html>
<html lang="ja">
<head>
  <meta charset="utf-8">
  <title>フォーム入力の値で計算する</title>
  <link href="../../css/style.css" rel="stylesheet">
</head>
<body>
<div>
<?php
  // フォーム入力の値を得る（単価と個数）
  $tanka = $_POST["tanka"];
  $kosu = $_POST["kosu"];
  // 計算する
  $price = $tanka * $kosu;
  // 表示する（3桁位取り）
  $tanka = number_format($tanka);
  $price = number_format($price);
  echo "単価{$tanka}円 × {$kosu}個 は {$price}円です。"
?>
</div>
</body>
</html>
```

POSTされた値を取り出します

POSTされた値を調べる

POSTされた値は$_POSTグローバル変数に入ります。$_POSTはフォームのinput項目の値の配列になります。入力された各値は、name属性に付けた名前をキーにして配列$_POSTに保存されます。先のcalcForm.phpにおいて、各<input>タグのname属性で「単価：」には"tanka"、「個数：」には"kosu"という名前を付けてあるので、単価は$_POST["tanka"]、個数は$_POST["kosu"]でアクセスできます。number_format()は数値を3桁位取りして表示する関数です（☞ P.153）。

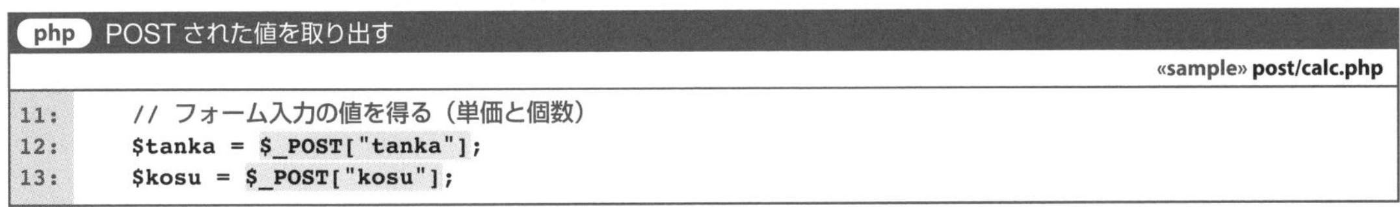

php POSTされた値を取り出す

«sample» post/calc.php

```
    // フォーム入力の値を得る（単価と個数）
    $tanka = $_POST["tanka"];
    $kosu = $_POST["kosu"];
```

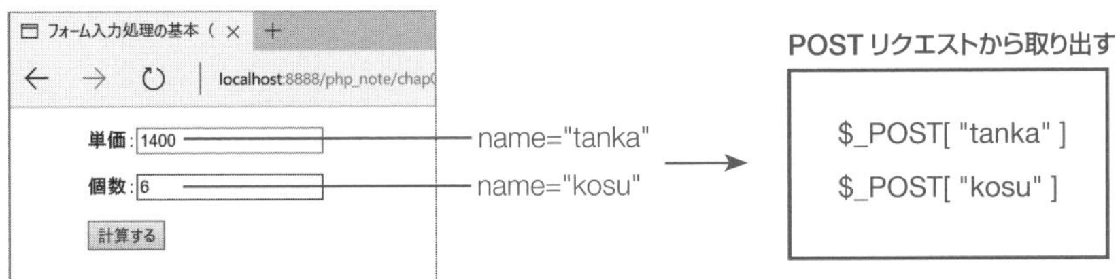

フォームのボタンでGETメソッドで送信する場合

パラメータをURLに付加する形式のGETメソッドは、前節で説明したように<a>タグを使って簡単に送信することができますが、<form>タグのmethod属性を"GET"にすればPOSTリクエストと同じようにフォームを使って送ることもできます。

次の例で示すフォームには、番号を入力するテキストフィールドがあり、番号を入力して「調べる」ボタンをクリックすると入力された番号をGETメソッドでcheckNo.phpに送ります。

checkNo.phpでは、GETリクエストのクエリ文字列から番号を取り出して、登録番号の配列に入っているかどうかをチェックして、その結果を新しいページで表示します。

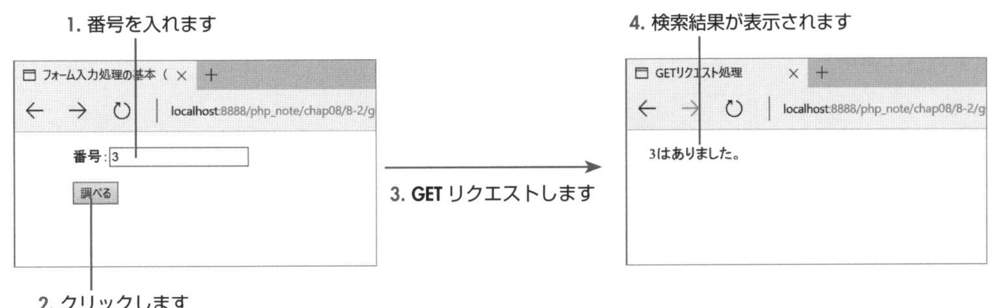

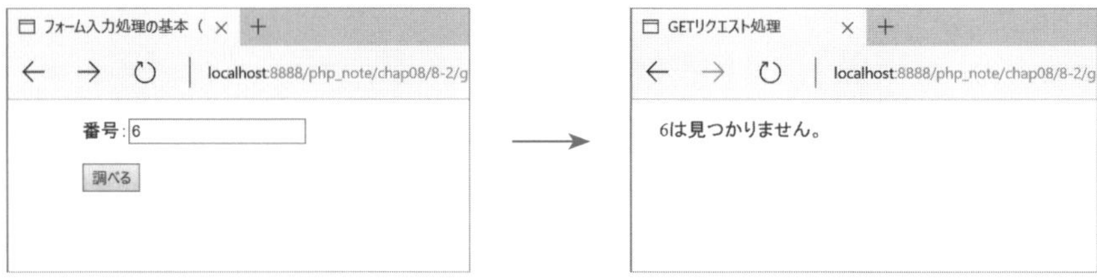

php　GETメソッドのフォームを表示する

«sample» get/checkNoForm.php

```
<!DOCTYPE html>
<html lang="ja">
<head>
<meta charset="utf-8">
<title>フォーム入力処理の基本（GET）</title>
<link href="../../css/style.css" rel="stylesheet">
</head>
<body>
<div>

<form method="GET" action="checkNo.php">
  <ul>
    <li><label>番号：<input type="number" name="no"></label></li>
    <li><input type="submit" value="調べる"></li>
  </ul>
</form>

</div>
</body>
</html>
```

PHPコードは含まれていないので、拡張子はhtmlでも構いません

GETメソッドでテキストフィールドの値を送ります

値を処理するPHPファイルを指定します

GETされた値を調べる

GETされた値は$_GETグローバル変数に入ります。$_POSTと同様に$_GETもフォームのinput項目の値の配列になります。入力された各値は、name属性に付けた名前をキーにして配列$_GETに保存されます。先のcheckNoForm.phpにおいて、番号を入力する<input>タグのnameには"no"という名前を付けてあるので、番号は$_GET["no"]でアクセスできます。配列の中に番号があるかどうかはin_array()で判断しています（☞ P.229）。

php　GETメソッドを処理するPHPコード

«sample» get/checkNo.php

```
<!DOCTYPE html>
<html lang="ja">
<head>
  <meta charset="utf-8">
  <title>GET リクエスト処理</title>
  <link href="../../css/style.css" rel="stylesheet">
</head>
<body>
<div>
```

```
<?php
  // GET リクエストのパラメータの値を受け取る
  $no = $_GET["no"];
  // 番号リスト
  $nolist = [3, 5, 7, 8, 9];
  // 検索する
  if (in_array($no, $nolist)){
    echo "{$no} はありました。";
  } else {
    echo "{$no} は見つかりません。";
  }
?>
</div>
</body>
</html>
```

GET された値を取り出します

$no の値が配列 $nolist にあれば true を返します

マルチバイト文字を URL エンコードする

GET リクエストのクエリ文字にマルチバイトが含まれている場合は、パラメータを URL エンコードしてから添付します。URL エンコードは rawurlencode() で行い、逆のデコードは rawurldecode() で行います。URL エンコードの必要がないブラウザもありますが、すべてのブラウザが対応しているわけではないので、この処理を行います。

なお、POST メソッドを使う場合は PHP がエンコードとデコードを自動で行ってくれるので、このような処理は必要ありません。

1. " 東京 " を URL エンコードしてクエリ文字列を作り、GET リクエストを送ります。

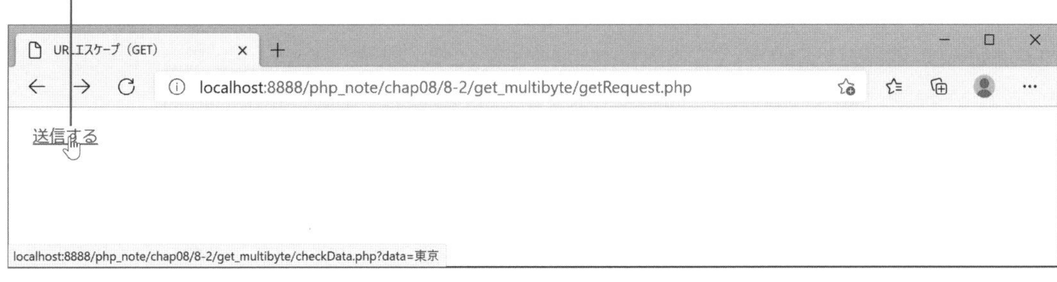

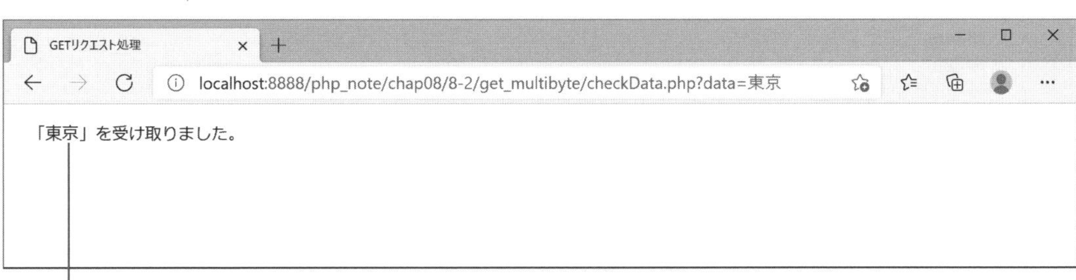

2. URL デコードして表示しています

この例では、$url と $data を使って {$url}?data={$data} の式でクエリ文字列を作っています。値をそのまま代入するとクエリ文字列は checkData.php?data="東京" になりますが、data の値が "東京" というマルチバイト文字なので、式に代入する前に $data を URL エンコードします。URL エンコードした結果で連結するとクエリ文字列は checkData.php?data=%E6%9D%B1%E4%BA%AC になります。

php マルチバイト文字を URL エンコードして GET リクエストする

«sample» get_multibyte/getRequest.php

```
<!DOCTYPE html>
<html lang="ja">
<head>
<meta charset="utf-8">
<title>URL エンコード（GET）</title>
<link href="../../css/style.css" rel="stylesheet">
</head>
<body>
<div>
<?php
// URL エンコードする
$data = "東京";
$data = rawurlencode($data);
// クエリ文字列のリンクを作る
$url = "checkData.php";
echo "<a href={$url}?data={$data}>", "送信する", "</a>";
?>                 └──── クエリ文字列を作ります
</div>
</body>
</html>
```

GET リクエストを受け取って URL デコードする

受け取ったリクエストが URL エンコードされているものでも、$_GET で値を取り出すのは同じです。data キーの値ならば、$_GET["data"] で取り出すことができます。次の checkData.php では、取り出した値を rawurldecode() で URL デコードして元の文に戻して表示しています。

php GET リクエストを受け取り URL デコードする

«sample» get_multibyte/checkData.php

```
<!DOCTYPE html>
<html lang="ja">
<head>
  <meta charset="utf-8">
  <title>GET リクエスト処理</title>
  <link href="../../css/style.css" rel="stylesheet">
</head>
<body>
<div>
<?php
  // GET リクエストのパラメータの値を受け取る
  $data = $_GET["data"];
  // URL デコードする
  $data = rawurldecode($data); ──── 読めるようにデコードします
  echo "「{$data}」を受け取りました。";
?>
</div>
</body>
</html>
```

Microsoft Edge ならばその他のツール＞開発ツール、macOS Safari ならば開発メニュー＞ Web インスペクタで見ると URL の data の値がエンコードされているのを確認できます。

Microsoft Edge

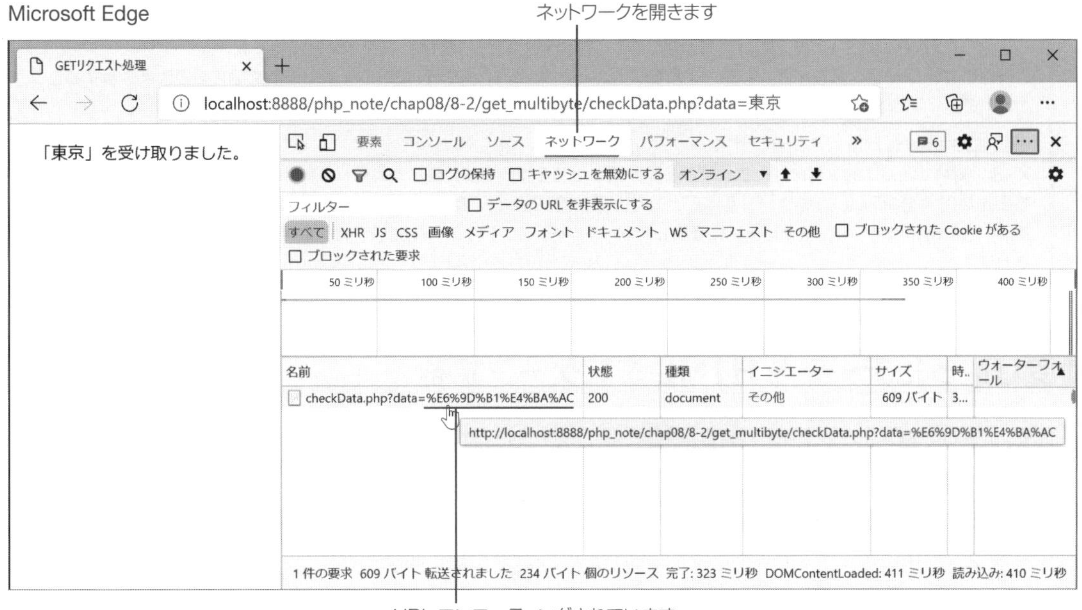

macOS Safari

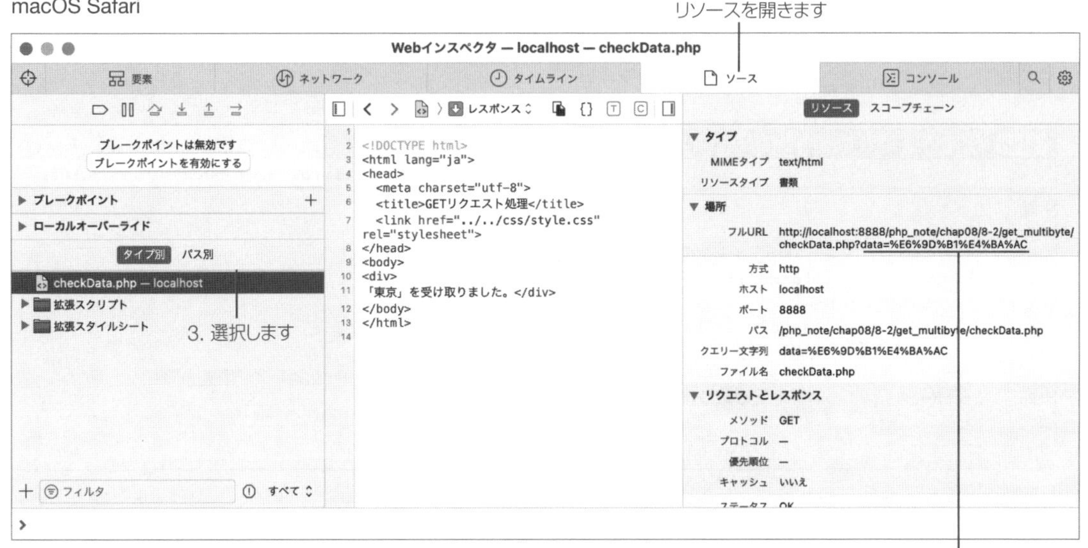

セキュリティ対策 クロスサイトスクリプティング（XSS対策）

GETリクエストはブラウザのアドレスバーのURLを書き替えるだけで改ざんできます。ユーザが送信内容を自由に入力できるフォーム入力は、簡単にHTMLコードやJavaScriptコードなどを送信できます。
このような改ざんを使ってブラウザで不正なスクリプトを実行させる攻撃手法を「クロスサイトスクリプティング（XSS）」と呼びます。ユーザに悪意がなくても、不用意に入力した <, > などのHTMLコードで使う文字をそのまま表示するとブラウザでのレイアウトが崩れるといった不具合が出てしまいます。

不正な文字をHTMLエスケープする

XSSに対抗する基本的な対策は、ユーザから受け取った値をブラウザに表示する前に、htmlspecialchars()を使用して値から不正な文字をHTMLエスケープすることです。具体的には < > & " ' の5個の特殊文字をHTMLエンティティ（<、>、&、"、'）に変換します。HTMLエンティティに変換された文字は、ブラウザでは元の文字で表示されます。

受け取ったデータをHTMLエスケープする

先の例のcheckData.phpでXSS対策を行うには、rawurldecode()でURLデコードした後でhtmlspecialchars()を使って不正な文字を取り除くHTMLエスケープを実行します。この処理はユーザから受け取ったデータをブラウザに表示する前に必ず行う必要があります。

htmlspecialchars()では変換する第1引数で文字列を指定し、第2引数には必ずENT_QUOTESを指定します。なお、エンティティ変換せずにHTMLコードを完全に取り除く方法もあります（☞ P.162）。

書式 XSS対策のためのhtmlspecialchars()

htmlspecialchars(**string:** 値 **, flags:**ENT_QUOTES**, encoding:**'UTF-8'**)**

php GETで受け取った値をURLデコードし、続いてHTMLエスケープする

«sample» xss_htmlspecialchars/checkData.php

```
・・・
<?php
  // GETリクエストのパラメータの値を受け取る
  $data = $_GET["data"];
  // URLデコードする
  $data = rawurldecode($data);
   // XSS対策
  $data = htmlspecialchars(string:$data, flags:ENT_QUOTES, encoding:'UTF-8')
  echo "「{$data}」を受け取りました。";
?>
・・・
```

HTMLエスケープします

では実際にcheckData.phpに不正なコードの入ったGETリクエストを送って試してみましょう。先の例のgetRequest.phpを実行してcheckData.phpを呼び出し、アドレスバーに表示されたリクエスト文字列のdataの値を「<h1>Good
Bye!</h1>」に変更してページを読み込み直します。

するとhtmlspecialchars()を通してない場合はHTMLコードを表示して「Good Bye!」の文字が大きく改行されて表示されますが、htmlspecialchars()と通して表示するとHTMLコードが「<h1>Good
Bye!</h1>」のようにエンティティされて変更した文字列がそのまま表示されます。

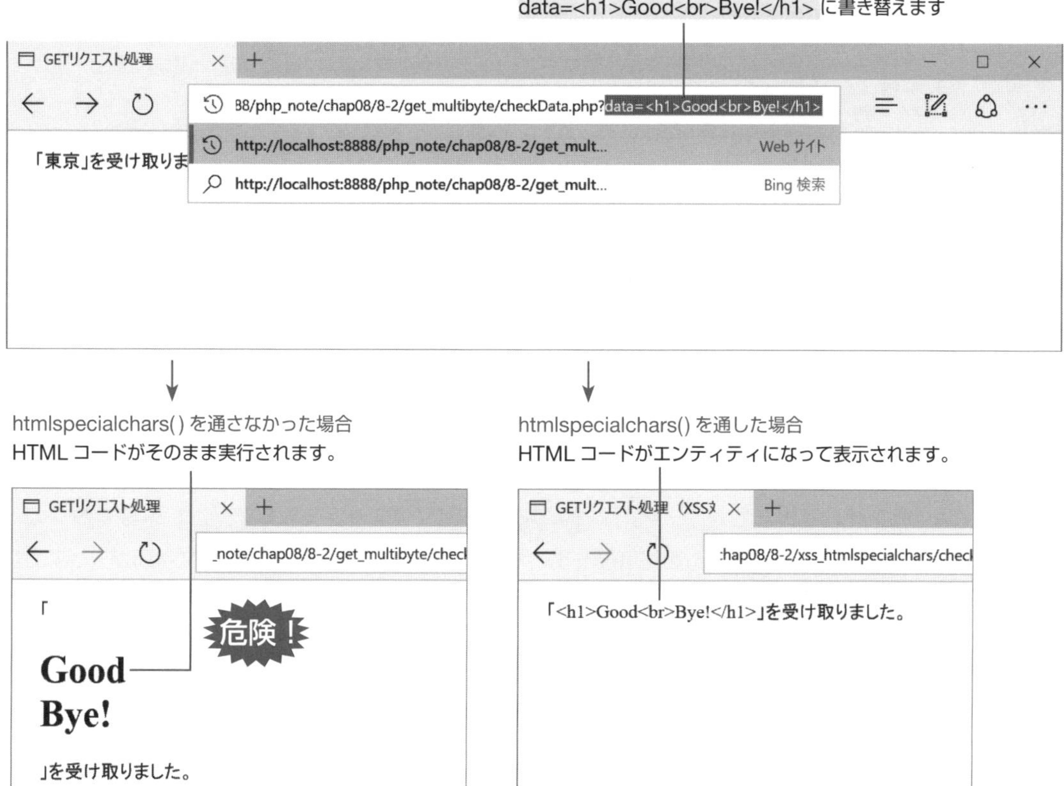

htmlspecialchars()を便利に使うためのユーザ定義関数es()

ユーザからのデータをブラウザに表示する前にhtmlspecialchars()を通してHTMLエスケープを行うことが必須となりますが、この処理を行うためにarray_map()をうまく利用したユーザ定義関数を作っておくと便利です（array_map() ☞ P.238）。

次のutil.phpに定義しているes()では引数$dataをis_array()でチェックして、$dataの値が配列ではない場合はそのままhtmlspecialchars()を実行し、配列ならばarray_map()を使って値を順に__METHOD__つまりes()で処理する式をreturnします。これは再帰呼び出しという手法です。こうすることで、es()は引数が文字列でも配列でもhtmlspecialchars()で処理できる関数になります。

php 引数に対して htmlspecialchars() を実行する es()

«sample» lib_es/lib/util.php

```
<?php
// XSS 対策のための HTML エスケープ
  function es(array|string $data, string $charset='UTF-8'):mixed {
    // $data が配列のとき
    if (is_array($data)){
      // 再帰呼び出し
      return array_map(__METHOD__, $data);
    } else {
      // HTML エスケープを行う
      return htmlspecialchars(string:$data, flags:ENT_QUOTES, encoding:$charset);
    }
  }
```

配列の場合は、値を1つずつ引数にして、再帰呼び出しします

NOTE

__METHOD__ を利用した再帰呼び出し

array_map() でコールしている __METHOD__ は、現在実行中のメソッド自身を指す特殊な定数（マジック定数）です。ここでは es() を指すので、es() の中で es() を使っていることになります。この手法を再帰呼び出しと言います。

es() を試してみる

では、この es() を試してみましょう。es() は lib フォルダの中の util.php に定義してある関数なので、require_once("lib/util.php") で読み込んで利用します。次の例では $myCode には 1 個の文字列が入っており、$myArray は複数の文字列が入っている配列です。

php es() をテストする

«sample» lib_es/esSample.php

```
<!DOCTYPE html>
<html lang="ja">
<head>
  <meta charset="utf-8">
  <title>XSS 対策 es()</title>
  <link href="../../css/style.css" rel="stylesheet">
</head>
<body>
<div>
<pre>
<?php
// util.php を読み込む
require_once("lib/util.php");
// HTML タグの入ったデータを用意する
$myCode = "<h2>テスト 1</h2>";
$myArray = ["a"=>"<p>赤</p>", "b"=>"<script>alert('hello')</script>"];
// es() で HTML エスケープして表示する
echo '$myCode の値：', es($myCode);
echo PHP_EOL . PHP_EOL ;
echo '$myArray の値：';
print_r(es($myArray)) ;
?>
</pre>
```

変数 $mycode の値を HTML エスケープします

配列 $myArray に入っているすべての値を HTML エスケープします

```
</div>
</body>
</html>
```

出力

```
$myCode の値：&lt;h2&gt;テスト 1&lt;/h2&gt;

$myArray の値：Array
(
    [a] => &lt;p&gt;赤&lt;/p&gt;
    [b] => &lt;script&gt;alert(&#039;hello&#039;)&lt;/script&gt;
)
```

HTML コードが安全に置換されています

プログラムを実行するとブラウザには変数と配列の値がそのまま表示されますが、実際に出力された結果を確認すると値に含まれている特殊文字がエンティティ変換されています。

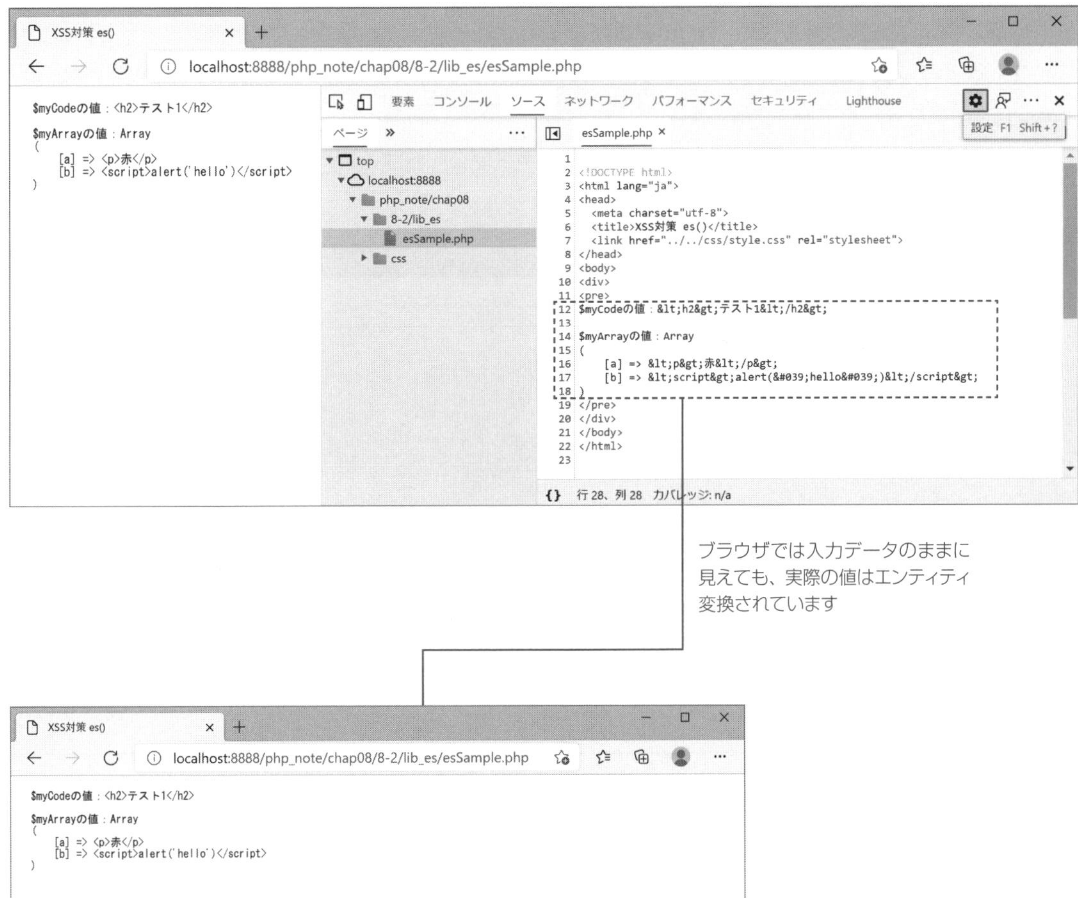

セキュリティ対策　不正なエンコーディングによる攻撃

POST や GET で送られてくるデータの文字エンコードのチェックを行っておくことも大事です。文字エンコードのチェックは mb_check_encoding() で行うことができます。

文字エンコードを行うユーザ定義関数　cken()

mb_check_encoding() を使って文字エンコードのチェックを効率よく行う cken() を、先の es() と同様に util.php に定義しておきましょう。この関数は $_GET、$_POST、$_SESSION などの配列に含まれている値のエンコードをチェックすることを前提にしています。

foreach 文で配列から値を順に $value に取り出し、もし入っていた値が配列ならば implode() を使って値を 1 個の文字列に連結しておいてから（☞ P.207）、mb_check_encoding() で文字エンコードをチェックします（1 階層の多次元配列までに対応）。文字エンコードが一致しないときは $result に false を代入して foreach 文の繰り返しをブレイクします。

最終的に $result が初期値の true のままであれば文字エンコードは正しく、途中で false が代入されていれば文字エンコードは一致していないことになります。

php　配列の文字エンコードのチェックを行う

«sample» lib_cken/lib/util.php

```
// 配列の文字エンコードのチェックを行う
function cken(array $data): bool{
  $result = true;
  foreach ($data as $key => $value) {
    if (is_array($value)){
      // 含まれている値が配列のとき文字列に連結する
      $value = implode("", $value);
    }
    if (!mb_check_encoding($value)){
      // 文字エンコードが一致しないとき
      $result = false;
      // foreach での走査をブレイクする
      break;
    }
  }
  return $result;
}
// ?>
```

（$value = implode("", $value); の注記）配列に入っている値を連結したストリングにしてチェックします

cken() をテストする

それでは cken() をテストしてみましょう。ここでは、利用環境が UTF-8 のときに Shift-JIS の文字列が入っている配列をテストします。mb_convert_encoding() で Shift-JIS に変換した文字列 $sjis_string を作成し、これを配列に入れて cken() でチェックします。なお、現在の利用環境の内部文字エンコードは mb_internal_encoding() で調べることができます。

php cken() をテストする

«sample» lib_cken/ckenSample.php

```php
<?php
// util.php を読み込む
require_once("lib/util.php");
// Shift-JIS のデータを用意する
$utf8_string = "こんにちは。";
$sjis_string = mb_convert_encoding($utf8_string, 'Shift-JIS');
// 内部エンコーディングを調べる
$encoding = mb_internal_encoding();
// cken() でチェックする
if (cken([$sjis_string])) {
  echo '配列の値は、', $encoding, 'です。';
} else {
  echo '配列の値は、', $encoding, 'ではありません。';
}
?>
```

テスト用に Shift-JIS に変換します

不正なエンコーディングによ

localhost:8888/php_note/chap08/8-2/lib_cken/ckenSample.php

配列の値は、UTF-8ではありません。

読み込んでいる CSS コード　style.css

最後にこのサンプルで適用している CSS ファイル style.css のコードを示しておきます。この CSS ファイルはこの後の節のサンプルでも利用します。したがって、個々のサンプルでは使用していない属性の指定なども含まれています。

css 共通のスタイルシート

«sample» css/style.css

```css
@charset "UTF-8";

div{
  margin: 1em;
}

li {
  list-style-type: none;
  margin-bottom: 1em;
}

ol > li {
  list-style-type: decimal;
  margin-bottom: 0;
}

a{
  color: #5e78c1;
  text-decoration: none;
}
a:hover{
  color: #b04188;
  text-decoration: underline;
}

.error {
  color: #FF0000;
}
```

Section 8-3

フォームの入力データのチェック

入力フォームの処理では、間違いなく入力したかどうかをユーザ本人に確認してもらったり、入力忘れがないかどうかといったことをチェックしたりする必要があります。文字数を調べる、正規表現を使ってチェックする、文字種を変換するといった操作については「Chapter 5　文字列」で詳しく取り上げているので、そちらを参考にしてください。

値が入っているかどうかチェックする

フォームに入力された値を利用する前に、値が妥当かどうか、そもそも値が入っているかどうかを調べる必要があります。次の例では、まず名前を入力するフォームをnameCheckForm.phpで表示し、「送信する」ボタンでnameCheck.phpを実行します。たとえば、名前に「井上」が入力されていたならば、その名前を使って「こんにちは、井上さん。」のように表示します。名前が入力されていなかったならば、再びnameCheckForm.phpを表示する「戻る」ボタンを表示します。

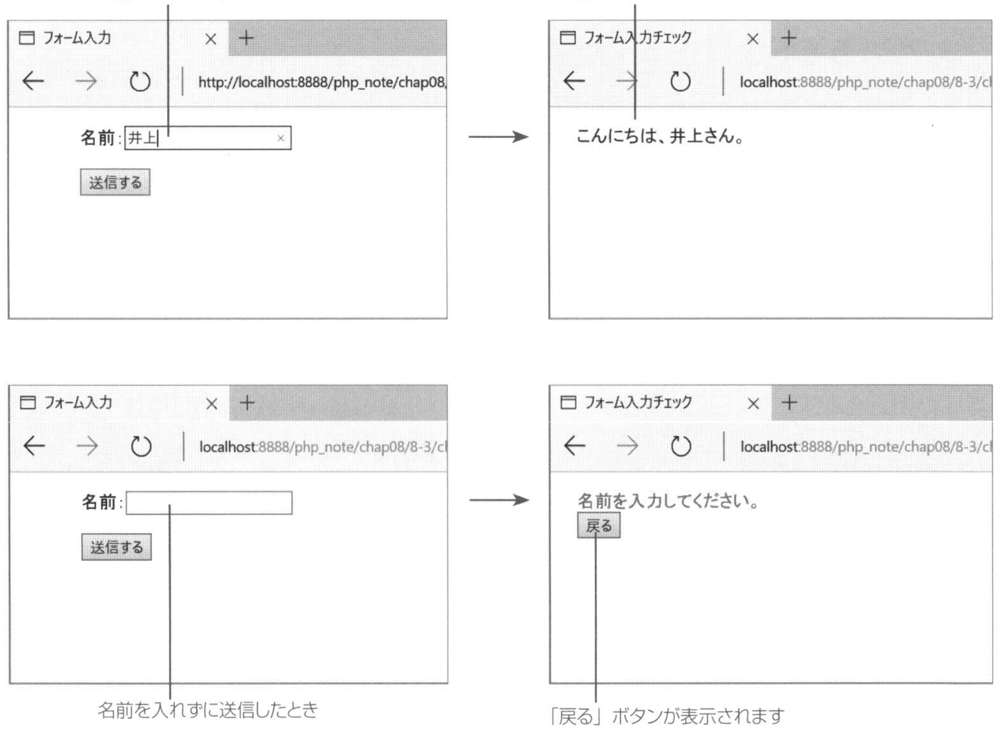

名前を入力するフォームを作る

入力フォームを表示するコードは次のとおりです。リクエストには POST メソッドを使い、名前を入力する <input> タグの name 属性には "name" を指定しています。なお、このコードには PHP コードが含まれていないので、拡張子を .html にして HTML ファイルとして保存しても構いません。

php 入力フォームを表示する

«sample» check_name/nameCheckForm.php

```
<!DOCTYPE html>
<html lang="ja">
<head>
<meta charset="utf-8">
<title>フォーム入力</title>
<link href="../../css/style.css" rel="stylesheet">
</head>
<body>
<div>
  <form method="POST" action="nameCheck.php">
    <ul>
      <li><label>名前：<input type="text" name="name" ></label></li>
      <li><input type="submit" value="送信する" ></li>
    </ul>
  </form>
</div>
</body>
</html>
```

入力フォームを作ります

「送信する」ボタンで実行するコード

「送信する」ボタンで呼ばれるのは次の nameCheck.php です。name テキストフィールドの値を $_POST から取り出して調べます。

php 入力フォームに値が入っているかどうかで分岐する

«sample» check_name/nameCheck.php

```
<!DOCTYPE html>
<html lang="ja">
<head>
  <meta charset="utf-8">
  <title>フォーム入力チェック</title>
  <link href="../../css/style.css" rel="stylesheet">
</head>
<body>
<div>

<?php
  require_once("../../lib/util.php");
  // 文字エンコードの検証
  if (!cken($_POST)){
    $encoding = mb_internal_encoding();
    $err = "Encoding Error! The expected encoding is " . $encoding ;
    // エラーメッセージを出して、以下のコードをすべてキャンセルする
    exit($err);
  }
  // HTML エスケープ（XSS 対策）
```

$_POST にはフォームから送信された値が入っています

```
  $_POST = es($_POST);
?>

<?php
  // エラーフラグ
  $isError = false;
  // 名前を取り出す
  if (isset($_POST['name'])){
    $name = trim($_POST['name']);
    if ($name===""){
      // 空白のときエラー
      $isError = true;
    }
  } else {
    // 未設定のときエラー
    $isError = true;
  }
?>

<?php if ($isError): ?>
  <!-- エラーがあったとき -->
  <span class="error">名前を入力してください。</span>
  <form method="POST" action="nameCheckForm.php">
    <input type="submit" value="戻る" >
  </form>
<?php else: ?>
  <!-- エラーがなかったとき -->
  <span>
  こんにちは、<?php echo $name; ?>さん。
  </span>
<?php endif; ?>

</div>
</body>
</html>
```

値に含まれているかもしれないタグ類をエンティティ変換します

エラーがあったかどうかで処理を分岐します

文字エンコードが正しくなければ続く処理をキャンセルする

まず最初に文字エンコードのチェックを行います。使用している cken() は前節で説明した util.php で定義してあるユーザ定義関数です（☞ P.310）。util.php を利用するために、先だって util.php を読み込んでいます。

cken($_POST) が false のときは、exit($err) を実行しています。exit($err) を実行すると、$err に入れているエラーメッセージを表示し、以下に続くコードの実行をすべてキャンセルします。メッセージの最後の $encoding には、mb_internal_encoding() で調べた内部文字エンコーディングの文字エンコード名が入っています。文字化けしないようにメッセージは英文で書いています。

php 文字エンコードの検証

«sample» check_name/nameCheck.php

```
  require_once("../../lib/util.php");
  // 文字エンコードの検証
  if (!cken($_POST)){
    $encoding = mb_internal_encoding();
    $err = "Encoding Error! The expected encoding is " . $encoding ;
    // エラーメッセージを出して、以下のコードをすべてキャンセルする
    exit($err);
  }
```

PHP が使うエンコードを調べます

> **NOTE**
>
> **exit() と die()**
>
> exit() と die() は同じ機能です。どちらも引数で与えたメッセージを出力した後に、続くコードの実行をすべてキャンセルします。コードの続行を突然終える exit() は多用すべきではありません。

HTML エスケープ

次に XSS 対策のために $_POST の値を HTML エスケープしておきます。使用している es() は、cken() と同様に util.php で定義してあるユーザ定義関数です（☞ P.307、P.310）

php HTML エスケープ

«sample» check_name/nameCheck.php

```
    $_POST = es($_POST);
```

名前が入力されているかどうか確認する

まず最初に isset() で $_POST['name'] に値が設定されているかどうかをチェックします。この値が false になるのは、このページが nameCheckForm.php の入力フォームから正しく開かれなかったときです。次に $_POST['name'] が空白かどうかをチェックします。空白が入っている場合があるので、trim() を使って値の前後の空白を取り除いたあとでチェックします。空白ならば $isError に true を代入します。

php 値がセットされているか、空白でないかチェックする

«sample» check_name/nameCheck.php

```
    // エラーフラグ
    $isError = false;
    // 名前を取り出す
    if (isset($_POST['name'])){
      $name = trim($_POST['name']);
      if ($name===""){
        // 空白のときエラー
        $isError = true;
      }
    } else {
      // 未設定のときエラー
      $isError = true;
    }
```

変数に値が設定されているときに true になります

前後の余白を取り除いた結果が空ならばエラーです

実行する HTML コードを if 文で条件分岐する

エラーがあるかないかで表示内容を変更する場合、if 文を使って条件分岐すればよいことは予想できますが、ここでの if 文の使われ方は PHP らしい独特なものです。

if 文の制御文を <?php if ($isError): ?>、<?php else: ?>、<?php endif ?> のように、PHP の開始タグ、終了タグで細かく区分して、実行する HTML コードのブロックを指定します。このようにすることで PHP で

HTML コードを出力する必要がなく、コードをすっきり記述できます。サンプルのコードでは、次の部分にあたります。

php　実行する HTML コードを if 文で分岐する

«sample» check_name/nameCheck.php

```
<?php if ($isError): ?>
  <!-- エラーがあったとき -->
  <span class="error">名前を入力してください。</span>
  <form method="POST" action="nameCheckForm.php">
    <input type="submit" value="戻る" >
  </form>
<?php else: ?>
  <!-- エラーがなかったとき -->
  <span>
    こんにちは、<?php echo $_POST['name']; ?>さん。
  </span>
<?php endif; ?>
```

<?php if ($isError): ?>

true のときに実行される HTML コード

<?php else: ?>

false のときに実行される HTML コード

<?php endif ?>

$isError が true のときはエラーがあったことになります。$isError が true のときに実行するのは、<?php if ($isError): ?> と <?php else: ?> で囲まれたブロックです。このブロックでエラーメッセージを表示して「戻る」ボタンをフォームで作って表示します。

次の例で示しますが、一般的な書式でも同じようにブロックを分割して書くことができます。

書式　if 文の一般的な書式で書いた場合

```
<?php if (条件式){ ?>
  <!-- TRUE ときの HTML コード -->
<?php } else { ?>
  <!-- FALSE ときの HTML コード -->
<?php } ?>
```

NOTE

制御構造の別の構文

if:else:endif; だけでなく、switch:case:endswitch;、foreach:endforeach;、for:endfor;、while:endwhile; のように同様の構文があります。

入力された値が数値かどうか、0 でないかをチェックする

次の例ではフォーム入力された合計金額と人数から割り勘を計算します。割り勘の計算では、入力値が数値でなければならず、また、人数が 0 人のときは割り算がエラーになります。そこでこのようなエラーが起きないように入力値をチェックします。

フォームに入力された値に問題がなければ計算結果を表示しますが、エラーがあったならばエラーの内容をリスト表示します。

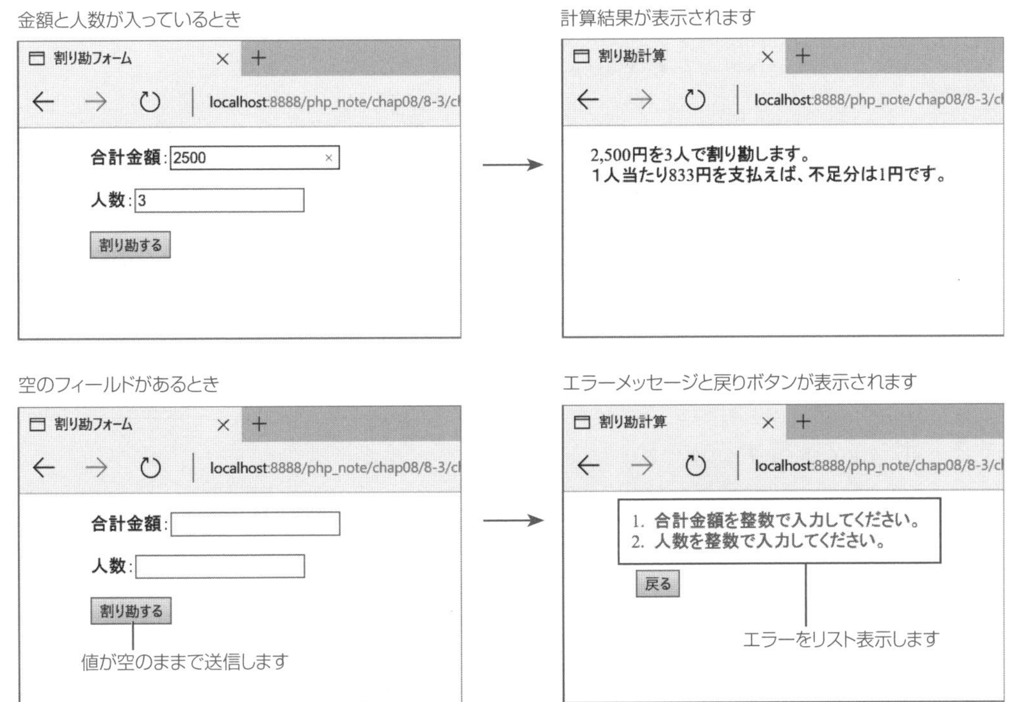

合計金額と人数を入力するフォームを作る

入力フォームを表示するコードは次のとおりです。リクエストには POST メソッドを使い、合計金額のテキストフィールドには "goukei"、人数のテキストフィールドには "ninzu" の name が付けられています。<input> タグの type 属性を "number" にしているので HTML5 に対応しているブラウザならば数値しか入力できませんが、対応していないブラウザもあるので入力値のチェックが必要です。

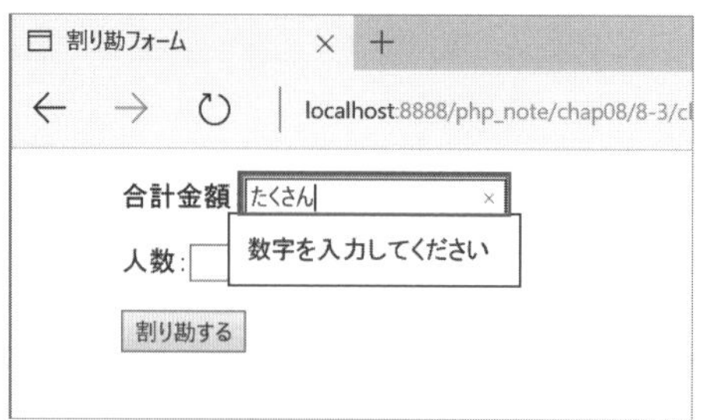

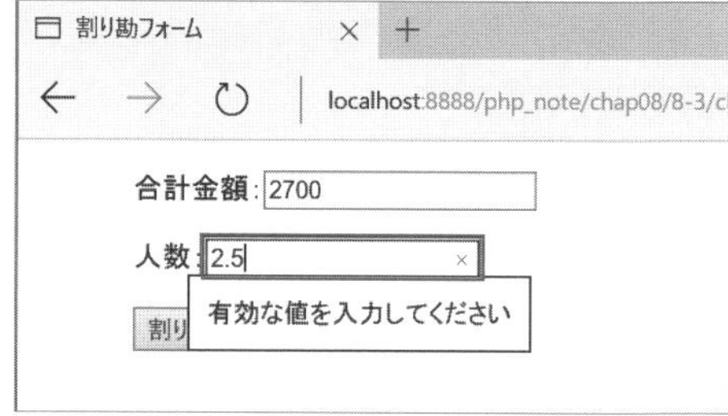

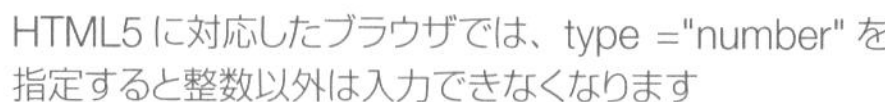
HTML5 に対応したブラウザでは、type ="number" を指定すると整数以外は入力できなくなります

php　入力フォームを表示する

«sample» check_number/warikanForm.php

```
<!DOCTYPE html>
<html lang="ja">
<head>
<meta charset="utf-8">
<title>フォーム入力</title>
<link href="../../css/style.css" rel="stylesheet">
</head>
<body>
<div>
  <form method="POST" action="warikan.php">
    <ul>
      <li><label>合計金額：<input type="number" name="goukei" ></label></li>
      <li><label>人数：<input type="number" name="ninzu" ></label></li>
      <li><input type="submit" value="割り勘する" ></li>
    </ul>
  </form>
</div>
</body>
</html>
```

入力フォーム

「割り勘する」ボタンで実行するコード

「割り勘する」ボタンで呼ばれるのは次の warikan.php です。goukei テキストフィールドと ninzu テキストフィールドの値を $_POST から取り出してチェックし、割り勘の計算結果を表示します。もし入力値にエラーがあれば、計算を行わずにエラーメッセージを表示します。エラーの有る無しをエラーフラグで管理するのではなく、エラーメッセージを配列に登録していく方式を使っています。

php　入力フォームに値が計算できる数値かどうかで分岐する

«sample» check_number/warikan.php

```
<!DOCTYPE html>
<html lang="ja">
<head>
  <meta charset="utf-8">
  <title>割り勘計算</title>
  <link href="../../css/style.css" rel="stylesheet">
</head>
<body>
```

```
<div>
<?php
  require_once("../../lib/util.php");
  // 文字エンコードの検証
  if (!cken($_POST)){
    $encoding = mb_internal_encoding();
    $err = "Encoding Error! The expected encoding is " . $encoding ;
    // エラーメッセージを出して、以下のコードをすべてキャンセルする
    exit($err);
  }
  // HTML エスケープ（xss 対策）
  $_POST = es($_POST);
?>

<?php
  // エラーメッセージを入れる配列
  $errors = [];
?>

<?php
  // 合計金額のチェック
  if (isset($_POST['goukei'])){
    $goukei = $_POST['goukei'];
    if (!ctype_digit($goukei)){
      // 0 以上の整数ではないときエラー
      $errors[] = " 合計金額を整数で入力してください。";
    }
  } else {
    // 未設定のエラー
    $errors[] = " 合計金額が未設定 ";
  }
  // 人数のチェック
  if (isset($_POST['ninzu'])){
    $ninzu = $_POST['ninzu'];
    if (!ctype_digit($ninzu)){
      // 0 以上の整数ではないときエラー
      $errors[] = " 人数を整数で入力してください。";
    } else if ($ninzu==0) {
      // 0 のときエラー
      $errors[] = "0 人では割れません。";
    }
  } else {
    // 未設定エラー
    $errors[] = " 人数が未設定 ";
  }
?>

<?php
if (count($errors)>0){
  //エラーがあったとき
  echo '<ol class="error">';
  foreach ($errors as $value) {
    echo "<li>", $value , "</li>";
  }
  echo "</ol>";
?>

<!-- 戻るボタンのフォーム -->
  <form method="POST" action="warikanForm.php">
    <ul>
```

POST された合計金額をチェックします

POST された人数をチェックします

配列 $errors の値が 0 個でないときはエラーがあったことになります

エラーの内容をリスト表示します

```
      <li><input type="submit" value="戻る" ></li>
    </ul>
  </form>

<?php
} else {
  // エラーがなかったとき
  $amari = $goukei % $ninzu;
  $price = ($goukei - $amari) / $ninzu;
  // 3桁位取り
  $goukei_fmt = number_format($goukei);
  $price_fmt = number_format($price);
  // 表示する
  echo "{$goukei_fmt}円を{$ninzu}人で割り勘します。", "<br>";
  echo "1人当たり{$price_fmt}円を支払えば、不足分は{$amari}円です。";
}
?>
</div>
</body>
</html>
```

エラーがなかったときに実行する内容

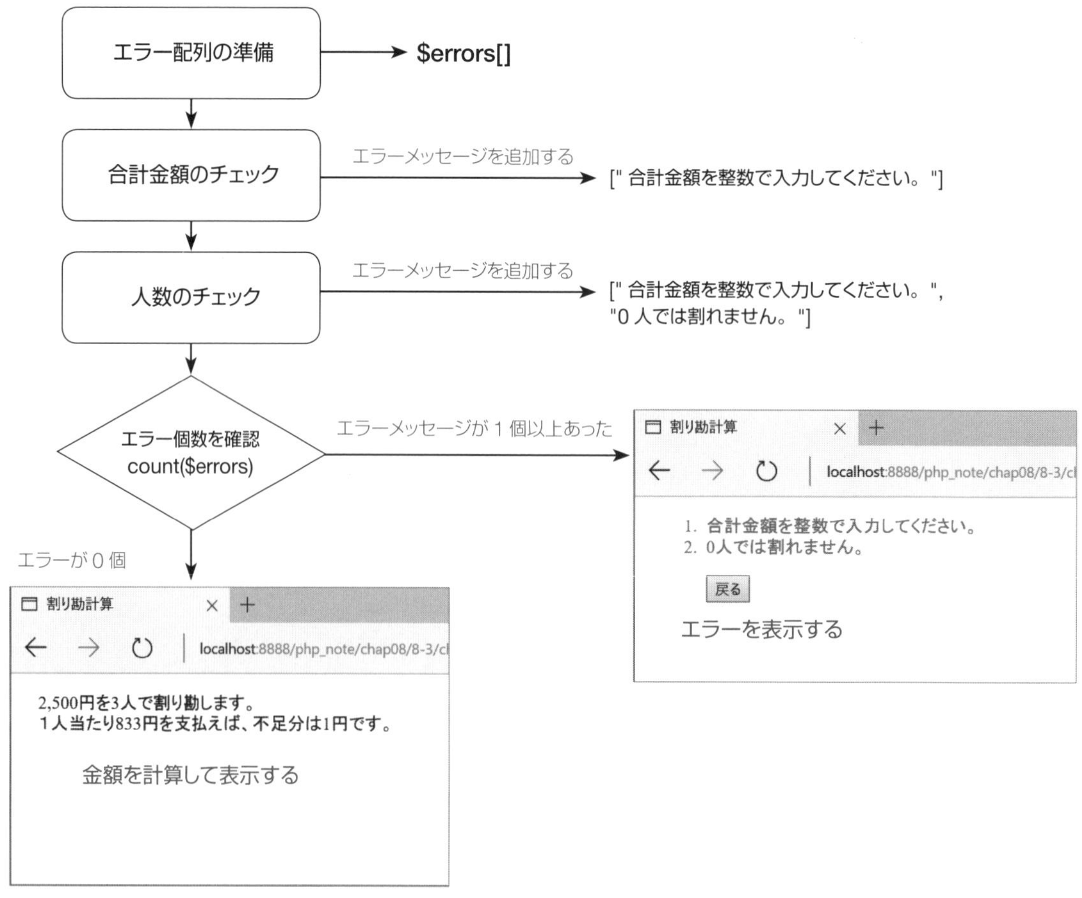

NOTE

HTML5 の入力制限機能

HTML5 には required、min、max、maxlength、pattern といった入力制限機能がありますが、HTML5 に対応していないブラウザがあるのはもちろんのこと、実際にサーバに送られてくる値は必ずチェックしなければなりません。

数値かどうかをチェックする

フォームに数値として使える値が入力されたかどうかをチェックしたいとき、ctype_digit() または is_numeric() を使って判定できます。フォームからの入力は文字列になるので、is_float() や is_int() はそのままでは使えません。

ctype_digit() はすべての文字が 0-9 の数字かどうかを判定します。つまり、0 以上の整数ならば true となりますが、- の符号が付いた負の数字やピリオドが入った小数点を含んだ数字は false になります。

is_numeric() は小数点や +- 符号を含んだ数字、さらに 16 進数表記の文字列を数値と判断して true を返します。

値をチェックしてエラーメッセージを登録していく

入力値にエラーがあったならば最後にエラーメッセージを表示したいので、まず最初にメッセージを追加していく配列 $errors を初期化して用意しておきます。

php エラーメッセージを追加していく配列を初期化しておく

«sample» **check_number/warikan.php**

```
    // エラーメッセージを入れる配列
    $errors = [];
```

POST された合計金額が整数かどうかは ctype_digit() を使ってチェックできます。0 以上の整数ではないとき「合計金額を整数で入力してください。」というメッセージを $errors に追加します。

php 合計金額が整数ではないときエラーメッセージを追加する

«sample» **check_number/warikan.php**

```
    // 合計金額のチェック
    if (isset($_POST['goukei'])){
      $goukei = $_POST['goukei'];
      if (!ctype_digit($goukei)){ ―――――― 整数チェック
        // 0 以上の整数ではないときエラー
        $errors[] = "合計金額を整数で入力してください。";
      }
    } else {
      // 未設定のエラー
      $errors[] = "合計金額が未設定";
    }
```

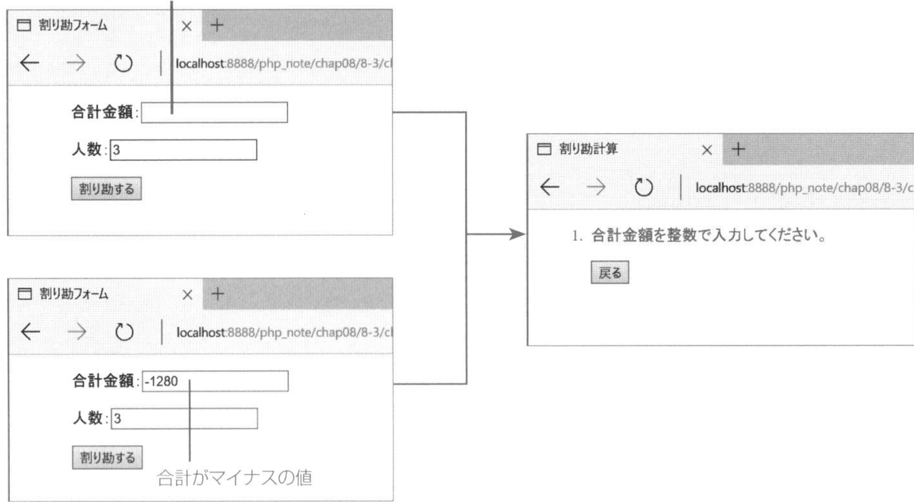

人数が整数であるか、0 人でないかをチェックする

人数は 1 以上の整数でなければならないので、先に整数かどうかをチェックし、整数の場合はさらに 0 でないかをチェックします。

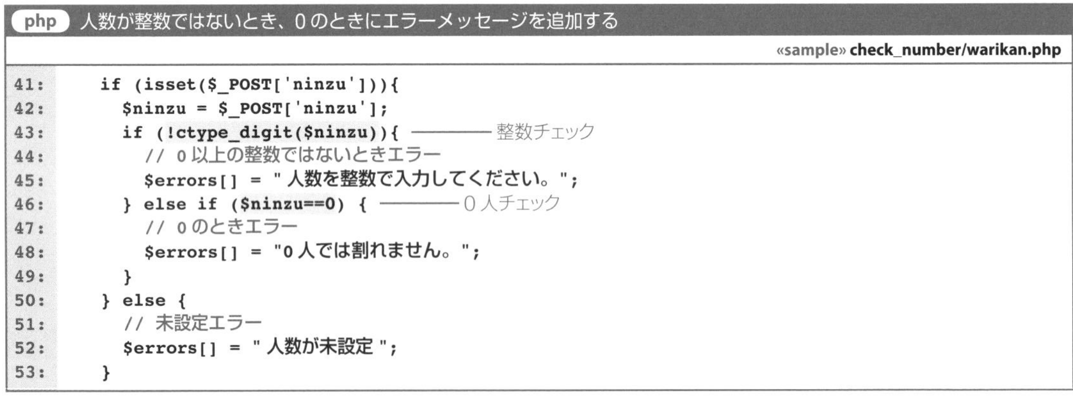

php　人数が整数ではないとき、0 のときにエラーメッセージを追加する

«sample» check_number/warikan.php

```
    if (isset($_POST['ninzu'])){
      $ninzu = $_POST['ninzu'];
      if (!ctype_digit($ninzu)){ ──── 整数チェック
        // 0 以上の整数ではないときエラー
        $errors[] = "人数を整数で入力してください。";
      } else if ($ninzu==0) { ──── 0 人チェック
        // 0 のときエラー
        $errors[] = "0 人では割れません。";
      }
    } else {
      // 未設定エラー
      $errors[] = "人数が未設定";
    }
```

人数に 0 を入力したとき　　0 人では割れないというエラーが出ます

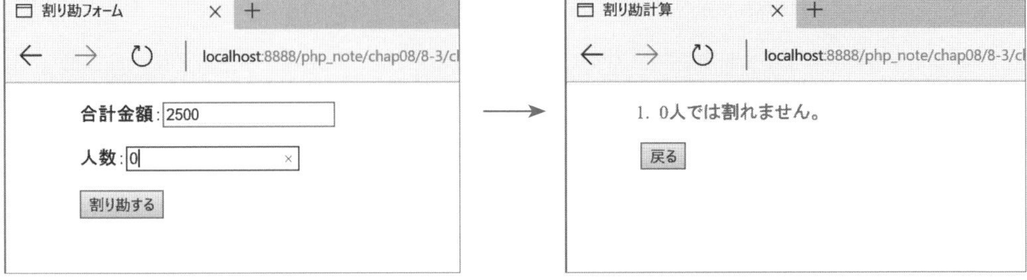

エラーがあったかどうかを判断して分岐する

最終的にエラーがあったかどうかは、$errors にエラーメッセージが入っているかどうかで判断します。ここで先の例の nameCheck.php と同じように if 文を使った分岐を行います。今回は一般的な if{ } else{ } を使っていますが、<?php ?> で区切られている範囲をよく確認してみてください。戻りのフォームを直接 HTML で記述できるように、if 文の中にあってこの部分だけが PHP タグの外にあります。

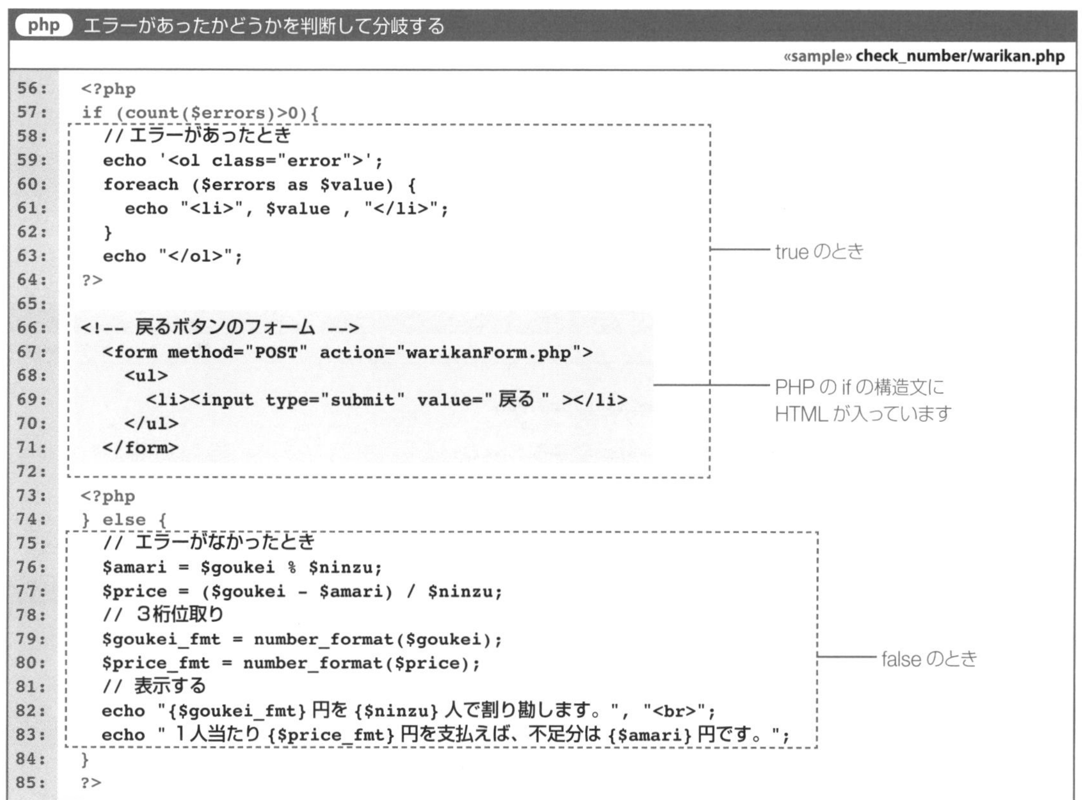

php エラーがあったかどうかを判断して分岐する

«sample» check_number/warikan.php

```
<?php
if (count($errors)>0){
  // エラーがあったとき
  echo '<ol class="error">';
  foreach ($errors as $value) {
    echo "<li>", $value , "</li>";
  }
  echo "</ol>";
?>

<!-- 戻るボタンのフォーム -->
  <form method="POST" action="warikanForm.php">
    <ul>
      <li><input type="submit" value=" 戻る " ></li>
    </ul>
  </form>

<?php
} else {
  // エラーがなかったとき
  $amari = $goukei % $ninzu;
  $price = ($goukei - $amari) / $ninzu;
  // 3桁位取り
  $goukei_fmt = number_format($goukei);
  $price_fmt = number_format($price);
  // 表示する
  echo "{$goukei_fmt} 円を {$ninzu} 人で割り勘します。", "<br>";
  echo " 1人当たり {$price_fmt} 円を支払えば、不足分は {$amari} 円です。";
}
?>
```


エラーメッセージ表示する

配列 $errors に入っている値の個数を count() で調べて 1 個以上ならば foreach 文でエラーメッセージを取り出し、<ul> タグを使ってリスト表示します。なお、エラーメッセージの文字色と <li> のスタイルは読み込んでいる style.css で指定してあります。

php 配列にメッセージが入っていたらリスト表示する

«sample» **check_number/warikan.php**

```
<?php
if (count($errors)>0){
  // エラーがあったとき
  echo '<ol class="error">';
  foreach ($errors as $value) {
    echo "<li>", $value , "</li>";
  }
  echo "</ol>";
?>
```

$errors 配列からすべての値を取り出します

「戻る」のボタンを表示する

「戻る」のボタンはフォームを使って作り、クリックしたならば入力フォーム画面の warikanForm.php を実行します。この例ではエラーがあったときだけ「戻る」ボタンを表示していますが、この部分のコードを if 文の外に出せばエラーがあってもなくても「戻る」ボタンを表示できます。

php 「戻る」のボタンを表示する

«sample» **check_number/warikan.php**

```
<!-- 戻るボタンのフォーム -->
  <form method="POST" action="warikanForm.php">
    <ul>
      <li><input type="submit" value="戻る" ></li>
    </ul>
  </form>
```

NOTE

前回入力しておいた値をフィールドに残しておきたい

ページを戻って入力フォーム画面を表示し直すと完全に初期の状態からのやり直しになります。フォーム入力画面に戻ってきたとき、前回入力した値をフィールドに残しておきたい場合は、次節で説明する hidden タイプを活用するか（☞ P.327）、あるいはセッションの機能を活用します（☞ P.428）。

正規表現を使って郵便番号をチェックする

正規表現を利用すると入力された値を厳密にかつ効率よくチェックできます。正規表現の使い方については、「Section5-7　正規表現の基本知識」と「Section5-8　正規表現でマッチした値の取り出しと置換」で詳しく、多くの例を使って解説したのでそちらを参考にしてください。

ここではよく利用する例として郵便番号の入力を正規表現でチェックする方法を示します。なお、HTML5 からは <input> タグに pattern 属性を追加して正規表現での入力制限ができますが、その場合にもサーバ側では値のチェックが必要です。

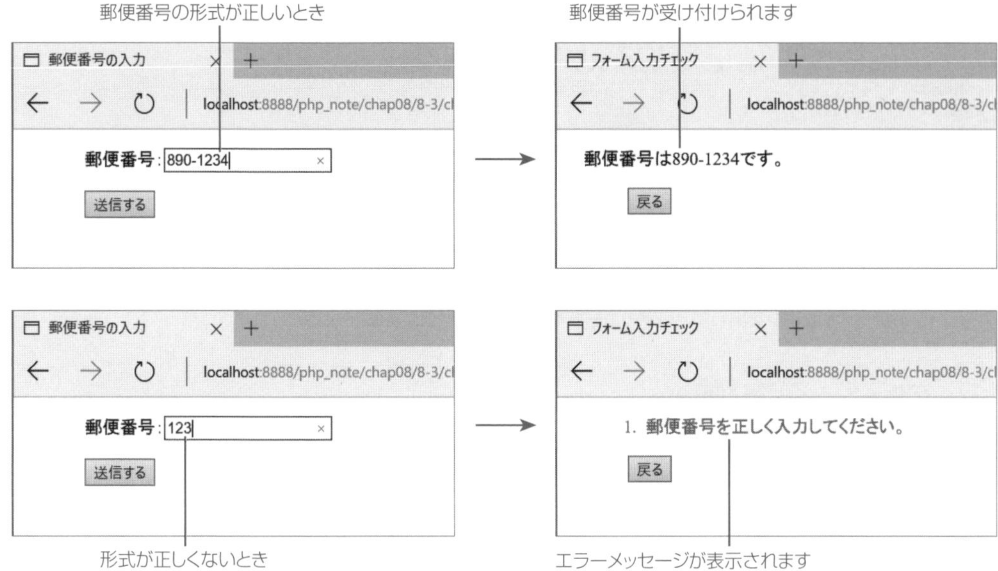

郵便番号を入力するフォームを作る

先に郵便番号を入力するフォームを作る部分のコードを示しておきます。これまでの入力フォームを作るコードと同じです。<input> の type は "text"、name は "zip" にしてあります。

php 郵便番号を入力するフォームを作る

«sample» check_zip/zipCheckForm.php

```
    <form method="POST" action="zipCheck.php">
      <ul>
        <li><label>郵便番号：<input type="text" name="zip" ></label></li>
        <li><input type="submit" value="送信する" ></li>
      </ul>
    </form>
```

郵便番号をチェックする

フォームで入力した郵便番号をチェックするコードは次のとおりです。基本的な流れはこれまでと同じです。文字エンコードの検証と HTML エスケープの処理を行った後で $_POST['zip'] から $zip に値を取り出してチェックします。

郵便番号は「123-4567」という形式、つまり「3 桁の数字 - 4 桁の数字」の形式をしています。これを正規表現のパターンで書くと /^[0-9]{3}-[0-9]{4}$/ になります。preg_match() を使って $zip をチェックして、戻り値が true ではないときが郵便番号エラーと判断できます。（正規表現☞ P.178）

php 郵便番号を入力するフォームを作る

«sample» check_zip/zipCheck.php

```
<!DOCTYPE html>
<html lang="ja">
<head>
```

```
    <meta charset="utf-8">
    <title>フォーム入力チェック</title>
    <link href="../../css/style.css" rel="stylesheet">
  </head>
  <body>
  <div>

  <?php
    require_once("../../lib/util.php");
    // 文字エンコードの検証
    if (!cken($_POST)){
      $encoding = mb_internal_encoding();
      $err = "Encoding Error! The expected encoding is " . $encoding ;
      // エラーメッセージを出して、以下のコードをすべてキャンセルする
      exit($err);
    }
    // HTML エスケープ（XSS 対策）
    $_POST = es($_POST);
  ?>

  <?php
    // エラーメッセージを入れる配列
    $errors = [];
    if(isset($_POST['zip'])){
      // 郵便番号を取り出す
      $zip = trim($_POST['zip']);
      // 郵便番号のパターン
      $pattern = "/^[0-9]{3}-[0-9]{4}$/"; ――― 郵便番号のパターンでチェックします
      if (!preg_match($pattern, $zip)){
        // 郵便番号の形式になっていない
        $errors[] ="郵便番号を正しく入力してください。";
      }
    } else {
      // 未設定エラー
      $errors[] ="郵便番号を正しく入力してください。";
    }
  ?>

  <?php
  if (count($errors)>0){
    // エラーがあったとき
    echo '<ol class="error">';
    foreach ($errors as $value) {
      echo "<li>", $value , "</li>";
    }
    echo "</ol>";
  } else {
    // エラーがなかったとき
    echo "郵便番号は{$zip}です。";
  }
  ?>

  <!-- 戻りボタンのフォーム -->
    <form method="POST" action="zipCheckForm.php">
      <ul>
        <li><input type="submit" value="戻る" ></li>
      </ul>
    </form>

  </div>
  </body>
  </html>
```

Section 8-4

隠しフィールドで POST する

hidden タイプを利用することで、フォームでユーザが入力する値とは別に用意した値を POST リクエストに含ませることができます。戻るボタンでフォーム入力ページに戻ったときに入力しておいた値を初期値として表示する方法も紹介します。

隠しフィールドを使う

フォームの <input> タグの type 属性で "hidden" を指定すると見えない隠しフィールドになります。この機能を活用することで、ユーザ入力ではない値を POST リクエストに含ませることができます。

次のフォームでは「割引率」、「単価」、「個数」の３つの値を POST しますが、ユーザに入力してもらうのは「個数」のテキストフィールドだけです。

個数だけを入力するフォームを作る

入力フォームを表示するコードは次のとおりです。割引率と単価を入力する <input> タグの type 属性を "hidden" にし、value 属性で入力値を設定している点に注目してください。

php 入力フォームを表示する

«sample» hiddenValue/discountForm.php

```
<!DOCTYPE html>
<html lang="ja">
<head>
<meta charset="utf-8">
<title>割引購入ページ</title>
<link href="../../css/style.css" rel="stylesheet">
</head>
<body>
<div>
```

```
  <?php
    // 割引率
    $discount = 0.8;
    $off = (1 - $discount)*100;
    if ($discount>0){
      echo "<h2>このページでのご購入は {$off}% OFF になります！</h2>";
    }
    // 単価の設定
    $tanka = 2900;
    // 3桁位取り
    $tanka_fmt = number_format($tanka);
   ?>

  <!-- 入力フォームを作る -->
  <form method="POST" action="discount.php">
    <!-- 隠しフィールドに割引率と単価を設定して POST する -->
    <input type="hidden" name="discount" value="<?php echo $discount; ?>">
    <input type="hidden" name="tanka" value="<?php echo $tanka; ?>">
    <ul>
      <li><label>単価：<?php echo $tanka_fmt; ?>円</label></li>
      <li><label>個数：
        <input type="number" name="kosu">
      </label></li>
      <li><input type="submit" value="計算する" ></li>
    </ul>
  </form>
</div>
</body>
</html>
```

変数に入っている値をPOSTします

見えない入力フォームを作る

POSTリクエストに割引率と単価を含めるには、ユーザが値を入力するフォームを作る場合と同じように<input>タグで割引率と単価の入力部品を作ります。そして<input>タグのtype属性の値を"hidden"にして見えない隠しフィールドにし、先に値を設定しておいた割引率$discountと単価$tankaのそれぞれの値をvalueに設定します。

ここでは入力フォームの作成をHTMLコードで直接書いているのでvalue="<?php echo $discount; ?>"のように値の入った変数を書き出す部分だけをPHPタグで囲みます。

php 隠しフィールドを作る

«sample» **hiddenValue/discountForm.php**

```
    <input type="hidden" name="discount" value="<?php echo $discount; ?>">
    <input type="hidden" name="tanka" value="<?php echo $tanka; ?>">
```

セキュリティ対策　hiddenタイプで受け取った値も安全ではない

ユーザ入力ができないhiddenタイプのフォームから受け取った値ならば安全ということはありません。hiddenタイプのフォームはソースコードには表示されるので、改ざんされると困る値をそのまま送ることは危険です。（対応方法 ☞ P.341）

「計算する」ボタンで実行するコード

「計算する」ボタンで実行する discount.php では、POST された値を $_POST で受け取って処理します。hidden タグを使って POST されたデータも $_POST['discount'] のように変数に取り出すことができます。見えないフィールドからの入力であっても改ざんの危険はあるので入力チェックも行います。

php POST で渡された値を取り出す

«sample» hiddenValue/discount.php

```
  // エラーメッセージを入れる配列
  $errors = [];
  // 割引率の入力値（隠しフィールド）
  if(isset($_POST['discount'])) {
    $discount = $_POST['discount'];
    // 入力値のチェック
    if (!is_numeric($discount)){
      // 数値ではないときエラー
      $errors[] = "割引率の数値エラー";
    }
  } else {
    // 未設定エラー
    $errors[] = "割引率が未設定";
  }
  // 単価の入力値（隠しフィールド）
  if(isset($_POST['tanka'])) {
    $tanka = $_POST['tanka'];
    // 入力値のチェック
    if (!ctype_digit($tanka)){
      // 整数ではないときエラー
      $errors[] = "単価の数値エラー";
    }
  } else {
    // 未設定エラー
    $errors[] = "単価が未設定";
  }
```

discount.php の全体のコードは次のとおりです。処理の手順などは前節の割り勘計算と基本的に同じです。最初に文字エンコードの検証と HTML エスケープを行い、続いて入力値のチェックをします。入力値にエラーがなければ計算をして結果を表示し、入力値にエラーがあったならばエラーメッセージを表示します。

php　POST で渡された値を使って計算する

«sample» hiddenValue/discount.php

```
<!DOCTYPE html>
<html lang="ja">
<head>
  <meta charset="utf-8">
  <title>金額の計算</title>
  <link href="../../css/style.css" rel="stylesheet">
</head>
<body>
<div>
<?php
  require_once("../../lib/util.php");
  // 文字エンコードの検証
  if (!cken($_POST)){
    $encoding = mb_internal_encoding();
    $err = "Encoding Error! The expected encoding is " . $encoding ;
    // エラーメッセージを出して、以下のコードをすべてキャンセルする
    exit($err);
  }
  // HTML エスケープ（XSS 対策）
  $_POST = es($_POST);
?>

<?php
  // エラーメッセージを入れる配列
  $errors = [];
  // 割引率の入力値（隠しフィールド）
  if(isset($_POST['discount'])) {
    $discount = $_POST['discount'];
    // 入力値のチェック
    if (!is_numeric($discount)){
      // 数値ではないときエラー
      $errors[] = "割引率の数値エラー";
    }
  } else {
    // 未設定エラー
    $errors[] = "割引率が未設定";
  }
  // 単価の入力値（隠しフィールド）
  if(isset($_POST['tanka'])) {
    $tanka = $_POST['tanka'];
    // 入力値のチェック
    if (!ctype_digit($tanka)){
      // 整数ではないときエラー
      $errors[] = "単価の数値エラー";
    }
  } else {
    // 未設定エラー
    $errors[] = "単価が未設定";
  }
?>

<?php
  // 個数の入力値
  if(isset($_POST['kosu'])) {
    $kosu = $_POST['kosu'];
    // 入力値のチェック
    if (!ctype_digit($kosu)){
```

隠しフィールドから値を受け取ります

入力フィールドからの値を受け取ります

```
        // 整数ではないときエラー
        $errors[] = "個数は正の整数で入力してください。";
      }
    } else {
      // 未設定エラー
      $errors[] = "個数が未設定";
    }
?>

<?php
if (count($errors)>0){
  // エラーがあったとき
  echo '<ol class="error">';
  foreach ($errors as $value) {
    echo "<li>", $value , "</li>";
  }
  echo "</ol>";
} else {
  // エラーがなかったとき（端数は切り捨て）
  $price = $tanka * $kosu;
  $discount_price = floor($price * $discount); ———— floor() は切り捨ての関数です
  $off_price = $price - $discount_price;
  $off_per = (1 - $discount)*100;
  // 3桁位取り
  $tanka_fmt = number_format($tanka);
  $discount_price_fmt = number_format($discount_price);
  $off_price_fmt = number_format($off_price);
  // 表示する
  echo "単価：{$tanka_fmt}円、", "個数：{$kosu}個", "<br>";
  echo "金額：{$discount_price_fmt}円", "<br>";
  echo "（割引：-{$off_price_fmt}円、{$off_per}% OFF）", "<br>";
}
?>

<!-- 戻りボタンのフォーム -->
  <form method="POST" action="discountForm.php">
    <ul>
      <li><input type="submit" value="戻る" ></li>
    </ul>
  </form>

</div>
</body>
</html>
```

Part 3 Chapter 8

戻ったページに前回の入力値を残しておく

「戻る」ボタンで入力フォームに戻ったとき、新規にフォーム入力画面を表示すると入力フィールドの値は空になっています。やはり、前のページに戻った場合には前回入力した値が残っている方が親切です。このような場合にもhiddenタイプの入力を利用できます。

なお、ページ間の移動で値を持ち回りたいときはセッション変数を利用する方法があります。セッション変数については改めて説明します。（☞ P.412、P.428）

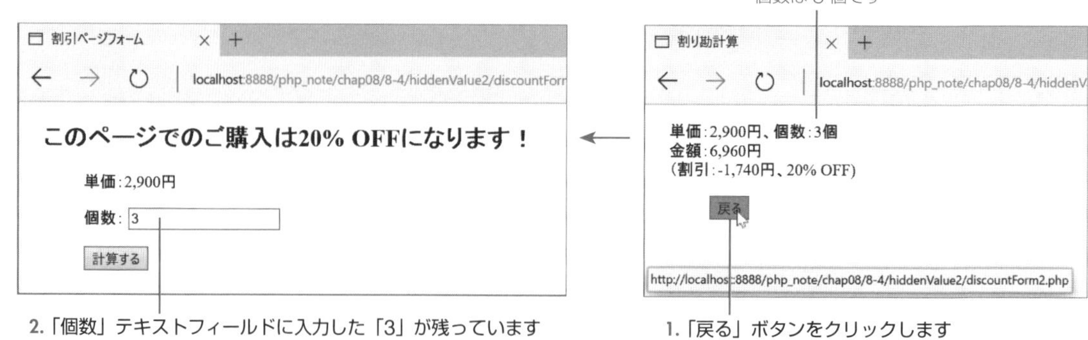

戻るボタンで個数を渡す

割引ページフォームでフォーム入力された「個数」の値はPOSTされ渡されてきていて$kosuに入っています。そこで「戻る」ボタンで割引購入ページに戻る際のPOSTデータに$kosuの値を含めて送り返します。

その方法は「割引率」と「単価」の渡した方と同じで、見えない入力フォームを使います。先のサンプルdiscount.phpの最後にある「<!-- 戻るボタンのフォーム -->」のHTMLコード部分を次のように書き替えます。これで「戻る」ボタンをクリックすると$kosuの値がPOSTされます。

php　個数を入力フォームに渡す「戻る」ボタン

«sample» **hiddenValue_default/discount.php**

```
<!-- 戻るボタンのフォーム -->
  <form method="POST" action="discountForm.php">
    <!-- 隠しフィールドに個数を設定して POST する -->
    <input type="hidden" name="kosu" value="<?php echo $kosu; ?>">
    <ul>
      <li><input type="submit" value="戻る" ></li>
    </ul>
  </form>
```

「戻る」ボタンで開いたとき前回入力した値を表示する

個数の入力フォームを表示するコードは基本的には元のものと違いはありませんが、「戻る」ボタンでPOSTされた値を受け取って、「個数」テキストフィールドの初期値として設定するコードが追加されています。 戻りにはユーザ入力はありませんが、念のために最初に文字エンコードの検証とHTMLエスケープも行っています。次のコードの色を敷いてある範囲が追加したコードです。

php　前回の値を表示する入力フォーム

«sample» **hiddenValue_default/discountForm.php**

```
<!DOCTYPE html>
<html lang="ja">
<head>
<meta charset="utf-8">
<title>割引購入ページ</title>
```

```
<link href="../../css/style.css" rel="stylesheet">
</head>
<body>
<div>
  <?php
    require_once("../../lib/util.php");
    // 文字エンコードの検証
    if (!cken($_POST)){
      $encoding = mb_internal_encoding();
      $err = "Encoding Error! The expected encoding is " . $encoding ;
      // エラーメッセージを出して、以下のコードをすべてキャンセルする
      exit($err);
    }
    // HTML エスケープ（xss 対策）
    $_POST = es($_POST);
  ?>

  <?php
    /* 再入力ならば前回の値を初期値にする */
    // 個数に値があるかどうか
    if (isset($_POST['kosu'])){
      $kosu = $_POST['kosu'];  ——— 前回の値が入ります
    } else {
      $kosu = "";
    }
  ?>

  <?php
    // 割引率
    $discount = 0.8;
    $off = (1 - $discount)*100;
    if ($discount>0){
      echo "<h2>このページでのご購入は {$off}% OFF になります！ </h2>";
    }
    // 単価の設定
    $tanka = 2900;
    // 3桁位取り
    $tanka_fmt = number_format($tanka);
   ?>

  <!-- 入力フォームを作る -->
  <form method="POST" action="discount2.php">
    <!-- 隠しフィールドに割引率と単価を設定して POST する -->
    <input type="hidden" name="discount" value="<?php echo $discount; ?>">
    <input type="hidden" name="tanka" value="<?php echo $tanka; ?>">
    <ul>
      <li><label>単価：<?php echo $tanka_fmt ?>円</label></li>
      <li><label>個数：
        <input type="number" name="kosu" value="<?php echo $kosu; ?>">
      </label></li>
      <li><input type="submit" value="計算する" ></li>
    </ul>
  </form>
</div>
</body>
</html>
```

POST リクエストに値があれば取り出す

「戻る」ボタンで開いたかどうかは、isset() を使って $_POST['kosu'] に値がセットされているかどうかで判断します。値がセットされているならば $kosu にその値を取り出しておきます。

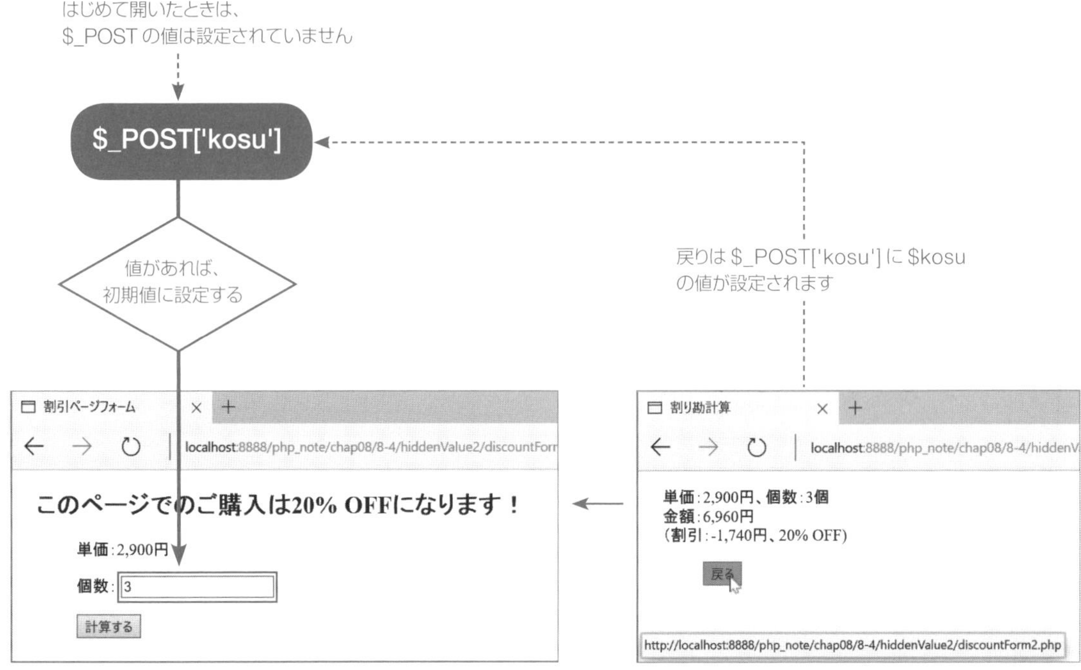

php POST データに個数の値があれば $kosu に取り出す

«sample» hiddenValue_default/discountForm.php

```
<?php
  /* 再入力ならば前回の値を初期値にする */
  // 個数に値があるかどうか
  if (isset($_POST['kosu'])){
    $kosu = $_POST['kosu'];
  } else {
    $kosu = "";
  }
?>
```

入力フォームに $kosu の値を初期値として表示する

個数を入力するテキストフィールドに $kosu に入れた値を表示するには、<input> タグの value 属性に値を設定します。フォームを作る部分は HTML コードで直接書いているので、「value="<?php echo $kosu; ?>"」のように指定します。

php 「個数」テキストフィールドに値を表示する

«sample» hiddenValue_default/discountForm.php

```
  <!-- 入力フォームを作る -->
  <form method="POST" action="discount2.php">
    <!-- 隠しフィールドに割引率と単価を設定して POST する -->
    <input type="hidden" name="discount" value="<?php echo $discount; ?>">
    <input type="hidden" name="tanka" value="<?php echo $tanka; ?>">
    <ul>
      <li><label>単価：<?php echo $tanka_fmt; ?>円</label></li>
      <li><label>個数：
        <input type="number" name="kosu" value="<?php echo $kosu; ?>">
      </label></li>
      <li><input type="submit" value="計算する" ></li>
    </ul>
  </form>
```

前回の値が初期値として入ります

Section 8-5

クーポンコードを使って割引率を決める

フォーム入力の値に限らずユーザから送られてくる値に不正がないかどうかはチェックする必要があります。割引率や価格などは直接の値をそのまま受け渡さない工夫が必要です。この節では、前節で作った割引ページフォームを改良して、クーポンコードと商品 ID を使って割引率と価格の改ざんに対処する方法を説明します。

割引率と価格を安全に渡す

前節で隠しフィールドを説明するために使ったサンプルでは、割引率と価格を隠しフィールドの値にしてサーバ側に POST していました。しかし、もし割引率 99%、価格 1 円というように改ざんされると大きな被害が発生します。

重要な値を直接送らない

このような改ざんに対応するために行わなければならないことは少なくありませんが、「重要な値は直接送らない」という対処法がまずは有効です。

次のサンプルでは、割引率や商品にクーポンコードや商品 ID を付けておき、サーバとやり取りする情報はそのような識別 ID だけにします。実際に割引率を表示したり金額を計算したりする場合には、クーポンコードや商品 ID を引数にして別ファイルに用意した配列やデータベースから取り出した値を使います。これならば正しいクーポンコードや商品 ID がわからないと不正ができません。もし、発行されていないクーポンコードや商品 ID の問い合わせがあったならばエラーとして処理します。

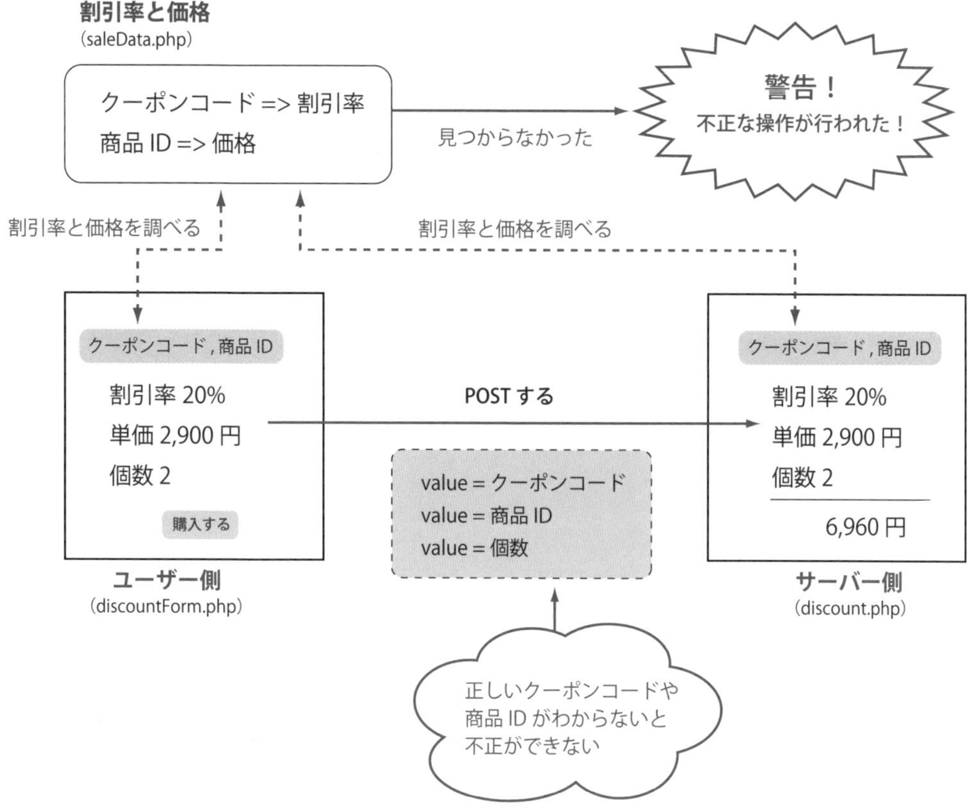

NOTE

セッション変数を活用する

Web ページ間で値を受け渡したい場合、スーパーグローバル変数の 1 つであるセッション変数 $_SESSION を活用する方法があります。(☞ P.412)

割引購入ページと金額計算ページの両方から参照するデータ

まず、割引購入ページ（discountForm.php）と金額計算ページ（discount.php）の両方から参照する共有ファイル（saledata.php）を用意します。共有ファイルには割引率の $couponList と価格の $priceList の 2 つの配列があり、クーポンコードで割引率を調べる getCouponRate() と商品 ID で価格を調べる getPrice() を定義します。

php 割引率と価格の値が書いてある共有ファイル

«sample» value_safety/saledata.php

```
<?php
  // 販売データ
  $couponList = ["nf23qw"=>0.75, "ha45as"=>0.8, "hf56zx"=>8.5];
  $priceList = ["ax101"=>2300, "ax102"=>2900];

  // クーポンコードで割引率を調べて返す
  function getCouponRate($code){
    global $couponList;
    // 該当するクーポンコードがあるかどうかチェックする
    $isCouponCode = array_key_exists($code, $couponList);
    if ($isCouponCode){
      return $couponList[$code];
    } else {
      // 見つからなかったならば NULL を返す
      return NULL;
    }
  }

  // 商品 ID で価格を調べて返す
  function getPrice($id){
    global $priceList;
    // 該当する商品 ID があるかどうかチェックする
    $isGoodsID = array_key_exists($id, $priceList);
    if ($isGoodsID){
      return $priceList[$id];
    } else {
      // 見つからなかったならば NULL を返す
      return NULL;
    }
  }

// ?>
```

クーポンコードの割引率と商品の価格

このデータを外部ファイルやデータベースからの読み込みにするとさらに安全です

割引率を返します

価格を返します

不正なクーポンコード、商品 ID の問い合わせがあったらエラーにする

getCouponRate() と getPrice() では引数のクーポンコード／商品 ID で値を調べる前に、array_key_exists() を使って問い合わせがあったクーポンコード／商品 ID のキーが配列に存在するかどうかを事前にチェックします。そして、結果が false のときは NULL を返します。

NOTE

配列のキーの存在をチェックしない場合

配列にキーが存在するかどうかをチェックせずに $couponList[$code] や $priceList[$id] を実行すると不正なクーポンコードや商品 ID が使われたときにインデックスエラーが発生します。

割引購入ページを作る

割引購入ページは前節の hiddenValue_default/discountForm.php（☞ P.332）と基本的には同じです。違う点は2箇所あります。1つ目は、saleData.php からセールデータを読み込んでクーポンコードと商品 ID から割引率 $discount と単価 $tanka を設定する点です。2つ目は、フォームの隠しフィールドから割引率と単価を送信する際にもクーポンコードと商品 ID を送る点です。

php 割引率と単価を POST しなくて済むようにクーポンコードと商品 ID を使う

«sample» value_safety/discountForm.php

```
<!DOCTYPE html>
<html lang="ja">
<head>
<meta charset="utf-8">
<title>割引購入ページ</title>
<link href="../../css/style.css" rel="stylesheet">
</head>
<body>
<div>
  <?php
    require_once("../../lib/util.php");
    // 文字エンコードの検証
    if (!cken($_POST)){
      $encoding = mb_internal_encoding();
      $err = "Encoding Error! The expected encoding is " . $encoding ;
      // エラーメッセージを出して、以下のコードをすべてキャンセルする
      exit($err);
    }
    // HTML エスケープ（XSS 対策）
    $_POST = es($_POST);
  ?>

  <?php
    /* 再入力ならば前回の値を初期値にする */
    // 個数に値があるかどうか
    if (isset($_POST['kosu'])){
      $kosu = $_POST['kosu'];
    } else {
      $kosu = "";
    }
  ?>

  <?php
    // セールデータを読み込む
    require_once("saleData.php");
    // クーポンコードと商品 ID
    $couponCode = "ha45as";
    $goodsID = "ax102";
    // 割引率と単価
    $discount = getCouponRate($couponCode);
    $tanka = getPrice($goodsID);
    // 割引率と単価に値があるかどうかチェックする
    if (is_null($discount)||is_null($tanka)){
      // エラーメッセージを出して、以下のコードをすべてキャンセルする
      $err = '<div class="error">不正な操作がありました。</div>';
      exit($err);
    }
  ?>

  <?php
    $off = (1 - $discount)*100;
    if ($discount>0){
      echo "<h2>このページでのご購入は {$off}% OFF になります！</h2>";
    }
    // 3桁位取り
    $tanka_fmt = number_format($tanka);
  ?>
```

$discount と $tanka の値を直接書かずに式で求めます

クーポンコードと商品 ID から割引率と単価を調べます

```
    <!-- 入力フォームを作る -->
    <form method="POST" action="discount.php">
      <!-- 隠しフィールドにクーポンコードと商品 ID を設定して POST する -->
      <input type="hidden" name="couponCode" value="<?php echo $couponCode; ?>">
      <input type="hidden" name="goodsID" value="<?php echo $goodsID; ?>">
      <ul>
        <li><label>単価：<?php echo $tanka_fmt; ?>円</label></li>
        <li><label>個数：
          <input type="number" name="kosu" value="<?php echo $kosu; ?>">
        </label></li>
        <li><input type="submit" value="計算する" ></li>
      </ul>
    </form>
  </div>
  </body>
  </html>
```

割引率と価格を直接書きません

クーポンコードから割引率、商品 ID から価格をセットする

前準備として $couponList と $priceList が書いてある saleData.php（☞ P.338）を読み込んでおき、次にクーポンコード $couponCode と商品 ID $goodsID の値を設定します。そして、saleData.php に定義してある getCouponRate() と getPrice() を使って割引率と単価を求めます。

php 共通のセールデータを読み込んで割引率と価格を取り出して変数にセットする

«sample» **value_safety/discountForm.php**

```
    // セールデータを読み込む
    require_once("saleData.php");
    // クーポンコードと商品 ID
    $couponCode = "ha45as";
    $goodsID = "ax102";
    // 割引率と単価
    $discount = getCouponRate($couponCode);
    $tanka = getPrice($goodsID);
```

クーポンコードの割引率と商品 ID の価格が書いてあるコードを読み込みます

不正なコードが使われたならば警告して処理をキャンセルする

$discount と $tanka に読み込んだ値のどちらかが NULL だったときは、不正なコードが使われたことになるので、exit() を使って「不正な操作がありました。」というエラーメッセージを出して続くコードの処理をすべてキャンセルします。

php 不正なコードが使われたならば警告する

«sample» **value_safety/discountForm.php**

```
    // 割引率と単価に値があるかどうかチェックする
    if (is_null($discount)||is_null($tanka)){
      // エラーメッセージを出して、以下のコードをすべてキャンセルする
      $err = '<div class="error">不正な操作がありました。</div>';
      exit($err);
    }
```

処理を中断します

隠しフィールドの値にクーポンコードと商品 ID を設定する

値が揃ったところで入力フォームを作ります。入力フォームには2つの隠しフィールドと個数を入力するフィールドがあります。この部分は前節と同じなので説明は不要でしょうが、ただ1つここで重要なのが、2つの隠しフィールドでは割引率の代わりにクーポンコード $couponCode、価格の代わりに商品 ID$goodsID を value に設定するという点です。name 属性も "couponCode" と "goodsID" にします。

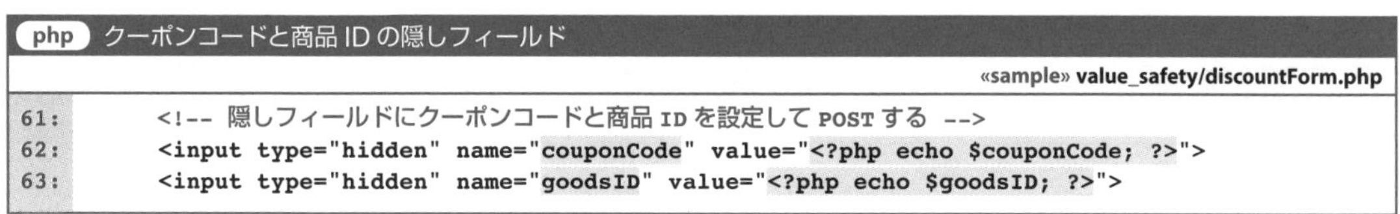

php クーポンコードと商品 ID の隠しフィールド

«sample» value_safety/discountForm.php

```
        <!-- 隠しフィールドにクーポンコードと商品 ID を設定して POST する -->
        <input type="hidden" name="couponCode" value="<?php echo $couponCode; ?>">
        <input type="hidden" name="goodsID" value="<?php echo $goodsID; ?>">
```

開発ツールを使ってソースコードを見ると隠しフィールドに設定されている値も見ることができますが、ソースコードには参照しているセールデータに関する記述はありません。フォームの value にはクーポンコードや商品 ID が入っているので、割引率や価格を直接書き替えるといった不正を防ぐことができます。

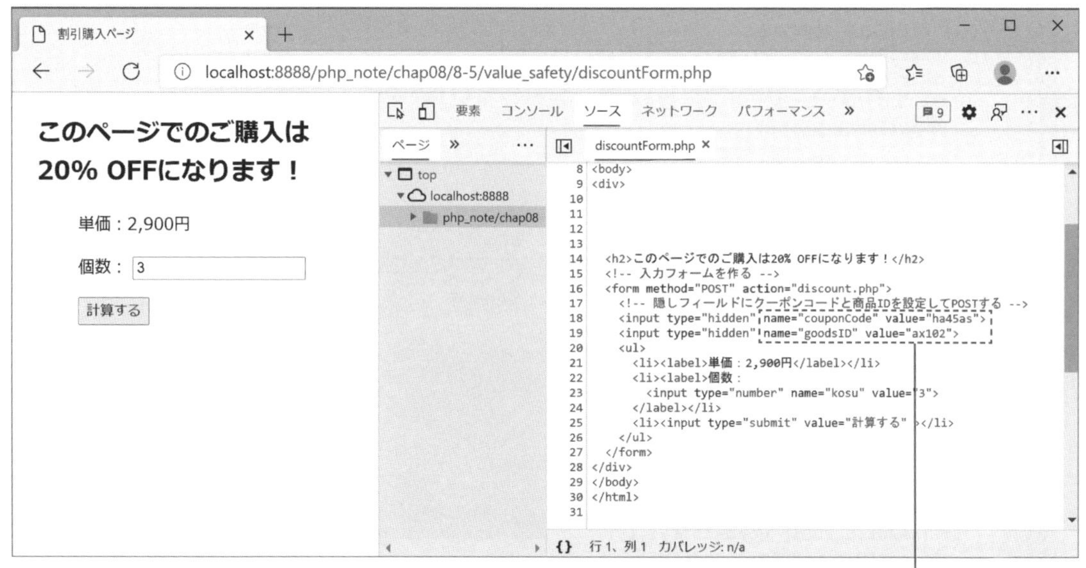

出力されたソースコードを見ても割引率や価格の不正はできません

POST されたリクエストを処理する

POST されたリクエストを処理する discount.php のコードも前節の hiddenValue_default/discount.php と基本的には同じです（☞ P.330）。違う部分は隠しフィールドから送られてきた値がクーポンコードと商品 ID なので、共通ファイル saleData.php（☞ P.338）のセールデータを読み込んで割引率と価格に置き換える必要がある点です。送られてきたクーポンコードと商品 ID がセールデータに見つからなければ、POST データに改ざんがあった可能性があります。

php POST されたリクエストを処理する

«sample» **value_safety/discount.php**

```
<!DOCTYPE html>
<html lang="ja">
<head>
  <meta charset="utf-8">
  <title>金額の計算</title>
  <link href="../../css/style.css" rel="stylesheet">
</head>
<body>
<div>
<?php
  require_once("../../lib/util.php");
  // 文字エンコードの検証
  if (!cken($_POST)){
    $encoding = mb_internal_encoding();
    $err = "Encoding Error! The expected encoding is " . $encoding ;
    // エラーメッセージを出して、以下のコードをすべてキャンセルする
    exit($err);
  }
  // HTML エスケープ（XSS 対策）
  $_POST = es($_POST);
?>

<?php
  // エラーメッセージを入れる配列
  $errors = [];
    // クーポンコード
  if (isset($_POST['couponCode'])) {
    $couponCode = $_POST['couponCode'];
  } else {
    // 未設定エラー
    $couponCode = "";
  }
  // 商品 ID
  if (isset($_POST['goodsID'])) {
    $goodsID = $_POST['goodsID'];
  } else {
    // 未設定エラー
    $goodsID = "";
  }
?>

<?php
  // セールデータを読み込む
  require_once("saleData.php");
  // 割引率と単価
  $discount = getCouponRate($couponCode);
```

クーポンコードと商品 ID を使って、割引率と単価を調べます

```
  $tanka = getPrice($goodsID);
  // 割引率と単価に値があるかどうかチェックする
  if (is_null($discount)||is_null($tanka)){
    // エラーメッセージを出して、以下のコードをすべてキャンセルする
    $err = '<div class="error">不正な操作がありました。</div>';
    exit($err);
  }
?>

<?php
  // 個数の入力値
  if(isset($_POST['kosu'])) {
    $kosu = $_POST['kosu'];
    // 入力値のチェック
    if (!ctype_digit($kosu)){
      // 整数ではないときエラー
      $errors[] = "個数は整数で入力してください。";
    }
  } else {
    // 未設定エラー
    $errors[] = "個数が未設定";
  }
?>

<?php
if (count($errors)>0){
  // エラーがあったとき
  echo '<ol class="error">';
  foreach ($errors as $value) {
    echo "<li>", $value , "</li>";
  }
  echo "</ol>";
} else {
  // エラーがなかったとき（端数は切り捨て）
  $price = $tanka * $kosu;
  $discount_price = floor($price * $discount);
  $off_price = $price - $discount_price;
  $off_per = (1 - $discount)*100;
  // 3桁位取り
  $tanka_fmt = number_format($tanka);
  $discount_price_fmt = number_format($discount_price);
  $off_price_fmt = number_format($off_price);
  // 表示する
  echo "単価：{$tanka_fmt}円、", "個数：{$kosu}個", "<br>";
  echo "金額：{$discount_price_fmt}円", "<br>";
  echo "（割引：-{$off_price_fmt}円、{$off_per}% OFF)", "<br>";
}
?>

<!-- 戻りボタンのフォーム -->
  <form method="POST" action="discountForm.php">
    <!-- 隠しフィールドに個数を設定して POST する -->
    <input type="hidden" name="kosu" value="<?php echo $kosu; ?>">
    <ul>
      <li><input type="submit" value="戻る" ></li>
    </ul>
  </form>

</div>
</body>
</html>
```

該当するクーポンコード、商品 ID があるかどうかチェックする

入力フォームから POST されたクーポンコード、商品 ID、個数を $_POST から取り出して計算する流れはこれまでと同じです。まず、POST されたクーポンコードと商品 ID を $_POST から取り出します。もし、値が設定されていないときは "" を代入して変数を空に初期化しておきます。値を空にしておけば続く値チェックでエラーとして処理されます。

php POST されたクーポンコードと商品 ID を取り出す

«sample» value_safety/discount.php

```
    // クーポンコード
    if (isset($_POST['couponCode'])) {
      $couponCode = $_POST['couponCode'];
    } else {
      // 未設定エラー
      $couponCode = "";
    }
    // 商品 ID
    if (isset($_POST['goodsID'])) {
      $goodsID = $_POST['goodsID'];
    } else {
      // 未設定エラー
      $goodsID = "";
    }
```

次に POST されたクーポンコードと商品 ID から割引率と価格を調べるために saleData.php（☞ P.338）を読み込み、続いて saleData.php で定義してある getCouponRate() と getPrice() でクーポンコードと商品 ID から割引率と単価を調べ、もしどちらかの値が NULL だったならば不正な操作があったと判断して続く処理をすべてキャンセルします。この部分は先の discountForm.php（☞ P.339）と共通の処理です。

php クーポンコードと商品 ID から割引率と単価を調べる

«sample» value_safety/discount.php

```
    // セールデータを読み込む
    require_once("saleData.php");
    // 割引率と単価
    $discount = getCouponRate($couponCode);
    $tanka = getPrice($goodsID);
    // 割引率と単価に値があるかどうかチェックする
    if (is_null($discount)||is_null($tanka)){
      // エラーメッセージを出して、以下のコードをすべてキャンセルする
      $err = '<div class="error">不正な操作がありました。</div>';
      exit($err);
    }
```

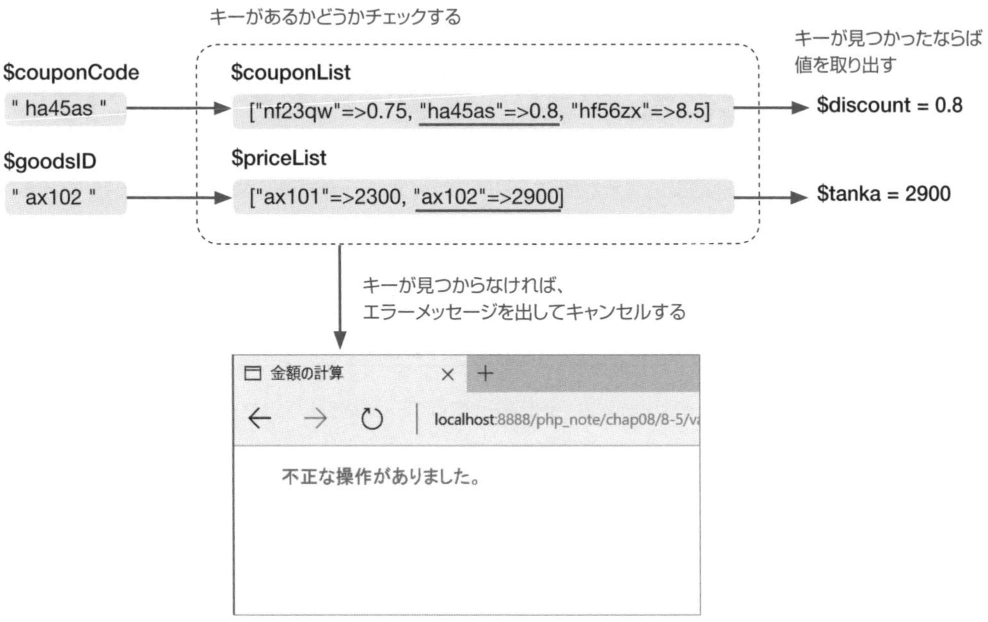

セキュリティ対策　クーポンコードの発行と管理

ここではクーポンコードと商品価格の値が配列で書いてある saledata.php ファイルをサーバに保存しています。Web ブラウザで saledata.php を開いてもコードを読むことはできませんが、さらなる安全性を考慮するならば、このような値はデーターベースで管理すべきです。その場合の変更は saledata.php だけで済みます。

Section 8-6

フォームの作成と結果表示を同じファイルで行う

この節ではフォームの作成と処理結果の表示を同じPHPファイルで行う方法、つまり同じURLでどちらも実行する方法を説明します。1つのファイルでフォーム処理が完結します。サーバからの情報を取り出すスーパーグローバル変数$_SERVERも利用します。

1つのファイルでフォーム処理の入出力を行う

前節までの例ではフォーム入力のページと処理結果を表示するページを分けて2ページを使って表示していました。つまり、入力用のPHPファイルと出力用のPHPファイルを作っていましたが、これを1つのファイルで書くこともできます。これまでのサンプルでは、出力ページのURLが直接開かれた場合にどう対応するかに触れずにきましたが、入出力が同じURLになるので、その対処もおのずと組み込むことになります。

マイル数を入力するとキロメートルに換算できるページ

次の例では、テキストフィールドにマイル数を入力するとキロメートルに換算した結果を同じページに表示します。換算結果が同じページに表示されるので、続けて別の値を換算できます。

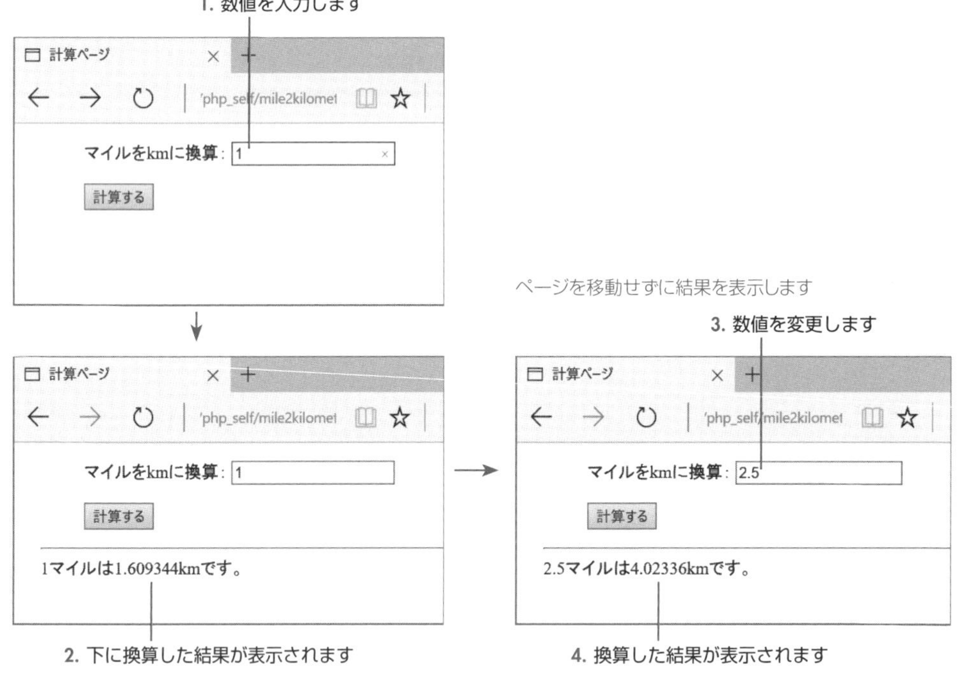

php マイルを km に換算するフォームページ

«sample» php_self/mile2kilometer.php

```
<!DOCTYPE html>
<html lang="ja">
<head>
<meta charset="utf-8">
<title>計算ページ</title>
<link href="../../css/style.css" rel="stylesheet">
</head>
<body>
<div>
  <?php
  require_once("../../lib/util.php");
  // 文字エンコードの検証
  if (!cken($_POST)){
    $encoding = mb_internal_encoding();
    $err = "Encoding Error! The expected encoding is " . $encoding ;
    // エラーメッセージを出して、以下のコードをすべてキャンセルする
    exit($err);
  }
  // HTML エスケープ（XSS 対策）
  $_POST = es($_POST);
  ?>

  <?php
  // POST された値を取り出す
  if (isset($_POST["mile"])){
    // 数値かどうか確認する
    $isNum = is_numeric($_POST["mile"]);
    if ($isNum){
      // 数値ならば計算式とフォーム表示の値で使う
      $mile = $_POST["mile"];
      $error = "";
    } else {
      $mile = "";
      $error = '<span class="error">←数値を入力してください。</span>';
    }
  } else {
    // POST された値がないとき
    $isNum = false;
    $mile = "";
    $error = "";
  }
  ?>

  <!-- 入力フォームを作る（現在のページに POST する）-->
  <form method="POST" action="<?php echo es($_SERVER['PHP_SELF']); ?>">
    <ul>
      <li>
        <label>マイルを km に換算：
        <input type="text" name="mile" value="<?php echo $mile; ?>">
        </label>
        <!-- エラー表示 -->
        <?php echo $error; ?>
      </li>
      <li><input type="submit" value="計算する" ></li>
    </ul>
  </form>

```

$_POST に値があるので このページがフォーム入力の action で再度開きます

$_POST に値がないので このページがはじめて開いたときです

入力フォームの表示

現在開いているページに POST します

POST された入力値（マイル）を表示します

エラーがなければ空です

```
<?php
  // $mile が数値であれば計算結果を表示する
  if ($isNum) {
    echo "<HR>";
    $kilometer = $mile * 1.609344;
    echo "{$mile} マイルは {$kilometer}km です。";
  }
?>
</div>
</body>
</html>
```

区切り線

数値が POST されたとき $mile を換算して結果を表示

$mile に数値が入っているとき km に換算して表示します

ページがはじめて開いたのか POST で開いたのかを判断する

ポイントは先にも書いたように、このページのフォーム入力で再びこのページを開くところにあります。次の図がこの処理の大まかな流れです。$_POST["mile"] の値が設定されているかどうかで、はじめて開いたのか、フォームで POST されて開いたのかどうかを区別します。はじめてならば空の入力フォームを表示し、POST に値があればその入力値（マイル数）をフォームに表示し、キロメートルに換算した計算結果を表示します。

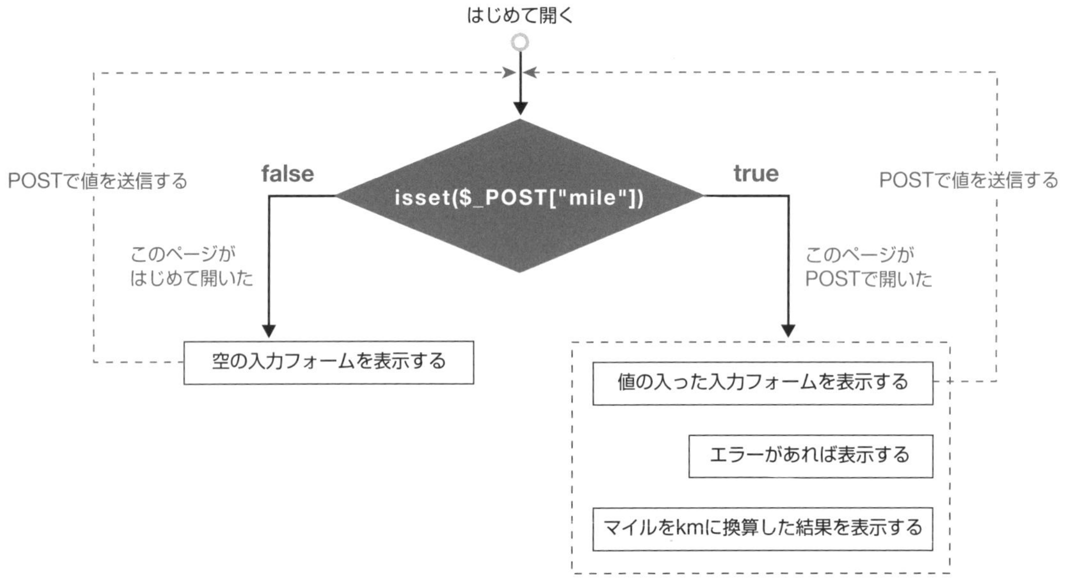

このページをはじめて開いたときは、テキストフィールドが空でもエラーメッセージが表示されません。計算結果も出力されません。

最初は空のテキストフィールドが表示されます

空での計算結果もエラーメッセージもありません

POST で開いたとき

isSet($_POST["mile"]) が true のときは POST で値が送られてきたときです。まず、その値が数値かどうかを is_numeric() で判定し、数値ならばその値を $mile に代入します。$isNum の値は換算を実行するかどうかの判断で使うので true を代入します。値が入っていても数値ではない場合は $mile を空にし、$error にはエラーメッセージを入れておきます。

isSet($_POST["mile"]) が false のときは POST ではないので、$isNum を false にし、$mile と $error は空にしておきます。

php POST でページが開いたかどうかで処理を分岐する

«sample» **php_self/mile2kilometer.php**

```
  // POST された値を取り出す
  if (isset($_POST["mile"])){
    // 数値かどうか確認する
    $isNum = is_numeric($_POST["mile"]);
    if ($isNum){
      // 数値ならば計算式とフォーム表示の値で使う
      $mile = $_POST["mile"];
      $error = "";
    } else {
      $mile = "";
      $error = '<span class="error">←数値を入力してください。</span>';
    }
  } else {
    // POST された値がないとき
    $isNum = false;
    $mile = "";
    $error = "";
  }
?>
```

入力されたマイル数を取り出します

数値以外が入力されたならばエラーメッセージを出す

is_numeric()はマイナスも含めて小数点がある値も数値として判断しますが、空白や数値以外の文字が入っているとfalseになります。is_numeric($_POST["mile"])、つまり、$isNumの値がfalseのときは$errorにエラーメッセージを入れます。この値は入力フォームを表示する際に表示しますが、エラーがなければ空にしているので、エラーがあるときだけメッセージが表示されることになります。

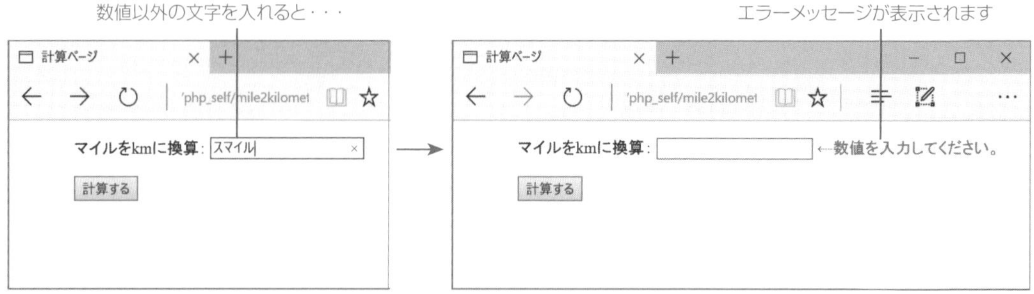

入力フォームを作る

POSTで開いた場合もそうでない場合も入力フォームは表示します。テキストフィールドに表示されるvalueは$mileを設定します。POSTで数値が送られてきているならば、$mileにはその値が入っているので、フィールドには入力したままの値が表示されます。

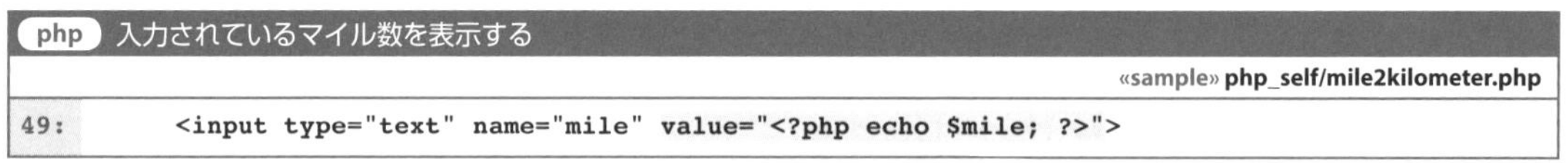

php　入力されているマイル数を表示する

«sample» php_self/mile2kilometer.php

```
        <input type="text" name="mile" value="<?php echo $mile; ?>">
```

現在のページ $_SERVER['PHP_SELF'] にPOSTする

このフォームの最大のポイントは、現在開いているページに値をPOSTするところです。現在開いているファイル名は、スーパーグローバル変数の$_SERVERを使い、$_SERVER['PHP_SELF']で調べることができます。この値を利用するならば「action="<?php echo htmlspecialchars($_SERVER['PHP_SELF'], ENT_QUOTES, 'UTF-8'); ?>"」でPOST先を指定できます。

現在開いているページはmile2kilometer.phpなので「action="mile2kilometer.php"」と書いたのと同じことになりますが、$_SERVER['PHP_SELF']を使うことで後からファイル名を変更したときなどに書き替える必要がないコードになります。サンプルでは読み込んでいるutil.phpのes()を使ってhtmlspecialchars()を適用できるので、actionを次のように書くことができます。

php 現在のページに POST する

«sample» php_self/mile2kilometer.php

```
    <form method="POST" action="<?php echo es($_SERVER['PHP_SELF']); ?>">
```

セキュリティ対策 **$_SERVER['PHP_SELF'] も XSS 攻撃対象になる**

$_SERVER['PHP_SELF'] の値はパラメータ改ざんの危険があります。この XSS 攻撃に対応するするためには、htmlspecialchars() で HTML エスケープを行います。

マイルをキロメートルに換算する

マイルをキロメートルに換算して、その結果を表示するかどうかは $mile が数値かどうかで決めます。この判定結果はすでに $isNum に入れているので、$isNum が true ならば換算式を実行して表示します。

php $mile が数値ならば計算結果を表示する

«sample» php_self/mile2kilometer.php

```
      if ($isNum) {
        echo "<HR>";
        $kilometer = $mile * 1.609344;  ← マイルを km に換算
        echo "{$mile} マイルは {$kilometer}km です。";
      }
```


NOTE

サーバ情報　$_SERVER

スーパーグローバル変数の $_SERVER には、サーバのさまざまな情報が入っています。サンプルで使用した 'PHP_SELF' のほかにも、'REQUEST_METHOD' ページを開くために使ったメソッド、'QUERY_STRING' GET リクエストの URL の ? 以降の内容、'REMOTE_ADR' リクエストしたマシンの IP アドレス、そして、このページをリクエストする前にブラウザが開いていたページを示す 'HTTP_REFERER' などがあります。詳しくは、PHP の公式サイトを参照してください。

http://php.net/manual/ja/reserved.variables.server.php

Chapter 9

いろいろなフォームを使う

フォーム入力にはラジオボタン、チェックボックス、プルダウンメニューなど、いろいろな UI の形式があります。この章ではそれぞれのケースに対して、フォームの作り方から値の受け取り方まで、値のチェック方法も含めて PHP をどのように組み込んでいけばよいかを説明します。

Section 9-1

ラジオボタンを使う

HTML のフォームにはテキストボックス以外にもいろいろなタイプがあります。ラジオボタンは複数の選択肢の中から 1 つだけを選ぶ場合に利用される UI です。タイプが違っても基本的な処理方法は前節で解説したテキストボックスと同じです。

ラジオボタンで 1 つだけ選択する

ラジオボタンは複数の選択肢の中から必ず 1 個を選ぶ入力フォームです。たとえば、次のサンプルで示すように「男性／女性」のどちらかを選択する、「独身／既婚／同棲中」から 1 つを選ぶといったぐあいです。ラジオボタンの選択肢はグループ化され、その中から 1 個を選ぶとグループ内の残りの選択肢は選択が解除されます。

なお、ラジオボタンと同じように複数の選択肢の中から必ず 1 個を選ぶフォーム入力には <select> タグで作るプルダウンメニューがあります（☞ P.359）。

「男性／女性」、「独身／既婚／同棲中」のラジオボタンを作る

このサンプルのコードは次ページのとおりです。「男性／女性」、「独身／既婚／同棲中」の 2 グループのラジオボタンを作り、「送信する」ボタンをクリックすると選択内容を現在のページに POST で送信します。ページが再度開いたところで送信の内容をチェックし、ラジオボタンで選択されている項目を画面の下に表示します。画面に表示するラジオボタンの選択状態も送られてきた値に合わせて選択します。

「送信する」ボタンで現在のページに送信する仕組みは前節の「Section8-6 フォームの作成と結果表示を同じファイルで行う」とほぼ同じです（☞ P.346）。

php 「男性／女性」、「独身／既婚／同棲中」のラジオボタンを作る

«sample» **input_radio/profile.php**

```
<!DOCTYPE html>
<html lang="ja">
<head>
<meta charset="utf-8">
<title>ラジオボタン</title>
<link href="../../css/style.css" rel="stylesheet">
</head>
<body>
<div>
  <?php
  require_once("../../lib/util.php");
  // 文字エンコードの検証
  if (!cken($_POST)){
    $encoding = mb_internal_encoding();
    $err = "Encoding Error! The expected encoding is " . $encoding ;
    // エラーメッセージを出して、以下のコードをすべてキャンセルする
    exit($err);
  }
  // HTML エスケープ（xss 対策）
  $_POST = es($_POST);
  ?>

  <?php
  // エラーを入れる配列
  $error = [];
  // POST された「性別」を取り出す
  if (isSet($_POST["sex"])){
    // 性別かどうか確認する
    $sexValues = ["男性","女性"];
    // $sexValues に含まれている値ならば true
    $isSex = in_array($_POST["sex"], $sexValues);
    if ($isSex){
      // 選択されている値を取り出す
      $sex = $_POST["sex"];
    } else {
      $sex = "error";
      $error[] = "「性別」に入力エラーがありました。";
    }
  } else {
    // POST された値がないとき
    $isSex = false;
    $sex = "男性";
  }
  // POST された「結婚」を取り出す
  if (isSet($_POST["marriage"])){
    //「結婚」かどうか確認する
    $marriageValues = ["独身","既婚", "同棲中"];
    // $marriageValues に含まれている値ならば true
    $isMarriage = in_array($_POST["marriage"], $marriageValues);
    if ($isMarriage){
      // 選択されている値を取り出す
      $marriage = $_POST["marriage"];
    } else {
      $marriage = "error";
      $error[] = "「結婚」に入力エラーがありました。";
    }
  } else {
```

送信ボタンでページが開いた場合

ラジオボタンで選ばれた性別の値を取り出します

送信ボタンでページが開いた場合

ラジオボタンで選ばれた結婚の値を取り出します

```
      // POSTされた値がないとき
      $isMarriage = false;
      $marriage = "独身";
    }
    ?>

    <?php
    // チェック状態にするかどうか決める
    function checked(string $value, array $checkedValues) {
      // 選択する値に含まれているかどうか調べる
      $isChecked = in_array($value, $checkedValues);
      if ($isChecked) {
        // チェック状態にする
        echo "checked";
      }
    }
   ?>

    <!-- 入力フォームを作る（現在のページにPOSTする）-->
    <form method="POST" action="<?php echo es($_SERVER['PHP_SELF']); ?>">
      <ul>
        <li><span>性別：</span>
          <label><input type="radio" name="sex" value="男性" <?php checked("男性", [$sex]); ?> >男性</label>
          <label><input type="radio" name="sex" value="女性" <?php checked("女性", [$sex]); ?> >女性</label>
        </li>
        <li><span>結婚：</span>
          <label><input type="radio" name="marriage" value="独身" <?php checked("独身", [$marriage]) ; ?> >独身</label>
          <label><input type="radio" name="marriage" value="既婚" <?php checked("既婚", [$marriage]); ?> >既婚</label>
          <label><input type="radio" name="marriage" value="同棲中" <?php checked("同棲中", [$marriage]); ?> >同棲中</label>
        </li>
        <li><input type="submit" value="送信する" ></li>
      </ul>
    </form>

    <?php
      //「性別」と「結婚」が受信されていれば結果を表示する
      $isSubmited = $isSex && $isMarriage;
      if ($isSubmited) {
        echo "<HR>";
        echo "あなたは「{$sex}、{$marriage}」です。";
      }
    ?>
    <?php
    // エラー表示
    if (count($error)>0){
      echo "<HR>";
      // 値を"<br>"で連結して表示する
      echo '<span class="error">', implode("<br>", $error), '</span>';
    }
    ?>
  </div>
  </body>
  </html>
```

ラジオボタンと送信ボタンを作ります

性別のラジオボタン

結婚しているかどうかのラジオボタン

結果の表示

ラジオボタンを作る

ラジオボタンはフォームの <input> タグで type 属性を type="radio" に設定して作ります。選択肢のグループは name 属性で指定します。ラジオボタンは必ず 1 個を選択するので、最初に選択しておく選択肢には checked を追加します。選択しているラジオボタンの value に設定されている値が name 属性で指定したグループ名の値として送信されます。つまり、「男性」のラジオボタンをチェックするとグループ「sex」の値は " 男性 " になります。

書式 ラジオボタンを作る

```
<form method="POST または GET" action=" 送信先 ">
  <input type="radio" name=" グループ " value=" 値 1 " checked> 選択肢 1
  <input type="radio" name=" グループ " value=" 値 1 " > 選択肢 2
   ・・・
</form>
```

サンプルでは性別は name="sex" でグループ分けしています。最初にどちらのボタンを選択しておくかは checked() で決めています。これはフォーム送信後に再びこのページを表示する際に、送信時に選択しておいたボタンが選ばれているようにするためです。checked() については後述します。

php 「性別」のラジオボタン

«sample» input_radio/profile.php

```
<label><input type="radio" name="sex" value="男性" <?php checked("男性", [$sex]); ?> >男性</label>
<label><input type="radio" name="sex" value="女性" <?php checked("女性", [$sex]); ?> >女性</label>
```

結婚の選択肢は 3 個あります。結婚は name="marriage" でグループ分けしています。

php 「結婚」のラジオボタン

«sample» input_radio/profile.php

```
<label><input type="radio" name="marriage" value="独身" <?php checked("独身", [$marriage]) ; ?> >独身</label>
<label><input type="radio" name="marriage" value="既婚" <?php checked("既婚", [$marriage]); ?> >既婚</label>
<label><input type="radio" name="marriage" value="同棲中" <?php checked("同棲中", [$marriage]); ?> >同棲中</label>
```

選択されているラジオボタンを調べる

「送信する」ボタンをクリックすると「性別」のラジオボタンで選ばれている値と「結婚」のラジオボタンで選ばれている値が現在開いているページに POST されます。ラジオボタンの場合も前節のテキストボックスの値を POST したときと同じように $_POST から値を取り出します。性別グループで選ばれた値は、name に設定したグループ名を使い $_POST["sex"] で取り出します。

以下は性別グループのラジオボタンのコードの部分を説明しますが、結婚グループのラジオボタンの処理も全く同じように行っています。

POST された値をチェックする

まず最初に isSet($_POST["sex"]) で POST された値があるかどうかをチェックし、値があるならばその値が配列 $sexValues に入っている性別グループの値、つまり " 男性 " か " 女性 " のどちらかであるかを in_array() を使ってチェックします。

php 「性別」かどうか確認する

«sample» input_radio/profile.php

```
    // POST された「性別」を取り出す
    if (isSet($_POST["sex"])){
      // 性別かどうか確認する
      $sexValues = [" 男性 "," 女性 "];
      // $sexValues に含まれている値ならば true
      $isSex = in_array($_POST["sex"], $sexValues);
```

POST された値がラジオボタンの選択肢の値かどうかをチェックします

$_POST["sex"] が性別グループの値であれば変数 $sex にその値を代入します。$_POST["sex"] で受け取った値が性別グループにはない値だったならば、$sex には "error" と代入して配列 $error にエラーメッセージを追加します。

php 「性別」の値ならばチェックされている値を取り出す

«sample» input_radio/profile.php

```
      if ($isSex){
        // 選択されている値を取り出す
        $sex = $_POST["sex"];
      } else {
        $sex = "error";
        $error[] = "「性別」に入力エラーがありました。";
      }
```

性別グループの値ならば代入します

エラーメッセージが表示されます

POST された値がないとき

isSet($_POST["sex"]) の値がない場合はページが直接開かれたときなので、$isSex を false にします。$isSex の値は選択した結果を画面の下に表示するかどうかを判断するために使っている値です。$sex を " 男性 " に設定する理由は、ページを最初に開いたときは「男性」が選ばれている状態からはじめるためです。

php ページが直接開かれたとき

«sample» input_radio/profile.php

```
    } else {
      // POST された値がないとき
      $isSex = false;
      $sex = "男性"; ―――― ラジオボタンの初期値にします
    }
```

セキュリティ対策　ラジオボタンでも値のチェックをする

ラジオボタンで選ばれた値をチェックする必要はないように思えますが、実際にはどのような値が送られてくるかわかりません。チェックボックスやプルダウンメニューなどを使って値が選ばれている場合も同様です。ユーザから受け取った値は必ずチェックする必要があります。

どのラジオボタンを選択するか決める

書式の説明で書いたように <input type="radio" name="sex" value="男性" checked> のように <input> タグに「checked」が付いたラジオボタンが選択状態になります。このサンプルではフォームを送信して再び同じページを開くので、選んでおいたラジオボタンが選択されているように checked() で「checked」を追加するかどうかを決めます。

checked() では、$value の値が配列 $checkedValues に含まれているかどうかを in_array($value, $checkedValues) で調べ、含まれているならば echo "checked" を実行してタグに「checked」を追加しています。

php ラジオボタンをチェックするかどうかを決める

«sample» input_radio/profile.php

```
    <?php
    // チェック状態にするかどうか決める
    function checked(string $value, array $checkedValues) {
      // 選択する値に含まれているかどうか調べる
      $isChecked = in_array($value, $checkedValues);
      if ($isChecked) {
        // チェック状態にする
        echo "checked"; ―――― <input> タグに checked のコードを挿入します
      }
    }
  ?>
```

「性別」の2つのラジオボタンを作る <input> タグをあらためて確認すると次のようなコードです。

php 「性別」のラジオボタン

«sample» input_radio/profile.php

```
<label><input type="radio" name="sex" value="男性" <?php checked("男性", [$sex]); ?> >男性</label>
<label><input type="radio" name="sex" value="女性" <?php checked("女性", [$sex]); ?> >女性</label>
```

男性のラジオボタンで見るとchecked("男性", [$sex])の第2引数の$sexにはPOSTで送られてきたラジオボタンの値が入っています。つまり$sexには"男性"か"女性"のどちらかが入っています。

もし、POSTされた値が"男性"ならばchecked()の第2引数$checkedValueは["男性"]なので、in_array($value, $checkedValues)がtrueになることからタグに「checked」が追加されます。一方、checked("女性", [$sex])の女性のラジオボタンはin_array($value, $checkedValues)がfalseとなって何も出力されません。

出力

```
<label><input type="radio" name="sex" value="男性" checked >男性</label>
<label><input type="radio" name="sex" value="女性" >女性</label>
```

checked()で追加された値

なお、[$sex]のようにわざわざ配列にしている理由は、一度に1個しか選択できないラジオボタンと違って、複数の値を選択できるチェックボックスでは選ばれている値が配列でPOSTされるからです。[$sex]にすることでラジオボタンとチェックボックスを同じコードで処理できるようになります。チェックボックスについては次節で説明します。

選ばれてPOSTされた結果を表示する

$isSexと$isMarriageの両方がtrueならば値が送信されてきた場合なので、"あなたは「{$sex}、{$marriage}」です。"のようにラジオボタンで選ばれた結果を表示します。

php 「性別」と「結婚」の両方がチェックされていれば結果を表示する

«sample» input_radio/profile.php

```
      $isSubmited = $isSex && $isMarriage;
      if ($isSubmited) {
        echo "<HR>";
        echo "あなたは「{$sex}、{$marriage}」です。";
      }
```

正しい値がPOSTされていれば$isSubmitedがtrueになります

選ばれた値を表示します

Section 9-2

チェックボックスを使う

チェックボックスは複数の選択肢の中から複数を選びたい場合に利用されるUIです。チェックボックスの作り方は前節のラジオボタンと同じく <input> タグで作りますが、選択された値を処理する方法が違ってきます。前節のラジオボタンの説明と比較しながらその違いを理解してください。

チェックボックスで複数を選択する

チェックボックスは複数の選択肢の中から複数を選ぶことができる入力フォームです。たとえば、次のサンプルで示すように「朝食／夕食」から選択する、「カヌー／MTB／トレラン」から選ぶといったぐあいです。チェックボックスの選択肢はグループ化され、選ばれた値がグループごとの配列で管理されます。

なお、チェックボックスと同じように複数の選択肢の中から複数を選ぶことができるフォーム入力には <select> タグで作るリストボックスがあります（☞ P.377）。

「朝食／夕食」、「カヌー／MTB／トレラン」のチェックボックスを作る

このサンプルのコードは次ページのとおりです。「朝食／夕食」、「カヌー／MTB／トレラン」の2グループのチェックボックスを作り、「送信する」ボタンをクリックすると選択内容を現在のページにPOSTで送信します（☞ P.350）。ページが再度開いたところで送信の内容をチェックし、チェックボックスで選択されている項目を画面の下に表示します。画面に表示するチェックボックスの選択状態も送られてきた値に合わせて選択します。全体の処理の流れは、前節のラジオボタンの作り方で説明したprofile.php（☞ P.355）と同じです。

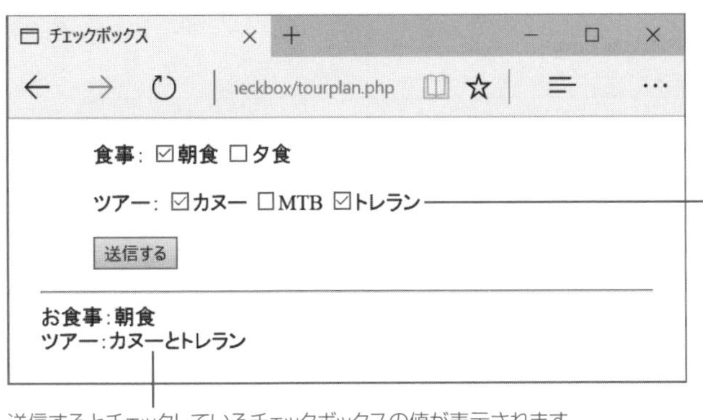

php 「朝食／夕食」、「カヌー／ MTB ／トレラン」のチェックボックスを作る

«sample» input_checkbox/tourplan.php

```
<!DOCTYPE html>
<html lang="ja">
<head>
<meta charset="utf-8">
<title>チェックボックス</title>
<link href="../../css/style.css" rel="stylesheet">
</head>
<body>
<div>
  <?php
  require_once("../../lib/util.php");
  // 文字エンコードの検証
  if (!cken($_POST)){
    $encoding = mb_internal_encoding();
    $err = "Encoding Error! The expected encoding is " . $encoding ;
    // エラーメッセージを出して、以下のコードをすべてキャンセルする
    exit($err);
  }
  // HTML エスケープ（XSS 対策）
  $_POST = es($_POST);
  ?>

  <?php
  // エラーを入れる配列
  $error = [];
  if (isSet($_POST["meal"])){                         ← 送信ボタンでページが開いた場合
    // 「食事」かどうか確認する
    $meals = ["朝食","夕食"];
    // $meals に含まれていない値があれば取り出す
    $diffValue = array_diff($_POST["meal"], $meals);
    // 規定外の値が含まれていなければ true
    if (count($diffValue)==0){
      // チェックされている値を取り出す
      $mealChecked = $_POST["meal"];   ――― チェックボックスで選ばれている食事を取り出します
    } else {
      $mealChecked = [];
      $error[] = "「食事」に入力エラーがありました。";
    }
  } else {
    // POST された値がないとき
    $mealChecked = [];
  }

  // POST された「ツアー」を取り出す
  if (isSet($_POST["tour"])){                         ← 送信ボタンでページが開いた場合
    // 「ツアー」かどうか確認する
    $tours = ["カヌー","MTB", "トレラン"];
    // $tours に含まれていない値があれば取り出す
    $diffValue = array_diff($_POST["tour"], $tours);
    // 規定外の値が含まれていなければ true
    if (count($diffValue)==0){
      // チェックされている値を取り出す
      $tourChecked = $_POST["tour"];   ――― チェックボックスで選ばれているツアーを取り出します
    } else {
      $tourChecked = [];
      $error[] = "「ツアー」に入力エラーがありました。";
    }
```

```
    } else {
      // POST された値がないとき
      $tourChecked = [];
    }
    ?>

    <?php
    // チェック状態にするかどうか決める
    function checked(string $value, array $checkedValues) {
      // 選択する値に含まれているかどうか調べる
      $isChecked = in_array($value, $checkedValues);
      if ($isChecked) {
        // チェック状態にする
        echo "checked";
      }
    }
   ?>

   <!-- 入力フォームを作る（現在のページに POST する）-->
   <form method="POST" action="<?php echo es($_SERVER['PHP_SELF']); ?>">
     <ul>
       <li><span>食事：</span>
         <label><input type="checkbox" name="meal[]" value="朝食" <?php checked("朝食", $mealChecked); ?> >朝食</label>
         <label><input type="checkbox" name="meal[]" value="夕食" <?php checked("夕食", $mealChecked); ?> >夕食</label>
       </li>
       <li><span>ツアー：</span>
         <label><input type="checkbox" name="tour[]" value="カヌー" <?php checked("カヌー", $tourChecked) ; ?> >カヌー</label>
         <label><input type="checkbox" name="tour[]" value="MTB" <?php checked("MTB", $tourChecked); ?> >MTB</label>
         <label><input type="checkbox" name="tour[]" value="トレラン" <?php checked("トレラン", $tourChecked); ?> >トレラン</label>
       </li>
       <li><input type="submit" value="送信する" ></li>
     </ul>
   </form>

    <?php
      //「食事」と「ツアー」のどちらかがチェックされていれば結果を表示する
      $isSelected = count($mealChecked)>0 || count($tourChecked)>0;
      if ($isSelected) {
        echo "<HR>";
        // 値を"と"で連結して表示する
        echo "お食事：", implode("と", $mealChecked), "<br>";
        echo "ツアー：", implode("と", $tourChecked), "<br>";
      } else {
        echo "<HR>";
        echo "選択されているものはありません。";
      }
    ?>
    <?php
      // エラー表示
      if (count($error)>0){
        echo "<HR>";
        // 値を "<br>" で連結して表示する
        echo '<span class="error">', implode("<br>", $error), '</span>';
      }
    ?>
  </div>
  </body>
  </html>
```

チェックボックスと送信ボタンを作ります

食事のチェックボックス

ツアーのチェックボックス

選択結果の表示

チェックボックスを作る

チェックボックスはフォームの <input> タグで type 属性を type="checkbox" に設定して作ります。選択肢のグループは name 属性を同じ名前にします。このとき、グループ名に "meal[]" のように末尾に [] を付けて配列であることを示します。最初に選択しておくチェックボックスには checked を追加します。選択されているチェックボックスの value の値はグループ名で指定した配列に追加されます。フォームの値を送信するとその配列が送られます。

書式 チェックボックスを作る

```
<form method="POST または GET" action=" 送信先 ">
  <input type="checkbox" name=" グループ配列 []" value=" 値 1" checked> 選択肢 1
  <input type="checkbox" name=" グループ配列 []" value=" 値 2" > 選択肢 2
   ・・・
</form>
```

サンプルでは食事は name="meal[]" でグループ分けしています。最初に選択しておくかは checked() で決めています。これはフォーム送信後に再びこのページを表示する際に、送信時に選択しておいたチェックボックスが選ばれているようにするためです。checked() の機能は前節で説明したとおりです（☞ P.359）。

php 「食事」のチェックボックス

«sample» **input_checkbox/tourplan.php**

```php
<label><input type="checkbox" name="meal[]" value=" 朝食 "
                  <?php checked(" 朝食 ", $mealChecked); ?> > 朝食 </label>
<label><input type="checkbox" name="meal[]" value=" 夕食 "
                  <?php checked(" 夕食 ", $mealChecked); ?> > 夕食 </label>
```

ツアーの選択肢は３個あります。ツアーは name="tour[]" でグループ分けしています。

php 「ツアー」のチェックボックス

«sample» **input_checkbox/tourplan.php**

```php
<label><input type="checkbox" name="tour[]" value=" カヌー "
                  <?php checked(" カヌー ", $tourChecked) ; ?> > カヌー </label>
<label><input type="checkbox" name="tour[]" value="MTB"
                  <?php checked("MTB", $tourChecked); ?> >MTB</label>
<label><input type="checkbox" name="tour[]" value=" トレラン "
                  <?php checked(" トレラン ", $tourChecked); ?> > トレラン </label>
```

選択されているチェックボックスを調べる

「送信する」ボタンをクリックすると「食事」のチェックボックスで選ばれている値と「ツアー」のチェックボックスで選ばれている値が現在開いているページに POST されます。チェックボックスの場合も $_POST から値を取り出します。食事グループで選ばれた値は、name に設定したグループ配列名を使い $_POST["meal"] で取り出します。$_POST["meal[]"] ではないので注意してください。

以下は食事グループのチェックボックスのコードの部分を説明しますが、ツアーグループのチェックボックスの処理も全く同じように行っています。

POST された値をチェックする

まず最初に isSet($_POST["meal"]) で POST された値があるかどうかをチェックし、値があるならばその値が確かに食事グループの値かどうかをチェックします。このチェックには、配列同士を比較する array_diff() を利用します。array_diff(配列 A, 配列 B) を実行すると配列 A に配列 B に含まれていない値があったときにその値の配列を返します。したがって、次の $diffValue には POST された配列 meal グループに [" 朝食 "," 夕食 "] にはない値があればそれを取り出します。

php 「食事」かどうか確認する

«sample» input_checkbox/tourplan.php

```
      $meals = [" 朝食 "," 夕食 "];
      // $meals に含まれていない値があれば取り出す
      $diffValue = array_diff($_POST["meal"], $meals);
```

配列を比較して違いを取り出します

count($diffValue) で値の個数をチェックして、$diffValue の値が 0 個ならば送られてきた値は正しいので $_POST["meal"] の値を $mealChecked に代入します。もし、$diffValue に何かが入っていれば、チェックボックスで選ぶことができる値以外の値が入った配列が送られてきたことになります。その場合は配列 $error にエラーメッセージを追加します。

php 「食事」の値ならばチェックされている値を取り出す

«sample» input_checkbox/tourplan.php

```
      // 規定外の値が含まれていなければ true
      if (count($diffValue)==0){
        // チェックされている値を取り出す
        $mealChecked = $_POST["meal"];
      } else {
        $mealChecked = [];
        $error[] = "「食事」に入力エラーがありました。";
      }
```

0 でない場合は不正な値を受信している

POST された値がないとき

isSet($_POST["meal"]) の値がない場合はページが直接開かれたときなので、$mealChecked を [] にして、何もチェックされていない状態にします。

php ページが直接開かれたとき

«sample» **input_checkbox/tourplan.php**

```
    } else {
      // POST された値がないとき
      $mealChecked = [];
    }
```

チェックボックスをチェックするかどうか決める

チェックボックスもラジオボタンと同様で <input> タグに「checked」が付いたチェックボックスが選択状態になります。このサンプルではフォームを送信して再び同じページを開くので、選んでおいたチェックボックスが選択されているように checked() で「checked」を追加するかどうかを決めます。

checked() については前節でも説明しましたが（☞ P.359）、チェックボックスの場合は選択している値が配列に入っています。in_array($value, $checkedValues) で値が含まれるかどうかを判断して、含まれていたならば echo "checked" を実行してタグに「checked」を追加しています。

php チェックボックスをチェックするかどうかを決める

«sample» **input_checkbox/tourplan.php**

```
  <?php
   // チェック状態にするかどうか決める
   function checked(string $value, array $checkedValues) {
     // 選択する値に含まれているかどうか調べる
     $isChecked = in_array($value, $checkedValues);
     if ($isChecked) {
```

チェックボックスは複数選択なので、配列で比較します

```
            // チェック状態にする
            echo "checked";———— <input> タグに checked のコードを挿入します
        }
      }
    ?>
```

「食事」のチェックボックスを作る <input> タグであらためて確認すると、朝食は checked(" 朝食 ", $mealChecked)、夕食は checked(" 夕食 ", $mealChecked) を実行します。$mealChecked は選択している値が入っている配列です（☞ P.365）。

php 「食事」のチェックボックス

«sample» input_checkbox/tourplan.php

```
<label><input type="checkbox" name="meal[]" value=" 朝食 "
                        <?php checked(" 朝食 ", $mealChecked); ?> > 朝食 </label>
<label><input type="checkbox" name="meal[]" value=" 夕食 "
                        <?php checked(" 夕食 ", $mealChecked); ?> > 夕食 </label>
```

選ばれて POST された結果を表示する

最後にチェックされているチェックボックスの値を表示します。チェックされているチェックボックスの値は、「食事」と「ツアー」がそれぞれ $mealChecked と $tourChecked の配列に入っているので、count() で値の個数を調べ、どちらかに値が入っていれば count($mealChecked)>0 || count($tourChecked)>0 の式が true になるので結果を表示します（|| ☞ P.77）。

ここでは、implode() を使って配列の値を連結した文字列に変換して表示しています。implode(" と ", $mealChecked) とすれば、$mealChecked に入っている値を「と」で連結して出力できます（☞ P.207）。

php チェックされている値を出力する

«sample» input_checkbox/tourplan.php

```
      //「食事」と「ツアー」のどちらかがチェックされていれば結果を表示する
      $isSelected = count($mealChecked)>0 || count($tourChecked)>0;
      if ($isSelected) {
        echo "<HR>";
        // 値を" と" で連結して表示する
        echo " お食事：", implode(" と ", $mealChecked), "<br>";
        echo " ツアー：", implode(" と ", $tourChecked), "<br>";
```

選択されているチェックボックスがないとき

$mealCheckedと$tourCheckedの両方とも空ならば、選択されているチェックボックスがないということなので「選択されているものはありません。」と表示します。

ただ、チェックボックスで何も選択せずに送信するというケースも許可するならこのような対応になりますが、最低1個はチェックするといった制限を設けるならば、チェックされている個数をカウントして対応する必要があります。

php 選択されているチェックボックスがないとき

«sample» input_checkbox/tourplan.php

```
    } else {
      echo "<HR>";
      echo "選択されているものはありません。";
    }
```

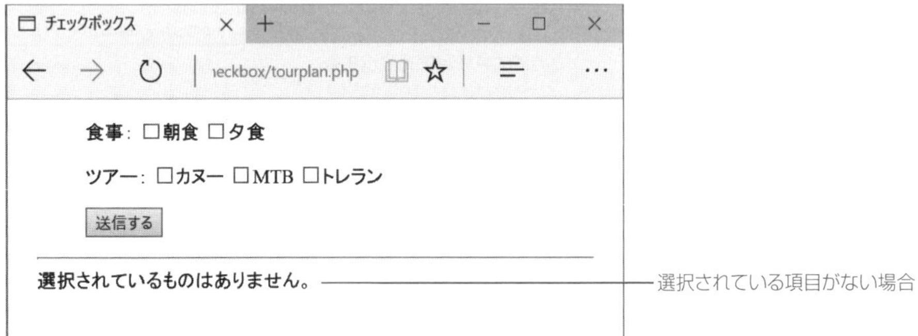

Section 9-3

プルダウンメニューを使う

プルダウンメニューは、ラジオボタンと同じく複数の選択肢の中から1つだけを選ぶ場合に利用されるUIです。プルダウンメニューは次節で説明するリストボックスと同じく <select> タグで作りますが、選択された値を処理する方法は1個の値を選ぶラジオボタンと共通しています。そこで、この節のサンプルはラジオボタンの説明で使用したサンプルをベースにしています。

プルダウンメニューで1つだけ選択する

プルダウンメニューはラジオボタンと同様に複数の選択肢の中から必ず1個を選ぶ使い方をする入力フォームです。たとえば、次のサンプルで示すように「男性／女性」のどちらかを選択する、「独身／既婚／同棲中」から1つを選ぶといったぐあいです。プルダウンメニューのメニューアイテムを1つ選ぶとメニュー内の残りのメニューアイテムの選択が解除されます。

プルダウンメニューとラジオボタンは機能が似ているので、処理方法にも共通点が多くあります。そこで、ここでは「Section9-1　ラジオボタンを使う」のサンプル profile.php をプルダウンメニューで作った場合に書き直しています。（☞ P.355）

NOTE

ラジオボタンとプルダウンメニューの使い分け

ラジオボタンは選択肢がすべて見えている状態ですが、選択肢の個数に合わせてレイアウトを変える必要があります。プルダウンメニューは選択肢の数では見た目が変わらないというメリットがありますが、クリックするまでどのような選択肢があるのかがわからないのが難点とも言えます。この両者の違いを踏まえて使い分けるとよいでしょう。

「男性／女性」、「独身／既婚／同棲中」のプルダウンメニューを作る

このサンプルのコードは次のとおりです。「男性／女性」、「独身／既婚／同棲中」の2メニューのプルダウンメニューを作り、「送信する」ボタンをクリックすると選択内容を現在のページに POST で送信します（☞ P.350）。ページが再度開いたところで送信の内容をチェックし、プルダウンメニューで選択されているメニューアイテムの値を画面の下に表示します。画面に表示するプルダウンメニューの選択状態も送られてきた値に合わせて選択されている状態にします。

メニューから性別を選びます

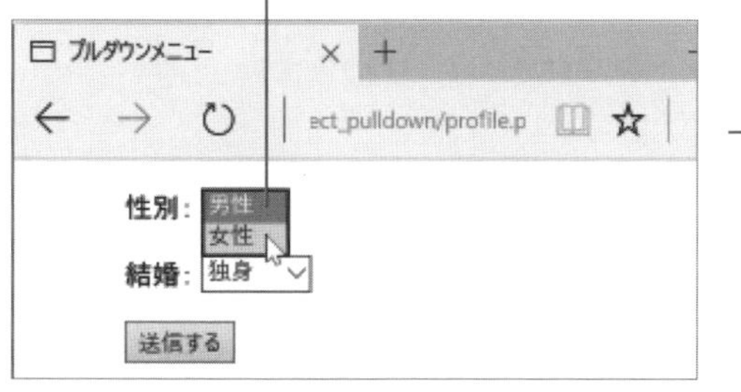

→

メニューから既婚かどうかを選びます

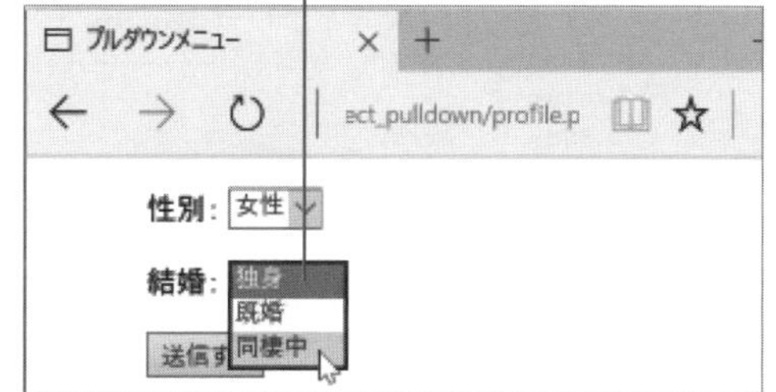

php 「男性／女性」、「独身／既婚／同棲中」のプルダウンメニューを作る

«sample» select_pulldownprofile.php

```
<!DOCTYPE html>
<html lang="ja">
<head>
<meta charset="utf-8">
<title> プルダウンメニュー </title>
<link href="../../css/style.css" rel="stylesheet">
</head>
<body>
<div>
  <?php
  require_once("../../lib/util.php");
  // 文字エンコードの検証
  if (!cken($_POST)){
    $encoding = mb_internal_encoding();
    $err = "Encoding Error! The expected encoding is " . $encoding ;
    // エラーメッセージを出して、以下のコードをすべてキャンセルする
    exit($err);
  }
  // HTML エスケープ（XSS 対策）
  $_POST = es($_POST);
  ?>

  <?php
  // エラーを入れる配列
  $error = [];
  // POST された「性別」を取り出す
  if (isSet($_POST["sex"])){
    // 性別かどうか確認する
    $sexValues = [" 男性 "," 女性 "];
    $isSex = in_array($_POST["sex"], $sexValues);
    // $sexValues に含まれている値ならば true
    if ($isSex){
      // 性別ならば処理とフォーム表示の値で使う
      $sex = $_POST["sex"];
    } else {
      $sex = "error";
      $error[] = "「性別」に入力エラーがありました。";
    }
  } else {
    // POST された値がないとき
    $isSex = false;
```

送信ボタンでページが開いた場合（28〜38行目の囲み部分）

`$sex = $_POST["sex"];` ― プルダウンメニューで選ばれた性別の値を取り出します

```
    $sex = "男性";
  }

  // POSTされた「結婚」を取り出す
  if (isSet($_POST["marriage"])){
    //「結婚」かどうか確認する
    $marriageValues = ["独身","既婚", "同棲中"];
    $isMarriage = in_array($_POST["marriage"], $marriageValues);
    // $marriageValuesに含まれている値ならばtrue
    if ($isMarriage){
      // 性別ならば処理とフォーム表示の値で使う
      $marriage = $_POST["marriage"];
    } else {
      $marriage = "独身";
      $error[] = "「結婚」に入力エラーがありました。";
    }
  } else {
    // POSTされた値がないとき
    $isMarriage = false;
    $marriage = "独身";
  }
  ?>

  <?php
  // 選択状態にするかどうか決める
  function selected(string $value, array $selectedValues) {
    // 選択する値に含まれているかどうか調べる
    $isSelected = in_array($value, $selectedValues);
    if ($isSelected) {
      // 選択状態にする
      echo "selected";
    }
  }
  ?>
 ?>

  <!-- 入力フォームを作る（現在のページにPOSTする）-->
  <form method="POST" action="<?php echo es($_SERVER['PHP_SELF']); ?>">
    <ul>
      <li><span>性別：</span>
        <select name="sex">
          <option value="男性" <?php selected("男性", [$sex]); ?> >男性</option>
          <option value="女性" <?php selected("女性", [$sex]); ?> >女性</option>
        </select>
      </li>
      <li><span>結婚：</span>
        <select name="marriage">
          <option value="独身" <?php selected("独身", [$marriage]) ; ?> >独身</option>
          <option value="既婚" <?php selected("既婚", [$marriage]); ?> >既婚</option>
          <option value="同棲中" <?php selected("同棲中", [$marriage]); ?> >同棲中</option>
        </select>
      </li>
      <li><input type="submit" value="送信する" ></li>
    </ul>
  </form>

  <?php
    //「性別」と「結婚」が入力されていれば結果を表示する
    $isSubmited = $isSex && $isMarriage;
    if ($isSubmited) {
```

送信ボタンでページが開いた場合

プルダウンメニューで選ばれた結婚の値を取り出します

プルダウンメニューと送信ボタンを作ります

性別のプルダウンメニュー

結婚しているかどうかのプルダウンメニュー

結果の表示

```
      echo "<HR>";
      echo "あなたは「{$sex}、{$marriage}」です。";    ――結果の表示
    }
  ?>
  <?php
  // エラー表示
  if (count($error)>0){
    echo "<HR>";
    // 値を "<br>" で連結して表示する
    echo '<span class="error">', implode("<br>", $error), '</span>';
  }
?>
</div>
</body>
</html>
```

プルダウンメニューを作る

プルダウンメニューはフォーム内に <select> タグで作ります。そして、<select> タグの子要素としてプルダウンメニューの選択肢のぶんだけ <option> タグを挿入します。プルダウンメニューは必ず1つのメニューアイテムを選択するので、最初に選択しておくメニューアイテムには selected を追加します。選択しているプルダウンメニューで選んだ value に設定されている値は、<select> タグの name 属性で指定したメニュー名の変数の値として送信されます。

書式 プルダウンメニューを作る

```
<form method="POST または GET" action=" 送信先 ">
    <select name=" メニュー ">
        <option value=" 値 1" selected> 選択肢 1 </option>
        <option value=" 値 2"> 選択肢 2 </option>
        ・・・
    </select>
</form>
```

性別のプルダウンメニューは <select name="sex"> タグです。<option> タグでメニューアイテムを作り、最初にどのメニューアイテムを選択しておくかは selected() で決めています。これはフォーム送信後に再びこのページを表示する際に、送信時に選択しておいたボタンが選ばれているようにするためです。selected() はラジオボタンの説明で示した profile.php で使っている checked() とほとんど同じですが（☞ P.359）、echo で出力する値が "selected" なので別の関数として定義しています。

php 「性別」のプルダウンメニュー

«sample» select_pulldownprofile.php

```
<select name="sex">
    <option value="男性" <?php selected("男性", [$sex]); ?> >男性</option>
    <option value="女性" <?php selected("女性", [$sex]); ?> >女性</option>
</select>
```

結婚のメニューアイテムは <option> タグで指定する３個です。結婚は <select name="marriage"> タグです。

php 「結婚」のプルダウンメニュー

«sample» select_pulldownprofile.php

```
<select name="marriage">
    <option value="独身" <?php selected("独身", [$marriage]) ; ?> >独身</option>
    <option value="既婚" <?php selected("既婚", [$marriage]); ?> >既婚</option>
    <option value="同棲中" <?php selected("同棲中", [$marriage]); ?> >同棲中</option>
</select>
```

選択されているメニューアイテムを調べる

「送信する」ボタンをクリックすると「性別」のプルダウンメニューで選ばれている値と「結婚」のプルダウンメニューで選ばれている値の配列が現在開いているページに POST されます。プルダウンメニューの場合もやはり $_POST から値を取り出します。性別メニューで選ばれた値は、name に設定したメニュー名を使い $_POST["sex"] で取り出します。

以下は「性別」のプルダウンメニューのコードの部分を説明しますが、「結婚」のプルダウンメニューの処理も全く同じように行っています。なお、コードを見比べるとわかるように、この部分はラジオボタンの場合の処理とまったく同じです。

POST された値をチェックする

まず最初に isSet($_POST["sex"]) で POST された値があるかどうかをチェックし、値があるならばその値が性別メニューに含まれている値であるか、つまり "男性" か "女性" のどちらかであるかを配列を使ってチェックします。

php 「性別」かどうか確認する

«sample» select_pulldownprofile.php

```
    // POST された「性別」を取り出す
    if (isSet($_POST["sex"])){
      // 性別かどうか確認する
      $sexValues = ["男性","女性"];
      $isSex = in_array($_POST["sex"], $sexValues);
```

$_POST["sex"] が性別メニューの値であれば変数 $sex にその値を代入します。$_POST["sex"] で受け取った値が性別メニューにはない値だったならば、$sex には "error" と代入して配列 $error にエラーメッセージを追加します。

php 「性別」の値ならば選択されている値を取り出す

«sample» select_pulldownprofile.php

```
    if ($isSex){
      // 性別ならば処理とフォーム表示の値で使う
      $sex = $_POST["sex"];
    } else {
      $sex = "error";
      $error[] = "「性別」に入力エラーがありました。";
    }
```

選択されている値を取り出します

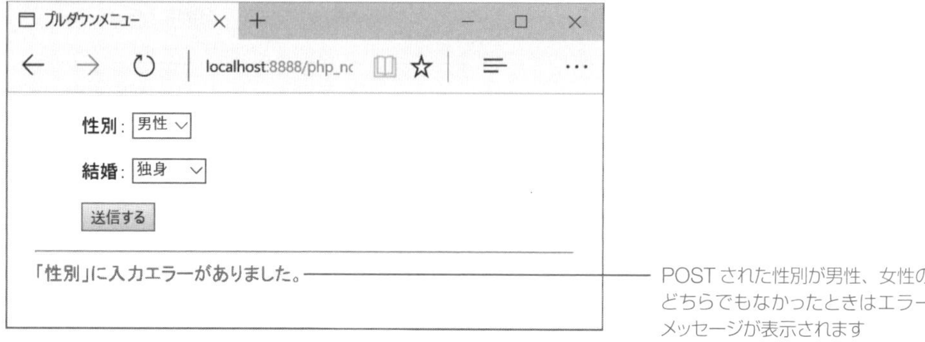

POST された性別が男性、女性のどちらでもなかったときはエラーメッセージが表示されます

POST された値がないとき

isSet($_POST["sex"]) の値がない場合はページが直接開かれたときなので、$isSex を false にします。$isSex の値は選択した結果を画面の下に表示するかどうかを判断するために使っている値です。$sex を " 男性 " に設定する理由は、ページを最初に開いたときは「男性」が選ばれている状態からはじめるためです。

php ページが直接開かれたとき

«sample» select_pulldownprofile.php

```
  } else {
    // POST された値がないとき
    $isSex = false;
    $sex = " 男性 ";
  }
```

セキュリティ対策 プルダウンメニューでも値のチェックをする

プルダウンメニューで選ばれた値をチェックする必要はないように思いますが、実際にはどのような値が送られてくるかわかりません。ユーザから受け取った値は必ずチェックする必要があります。

どのメニューアイテムを選択するか決める

書式の説明で書いたように <option> タグに「selected」が付いたメニューアイテムが選択状態になります。このサンプルではフォームを送信して再び同じページを開くので、送信前に選んでおいたメニューアイテムが選択されているように selected() で「selected」を追加するかどうかを決めます。selected() はラジオボタンで説明した checked() と同じ機能ですが（☞ P.359）、echo で出力する値が「checked」ではなく「selected」であるところが違っています。

php メニューアイテムをチェックするかどうかを決める

«sample» select_pulldownprofile.php

```
<?php
// 選択状態にするかどうか決める
function selected(string $value, array $selectedValues) {
  // 選択する値に含まれているかどうか調べる
  $isSelected = in_array($value, $selectedValues); ――― プルダウンメニューは一択なので、
  if ($isSelected) {                                      値をそのまま比較します
    // 選択状態にする
    echo "selected"; ―― <option> タグに selected のコードを挿入します
  }
}
?>
```

「性別」のプルダウンメニューを作る <option> タグであらためて確認すると、男性は selected(" 男性 ", [$sex])、女性は selected(" 女性 ", [$sex]) を実行します。$sex は選択している値が入っている変数です（☞ P.374）。もし $sex に " 女性 " が入っていたならば、「性別」のプルダウンメニューは女性が選択されている状態になります。

php 「性別」のプルダウンメニュー

«sample» input_checkbox/tourplan.php

```
<select name="sex">
    <option value=" 男性 " <?php selected(" 男性 ", [$sex]); ?> > 男性 </option>
    <option value=" 女性 " <?php selected(" 女性 ", [$sex]); ?> > 女性 </option>
</select>
```

なお、[$sex] のようにわざわざ配列にしている理由は、一度に 1 個しか選択できないプルダウンメニューと違って、複数の値を選択できるリストボックスでは選ばれている値が配列で POST されるからです。[$sex] にすることでプルダウンメニューとリストボックスを同じコードで処理できるようになります。リストボックスについては次節で説明します。

選ばれている結果を表示する

最後に選ばれているメニューアイテムの値を表示します。$isSexと$isMarriageの両方がtrueのときに値が送信されている場合なので、$isSex && $isMarriage がtrueのときに$sexと$marriageの値を表示します（&& ☞ P.77）。

php「性別」と「結婚」の両方がチェックされていれば結果を表示する

«sample» select_pulldownprofile.php

```
        $isSubmited = $isSex && $isMarriage;
        if ($isSubmited) {
          echo "<HR>";
          echo "あなたは「{$sex}、{$marriage}」です。";
        }
```

Section 9-4

リストボックスを使う

リストボックスは複数の選択肢の中から複数を選びたい場合に利用される UI です。リストボックスはプルダウンメニューと同様に <select> タグを使って作りますが、選択後の処理方法は複数の値を選ぶチェックボックスと共通しています。そこで、この節のサンプルはチェックボックスの説明で使用したサンプルをベースにしています。

リストボックスで複数を選択する

リストボックス（リストメニュー）は複数の選択肢の中から複数を選ぶことができる入力フォームです。たとえば、次のサンプルで示すように「朝食／夕食」から選択する、「カヌー／ MTB ／トレラン」から選ぶといったぐあいです。リストボックスの選択肢はグループ化され、選ばれた値がグループごとの配列で管理されます。

リストボックスとチェックボックスは機能が似ているので、処理方法にも共通点が多くあります。そこで、ここでは「Section9-2　チェックボックスを使う」のサンプル tourplan.php をリストボックスで作った場合に書き直しています。(☞ P.362)。

NOTE

チェックボックスとリストボックスの使い分け

チェックボックスは選択肢がすべて見えている状態ですが、選択肢の個数に合わせてレイアウトを変える必要があります。リストボックスは選択肢の数では見た目が変わらないというメリットがありますが、スクロールするまでどのような選択肢があるのかがわからないのが難点とも言えます。この両者の違いを踏まえて使い分けるとよいでしょう。

「朝食／夕食」、「カヌー／ MTB ／トレラン」のリストボックスを作る

このサンプルのコードは次のとおりです。「朝食／夕食」、「カヌー／ MTB ／トレラン」の2グループのリストボックスを作り、「送信する」ボタンをクリックすると選択内容を現在のページに POST で送信します（☞ P.350）。ページが再度開いたところで送信の内容をチェックし、リストボックスで選択されている項目を画面の下に表示します。画面に表示するリストボックスの選択状態も送られてきた値に合わせて選択します。

Part 3 Chapter 8 Chapter 9 Chapter 10 Chapter 11

php 「朝食／夕食」、「カヌー／ MTB ／トレラン」のリストボックスを作る

«sample» select_list/tourplan.php

```
<!DOCTYPE html>
<html lang="ja">
<head>
<meta charset="utf-8">
<title>リストボックス</title>
<link href="../../css/style.css" rel="stylesheet">
</head>
<body>
<div>
  <?php
  require_once("../../lib/util.php");
  // 文字エンコードの検証
  if (!cken($_POST)){
    $encoding = mb_internal_encoding();
    $err = "Encoding Error! The expected encoding is " . $encoding ;
    // エラーメッセージを出して、以下のコードをすべてキャンセルする
    exit($err);
  }
  // HTMLエスケープ（XSS対策）
  $_POST = es($_POST);
  ?>

  <?php
  // エラーを入れる配列
  $error = [];
  if (isSet($_POST["meal"])){
    // 「食事」かどうか確認する
    $meals = ["朝食","夕食"];
    // $mealsに含まれていない値があれば取り出す
    $diffValue = array_diff($_POST["meal"], $meals);
    // 規定外の値が含まれていなければtrue
    if (count($diffValue)==0){
      // チェックされている値を取り出す
      $mealSelected = $_POST["meal"];
    } else {
      $mealSelected = [];
      $error[] = "「食事」に入力エラーがありました。";
    }
  } else {
    // POSTされた値がないとき
    $mealSelected = [];
  }

  // POSTされた「ツアー」を取り出す
  if (isSet($_POST["tour"])){
    // 「ツアー」かどうか確認する
    $tours = ["カヌー","MTB", "トレラン"];
    // $toursに含まれていない値があれば取り出す
    $diffValue = array_diff($_POST["tour"], $tours);
    // 規定外の値が含まれていなければtrue
    if (count($diffValue)==0){
      // チェックされている値を取り出す
      $tourSelected = $_POST["tour"];
    } else {
      $tourSelected = [];
      $error[] = "「ツアー」に入力エラーがありました。";
    }
```

送信ボタンでページが開いた場合（26行目の注記）

リストボックスで選ばれている食事を取り出します（34行目の注記）

送信ボタンでページが開いた場合（45行目の注記）

リストボックスで選ばれているツアーを取り出します（53行目の注記）

```
    } else {
      // POST された値がないとき
      $tourSelected = [];
    }
    ?>

    <?php
    // 選択状態にするかどうか決める
    function selected(string $value, array $selectedValues) {
      // 選択する値に含まれているかどうか調べる
      $isSelected = in_array($value, $selectedValues);
      if ($isSelected) {
        // 選択状態にする
        echo "selected";
      }
    }
    ?>

    <!-- 入力フォームを作る（現在のページに POST する）-->
    <form method="POST" action="<?php echo es($_SERVER['PHP_SELF']); ?>">
      <ul>
        <li><span>食事：</span>
          <select name="meal[]" size="2" multiple>
            <option value="朝食" <?php selected("朝食", $mealSelected); ?> >朝食</option>
            <option value="夕食" <?php selected("夕食", $mealSelected); ?> >夕食</option>
          </select>
        </li>
        <li><span>ツアー：</span>
          <select name="tour[]" size="3" multiple>
            <option value="カヌー" <?php selected("カヌー", $tourSelected) ; ?> >カヌー</option>
            <option value="MTB" <?php selected("MTB", $tourSelected); ?> >MTB</option>
            <option value="トレラン" <?php selected("トレラン", $tourSelected); ?> >トレラン</option>
          </select>
        </li>
        <li><input type="submit" value="送信する" ></li>
      </ul>
    </form>

    <?php
      //「食事」と「ツアー」が入力されていれば結果を表示する
      $isSelected = count($mealSelected)>0 || count($tourSelected)>0;
      if ($isSelected) {
        echo "<HR>";
        // 値を"と"で連結して表示する
        echo "お食事：", implode("と", $mealSelected), "<br>";
        echo "ツアー：", implode("と", $tourSelected), "<br>";
      } else {
        echo "<HR>";
        echo "選択されているものはありません。";
      }
    ?>
    <?php
    // エラー表示
    if (count($error)>0){
      echo "<HR>";
      // 値を"<br>"で連結して表示する
      echo '<span class="error">', implode("<br>", $error), '</span>';
    }
    ?>
  </div>
```

リストボックスと送信ボタンを作ります

食事のリストボックス

ツアーのリストボックス

結果の表示

```
</body>
</html>
```

リストボックスを作る

リストボックスはフォーム内に<select>タグで作ります。<select>タグのsize属性で表示する行数を指定し、複数の選択肢を同時に選択可能にする場合はmultipleを追加し、name属性のリスト名にはname="meal[]"のように末尾に[]を付けて配列であることを示します。

リストボックスに表示するアイテムは<select>タグの子要素として選択肢のぶんだけ<option>タグを挿入します。最初に選択しておくアイテムにはselectedを追加します。リストで選択されているアイテムのvalueの値はリスト名で指定した配列に追加されます。フォームの値を送信するとその配列が送られます。

書式　リストボックスを作る

```
<form method="POST または GET" action="送信先">
    <select name="リスト[]" size="行数" multiple>
        <option value="値1" selected>選択肢1</option>
        <option value="値2">選択肢2</option>
        ・・・
    </select>
</form>
```

サンプルでは食事はname="meal[]"でメニュー分けしています。2行表示（size = "2"）で複数選択可（multiple）の設定です。最初に選択しておくかはselected()で決めています。これはフォーム送信後に再びこのページを表示する際に、選択しておいたリストボックスが選ばれているようにするためです。selected()はラジオボタンの説明で示したprofile.php（☞ P.355）で使っているchecked()とほとんど同じですが（☞ P.359）、echoで出力する値が"selected"なので別の関数として定義しています。

php　「食事」のリストボックス

«sample» select_list/tourplan.php

```
<select name="meal[]" size="2" multiple>　―― 2行表示、複数選択可
    <option value="朝食" <?php selected("朝食", $mealSelected); ?> >朝食</option>
    <option value="夕食" <?php selected("夕食", $mealSelected); ?> >夕食</option>
</select>
```

ツアーはname="tour[]"でメニュー分けしています。3行表示（size = "2"）で複数選択可（multiple）の設定です。ツアーの選択肢は<option>タグで指定する3個です。

php 「ツアー」のリストボックス

«sample» select_list/tourplan.php

```
<select name="tour[]" size="3" multiple> ———— 3行表示、複数選択可
  <option value="カヌー" <?php selected("カヌー", $tourSelected) ; ?> >カヌー</option>
  <option value="MTB" <?php selected("MTB", $tourSelected); ?> >MTB</option>
  <option value="トレラン" <?php selected("トレラン", $tourSelected); ?> >トレラン</option>
</select>
```

選択されているリストボックスを調べる

「送信する」ボタンをクリックすると「食事」のリストボックスで選ばれている値と「ツアー」のリストボックスで選ばれている値の配列が現在開いているページにPOSTされます。リストボックスの場合も$_POSTから値を取り出します。食事グループで選ばれた値は、nameに設定したメニュー配列名を使い$_POST["meal"]で取り出します。$_POST["meal[]"]ではないので注意してください。

以下は食事グループのリストボックスのコードの部分を説明しますが、ツアーグループのリストボックスの処理も全く同じように行っています。

POSTされた値をチェックする

まず最初にisSet($_POST["meal"])でPOSTされた値があるかどうかをチェックし、値があるならばその値が確かに食事メニューの値かどうかをチェックします。このチェックには、配列同士を比較するarray_diff()を利用します。array_diff(配列A, 配列B)を実行すると配列Aに配列Bに含まれていない値があったときにその値の配列を返します。したがって、次の$diffValueにはPOSTされた配列mealメニューに["朝食","夕食"]にはない値があればそれを取り出します。

php 「食事」かどうか確認する

«sample» select_list/tourplan.php

```
    $meals = ["朝食","夕食"];
    // $mealsに含まれていない値があれば取り出す
    $diffValue = array_diff($_POST["meal"], $meals);
```

count($diffValue)でチェックして、$diffValueの値の0個ならば送られてきた値は正しいので$_POST["meal"]の値を$mealSelectedに代入します。もし、$diffValueに何かが入っていれば、リストボックスで選ぶことができる値以外の値が入った配列が送られてきたことになります。その場合は配列$errorにエラーメッセージを追加します。

php 「食事」の値ならばチェックされている値を取り出す

«sample» select_list/tourplan.php

```
    // 規定外の値が含まれていなければtrue
    if (count($diffValue)==0){
      // チェックされている値を取り出す
      $mealSelected = $_POST["meal"];
    } else {
      $mealSelected = [];
      $error[] = "「食事」に入力エラーがありました。";
```

POSTされた値がないとき

isSet($_POST["meal"]) の値がない場合はページが直接開かれたときなので、$mealSelected を [] にして、何もチェックされていない状態にします。

php ページが直接開かれたとき

«sample» **select_list/tourplan.php**

```
  } else {
    // POST された値がないとき
    $mealSelected = [];
  }
```

メニューアイテムを選択するかどうか決める

書式の説明で書いたように <option> タグに「selected」が付いたメニューアイテムが選択状態になります。このサンプルではフォームを送信して再び同じページを開くので、選んでおいたメニューアイテムが選択されているように selected() で「selected」を追加するかどうかを決めます。

php リストボックスをチェックするかどうかを決める

«sample» **select_list/tourplan.php**

```
  <?php
  // 選択状態にするかどうか決める
  function selected(string $value, array $selectedValues) {
    // 選択する値に含まれているかどうか調べる
    $isSelected = in_array($value, $selectedValues);
    if ($isSelected) {
      // 選択状態にする
      echo "selected";
    }
  }
  ?>
```

$isSelected = in_array($value, $selectedValues); ── リストボックスの場合は複数選択なので配列です

echo "selected"; ── <option> タグに selected のコードを挿入します

「食事」のリストボックスを作る <option> タグであらためて確認すると、朝食は selected(" 朝食 ", $mealSelected)、夕食は selected(" 夕食 ", $mealSelected) を実行します。$mealSelected は選択している値が入っている配列です（☞ P.381）。もし $mealSelected の値が [" 朝食 ", " 夕食 "] ならば、「食事」のリストボックスは朝食と夕食の両方が選択されている状態になります。

php 「食事」のリストボックス

«sample» select_list/tourplan.php

```
<select name="meal[]" size="2" multiple>
  <option value=" 朝食 " <?php selected(" 朝食 ", $mealSelected); ?> > 朝食 </option>
  <option value=" 夕食 " <?php selected(" 夕食 ", $mealSelected); ?> > 夕食 </option>
</select>
```

選ばれている結果を表示する

最後にチェックされているリストボックスの値を表示します。チェックされているリストボックスの値は、「食事」と「ツアー」がそれぞれ $mealSelected と $tourChecked の配列に入っているので、count() で値の個数を調べ、どちらかに値が入っていれば結果を表示します。

ここでは、implode() を使って配列の値を連結した文字列に変換して表示しています。implode(" と ", $mealSelected) とすれば、$mealSelected に入っている値を「と」で連結して出力できます（☞ P.207）。

php チェックされている値を出力する

«sample» select_list/tourplan.php

```
    // 「食事」と「ツアー」のどちらかがチェックされていれば結果を表示する
    $isSelected = count($mealSelected)>0 || count($tourSelected)>0;
    if ($isSelected) {
      echo "<HR>";
      // 値を " と " で連結して表示する
      echo " お食事：", implode(" と ", $mealSelected), "<br>";
      echo " ツアー：", implode(" と ", $tourSelected), "<br>";
```

選ばれている値を「と」で連結します

選択されているリストボックスがないとき

$mealSelectedと$tourCheckedの両方とも空ならば、選択されているリストボックスがないということなので「選択されているものはありません。」と表示します。

php 選択されているリストボックスがないとき

«sample» **select_list/tourplan.php**

```
    } else {
      echo "<HR>";
      echo "選択されているものはありません。";
    }
```

食事もツアーも選択されていないとき

Section 9-5

スライダーを使う

スライダーは設定した最小値と最大値の範囲から、ドラッグ操作で値を選択する UI です。スライダーはラジオボタンやチェックボックスと同じく <input> タグで作ります。ここでは5段階のスライダーを作る例を示します。

スライダーで値を選択する

スライダーは最大値と最小値の範囲内で、スライドバーをドラッグして値を決める UI です。スライダーが示す値は最大値と最小値の範囲内の連続した数値ではなく、「0, 2, 4, 6, ...」のようにステップ間隔を指定して刻むことができます。

5段階で選ぶスライダーを作る

次のサンプルでは甘みを「甘い、少し甘い、普通、少し苦い、苦い」の5段階で選べるスライダーを作ります。「送信する」ボタンをクリックすると、スライダーで選んだ値が現在のページに POST されます（☞ P.350）。ページが再度開いたところで送信の内容をチェックし、スライダーで選んだ値を画面の下に表示します。表示するスライダーも送られてきた値を指すように設定します。

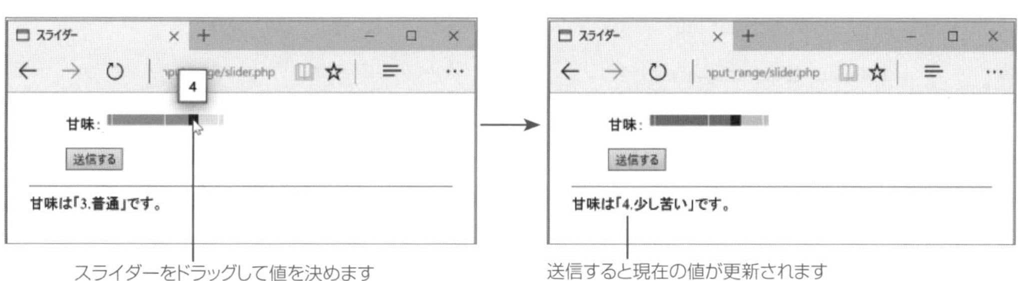

php 甘みを5段階で示すスライダーを作る

«sample» input_range/slider.php

```
<!DOCTYPE html>
<html lang="ja">
<head>
<meta charset="utf-8">
<title> スライダー </title>
<link href="../../css/style.css" rel="stylesheet">
</head>
<body>
<div>
  <?php
  require_once("../../lib/util.php");
```

```
    // 文字エンコードの検証
    if (!cken($_POST)){
      $encoding = mb_internal_encoding();
      $err = "Encoding Error! The expected encoding is " . $encoding ;
      // エラーメッセージを出して、以下のコードをすべてキャンセルする
      exit($err);
    }
    // HTML エスケープ（XSS 対策）
    $_POST = es($_POST);
    ?>

    <?php
    // エラーを入れる配列
    $error = [];
    // 甘味の値の範囲
    $min = 1;
    $max = 5;
    // POST された値を取り出す
    if (isSet($_POST["taste"])){
      $taste = $_POST["taste"];
      // 値が整数かつ範囲内かどうかをチェックする
      $isTaste = ctype_digit($taste) && ($taste>=$min) && ($taste<=$max);
      if (!$isTaste){
        $error[] = "甘味の値にエラーがありました。";
        $taste = $min;
      }
    } else {
      // POST された値がないとき
      $taste = round(($min+$max)/2);
      $isTaste = true; // 初期値も甘味を表示する
    }
    ?>

    <!-- 入力フォームを作る（現在のページに POST する）-->
    <form method="POST" action="<?php echo es($_SERVER['PHP_SELF']); ?>">
      <ul>
        <li><span>甘味：</span>
          <input type="range" name="taste" step="1" <?php echo "min={$min} max={$max} value={$taste}";?>>
        </li>
        <li><input type="submit" value="送信する" ></li>
      </ul>
    </form>

    <?php
      // 甘味が入力されていれば表示する
      if ($isTaste) {
        $tasteList = ["甘い", "少し甘い", "普通", "少し苦い", "苦い"];
        echo "<HR>";
        echo "甘味は「{$taste}.{$tasteList[$taste-1]}」です。";
      }
    ?>
    <?php
    // エラー表示
    if (count($error)>0){
      echo "<HR>";
      // 値を "<br>" で連結して表示する
      echo '<span class="error">', implode("<br>", $error), '</span>';
    }
    ?>
  </div>
  </body>
  </html>
```

スライダーの値の範囲

送信ボタンでページが開いた場合

スライダーで選ばれている甘みを取り出します

スライダーと送信ボタンを作ります

スライダーを作ります

選択されている値を甘味に置き換えて表示します

スライダーを作る

スライダーはフォームの <input> タグで type 属性を type="range" に設定して作ります。min にスライダーの範囲の最小値、max に最大値、step には値のステップ間隔を指定します。value にはスライダーの初期値を設定します。

書式 スライダーを作る

```
<form method="POST または GET" action=" 送信先 ">
  <input type="range" name=" スライダー名 " min=" 最小値 " max=" 最大値 "
                                          step=" ステップ間隔 " value=" 初期値 " >
  ・・・
</form>
```

サンプルでは 1 個のスライダ name="taste" を作ります。最初の値には甘みの値 $taste を設定します。これはフォーム送信後に再びこのページを表示する際に、送信時に設定した位置をスライダーが指しているようにするためです。スライダーの最小値 min と最大値 max の値も、変数の $min と $max の値を PHP の式で割り当てます。

php 「甘み」のスライダー

«sample» input_range/slider.php

```
<input type="range" name="taste" step="1" <?php echo "min={$min} max={$max} value={$taste}";?>>
```

スライダーの値を調べる

「送信する」ボタンをクリックするとスライダーで選ばれている値が現在開いているページに POST されます。スライダーの場合も POST された値は $_POST から取り出します。name に設定したスライダ名を使い $_POST["taste"] で取り出します。

POST された値をチェックする

まず最初に isSet($_POST["taste"]) で POST された値があるかどうかをチェックし、値があるならばその値が最小値 $min と最大値 $max の範囲内の整数かどうかをチェックします。

php 「甘み」かどうか確認する

«sample» input_range/slider.php

```
    // 甘みの値の範囲
    $min = 1;
    $max = 5;
    // POST された値を取り出す
    if (isSet($_POST["taste"])){
      $taste = $_POST["taste"];
      // 値が整数かつ範囲内かどうかをチェックする
      $isTaste = ctype_digit($taste) && ($taste>=$min) && ($taste<=$max);
      if (!$isTaste){
        $error[] = " 甘みの値にエラーがありました。";
        $taste = $min;
      }
```

- `$taste = $_POST["taste"];` ― スライダーの値を取り出します
- `($taste>=$min) && ($taste<=$max)` ― 最小値～最大値の間の整数かどうかチェックします

値が甘みの値の範囲ならば変数 $taste にその値を代入し、値が範囲外の値だったならば $taste には最小値 $min を代入して配列 $error にエラーメッセージを追加します。

> **NOTE**
>
> **ステップ間隔が 1 ではないときのチェック**
>
> スライダーのステップ間隔が 1 ではないときは、(値 - 最小値) をステップ間隔で割った余りが 0 かどうかでステップ間隔の値かどうかをチェックできます。

POST された値がないとき

isSet($_POST["taste"]) の値がない場合はページが直接開かれたときなので、スライダーが中央を指すように最大値と最小値の中間の値を求めて $taste に代入します。ユーザが選んだ値ではありませんが、現在の値を示すために $isTaste は true にします。

php ページが直接開かれたとき

«sample» input_range/slider.php

```
    } else {
      // POST された値がないとき
      $taste = round(($min+$max)/2);
      $isTaste = true; // 初期値の甘みも表示する
    }
```

- `$taste = round(($min+$max)/2);` ― 中間値を初期値にします

セキュリティ対策 スライダーでも値のチェックをする

スライダーで選ばれた値をチェックする必要はないように思えますが、実際にはどのような値が送られてくるかわかりません。ユーザから受け取った値は必ずチェックする必要があります。

選ばれている結果を表示する

$isTaste が true のときに正しい値を受信しているのでスライダーの値を表示します。この例では値と甘みが1対1で対応しているので、値に対応する甘みを配列 $tasteList に入れておき、受信した $taste に対応する甘みを $tasteList[$taste-1] で取り出します（配列から取り出す ☞ P.199）。最後にこれを $taste の値とともに連結して表示します。

php $isTaste が ture ならば、値が示す甘みを表示する

«sample» input_range/slider.php

```
<?php
  // 甘みが入力されていれば表示する
  if ($isTaste) {
    $tasteList = ["甘い", "少し甘い", "普通", "少し苦い", "苦い"];
    echo "<HR>";
    echo "甘みは「{$taste}.{$tasteList[$taste-1]}」です。";
  }
?>
```

Section 9-6

テキストエリアを使う

ユーザから自由にコメント文を送ってもらいたいといった場合は、複数行のテキストを入力できるテキストエリアを使います。テキストエリアには自由に文章を入力できる反面、入力されたHTMLタグ、PHPタグ、あるいは改行をどう処理するか、何文字まで受け付けるかといった考慮すべき課題があります。

テキストエリアで複数行を送信する

<input>タグで作るテキストボックスは1行の文しか入力できませんが、<textarea>タグで作るテキストエリアには複数行の文を入力できます。

次のサンプルではテキストボックスに入力したテキストを現在のページにPOSTし（☞ P.350）、それを受け取って表示します。POSTされたテキストを安全に表示するためにHTMLエンコードに加えて、さらにHTMLタグやPHPタグの削除と文字数の制限も行います。入力結果をブラウザに表示する場合、改行コードの前に
コードを挿入する処理も行います。

php　安全にテキストを入力できるテキストエリアを作る

«sample» **textarea/note.php**

```
<!DOCTYPE html>
<html lang="ja">
<head>
<meta charset="utf-8">
<title>テキストエリア</title>
<link href="../../css/style.css" rel="stylesheet">
</head>
<body>
<div>
  <?php
  require_once("../../lib/util.php");
  // 文字エンコードの検証
  if (!cken($_POST)){
    $encoding = mb_internal_encoding();
    $err = "Encoding Error! The expected encoding is " . $encoding ;
    // エラーメッセージを出して、以下のコードをすべてキャンセルする
    exit($err);
  }
  ?>

  <?php
  // POSTされたテキスト文を取り出す
  if (isSet($_POST["note"])){
    $note = $_POST["note"];
    // HTMLタグやPHPタグを削除する
    $note = strip_tags($note);
    // 最大150文字だけ取り出す（改行コードもカウントする）
    $note = mb_substr($note, 0, 150);
    // HTMLエスケープを行う
```

送信ボタンでページが開いた場合

```
    $note = es($note);
  } else {
    // POST された値がないとき
    $note = "";
  }
  ?>

<!-- 入力フォームを作る（現在のページに POST する）-->
<form method="POST" action="<?php echo es($_SERVER['PHP_SELF']); ?>">
  <ul>
    <li><span> ご意見：</span>
      <textarea name="note" cols="30" rows="5" maxlength="150" placeholder=" コメントをどうぞ ">
        <?php echo $note; ?>
      </textarea>
    </li>
    <li><input type="submit" value=" 送信する " ></li>
  </ul>
</form>

  <?php
    // テキストが入力されていれば表示する
    $length = mb_strlen($note);
    if ($length>0) {
      echo "<HR>";
      // 改行コードの前に <br> に挿入する
      $note_br = nl2br($note, false);
      echo $note_br;
    }
  ?>
</div>
</body>
</html>
```

テキストエリアと送信ボタンを作ります

テキストエリアを作ります

「コメントをどうぞ」というプレースホルダが表示されます

テキストエリアを作る

テキストエリアはフォームに <textarea> タグを書いて作ります。name 属性にテキストエリア名を設定し、残りの属性はオプションとして cols に横幅の文字数、rows に表示行数、maxlength に入力できる文字数、そして placeholder にグレイで表示しておくプレースホルダを設定します。プレースホルダは入力前のテキストエリア内に薄くグレイで説明文として表示されます。<textarea> と </textarea> の間で指定するテキストは、テキストエリア内に初期値として表示する文章です。

書式 テキストエリアを作る

```
<form method="POST または GET" action=" 送信先 ">
    <textarea name=" テキストエリア名 " cols=" 横幅 " rows=" 行数 "
    maxlength=" 文字数 " placeholder=" プレースホルダ文 "> 入力テキスト </textarea>
    • • •
</form>
```

NOTE

プレースホルダ

プレースホルダを指定する placeholder 属性は、<input> タグでも利用できます。

サンプルでは次のように横 30 文字、縦 5 行、最大文字数 150 のテキストエリアを作り、プレースホルダとして「コメントをどうぞ」を表示しています。後述するように POST 送信して再表示した場合は、テキストエリアにはそのときに入力しておいたテキストから HTML タグが除かれたものが表示されます。

php テキストエリアを作る

«sample» textarea/note.php

```
<textarea name="note" cols="30" rows="5" maxlength="150" placeholder=" コメントをどうぞ ">
  <?php echo $note; ?>
</textarea>
```

テキストエリアから POST されたテキストを処理する

「送信する」ボタンをクリックするとテキストエリアに入力されているテキストが現在のページに POST されます（☞ P.350）。POST されたテキストは name 属性で指定しておいた "none" を使って、$_POST["note"] で取り出すことができます。

POST された値を処理する順番

これまでのフォーム入力の例では、まず最初に util.php で定義しておいた cken() と es() を使って $_POST に対して文字エンコードの検証と HTML エスケープの処理をあらかじめ行っていました。しかし今回はテキストからHTMLタグを削除し、文字数制限の処理を行います。このようなテキストデータの処理は実施する順番が大事です。

テキストデータの処理順

1. **文字エンコードが正しいかどうか検証する。**
2. **HTMLタグ、PHPタグを削除する。**
3. **文字数制限内のテキストだけ取り出す。**
4. **HTMLエスケープを行う。**

1. 文字エンコードの検証

es()でのHTMLエスケープを行わずにcken()を使った文字エンコードの検証だけを行っておきます（☞ P.310）

2. HTMLタグとPHPタグを削除する

次に、これまでのようにisSet($_POST["note"])でPOSTされた値があるかどうかをチェックします。値があるならばその値を$noteに取り出して、ここから$noteに取り出したテキストデータの処理を開始します。

まずはHTMLタグやPHPタグの削除です。この処理はstrip_tags($note)で行うことができますが、文字数の制限やHTMLエスケープの処理をする前に行う必要があります。

php POSTされた値があるならばHTMLタグを削除する

«sample» textarea/note.php

```
  if (isSet($_POST["note"])){
    $note = $_POST["note"];
    // HTMLタグやPHPタグを削除する
    $note = strip_tags($note);
```

NOTE

strip_tags()が削除するタグ

strip_tags()はNULLバイト、HTMLタグ、PHPタグを取り除きます。ただし、本当にHTMLタグであるかどうかを検証しないので、<と>で囲まれているテキストはHTMLでなくても削除してしまいます。

3. 文字数を制限する

テキストエリアを作った際に <textarea> タグのmaxlength属性で文字数の上限を指定できますが、ブラウザがこの属性に必ずしも対応しているとは限りません。そこで文字数の上限についてもPHPで制限を設ける必要があります。ここで利用するのがマルチバイト文字のテキストから文字数を取り出すmb_substr()です。mb_substr($note, 0, 150)のように実行すると、$noteの先頭から150文字目までを取り出します。このときテキストエリアやブラウザの画面では表示されない改行コードなども文字数としてカウントしています。改行コードが\nならば、改行は2文字として数えます。

Part 3 Chapter 8 Chapter 9 Chapter 10 Chapter 11

php 最大 150 文字だけ取り出す

«sample» textarea/note.php

```
        $note = mb_substr($note, 0, 150);  ―― 150 文字制限
```

4. HTML エスケープを行う

HTML タグを削除してもまだ HTML タグとして利用される文字が単独で残っている可能性があります。そこで最後に HTML エスケープの処理を行います。ここでは最初に読み込んでいる util.php で定義済みの es() で行っていますが、これは htmlspecialchars($note, ENT_QUOTES, 'UTF-8') を実行するのと同じです。（☞ P.306）

php HTML エスケープを行う

«sample» textarea/note.php

```
        $note = es($note);  ―― 最終的に HTML エスケープも行います
```

以上の処理を行うと、次のようにテキストエリアに HTML タグや PHP タグが入力されても取り除かれ、さらにタグが除かれたテキストに残った > や < といった HTML の要素は HTML エンティティに変換されます。HTML タグを取り除いた時点で制限文字数を超えたぶんは切り捨てられます。

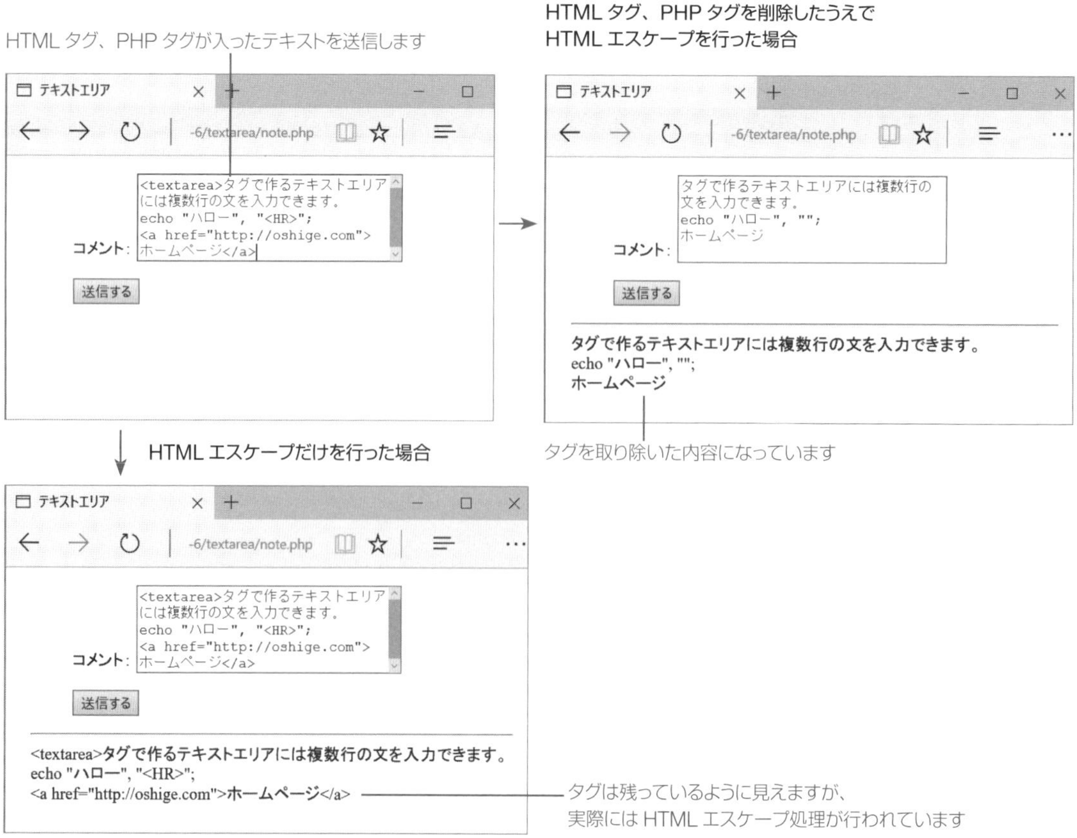

HTML タグ、PHP タグが入ったテキストを送信します

テキストエリア　-6/textarea/note.php

コメント：<textarea>タグで作るテキストエリアには複数行の文を入力できます。
echo "ハロー", "<HR>";
<a href="http://oshige.com">ホームページ</a>

送信する

HTML タグ、PHP タグを削除したうえで HTML エスケープを行った場合

テキストエリア　-6/textarea/note.php

コメント：タグで作るテキストエリアには複数行の文を入力できます。
echo "ハロー", "";
ホームページ

送信する

タグで作るテキストエリアには複数行の文を入力できます。
echo "ハロー", "";
ホームページ

タグを取り除いた内容になっています

HTML エスケープだけを行った場合

テキストエリア　-6/textarea/note.php

コメント：<textarea>タグで作るテキストエリアには複数行の文を入力できます。
echo "ハロー", "<HR>";
<a href="http://oshige.com">ホームページ</a>

送信する

<textarea>**タグで作るテキストエリアには複数行の文を入力できます。**
echo "ハロー", "<HR>";
<a href="http://oshige.com">**ホームページ**</a>

タグは残っているように見えますが、実際には HTML エスケープ処理が行われています

セキュリティ対策　HTML タグの削除と HTML エスケープ

HTML タグを削除する場合は、HTML エスケープを行うより先に行わなければ意味がありません。セキュリティ対策だけで言えば、HTML エスケープを行うならば HTML タグは削除しなくても構いません。HTML タグを削除する strip_tags() では第2引数で取り除かないタグを指定できますが、タグの属性を使った攻撃を受ける可能性が発生します。

受け取ったテキストを表示する

最後にテキストエリアから送られてきたテキストを画面の下に表示しましょう。すでに HTML エンコードなどの処理は終わっていますが、ブラウザに表示するには改行コードの位置で改行して表示されるようにする必要があります。全体を <pre> タグで囲む方法もありますが、ここでは改行コードの前に
 タグを挿入する方法にします。

改行コードの前に
 を挿入する

まず、mb_strlen($note) で $note に入っている文字数を確認します。確かにテキストが入っているならば、nl2br($note, false) を使って改行コードの前に
 を挿入したテキスト $note_br を作り、これを画面に表示します。

**php　改行コードの前に
 に挿入して表示する**

«sample» **textarea/note.php**

```
    // テキストが入力されていれば表示する
    $length = mb_strlen($note);
    if ($length>0) {
      echo "<HR>";
      // 改行コードの前に <br> に挿入する
      $note_br = nl2br($note, false); ———— ブラウザで改行されるように <br> を挿入します
      echo $note_br;
    }
```

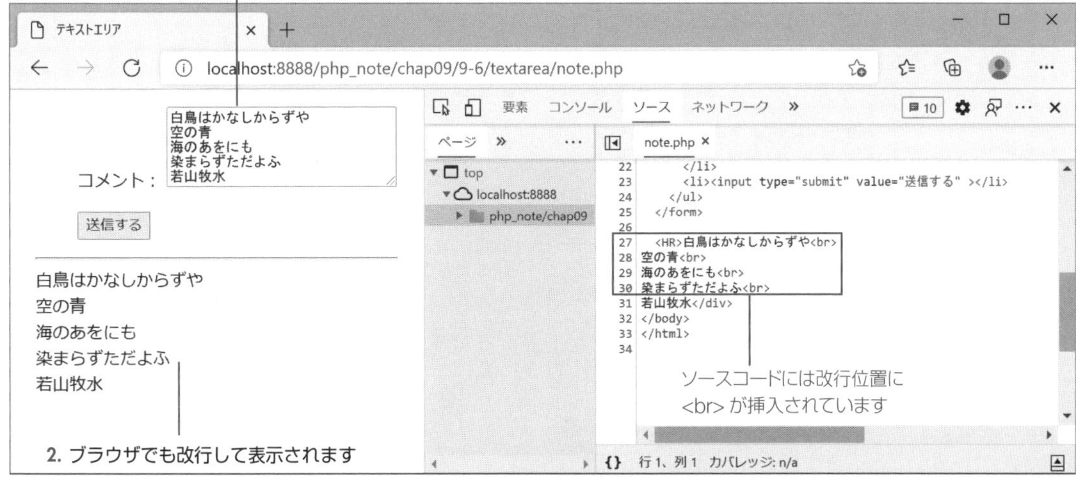

Section 9-7

日付フィールドを利用する

HTML5 では <input> タグで type="date" の属性を指定すると日付入力のための UI を表示できます。ただし、"date" に未対応ブラウザからの入力に対する処理も欠かせません。また、年月日ごとのプルダウンメニューで日付を選ぶこれまでの方法も知っておく必要があります。この節では、この２つの方法で日付を入力する例を説明します。

type="date" を使って日付を入力する

HTML5 では <input> タグで type="date" の属性を指定するだけで、日付書式のデータを入力できる日付フィールドになります。日付フィールではカレンダーなどを使って日付を選ぶことができるようになります。これにより、「9 月 31 日」などの存在しない日を指定する誤りを未然に防げ、「2021/03/08」といった日付書式を強要する必要もなくなります。

次に各種 Web ブラウザでの type="date" への対応の例を示します。次に示したのは Microsoft Edge、Google Chrome、Safari です。Safari は type="date" に未対応のブラウザです。

Microsoft Edge

Google Chrome

Safari

入力された日付の曜日を求める

次のサンプルは、<input> タグで type="date" を指定して簡単な日付フィールドを作っています。日付を入力して「送信する」ボタンをクリックすると日付の妥当性をチェックした後、正しい日付ならばその日付の曜日を求めて合わせて表示します。type="date" に未対応のブラウザから入力された値が正しい日付形式になっていないことがあり得るので、日付チェックでは正規表現を使って日付形式のチェックを行った後で、さらに日付として正しいかどうかの妥当性をチェックしています。

php 選んだ日付の曜日を求めて合わせて表示する

«sample» **type_date/datefield.php**

```
<!DOCTYPE html>
<html lang="ja">
<head>
<meta charset="utf-8">
<title>日付フィールド</title>
<link href="../../css/style.css" rel="stylesheet">
</head>
<body>
<div>
  <?php
  require_once("../../lib/util.php");
  // 文字エンコードの検証
  if (!cken($_POST)){
    $encoding = mb_internal_encoding();
    $err = "Encoding Error! The expected encoding is " . $encoding ;
    // エラーメッセージを出して、以下のコードをすべてキャンセルする
    exit($err);
  }
  // HTML エスケープ（XSS 対策）
  $_POST = es($_POST);
  ?>

  <?php
  // エラーを入れる配列
  $error = [];
  // POST された日付を取り出す
  if (! isSet($_POST["theDate"])){
```

```
      $isDate = false;
      $postDate = "";
    } else {
      // 日付文字列を取り出す
      $postDate = trim($_POST["theDate"]);
      // 全角を半角にする
      $postDate = mb_convert_kana($postDate, "as");
      // 日付形式のパターン (YYYY-MM-DD または YYYY/MM/DD)
      $pattern1 = preg_match("/^[0-9]{4}-[0-9]{1,2}-[0-9]{1,2}$/", $postDate);
      $pattern2 = preg_match("#^[0-9]{4}/[0-9]{1,2}/[0-9]{1,2}$#", $postDate);
      // 年月日を配列にする
      if ($pattern1){
        $dateArray = explode("-", $postDate);
      }
      if ($pattern2){
        $dateArray = explode("/", $postDate);
      }
      if ($pattern1||$pattern2){
        // 正しい日付形式だったとき
        $theYear = $dateArray[0];
        $theMonth = $dateArray[1];
        $theDay = $dateArray[2];
        // 日付の妥当性チェック
        $isDate = checkdate($theMonth, $theDay, $theYear);
        if (! $isDate){
          $error[] = "日付として正しくありません。";
        }
      } else {
        // 正しい日付形式ではなかったとき
        $today = new DateTime();
        $today1 = $today->format("Y-n-j");
        $today2 = $today->format("Y/n/j");
        $error[] =" 日付は次のどちらかの形式で入力してください。<br>{$today1} または {$today2}";
        $isDate = false;
      }
    }
    ?>

    <!-- 入力フォームを作る（現在のページに POST する）-->
    <form method="POST" action="<?php echo es($_SERVER['PHP_SELF']); ?>">
      <ul>
        <li><span>日付を選ぶ：</span>
          <input type="date" name="theDate" value=<?php echo "{$postDate}" ?>>
        </li>
        <li><input type="submit" value="送信する" ></li>
      </ul>
    </form>

    <?php
    // 正しい日付であれば表示する
    if ($isDate) {
      // 日付オブジェクトを作る
      $dateObj = new DateTime($postDate);
      // 日付を年月日の書式にする
      $date = $dateObj->format("Y年m月d日");
      // 日付から曜日を求める
      $w = (int)$dateObj->format("w");
      $week = ["日", "月", "火", "水", "木", "金", "土"];
      $youbi = $week[$w];
      echo "<HR>";
```

POST された日付を取り出します

YYYY-MM-DD または YYYY/MM/DD の2つの日付パターンを許可します

配列から年、月、日を取り出します

エラーメッセージでは今日の日付を使って例を示します

日付フィールドと送信ボタンを作ります

日付の入力フォームを作ります

ここではじめて $postData を信頼して日付オブジェクトにします

```
      echo "{$date} は、{$youbi} 曜日です。";
    }
    ?>

    <?php
    // エラー表示
    if (count($error)>0){
      echo "<HR>";
      // 値を "<br>" で連結して表示する
      echo '<span class="error">', implode("<br>", $error), '</span>';
    }
    ?>
</div>
</body>
</html>
```

POST された日付と曜日を表示します

日付フィールドを作る

カレンダーなどを使って日付入力ができる日付フィールドを作る方法は簡単です。最初に書いたようにフォームの <input> タグで type="date" の属性を指定するだけです。このサンプルでは次のように書いています。value の値には選ばれている日付が入ります。

php 日付フィールドを作る

«sample» **type_date/datefield.php**

```
    <form method="POST" action="<?php echo es($_SERVER['PHP_SELF']); ?>">
      <ul>
        <li><span> 日付を選ぶ：</span>
          <input type="date" name="theDate" value=<?php echo "{$postDate}" ?>>
        </li>
        <li><input type="submit" value=" 送信する " ></li>
      </ul>
    </form>
```

POST された日付をチェックする

日付を選んで「送信する」をクリックするとこれまでと同じようにこのページに POST されます。まず、$_POST の値のエンコードチェックと HTML エスケープを行ってから、$_POST["theDate"] に入っている日付のチェックを行います。

前後の空白や改行を取り除く

type="date" に対応していないブラウザのフィールドからの入力された日付データには、前後に不要な空白や改行が入っている可能性があります。そこで、それらを trim() を使って取り除いてから $postDate に代入します（☞ P.161）。

php 日付データから前後の空白や改行を取り除く

«sample» **type_date/datefield.php**

```
// 日付文字列を取り出す
$postDate = trim($_POST["theDate"]);
```

全角文字を半角に変換する

type="date" に対応していないブラウザからの入力された日付が全角文字で入力されていることを考慮して、日付形式のチェックを行う前に mb_convert_kana() を使って $postData データを半角に変換しておきます。（☞ P.157）

php 全角文字を半角に変換する

«sample» type_date/datefield.php

```
        // 全角を半角にする
        $postDate = mb_convert_kana($postDate, "as");
```

日付形式かどうかチェックする

次にtype="date" に未対応のブラウザから入力された値が正しい形式になっていないことが想定されるので、それを正規表現を使ってチェックします（☞ P.178）。$pattern1 は「YYYY-MM-DD」、$pattern2 は「YYYY/MM/DD」の形式とマッチします（M と D は 1 個でも 2 個でもマッチします）。日付形式に当てはまらない場合は $error[] にエラーメッセージを追加します。エラーメッセージでは今日の日付を使って「2021-3-10 または 2021/3/10」のように入力例を示します。

php 日付形式かどうかを正規表現を使ってチェックする

«sample» type_date/datefield.php

```
        // 日付形式のパターン (YYYY-MM-DD または YYYY/MM/DD)
        $pattern1 = preg_match("/^[0-9]{4}-[0-9]{1,2}-[0-9]{1,2}$/", $postDate);
        $pattern2 = preg_match("#^[0-9]{4}/[0-9]{1,2}/[0-9]{1,2}$#", $postDate);
          ・・・
        if ($pattern1||$pattern2){
          ・・・
        } else {
          // 正しい日付形式ではなかったとき
          $today = new DateTime();
          $today1 = $today->format("Y-n-j");
          $today2 = $today->format("Y/n/j");
          $error[] =" 日付は次のどちらかの形式で入力してください。<br>{$today1} または {$today2}";
          $isDate = false;
        }
```

2つの日付形式パターンを考慮します

今日の日付を使って例を示します

6/30/2021 と入力すると・・・・

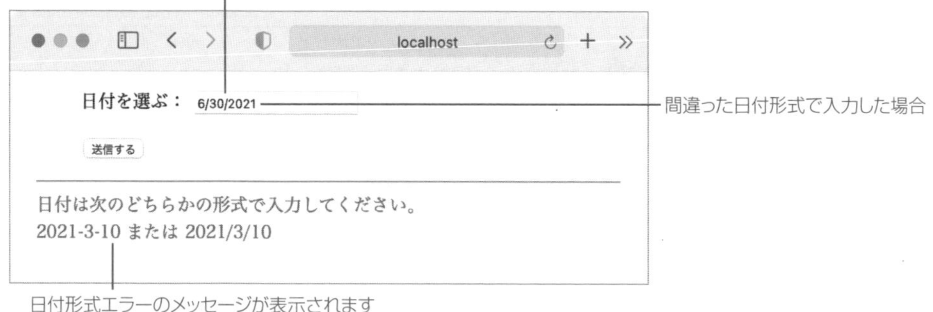
localhost
日付を選ぶ：
6/30/2021
送信する
日付は次のどちらかの形式で入力してください。
2021-3-10 または 2021/3/10
間違った日付形式で入力した場合
日付形式エラーのメッセージが表示されます

日付の妥当性のチェック

日付の妥当性のチェックは checkdate() で行います。checkdate(月 , 日 , 年) のように実行すると「2020 年 2 月 29 日」は存在するが「2021 年 2 月 29 日」は存在しないといった閏年のチェックも含めて日付の妥当性のチェックができます。これを行うには、$_POST["theDate"] から年、月、日の値を取り出す必要があります。

先の正規表現でのパターンチェックで、入力された日付が YYYY-m-d か YYYY/m/d のどちらのパターンなのかわかるので、先の $pattern1 ならば explode("-", $postDate)、後の $pattern2 ならば explode("/", $postDate) で [YYYY, m, d] の配列 $dateArray に変換します。配列にする理由は年月日を分けたいからです（explode() ☞ P.207）。

php 区切り文字を指定して配列を作る

«sample» type_date/datefield.php

```
    // 年月日を配列にする
    if ($pattern1){
      $dateArray = explode("-", $postDate);   ―― ハイフンで区切られた年月日
    }
    if ($pattern2){
      $dateArray = explode("/", $postDate);   ―― スラッシュでで区切られた年月日を配列に分解します
    }
```

配列 $dateArray に分けたところで、年、月、日を $theYear、$theMonth、$theDay に取り出します。

php 配列から年、月、日の値を取り出す

«sample» type_date/datefield.php

```
    if ($pattern1||$pattern2){
      // 正しい日付形式だったとき
      $theYear = $dateArray[0];   ―― 年
      $theMonth = $dateArray[1];  ―― 月
      $theDay = $dateArray[2];    ―― 日
```

年、月、日を各変数に取り出したならば、checkdate($theMonth, $theDay, $theYear) で日付の妥当性を判定します。日付として正しくなかったならば $error[] にエラーメッセージを追加します。

php 日付の妥当性チェック

«sample» **type_date/datefield.php**

```php
        // 日付の妥当性チェック
        $isDate = checkdate($theMonth, $theDay, $theYear);
        if (! $isDate){
          $error[] = "日付として正しくありません。";
        }
```

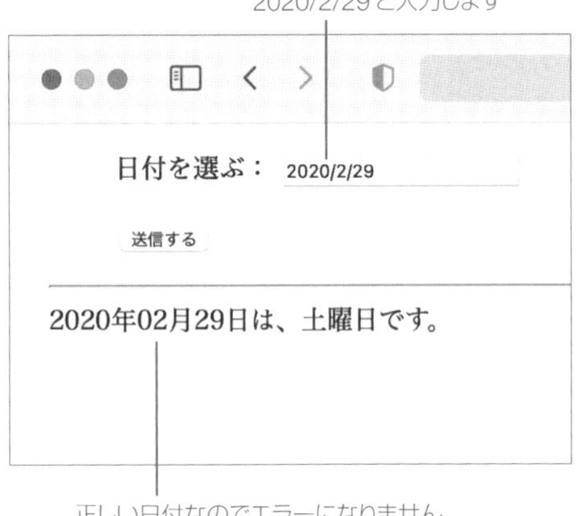
2020/2/29と入力します
日付を選ぶ：
2020/2/29
送信する
2020年02月29日は、土曜日です。
正しい日付なのでエラーになりません

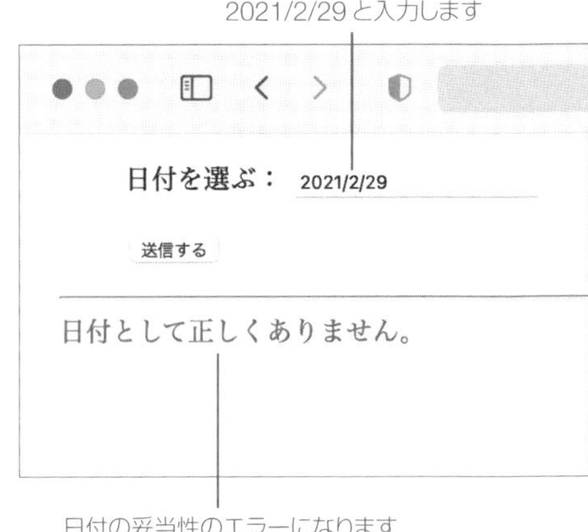
2021/2/29と入力します
日付を選ぶ：
2021/2/29
送信する
日付として正しくありません。
日付の妥当性のエラーになります

日付から曜日を求めて表示する

最終的に $isDate が true ならば、POST されたデータ $postDate の日付オブジェクト $dateObj を作ります。そして、DateTime クラスのメソッドを使って、$dateObj->format("Y 年 m 月 d 日 ") で日付を年月日の書式にし、$dateObj->format("w") で曜日を $w に取り出します。$w は日曜日を 0 とした 0 ～ 6 の数字なので、[" 日 ", " 月 ", " 火 ", " 水 ", " 木 ", " 金 ", " 土 "] の配列 $week を用意して $week[$w] で曜日名にして表示します（日付のフォーマット ☞ P.450）。(int) は数値を整数にするキャスト演算子です（☞ P.83）。

php 日付から曜日を求めて表示する

«sample» **type_date/datefield.php**

```php
    // 正しい日付であれば表示する
    if ($isDate) {
      // 日付オブジェクトを作る
      $dateObj = new DateTime($postDate);
      // 日付を年月日の書式にする
      $date = $dateObj->format("Y年m月d日");
      // 日付から曜日を求める
      $w = (int)$dateObj->format("w");
      $week = ["日", "月", "火", "水", "木", "金", "土"];
      $youbi = $week[$w];
      echo "<HR>";
      echo "{$date}は、{$youbi}曜日です。";
    }
```

年月日をプルダウンメニューで選んで入力する

次のサンプルでは type="date" は利用せずに「年」、「月」、「日」ごとのプルダウンメニューで日付を入力します。それぞれのプルダウンメニューで選ばれた数字を合わせて日付を作成し、正しい日付が選ばれていたならば曜日を求めて表示します。日付から曜日を求めて表示する部分は先のサンプルと同じです。

プルダウンメニューで日付を選択します

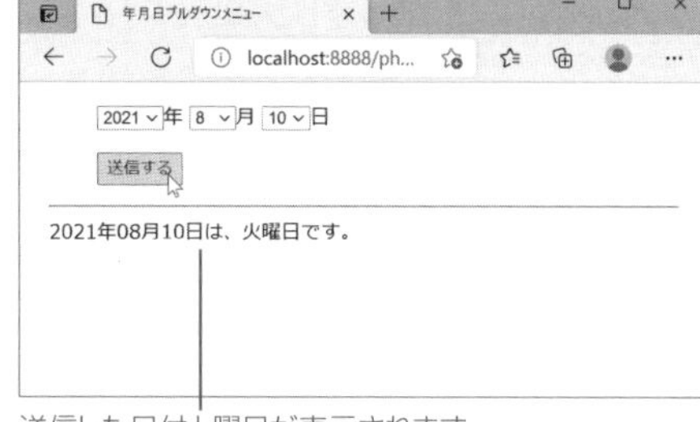

送信した日付と曜日が表示されます

php 年月日をプルダウンメニューで選んで入力する

«sample» **pulldown_date/date2youbi.php**

```
<!DOCTYPE html>
<html lang="ja">
<head>
<meta charset="utf-8">
<title>年月日から曜日を求める</title>
<link href="../../css/style.css" rel="stylesheet">
</head>
<body>
<div>
  <?php
  require_once("../../lib/util.php");
  // 文字エンコードの検証
  if (!cken($_POST)){
    $encoding = mb_internal_encoding();
    $err = "Encoding Error! The expected encoding is " . $encoding ;
    // エラーメッセージを出して、以下のコードをすべてキャンセルする
    exit($err);
  }
  // HTML エスケープ（XSS 対策）
  $_POST = es($_POST);
  ?>

  <?php
  // 日付の初期値（本日）
  $theYear = date('Y');
  $theMonth = date('n');
  $theDay = date('j');
  // エラーを入れる配列
  $error = [];
  // POST された値を取り出す
  if (isSet($_POST["year"])&&isSet($_POST["month"])&&isSet($_POST["day"])){
    $theYear = $_POST["year"];
    $theMonth = $_POST["month"];
    $theDay = $_POST["day"];
    // 値が日付として正しいかチェックする
    $isDate = checkdate($theMonth, $theDay, $theYear);
```

今日の年月日を初期値にしておきます

POST された年月日で置き換えます

日付の妥当性をチェック

```
      if (!$isDate){
        $error[] = " 日付として正しくありません。";
      }
    } else {
      $isDate = false;
    }
    ?>

   <?php
   // 今年の前後 5 年のプルダウンメニューを作る
   function yearOption(){
     global $theYear;
     // 今年
     $thisYear = date('Y');
     $startYear = $thisYear - 5;
     $endYear = $thisYear + 5;
     echo '<select name="year">' . PHP_EOL;
     for ($i=$startYear; $i <= $endYear; $i++) {
       // POST された年を選択する
       if ($i==$theYear){                     選択されている年
         echo "<option value={$i} selected>{$i}</option>" . PHP_EOL;
       } else {
         echo "<option value={$i}>{$i}</option>" . PHP_EOL;
       }
     }                                         選択されていない年
     echo '</select>';
   }

    // 1 ～ 12 月のプルダウンメニューを作る
   function monthOption(){
     global $theMonth;
     echo '<select name="month">';
     for ($i=1; $i <= 12; $i++) {
       // POST された月を選択する
       if ($i==$theMonth){                    選択されている月
         echo "<option value={$i} selected>{$i}</option>" . PHP_EOL;
       } else {
         echo "<option value={$i}>{$i}</option>" . PHP_EOL;
       }                                       選択されていない月
     }
     echo '</select>';
   }

   // 1 ～ 31 日のプルダウンメニューを作る
   function dayOption(){
     global $theDay;
     echo '<select name="day">';
     for ($i=1; $i <= 31; $i++) {
       // POST された日を選択する
       if ($i==$theDay){                      選択されている日
         echo "<option value={$i} selected>{$i}</option>" . PHP_EOL;
       } else {
         echo "<option value={$i}>{$i}</option>" . PHP_EOL;
       }
     }                                         選択されていない日
     echo '</select>';
   }
  ?>

    <!-- 年月日のプルダウンメニューを作る（現在のページに POST する）-->
```

```
    <form method="POST" action="<?php echo es($_SERVER['PHP_SELF']); ?>">
      <ul>
        <li>
          <?php yearOption(); ?>年
          <?php monthOption();?>月
          <?php dayOption(); ?>日
        </li>
        <li><input type="submit" value=" 送信する " ></li>
      </ul>
    </form>

      <?php
        // 正しい日付であれば表示する
        if ($isDate) {
        // 日付オブジェクトを作る
        $dateString = $theYear . "-". $theMonth . "-" . $theDay;
        $dateObj = new DateTime($dateString);
          // 日付を年月日の書式にする
          $date = $dateObj->format("Y 年 m 月 d 日 ");
          // 日付から曜日を求める
          $w = (int)$dateObj->format("w");
          $week = [" 日 ", " 月 ", " 火 ", " 水 ", " 木 ", " 金 ", " 土 "];
          $youbi = $week[$w];
          echo "<HR>";
          echo "{$date} は、{$youbi} 曜日です。";
        }
      ?>

      <?php
      // エラー表示
      if (count($error)>0){
        echo "<HR>";
        // 値を "<br>" で連結して表示する
        echo '<span class="error">', implode("<br>", $error), '</span>';
      }
      ?>
  </div>
  </body>
  </html>
```

プルダウンメニューの中身は各ユーザ定義関数で作ります

選ばれた年月日と曜日を表示します

年、月、日のプルダウンメニューを作る

プルダウンメニューは <select> タグの子要素としてプルダウンメニューの選択肢のぶんだけ <option> タグを挿入します。この作り方については「Section9-3　プルダウンメニューを使う」で説明しています（☞P.369）。ここでは「年」、「月」、「日」のプルダウンメニューを作る 3 つの関数 yearOption()、monthOption()、dayOption() を定義します。どれもメニューアイテムの個数が多いので for 文を使って効率よく作成します。

年月日の初期値

今日の日付を年月日（$theYear、$theMonth、$theDay）の初期値に設定しています。この値がプルダウンメニューで表示する初期値になりますが、後から説明するようにプルダウンメニューで日付を選んで POST

されてきたときは、選ばれている値で上書きされることになります。

php 日付の初期値

«sample» **pulldown_date/date2youbi.php**

```
    // 日付の初期値（本日）
    $theYear = date('Y');  ―――― 今年
    $theMonth = date('n'); ―――― 今月
    $theDay = date('j');   ―――― 今日
```

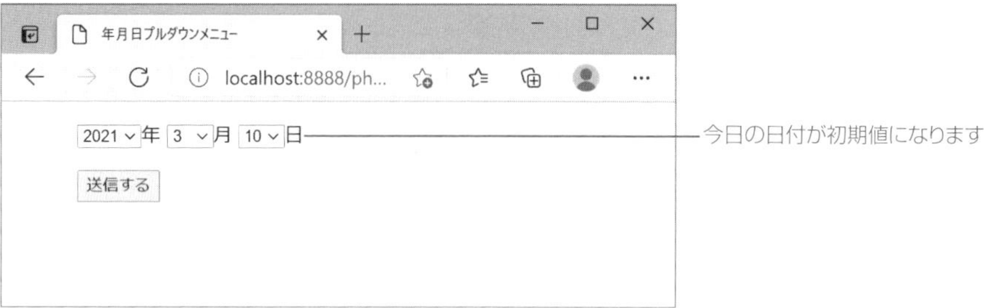

「年」のプルダウンメニューを作る

「年」のプルダウンメニューは <select name="year"> タグです。<option> タグは for 文で繰り返して挿入します。表示する年とその値はカウンタの $i を使います。今年の前後 5 年ずつの計 11 年の中から年を選べるようにしたいので、今年 $thisYear を date('Y') で求めて（☞ P.450）、カウンタの開始 $startYear は $thisYear-5、終了 $endYear は $thisYear+5 にします。

先に書いたように初期値は今年ですが、メニューで選ばれた値が送られてきたならば、選択されている年は $theYear に入っています。したがって、カウンタ $i と $theYear が等しいときに <option> タグに selected を追加すれば、プルダウンメニューではその年が選ばれている状態になります。

php 今年の前後 5 年のプルダウンメニューを作る

«sample» **pulldown_date/date2youbi.php**

```
  function yearOption(){
    global $theYear;
    // 今年
    $thisYear = date('Y');        ―――― 今年がメニューの中央になります
    $startYear = $thisYear - 5;   ―――― 最初の年
    $endYear = $thisYear + 5;     ―――― 最後の年
    echo '<select name="year">'. PHP_EOL;
    for ($i=$startYear; $i <= $endYear; $i++) {
      // POST された年を選択する
      if ($i==$theYear){          ―――― POST された年が選択されます
        echo "<option value={$i} selected>{$i}</option>" . PHP_EOL;
      } else {
        echo "<option value={$i}>{$i}</option>" . PHP_EOL;
      }
    }
    echo '</select>';
  }
```

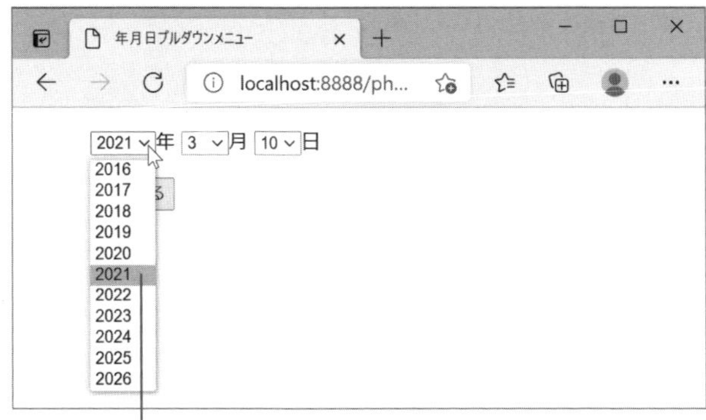

今年の前後 5 年ずつから選ぶメニューが表示されます

「月」と「日」のプルダウンメニューを作る

「月」のプルダウンメニューは <select name="month"> タグ、「日」のプルダウンメニューは <select name="day"> タグです。作り方は「年」の場合と基本的に同じですが、月は 1 ～ 12、日は 1 ～ 31 と決まっているので簡単です。30 日や 31 日がない月もありますが、日付の妥当性のチェックは受信後に行うので、メニューではそのまま選べるようにしておきます。「月」、「日」の初期値は、今月を date('n')、今日を date('j') で求めておいた値です。

$theMonth が選ばれている月なので、カウンタ $i と $theMonth が等しいときに <option> タグに selected を追加すればプルダウンメニューではその月が選ばれている状態になります。日の場合も同様です。カウンタ $i と $theDay が等しいときに <option> タグに selected を追加します。

php 1 ～ 12 月のプルダウンメニューを作る

«sample» **pulldown_date/date2youbi.php**

```
function monthOption(){
  global $theMonth;
  echo '<select name="month">';
  for ($i=1; $i <= 12; $i++) {
    // POST された月を選択する
    if ($i==$theMonth){
      echo "<option value={$i} selected>{$i}</option>". PHP_EOL;
    } else {
      echo "<option value={$i}>{$i}</option>". PHP_EOL;
    }
  }
  echo '</select>';
}
```

POST された月が選択されます

1～12から月を選ぶメニューが表示されます

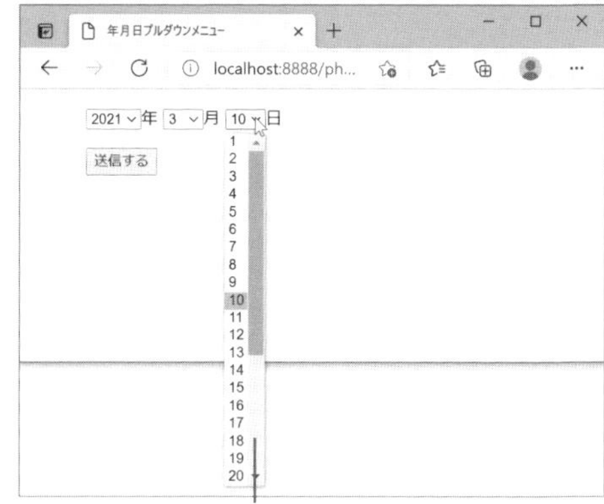

1～31から日を選ぶメニューが表示されます

POSTされた日付をチェックする

プルダウンメニューで年月日を選んで「送信する」をクリックするとこれまでと同じようにこのページにPOSTされます。まず、$_POSTの値のエンコードチェックとHTMLエスケープを行ってから、$_POSTに入っている日付のチェックを行います。

$_POSTには年月日が$_POST["year"]、$_POST["month"]、$_POST["day"]と個別に入っています。まず最初にこれらに値があるかどうかチェックします。

php　$_POSTに年月日の値が入っているかどうか調べる

«sample» pulldown_date/date2youbi.php

```
    // POSTされた値を取り出す
    if (isSet($_POST["year"])&&isSet($_POST["month"])&&isSet($_POST["day"])){
      $theYear = $_POST["year"];
      $theMonth = $_POST["month"];
      $theDay = $_POST["day"];
```

日付形式かどうかチェックする

年月日の値が入っていることがわかったならば、それぞれを取り出してcheckdate()を使って日付として正しいかどうかチェックします。ここで$theYear、$theMonth、$theDayに入れた値がプルダウンメニューで選択される値として使われます。

checkdate()で確かめた結果、日付として正しければ後で使うために年月日から日付オブジェクト$dateObjを作っておきます。正しくなければ$error[]にエラーメッセージを入れます。

php　値が日付として正しいかチェックする

«sample» pulldown_date/date2youbi.php

```
      // 値が日付として正しいかチェックする
      $isDate = checkdate($theMonth, $theDay, $theYear); ──── 日付の妥当性をチェックできます
      if (!$isDate){
        $error[] = "日付として正しくありません。";
      }
```

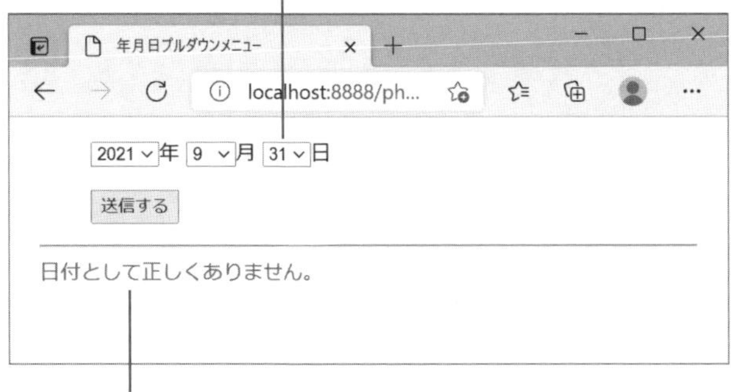

日付として正しくないのでエラーが表示されます

日付から曜日を求めて表示する

年月日で選んだ日付が正しい日付ならば、$theYear、$theMonth 、$theDay を日付形式に連結して $dateString を作り、それをもとに日付オブジェクト $dateObj を作ります。そして、あらためて年月日と曜日を format(日付フォーマット) で調べて表示します。曜日の format("w") は日〜土が 0 〜 6 の数値で返るので、それをインデックス番号にして $week[w] で曜日を求めます（☞ P.450）。

php 日付から曜日を求めて表示する

«sample» **pulldown_date/date2youbi.php**

```
<?php
  // 正しい日付であれば表示する
  if ($isDate) {
    // 日付オブジェクトを作る
    $dateString = $theYear . "-". $theMonth . "-" . $theDay;
    $dateObj = new DateTime($dateString);
    // 日付を年月日の書式にする
    $date = $dateObj->format("Y 年 m 月 d 日 ");
    // 日付から曜日を求める
    $w = (int)$dateObj->format("w");
    $week = [" 日 ", " 月 ", " 火 ", " 水 ", " 木 ", " 金 ", " 土 "];
    $youbi = $week[$w];
    echo "<HR>";
    echo "{$date} は、{$youbi} 曜日です。";
  }
?>
```

Chapter 10

セッションとクッキー

アンケートフォームや買い物サイトなどのように、複数のWebページを移動しながら入力データを集めていくWebサービスでは、セッションやクッキーの機能の活用が欠かせません。セッションやクッキーの使い方をその注意点と合わせて解説します。

Section 10-1

セッション処理の基礎

セッションの機能を利用すると、複数のWebページで共通して使えるセッション変数を利用できるようになります。この節では変数の値を次のページに渡すだけの簡単な例でセッションの基礎を説明します。

セッションの概要

Webページを移動してしまうと前のページで利用していた変数の値は使えなくなります。セッションの機能を利用することで、複数のWebページで共通して使えるセッション変数$_SESSIONを利用できるようになります。

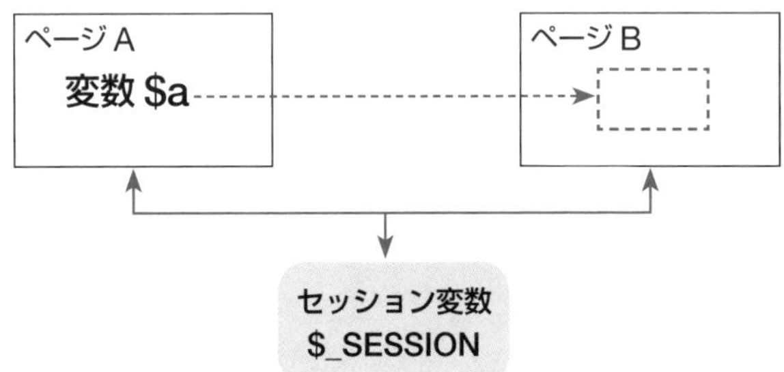
通常の変数はページを移動すると利用できません
ページA
変数 $a
ページB
セッション変数
$_SESSION
セッション変数はページをまたがって利用できます

では、実際にどのようにセッションを使っていくのかを簡単な例で示します。次の例ではクーポンコードをセッション変数に代入し、クリックで開いたページで正しいクーポンコードを受け取ったかどうかを判定しています。ページの移動には<a>タグのリンクを使っています。

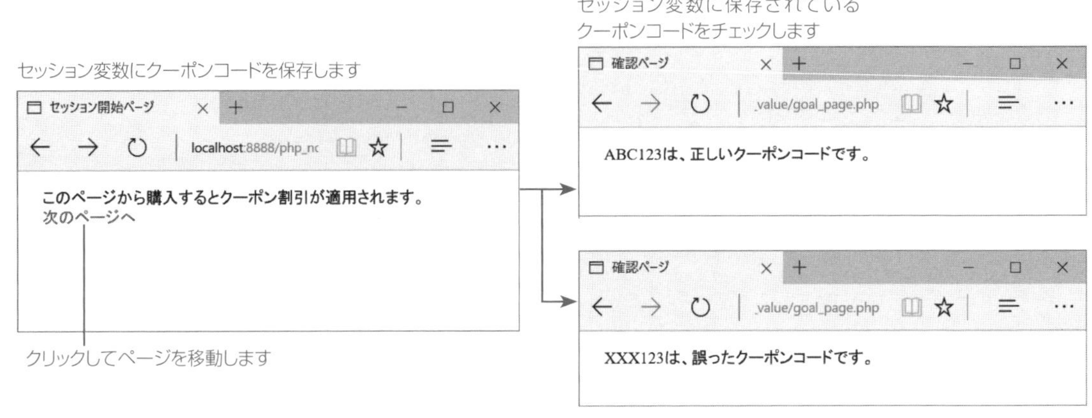
セッション変数にクーポンコードを保存します
セッション開始ページ
localhost:8888/php_nc
このページから購入するとクーポン割引が適用されます。
次のページへ
クリックしてページを移動します
セッション変数に保存されている
クーポンコードをチェックします
確認ページ
_value/goal_page.php
ABC123は、正しいクーポンコードです。
確認ページ
_value/goal_page.php
XXX123は、誤ったクーポンコードです。

セッション変数に値を保存する

セッション変数を利用するには、各ページでセッションを開始します。セッションを開始するとスーパーグローバル変数であるセッション変数 $_SESSION を利用できるようになります。

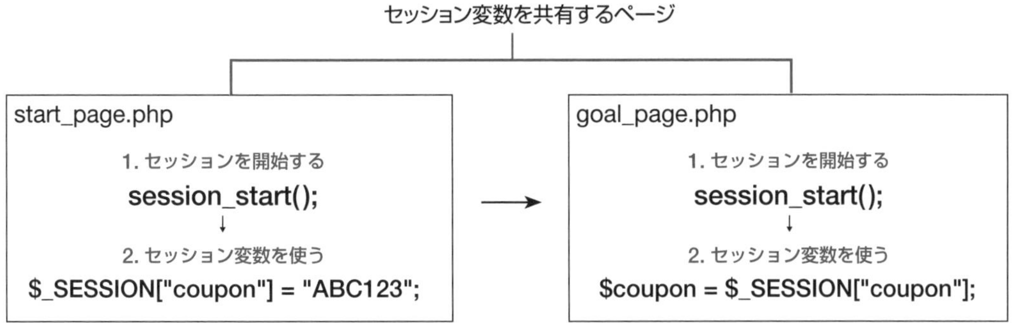

php セッション変数に値を保存する

«sample» session_value/start_page.php

```
<?php
// セッションの開始
session_start();
?>

<!DOCTYPE html>
<html lang="ja">
<head>
<meta charset="utf-8">
<title>セッション開始ページ</title>
<link href="../../css/style.css" rel="stylesheet">
</head>
<body>
<div>
  このページから購入するとクーポン割引が適用されます。<br>
  <?php
    // セッション変数に値を代入する
    $_SESSION["coupon"] = "ABC123";
  ?>
  <a href="goal_page.php">次のページへ</a>
</div>
</body>
</html>
```

session_start(); ― セッションを開始します。これより前に空白行やHTMLコードがあってはいけません

$_SESSION["coupon"] = "ABC123"; ― セッション変数を使います

セッションを開始する

セッションは session_start() で開始します。このとき、session_start() より前に空白や改行を含めて HTML コードがあってはいけません。PHP のコメントを含めて、PHP コードは前にあっても構いません。したがって、サンプルのようにコードの最初で session_start() を実行します。

php セッションの開始

«sample» session_value/start_page.php

```
session_start();
```

セッション変数に値を保存する

セッションを開始するとスーパーグローバル変数の $_SESSION を利用できるようになります。$_SESSION は $_POST と同じく連想配列です（連想配列 ☞ P.202）。ここでは "coupon" をキーにして "ABC123" を値として保存しています。

php セッション変数に値を代入する

«sample» session_value/start_page.php

```
    $_SESSION["coupon"] = "ABC123";
```

移動したページでセッション変数の値を取り出す

移動したページでセッション変数の値を取り出す手順は、基本的に値を保存した場合と同じです。この例ではセッション変数に保存したクーポンコードが正しいコードかどうかを確認しています。

php セッション変数で受け取ったクーポンコードが正しいかどうか調べる

«sample» session_value/goal_page.php

```
<?php
require_once("../../lib/util.php");
// セッションの開始
session_start(); ―――― セッションを開始します
?>

<!DOCTYPE html>
<html lang="ja">
<head>
  <meta charset="utf-8">
  <title>確認ページ</title>
  <link href="../../css/style.css" rel="stylesheet">
</head>
<body>
<div>
  <?php
    // セッション変数を調べる
    if(isset($_SESSION["coupon"])){
      // クーポンコードを取り出す
      $coupon = $_SESSION["coupon"]; ―――― セッション変数からクーポンコードを取り出します
      // 正しいクーポンコード
      $couponList = ["ABC123", "XYZ999"];
```

```
        // クーポンコードをチェックする
        if (in_array($coupon, $couponList)){
          echo es($coupon), "は、正しいクーポンコードです。";
        } else {
          echo es($coupon), "は、誤ったクーポンコードです。";
        }
      } else {
        echo "セッションエラーです";
      }
    ?>
  </div>
  </body>
  </html>
```

セッションを開始する

移動した先のページでもセッションの機能を利用するには、まず、セッションを開始します。ここでは、セッションを開始する session_start() より先に require_once() で util.php を読み込んでいます。

php セッションを開始する

«sample» session_value/goal_page.php

```
<?php
require_once("../../lib/util.php");
// セッションの開始
session_start();
?>
```

読み込むファイルに空白行や HTML コードが含まれているとエラーになります

NOTE

session_start() を実行すると Warning が出る

session_start() よりも前に空白や改行なども含めて HTML コードがあるとユーザの環境によっては警告が出力されます。出力されるエラーメッセージは次のようなものです。このエラーは「Warning」なので、警告は出ますが処理は中断せずにそのまま続くコードが実行されます。

Warning: session_start(): Cannot send session cookie - headers already sent
Warning: session_start(): Cannot send session cache limiter - headers already sent

session_start() よりも前に PHP コードがあるのは問題ありません。ただし、この節のサンプルのように session_start() よりも前にほかのファイルを読み込む場合は注意が必要です。もし、読み込んだファイル内に空白行などが含まれているとユーザの環境によってはエラーになります。
この問題を解決するには session_start() を 1 行目で実行すればよいのですが、根本的な解決として読み込む php ファイルの中身を確かめて空白行や HTML コードを取り除いておきましょう。複数の <?php ～ ?> が含まれているコードの場合、<?php ～ ?> と <?php ～ ?> の間に空白行などがないかをチェックしてみてください。echo で文字列を出力している場合も同様のエラーになるので特に注意が必要です。読み込む PHP ファイルの最後の閉じたタグ ?> を省略すればタグは自動で閉じますが、?> が書いてある場合は、その後の空白行を見逃さないでください。

セッション変数の値を取り出す

セッション変数$_SESSIONからの値の取り出し方は$_POSTから値を取り出す場合と同じ方法です。まず、保存したキーに値がセットされているかどうかをisset($_SESSION["coupon"])でチェックし、セットされていたならば$_SESSION["coupon"]の値を取り出します。値がセットされていなかったならば、なんらかの理由でセッションエラーになります。

php セッション変数の値を取り出す

«sample» session_value/goal_page.php

```
        // セッション変数を調べる
        if(isset($_SESSION["coupon"])){
          // クーポンコードを取り出す
          $coupon = $_SESSION["coupon"];
        ・・・
        } else {
          echo "セッションエラーです";
        }
```

（if(isset($_SESSION["coupon"])){ ― couponキーに値がセットされているかチェックします）

クーポンコードをチェックして表示する

このサンプルでは取り出したクーポンコードが正しいコードかどうかをチェックします。正しいコードが配列$couponListに入っているとき、セッション変数から取り出した$couponの値が$couponListの値にあるかどうかをin_array()を使ってチェックします。

チェックした結果が正しいクーポンコードであれば問題ありませんが、誤ったクーポンコードをそのままブラウザに表示するのは危険です。セッション変数の値をブラウザに表示する際には、習慣として必ずHTMLエスケープを行うようにしましょう。ここでは最初に読み込んだutil.phpで定義してあるes()を使ってHTMLエスケープしています（☞ P.306）。

php クーポンコードをチェックする

«sample» session_value/goal_page.php

```
          // 正しいクーポンコード
          $couponList = ["ABC123", "XYZ999"];
          // クーポンコードをチェックする
          if (in_array($coupon, $couponList)){
            echo es($coupon), "は、正しいクーポンコードです。";
          } else {
            echo es($coupon), "は、誤ったクーポンコードです。";
          }
```

（if (in_array($coupon, $couponList)){ ― 値が配列に含まれているかチェックします）
（echo es($coupon), "は、誤ったクーポンコードです。"; ― HTMLエスケープして表示します）

Section 10-2

フォーム入力の値をセッション変数に入れる

セッションの利用では複数ページにわたるフォーム入力の回答を蓄えていくという使い方があります。この節ではセッションのそのような使い方の最初の例として、フォーム入力が1ページだけのものを作ります。セッションを破棄する方法も説明します。

POSTされた値をセッション変数で受け継ぐ

フォーム入力からPOSTされた値を複数のページで利用するには、$_POSTの値を$_SESSIONの値として代入して使っていきます。

次に説明する例では図に示すように最初の入力ページ（input.html）で「名前」と「好きな言葉」をフォーム入力します。PHPコードは含まれていないのでHTMLファイルとして保存してあります。

名前と好きな言葉を入力して「確認する」ボタンをクリックするとPOSTされて確認ページ（confirm.php）が開きます。確認ページではフォーム入力された内容を表示します。訂正があれば「戻る」ボタンで入力ページに戻り、このままでよければ「送信する」ボタンで完了ページ（thankyou.php）へと進みます。

ここまでならば確認ページに$_POST変数の値を表示するだけで済みますが、完了ページでも名前と好きな言葉を表示します。確認ページから完了ページに値を送るには<input>タグのhidden属性を使う方法もありますが（☞ P.327）、ここでセッションを活用します。

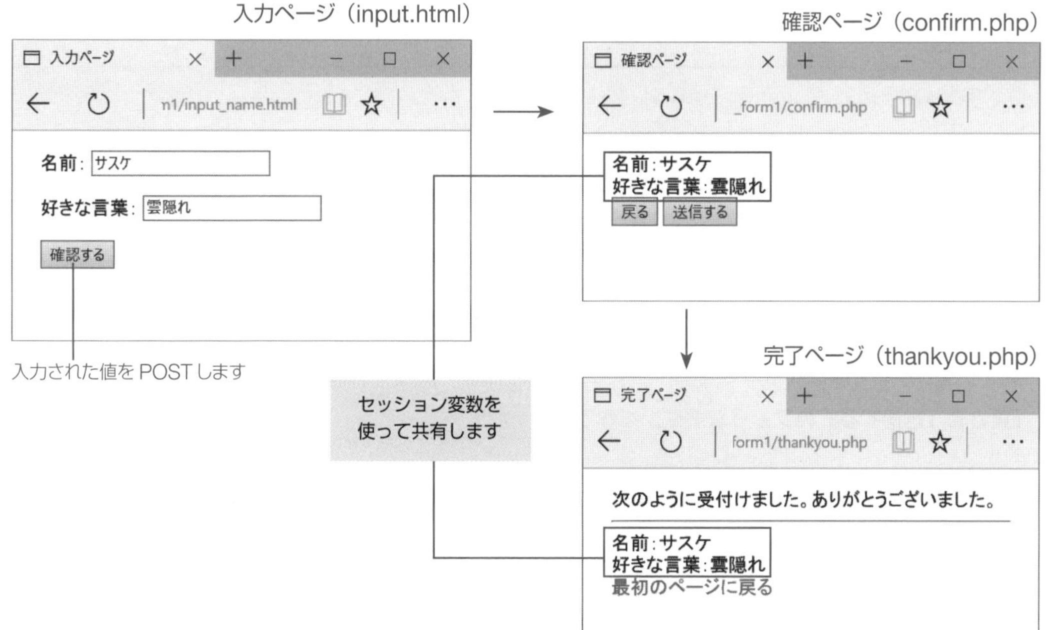

名前と好きな言葉を入力する入力ページを作る

入力ページを作るinput.htmlには、「名前」と「好きな言葉」を入力するフォームがあります。どちらも<input>タグで作り、POSTで送信する際のname属性に「名前」は"name"、「好きな言葉」は"kotoba"が設定してあります。「名前」にはplaceholder属性で"ニックネーム可"のプレイスホルダが付けてあります。どちらも初期値の設定がないので、確認ページから戻ってきた場合も空の状態から始まります。

html 入力ページを作る

«sample» session_form1/input.html

```
<!DOCTYPE html>
<html lang="ja">
<head>
<meta charset="utf-8">
<title>入力ページ</title>
<link href="../../css/style.css" rel="stylesheet">
</head>
<body>
<div>
  <form method="POST" action="confirm.php">
    <li><label>名前：
      <input type="text" name="name" placeholder="ニックネーム可";>
    </label></li>
    <li><label>好きな言葉：
      <input type="text" name="kotoba";>
    </label></li>
      <li><input type="submit" value="確認する"></li>
    </ul>
  </form>
</div>
</body>
</html>
```

nameとkotobaの値をconfirm.phpにPOSTします
名前フィールド
言葉フィールド
送信ボタン

POSTされた値をチェックする確認ページを作る

入力ページの「確認する」ボタンをクリックすると確認ページが開きます。確認ページでは次の3つのことを行います。

1. POSTされた値をセッション変数に移す
2. 値をチェックして表示する
3. 「戻る」、「送信する」のフォームボタンを作る

php 確認ページを作る

«sample» session_form1/confirm.php

```
<?php
require_once("../../lib/util.php");
// セッションの開始
session_start(); ———— セッションを開始します
?>

<?php
// 文字エンコードの検証
if (!cken($_POST)){
  $encoding = mb_internal_encoding();
  $err = "Encoding Error! The expected encoding is " . $encoding ;
  // エラーメッセージを出して、以下のコードをすべてキャンセルする
  exit($err);
}
?>

<?php
// POST された値をセッション変数に受け渡す
if (isset($_POST['name'])){
  $_SESSION['name'] = trim(mb_convert_kana($_POST['name'], "s"));
}
if (isset($_POST['kotoba'])){
  $_SESSION['kotoba'] = trim(mb_convert_kana($_POST['kotoba'], "s"));
}
// 入力データの取り出しとチェック
$error = [];
// 名前
if (empty($_SESSION['name'])){
  // 未設定のときエラー
  $error[] = "名前を入力してください。";
} else {
  // 名前を取り出す
  $name = $_SESSION['name'];
}
// 好きな言葉
if (empty($_SESSION['kotoba'])){
  // 未設定のときエラー
  $error[] = "好きな言葉を入力してください。";
} else {
  // 好きな言葉を取り出す
  $kotoba = $_SESSION['kotoba'];
}
?>

<!DOCTYPE html>
<html lang="ja">
<head>
  <meta charset="utf-8">
  <title>確認ページ</title>
  <link href="../../css/style.css" rel="stylesheet">
</head>
<body>
<div>
  <form>
  <?php if (count($error)>0){ ?>
    <!-- エラーがあったとき -->
    <span class="error"><?php echo implode('<br>', $error); ?></span><br>
```

POST された「名前」をセッション変数に代入します（20行目）

POST された「好きな言葉」をセッション変数に代入します（23行目）

if 文で分岐します（55行目）

$error に入っているエラー文を表示します（57行目）

```
      <span>
        <input type="button" value=" 戻る " onclick="location.href='input.html'">
      </span>
    <?php } else { ?>
      <!-- エラーがなかったとき -->
      <span>
        名前：<?php echo es($name); ?><br>
        好きな言葉：<?php echo es($kotoba); ?><br>
        <input type="button" value=" 戻る " onclick="location.href='input.html'">
        <input type="button" value=" 送信する " onclick="location.href='thankyou.php'">
      </span>
    <?php } ?>
  </form>
</div>
</body>
</html>
```

POSTされた名前と言葉を表示します

クリックでthankyou.phpへ移動します

POSTされた値をセッション変数に移す

まず最初にセッション変数を利用するために、session_start()を実行してセッションを開始します。

php　セッションを開始する

«sample» session_form1/confirm.php

```
session_start();
```

次に$_POST['name']に値があればその値をセッション変数の$_SESSION['name']に代入します。同様に$_POST['kotoba']に値があれば$_SESSION['kotoba']に値を代入します。セッション変数に移す理由は、完了ページでこれらの値を使うからです。isset()で値が設定されているかどうかだけを確認したならば、全角空白を半角空白に変換した後でtrim()で前後の不要な空白やタブを取り除いた値をセッション変数に移します（trim() ☞ P.161）。

php　POSTされた値をセッション変数に移す

«sample» session_form1/confirm.php

```
if (isset($_POST['name'])){
  $_SESSION['name'] = trim(mb_convert_kana($_POST['name'], "s"));
}
if (isset($_POST['kotoba'])){
  $_SESSION['kotoba'] = trim(mb_convert_kana($_POST['kotoba'], "s"));
}
```

POSTされた値があれば、前後の空白を取り除いてセッション変数に代入します

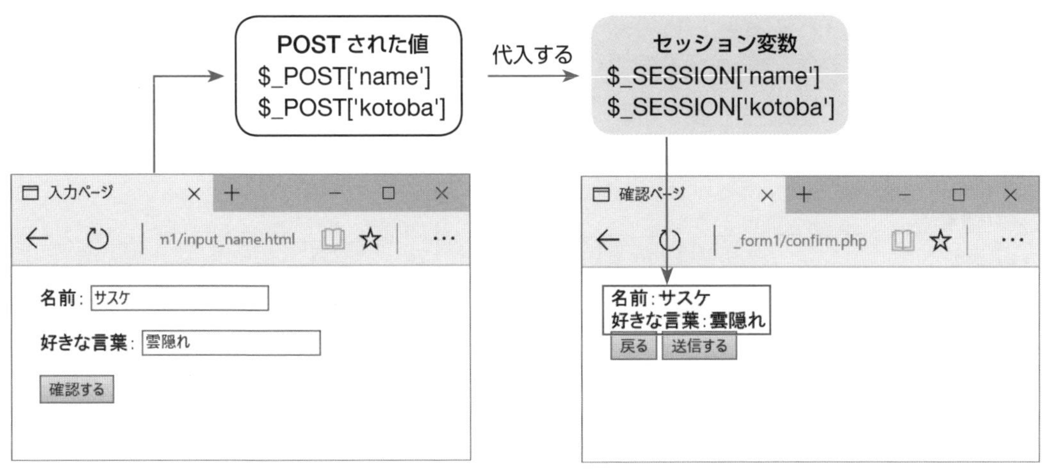

入力値のチェック

次に改めてセッション変数に代入された値をチェックします。値は empty() でチェックし、値が空白や 0 ならば $error[] にエラーメッセージを追加します。値が入っていれば $name に代入します。$name の値は後で画面表示する際に使います。好きな言葉のチェックも同様に行います。（empty() ☞ P.423）

php 名前が入っているかどうかチェックする

«sample» session_form1/confirm.php

```
// 入力データの取り出しとチェック
$error = [];
// 名前
if (empty($_SESSION['name'])){ ──── 名前が空でないかチェックします
  // 未設定のときエラー
  $error[] = "名前を入力してください。";
} else {
  // 名前を取り出す
  $name = $_SESSION['name']; ──── セッション変数から名前を取り出します
}
```

名前が入っていない、好きな言葉が入っていないといった場合はエラーメッセージと「戻る」ボタンを表示します。「戻る」ボタンをクリックすると入力ページに戻りますが、入力されていた値は消えて最初の状態に戻っています。戻るボタンのタイプは "submit" ではなく "button" です。onclick 属性に移動先を指定しています。

php エラーメッセージと「戻る」ボタンを表示する

«sample» session_form1/confirm.php

```
  <?php if (count($error)>0){ ?>
    <!-- エラーがあったとき -->
    <span class="error"><?php echo implode('<br>', $error); ?></span><br>
    <span>
      <input type="button" value=" 戻る " onclick="location.href='input.html'">
    </span>
  <?php } else { ?>
```

エラーメッセージを
 タグで連結します

入力ページに戻ります

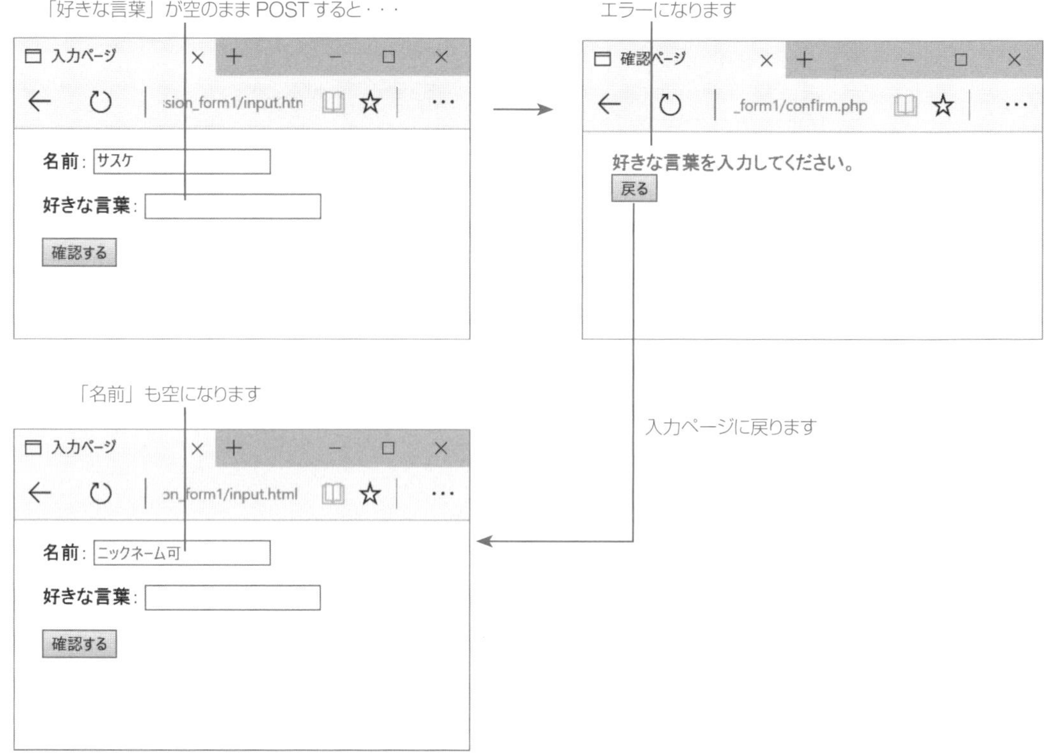

入力値と移動ボタンの表示

エラーがなかったとき名前と好きな言葉は$nameと$kotobaに移してあります。これはユーザから POST された値なので、必ずHTMLエスケープを行ってブラウザに表示します。HTMLエスケープは最初に読み込んでおいたutil.phpのes()を使っています（☞ P.307）。

「送信する」のボタンはPOSTメソッドは使わずに、「戻る」ボタンと同じようにonclickに移動先を指定しています。

php 入力値と移動ボタンの表示

«sample» session_form1/confirm.php

```
    <?php } else { ?>
      <!-- エラーがなかったとき -->
      <span>
        名前：<?php echo es($name); ?><br>
        好きな言葉：<?php echo es($kotoba); ?><br>
        <input type="button" value=" 戻る " onclick="location.href='input.html'">
        <input type="button" value=" 送信する " onclick="location.href='thankyou.php'">
      </span>
    <?php } ?>
```

エラーがなかったときは、名前と言葉をHTMLエスケープして表示します

クリックで完了ページへ移動します

NOTE

empty() が空と見なす値

empty() が空と見なすのは、""、0、0.0、"0"、NULL、FALSE、空の配列、値が設定されていない変数です。

完了ページを作る

完了ページでもセッションを利用するので、まずセッションを開始します。次にセッション変数から名前と言葉を取り出して、どちらも値が空でなければエラーなしという判断で表示しています。ここでも念のためにHTMLエスケープを行ってからブラウザに表示します。最後にセッションを破棄するのも完了ページの大事な仕事です。

php 完了ページを作る

«sample» session_form1/thankyou.php

```
<?php
require_once("../../lib/util.php");
// セッションの開始
session_start();
$error = [];
// セッションのチェック
if (!empty($_SESSION['name']) && !empty($_SESSION['kotoba'])){
  // セッション変数から値を取り出す
  $name = $_SESSION['name'];
  $kotoba = $_SESSION['kotoba'];
} else {
  $error[] = "セッションエラーです。";
}
// HTML を表示する前にセッションを破棄する
killSession();
?>

<?php
// セッションを破棄する
function killSession(){
  // セッション変数の値を空にする
  $_SESSION = [];
  // セッションクッキーを破棄する
  if (isset($_COOKIE[session_name()])){
    $params = session_get_cookie_params();
    setcookie(session_name(), '', time()-36000, $params['path']);
  }
  // セッションを破棄する
  session_destroy();
}
?>

<!DOCTYPE html>
<html lang="ja">
<head>
  <meta charset="utf-8">
  <title>完了ページ</title>
  <link href="../../css/style.css" rel="stylesheet">
</head>
<body>
```

セッションを開始します

セッション変数が空でないとき、値を変数に取り出します

セッションを破棄します

```
<div>
  <?php if (count($error)>0){ ?>
    <!-- エラーがあったとき -->
    <span class="error"><?php echo implode('<br>', $error); ?></span><br>
    <a href="input.html">最初のページに戻る</a>
  <?php } else { ?>
    <!-- エラーがなかったとき -->
    <span>
      次のように受付けました。ありがとうございました。
      <HR>
      <span>
        名前：<?php echo es($name); ?><br>
        好きな言葉：<?php echo es($kotoba); ?><br>
        <a href="input.html">最初のページに戻る</a>
      </span>
  <?php } ?>
</div>
</body>
</html>
```

セッション変数から受け取っておいた値を表示します

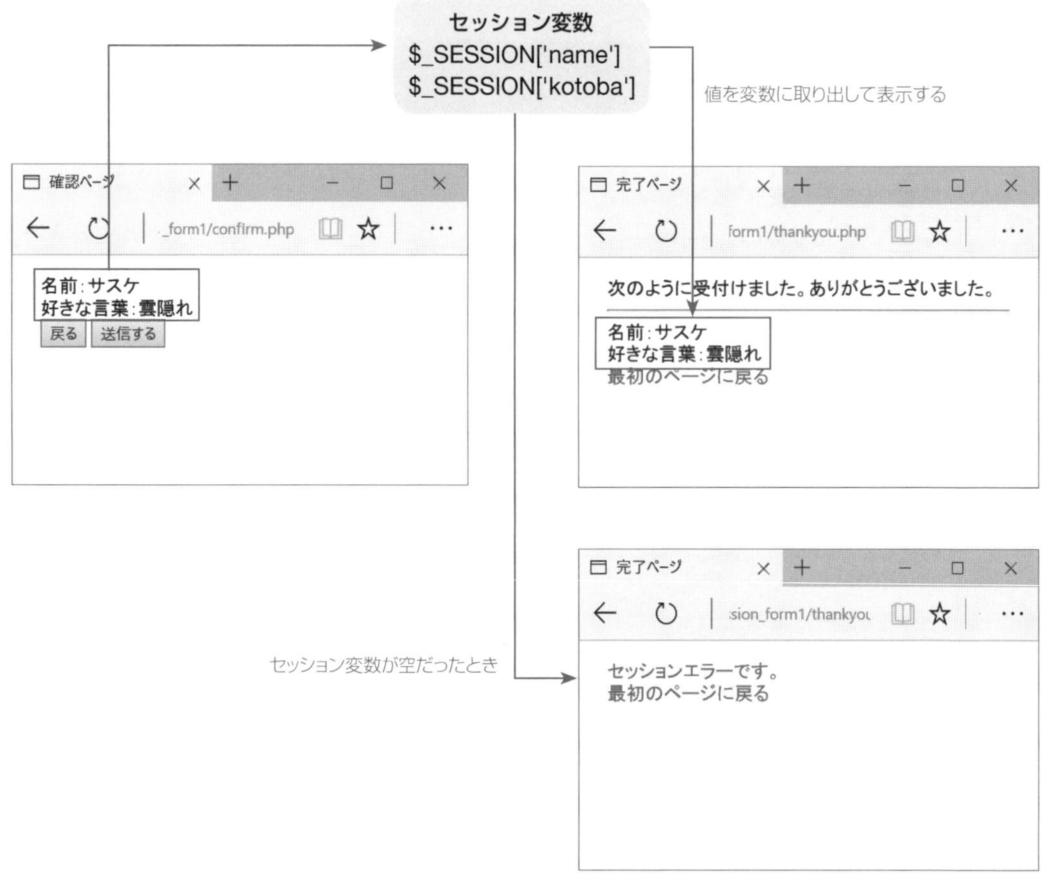

HTMLを表示する前にセッションを破棄する

完了ページでは「セッションを破棄する」という大事なことを行います。セッションは時間が経過すると自動的に破棄されますが、安全を確保するためにすぐに破棄することもできます。

セッションを破棄するにはsession_destroy()を実行します。ただ、session_destroy()だけでは完全ではなく、セッション変数$_SESSIONの値を空にし、セッションクッキーを削除する必要があります。セッションクッキーを削除するには、セッション名と保存パスで現在のクッキーを特定し、setcookie()を使って有効期限を現在より過去に設定します。過去の時刻は現在時刻はtime()なので、time()-36000のようにして作ることができます。セッション名はsession_name()、保存パスはsession_get_cookie_params()から調べます。なお、クッキーについては次節で詳しく説明します（☞ P.438）。

また、session_start()と同様にsession_destroy()の前に空白や改行などを含めてHTMLなどがあってはいけません。そこでセッション変数の値を取り出したならば、すぐにsession_destroy()を実行します。

php セッションを破棄する

«sample» **session_form1/thankyou.php**

```
// セッションを破棄する
function killSession(){
  // セッション変数の値を空にする
  $_SESSION = [];
  // セッションクッキーを破棄する
  if (isset($_COOKIE[session_name()])){
    $params = session_get_cookie_params();
    setcookie(session_name(), '', time()-36000, $params['path']);
  }
  // セッションを破棄する
  session_destroy();
}
```

セッションクッキーの有効期限をマイナスにセットします

セキュリティ対策　セッションIDの置き換え（セッション固定攻撃などへの対応）

セッション固定攻撃などのセッションハイジャックの対処方法の1つとして、セッションIDの再発行があります。次のようにセッション開始後やログイン処理後にsession_regenerate_id()を実行するとセッションIDが再発行されて置き換わります。セッションIDは変わりますが、セッション変数$_SESSIONの値は保たれています。

php セッション開始後にセッションIDを再発行する

```
<?php
  session_start();
  session_regenerate_id(true);
?>
```

Section 10-3

複数ページでセッション変数を利用する

前節に続いてフォーム入力とセッションの組み合わせの例を取り上げます。前節のサンプルではフォーム入力が１ページだけでしたが、今回は入力が２ページに渡ります。入力の初期値をセッション変数で保ち、ページを戻って値を訂正できるようにします。

2ページに渡ってフォーム入力を行う

入力するページが増えても基本的な考え方は１ページの場合と同じです。フォーム入力の内容を$_POST変数から取り出し、$_SESSION変数に移していきます。$_SESSION変数に現在の値が入っているので、この値を前のページに戻って修正できるようにします。最後の値の確認ページで「送信する」をクリックすると値が確定してセッションを終了し、セッション変数の値を破棄します。

なお、入力された値のチェックは毎ページごとに行うほうがよい場合がありますが、このサンプルでは最後にまとめて行っています。

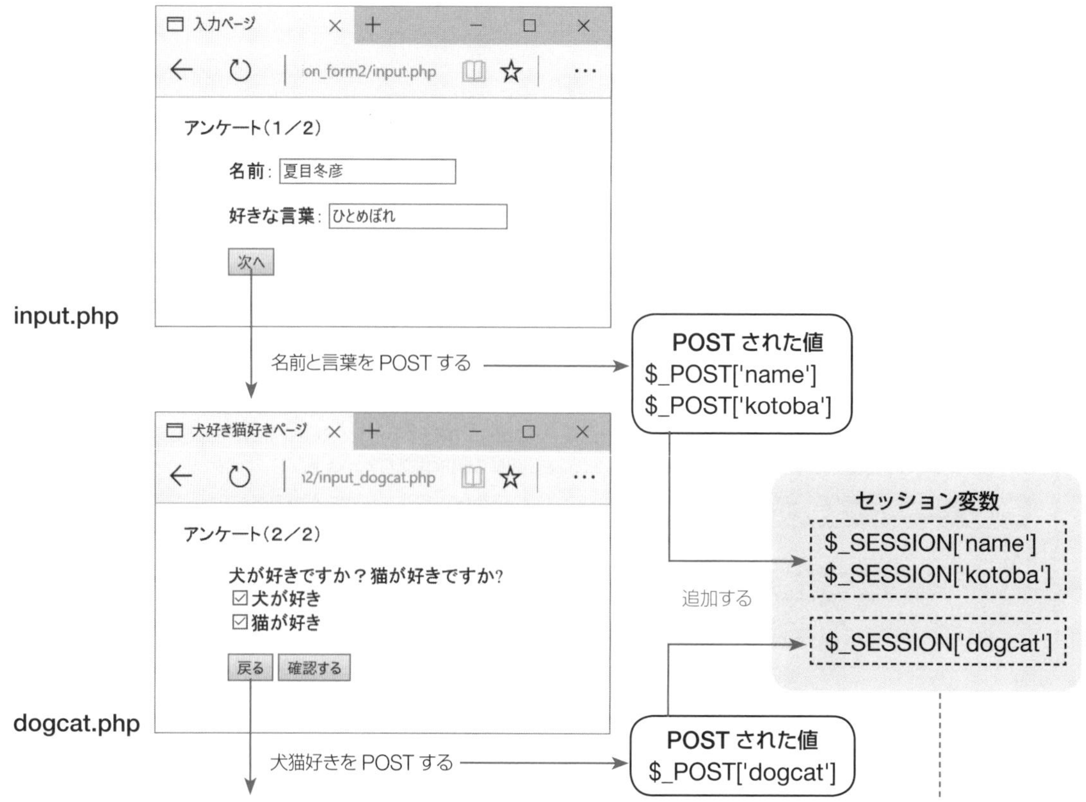

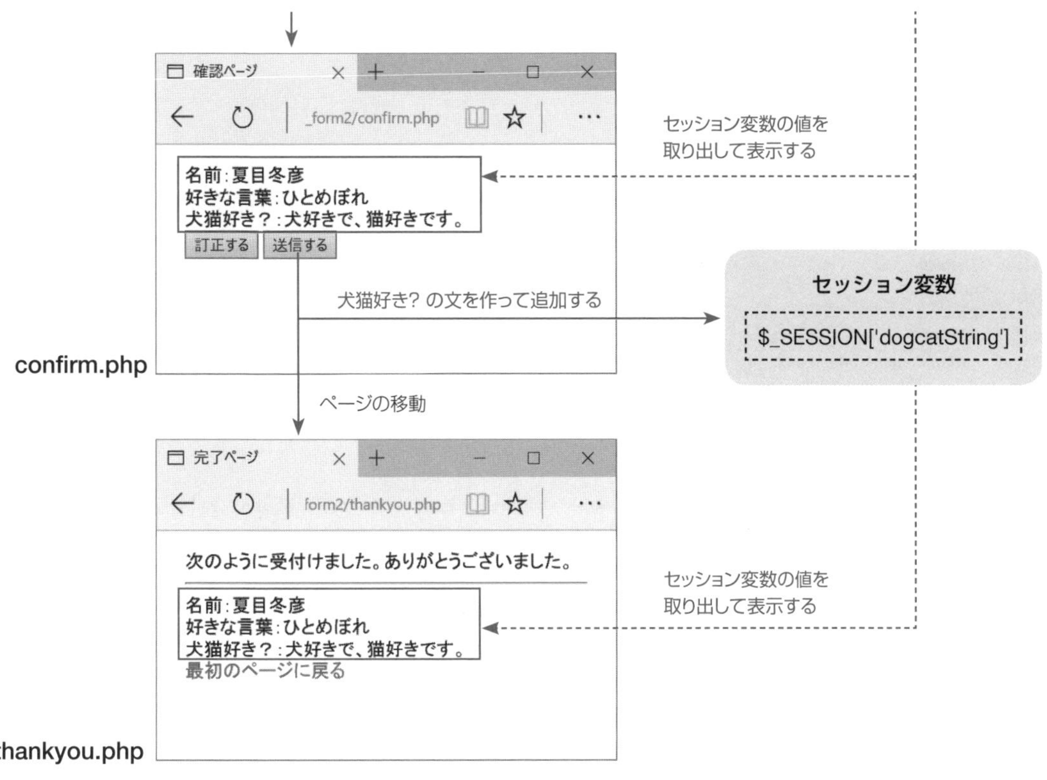

名前と好きな言葉の入力ページ「アンケート（1／2)」を作る

前節のサンプルの入力ページはHTMLコードだけだったので「input.html」のHTMLファイルでしたが、この節ではセッションを利用するPHPコードを追加します。したがって、拡張子をphpに変更した「input.php」にします。

php 名前と好きな言葉を入力する入力ページを作る

«sample» session_form2/input.php

```
<?php
// セッションの開始
session_start(); ———— セッションを開始します
require_once("../../lib/util.php");
// 確認ページから戻ってきたとき、セッション変数の値を取り出す
if (empty($_SESSION['name'])){
  $name = "";
} else {
  $name = $_SESSION['name']; ———— セッション変数から値を受け取ります
}
if (empty($_SESSION['kotoba'])){
  $kotoba = "";
} else {
```

```
    $kotoba = $_SESSION['kotoba'];
}
?>

<!DOCTYPE html>
<html lang="ja">
<head>
<meta charset="utf-8">
<title>入力ページ</title>
<link href="../../css/style.css" rel="stylesheet">
</head>
<body>
<div>
  アンケート（1／2）<br>
  <form method="POST" action="dogcat.php">
    <ul>
      <li><label>名前：
        <input type="text" name="name" placeholder="ニックネーム可" value="<?php echo es($name) ?>";>
      </label></li>
      <li><label>好きな言葉：
        <input type="text" name="kotoba" value="<?php echo es($kotoba) ?>";>
      </label></li>
      <li><input type="submit" value="次へ"></li>
    </ul>
  </form>
</div>
</body>
</html>
```

セッション変数から値を受け取ります

アンケートフォームを作ります

セッション変数から受け取った値を初期値にします

セッション変数の値を調べて入力フォームの初期値を決める

input.php の前半はセッション変数から値を取り出すコードです。このページを表示したときにセッション変数に値があれば、その値を「名前」、「好きな言葉」の初期値にします。

これはフォーム入力後にこのページに戻ってきた場合の対応です。具体的には「アンケート（2／2）」から「戻る」ボタンで戻ったときや確認ページから「訂正する」で戻ったときです。あるいは確認ページでエラーメッセージが出たときに最初のページに戻った場合もフィールドには現在の値が表示されています。

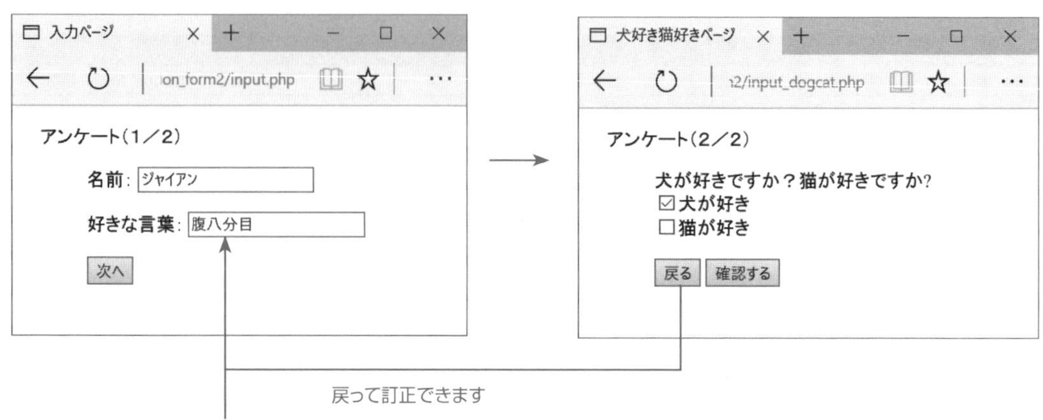

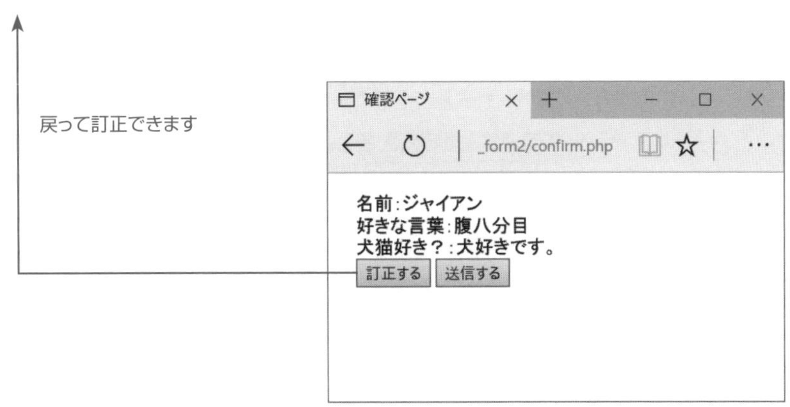

セッション変数を利用するので、まず最初に session_start() でセッションを開始します。セッション変数の $_SESSION['name']、$_SESSION['kotoba'] の値が空かどうかを empty() で調べて、値があれば変数の $name、$kotoba にそれぞれの値を代入します。empty() が true のときは未設定の場合も含むので、"" を代入して値を空にします。なお、empty() は値が 0 のときも true になります。ここでは、名前や好きな言葉が「0」という回答は認めていません（empty() ☞ P.423）。

php セッション変数に値があれば変数に入れる

«sample» session_form2/input.php

```
// セッションの開始
session_start();
require_once("../../lib/util.php");
// 確認ページから戻ってきたとき、セッション変数から値を取り出す
if (empty($_SESSION['name'])){
  $name = "";
} else {
  $name = $_SESSION['name'];
}
if (empty($_SESSION['kotoba'])){
  $kotoba = "";
} else {
  $kotoba = $_SESSION['kotoba'];
}
```

セッション変数に値があれば変数に入れます

$name、$kotoba の値は <input> タグの value 属性に設定し、テキストフィールドの初期値として表示します。念のために表示する際には es( ) を使って HTML エスケープの処理を行っておきます。

php セッション変数から得た値をテキストフィールドの初期値にする

«sample» session_form2/input.php

```
<li><label>名前：
  <input type="text" name="name" placeholder="ニックネーム可" value="<?php echo es($name) ?>";>
</label></li>
<li><label>好きな言葉：
  <input type="text" name="kotoba" value="<?php echo es($kotoba) ?>";>
</label></li>
```

犬好き猫好きページ「アンケート（2／2）」を作る

このページは犬好き猫好きのアンケートをとるページですが、その前に「アンケート（1／2）」で入力された「名前」と「好きな言葉」を $_POST から値を取り出して $_SESSION に移すという大事な仕事があります。

「アンケート（1／2）」で入力された値の処理が終わったならば、犬好き猫好きのアンケートをとるチェックボックスの処理に移ります。

php　チェックボックスで回答する犬好き猫好きページを作る

«sample» session_form2/dogcat.php

```
<?php
// セッションの開始
session_start();
require_once("../../lib/util.php");

// $_POST 変数に値があれば セッション変数に受け渡す
if (isset($_POST['name'])){
  $_SESSION['name'] = trim(mb_convert_kana($_POST['name'], "s"));
}
if (isset($_POST['kotoba'])){
  $_SESSION['kotoba'] = trim(mb_convert_kana($_POST['kotoba'], "s"));
}
// セッション変数に値があれば受け渡す
if (empty($_SESSION['dogcat'])){
  $dogcat = [];
} else {
  $dogcat = $_SESSION['dogcat'];
}
?>

  <?php
  // チェック状態にするかどうか決める
  function checked(string $value, array $checkedValues) {
    // 選択する値に含まれているかどうか調べる
    $isChecked = in_array($value, $checkedValues);
    if ($isChecked) {
      // チェック状態にする
      echo "checked";
    }
  }
 ?>

<!DOCTYPE html>
<html lang="ja">
<head>
<meta charset="utf-8">
<title>犬好き猫好きページ</title>
<link href="../../css/style.css" rel="stylesheet">
</head>
<body>
<div>
  アンケート（2／2）<br>
  <form method="POST" action="confirm.php">
    <ul>
      <li><span>犬が好きですか？猫が好きですか？</span><br>
      <label><input type="checkbox" name="dogcat[]" value="犬"
```

「アンケート 1/2」から POST された値をセッション変数に入れます

前のページに戻って再度開いた場合にセッション変数に値が入っている可能性があります

アンケートフォームを作ります

```
            <?php checked("犬", $dogcat); ?> >犬が好き</label><br>
    <label><input type="checkbox" name="dogcat[]" value="猫"
            <?php checked("猫", $dogcat); ?> >猫が好き</label>
    </li>
    <input type="button" value="戻る" onclick="location.href='input.php'">
    <input type="submit" value="確認する">
  </ul>
</form>
</div>
</body>
</html>
```

名前と好きな言葉を $_POST から取り出して $_SESSION に移す

前節の場合と同じように、POST された値を取り出してセッション変数に移します。セッションを利用するので、コードの最初でセッションを開始するのも忘れないでください。ここでは isset() で値が設定されているかどうかだけを確認し、空白の場合も含めて値をセッション変数に移します。

php 名前と好きな言葉を $_POST から取り出して $_SESSION に移す

«sample» session_form2/dogcat.php

```
// $_POST 変数に値があれば セッション変数に受け渡す
if (isset($_POST['name'])){
  $_SESSION['name'] = $_POST['name'];
}
if (isset($_POST['kotoba'])){
  $_SESSION['kotoba'] = $_POST['kotoba'];
}
```

犬好き猫好きの値をセッション変数から取り出す

すでに「アンケート（2／2）」を終わらせてこのページに戻ってきた場合に対応するために、$_SESSION に犬好き猫好きの値があるかどうかを調べます。値があったならば、それをチェックボックスの初期値として設定します。

php 犬好き猫好きの値をセッション変数から取り出す

«sample» session_form2/dogcat.php

```
// セッション変数に値があれば受け渡す
if (empty($_SESSION['dogcat'])){
  $dogcat = [];
} else {
  $dogcat = $_SESSION['dogcat'];
}
```

チェックボックスのフォームを作る

アンケートフォームはチェックボックスで作ります。先にセッション変数から$dogcatにチェックの現在の値を取り出しているので、チェックボックスのチェックの状態を設定します。

「戻る」ボタンはアンケート（1／2）のページに戻りますが、onclickで単に戻るだけでよく、現在の値を送って渡すといった必要はありません。「確認する」ボタンはチェックボックスで選んだ値をPOSTで送信します。選んだ値は配列dogcat[]に入ってPOSTされます。チェックボックスの作り方については、「Section9-2 チェックボックスを使う」を参照してください（☞ P.364）。

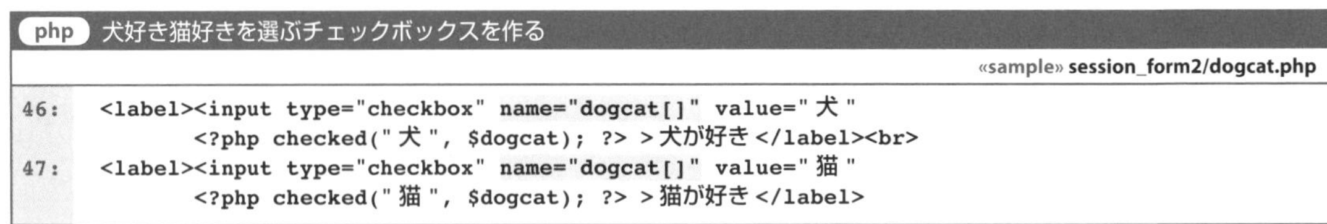

php　犬好き猫好きを選ぶチェックボックスを作る

«sample» session_form2/dogcat.php

```
<label><input type="checkbox" name="dogcat[]" value="犬"
       <?php checked("犬", $dogcat); ?> >犬が好き</label><br>
<label><input type="checkbox" name="dogcat[]" value="猫"
       <?php checked("猫", $dogcat); ?> >猫が好き</label>
```

フォームから入力された値をチェックする確認ページを作る

最後にアンケート（1／2）、アンケート（2／2）の2ページで入力された値をチェックする「確認ページ」を作ります。このページでは、アンケート（1／2）で入力された値を$_SESSIONから取り出し、アンケート（2／2）で入力された値は$_POSTから取り出すことになります。

「確認ページ」はユーザに入力した値を確認してもらうという意味もありますが、プログラムでは値の妥当性をチェックします。値にエラーがあったならば該当のエラーメッセージと最初のページに「戻る」ボタンを表示します。

エラーがない場合は選ばれた値を表示し、このままでいいかどうかをユーザに決めてもらうために「訂正する」と「送信する」のボタンを並べて表示します。

php 確認ページを作る

«sample» session_form2/confirm.php

```
<?php
// セッションの開始
session_start();
require_once("../../lib/util.php");
?>

<?php
// 文字エンコードの検証
if (!cken($_POST)){
  $encoding = mb_internal_encoding();
  $err = "Encoding Error! The expected encoding is " . $encoding ;
  $isError = true;
  // エラーメッセージを出して、以下のコードをすべてキャンセルする
  exit($err);
}
?>

<?php
// 入力データの取り出しとチェック
$error = [];
// セッション変数に値があれば受け渡す
if (empty($_SESSION['name'])){
  $error[] = "名前を入力してください。";
} else {
  $name = $_SESSION['name'];
}
if (empty($_SESSION['kotoba'])){
  $error[] = "好きな言葉を入力してください。";
} else {
  $kotoba = $_SESSION['kotoba'];
}

// $_POST 変数に値があれば セッション変数に受け渡す
if (isset($_POST['dogcat'])){
  $dogcat = $_POST['dogcat'];
  // 値のチェック
  $diffValue = array_diff($dogcat, ["犬", "猫"]);
  // 規定外の値が含まれていなければ OK
  if (count($diffValue)>0){
    $error[] = "犬好き猫好きの回答にエラーがありました。";
    $_SESSION['dogcat'] = [];
  } else {
    $dogcatString = implode("好きで、", $dogcat) . "好きです。";
    $_SESSION['dogcatString'] = $dogcatString;
    $_SESSION['dogcat'] = $dogcat;
  }
} else {
  $dogcatString = "どちらも好きではありません。";
  $_SESSION['dogcatString'] = $dogcatString;
  $_SESSION['dogcat'] = [];
}
?>

<!DOCTYPE html>
<html lang="ja">
<head>
  <meta charset="utf-8">
```

session_start(); ― セッションを開始します

「アンケート 1/2」での入力

「アンケート 2/2」での入力

$_SESSION['dogcatString'] = $dogcatString; ― セッション変数に新規に追加します

```
    <title>確認ページ</title>
    <link href="../../css/style.css" rel="stylesheet">
  </head>
  <body>
  <div>
  <form>
  <?php if (count($error)>0){ ?>
    <!-- エラーがあったとき -->
    <span class="error"><?php echo implode('<br>', $error); ?></span><br>
    <span>
      <input type="button" value="戻る" onclick="location.href='input.php'">
    </span>
  <?php } else { ?>
    <!-- エラーがなかったとき -->
    <span>
      名前：<?php echo es($name); ?><br>
      好きな言葉：<?php echo es($kotoba); ?><br>
      犬猫好き？：<?php echo es($dogcatString); ?><br>
      <input type="button" value="訂正する" onclick="location.href='input.php'">
      <input type="button" value="送信する" onclick="location.href='thankyou.php'">
    </span>
  <?php } ?>
  </form>
  </div>
  </body>
  </html>
```

$errorが空かどうかで分岐します

エラーを改行の
タグで区切って表示します

アンケート結果を表示します

セッション変数から値を取り出してチェックする

一番最初に入力してもらった名前と好きな言葉は$_SESSIONに入れてありますが、値が入っているかどうかをチェックしていないのでempty()でチェックします。値が入っていれば$name、$kotobaに取り出し、値が入ってなければエラーメッセージを配列$errorに追加します。

php　名前と好きな言葉をセッション変数から取り出してチェックする

«sample» session_form2/confirm.php

```
// セッション変数に値があれば受け渡す
if (empty($_SESSION['name'])){
  $error[] = "名前を入力してください。";
} else {
  $name = $_SESSION['name'];
}
if (empty($_SESSION['kotoba'])){
  $error[] = "好きな言葉を入力してください。";
} else {
  $kotoba = $_SESSION['kotoba'];
}
```

犬好きか猫好きかの値をセッション変数に移す

このページには犬好きか猫好きかのチェックボックスの値がPOSTされて渡されているので、$_POSTの値を取り出してチェックします。$_POSTに配列の値が入っていれば$_SESSIONに値を移します。配列が入っていた場合も規定外の値が含まれていないかどうかを array_diff() を使ってチェックします（☞ P.233）。

値にエラーがなければ implode() を利用して配列 $dogcat の要素を「犬好きで、猫好きです。」のように連結した文にして $dogcatString に納めます。もし、$dogcat に" 犬"、" 猫" のどちらか 1 個しか入っていない場合、implode() は値をそのまま戻すので「犬好きです。」あるいは「猫好きです。」の文になります。そして、配列が空の場合は「どちらも好きではありません。」が $dogcatString に入ります。作成した文はセッション変数 $_SESSION['dogcatString'] に保存します。

php 犬好き猫好きのチェックボックスの値を取り出してチェックする

«sample» session_form2/confirm.php

```
// $_POST 変数に値があれば セッション変数に受け渡す
if (isset($_POST['dogcat'])){
  $dogcat = $_POST['dogcat'];
  // 値のチェック
  $diffValue = array_diff($dogcat, ["犬", "猫"]);
  // 規定外の値が含まれていなければ OK
  if (count($diffValue)>0){
    $error[] = "犬好き猫好きの回答にエラーがありました。";
    $_SESSION['dogcat'] = [];
  } else {
    $dogcatString = implode("好きで、", $dogcat) . "好きです。";
    $_SESSION['dogcatString'] = $dogcatString;   ← 作った文をセッション変数に保存します
    $_SESSION['dogcat'] = $dogcat;   ← POST された値をセッション変数に保存します
  }
} else {
  $dogcatString = "どちらも好きではありません。";
  $_SESSION['dogcatString'] = $dogcatString;
  $_SESSION['dogcat'] = [];
}
```

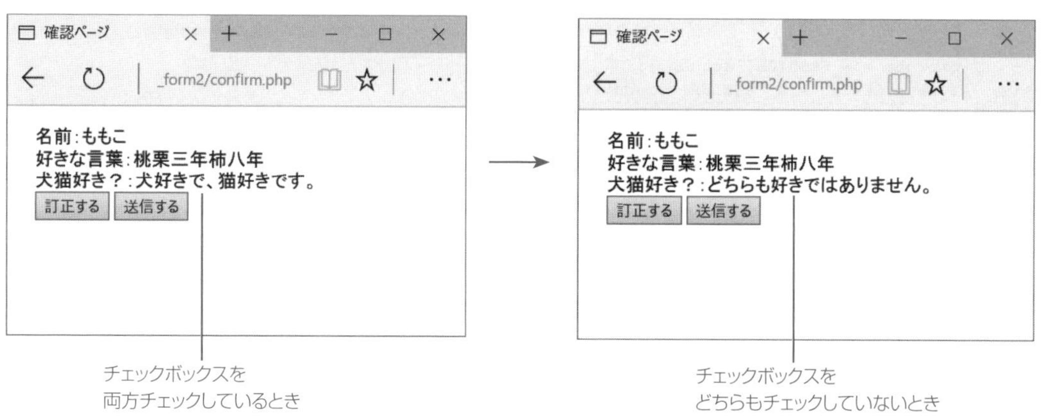

完了ページを作る

最後に入力結果を表示してセッションを終了する完了ページを作ります。アンケート結果は $_SESSION に入っているので値を変数に取り出します。セッション変数から値を取り出したならばセッションを破棄し、変数に取り出した値をブラウザに表示します。セッションを破棄したので、「最初のページに戻る」で戻るとアンケートの入力フォームは空から始まります。

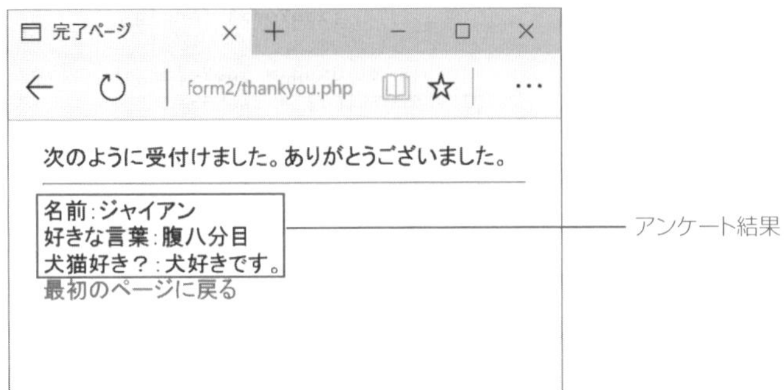

php　すべての値をセッション変数から取り出してセッションを終了する

«sample» session_form2/thankyou.php

```
<?php
require_once("../../lib/util.php");
// セッションの開始
session_start();
// セッションのチェック
$error = [];
if (!empty($_SESSION['name']) && !empty($_SESSION['kotoba'])){
  // セッション変数から値を取り出す
  $name = $_SESSION['name'];
  $kotoba = $_SESSION['kotoba'];
  $dogcatString = $_SESSION['dogcatString'];
} else {
  // セッション変数が空だったとき
  $error[] = "セッションエラーです。";
}
// HTML を表示する前にセッションを終了する
killSession()
?>

<?php
// セッションを破棄する
function killSession(){
  // セッション変数の値を空にする
  $_SESSION = [];
  // セッションクッキーを破棄する
  if (isset($_COOKIE[session_name()])){
    $params = session_get_cookie_params();
    setcookie(session_name(), '', time()-36000, $params['path']);
  }
  // セッションを破棄する
```

セッションを開始します（04行）

アンケート結果を取り出します（09〜11行）

```
    session_destroy();
  }
  ?>

  <!DOCTYPE html>
  <html lang="ja">
  <head>
    <meta charset="utf-8">
    <title>完了ページ</title>
    <link href="../../css/style.css" rel="stylesheet">
  </head>
  <body>
  <div>
    <?php if (count($error)>0){ ?>
      <!-- エラーがあったとき -->
      <span class="error"><?php echo implode('<br>', $error); ?></span><br>
      <span>
        <input type="button" value="最初のページに戻る" onclick="location.href='input.php'">
      </span>
    <?php } else { ?>
      <!-- エラーがなかったとき -->
      次のように受付けました。ありがとうございました。
      <HR>
      <span>
        名前：<?php echo es($name); ?><br>
        好きな言葉：<?php echo es($kotoba); ?><br>
        犬猫好き？：<?php echo es($dogcatString); ?><br>
        <a href="input.php">最初のページに戻る</a>
      </span>
    <?php } ?>
  </div>
  </body>
  </html>
```

エラーを改行の
 タグで区切って表示します

アンケート結果を表示します

セキュリティ対策 トークンを利用して遷移チェックする（CSRF 対策）

セッション変数と POST 変数を利用して、正しい遷移で Web ページが開いていたかどうかを確認する方法があります。具体的にはページを遷移する前に乱数でワンタイムトークンを生成してセッション変数に保管し、遷移先にも POST します。遷移先ではセッション変数のトークンと POST 変数に入っているトークンを比較して一致すれば正しい遷移が行われたと判断します。トークンは次のコードで生成できます。

php ワンタイムトークンを生成する

```
    // トークン（乱数）を生成
    $bytes = openssl_random_pseudo_bytes(16);
    // 16 進数に変換
    $token = bin2hex($bytes);
```

Section 10-4

クッキーを使う

クッキーとセッションはよく似た機能ですが、セッションは複数ページに渡って利用する変数を保持するという目的で利用されるのに対し、クッキーはブラウザから離れてもユーザの値を保管しておく目的で利用されます。この節では、クッキーで値を保存し、その値を取り出す簡単な例を示します。

クッキーに保存する

クッキーはセッションと違って、利用開始のメソッドを実行する必要がありません。setcookie()を使ってすぐに利用できます。ただし、セッションと同じようにsetcookie()を実行するよりも前に空白、空行、HTMLコードなどの出力があるとエラーになります。また、ユーザによってはブラウザでのクッキーの利用を許可していないことがあるので、その点にも注意が必要です。

ではさっそくクッキーに値を保存し、確認する流れを簡単な例を見てみましょう。次の例では開いたページ（set_cookie.php）で$messageに入っているメッセージを保存します。そして、移動先のページ（check_cookie.php）でクッキーに保存した値を取り出して確認します。クッキーは配列$_COOKIEで値をやり取りします。

php クッキーに値を保存する

«sample» cookie_values/set_cookie.php

```
<?php
// クッキーに保存する値を準備する
$message = "ハロー";
// クッキーに値を代入する（ブラウザを閉じるまで有効）
$result = setcookie("message", $message);
?>

<!DOCTYPE html>
<html lang="ja">
<head>
<meta charset="utf-8">
<title>クッキー保存ページ</title>
<link href="../../css/style.css" rel="stylesheet">
</head>
<body>
<div>
  <?php
  if ($result){
    echo "クッキーを保存しました。", "<hr>";
    echo '<a href="check_cookie.php">クッキーを確認するページへ</a>';
  } else {
    echo '<span class="error">クッキーの保存でエラーがありました。</span>', "<br>";
  }
  ?>
</div>
</body>
</html>
```

クッキーに保存します。
これより前に空白行や HTML コードがあってはいけません。

クッキーへの保存が成功したとき true になります

setcookie() の書式

先にも書いたようにクッキーに値を保存する使用するメソッドは setcookie() です。setcookie() の書式は次のとおりです。$result には、クッキーの保存が成功したら true、失敗したら false が戻ります。

書式 クッキーを保存する

```
$result = setcookie(クッキー名, 値, 期限, パス, ドメイン, セキュア, HTTP オンリー);
```

第１引数にクッキーの名前を指定し、第２引数に保存する値を指定します。クッキー名は、クッキーから値を取り出したり削除したりする際の配列のキーであり、クッキー自体を特定するための名前です。すでに同じ名前のクッキーが存在していたならば値を上書きして更新することになります。

第３引数はクッキーの有効期限です。1970 年 1 月 1 日午前 0 時（GMT）から起算した経過秒数（Unix タイムスタンプ）で指定します。time() が現在の起算秒数を返すので、time()+60 ならば作成後 1 分が有効期限です。有効期限を 3 日にしたければ、time()*60*60*24*3 のように指定します。有効期限を省略するか、0 を指定するとブラウザを閉じるまでが有効期限になります。

「パス、ドメイン、セキュア、HTTP オンリー」は通常は指定しなくても構いません。パス、ドメインはクッキーが有効な範囲を示します。パス、ドメインを省略すると現在のページが存在するディレクトリ、サブドメインの範囲でのみ有効です。セキュアをtrueにするとhttps経由でのみクッキーを送り返すようになります。デフォルトはfalseです。HTTPオンリーをtrueにするとJavaScriptからのアクセスを禁止します。このほうが安全ですが、未対応のブラウザがあるため初期値はfalseになっています。

クッキーに値を保存する

この例ではクッキーに"message"の名前で$messageの値を保存しています。有効期限を省略しているので、ブラウザを閉じるとクッキーは削除されます。

php クッキーに"message"の名前で"ハロー"と保存する

«sample» cookie_values/set_cookie.php

```
// クッキーに保存する値を準備する
$message = "ハロー";
// クッキーに値を代入する（ブラウザを閉じるまで有効）
$result = setcookie("message", $message);
```

期限を省略しているのでブラウザを閉じるまで有効です

クッキーから値を取り出す

クッキーが有効になるのはページをロードした時点です。最初のページの「クッキーを確認するページへ」をクリックして、いったんページを移動するとグローバル変数$_COOKIEからクッキーの値を取り出せるようになります。保存したときに"message"という名前を付けたので、$_COOKIE["message"]で値を取り出します。

これまでの$_POSTや$_SESSIONから値を取り出したときと同じように、isset()で値が設定されているかどうかを確認し、$_COOKIE["message"]の中身を変数$messageに取り出します。クッキーの値をブラウザに表示する際には、必ずHTMLエスケープを通します。ここではこれまでと同じようにutil.phpで定義しておいたes()を使って、es($message)のようにしています。（☞ P.307）

php クッキーから値を取り出す

«sample» cookie_values/check_cookie.php

```
<?php
require_once("../../lib/util.php");
?>

<!DOCTYPE html>
<html lang="ja">
<head>
  <meta charset="utf-8">
  <title>クッキー確認ページ</title>
  <link href="../../css/style.css" rel="stylesheet">
</head>
<body>
<div>
  <?php
  // クッキー変数を調べる
```

```
    echo "クッキーを確認しました。", "<br>";
    if(isset($_COOKIE["message"])){
      // クッキーの値を取り出す
      $message = $_COOKIE["message"]; —— クッキーから値を取り出します
      echo "クッキーの値：", es($message), "<hr>"; —— HTML エスケープを行ってからブラウザに表示します
      echo  '<a href="delete_cookie.php">クッキーを削除する</a>';
    } else {
      echo "クッキーはありません。", "<hr>";
      echo '<a href="set_cookie.php">クッキーを設定するページへ</a>';
    }
    ?>
  </div>
  </body>
  </html>
```

セキュリティ対策　クッキーは簡単に見ることができ、改ざんもできる

クッキーはユーザのコンピュータに保存され、その中身はブラウザで簡単に見ることができるので重要な値を保存してはいけません。また、ブラウザに表示する場合は HTML エスケープを行ってください。

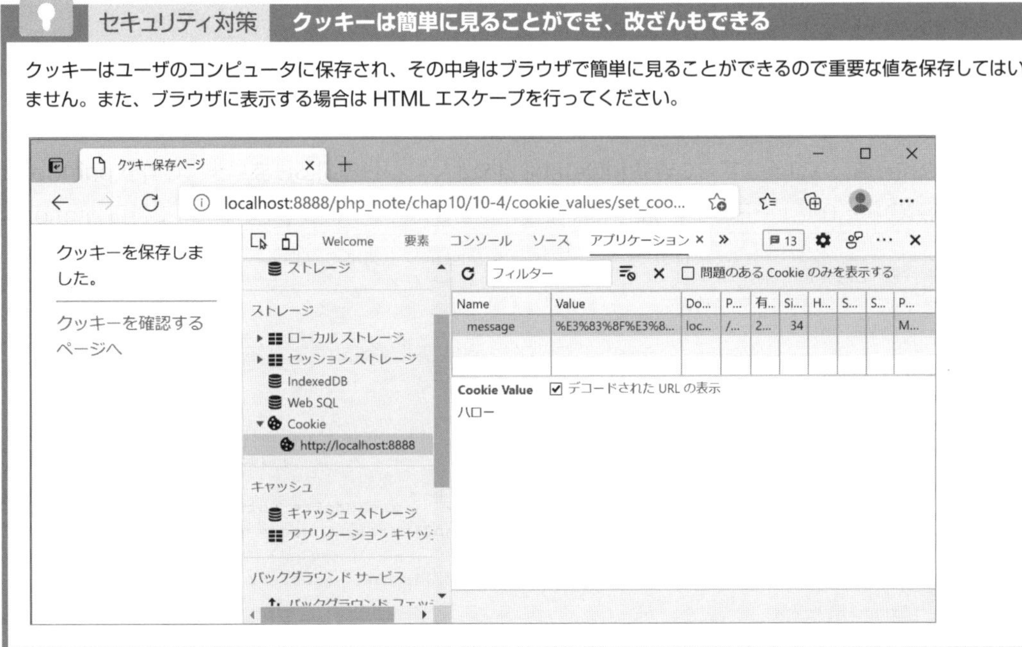

クッキーの有効期限とクッキーの削除

書式の説明でも書いたように、クッキーの有効期限はクッキーを保存する setcookie() の第３引数で指定します。クッキーを削除するには、削除したいクッキーの有効期限を過去の期日で更新します。過去の期日とは、time()-3600 といった値です。

前節ではセッションを破棄する際に同時にセッションクッキーを削除しています。そこでは、クッキー名に加えて保存パスを指定して削除するクッキーを特定しています（☞ P.425）。

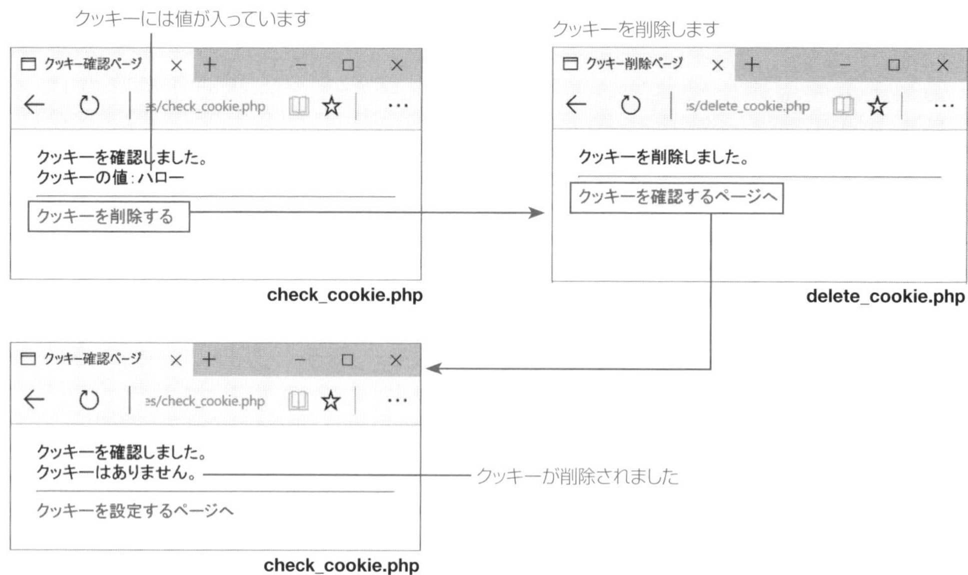

php クッキーを削除する

«sample» **cookie_values/delete_cookie.php**

```
<?php
// クッキーを削除する
$result = setcookie("message", "", time()-3600);
?>

<!DOCTYPE html>
<html lang="ja">
<head>
<meta charset="utf-8">
<title>クッキー削除ページ</title>
<link href="../../css/style.css" rel="stylesheet">
</head>
<body>
<div>
  <?php
  if ($result){
    echo "クッキーを削除しました。", "<hr>";
    echo '<a href="check_cookie.php">クッキーを確認するページへ</a>';
  } else {
    echo '<span class="error">クッキーの削除でエラーがありました。</span>', "<br>";
  }
  ?>
</div>
</body>
</html>
```

有効期限を過去に変更することで、クッキーを削除します

NOTE

試しに作るクッキーは有効期限を短くするか省略しておく

有効期限を省略するとブラウザを閉じればクッキーが削除されます。有効期限を省略しておくと試しに作ったクッキーが残ってしまう面倒がありません。

Section 10-5

クッキーで訪問カウンタを作る

クッキーを使った例としてページを訪れた回数をカウントアップするカウンタを作ってみましょう。1つ目の例は訪問回数のカウントアップ、2つ目の例は訪問日時も保存します。2つ目の例では配列をクッキーに保存する方法を取り上げます。

訪問カウンタを作る

クッキーを利用して訪問カウンタを作ります。クッキーに保存した値を直接書き替えることはできないので、ページを開くたびにクッキーに保存してある値をいったん取り出し、値を更新して同名のクッキーで上書き保存します。

通常、訪問カウンタの有効期限は長期間に設定しますが、ここではテスト用として5分間に設定しています。つまり、5分以内に再訪問しないとクッキーが破棄され、カウンタがリセットされることになります。なお、ブラウザの戻るボタンでページを戻った場合はページがリロードしないのでカウントアップされません。

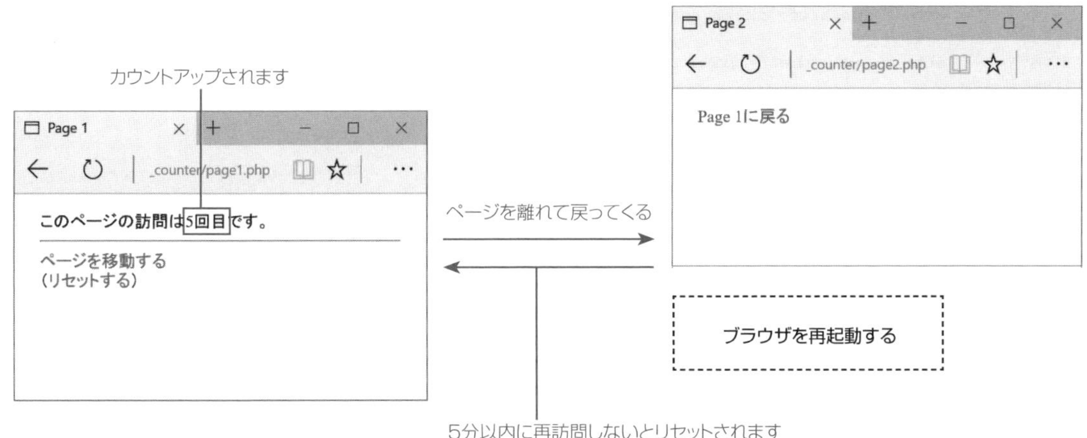

php 訪問カウンタを作る

«sample» visited_counter/page1.php

```
<?php
require_once("../../lib/util.php");
// クッキーの値を取り出す
if (isset($_COOKIE["visitedCount"])){
  // 現在のカウンタの値を取り出す
  $visitedCount = $_COOKIE["visitedCount"];
} else {
  // クッキーがないのでカウンタに初期値を設定する
  $visitedCount = 0;
}
// クッキーの値をカウントアップする（テスト用に 5 分間有効）
$result = setcookie("visitedCount", ++$visitedCount, time()+60*5);
?>

<!DOCTYPE html>
<html lang="ja">
<head>
<meta charset="utf-8">
<title>Page 1</title>
<link href="../../css/style.css" rel="stylesheet">
</head>
<body>
<div>
  <?php
  if ($result) {
    echo "このページの訪問は", es($visitedCount), "回目です。", "<hr>";
    echo '<a href="page2.php">ページを移動する</a>', "<br>";
    echo '（<a href="reset_counter.php">リセットする</a>）';
  } else {
    echo '<span class="error">クッキーが利用できませんでした。</span>';
  }
  ?>
</div>
</body>
</html>
```

クッキーから前回の訪問数を取り出します

訪問数をカウントアップして、クッキーに保存し直します

1を加算した訪問数を表示します

カウンタの値を取り出す

すでに説明したようにカウンタをカウントアップするには、クッキーに保存してある値をいったん取り出します。クッキーには有効期限があるので、クッキーの値を調べる場合は値が存在するかどうかを確認します。

ここではカウンタを "visitedCount" の名前のクッキーで保存しているので、`$_COOKIE["visitedCount"]` が設定済みかどうかをチェックし、設定済みならば値を `$visitedCount` に取り出し、値がなければ `$visitedCount` を 0 に設定します。

php カウンタの値を取り出す

«sample» visited_counter/page1.php

```
// クッキーの値を取り出す
if (isset($_COOKIE["visitedCount"])){
  // 現在のカウンタの値を取り出す
  $visitedCount = $_COOKIE["visitedCount"];
} else {
  // クッキーがないのでカウンタに初期値を設定する
  $visitedCount = 0;
}
```

訪問数のクッキーが存在するかどうかチェックします

前回までの訪問数を取り出します

カウンタをカウントアップして保存する

カウンタのカウントアップは、クッキーを保存する際に ++$visitedCount を実行して同時にやってしまいます（++ ☞ P.72）。カウンタの初期値は 0 ですが、最初の訪問が 1 回目として記録されます。一定期間訪問しなかったならばカウンタをリセットするテストを行うために、クッキーの有効時間を短く5分（time()+60*5）に設定しています。5分以内に再訪問しないとクッキーが破棄されてカウンタがリセットされます。

php クッキーの値をカウントアップする（テスト用に 5 分間有効）

«sample» visited_counter/page1.php

```
$result = setcookie("visitedCount", ++$visitedCount, time()+60*5);
```

移動先のページ

移動先のページにはカウンタが設定してある Page 1（page1.php）に戻るリンクがあるだけで、PHP コードはありません。いったん Page1 から移動することで、クッキーへの保存が有効になります。

php 移動先のページ

«sample» visited_counter/page2.php

```
<!DOCTYPE html>
<html lang="ja">
<head>
  <meta charset="utf-8">
  <title>Page 2</title>
  <link href="../../css/style.css" rel="stylesheet">
</head>
<body>
<div>
  <a href="page1.php">Page 1 に戻る </a>
</div>
</body>
</html>
```

カウンタの値をリセットする

カウンタの値をリセットするには、クッキーを削除してしまってもかまいませんが（☞ P.441）、ここではカウンタの値を 0 にしてクッキーを保存しています。

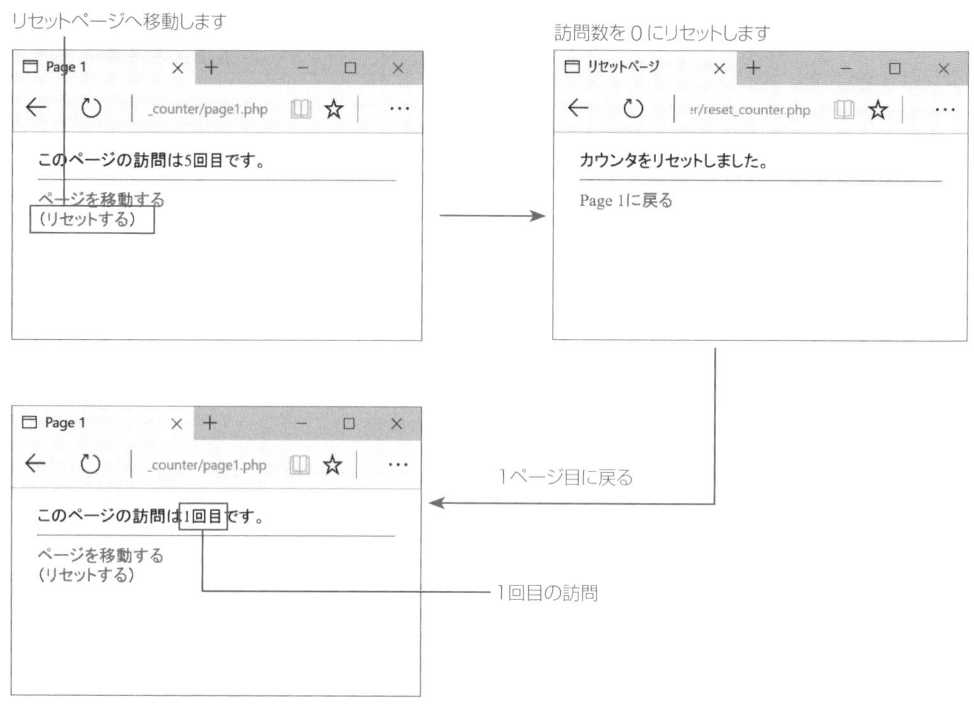

php　カウンタの値を 0 にリセットする

«sample» visited_counter/reset_counter.php

```
<?php
// カウントをリセットする（テスト用に 5 分間有効）
$result = setcookie("visitedCount", 0, time()+60*5);
?>

<!DOCTYPE html>
<html lang="ja">
<head>
<meta charset="utf-8">
<title> リセットページ </title>
<link href="../../css/style.css" rel="stylesheet">
</head>
<body>
<div>
 <?php
  if ($result){
    echo " カウンタをリセットしました。", "<hr>";
    echo '<a href="page1.php">Page 1 に戻る </a>';
  } else {
    echo '<span class="error"> カウンタのリセットでエラーがありました。</span>';
  }
 ?>
</div>
</body>
</html>
```

カウンタを 0 にしてクッキーを上書き保存します

クッキーに配列を保存する

次の例では訪問回数だけでなく、訪問日時も保存します。2個の値をそれぞれ個別にクッキーに保存すればよいのですが、ここでは2個の値を配列として保存する方法を紹介します。

配列を保存する書式

クッキーには setcookie(クッキー名 , 配列) のように配列を直接保存することはできません。クッキーに配列を保存する場合は、クッキー名 [キー] の書式を使って要素ごとに値を保存します。この書式では、クッキー名 [" キー "] ではなく、" クッキー名 [キー]" のように第 1 引数全体を 1 つの文字列にする点に注意してください。

書式 クッキーに配列の値を保存する

```
$result = setcookie(" クッキー名 [ キー ]", 値 );
```

一方、$_COOKIE から値を取り出す場合は保存したときのように $_COOKIE(" クッキー名 [キー]") のように指定せず、$_COOKIE(クッキー名) でいったん配列を取り出してから各要素にアクセスします。

NOTE

配列をストリングに変換して保存する

クッキーを配列の書式で保存しても、実際には値ごとに個別のクッキーに保存されます。保存できるクッキーの個数はブラウザによって制限があるので、配列を文字列に変換して 1 個のクッキーで済ませる方法を次節で説明します。

訪問回数と日時を配列で保存する

回数（$counter）と日時（$time）の２つの値があるので、これを [$counter, $time] の配列にしてクッキー "visitedLog" に保存します。

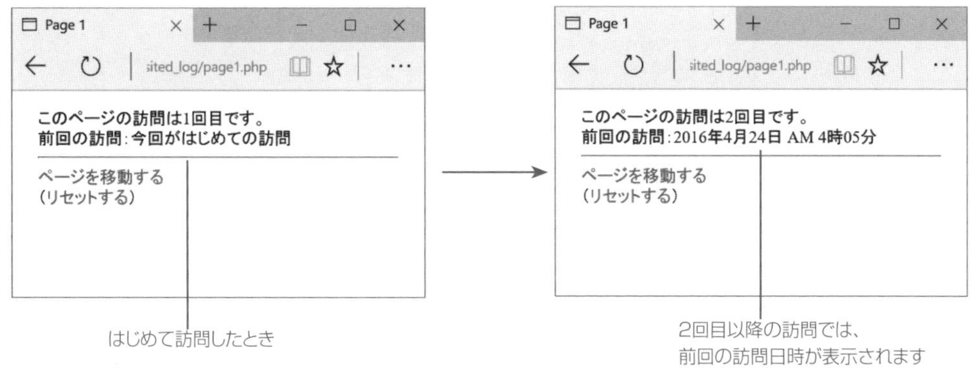

php クッキーに訪問回数と日時を保存する

«sample» visited_log/page1.php

```
<?php
require_once("../../lib/util.php");
// クッキーの値を取り出す
if (isset($_COOKIE["visitedLog"])){
  // 訪問ログの値を取り出す
  $logdata = $_COOKIE["visitedLog"]; ──── 前回の訪問ログを取り出します。$logdataに配列で入ります
  $counter = $logdata["counter"];
  $time = $logdata["time"];
  $lasttime = date("Y年n月j日 A g時i分", $time);
} else {
  // クッキーがないので訪問ログに初期値を設定する
  $counter = 0;
  $lasttime = "今回がはじめての訪問";
}
// 訪問ログをクッキーに保存する（24時間有効）    ┌─── 訪問回数を保存します
$result1 = setcookie('visitedLog[counter]', ++$counter, time()+60*60*24);
$result2 = setcookie('visitedLog[time]', time(), time()+60*60*24);
$result = ($result1 && $result2);           └─── 訪問日時を保存します
?>

<!DOCTYPE html>
<html lang="ja">
<head>
<meta charset="utf-8">
<title>Page 1</title>
<link href="../../css/style.css" rel="stylesheet">
</head>
<body>
<div>
  <?php
  if ($result) {
    echo "このページの訪問は", es($counter), "回目です。", "<br>";
    echo "前回の訪問：", es($lasttime), "<hr>";
    echo '<a href="page2.php">ページを移動する</a>', "<br>";
    echo '（<a href="reset_log.php">リセットする</a>）';
  } else {
    echo '<span class="error">クッキーが利用できませんでした。</span>';
  }
  ?>
</div>
</body>
</html>
```

配列の値をクッキーに保存する

クッキーへの保存は配列の要素ごとに行います。訪問回数の $counter は保存する際に ++$counter のようにカウントアップした後で同時に保存します。画面に表示する際にはカウントアップ済みの $counter の値が表示されます。

訪問日時は time() の値を保存します。２個のクッキーの保存結果を合わせて成功不成功を判断したいので、それぞれの結果の論理積の ($result1 && $result2) を $result に入力します。

php 配列の値をクッキーに保存する

«sample» visited_log/page1.php

```
// 訪問ログをクッキーに保存する（24 時間有効）
$result1 = setcookie('visitedLog[counter]', ++$counter, time()+60*60*24);
$result2 = setcookie('visitedLog[time]', time(), time()+60*60*24);
$result = ($result1 && $result2);
```

配列 [キー] を文字列で指定します
クッキーに保存する訪問日時

クッキーから配列の値を取り出す

先にも書いたようにクッキーから配列の値を取り出すには、まず $_COOKIE["visitedLog"] のように配列名で配列を取り出し、そこから $logdata["counter"]、$logdata["time"] のように各値を取り出します。日時は Unix タイムスタンプの秒数なので、date() を使って日付フォーマットを指定して「年月日 AM/PM 時分」の形式の文字列にしています。

$_COOKIE["visitedLog"] に値がなかった場合は、はじめて訪問したかクッキーが破棄されてしまった場合です。その場合は変数の $counter と $lasttime に初期値を設定します。

php クッキーから配列の値を取り出す

«sample» visited_log/page1.php

```
if (isset($_COOKIE["visitedLog"])){
  // 訪問ログの値を取り出す
  $logdata = $_COOKIE["visitedLog"];
  $counter = $logdata["counter"];
  $time = $logdata["time"];
  $lasttime = date("Y年n月j日 A g時i分", $time);
} else {
  // クッキーがないので訪問ログに初期値を設定する
  $counter = 0;
  $lasttime = "今回がはじめての訪問";
}
```

訪問ログは $logdata に配列で入ります
値は配列からキーで取り出します
フォーマット文字を使って秒数の日付データを読みやすくします

日付のフォーマット

クッキーの有効時間の設定で説明したように、訪問日時の time() の値は秒数です（☞ P.439）。これを読みやすい年月日の表記にするために date() の日付フォーマットの機能を利用します。日付フォーマットは date() だけでなく、DateTime クラスの DateTime::format()、date_format() などでも同じように指定します。

よく利用するフォーマット文字は次のとおりです。フォーマット文字で指定すると、その文字が日時の実際の値と置き換わります。

指定文字	値の説明	実際の値
Y	年（4 桁）	例 2001、2016、2021
y	年（2 桁）	例 01、16、21
m	月	01 から 12（ゼロを付ける）
n	月	1 から 12
M	月（3 文字形式）	Jan から Dec
F	月	January から December
d	日	01 から 31（ゼロを付ける）
j	日	1 から 31
D	曜日（3 文字形式）	Mon から Sun
l（小文字の L）	曜日	Monday から Sunday
w	曜日	0（日曜）から 6（土曜）
a	午前／午後	am または pm
A	午前／午後	AM または PM
g	時（12 時制）	1 から 12
G	時（24 時制）	0 から 23
h	時（12 時制）	01 から 12（ゼロを付ける）
H	時（24 時制）	00 から 23（ゼロを付ける）
i	分	00 から 59（ゼロを付ける）
s	秒	00 から 59（ゼロを付ける）
I（大文字の i）	サマータイム中かどうか	1（サマータイム中）、0（サマータイム中ではない）
z	年間の通算日	0 から 365

NOTE

タイムゾーンの設定

日時がずれている場合は php.ini の date.timezone が "Asia/Tokyo" に指定してあるかどうか確認してください。（☞ P.26、P.38、P.47）

訪問ログのクッキーを破棄する

訪問ログのクッキーを破棄する場合には、配列の値を保存したときと同じように値を1個ずつ破棄する必要があります。クッキーを破棄する方法は通常と同じで、setcookie() で有効期限を過去にして値を設定します。

php 訪問ログのクッキーを破棄する

«sample» visited_log/reset_log.php

```
<?php
// クッキーを破棄する
$result1 = setcookie('visitedLog[counter]', "", time()-3600);
$result2 = setcookie('visitedLog[time]', "", time()-3600);
$result = ($result1 && $result2);
?>

<!DOCTYPE html>
<html lang="ja">
<head>
<meta charset="utf-8">
<title>リセットページ</title>
<link href="../../css/style.css" rel="stylesheet">
</head>
<body>
<div>
 <?php
  if ($result){
    echo "訪問ログのクッキーを破棄しました。", "<hr>";
    echo '<a href="page1.php">Page 1に戻る</a>';
  } else {
    echo '<span class="error">クッキーの破棄でエラーがありました。</span>';
  }
 ?>
</div>
</body>
</html>
```

Section 10-6

複数の値を1つにまとめてクッキーに保存する

前節でクッキーに配列を保存する方法を説明しましたが、クッキーに保存できる個数には制限があるので、値の個数が多い場合は複数の値を1つにまとめて1個のクッキーに保存するほうがよいでしょう。この節ではインデックス配列の場合と連想配列の場合に分けて、配列を文字列に変換してクッキーに保存する方法を紹介します。

インデックス配列を1個の文字列にして保存する

配列の値を連結して1個の文字列にし、それをクッキーに保存します。配列の値はimplode()で簡単に文字列に連結できます。値と値の間を連結する文字は何でもかまいませんが、この例では「値1&値2&値3」のように"&"で値を連結します。配列$fruitsに入っている["りんご", "みかん", "レモン", "バナナ"]は、implode("&", $fruits)によって"りんご&みかん&レモン&バナナ"の文字列に変換できます。

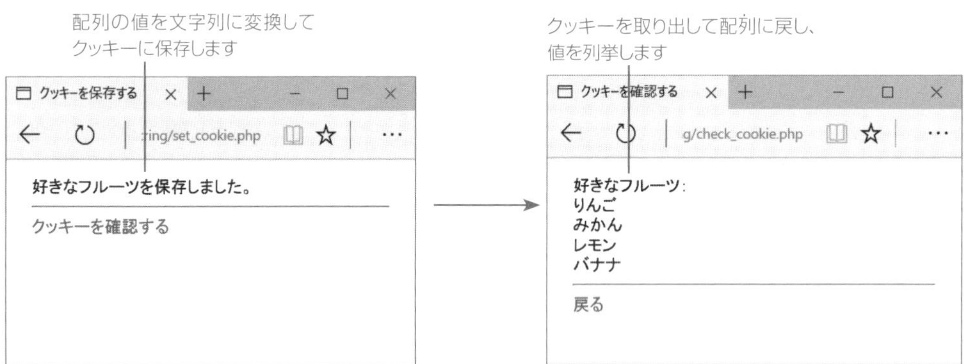

php　配列の値を文字列に連結してクッキーに保存する

«sample»array_string/set_cookie.php

```
<?php
require_once("../../lib/util.php");
// 保存する配列
$fruits = ["りんご", "みかん", "レモン", "バナナ"];
// 値を連結した文字列にする
$valueString = implode("&", $fruits);
// クッキーに保存する
$result = setcookie("fruits", $valueString);
?>

<!DOCTYPE html>
<html lang="ja">
<head>
<meta charset="utf-8">
<title>クッキーを保存する</title>
```

（06行目）保存する値を1個の文字列に連結します
（08行目）クッキーに保存します

```
<link href="../../css/style.css" rel="stylesheet">
</head>
<body>
<div>
  <?php
  if ($result) {
    echo "好きなフルーツを保存しました。", "<hr>";
    echo '<a href="check_cookie.php">クッキーを確認する</a>';
  } else {
    echo '<span class="error">クッキーが利用できませんでした。</span>';
  }
  ?>
</div>
</body>
</html>
```

クッキーから取り出した文字列を配列に戻す

クッキーに保存した値は配列の値を連結した文字列なので、explode()を使って元の配列に戻します。"&"で連結したので、explode("&", $valueString)で配列に変換できます。このサンプルでは配列の値を再びimplode("<br>", $fruits)を使い改行タグ
で連結された文字列に変換して表示しています（☞ P.207）。

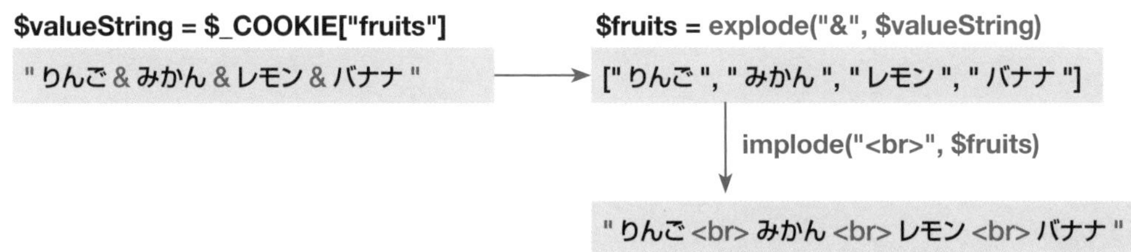

php クッキーから取り出した文字列を配列に戻す

«sample» array_string/check_cookie.php

```
<?php
require_once("../../lib/util.php");
?>

<!DOCTYPE html>
<html lang="ja">
<head>
  <meta charset="utf-8">
  <title>クッキーを確認する</title>
  <link href="../../css/style.css" rel="stylesheet">
</head>
<body>
<div>
  <?php
  // クッキーの値を取り出す
  if (isset($_COOKIE["fruits"])){
    // 訪問ログの値を取り出す
    $valueString = $_COOKIE["fruits"]; ――― クッキーの値を取り出します
```

```
      // 値を配列にする
      $fruits = explode("&", $valueString);
      // HTMLエスケープする
      $fruits = es($fruits);
      // 配列の値を列挙する
      echo "好きなフルーツ：", "<br>";
      echo implode("<br>", $fruits), "<hr>";
    } else {
      echo "クッキーはありません。", "<hr>";
    }
    ?>
    <a href="set_cookie.php">戻る</a>
  </div>
  </body>
  </html>
```

&で連結しておいた文字列を配列に分割します

ブラウザに表示するために
で連結した文字列を作ります

連想配列を1個のクエリ文字列にして保存する

連想配列をクッキーに保存したい場合は、「キー1=値1&キー2=値2」のようにクエリ文字列に変換して保存する方法があります。クエリ文字列で保存すれば、parse_str()を利用して連想配列に戻すことができます。連想配列をクエリ文字列に変換する関数はないので、array_queryString()をユーザ定義します。

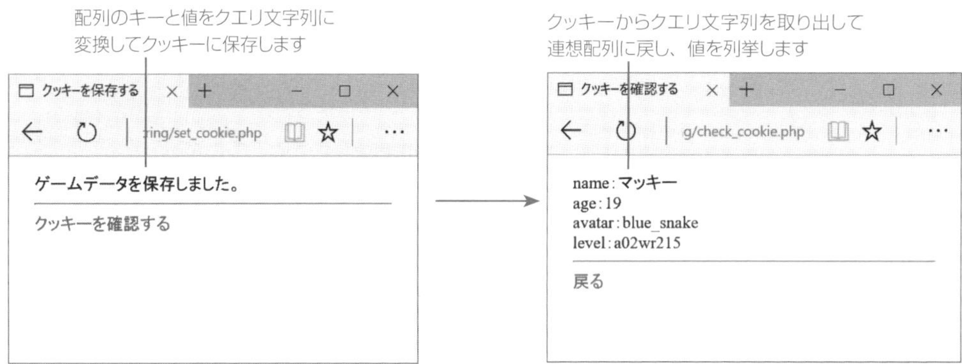

php 連想配列のキーと値をクエリ文字列にして保存する

«sample» array_querystring/set_cookie.php

```
<?php
require_once("../../lib/util.php");
// 保存する連想配列
$gamedata = ["name"=>"マッキー", "age"=>19, "avatar"=>"blue_snake", "level"=>"a02wr215"];
// 連想配列をクエリ文字列にする
$dataQueryString = array_queryString($gamedata);
// クッキーに保存する()
$result = setcookie("gamedata", $dataQueryString, time()+60*5);
?>

<?php
// 連想配列のキーと値をクエリ文字列に変換する
function array_queryString(array $variable): string {
  $data = [];
```

連想配列をクエリ文字列に変換する関数を定義します

```
  foreach ($variable as $key => $value) {
    $data[] = "{$key}={$value}";
  }
  // クエリ文字列を作る
  $queryString = implode("&", $data);
  return $queryString;
}
?>

<!DOCTYPE html>
<html lang="ja">
<head>
<meta charset="utf-8">
<title>クッキーを保存する</title>
<link href="../../css/style.css" rel="stylesheet">
</head>
<body>
<div>
  <?php
  if ($result) {
    echo "ゲームデータを保存しました。", "<hr>";
    echo '<a href="check_cookie.php">クッキーを確認する</a>';
  } else {
    echo '<span class="error">クッキーが利用できませんでした。</span>';
  }
  ?>
</div>
</body>
</html>
```

"キー＝値"の要素にして配列に追加します

できた配列を"&"で連結してクエリ文字列にします

連想配列をクエリ文字列に変換する関数を定義する

連想配列を「キー1=値1&キー2=値2」の形式のクエリ文字列に変換する関数を定義しておくと便利です。引数で連想配列を受け取ったならば、foreach文を使ってキーと値を順に取り出して["キー1=値1", "キー2=値2"]の形式の配列に変換し（foreach ☞ P.219）、それをあらためimplode()を使って"&"で連結したクエリ文字列に変換します。

$gamedata

["name"=>"マッキー", "age"=>19, "avatar"=>"blue_snake", "level"=>"a02wr215"]

array_queryString($gamedata) ↓ ↑ parse_str($dataQueryString, $gamedata)

"name=マッキー&age=19&avatar=blue_snake&level=a02wr215"

$dataQueryString

php　連想配列のキーと値をクエリ文字列に変換する

«sample» array_querystring/set_cookie.php

```
// 連想配列のキーと値をクエリ文字列に変換する
function array_queryString(array $variable): string {
  $data = [];
  foreach ($variable as $key => $value) {
    $data[] = "{$key}={$value}";
  }
  // クエリ文字列を作る
  $queryString = implode("&", $data);
  return $queryString;
}
```

- `$data[] = "{$key}={$value}";` ── "キー = 値" の1個の文字列にして配列に追加します
- `$queryString = implode("&", $data);` ── できあがった配列を & で連結してクエリ文字列にします

クッキーから取り出したクエリ文字列を連想配列に戻す

クッキーから取り出した値はクエリ文字列なので、parse_str() を使って連想配列に戻します。配列のままで HTML エスケープし（☞ P.306）、foreach 文を使ってすべてのキーと値のペアをブラウザに表示します。

php　クッキーから取り出したクエリ文字列を配列に戻す

«sample» array_querystring/check_cookie.php

```
<?php
require_once("../../lib/util.php");
?>

<!DOCTYPE html>
<html lang="ja">
<head>
  <meta charset="utf-8">
  <title>クッキーを確認する</title>
  <link href="../../css/style.css" rel="stylesheet">
</head>
<body>
<div>
  <?php
  // クッキーの値を取り出す
  if (isset($_COOKIE["gamedata"])){
    // ゲームデータの値を取り出す
    $dataQueryString = $_COOKIE["gamedata"];
    // クエリ文字列から連想配列を作る
    parse_str($dataQueryString, $gamedata);
    // HTML エスケープ
    $gamedata = es($gamedata);
    // 連想配列の値を列挙する
    foreach ($gamedata as $key => $value) {
      echo "{$key}:{$value}", "<br>";
    }
    echo "<hr>";
  } else {
    echo "クッキーはありません。", "<hr>";
  }
  ?>
  <a href="set_cookie.php">戻る</a>
</div>
</body>
</html>
```

- `$dataQueryString = $_COOKIE["gamedata"];` ── クッキーの値を取り出します
- `parse_str($dataQueryString, $gamedata);` ── 値のクエリ文字列を連想配列に戻します
- `foreach ($gamedata as $key => $value) { … }` ── クッキーに保存していたキーと値を表示します

Chapter 11

ファイルの読み込みと書き出し

SpFileObjectクラスを使ってテキストファイルを読み書きする方法を説明します。SpFileObjectクラスを使ったファイルの読み書きは、データベースからのデータの読み書きと共通する手順になります。これと合わせて、CSVファイルの読み込みと書き出しの方法についても説明します。

Section 11-1

SplFileObject クラスを使う

本節では SplFileObject クラスを使ってデータをテキストファイルに保存する、逆にテキストファイルからデータを読み込む場合の基本的な方法を説明します。さらにこれに合わせて try ~ catch の構文を使う例外処理についても説明します。なお、ここでのファイルの読み書きはサーバーサイドでの話であって、ユーザのハードディスクに対してファイルを読み書きするわけではありません。

ヒアドキュメントを書き出す

最初にヒアドキュメント（☞ P.141）をテキストファイルに書き出す方法を例にとって SplFileObject クラスの使い方を説明します。まず変数 $writedata にヒアドキュメントを代入し、それをテキストファイルの "mytext.txt" に書き出します。"mytext.txt" があれば上書きし、ファイルがなければ新規に作成して保存します。

NOTE

Standard PHP Library (SPL)

SplFileObject クラスは Standard PHP Library (SPL) に含まれているクラスで 、PHP 5.3 から利用できます。fopen()、fclose()、fwrite()、fread()、file() といった関数を使ったコードは古い手法です。

php ヒアドキュメントの内容をテキストファイルに書き出す

«sample» spl_write_read/write_file.php

```
<?php
$date = date("Y/n/j G:i:s", time()); ——— 今日の日付
$writedata = <<< "EOD"
ヒアドキュメントならば、
途中での改行や、              ——— この文をファイルに書き出します
変数を使った文章が作れますね。
更新日：$date
EOD;      └——— 今日の日付と置き換わります
?>

```

```
<!DOCTYPE html>
<html lang="ja">
<head>
<meta charset="utf-8">
<title>SplFileObject でファイルに保存 </title>
<link href="../../css/style.css" rel="stylesheet">
</head>
<body>
<div>
  <?php
  $filename = "mytext.txt";
  try {
    // ファイルオブジェクトを作る（wb 新規書き出し。ファイルがなければ作る）
    $fileObj = new SplFileObject($filename, "wb");
  } catch (Exception $e) {
    echo '<span class="error"> エラーがありました。</span><br>';
    $err = $e->getMessage();
    exit($err);
  }
  // ファイルに書き込む
  $written = $fileObj->fwrite($writedata);
  if ($written===FALSE){
    echo '<span class="error"> ファイルに保存できませんでした。</span>';
  } else {
    echo "SplFileObject の fwrite を使って、<br>{$filename} に {$written} バイトを書き出しました。", "<hr>";
    echo '<a href="read_file.php"> ファイルを読む </a>';
  }
  ?>
</div>
</body>
</html>
```

保存するファイル名

例外処理の構文の中で実行します

ファイルを上書きモードで開きます

ストリングデータを書き込みます

保存に成功すると、保存したバイト数が入ります

Part 3

Chapter 8

Chapter 9

Chapter 10

Chapter 11

上書き、書き込み専用モードのファイルオブジェクトを作る

SplFileObject クラスでファイルにデータを書き出したり、ファイルからデータを読み出したりしたい場合は、ファイルパスとオープンモードを引数にして SplFileObject クラスのインスタンス $fileObj を作成します。このサンプルのオープンモードは "wb" なので、書き込み専用モードでファイルを開き、ファイルの中身を削除して上書きします。指定のファイルが存在しなければ、新規ファイルを作成します。ファイルオブジェクトを作った時点で、指定したファイルのデータにアクセスできるファイルストリームが作られます。

php SplFileObject クラスのインスタンスを作る

«sample» spl_write_read/write_file.php

```
    $fileObj = new SplFileObject($filename, "wb");
```

ファイルを上書きモードで開きます

オープンモード

SplFileObject クラスのインスタンスを作る場合に重要なのは、コンストラクタの第2引数で指定する「オープンモード」です。オープンモードによってファイルにデータを書き込むのか、読み込むのか、読み書きの両方を行うのかといったことを指定します。

オープンモードの種類は次のとおりです。なお、"b" はバイナリモードを示します。通常、どのモードでも "b" を付加して指定します。ファイルポインタとは、ファイル上の読み書きする位置のことです。

オープンモード	説明
rb	読み込み専用。ファイルポインタは先頭。
r+b	読み書き可能。ファイルポインタは先頭。
wb	書き込み専用。内容を消して新規に書き込む。ファイルがなければ新規作成。
w+b	読み書き可能。それ以外は wb と同じ。
ab	書き込み専用。追記のみ。ファイルがなければ新規作成。
a+b	読み書き可能。読み込み位置は seek() で移動できるが、書き込みは追記のみ。
xb	書き込み専用。ファイルを新規作成する。既にファイルがあるとエラー。
x+b	読み書き可能。それ以外は xb と同じ。
cb	書き込み専用。既存の内容を消さず先頭から書く。ファイルがなければ新規作成。
c+b	読み書き可能。それ以外は cb と同じ。

NOTE

ファイルの中身を消す

ファイルの中身を消すには、$fileObj->ftruncate(0) を実行してファイルサイズを 0 にします。wb、w+b、r+b、xb、x+b のオープンモードでの書き込みではこの処理を最初に行っています。

例外処理を利用する

例外処理に対応しているメソッドは、エラーが発生したときに例外（エラーオブジェクト）をスローします。スローするとは言葉のとおり「投げる」ということです。エラーが発生するとエラーオブジェクトが投げられるので、そのエラーオブジェクトをキャッチすればよいわけです。

例外処理の書式は次のように try、catch、finally のブロックに分かれています。最初の try ブロックで例外処理が組み込まれているメソッドを実行します。そして catch ブロックにエラーが起きたときに例外を受け止めるコードを書きます。finally ブロックにはエラーがあってもなくても実行したいコードを書きます。finally ブロックはオプションなので省略できます。

書式 例外処理

```
try {
    例外処理が組み込まれているメソッドを実行する
} catch ( エラー型 $e) {
    エラー処理を行うコード
} finally {
    エラーがあってもなくても実行するコード
}
```

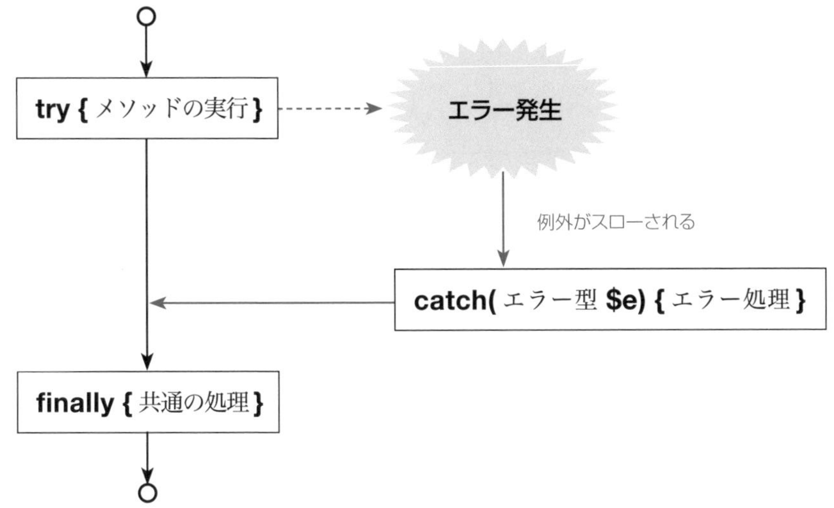

定義済み例外のエラー型には Exception、ArgumentCountError、DivisionByZeroError、ParseError、TypeError、ValueError などいくつかあり、エラー型を指定した複数の catch ブロックでエラーを振り分けることができます。Exception クラスを継承したサブクラスを作ればエラー型をユーザー定義できます。

なお、PHP 8 からは catch ブロックでエラーオブジェクトを利用しないならばエラー型だけを指定し、引数変数 $e を省略できるようになりました。 php8

例外処理を利用したコード

次の makeValue() は引数の値を 5 倍した値を返します。ただし、1 ～ 10 以外の整数は例外（エラーオブジェクト）をスローします。スローするエラーオブジェクトは new Exception(" 制限値外エラー ") のように作り、throw 文でスローします。次の例では makeValue(8) は 40 を返しますが、makeValue(123) は例外をスローして処理を中断します。try ブロックの続くコードは実行されないので結果２と結果３は出力されません。

php 例外をスローする関数を定義して試す

«sample» throwException/throwTest.php

```
<?php
// 1 ～ 10 の整数を 5 倍にして返す
function makeValue(int $num): int {
  if ($num<=0 or $num>10) {
    throw new Exception(" 制限値外エラー ");
  }
  return $num * 5;
}
// makeValue() を例外処理の構文で試す
```

例外（エラーオブジェクト）をスローします

```
try {
  $value1 = makeValue(8);
  echo "結果1：{$value1}" . PHP_EOL;
  $value2 = makeValue(123);
  echo "結果2：{$value2}" . PHP_EOL;
  $value3 = makeValue(7);
  echo "結果3：{$value3}" . PHP_EOL;
} catch (Exception $e){
  $err = $e->getMessage();
  exit($err);
}
?>
```

エラーになるかもしれない処理を行います

キャッチした例外のメッセージを表示し、残りをキャンセルします

出力

```
結果1：40
制限値外エラー
```

SplFileObject クラスのコンストラクタの例外処理

SplFileObject クラスのコンストラクタは、読み書きのためのファイルを作るアクセス権がないとか、読み込もうとするファイルが存在しないといったエラーが発生すると Exception 型のエラーオブジェクトをスローします。したがって、例に示すように例外処理の構文を利用することでエラーになってもいきなり処理を中断せずにエラーに対応できます。

この例ではエラーオブジェクトを引数 $e で受け取ったならば、$e->getMessage() でエラーメッセージを $err に取り出して exit($err) で表示し、続くコードの実行をキャンセルします （☞ P.314）。

php　FileObject クラスのコンストラクタの例外処理

«sample» spl_write_read/write_file.php

```
  try {
    // ファイルオブジェクトを作る（wb 新規書き出し。ファイルがなければ作る）
    $fileObj = new SplFileObject($filename, "wb");
  } catch (Exception $e) {
    echo '<span class="error">エラーがありました。</span><br>';
    $err = $e->getMessage();
    exit($err);
  }
```

エラーが発生したならば実行されます

エラーメッセージを取り出します

ストリングをテキストファイルに書き込む

オープンしたファイルに実際にストリングを書き込むには、書き込むストリング $writedata を引数にして、ファイルオブジェクトの fwrite($writedata) を実行します。実行結果の返り値 $written には書き込んだバイト数、書き込めなかったときは FALSE が戻ります。 $written===FALSE のように === を使い、数値の 0 を FALSE と判定しない厳密な比較を行います （=== ☞ P.76）。

テキストファイル mytext.txt は、ドキュメントフォルダ内のプログラムコードが置いてあるフォルダに新規作成されます。

php テキストファイルに書き込む

«sample» spl_write_read/write_file.php

```
    // ファイルに書き込む
    $written = $fileObj->fwrite($writedata);
    if ($written===FALSE){
      echo '<span class="error"> ファイルに保存できませんでした。</span>';
    } else {
      echo "SplFileObject の fwrite を使って、<br>{$filename} に {$written} バイトを書き出しました。", "<hr>";
      echo '<a href="read_file.php"> ファイルを読む </a>';
    }
```

書き込むヒアドキュメント

テキストファイルに書き出すストリングデータ $writedata は、ヒアドキュメントを使って作っています。ヒアドキュメントは、途中に改行などを入れた複数行のストリングデータを作りたいときに便利な記述方法です。ヒアドキュメントの中の変数は値に展開されるので、$date は日付に置き換わったストリングデータになります。更新日は date() を使って作っています。（ヒアドキュメント☞ P.141、date() ☞ P.449）

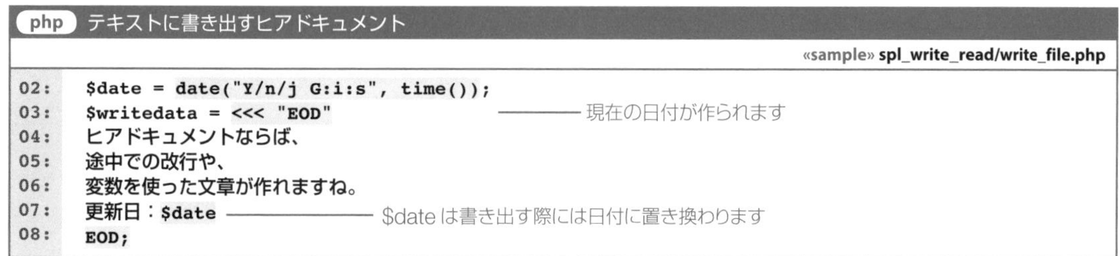

php テキストに書き出すヒアドキュメント

«sample» spl_write_read/write_file.php

```
$date = date("Y/n/j G:i:s", time());
$writedata = <<< "EOD"
ヒアドキュメントならば、
途中での改行や、
変数を使った文章が作れますね。
更新日：$date
EOD;
```

現在の日付が作られます
$date は書き出す際には日付に置き換わります

テキストファイルを読み込む

次に write_file.php で書き出した mytext.txt を逆に読み込んで、内容をブラウザに表示してみましょう。

mytext.txt
テキストファイルを
読み込みます
SplFileObjectでファイルを読み込
localhost:8888/php_note/chap11/11-1/spl_write_read...
mytext.txtを読み込みました。
ヒアドキュメントならば、
途中での改行や、
変数を使った文章が作れますね。
更新日：2021/3/26 11:01:16
ファイルに書き込む

php mytext.txt を読み込んで表示する

«sample» spl_write_read/read_file.php

```
<?php
require_once("../../lib/util.php");
?>

<!DOCTYPE html>
<html lang="ja">
<head>
<meta charset="utf-8">
<title>SplFileObject でファイルを読み込む </title>
<link href="../../css/style.css" rel="stylesheet">
</head>
<body>
<div>
  <?php
  $filename = "mytext.txt";
  try {
    // ファイルオブジェクトを作る（rb 読み込み専用）
    $fileObj = new SplFileObject($filename, "rb");
  } catch (Exception $e) {
    echo '<span class="error"> エラーがありました。</span><br>';
    $err = $e->getMessage();
    exit($err);
  }
  // ストリングを読み込む
  $readdata = $fileObj->fread($fileObj->getSize());
  if (!($readdata === FALSE)){
    // HTML エスケープ（<br> を挿入する前に行う）
    $readdata = es($readdata);
    // 改行コードの前に <br> を挿入する
    $readdata_br = nl2br($readdata, false);
    echo "{$filename} を読み込みました。", "<br>";
    // ファイルの中身を表示する
    echo $readdata_br, "<hr>";
    echo '<a href="write_file.php"> ファイルに書き込む </a>';
  } else {
    // ファイルエラー
    echo '<span class="error"> ファイルを読み込めませんでした。</span>';
  }
  ?>
</div>
</body>
</html>
```

例外処理の構文の中で実行します

読み込み専用でファイルを開きます

内容を読み込みます

ブラウザに表示します

読み込み専用モードのファイルオブジェクトを作る

書き込み専用のファイルオブジェクトを作ったときと同じように、読み込み専用の SplFileObject クラスのファイルオブジェクトを作ります。今度は読み込み専用なので、オープンモードは "rb" を指定します（☞ P.460）。

先と同じように try ～ catch の例外処理の構文で実行することで、読み込もうとしているファイル $filename が見つからないといった場合にエラー処理を行えます。

php 読み込み専用のファイルオブジェクトを作る

«sample» spl_write_read/read_file.php

```php
    $filename = "mytext.txt";
    try {
      // ファイルオブジェクトを作る（rb 読み込み専用）
      $fileObj = new SplFileObject($filename, "rb");
    } catch (Exception $e) {
      echo '<span class="error">エラーがありました。</span><br>';
      $err = $e->getMessage();
      exit($err);
    }
```

読み込み専用モードでファイルを開きます

試しに $filename で指定するファイルを "mytext99.txt" のように変えて試すとエラーオブジェクトがスローされてキャッチされます。なお、ここではテスト用にエラーメッセージを表示していますが、実際の運用ではエラーメッセージを画面に出力せずに対応してください。

テキストファイルからストリングを読み込む

オープンしたテキストファイルからストリングを読み込むには、ファイルオブジェクトの $fileObj に対して fread() を実行します。$fileObj->getSize() でファイルサイズを調べて、読み込みサイズとして引数で指定します。読み込んだストリングは、メソッドの戻り値として $readdata に入ります。

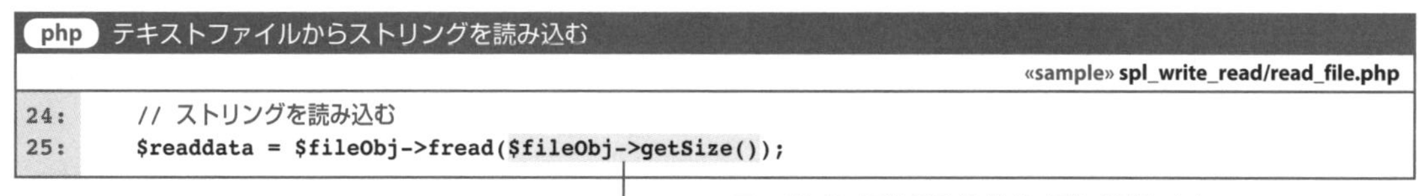

php テキストファイルからストリングを読み込む

«sample» spl_write_read/read_file.php

```php
    // ストリングを読み込む
    $readdata = $fileObj->fread($fileObj->getSize());
```

ファイルサイズを読み込むサイズに指定します

読み込んだストリングを表示する

ストリングを読み込んだならば、ブラウザに表示するものなので、
を挿入する前にHTMLエスケープを行っておきます。次にストリングは複数行あるヒアドキュメントなので、ブラウザでも改行位置が改行されるように、nl2br()を使って改行コード（\r\n、\n\r、\n、\r）の前に
タグを挿入します（第2引数を省略あるいはtrueを指定すると
になります）。そして結果をechoでブラウザに表示します。

**php HTMLエスケープと
の挿入を行って表示する**

«sample» spl_write_read/read_file.php

```
    if (!($readdata === FALSE)){
      // HTML エスケープ（<br> を挿入する前に行う）
      $readdata = es($readdata);
      // 改行コードの前に <br> を挿入する
      $readdata_br = nl2br($readdata, false);
      echo "{$filename} を読み込みました。", "<br>";
      // ファイルの中身を表示する
      echo $readdata_br, "<hr>";
      echo '<a href="write_file.php"> ファイルに書き込む </a>';
    } else {
      // ファイルエラー
      echo '<span class="error"> ファイルを読み込めませんでした。</span>';
    }
```

必ずHTMLエスケープ処理を行います

ブラウザで改行して見えるようにします

出力されたページのソースコードを見るとヒアドキュメントの改行位置に
タグが入っているのがわかります。

NOTE

file_put_contents() と file_get_contents()

ファイルの書き出しと読み込みは、それぞれ file_put_contents() と file_get_contents() を使って行うこともできます。ここで簡単にコードを紹介します。まず、touch() を使ってファイルがあるかどうかを確認し、ファイルがあれば更新日時を更新し、ファイルがなければ作成します。ファイルを作成できたならば、file_put_contents() でストリング $writedata を書き込みます。第3引数の LOCK_EX は書き込み中にファイルロックするオプションです。

php file_put_contents() を使ってテキストファイルを書き出す

«sample» **file_contents/put_contents.php**

```
<?php
$filename = "mytext.txt";
// ファイルが存在しなければ作成する（あればファイル更新日を更新する）
$result = touch($filename);
if ($result){
  // ファイルに書き出す
  file_put_contents($filename, $writedata, LOCK_EX);
  echo "{$filename} にデータを書き出しました。", "<hr>";
  echo '<a href="get_contents.php"> ファイルを読み込む </a>';
} else {
  // ファイルエラー
  echo '<span class="error"> ファイルに保存できませんでした。</span>';
}
?>
```

テキストファイルの読み込みは file_get_contents() です。file_exists() でファイルがあるかどうかをチェックし、存在したならば file_get_contents() で読み込みます。読み込んでからの処理は read_file.php と同じです。先の touch() と違ってファイルがない場合は false を返すだけでファイルを作成しません。

php file_get_contents() を使ってテキストファイルを読み込む

«sample» **file_contents/get_contents.php**

```
<?php
$filename = "mytext.txt";
// ファイルがあるかどうか調べる
$result = file_exists($filename);
if ($result){
  // ファイルを読み込む
  $readdata = file_get_contents($filename);
  // HTML エスケープ（<br> を挿入する前に行う）
  $readdata = es($readdata);
  // 改行コードの前に <br> を挿入する
  $readdata_br = nl2br($readdata, false);
  echo "{$filename} を読み込みました。", "<br>";
  echo $readdata_br, "<hr>";
  echo '<a href="put_contents.php"> ファイルに書き込む </a>';
} else {
  // ファイルエラー
  echo '<span class="error"> ファイルを読み込めませんでした。</span>';
}
?>
```

Section 11-2

フォーム入力をテキストファイルに追記する

この節ではフォーム入力をテキストファイルに書き出して、それを表示するサンプルを作ります。前節ではテキストを上書きしましたが、今回は追記していきます。ファイルを読み書きする際にファイルロックする方法、さらにページをリダイレクトする方法も合わせて説明します。

メモ入力をテキストファイルに追記していく

フォームのテキストエリアにメモを書いて「送信する」ボタンをクリックするとPOSTされた内容を受けてmemo.txtに追記していきます。

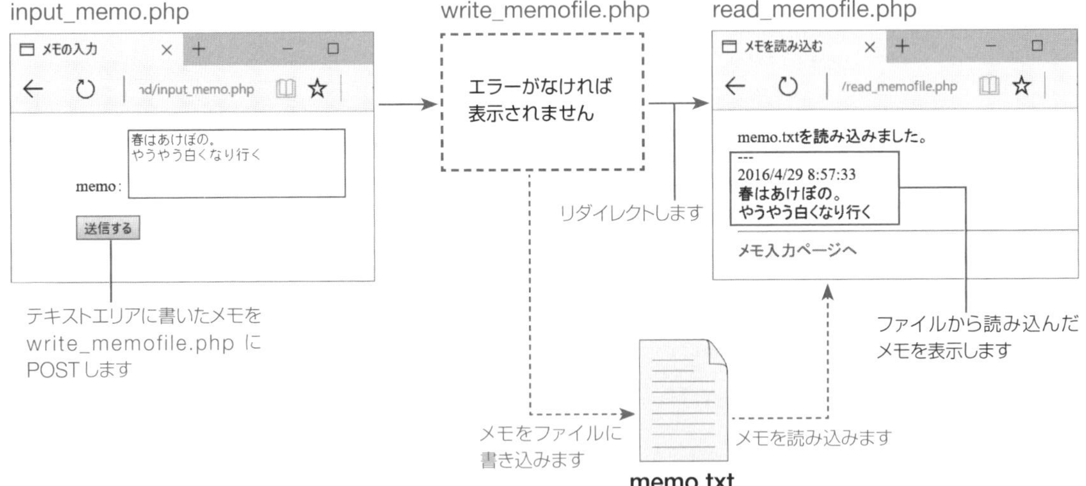

NOTE

Permission denied エラーになる場合

ファイルの書き込みがPermission deniedエラーになる場合は、保存フォルダのアクセス権限を「読み／書き」にしてください。Windows 10はエクスプローラーで選択して「プロパティ>セキュリティ」、macOSはファインダで選択して「ファイル>情報を見る」で設定できます。

メモ入力するテキストエリアを作る

メモを入力するテキストエリアを作るコードは次のとおりです。「送信する」ボタンをクリックすると入力されたストリングをwrite_memofile.phpにPOST送信します。（テキストエリア☞ P.390）

php メモを入力するテキストエリアを作る

«sample» spl_append/input_memo.php

```
<!DOCTYPE html>
<html lang="ja">
<head>
<meta charset="utf-8">
<title>メモの入力</title>
<link href="../../css/style.css" rel="stylesheet">
</head>
<body>
<div>
 <!-- 入力フォームを作る（メモを POST する）-->
  <form method="POST" action="write_memofile.php">
    <ul>
      <li><span>memo：</span>
        <textarea name="memo" cols="25" rows="4" maxlength="100" placeholder="メモを書く"></textarea>
      </li>
      <li><input type="submit" value="送信する" ></li>
    </ul>
  </form>
</div>
</body>
</html>
```

テキストエリアを作ります

メモをファイルに書き出してリダイレクトする

メモの入力フォームから POST されたストリングを取り出してテキストファイル（memo.txt）に書き込むコードは次の write_memofile.php です。書き込み終わったならば、書き出したファイルを読み込んで表示するページ（read_memofile.php）にリダイレクトします。

php メモをファイルに書き出してリダイレクトする

«sample» **spl_append/write_memofile.php**

```
<?php
// POST されたテキスト文を取り出す
if (empty($_POST["memo"])){
  // POST された値がないとき（0 の場合も含む）
  // リダイレクト（メモ入力ページへ戻る）
  $url = "http://" . $_SERVER['HTTP_HOST'] . dirname($_SERVER['PHP_SELF']);
  header("Location:" . $url . "/input_memo.php");
  exit();
}

$memo = $_POST["memo"];
$date = date("Y/n/j G:i:s", time());
$writedata = "---" . PHP_EOL . $date . PHP_EOL . $memp . PHP_EOL;
// メモファイル
$filename = "memo.txt";
try {
  // ファイルオブジェクトを作る（読み書き、追記モード）
  $fileObj = new SplFileObject($filename, "a+b");
} catch (Exception $e) {
  echo '<span class="error">エラーがありました。</span><br>';
  echo $e->getMessage();
  exit();
}

// ファイルロック（排他ロック）
$fileObj->flock(LOCK_EX);
// メモを追記する
$result = $fileObj->fwrite($writedata);
// アンロック
$fileObj->flock(LOCK_UN);

// リダイレクト（メモを読むページへ）
$url = "http://" . $_SERVER['HTTP_HOST'] . dirname($_SERVER['PHP_SELF']);
header("Location:" . $url . "/read_memofile.php");
exit();

?>
```

空のまま送信されたならば、元のファイルにリダイレクトします

メモを取り出します

書き込む文字列を作ります

追記モードで開きます

ファイルロックして書き込みます

リダイレクトします

追記モードのファイルオブジェクトを作る

メモをファイルに追記モードで書き出したいので、オープンモードを "a+b" にしてファイルオブジェクトを作ります。前節で説明したように try ～ catch の例外処理を利用してエラーも処理します。本番で運用する場合はエラーメッセージを画面に出力しない対応にしてください。

php 追記モードのファイルオブジェクトを作る

«sample» **spl_append/write_memofile.php**

```
// メモファイル
$filename = "memo.txt";
try {
  // ファイルオブジェクトを作る（読み書き、追記モード）
  $fileObj = new SplFileObject($filename, "a+b");
} catch (Exception $e) {
  echo '<span class="error">エラーがありました。</span><br>';
  echo $e->getMessage();
  exit();
}
```

追記モードでファイルを開きます

ファイルロックしてメモを追記する

ファイルオブジェクトができたならば、他者から操作されないようにファイルロックを行い、メモを追記します。"a+b" の追記モードでファイルを開いているので、すでに書き込まれている内容があったならば、新しいメモは最後に追加されます。書き込みが終わったら、忘れずにアンロックします。

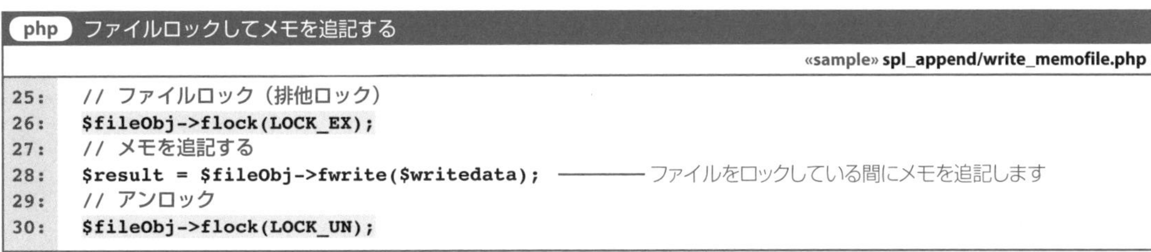

php ファイルロックしてメモを追記する

«sample» **spl_append/write_memofile.php**

```
// ファイルロック（排他ロック）
$fileObj->flock(LOCK_EX);
// メモを追記する
$result = $fileObj->fwrite($writedata);
// アンロック
$fileObj->flock(LOCK_UN);
```

ファイルをロックしている間にメモを追記します

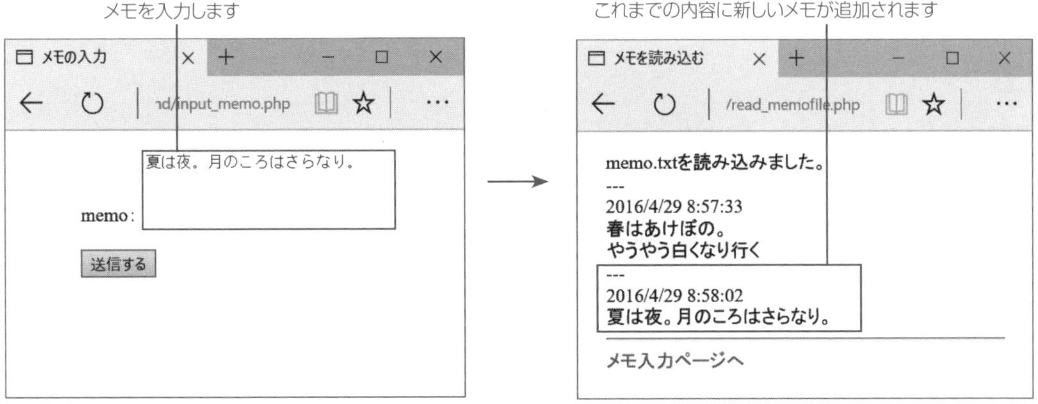

ファイルのロックとアンロック

ファイルロックとは、ファイルの書き出しや読み込みの際に同時にほかの人が同じファイルにアクセスしている可能性がある場合に不整合がとれなくなるのを防ぐために行います。ファイルロックはflock()で行いますが、ロックの仕方にはいくつかのモードがあります。モードは定数定義してあるので、それを利用してflock()の第2引数で指定します。flock()は操作が成功したらtrue、失敗したらfalseを返します。

指定モード	説明
LOCK_SH	共有ロック（読み込んでる最中に書き込まれないようにブロックする）
LOCK_EX	排他ロック（書き込んでる最中に読み書きされないようにブロックする）
LOCK_UN	ロックを解除する
LOCK_NB	ロック解除を待たずにfalseを返す（Windowsではサポートされない）

ファイルロックすると他者からの読み書きがブロックされ、後からアクセスした相手は待ち状態になります。したがって、読み書きが終わったならば速やかにロックを解除してください。なお、このファイルロックが正しく機能するには、同一ファイルにアクセスするコードが同様にファイルロックのシステムを取り入れて書かれている場合に限ります。

ページをリダイレクトする

リダイレクトとは、ユーザの入力を待たずにコードで他のURLへ移動する機能です。リダイレクトにはheader()を利用します。次に示す書式のように、"Location:"に続けて移動先のURLを書きます。URLは相対パスではなく、"http://sample.com"のような絶対パスのURLを指定します。リダイレクトする際には、残りのコードは実行せずにページを移動する必要があるので、header()に続けてexit()を実行します（☞P.314）。

書式 リダイレクトする

```
header("Location:" . $url);
exit();
```

メモがなかったらメモ入力ページに戻る

このサンプルでは2つのリダイレクトが指定してあります。1つはメモ入力が空のまま送信された場合です。POSTされたデータが空だった場合は、何もせずに元の入力ページにリダイレクトします。入力ページから入力ページに戻るので、ユーザにはページ移動しなかったように見えます。

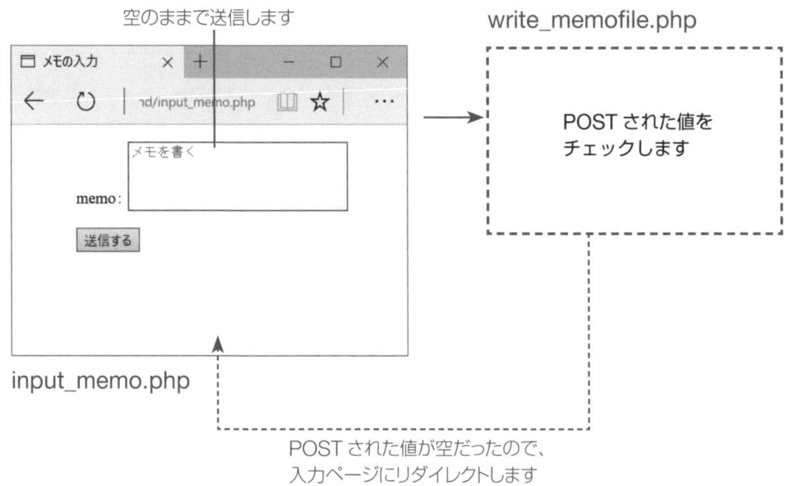
空のままで送信します
write_memofile.php
メモの入力
nd/input_memo.php
メモを書く
memo :
送信する
POST された値を
チェックします
input_memo.php
POST された値が空だったので、
入力ページにリダイレクトします

php input_memo.php にリダイレクトする

«sample» spl_append/write_memofile.php

```
if (empty($_POST["memo"])){
  // POST された値がないとき（0 の場合も含む）
  // リダイレクト（メモ入力ページへ戻る）
  $url = "http://" . $_SERVER['HTTP_HOST'] . dirname($_SERVER['PHP_SELF']);
  header("Location:" . $url . "/input_memo.php");
  exit();
}
```

header(...) の行：リダイレクトします

先にも書いたようにリダイレクト先として指定する URL は、相対パスではなく絶対 URL でなければなりません。しかし、たとえば「$url = http://localhost:8888/php_note/chap11/11-2/spl_append/input_memo.php」のように書いてしまうと、開発環境から運用サーバーに移動した場合に URL が変わってしまいます。そこで $_SERVER 変数を使って実行環境の URL を取得してリダイレクト先の URL を作ります。

$_SERVER['HTTP_HOST'] で現在の URL のドメイン部分のパス、dirname($_SERVER['PHP_SELF']) で現在のファイルのディレクトリを取得できます。

読み込みページにリダイレクトする

POST されたメモをファイルに追記する処理が完了したならば、保存したファイルを読み込んで表示するページ（read_memofile.php）にリダイレクトします。

php read_memofile.php にリダイレクトする

«sample» spl_append/write_memofile.php

```
  $url = "http://" . $_SERVER['HTTP_HOST'] . dirname($_SERVER['PHP_SELF']);
  header("Location:" . $url . "/read_memofile.php");
  exit();
```

$_SERVER['HTTP_HOST']：現在の URL のドメイン

dirname($_SERVER['PHP_SELF'])：現在のファイルのディレクトリ

テキストファイルを読み込んで表示する

最後にリダイレクトして開くページ（read_memofile.php）でメモを書き込んだテキストファイルを読み込んで表示します。

php テキストファイルを読み込んで表示する

«sample» spl_append/read_memofile.php

```
<?php
require_once("../../lib/util.php");
?>

<!DOCTYPE html>
<html lang="ja">
<head>
<meta charset="utf-8">
<title> メモを読み込む </title>
<link href="../../css/style.css" rel="stylesheet">
</head>
<body>
<div>
  <?php
  $filename = "memo.txt";
  try {
    // ファイルオブジェクトを作る（rb 読み込み専用）
    $fileObj = new SplFileObject($filename, "rb");
  } catch (Exception $e) {
    echo '<span class="error"> エラーがありました。</span><br>';
    echo $e->getMessage();
    exit();
  }

  // ファイルロック（共有ロック）
  $fileObj->flock(LOCK_SH);
  // ストリングを読み込む
  $readdata = $fileObj->fread($fileObj->getSize());
  // アンロック
  $fileObj->flock(LOCK_UN);

  if (!($readdata === FALSE)){
    // HTML エスケープ（<br> を挿入する前に行う）
    $readdata = es($readdata);
    // 改行コードの前に <br> を挿入する
    $readdata_br = nl2br($readdata, false);
    echo "{$filename} を読み込みました。", "<br>";
    echo $readdata_br, "<hr>";
    echo '<a href="input_memo.php"> メモ入力ページへ </a>';
  } else {
    // ファイルエラー
    echo '<span class="error"> ファイルを読み込めませんでした。</span>';
  }
  ?>
</div>
</body>
</html>
```

読み込み専用モードで開きます

ファイルロックして読み込みます

読み込んだメモを表示します

読み込み専用モードでファイルオブジェクトを作る

テキストファイルを読み込むだけなので、オープンモードを "rb" にしてファイルオブジェクトを作ります。読み込もうとしたファイルがなかったならば、例外がスローされてエラーメッセージが表示されます。

php 読み込み専用モードでファイルオブジェクトを作る

«sample» spl_append/read_memofile.php

```
    try {
      // ファイルオブジェクトを作る（rb 読み込み専用）
      $fileObj = new SplFileObject($filename, "rb");
    } catch (Exception $e) {
      echo '<span class="error">エラーがありました。</span><br>';
      echo $e->getMessage();
      exit();
    }
```

メモを読み込む

ファイルの読み込みでは共有ロックの指定でファイルロックします。$fileObj->fread($fileObj->getSize()) でファイルの最後まで読み込んだならばアンロックします。

php メモを共有ロックして読み込む

«sample» spl_append/read_memofile.php

```
    // ファイルロック（共有ロック）
    $fileObj->flock(LOCK_SH);
    // ストリングを読み込む
    $readdata = $fileObj->fread($fileObj->getSize());
    // アンロック
    $fileObj->flock(LOCK_UN);
```

メモの内容を表示する

読み込んだメモの中身をチェックし、値があれば HTML エスケープを行った後で nl2br() を使って改行コードの前に
 を挿入し、それをブラウザに表示します。この処理は前節のサンプルと同じです（☞ P.466）。

php メモの内容を表示する

«sample» spl_append/read_memofile.php

```
    if (!($readdata === FALSE)){
      // HTML エスケープ（<br> を挿入する前に行う）
      $readdata = es($readdata);  ――― 必ず HTML エスケープ処理を行います
      // 改行コードの前に <br> を挿入する
      $readdata_br = nl2br($readdata, false);  ――― ブラウザで改行して見えるようにします
      echo "{$filename} を読み込みました。", "<br>";
      echo $readdata_br, "<hr>";
      echo '<a href="input_memo.php">メモ入力ページへ</a>';
    } else {
      // ファイルエラー
      echo '<span class="error">ファイルを読み込めませんでした。</span>';
    }
```

Section 11-3

新しいメモを先頭に挿入保存する

この節ではテキストファイルの最後にメモを追加していくのではなく、先頭にメモを挿入していく方法を説明します。そのために、作業用ファイルを作って作業し、古いファイルの削除、作業用ファイルのリネームなどを行います。また、表示する行数をLimitIteratorクラスを使って指定します。

1行メモの内容を新しい順に保存する

次のサンプルではフォームで1行メモを入力するとmemo.txtファイルに新しいメモから順に並ぶように書き出します。メモは最大5行まで表示するようにしています。

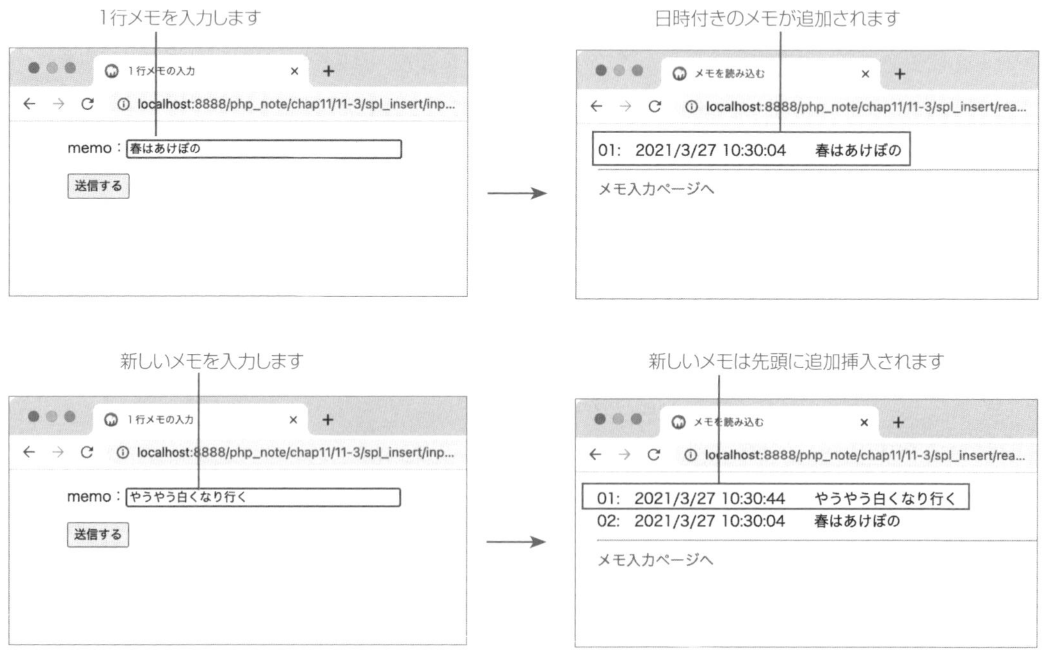

1行メモの入力フォーム

1行メモの入力フォームは<input>タグで作ります。「送信する」ボタンをクリックするとwrite_memofile.phpにメモの内容をPOSTします。

php 1行メモの入力フォームを作る

«sample» spl_insert/input_memo.php

```
<!DOCTYPE html>
<html lang="ja">
<head>
<meta charset="utf-8">
<title> 1行メモの入力 </title>
<link href="../../css/style.css" rel="stylesheet">
<style type="text/css">
  input.memofield {width:300px;}
</style>
</head>
<body>
<div>
  <!-- 入力フォームを作る (メモを POST する) -->
  <form method="POST" action="write_memofile.php">
    <ul>
      <li><label>memo : <input name="memo" class="memofield" placeholder=" メモを書く "></input></label></li>
      <li><input type="submit" value=" 送信する "></li>
    </ul>
  </form>

</div>
</body>
</html>
```

1行メモをPOSTします

作業ファイルを利用して新しい順にメモを保存する

ファイルの書き出しでは、データを末尾に追加していくオープンモードはありますが、後から追加したデータを既存のデータの先頭に挿入していくオープンモードがありません。そこで入力データを最新の書き込み順に並べたい場合は、作業用のテキストファイルを作って新しいデータを先に書き出してから古いデータを追加します。そして、古いテキストファイルを削除した後に作業用に作った新しいファイルを古いテキストファイルの名前にリネームします。

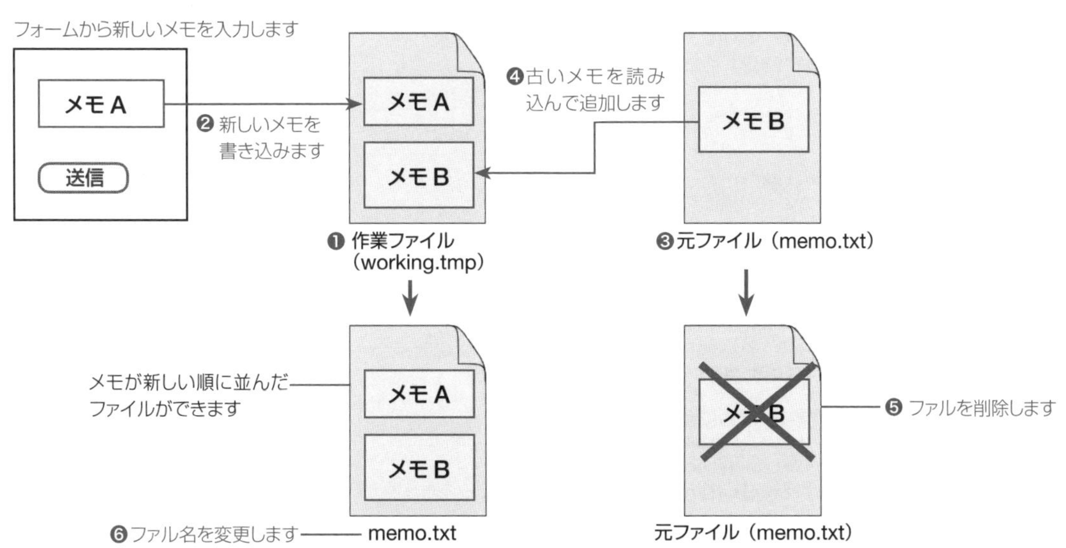

この手順を整理すると次のようになります。

1. 作業ファイル（working.tmp）を作る。
2. 新しいメモを作業ファイルに追加する。
3. 元ファイル（memo.txt）のメモを読み込む。
4. 古いメモを作業ファイルに追加する。
5. 元ファイルを削除する。
6. 作業ファイルをリネームする（working.tmp → memo.txt）。

php　新しい順にメモをファイルに保存する

«sample» spl_insert/write_memofile.php

```
<?php
// POST されたテキスト文を取り出す
if (empty($_POST["memo"])){
  // POST された値がないとき（0 の場合も含む）
  // リダイレクト（メモ入力ページへ戻る）
  $url = "http://" . $_SERVER['HTTP_HOST'] . dirname($_SERVER['PHP_SELF']);
  header("HTTP/1.1 303 See Other");
  header("Location:" . $url . "/input_memo.php");
  exit();
}
// ファイルに書き込むストリングを作る
$memo = $_POST["memo"]; ―――― POST されたメモを取り出します
$date = date("Y/n/j G:i:s", time());
$newdata = $date . "    " . $memo;
try {
  // ワークファイルのファイルオブジェクト（新規書き込み）
  $workingfileObj = new SplFileObject("working.tmp", "wb"); ―――― 作業ファイルを準備します
  // 新しいメモをワークファイルに書き込む
  $workingfileObj->flock(LOCK_EX); // 排他ロック
  $workingfileObj->fwrite($newdata); ―――― 新しいメモを作業ファイルに書き込みます
  $workingfileObj->flock(LOCK_UN);
} catch (Exception $e) {
  echo '<span class="error">エラーがありました。</span><br>';
  echo $e->getMessage();
  exit();
}

// 元ファイル
$filename = "memo.txt";
// 元ファイルがあるかどうか確認する
if (file_exists($filename)){
  // 元ファイルのファイルオブジェクト（読み込み専用モード）
  $fileObj = new SplFileObject($filename, "rb"); ―――― 元のファイルを開きます
  // 元データを読み込む
  $fileObj->flock(LOCK_SH); // 共有ロック
  $olddata = $fileObj->fread($fileObj->getSize()); ―――― 古いメモを $olddata に読み込みます
  $fileObj->flock(LOCK_UN);

  // 古いデータを作業ファイルに追記する
  $olddata = PHP_EOL . $olddata;
  $workingfileObj->flock(LOCK_EX); // 排他ロック
  $workingfileObj->fwrite($olddata); ―――― 古いメモを作業ファイルの最後に追記します
```

```
    $workingfileObj->flock(LOCK_UN);

    // 元ファイルを閉じる
    $fileObj = NULL;
    // 元ファイルを削除する
    unlink($filename);
  }

  // 作業ファイルをクローズする
  $workingfileObj = NULL;
  // 作業ファイルをリネームする
  rename("working.tmp", $filename);

  // リダイレクト（メモを読むページへ）
  $url = "http://" . $_SERVER['HTTP_HOST'] . dirname($_SERVER['PHP_SELF']);
  header("HTTP/1.1 303 See Other");
  header("Location:" . $url . "/read_memofile.php");
  ?>
```

元のファイルを削除します

作業ファイルをリネームします

元ファイルを削除する

元ファイルの「memo.txt」を unlink() で削除します。削除する前に元ファイルからの読み込みに使ったファイルオブジェクト $fileObj に NULL を代入して破棄し、ファイルをクローズします。ここでは判定式を入れていませんが、unlink() でファイルを削除すると成功したら true、失敗したら false が返ります。

php 元ファイルを削除する

«sample» spl_insert/write_memofile.php

```
    // 元ファイルを閉じる
    $fileObj = NULL;
    // 元ファイルを削除する
    unlink($filename);
```

NULL を代入して破棄するとファイルがクローズします

作業ファイルをリネームする

元ファイルを削除したならば、作業ファイルを「memo.txt」にリネームします。リネームする前にデータの書き込みを行ったファイルオブジェクト $workingfileObj に NULL を代入して破棄します。ファイルのリネームは rename() で行います。ここでは判定式を入れていませんが、rename() でリネームに成功すると true、失敗したら false が返ります。

php 作業ファイルをリネームする

«sample» spl_insert/write_memofile.php

```
  // 作業ファイルをクローズする
  $workingfileObj = NULL;
  // 作業ファイルをリネームする
  rename("working.tmp", $filename);
```

リネームする前にファイルをクローズします

NOTE

ファイルの削除、リネームの前にファイルをクローズしておく

ファイルを削除、リネームする前にファイルをクローズしておかないと Windows ではエラーになります。SplFileObject クラスで読み書きを行っている場合は、SplFileObject のファイルオブジェクトに NULL を代入して破棄するとファイルがクローズします。

メモファイルを読み込んで最新の5行だけ表示する

前節は読み込んだメモをすべて表示していましたが、今回はすべてのメモを表示するのではなく、最初の5行だけをリスト表示します。

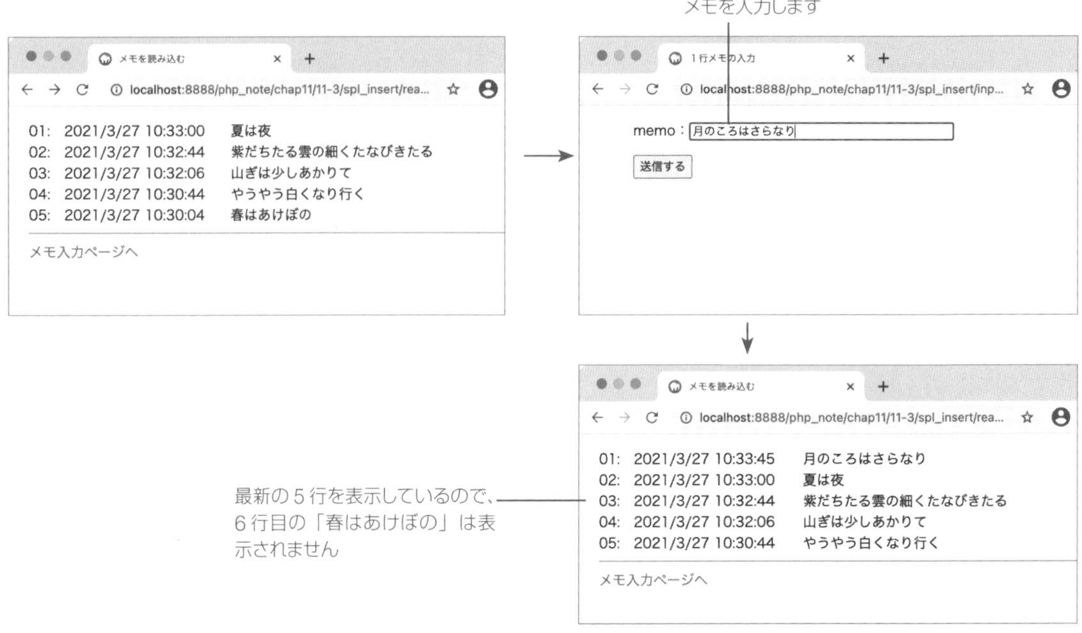

php 最新の5つのメモだけ表示する

«sample» **spl_insert/read_memofile.php**

```
<?php
require_once("../../lib/util.php");
?>

<!DOCTYPE html>
<html lang="ja">
<head>
<meta charset="utf-8">
<title>メモを読み込む</title>
<link href="../../css/style.css" rel="stylesheet">
</head>
<body>
<div>
  <?php
  $filename = "memo.txt";
  try {
    // ファイルオブジェクトを作る（rb 読み込みのみ）
    $fileObj = new SplFileObject($filename, "rb");
  } catch (Exception $e) {
    echo '<span class="error">エラーがありました。</span><br>';
    echo $e->getMessage();
    exit();
  }
```

```

    // データを読み込む（先頭の 5 行）
    $fileObj->flock(LOCK_SH);
    $data = new LimitIterator($fileObj, 0, 5);
    foreach ($data as $key => $value) {
      // 01 〜 05、ストリング、改行
      sprintf("%02d:  %s", $key+1, es($value)), "<br>";
    }
    $fileObj->flock(LOCK_UN);

    echo "<hr>", '<a href="input_memo.php">メモ入力ページへ</a>';
    ?>
  </div>
  </body>
  </html>
```

先頭から5行を取り出します

1行ずつ出力します

LimitIterator クラスで行の範囲を取り出す

ファイルオブジェクトからは行ごとにデータを取り出せます。$fileObj->current() を実行すると現在の行が取り出され、$fileObj->next() で次の行に進めることができます。rewind() で最初の行に巻き戻すことができ、seek($line_pos) で指定した行に移動します。

複数の行を取り出すには foreach 文を使って配列から値を取り出すようにして行の値を取り出すことができますが、LimitIterator クラスを利用すると行の範囲を作ることができます。

書式 ファイルオブジェクトから行の範囲を取り出す

$data = **new LimitIterator (**$fileObj, 開始行 , 行数 **);**

先頭から 5 行を取り出すならば、次のように引数を ($fileObj, 0, 5) にして $data を作ります。もし、10 行目から 5 行ならば引数は ($fileObj, 9, 5) になります。

php ファイルオブジェクトの先頭から 5 行を取り出す

«sample» **spl_insert/read_memofile.php**

```
$data = new LimitIterator($fileObj, 0, 5);
```

$data からは foreach 文を使って各行の値を順に取り出します（☞ P.219）。$key には行番号、$value にはメモの 1 行が入ります。 echo の出力では sprintf() を使ってフォーマットを指定して 行番号を 01: 〜 05: のように表示し（☞ P.151）、行末に改行タグ
 を追加しています。es() は HTML エスケープのユーザ定義関数です。

php ファイルオブジェクトから先頭の5行を取り出して表示する

«sample» spl_insert/read_memofile.php

```
    // データを読み込む（先頭の 5 行）
    $fileObj->flock(LOCK_SH);
    $data = new LimitIterator($fileObj, 0, 5);  ―――― 先頭から5行を取り出します
    foreach ($data as $key => $value) {
      // 01 ～ 05、ストリング、改行
      echo sprintf("%02d:  %s", $key+1, es($value)), "<br>";
    }
    $fileObj->flock(LOCK_UN);
```

行番号を指定してテキストを取り出す

SplFileObject のオブジェクトからは、current() で現在の行を取り出すことができます。current() を実行した後に次の行を取り出したい場合は、next() を実行して行を進めてから current() を再び実行します。取り出す行は、seek(行番号) で指定の行に移動する、rewind() で先頭行に移動するといったことができます。同様のメソッドには fseek()、frewind() がありますが、seek() と rewind() は例外をスローします。

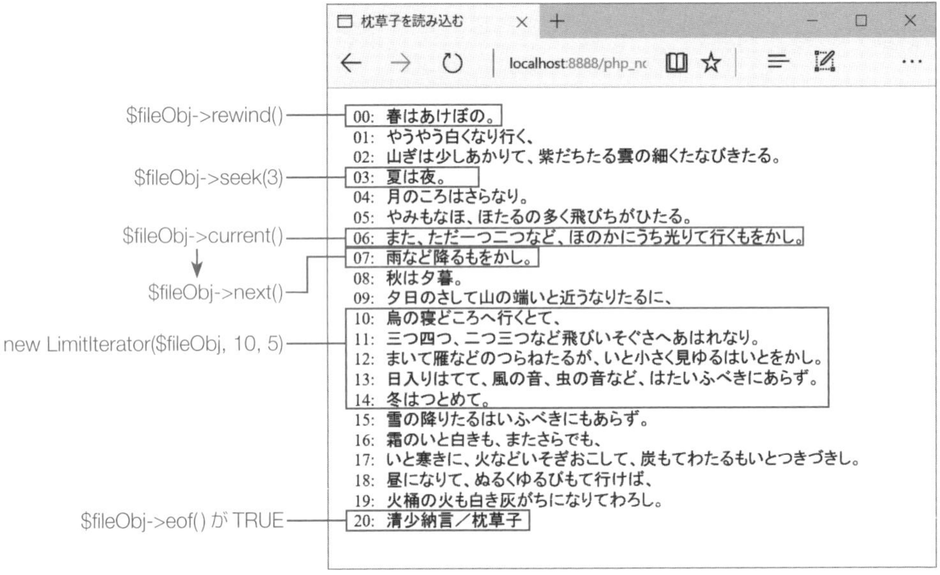

たとえば、次のコードを実行すると makuranosoushi.txt の行番号での 3 行目と 4 行目を取り出します。行番号は 0 から数えます。key() は行番号を調べる関数です。

php 3行目と4行目を読み込む

«sample» seek_current/read_makurano_seek.php

```
<?php
  $filename = "makuranosoushi.txt";
  try {
    // ファイルオブジェクトを作る（rb 読み込みのみ）
    $fileObj = new SplFileObject($filename, "rb");
  } catch (Exception $e) {
    echo '<span class="error">エラーがありました。</span><br>';
    echo $e->getMessage();
    exit();
  }

  // 行を読み込む
  $fileObj->seek(3);
  echo $fileObj->key(), ": ", $fileObj->current(), "<br>";
  $fileObj->next();
  echo $fileObj->key(), ": ", $fileObj->current();
?>
```

3行目へ移動します（seek(3)）
値を取り出します（current()）
次の行へ移動します（next()）

枕草子を読み込む seek
localhost:8888/php_note/chap11/11-3/seek_current/...
3: 夏は夜。
4: 月のころはさらなり。

なお、前ページの図の makuranosoushi.txt のすべての行を表示するために使ったコードは次のコードです。

php すべての行を行番号付きで表示する

«sample» seek_current/read_makurano.php

```
<?php
  $filename = "makuranosoushi.txt";
  $fileObj = new SplFileObject($filename, "rb");
  foreach ($fileObj as $key => $value) {
    echo sprintf("%02d: %s", $key, es($value)), "<br>";
  }
?>
```

Section 11-4

CSVファイルの読み込みと書き出し

SplFileObjectクラスにはCSVファイルの読み込みと書き出しのためのメソッドがあります。通常、CSVファイルはカンマ区切りのテキストファイルですが、ほかの区切り文字でも読み込みができます。

CSVファイルを読み込んでテーブル表示する

CSVファイル（カンマ区切りのテキストファイル）を読み込んで、<table>タグを使って表として表示します。CSVファイルの読み込み方は、前節までのテキストファイルの読み込み方と基本同じですが、ファイルオブジェクトに対してCSVファイルであることをフラグで指定します。

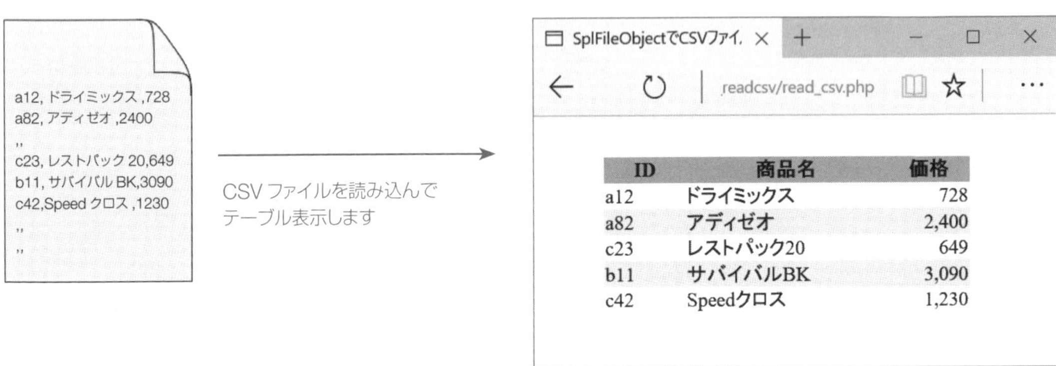

php CSVファイルを読み込んでテーブル表示する

«sample» spl_readcsv/read_csv.php

```
<?php
require_once("../../lib/util.php");
?>

<!DOCTYPE html>
<html lang="ja">
<head>
<meta charset="utf-8">
<title>SplFileObject で CSV ファイルを読み込む </title>
<link href="../../css/style.css" rel="stylesheet">
<!-- テーブル用のスタイルシート -->
<link href="../../css/tablestyle.css" rel="stylesheet">
</head>
<body>
<div>
  <?php
  $filename = "mydata.csv";
  try {
```

読み込むCSVファイル

```
      // ファイルオブジェクトを作る（rb 読み込みのみ。ファイルの先頭から読み込む）
      $fileObj = new SplFileObject($filename, "rb");
    } catch (Exception $e) {
      echo '<span class="error">エラーがありました。</span><br>';
      echo $e->getMessage();
      exit();
    }
    // csv ファイルを読み込む（完全な空行はスキップする）
    $fileObj->setFlags(
      SplFileObject::READ_CSV
      | SplFileObject::READ_AHEAD
      | SplFileObject::SKIP_EMPTY
      | SplFileObject::DROP_NEW_LINE
    );
    // テーブルのタイトル行
    echo "<table>";
    echo "<thead><tr>";
    echo "<th>", "ID", "</th>";
    echo "<th>", "商品名", "</th>";
    echo "<th>", "価格", "</th>";
    echo "</tr></thead>";
    // 値を取り出して行に表示する
    echo "<tbody>";
    foreach ($fileObj as $row){
      // 配列を変数に取り出す
      list($id, $name, $price) = $row;
      // 価格が入っていない場合はスキップする
      if ($price==""){
        continue;
      }
      // 1行ずつテーブルに入れる
      echo "<tr>";
      echo "<td>", es($id), "</td>";
      echo "<td>", es($name), "</td>";
      echo "<td>", es(number_format($price)), "</td>";
      echo "</tr>";
    }
    echo "</tbody>";
    echo "</table>";
    ?>
  </div>
  </body>
  </html>
```

読み込み専用モードで開きます

CSV ファイルを読み込むフラグを指定します

1 行ずつ読み込んで値を取り出します

読み込む CSV ファイル（mydata.csv）

ここで読み込んだ CSV ファイルには次のようにデータが入っています。各行の値は「ID、商品名、価格」の3列です。途中と最後に区切り文字のカンマだけの空白セルがある行が混ざっています。

Part 3 Chapter 8 Chapter 9 Chapter 10 Chapter 11

csv 「ID、商品名、価格」の3列があるCSVファイル

«sample» spl_readcsv/mydata.csv

```
a12,ドライミックス,728
a82,アディゼオ,2400
,, ―――――――― カンマだけの行が混ざっています
c23,レストパック20,649
b11,サバイバルBK,3090
c42,Speedクロス,1230
,,
,,
```

CSVファイルを読み込むフラグ指定

テキストファイルをCSVファイルとして読み込む場合は、setFlags()を使ってファイルオブジェクトにフラグを指定します。フラグの値はSplFileObjectクラスのクラス定数のSplFileObject::READ_CSVで指定します。ここではさらに、CSVファイルの途中と末尾にある空白行を取り除くフラグも同時に指定します。複数のフラグは論理和の演算子 | で連結した引数にします。

php CSVファイルを読み込むためのフラグ指定（完全な空白行はスキップする）

«sample» spl_readcsv/read_csv.php

```
$fileObj->setFlags(
  SplFileObject::READ_CSV
  | SplFileObject::READ_AHEAD
  | SplFileObject::SKIP_EMPTY
  | SplFileObject::DROP_NEW_LINE
);
```

4つのフラグを論理和の演算子 | で連結しています

各行のセルの値を読み込む

ファイルオブジェクトの各行は、foreach ($fileObj as $row){ ... } を使って読み込むことができます。$rowにはセルの値が配列として入ります。$row[0]がID、$row[1]が商品名、$row[2]が価格ですが、わかりやすいようにlist()を使って$id、$name、$priceの3つの変数に順に代入しています（☞ P.223）。なお、ここで読み込むCSVファイルでは値がダブルクォーテーションで囲まれていませんが、囲まれているCSVファイルでも読み込めます。

php 各行のセルの値をlist()を使って変数に代入する

«sample» spl_readcsv/read_csv.php

```
foreach ($fileObj as $row){
  // 配列を変数に取り出す
  list($id, $name, $price) = $row; ―――― 値が順に変数に入ります
 ・・・
}
```

価格が空白の行は取り込まない

完全な空白行はフラグ指定で取り除かれますが、価格の$priceはnumber_format()を使って3桁区切りの処理を行うので、価格の値が空白セルだとエラーになります。そこで、$priceが空の行は表示する処理を行わないようにcontinueキーワードを使ってスキップしています。（continue ☞ P.109）

php 1行ずつテーブルのセルに入れる

«sample» spl_readcsv/read_csv.php

```
    foreach ($fileObj as $row){
      // 配列を変数に取り出す
      list($id, $name, $price) = $row;
      // 価格が入っていない場合はスキップする
      if ($price==""){
        continue;
      }
      // 1行ずつテーブルに入れる
      echo "<tr>";
      echo "<td>", es($id), "</td>";
      echo "<td>", es($name), "</td>";
      echo "<td>", es(number_format($price)), "</td>";
      echo "</tr>";
    }
```

> **NOTE**
>
> **行単位でCSVを取り込む**
>
> fgetcsv()を使うと現在のファイルポインタが指している1行をCSVフィールドとして取り込むことができます。エラーの場合はfalseが返ります。

テーブルのスタイルシート

CSVデータを表示するために<table>タグでテーブルを作って表示しています。テーブルの行の色や列の幅などは、次のスタイルシート（tablestyle.css）を読み込んで指定しています。このCSSでは:first-child、:nth-child()の疑似クラスを利用しています。

CSS テーブルのスタイルシート

«sample» css/tablestyle.css

```
@charset "UTF-8";

table {
   margin: 2em;
   padding: 0;
   border-collapse: collapse;
}

thead {
   background-color: #7ac2ff;
   text-align: center;
}
```

```

tr *{
   padding: : 0.5em 1em 0.5em 1em;
}

tbody tr *:first-child{
   width: 4em;
   text-align: left;
}

tbody tr *:nth-child(2){
   width: 10em;
   text-align: left;
}

tbody tr *:nth-child(3){
   width: 4em;
   text-align: right;;
}

tbody tr:nth-child(even) td {
   background-color: #dff0ff;
}
```

CSV ファイルに書き出す

PHP のデータを CSV ファイルに書き出すこともできます。次の例では CSV のヘッダ行と各行のデータを配列で作り、その配列の値を fputcsv() を使って CSV ファイル mydata.csv に書き出しています。

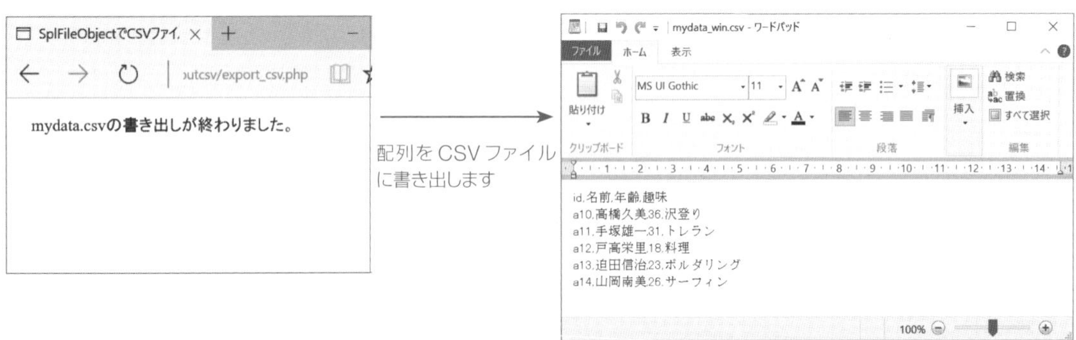

php PHP のデータを CSV ファイルに書き出す

«sample» spl_fputcsv/export_csv.php

```
<!DOCTYPE html>
<html lang="ja">
<head>
<meta charset="utf-8">
<title>SplFileObject で CSV ファイルに書き込む </title>
<link href="../../css/style.css" rel="stylesheet">
</head>
<body>
```

```
<div>
  <?php
  $filename = "mydata.csv";
  // csv のヘッダ行
  $csv_header = ["id", " 名前 ", " 年齢 ", " 趣味 "];
  // csv のデータ
  $csv_data = [];
  $csv_data[] = ["a10", " 高橋久美 ", "36", " 沢登り "];
  $csv_data[] = ["a11", " 手塚雄一 ", "31", " トレラン "];
  $csv_data[] = ["a12", " 戸高栄里 ", "18", " 料理 "];
  $csv_data[] = ["a13", " 迫田信治 ", "23", " ボルダリング "];
  $csv_data[] = ["a14", " 山岡南美 ", "26", " サーフィン "];

  try {
    // ファイルオブジェクトを作る（wb 新規書き出し。ファイルがなければ作る）
    $fileObj = new SplFileObject($filename, "wb");
  } catch (Exception $e) {
    echo '<span class="error"> エラーがありました。</span><br>';
    echo $e->getMessage();
    exit();
  }
  // ヘッダ行を csv に書き出す
  $fileObj->fputcsv($csv_header);
  // データを csv に追加する
  foreach ($csv_data as $value) {
    $fileObj->fputcsv($value);
  }
  echo "{$filename} の書き出しが終わりました。";
  ?>
</div>
</body>
</html>
```

書き出す CSV ファイル

書き出すデータ

新規書き出しモードでファイルを開きます

CSV ファイルにヘッダ行とデータを書き込みます

配列の値を CSV ファイルに書き出す

fputcsv() を使えば、配列の値を CSV ファイルに書き出すことができます。ヘッダ行を入れた $csv_header の書き出しに続けて、各行のデータを入れた $csv_data を書き出します。$csv_data は配列の中に各列の値の配列が入っている多重配列なので、foreach 文で各行の配列を取り出し、その値を fputcsv() で書き出します。

php 配列の値を CSV ファイルに書き出す

«sample» **spl_fputcsv/export_csv.php**

```
  // ヘッダ行を csv に書き出す
  $fileObj->fputcsv($csv_header);
  // データを csv に追加する
  foreach ($csv_data as $value) {
    $fileObj->fputcsv($value);
  }
```

Shift-JIS、CRLF、ダブルクォーテーション囲みに変換する

fputcsv()でCSVに書き出したファイルは文字コードがUTF-8で改行コードがLFのため、Windowsのアプリによっては、文字化けしたり、改行されなかったりします。そこで、Shift-JIS、CRLFに変換するコードも用意しておきます。同時にCSVの各値をダブルクォーテーションで囲む処理も行います。次のconvert2shiftjis_crlf.phpは、先のexport_csv.phpで書き出したmydata.csvを元ファイルとしてmydata_win.csvを書き出します。

php Shift-JIS、CRLF、ダブルクォーテーション囲みに変換する

«sample» spl_fputcsv/convert2shiftjis_crlf.php

```
<!DOCTYPE html>
<html lang="ja">
<head>
<meta charset="utf-8">
<title>ShiftJIS, CRLF ファイルに変換する </title>
</head>
<body>
<div>
  <?php
  $filename = "mydata.csv";
  $filename_win = "mydata_win.csv";

 try{
    // ファイルオブジェクトを作る（rb 読み込み専用）
    $fileObj = new SplFileObject($filename, "rb");
    // ファイルオブジェクトを作る（wb 新規書き出し。ファイルがなければ作る）
    $fileObj_win = new SplFileObject($filename_win, "wb");
  } catch (Exception $e) {
    echo '<span class="error">エラーがありました。</span><br>';
    echo $e->getMessage();
    exit();
  }

  // ストリングを読み込む
  $readdata = $fileObj->fread($fileObj->getSize());
```

UTF-8、LFのCSVファイル（読み込むファイル）

Windows用のファイル（書き出すファイル）

CSVファイルmydata.csvを読み込みます

```
  $fileObj = NULL;
  // 改行コードを LF から CRLF にする
  $outdata = str_replace("\n", "\r\n", $readdata);
  // ShiftJIS に変換する
  $outdata = mb_convert_encoding($outdata,"SJIS","auto");

  // ダブルクォーテーションで囲む
  $outdata = str_replace(",", '","', $outdata);
  $outdata = str_replace("\r\n", '\"\r\n\"', $outdata);
  // 先頭に追加し、最後の 1 個を取り除く
  $outdata = '"' . $outdata;
  $outdata = mb_substr($outdata, 0, -1, "SJIS");

  // ファイルに書き込む
  $written = $fileObj_win->fwrite($outdata);
  if ($written===FALSE){
    echo '<span class="error">', "{$filename_win} に保存できませんでした。</span>";
  } else {
    echo "{$filename} を Shift-JIS、CRLF に変換した {$filename_win} を書き出しました。";
  }
  ?>
</div>
</body>
</html>
```

改行コード、文字コード、ダブルクォーテーション囲みを変換します

変換後のデータを mydata_win.csv に書き出します

改行コードを LF から CRLF にする

改行コードを LF (\n) から CRLF (\r\n) に変換する処理は、str_replace() を使って検索置換で行います。(☞P.174)

php 改行コードを LF から CRLF にする

«sample» spl_fputcsv/convert2shiftjis_crlf.php

```
  $outdata = str_replace("\n", "\r\n", $readdata);
```

Shift-JIS に変換する

Shift-JIS への変換は mb_convert_encoding() を使います。ここでは UTF-8 から Shift-JIS への変換ですが、第3引数を "auto" にしておけば、UTF-8 以外の文字コードからでも Shift-JIS に変換できます。

php Shift-JIS に変換する

«sample» spl_fputcsv/convert2shiftjis_crlf.php

```
  $outdata = mb_convert_encoding($outdata,"SJIS","auto");
```

各値をダブルクォーテーションで囲む

各値をダブルクォーテーションで囲んで出力したい場合には複数の手順が必要です。まず、str_replace() を使って区切り文字のカンマをダブルクォーテーションで囲った「","」に置換します。これでほとんどの値はダブルクォーテーションで囲った状態になりますが、各行の末尾にはカンマがないのでダブルクォーテーションが閉じていません。

そこで、改行コードの \r\n を \"\r\n\" と置換してダブルクォーテーションを挿入します。\" はダブルクォーテーションのエスケープシーケンスです。これで各行の末尾にダブルクォーテーションが追加されます。

1 個目の開始のダブルクォーテーションがないので先頭に 1 個連結し、さらに最後の行に 1 個余計に入るダブルクォーテーションを mb_substr() を使って取り除きます。mt_substr() の第４引数にはエンコーディングの "SJIS" を指定します。以上ですべての値がダブルクォーテーションで囲まれた状態になります（☞ P.155）。

php 各値をダブルクォーテーションで囲む

«sample» **spl_fputcsv/convert2shiftjis_crlf.php**

```
    // ダブルクォーテーションで囲む
    $outdata = str_replace(",", '","', $outdata);
    $outdata = str_replace("\r\n", '\"\r\n\"', $outdata);
    // 先頭に追加し、最後の1個を取り除く
    $outdata = '"' . $outdata;
    $outdata = mb_substr($outdata, 0, -1, "SJIS");
```

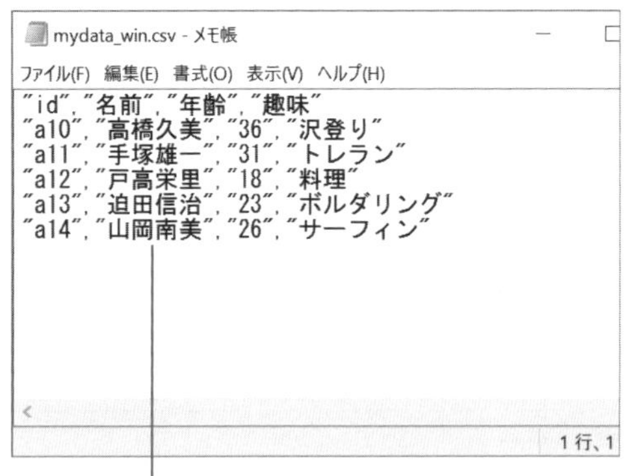

値はダブルクォーテーションで囲まれています

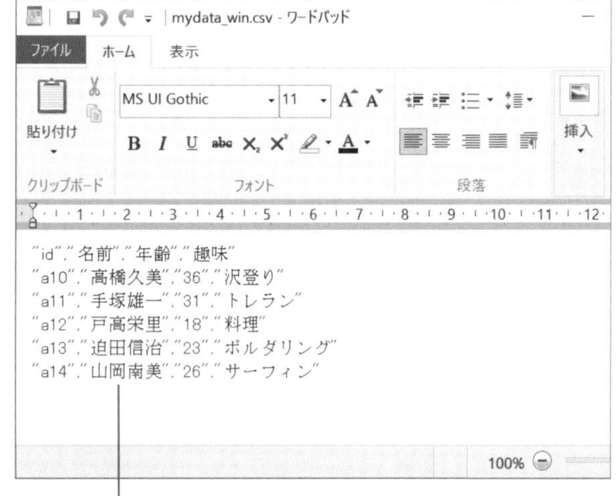

ワードパッドでも文字化けしなくなりました

Chapter 12

phpMyAdminを使う

phpMyAdmin は、データベースの作成、レコードの追加／削除、SQL の実行など、MySQL データベースシステムをブラウザで管理できる Web アプリです。PHP から MySQL を操作する方法を学ぶ前に phpMyAdmin を使って、データベースの構造や操作の概要を理解しましょう。

Section 12-1

MySQLサーバとphpMyAdminを起動する

MySQL サーバは、データベース言語 SQL を使ってデータベースの作成、データの更新、検索などができるデータベースシステムを構築できるサーバです。
phpMyAdmin は、MySQL データベースシステムを管理できる Web アプリです。MAMP では MySQL サーバと phpMyAdmin の両方がインストール済みなので、すぐに使い始めることができます。

Windows 版の XAMPP の MySQL サーバを起動する

Windows 版の XAMPP を起動すると図に示すようなコントロールパネルが開きます。ここで MySQL の Start ボタンをクリックすると MySQL サーバが起動して Stop ボタンに変わります。同時に PID、Port にも値が表示されます。

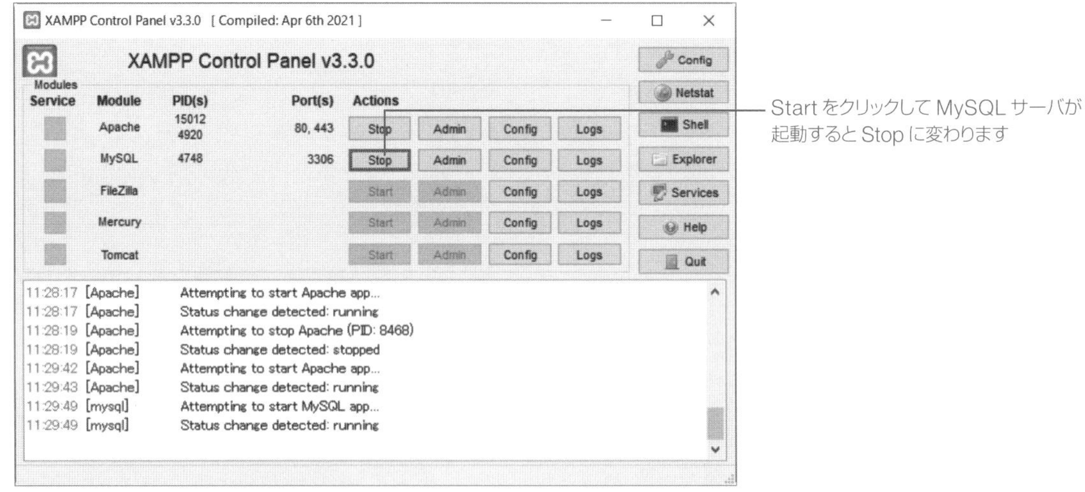

macOS 版の XAMPP で MySQL サーバを起動する

macOS の XAMPP には VM 版とアプリ版がありますが基本的な操作は同じです。

VM 版の XAMPP の場合

macOS の VM 版 XAMPP を起動すると図に示すようなコントロールパネルが開きます。General タブの Start ボタンをクリックしてしばらく待つと Status が緑ランプに変わり、IP アドレスが表示されます。Services タブを開き、「Start All」ボタンをクリックするとすべてのサーバが起動します。リストで選択したサーバを個別にスタート／ストップ／リスタートすることもできます。

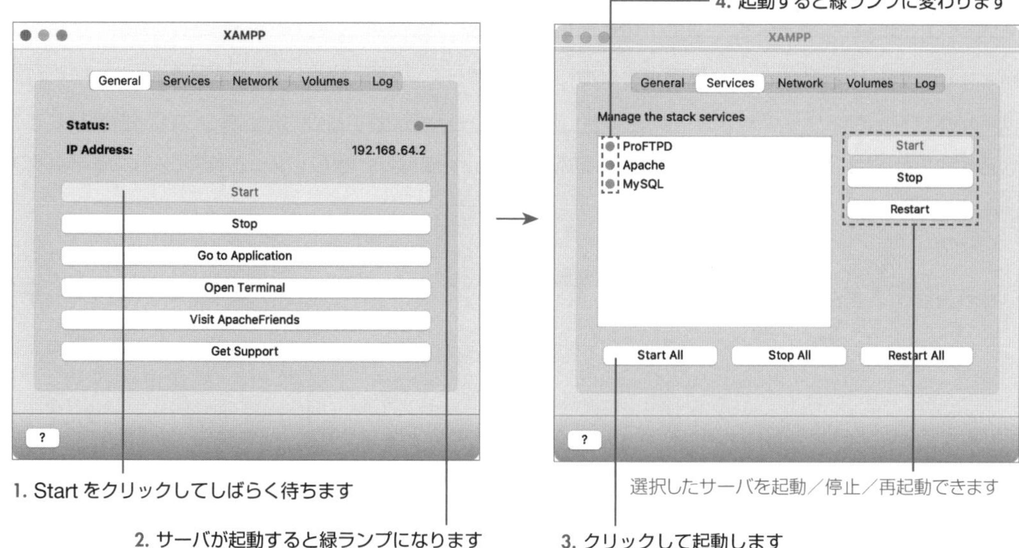

アプリ版 XAMPP の場合

macOS のアプリ版 XAMPP では、Manage Servers を開き Start All をクリックしてサーバを起動します。選択して個々にスタート／ストップ／リスタートすることもできます。

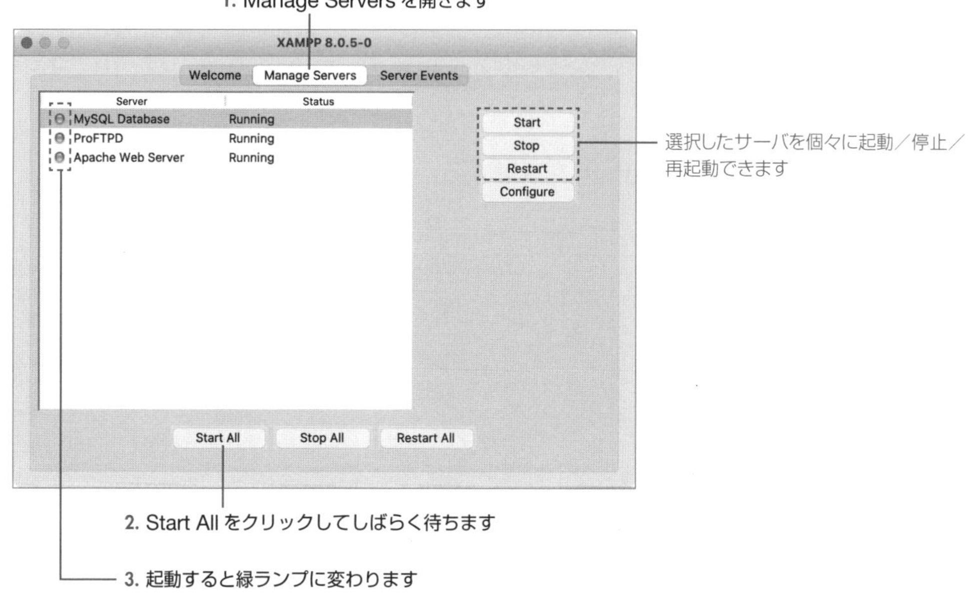

MAMP の MySQL サーバを起動する

MAMP は macOS 版と Windows 版で大きな違いはありません。MAMP を起動すると表示されるパネルの右上角の Start ボタンをクリックしてサーバを起動します。サーバが起動すると Stop ボタンに切り替わります。Preference の General パネルで When starting MAMP: Start servers がチェックされていれば MAMP の起動と同時に MySQL サーバも起動します。

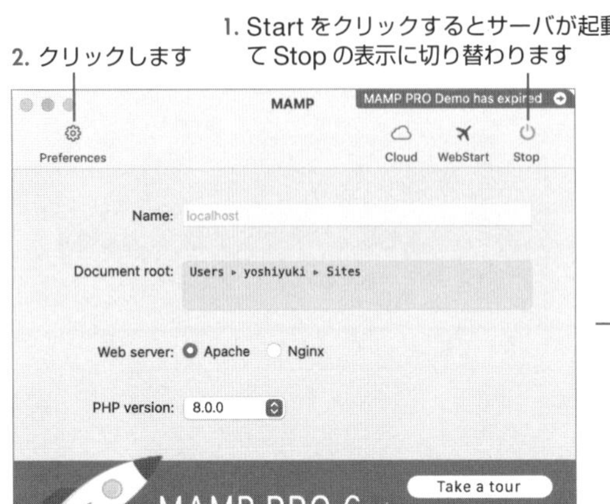

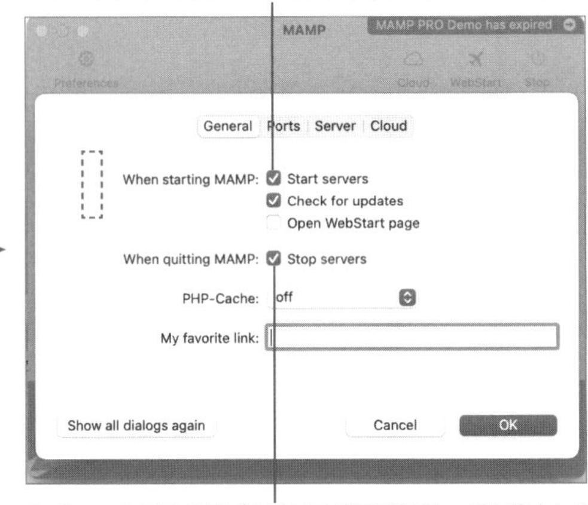

XAMPP で phpMyAdmin を起動する

phpMyAdmin は MySQL サーバのデータベースの操作を行うことができる Web アプリケーションです。phpMyAdmin を利用するには、先に Web サーバと MySQL サーバを起動しておきます。

Windows 版の XAMPP で phpMyAdmin を起動する

Windows 版の XAMPP ではコントロールパネルの MySQL の Admin ボタンをクリックして phpMyAdmin を開くことができます。

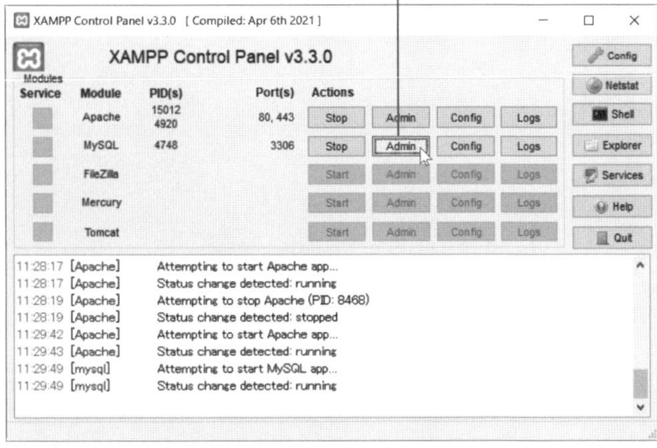

ダッシュボードから phpMyAdmin を開く

XAMPP のダッシュボードの右上には phpMyAdmin を開くリンクがあります。ダッシュボードは http://localhost/index.php で開くことができます。開かない場合は、Web サーバと MySQL サーバが起動してるかどうか確認し、URL にポート番号を指定して試してください。macOS 版の XAMPP では Go to Application ボタンをクリックしてダッシュボードを開くことができます（☞ P.33）。

NOTE

アクセス禁止！新しい XAMPP のセキュリティコンセプト

ダッシュボードから phpMyAdmin を開くと「アクセス禁止！新しい XAMPP のセキュリティコンセプト」の表示が出る場合には、httpd-xampp.conf の Alias /phpmyadmin の設定にある「Require local」をコメントアウトして「Require all granted」に書き替えることで localhost 以外からでも開けるようになります。macOS VM 版では XAMPP コントロールパネルの Volumes から lamp ボリュームをマウントしてください。

httpd-xampp.conf がある場所

macOS VM 版	/opt/lamp/etc/extra/httpd-xampp.conf
macOS アプリ版	アプリケーション /XAMPP/etc/extra/httpd-xampp.conf
Windows 版	C:/xampp/apache/conf/extra/httpd-xampp.conf

書き替えるコード

```
#Require local ———— # を付けてコメントアウトしておきます
Require all granted —— 挿入します
```

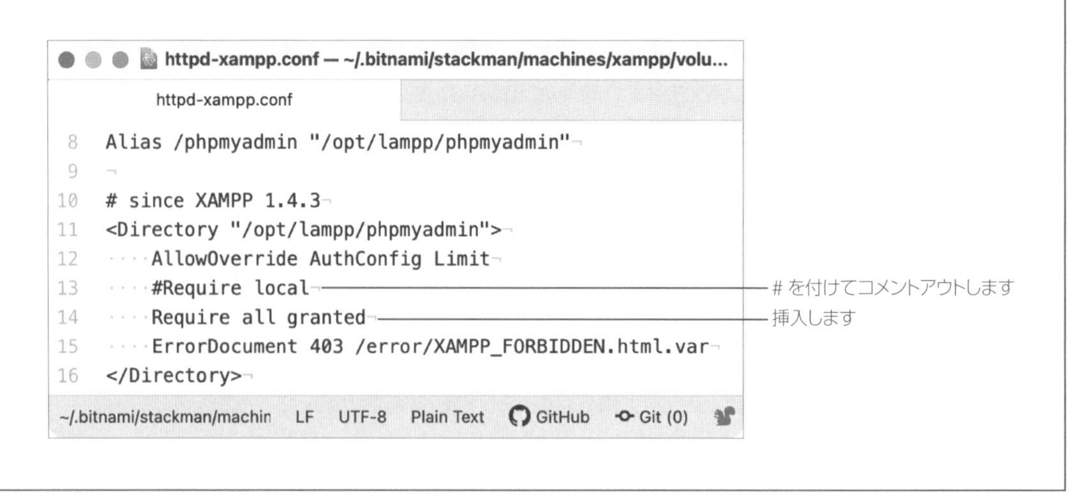

MAMP の phpMyAdmin を起動する

MAMP で phpMyAdmin を起動するには、MAMP のコントロールパネルの上に並ぶボタンから WebStart をクリックします。そして、Web ブラウザで表示された Welcome to MAMP ページの Tools メニューから phpMyAdmin を選択します。

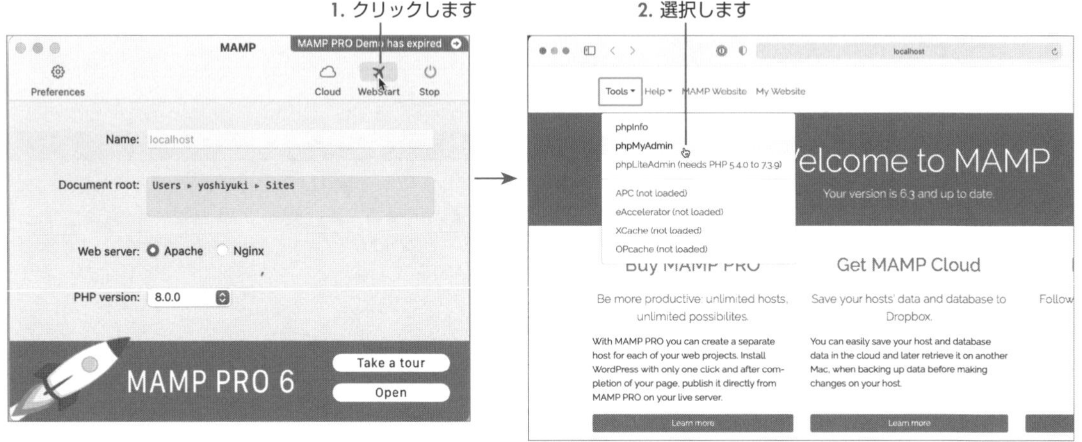

phpMyAdmin のメインページを表示する

画面左側のペインをナビゲーションパネルと呼びます。メインページを表示するにはナビゲーションパネルの phpMyAdmin ロゴをクリックするか、ロゴの下のアイコンをクリックします。

メインページには、「データベース／ SQL ／状態／ユーザアカウント／エクスポート／インポート／設定／その他」タブが並び、一般設定、外観の設定、データベースサーバ、ウェブサーバ、phpMyAdmin の情報が表示されています。

「一般設定」は、検索などを行う場合にデータベースに応じた照合順序を選択する設定です。「外観の設定」で日本語を選び、テーマ（Theme）を選択します。テーマでは標準で Original と pmahomme から選ぶことができます。テーマは見た目が変わるだけで、表示される項目は同じです。

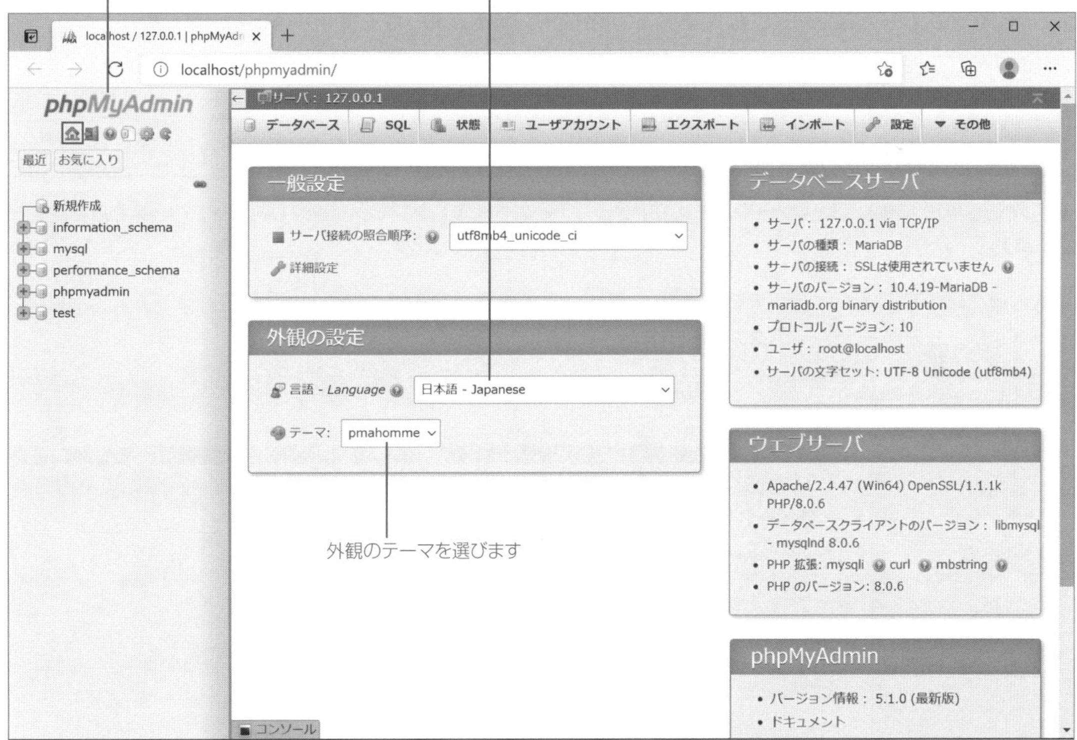

NOTE

phpMyAdmin の日本語ドキュメント

phpMyAdmin の日本語ドキュメントは、次の URL で読むことができます。

http://docs.phpmyadmin.net/ja/latest/index.html

Section 12-2

phpMyAdmin でデータベースを作る

phpMyAdmin で簡単なデータベースを作ってみましょう。データベースのテーブルの作成や修正を行い、できあがったテーブルにレコードを追加し、更新や削除も試します。なお、1 つのデータベースに複数のテーブルを作る例は次節で説明します。

データベースを作る

phpMyAdmin でデータベースを作る手順を示します。最初の例として「testdb」を作ります。なお、標準 MAMP では自動的に root ユーザとしてログインされますが、もしデータベースの作成権限のない一般ユーザでログインしている場合は、いったんログアウトして root ユーザでログインし直してください（初期値では root ユーザのパスワードは root です）。すべての権限がある root ユーザで操作するので慎重に操作してください。一般ユーザを追加する方法については Chapter 13 で説明します（☞ P.526）。

1 データベース作成画面を開く

メインページの上に並んでいるツールボタンの中から「データベース」タブをクリックし、データベース作成画面を表示します。

1. ホームをクリックしてメインページを表示します

2.「データベース」タブを開きます

2 データベース名と照合順序を入力

データベース名に「testdb」と入力し、照合順序はメニューから utf8mb4_general_ci を選択します。（照合順序 ☞ P.523）

3 「testdb」データベースが作られる

「作成」ボタンをクリックすると左のナビゲーションパネルに「testdb」が追加されます。

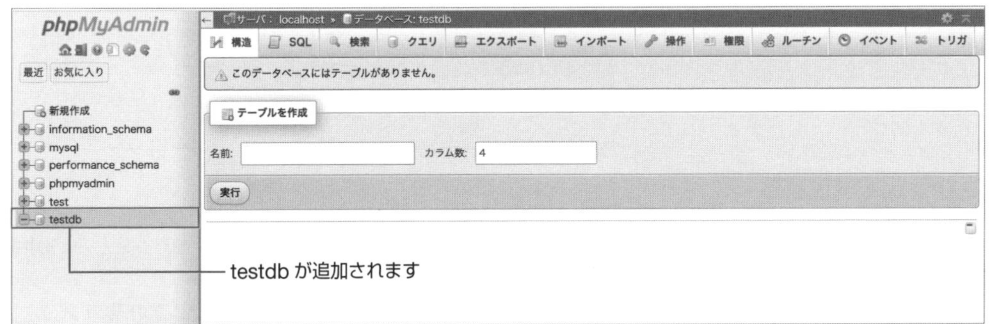

テーブルを作る

続いてtestdbデータベースにテーブルを作ります。テーブルとは表計算ソフトの表に相当します。データベースでは表の列を「カラム」または「フィールド」と呼びます。表の行はデータベースでは「レコード」と呼びます。次のテーブルには「ID、名前、年齢」の3カラムがあり、5レコードが登録されています。

ID	名前	年齢
1	佐藤一郎	32
2	塩田香織	26
3	雨木さくら	38
4	高峯信夫	23
5	新倉建雄	51

IDが3のレコード

年齢のカラム

それでは、この構造の member テーブルを testdb データベースに作ってみます。

1 member テーブルを作る

ナビゲータパネルで testdb データベースを選択して構造タブを開きます。名前のフィールドにテーブル名を入れ、カラム数を指定します。テーブル名は member、カラム数は 3 にして「実行」ボタンをクリックします。

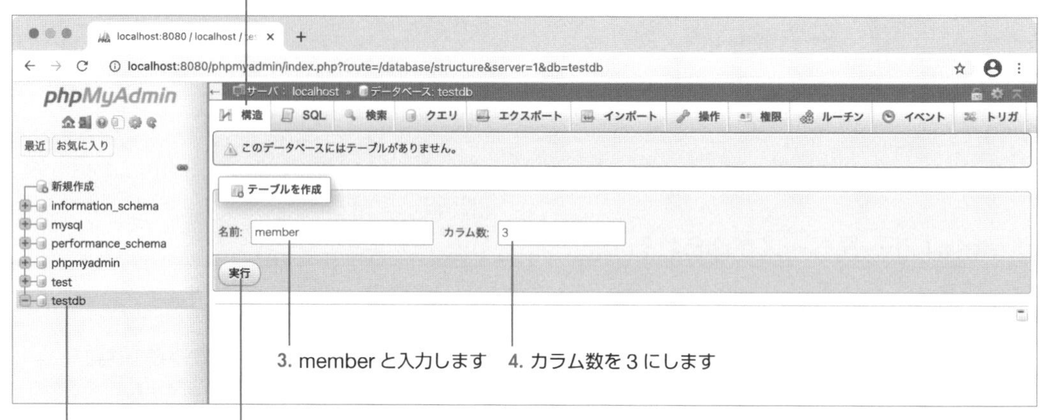

2 個々のカラムを設定する

3個のカラムの属性を設定できる画面になるので、次のように上から順に設定値を入力します。値を設定しない項目には初期値が使われます。

名前にはカラム名の「id、name、age」をそれぞれ入力します。id カラムでは「属性」で UNSIGNED を選び、「インデックス」では PRIMARY を選びます（☞ P.511）。PRIMARY を選んだときにダイアログが出た場合は、そのまま「実行」ボタンをクリックします。さらに id カラムでは A_I をチェックします。A_I は AUTO INCREMENT のことで、値が 1 からカウントアップされて自動入力されます。

name では「データ型」で VARCHAR を選び、「長さ／値」に 40 と入力します。この数字は最大文字数を指定しています。age は負の値がないので「属性」で UNSIGNED を選びます。以上の設定を終えたならば、「保存する」ボタンをクリックします。

名前	データ型	長さ／値	デフォルト値	照合順序	属性	NULL	インデックス	A_I
id	INT	_	なし	_	UNSIGNED	_	PRIMARY	✓
name	VARCHAR	40	なし	_	_	_	_	_
age	INT	_	なし	_	UNSIGNED	_	_	_

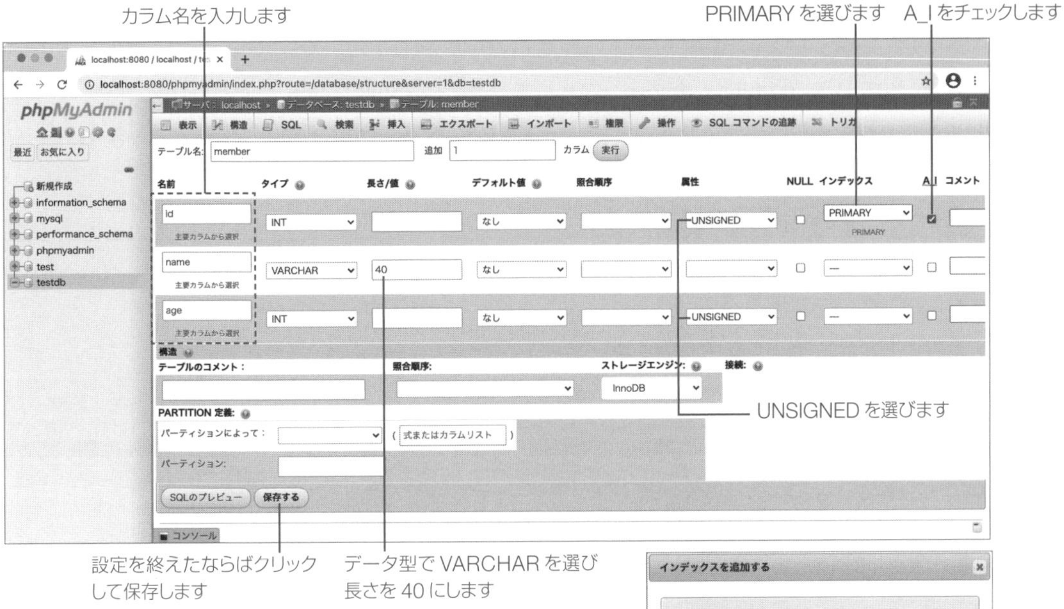

カラム名を入力します

PRIMARY を選びます　A_I をチェックします

UNSIGNED を選びます

設定を終えたならばクリックして保存します

データ型で VARCHAR を選び長さを 40 にします

インデックスで PRIMARY を選んだときにダイアログが出た場合

このままの設定で実行します

3 テーブルの構造を確認する

テーブルが作られると、左のナビゲーションパネルの testdb の下に member が追加されます。testdb の構造タブにはテーブルの欄に member が追加されています。

1. testdb を選択して確認します　2. member テーブルが追加されます

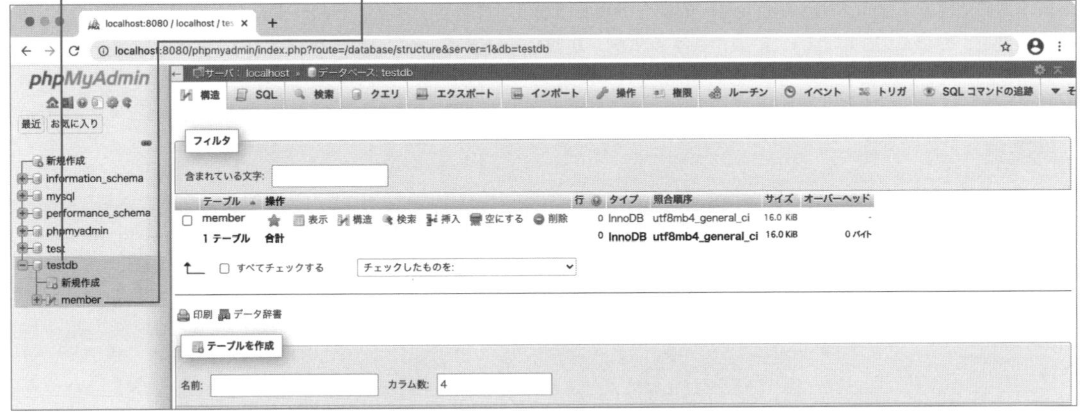

未入力であっても許可するように修正する

テーブル構造での初期値では NULL がチェックされていません。NULL をチェックしない設定は、必ず値を入力しなければならないという設定です。ここで、年齢は未入力でも許可する設定に変更してみます。

1 member テーブルの構造を表示する

ナビゲーションパネルで member を選択し、次に構造タブをクリックします。すると member テーブルの構造が表示されます。

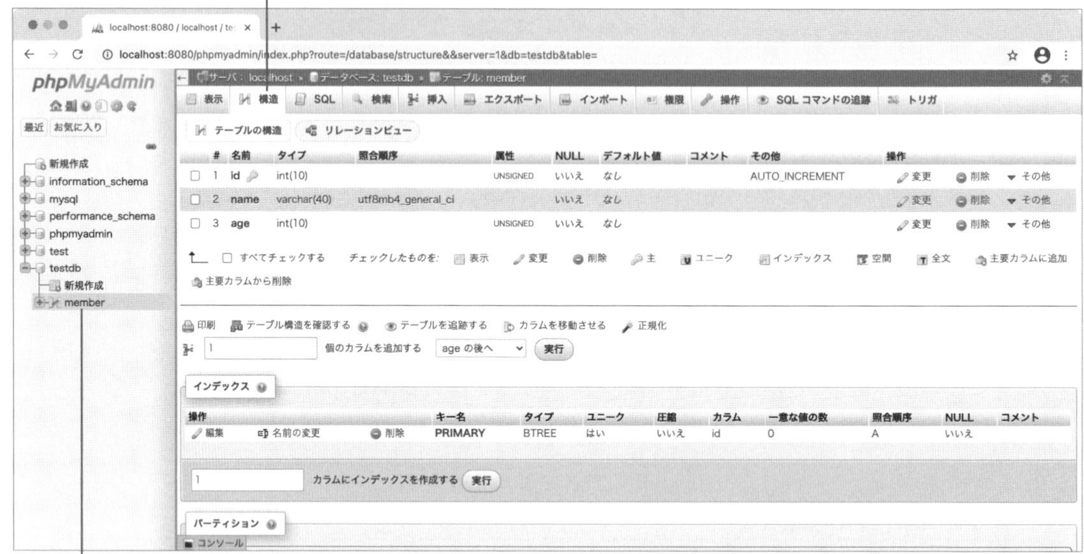

1. member を選択します

2 「操作」の変更をクリックする

表示された構造には id、name、age の現在の設定値が表示されています。表の一番右の「操作」の欄にカラムの設定の変更、カラムの削除といった操作をするボタンが並んでいます。そこで、age の行の「変更」ボタンをクリックします。

age の「変更」をクリックします

3 「NULL」をチェックする

age カラムの設定画面になるので、「NULL」をチェックし、「保存する」ボタンをクリックします。

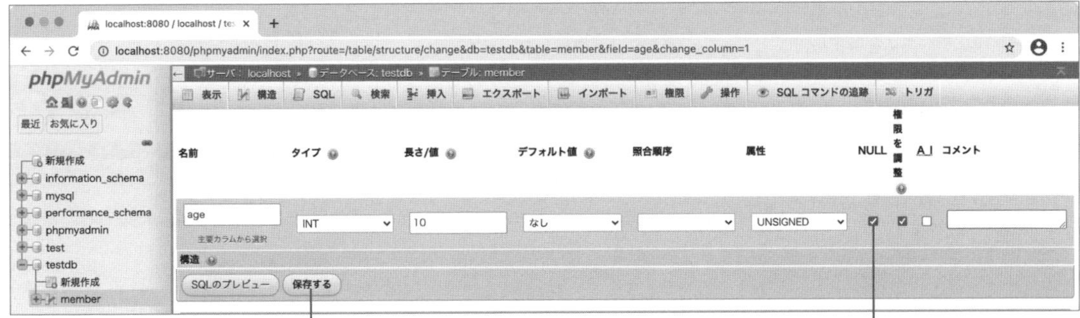

4 テーブルを確認する

「保存する」ボタンをクリックするとテーブルの構造の表示に戻ります。変更した age カラムの設定を見ると、「NULL」が「はい」になり、「デフォルト値」が NULL になっています。これで年齢は未入力であってもかまわない設定に変更されました。

NULL に「はい」、
デフォルト値に「NULL」が入っています

レコードを追加する

作成した member テーブルにレコードを追加していきます。追加するのは、最初に示した次の 5 人分のレコードです（☞ P.501）。

ID	名前	年齢
1	佐藤一郎	32
2	塩田香織	26
3	雨木さくら	38
4	高峯信夫	23
5	新倉建雄	51

1 挿入タブを開く

ナビゲーションパネルで member を選択し挿入タブをクリックします。表示された画面には2レコード分のデータ入力フォームがあります。つまり、同時に2レコードずつ追加していくことができるわけです。

1. member テーブルを選択します
2. 挿入タブをクリックします
3. 2レコード分のデータ入力フォームがあります

2「新しい行として挿入する｜続いて｜新しいレコードを追加する」にする

下の方を見ると「[新しい行として挿入する] 続いて [前のページに戻る]」とあるので、後ろのポップアップメニューで「新しいレコードを追加する」を選択します。これにより連続して入力作業を行えます。

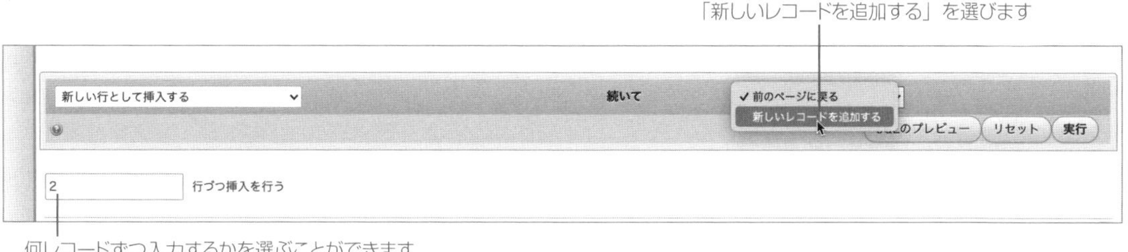
「新しいレコードを追加する」を選びます
何レコードずつ入力するかを選ぶことができます

3 2人分のレコードを追加する

「佐藤一郎」、「塩田香織」の2人分のレコードを入力して「実行」ボタンをクリックします。id カラムは AUTO INCRIMENT に設定したので、入力フィールドは空のままにしておきます。2番目のレコードの値を入力すると、間にある「無視」のチェックが外れます。入力が成功するとフィールドがクリアされて、結果のメッセージと実行内容が SQL 文で示されます。

id は空のままにしておきます

表示 構造 SQL 検索 挿入 エクスポート インポート 権限 操作 SQL コマンドの追跡 トリガ

カラム	タイプ	関数	NULL	値
id	int(10) unsigned			
name	varchar(40)			佐藤一郎
age	int(10) unsigned		☐	32

実行

☐ 無視 ―― 2.「無視」のチェックを外します

1. 名前と年齢を入力します

カラム	タイプ	関数	NULL	値
id	int(10) unsigned			
name	varchar(40)			塩田香織
age	int(10) unsigned		☑	26

実行

新しい行として挿入する　続いて　新しいレコードを追加する

SQLのプレビュー　リセット　実行

2 行づつ挿入を行う

コンソール

3.「実行」ボタンをクリックします

4. 挿入が成功したかどうかのメッセージが表示されます

実行内容が SQL 文で表示されます

4 続く2人のレコードを追加する

続いて「雨木さくら」、「高峯信夫」のレコードのデータを入力したらならば、先ほどと同じように新しいレコードを追加する「実行」ボタンをクリックします。

さらに2人分のレコードを追加します

5 1人だけ追加する

「新倉建雄」を入力していきます。最後は1人なので上の入力フィールドにデータを入力し、2個目の「無視」のチェックボックスをチェックした状態で「新倉健雄」のレコードを追加する欄の「実行」ボタンをクリックします。

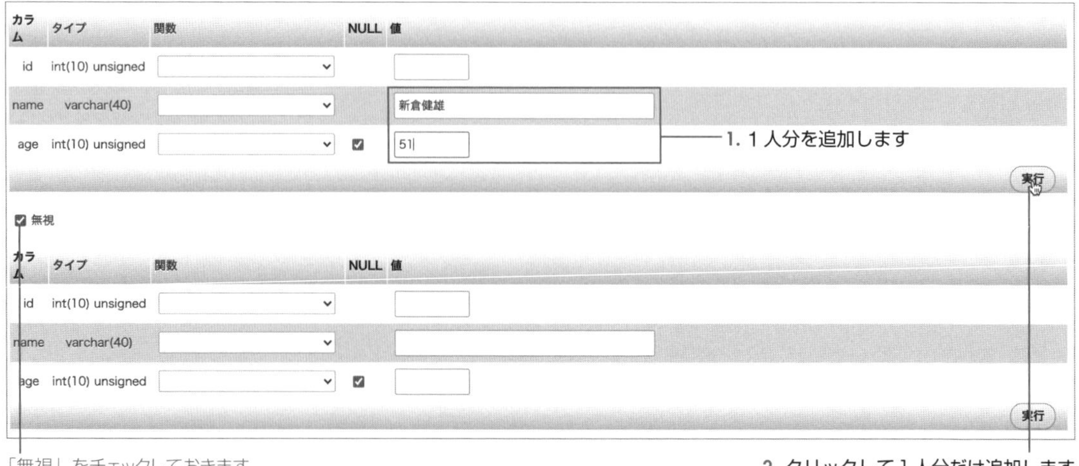
1. 1人分を追加します
「無視」をチェックしておきます
2. クリックして1人分だけ追加します

入力結果を確かめる

全員の入力が終わったならば、入力結果を確かめてみましょう。ナビゲーションパネルで member テーブルを選択した状態で「表示」をクリックします。すると追加した5人のレコードがテーブルで表示されます。

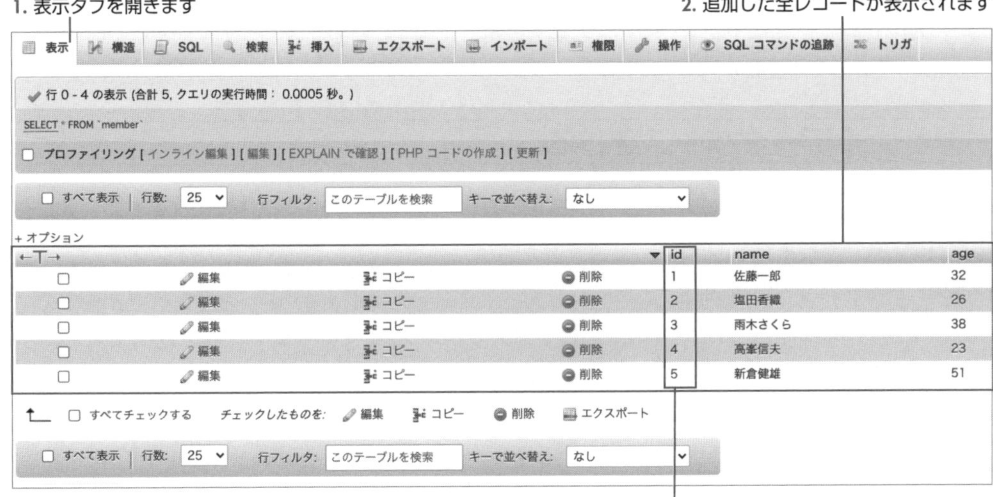

レコードの値の変更や削除

レコードの値の変更は「編集」ボタンをクリックすれば、そのレコードの入力フォームが表示されます。行の左のチェックボックスをチェックして、下の「チェックしたものを：」の「編集」ボタンをクリックすれば複数のレコードを同時に編集できます。簡単な変更ならば値をダブルクリックするだけで直接書き替えることもできます。

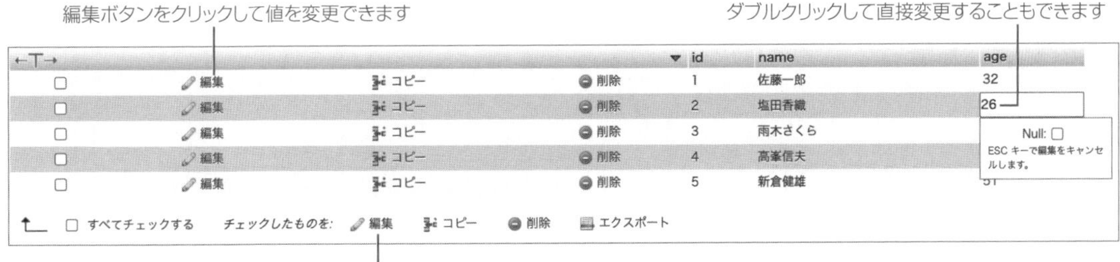

Part 4 Chapter 12 Chapter 13

Section 12-3

リレーショナルデータベースを作る

MySQL は RDBMS（リレーショナルデータベースマネジメントシステム）です。１つのデータベースに複数のテーブルを作ることができ、テーブル間で値を連携できます。前節ではデータベースに１個のテーブルでしたが、この節では複数のテーブルを作り、リレーショナルデータベースの構造を見てみます。

リレーショナルデータベースを作る

前節ではデータベースに１個のテーブルしか作りませんでしたが、MySQL では１個のデータベースに複数のテーブルを作ることができます。

次の「商品データベース」には「商品テーブル」、「ブランドテーブル」、「在庫テーブル」の３つのテーブルがあります。商品テーブルには「商品 ID ／商品名／サイズ／ブランド」の４つのカラムがあります。「ブランド」カラムにはブランド名ではなく、ブランド ID が入っています。

そのブランド ID は、ブランドテーブルの「ブランド ID」の値です。商品のブランドデータは、ブランド ID でブランドテーブルを参照して得ることができます。このようにブランドのデータはブランドテーブルで一元管理することで、全体の容量をコンパクトにできるだけでなく、ブランドデータに変更や追加があったときに新旧データが複数箇所に混在するといった不具合を避けられます。

商品データベース

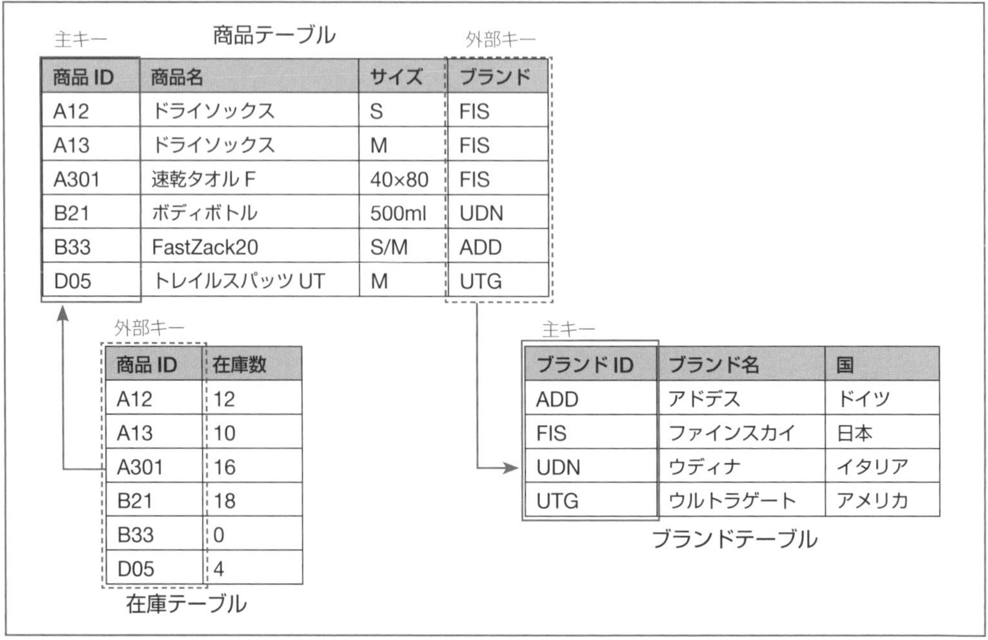

商品テーブル

商品 ID	商品名	サイズ	ブランド
A12	ドライソックス	S	FIS
A13	ドライソックス	M	FIS
A301	速乾タオル F	40×80	FIS
B21	ボディボトル	500ml	UDN
B33	FastZack20	S/M	ADD
D05	トレイルスパッツ UT	M	UTG

商品 ID	在庫数
A12	12
A13	10
A301	16
B21	18
B33	0
D05	4

在庫テーブル

ブランド ID	ブランド名	国
ADD	アドデス	ドイツ
FIS	ファインスカイ	日本
UDN	ウディナ	イタリア
UTG	ウルトラゲート	アメリカ

ブランドテーブル

主キーと外部キー

商品データベースにおいて商品テーブルとブランドテーブルを関連付けているのは「ブランドID」です。商品テーブルと在庫テーブルは「商品ID」で関連付いています。このような関係性（リレーション）を繋いでいるのが「主キー（PRIMARYキー）」と「外部キー（FOREIGNキー）」です。

主キーはテーブルの構造を作る際に「PRIMARY」に指定するカラムです。主キーはテーブルに1個だけで、重複禁止（UNIQUEキー）のインデックスキー（INDEXキー）になります。インデックスキーはインデックスの分だけ容量が増えますが高速検索処理が可能になります。

外部キーは必ずインデックスキーに指定したうえで、参照するテーブルの主キーを指定します。具体的な手順は次の例で示します。

商品データベースを作る

それでは実際に商品データベースを作り、テーブルに主キーと外部キーを設定してみましょう。まず最初に「商品テーブル」、「ブランドテーブル」、「在庫テーブル」の3つのテーブルを作ります。

1 商品データベース「inventory」を作る

メインページから商品データベース「inventory」を作ります。照合順序はutf8mb4_general_ciを選択します（☞P.523）。

1. ホームをクリックします　2. データベースを開きます

3. inventoryと入力し、utf8_general_ciを選択します

4. クリックします

2 商品テーブル「goods」を作る

データベースinventoryを選択して構造タブを開き、goodsテーブルを作成します。

1. inventoryを選択します　2. 構造タブを開きます

phpMyAdmin
最近　お気に入り
新規作成
information_schema
inventory
mysql
performance_schema
phpmyadmin
サーバ: localhost » データベース: inventory
構造　SQL　検索　クエリ　エクスポート　インポート
このデータベースにはテーブルがありません。
テーブルを作成
名前: goods　カラム数: 4
実行

3. 名前をgoods、カラム数を4にします

4. 実行をクリックします

「id ／ name ／ size ／ brand」の４カラムの商品テーブル「goods」を作ります。主キーにする id カラムを「PRIMARY」に設定し、外部キーにする brand カラムには「INDEX」を指定します。id カラムのインデックス名は PRIME でなければなりません。brand カラムのインデックス名はなんでも構いませんが、ここでは brand_id にしています。size カラムの値は空でもよいことにして、NULL をチェックしておきます。設定を終えたら「保存する」ボタンをクリックします。

名前	データ型	長さ／値	デフォルト値	照合順序	属性	NULL	インデックス	A_I
id	VARCHAR	10	なし	-	-	-	PRIMARY	-
name	VARCHAR	40	なし	-	-	-	-	-
size	VARCHAR	20	なし	-	-	✓	-	-
brand	VARCHAR	10	なし	-	-	-	INDEX	-

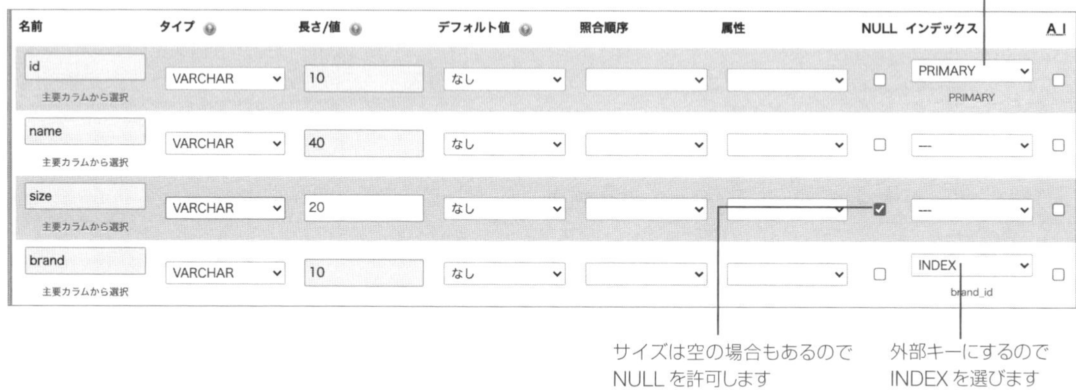

設定を終えて保存すると goods テーブルの構造にカラムが追加されます

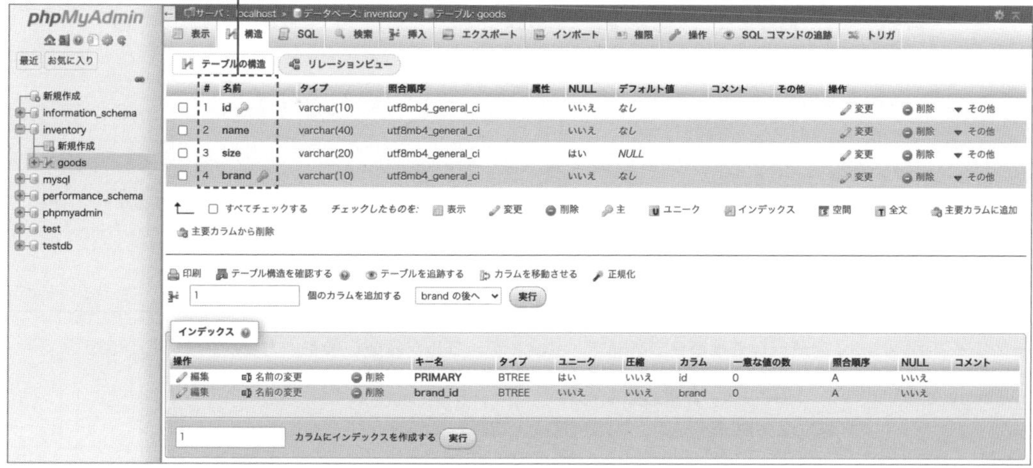

3 ブランドテーブル「brand」を作る

再びデータベース inventory を選択して構造タブを開き、brand テーブルを作成します。カラム数は 3 にします。

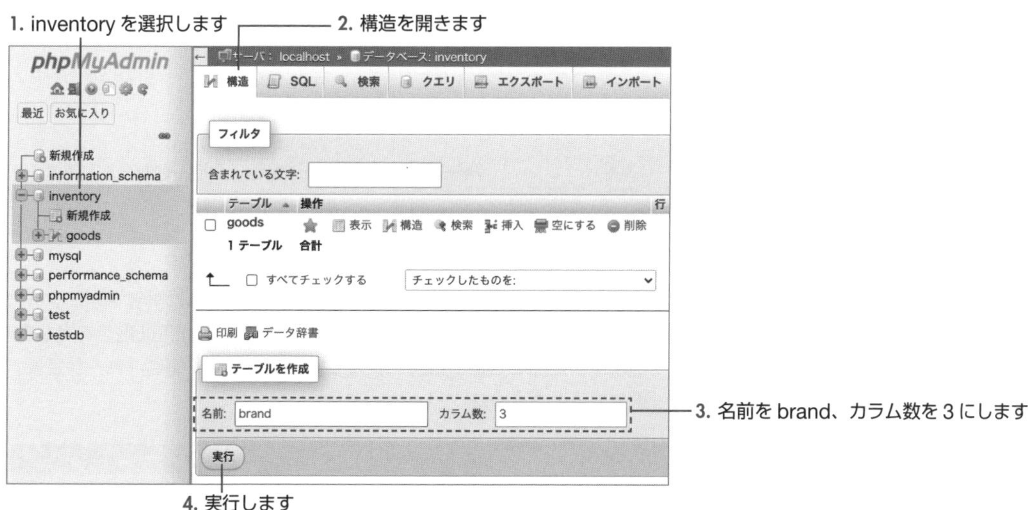

1. inventory を選択します
2. 構造を開きます
3. 名前を brand、カラム数を 3 にします
4. 実行します

「id ／ name ／ country」の 3 カラムのブランドテーブル「brand」を作ります。id カラムを「PRIMARY」に設定します。id カラムのインデックス名は PRIMARY にし、country カラムの NULL をチェックします。設定を終えたら「保存する」ボタンをクリックします。

名前	データ型	長さ／値	デフォルト値	照合順序	属性	NULL	インデックス	A_I
id	VARCHAR	10	なし	-	-	-	PRIMARY	-
name	VARCHAR	40	なし	-	-	-	-	-
country	VARCHAR	20	なし	-	-	✓	-	-

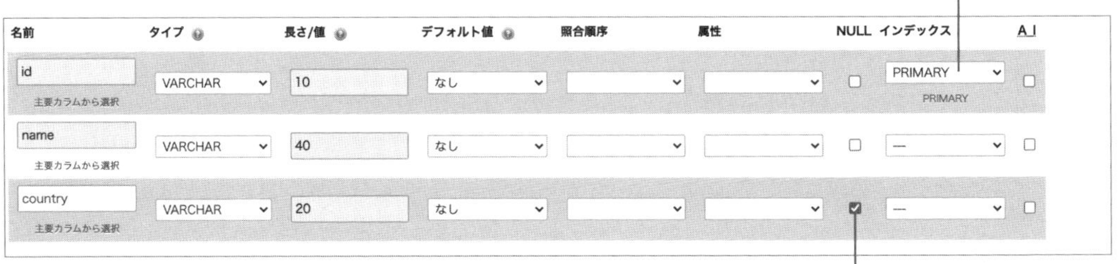

4 在庫テーブル「stock」を作る

データベース inventory を選択して構造タブを開き、stock テーブルを作成します。カラム数は 2 にします。

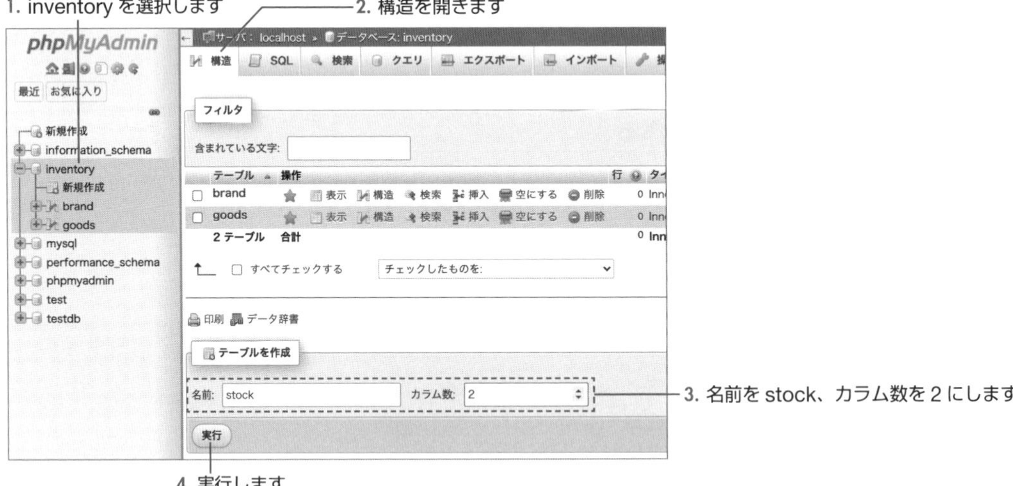

「goods_id ／ quantity」の 2 カラムの在庫テーブル「stock」を作ります。good_id カラムは外部キーにするカラムなのでインデックスキーにしますが、重複禁止にする必要があるので「INDEX」ではなく「UNIQUE」を選びます。インデックス名は goods_id_index にしています。在庫の数量 quantity カラムのデフォルト値は「ユーザ定義」を選び初期値を 0 にします。設定を終えたら「保存する」ボタンをクリックします。

名前	データ型	長さ／値	デフォルト値	照合順序	属性	NULL	インデックス	A_I
goods_id	VARCHAR	10	なし	-	-	-	UNIQUE	-
quantity	INT	4	ユーザ定義 : 0	-	-	-	-	-

UNIQUE を選びます

ユーザ定義を選び、初期値を 0 にします

リレーションを設定する

３つのテーブルができあがったところで、次にリレーションの設定を追加します。主キーと外部キーのリレーションを結ぶのは２箇所です。

商品テーブルのブランドの外部キーを設定する

商品（goods）テーブルの brand カラムは、ブランド（brand）テーブルの id とリレーションしています。ブランドテーブルの id が主キーで、商品テーブルの brand カラムが外部キーです。

1 商品テーブルのリレーションビューを開く

goods テーブルの「構造」タブを表示して「リレーションビュー」をクリックします。goods テーブルリレーションの外部キー制約の設定フォームが表示されます。

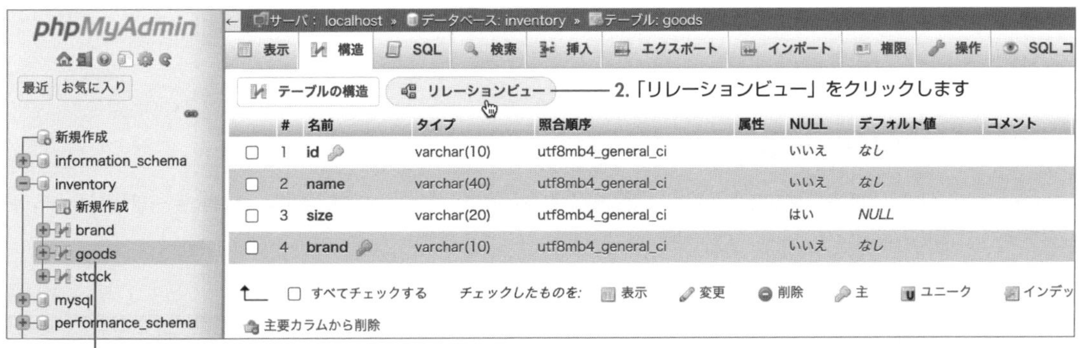

2 brand カラムの外部キー制約を設定する

brand カラムの外部キー制約を「inventory - brand - id」の設定にします。制約名は適当で構いません。ここでは「brand_id」と付けています。「保存する」ボタンをクリックして外部キー制約を保存します。

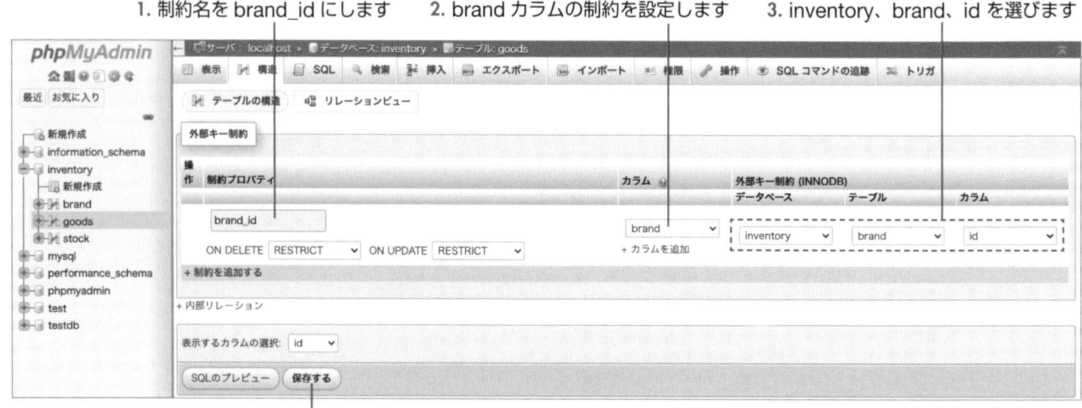
1. 制約名を brand_id にします
2. brand カラムの制約を設定します
3. inventory、brand、id を選びます
4. クリックして保存します

在庫テーブルの商品 ID の外部キーを設定する

在庫（stock）テーブルの goods_id カラムは、商品テーブルの id とリレーションしています。商品テーブルの id が主キーで、在庫テーブルの goods_id カラムが外部キーです。

1 在庫テーブルのリレーションビューを開く

stock テーブルの「構造」タブを表示して「リレーションビュー」をクリックします。stock テーブルリレーションの外部キー制約の設定フォームが表示されます。

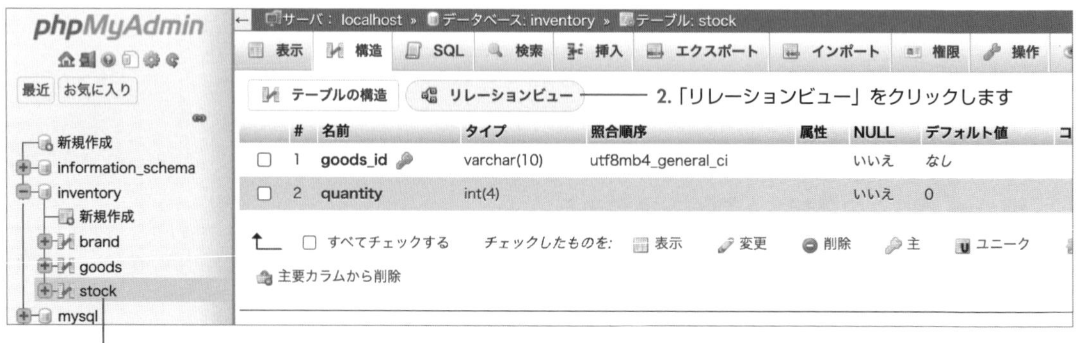
2.「リレーションビュー」をクリックします
1. stock テーブルを選択します

2 goods_id カラムの外部キー制約を設定する

goods_id カラムの外部キー制約を「inventory - goods - id」の設定にします。制約名は「goods_id」にしています。「保存する」ボタンをクリックして外部キー制約を保存します。

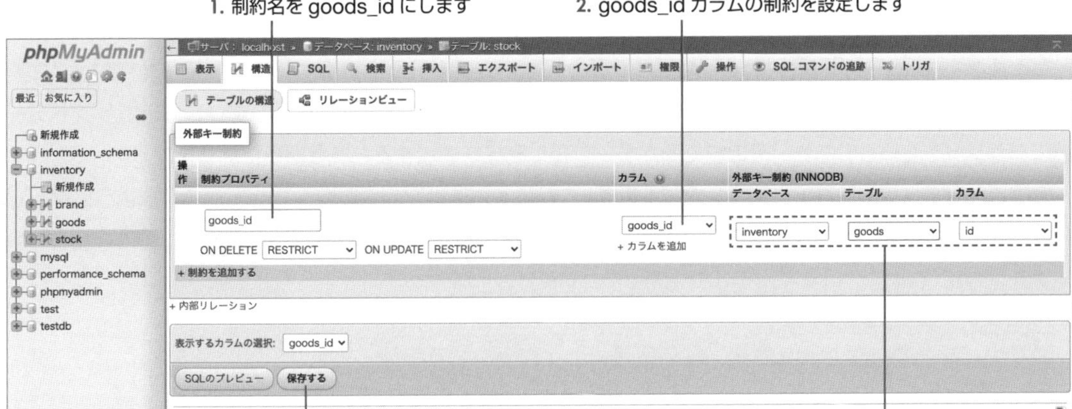

> **NOTE**
>
> **リレーションをデザイナモードで追加編集する**
>
> データベースを選択し「デザイナ」を選ぶと、テーブルやリレーションを視覚化されたダイアグラムの操作で作成編集や確認ができます。元のモードに戻すには、その他から「主要カラム」を選びます。
>
> 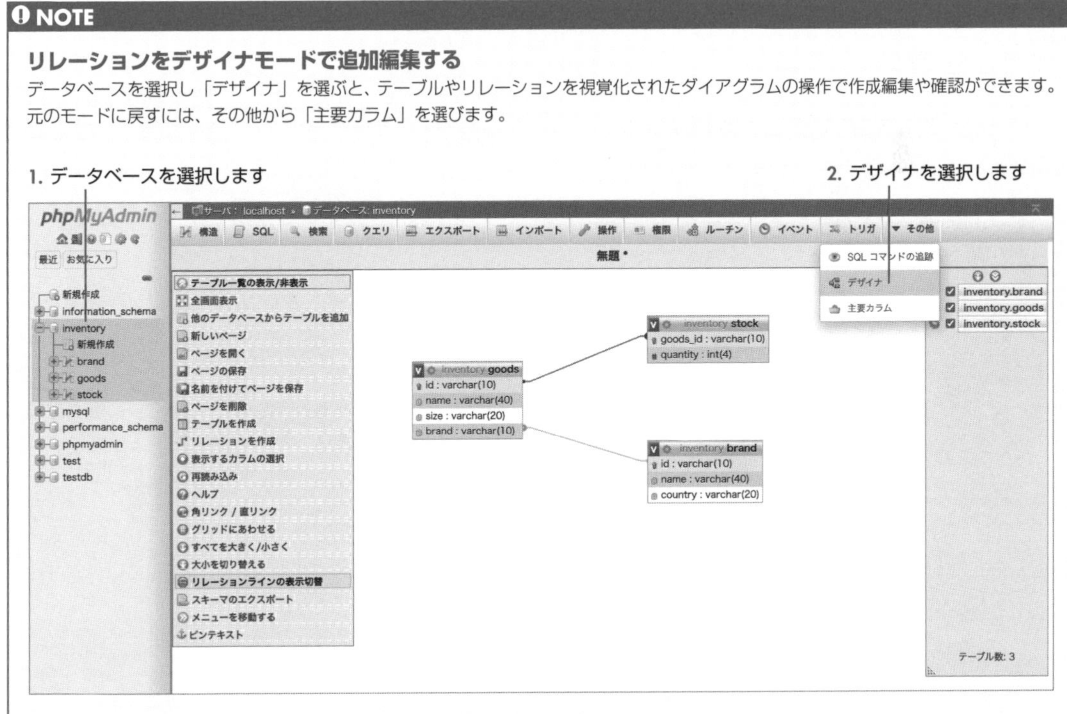
>

リレーショナルデータベースにレコードを入力する順番

いま作ってきたように商品データベースには商品テーブル、ブランドテーブル、在庫テーブルがあります。それぞれに新規レコードを作ってデータを入力していくことになりますが、リレーショナルデータベースにレコードを追加する場合には注意点があります。

たとえば、商品テーブルに入力する商品のブランドは、ブランドテーブルのブランド ID の外部キーなので、ブランドテーブルに入力済みのブランドでなければ入力することができません。つまり、先にブランドテーブルにブランドを登録しておき、その後で商品テーブルに商品を追加するという順番になります。

実際、商品テーブルを選択して挿入タブを開くとブランド ID はプルダウンメニューから選ぶようになっています。プルダウンメニューから選ぶことができるブランド ID は、あらかじめブランドテーブルに追加しておいたブランド ID です。

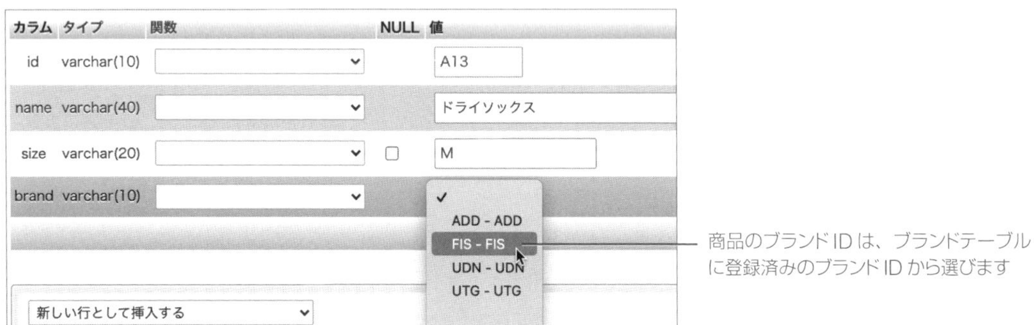

商品のブランド ID は、ブランドテーブルに登録済みのブランド ID から選びます

同様に在庫テーブルに商品の在庫数を追加するには、在庫数を入力する商品の商品 ID が商品テーブルに登録済みでなければなりません。つまり、最初にブランドテーブルにブランドを入力し、続いて商品テーブルに商品レコードを入力し、最後にその商品の在庫数を在庫テーブルに入力するという順番でレコードを追加していく必要があるわけです。

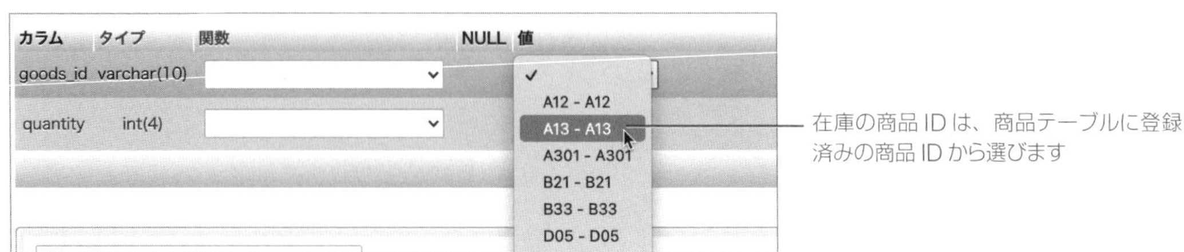

在庫の商品 ID は、商品テーブルに登録済みの商品 ID から選びます

商品データベースにレコードを追加する

それでは実際に商品データベースにレコードを追加してみましょう。先に書いたようにレコードは次の順に従って追加していきます。前節のtestdbデータベースへのレコード入力の説明も参照してください(☞ P.505)。

レコードを追加する順番

1. **ブランドテーブルにブランドを追加する。**
2. **商品テーブルに商品を追加する。**
3. **在庫テーブルに商品の在庫数を入力する。**

ブランドテーブルにブランドを追加する

ブランドテーブルに登録するブランドは次の4レコードです。テーブルのカッコの中はカラム名です。

ブランドID(id)	ブランド名(name)	国(countory)
ADD	アドデス	ドイツ
FIS	ファインスカイ	日本
UDN	ウディナ	イタリア
UTG	ウルトラゲート	アメリカ

inventoryデータベースのbrandテーブルを選択し、挿入タブを開きます。レコード2個ずつ登録できるので、ブランドADDとFISのレコードデータを入力します。データを入力したならば、「実行」ボタンをクリックしてレコードを追加します。同様にしてUDNとUTGのレコードを追加します。

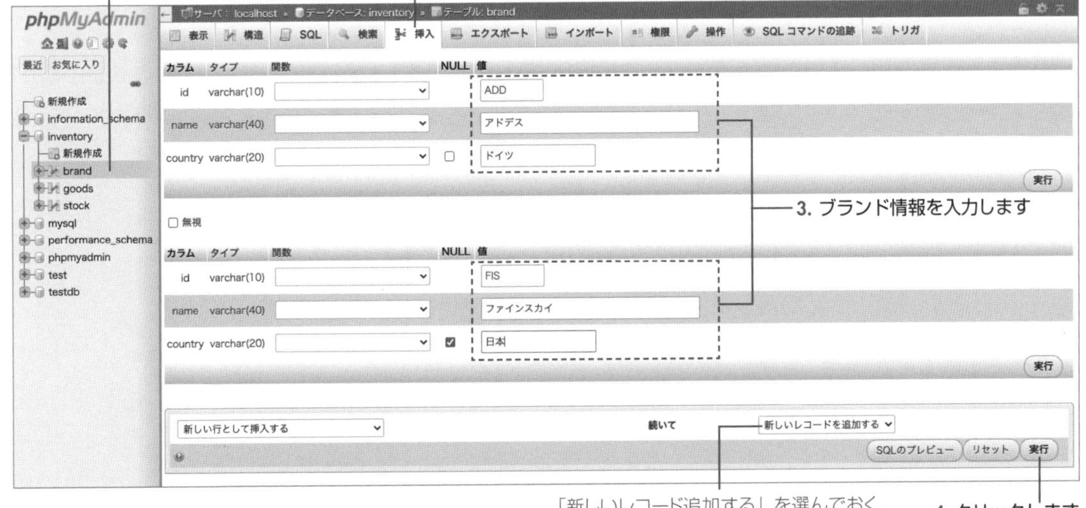
1. brandを選択します
2. 挿入タブを開きます
3. ブランド情報を入力します
4. クリックします
「新しいレコード追加する」を選んでおくと続けて追加できます
ADD
アドデス
ドイツ
FIS
ファインスカイ
日本

登録が終わったならば表示タブをクリックして登録したレコードを確認します。誤りがあれば、編集をクリックして修正してください。

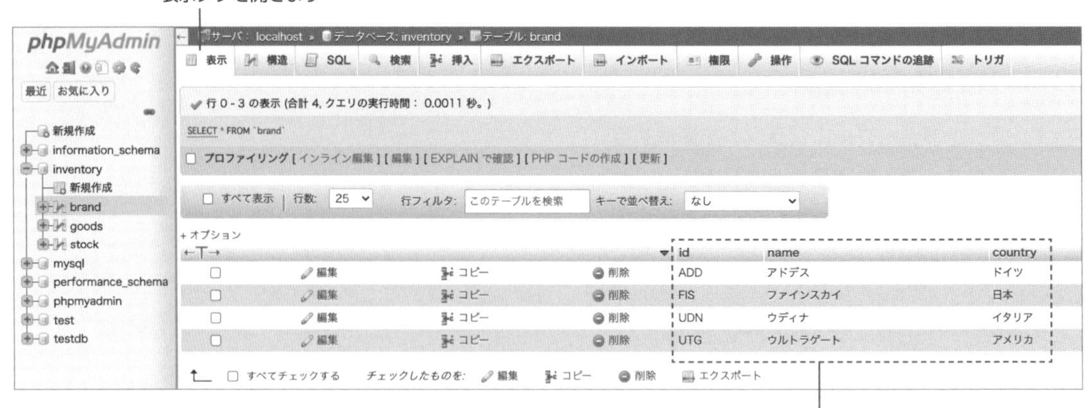
表示タブを開きます
テーブルに追加されたレコード

商品テーブルに商品を追加する

商品テーブルに登録する商品は次の6レコードです。

商品 ID（id）	商品名（name）	サイズ（siza）	ブランド（brand）
A12	ドライソックス	S	FIS
A13	ドライソックス	M	FIS
A301	速燥タオル	F（40 × 80）	FIS
B21	ボディボトル	500ml	UDN
B33	FastZack20	S/M	ADD
D05	トレイルスパッツ UT	M	UTG

inventory データベースの goods テーブルを選択し、挿入タブを開きます。レコード2個ずつ登録できるので、商品レコードのデータを入力します。ブランドはリレーションしているブランドテーブルのブランド ID から選択できます。

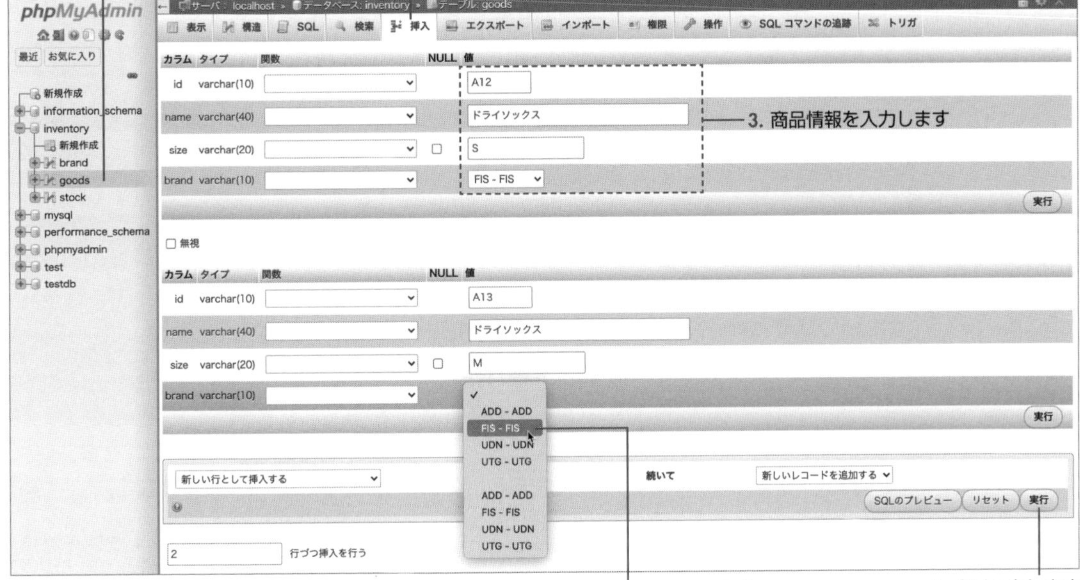
1. goods を選択します
2. 挿入タブを開きます
3. 商品情報を入力します
ブランドはリストから選びます
4. クリックします

すべてのレコードを追加し終えたならば、表示タブをクリックして登録したレコードを確認してみましょう。

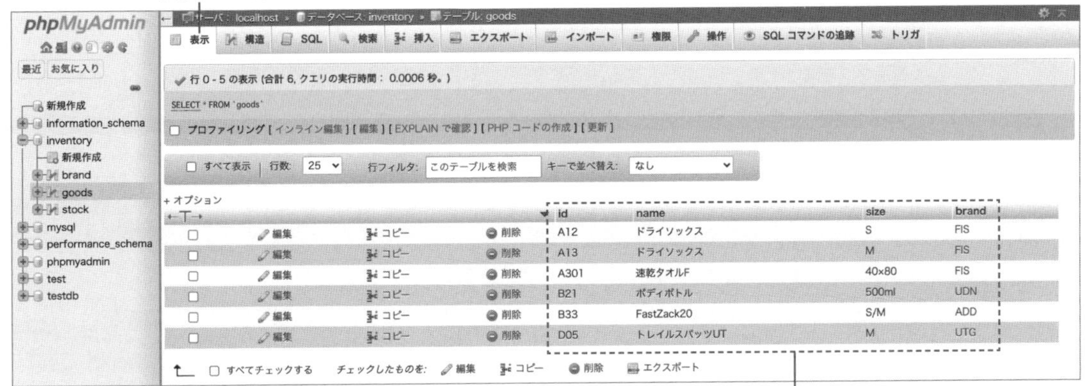
表示タブを開きます
テーブルに追加されたレコード

在庫テーブルに商品の在庫数を入力する

在庫テーブルに登録する商品と同じく次の6レコードです。

商品ID（id）	在庫数（quantity）
A12	12
A13	10
A301	16
B21	18
B33	0
D05	4

inventory データベースの stock テーブルを選択し、挿入タブを開きます。商品ごとの在庫数データを入力します。商品 ID はリレーションしている商品テーブルの商品 ID から選択できます。

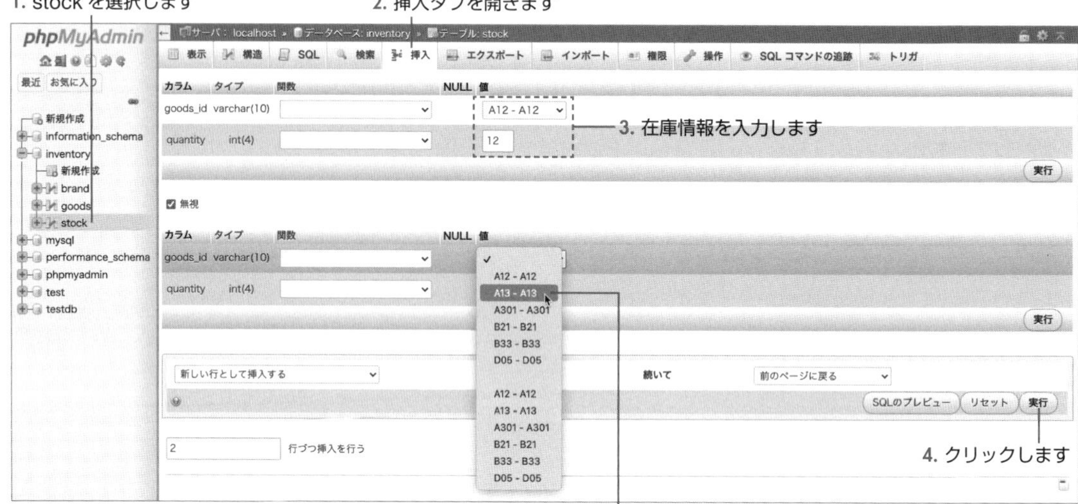
1. stock を選択します
2. 挿入タブを開きます
3. 在庫情報を入力します
4. クリックします

商品 ID はリストから選びます

すべてのレコードを追加終わったならば、表示タブをクリックして登録したレコードを確認してみましょう。

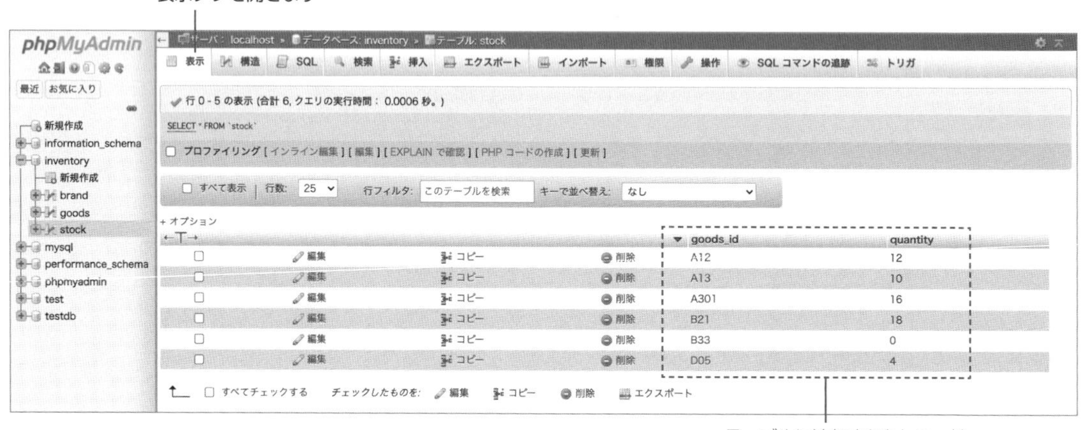
表示タブを開きます

テーブルに追加されたレコード

レコードのデータをインポートする

テーブルのレコードは、CSV ファイルなどをインポートして追加することもできます。ただし、この場合にも登録済みでないブランドの商品レコードはエラーになるといった点に注意が必要です。CSV ファイルを読み込む際には、区切り文字などを指定できるほか、読み込み開始行を指定できます。

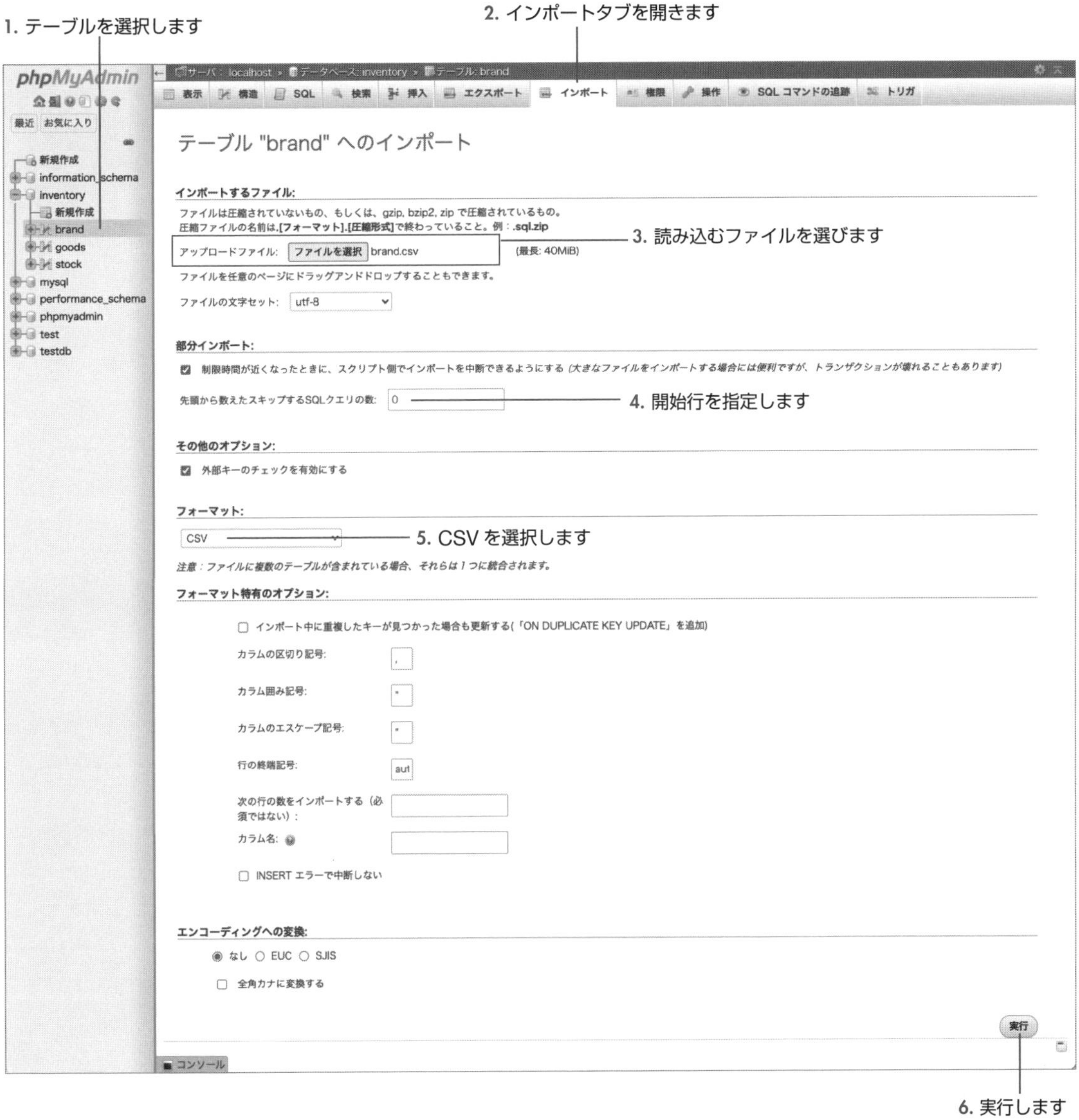

1. テーブルを選択します
2. インポートタブを開きます
3. 読み込むファイルを選びます
4. 開始行を指定します
5. CSV を選択します
6. 実行します

phpMyAdmin
最近 お気に入り
新規作成
information_schema
inventory
新規作成
brand
goods
stock
mysql
performance_schema
phpmyadmin
test
testdb

サーバ: localhost » データベース: inventory » テーブル: brand
表示 構造 SQL 検索 挿入 エクスポート インポート 権限 操作 SQL コマンドの追跡 トリガ

テーブル "brand" へのインポート

インポートするファイル:
ファイルは圧縮されていないもの、もしくは、gzip, bzip2, zip で圧縮されているもの。
圧縮ファイルの名前は .[フォーマット].[圧縮形式] で終わっていること。例：.sql.zip
アップロードファイル: ファイルを選択 brand.csv (最長: 40MiB)
ファイルを任意のページにドラッグアンドドロップすることもできます。
ファイルの文字セット: utf-8

部分インポート:
制限時間が近くなったときに、スクリプト側でインポートを中断できるようにする（大きなファイルをインポートする場合には便利ですが、トランザクションが壊れることもあります）
先頭から数えたスキップするSQLクエリの数: 0

その他のオプション:
外部キーのチェックを有効にする

フォーマット:
CSV
注意：ファイルに複数のテーブルが含まれている場合、それらは１つに統合されます。

フォーマット特有のオプション:
インポート中に重複したキーが見つかった場合も更新する(「ON DUPLICATE KEY UPDATE」を追加)
カラムの区切り記号: ,
カラム囲み記号: "
カラムのエスケープ記号: "
行の終端記号: auto
次の行の数をインポートする（必須ではない）:
カラム名:
INSERT エラーで中断しない

エンコーディングへの変換:
なし EUC SJIS
全角カナに変換する

実行

コンソール

NOTE

MySQL データベースの照合順序

MySQL データベースは文字セットとソート順の組み合わせ「照合順序（Collation）」を使って文字を比較して検索や並べ替えを行います。照合順序によって、大文字と小文字、ひらがなとカタカナ、濁音半濁音、絵文字などを区別するかといったことを指定できます。

照合順序の例

utf8mb4_bin	すべての文字を区別します。
utf8mb4_general_ci	大文字と小文字を区別しませんが、ほかは区別します。
utf8mb4_unicode_ci	大文字と小文字、半角全角、ひらがなとカタカナなどを区別しません。

Chapter 13

MySQL を操作する

PHP を使って MySQL データベースからレコードを取り出したり、追加、更新したりする方法を解説します。基本的な SQL の書き方と実行の方法を学び、フォーム入力から MySQL を操作する例やトランザクション処理を使って安全にリレーショナルデータベースを操作する例も示します。

Section 13-1

データベースユーザを追加する

PHP からデータベースを利用する際には、安全のために指定のデータベースだけを操作できるユーザを作ります。この節では前節に引き続いて phpMyAdmin を利用してデータベースユーザを作る手順を説明します。

ユーザアカウントを追加する

初期値で使用している root ユーザは、すべてのデータベースを自在に操作できます。PHP からデータベースを利用する際には、プログラムのバグによる事故を未然に防ぐ目的とセキュリティ対策という観点から、利用するデータベースを操作するために必要十分な権限をもった一般ユーザを追加します。

testdb データベースを利用できるユーザを追加する

Chapter12 で作成した testdb データベースを利用できる一般ユーザを追加する手順を説明します。

1 ユーザアカウントを追加する

ナビゲーションパネルのホームアイコン（または phpMyAdmin ロゴ）をクリックしてメインページを表示し、ユーザアカウントタブをクリックしてユーザアカウント概略を表示します。現在登録済みのユーザリストの下にある「**ユーザアカウントを追加する**」をクリックして新規ユーザを追加します。

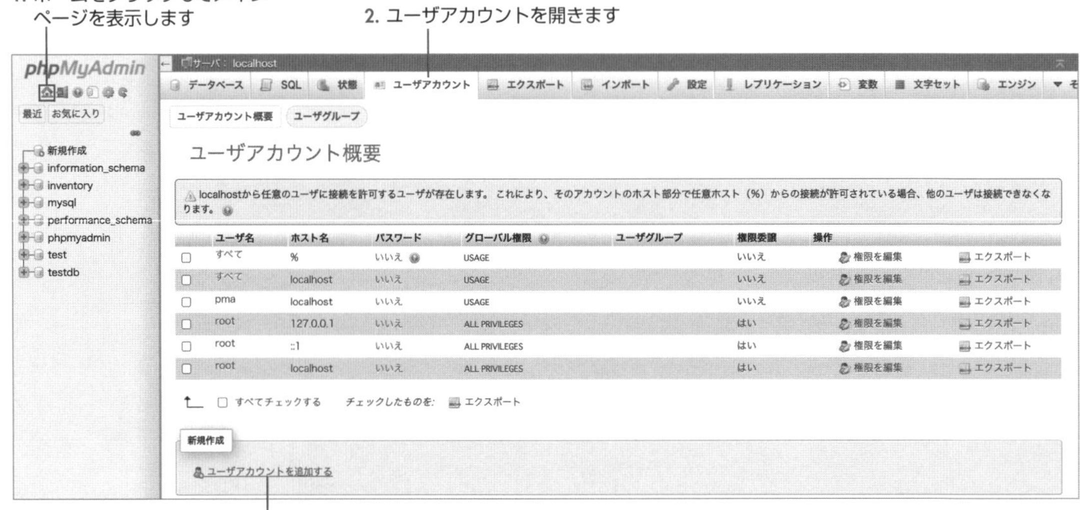

2 ログイン情報や権限を設定する

ユーザアカウントを追加する画面が表示されたならば、ログイン情報を入力します。「ホスト名」では「ローカル」を選択します。すると右のフィールドにlocalhostと入ります。「パスワードを生成する」にある「生成する」ボタンはパスワードを自動生成するためのボタンです。

ログイン情報	メニューの選択	(入力例)
ユーザ名	テキスト入力項目の値を利用する	testuser
ホスト名	ローカル	localhost
パスワード	テキスト入力項目の値を利用する	pw4testuser
再入力		pw4testuser

ログイン情報を入力したならば、グローバル権限などの他のチェックボックスは1つもチェックせずにそのまま下までスクロールして「実行」ボタンをクリックします。

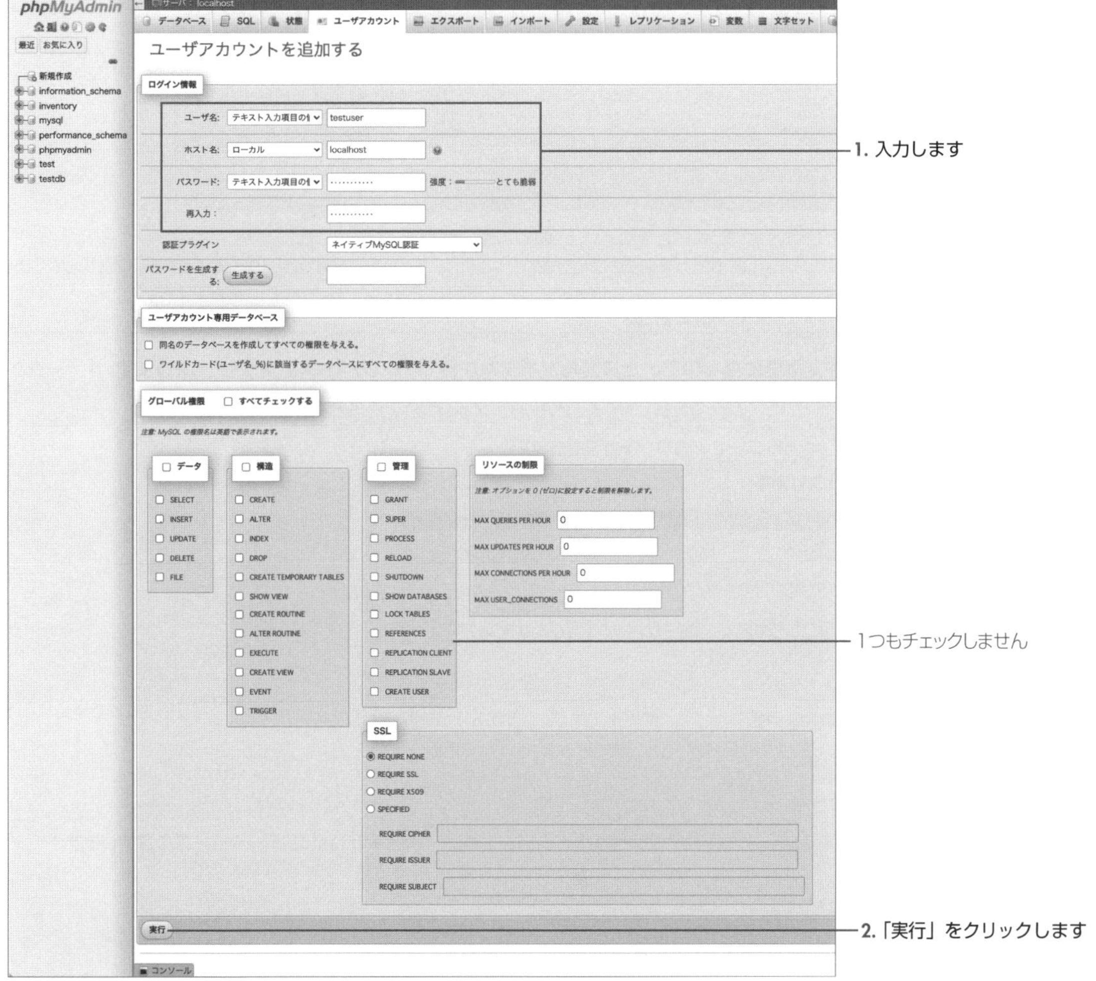

利用できるデータベースを指定する

ユーザアカウントの追加が成功したならば、testuser ユーザ（testuser@localhost）がユーザアカウント概略のリストに追加されます。ここでグローバル権限が USAGE になっているかどうかを確認してください。ALL PRIVILEGES は root 権限です。続いて testuser ユーザが利用できるデータベースを指定します。

1　追加ユーザの権限を指定する

ユーザアカウント概略のリストで testuser ユーザの行の「権限を編集」をクリックします。

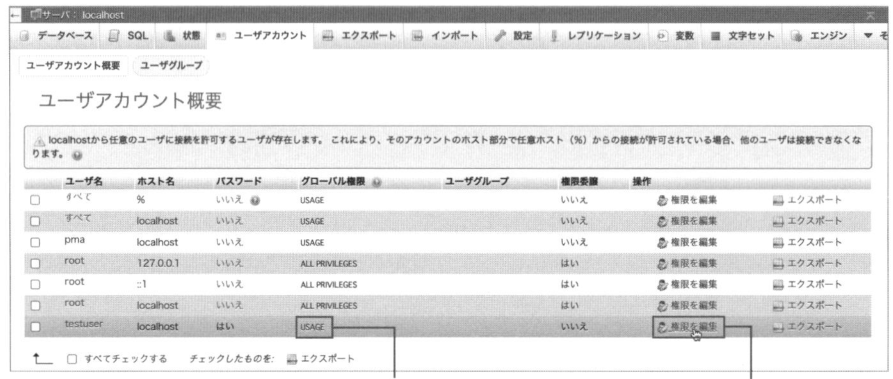

USAGE かどうか確認してください

testuser の「権限を編集」をクリックします

2　利用できるデータベースを指定する

testuser ユーザの権限設定画面になるので、上に並んだボタンから「データベース」をクリックします。「データベース固有の権限」の欄にあるプルダウンメニューから「testdb」データベースを選択し、実行します。

1. ユーザアカウントが開きます

2.「データベース」をクリックします

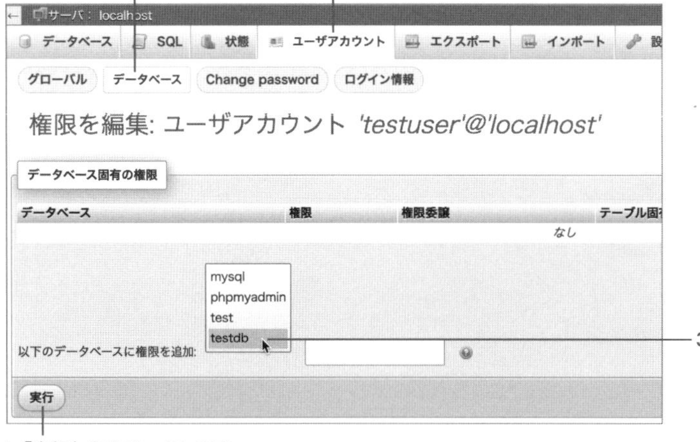

3. testdb データベースを選択します

4.「実行」をクリックします

3 データベース固有の権限をすべてチェックする

続いて「データベース固有の権限」を設定する画面になるので、「すべてチェックする」をチェックして実行ボタンをクリックします。

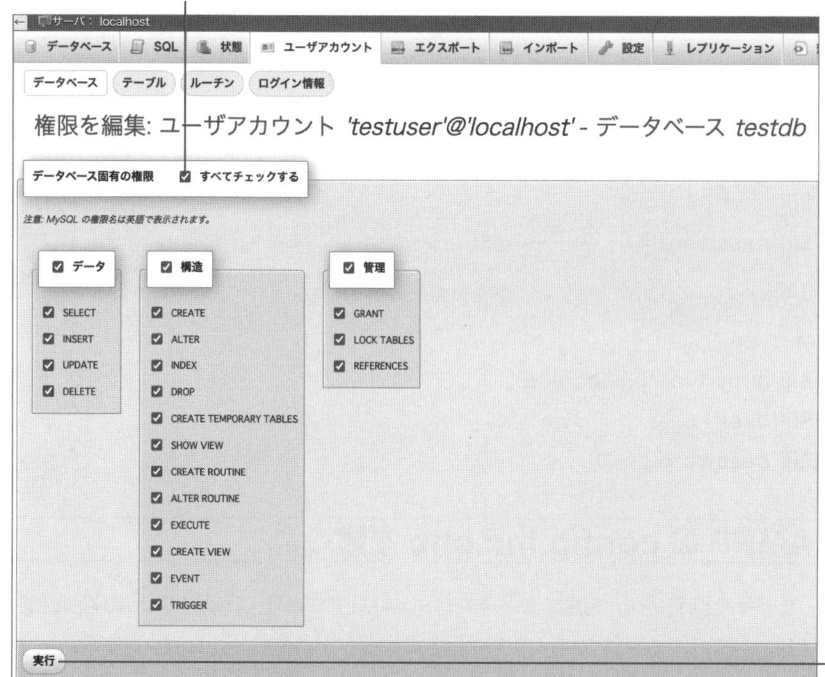

ログイン画面が出るように設定ファイルを書き替える

phpMyAdminを起動すると初期状態ではrootで自動的にログインします。この状態はセキュリティ的にも危険です。また、追加したユーザアカウントでログインし直すこともできません。rootパスワードはユーザアカウントの設定画面で変更できますが、先にログイン画面が表示される設定に変更しておかないと自動ログインでパスワードエラーになり、そのままではphpMyAdminを起動できなくなるので注意が必要です。

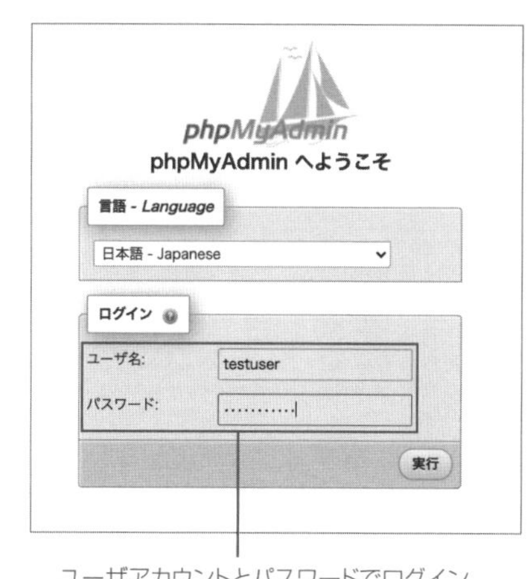

ユーザアカウントとパスワードでログインできるようにします

設定ファイルconfig.inc.phpの修正箇所

phpMyAdminのログイン画面が表示されるようにするために修正する設定ファイルはconfig.inc.phpです。後述するように利用している環境によってconfig.inc.phpを開く方法が違いますが、どの場合も修正箇所は同じです。

config.inc.php を開いたならば、Authentication の設定項目にある auth_type の値を 'config' から 'cookie' に変更し、user の値を 'root' から空の ' ' にします。もし、password の値が空でなかった場合は、それが現在の root パスワードなので必ず覚えておいてください（初期値で 'root' になっている可能性があります）。その上で password の値を空の '' に変更します（root パスワードの設定☞ P.536）。

変更前（phpmyadmin/config.inc.php）：root で自動ログインする設定

```
/* Authentication type */
$cfg['Servers'][$i]['auth_type'] = 'config';
$cfg['Servers'][$i]['user'] = 'root';
$cfg['Servers'][$i]['password'] = '';  ——— 空でなかった場合はパスワードを覚えておいてください！
```

変更後（phpmyadmin/config.inc.php）：ログイン画面が表示される設定

```
/* Authentication type */
$cfg['Servers'][$i]['auth_type'] = 'cookie';
$cfg['Servers'][$i]['user'] = '';
$cfg['Servers'][$i]['password'] = '';
```

Windows 版 XAMPP の config.inc.php を開く

Windows 版の XAMPP で config.inc.php を書き替えるには、XAMPP コントロールパネルの Apache の Config ボタンをクリックすると表示されるメニューから「phpMyAdmin（config.inc.php）」を選択します。

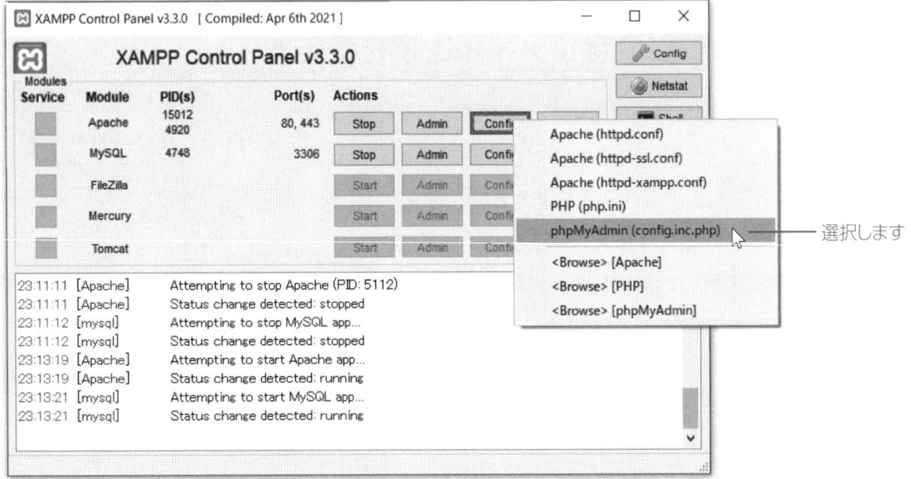

すると、メモ帳アプリで config.inc.php が開くので、先に書いたように「Authentication type and info」にある設定を書き替えて保存します。

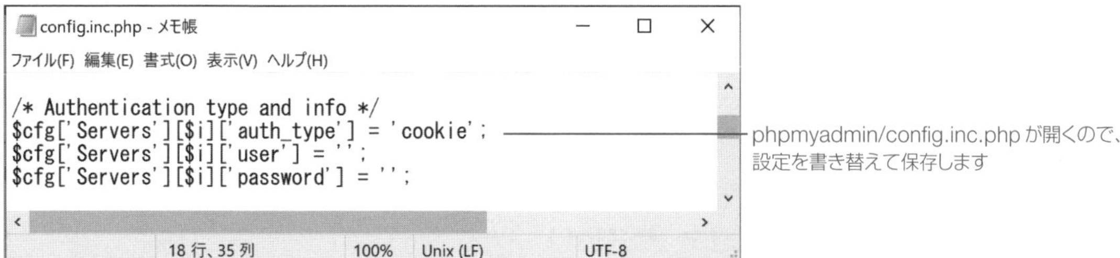

macOS VM 版 XAMPP の config.inc.php を開く

macOS 版の XAMPP で config.inc.php を書き替えるには、XAMPP コントロールパネルでサーバをスタートした状態から「Open Terminal」をクリックします。すると Linux debian の環境がターミナルで開きます。

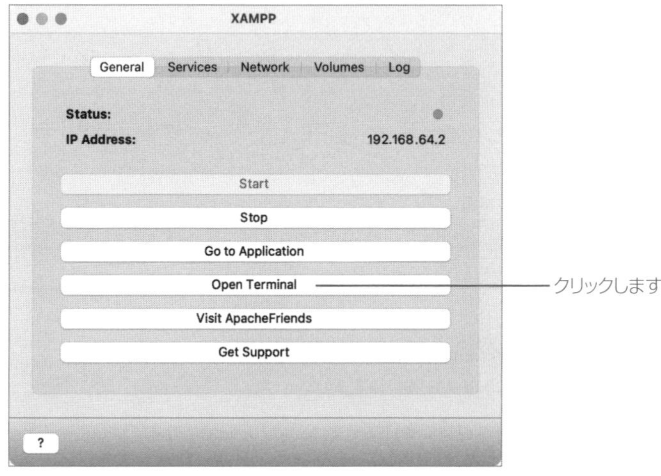

nano エディタをインストールする

まず、Debian のパッケージ管理システムを最新バージョンに更新します。更新が終わったならば、続いて config.inc.php を編集するための nano エディタをインストールします。ターミナルには次のように入力します。1 行目の update コードを入力すると即座に実行されて結果が出力されて止まるので、続けて2行目の install コードを実行してください。

Terminal パッケージ管理システムアップデートし、nano エディタをインストールする

```
01:  root@debian:~# apt-get update
02:  root@debian:~# apt-get install nano
```

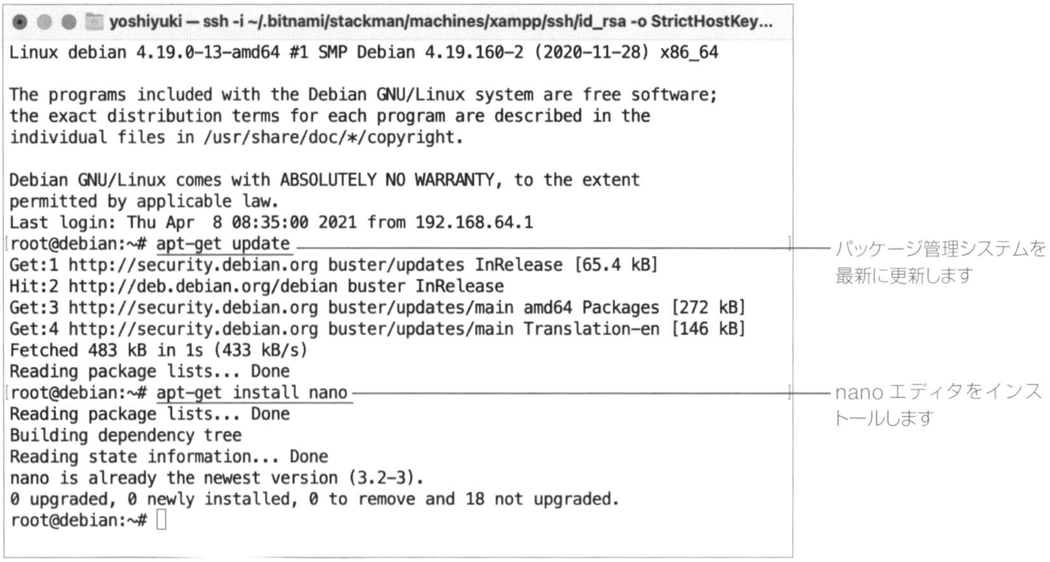

```
yoshiyuki — ssh -i ~/.bitnami/stackman/machines/xampp/ssh/id_rsa -o StrictHostKey...
Linux debian 4.19.0-13-amd64 #1 SMP Debian 4.19.160-2 (2020-11-28) x86_64

The programs included with the Debian GNU/Linux system are free software;
the exact distribution terms for each program are described in the
individual files in /usr/share/doc/*/copyright.

Debian GNU/Linux comes with ABSOLUTELY NO WARRANTY, to the extent
permitted by applicable law.
Last login: Thu Apr  8 08:35:00 2021 from 192.168.64.1
root@debian:~# apt-get update
Get:1 http://security.debian.org buster/updates InRelease [65.4 kB]
Hit:2 http://deb.debian.org/debian buster InRelease
Get:3 http://security.debian.org buster/updates/main amd64 Packages [272 kB]
Get:4 http://security.debian.org buster/updates/main Translation-en [146 kB]
Fetched 483 kB in 1s (433 kB/s)
Reading package lists... Done
root@debian:~# apt-get install nano
Reading package lists... Done
Building dependency tree
Reading state information... Done
nano is already the newest version (3.2-3).
0 upgraded, 0 newly installed, 0 to remove and 18 not upgraded.
root@debian:~#
```

パッケージ管理システムを最新に更新します

nano エディタをインストールします

nano エディタで config.inc.php を開く

nano エディタがインストールされたならば、nano エディタを使って config.inc.php を開きます。ターミナルには次のように入力します。

Terminal ターミナルでタイプして config.inc.php を nano エディタで開く

```
root@debian:~# nano ../opt/lampp/phpmyadmin/config.inc.php
```

```
yoshiyuki — ssh -i ~/.bitnami/stackman/machines/xampp/ssh/id_rsa -o StrictHostKey...
Linux debian 4.19.0-13-amd64 #1 SMP Debian 4.19.160-2 (2020-11-28) x86_64

The programs included with the Debian GNU/Linux system are free software;
the exact distribution terms for each program are described in the
individual files in /usr/share/doc/*/copyright.

Debian GNU/Linux comes with ABSOLUTELY NO WARRANTY, to the extent
permitted by applicable law.
Last login: Thu Apr  8 08:35:00 2021 from 192.168.64.1
root@debian:~# apt-get update
Get:1 http://security.debian.org buster/updates InRelease [65.4 kB]
Hit:2 http://deb.debian.org/debian buster InRelease
Get:3 http://security.debian.org buster/updates/main amd64 Packages [272 kB]
Get:4 http://security.debian.org buster/updates/main Translation-en [146 kB]
Fetched 483 kB in 1s (433 kB/s)
Reading package lists... Done
root@debian:~# apt-get install nano
Reading package lists... Done
Building dependency tree
Reading state information... Done
nano is already the newest version (3.2-3).
0 upgraded, 0 newly installed, 0 to remove and 18 not upgraded.
root@debian:~# nano ../opt/lampp/phpmyadmin/config.inc.php
```

nano エディタで config.inc.php を開きます

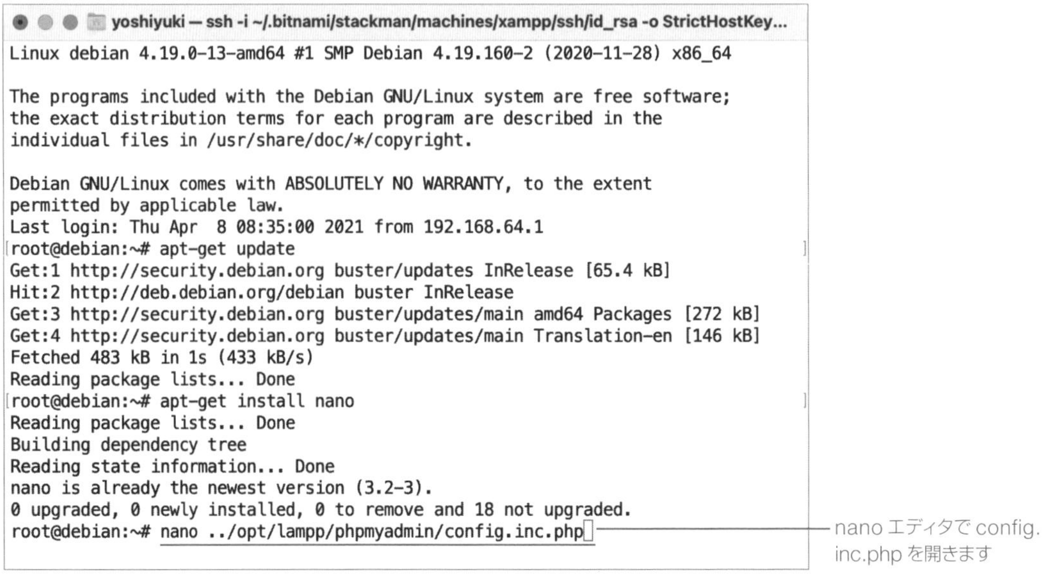

config.inc.php が開いたならば、矢印キーを使って変更する箇所までカーソルを移動させて書き替えます。該当箇所をすべて書き替えたならば、control + X に続いて Y キーを押して保存します。return キーで nano エディタが終了し、ターミナルの元の表示に戻ります。（変更箇所 ☞ P.530）

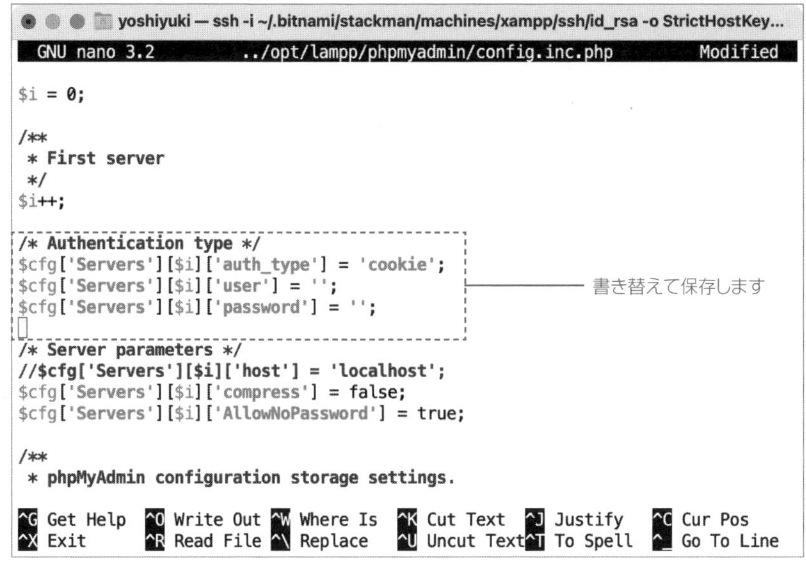

macOS アプリ版 XAMPP の config.inc.php を開く

XAMPP アプリケーションマネージャーの Open Application Folder をクリックすると Finder で XAMPP > xampfiles フォルダが開くので、この中にある phpmyadmin フォルダに config.inc.php をテキストエディタで開いて「Authentication type」にある設定を書き替えて保存します。（変更箇所 ☞ P.530）

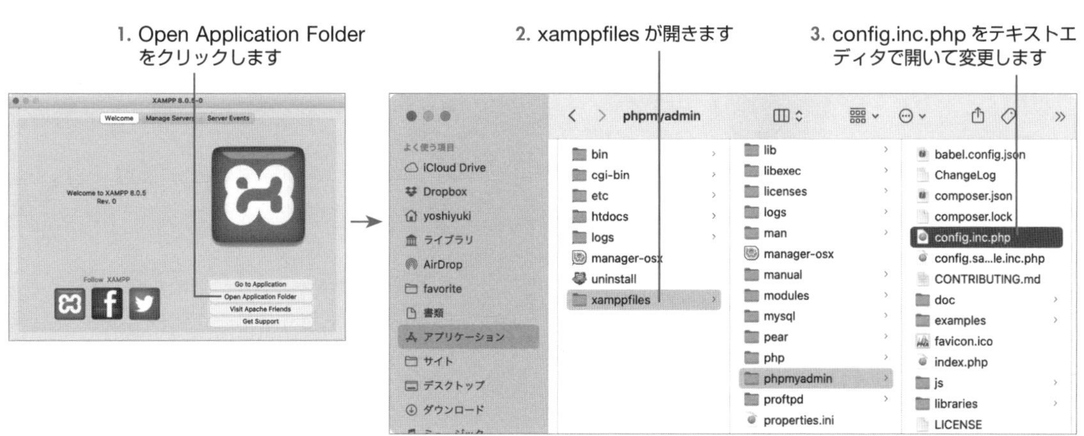

MAMP で config.inc.php を開く

MAMP を利用している場合には、ファインダからテキストエディタで config.inc.php を開いて修正します。config.inc.php はインストールした MAMP の bin>phpMyAdmin フォルダに入っています。テキストエディタには utf-8 に対応したエディタを使ってください。（変更箇所 ☞ P.530）

Windows のパス：C:¥MAMP¥bin¥phpMyAdmin¥config.inc.php
macOS のパス：/ アプリケーション /MAMP/bin/phpMyAdmin/config.inc.php

テキストエディタで開きます

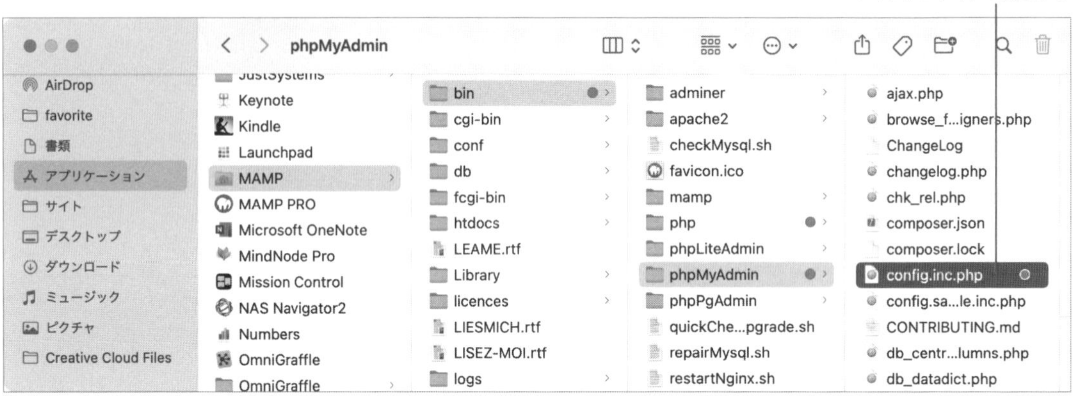

ユーザアカウントでログインする

config.inc.php の書き換えが終わったならば、あらためて phpMyAdmin を起動します。すると図に示すようなログイン画面が表示されるはずです。さきほど作成したユーザアカウント testuser でログインを試してみましょう。

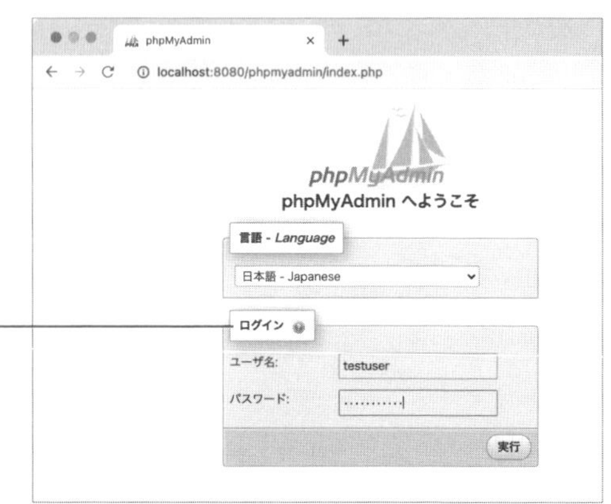

phpMyAdmin を起動するとログイン画面が表示されるようになります

ユーザアカウントでログインすると、ナビゲーションパネルには権限があるデータベースだけが表示されるようになります。データベースを作成したり、ユーザアカウントを追加したりするなどの権限がない機能は表示されません。

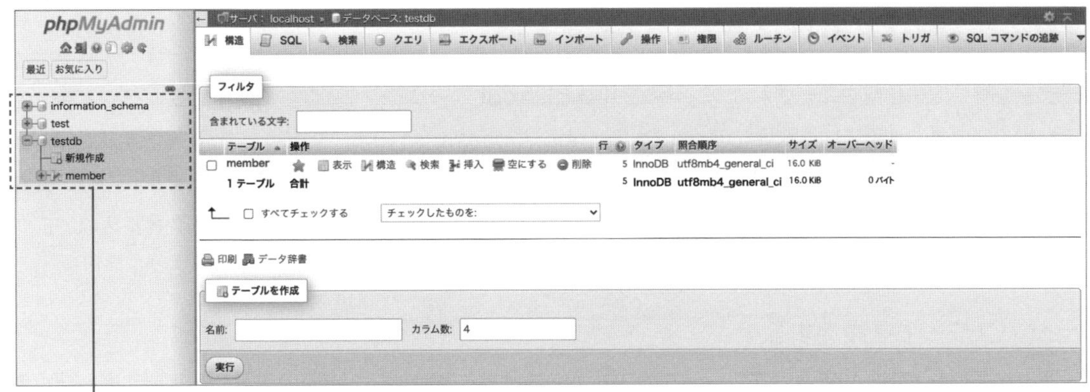

操作できる権限があるデータベースだけが表示されます

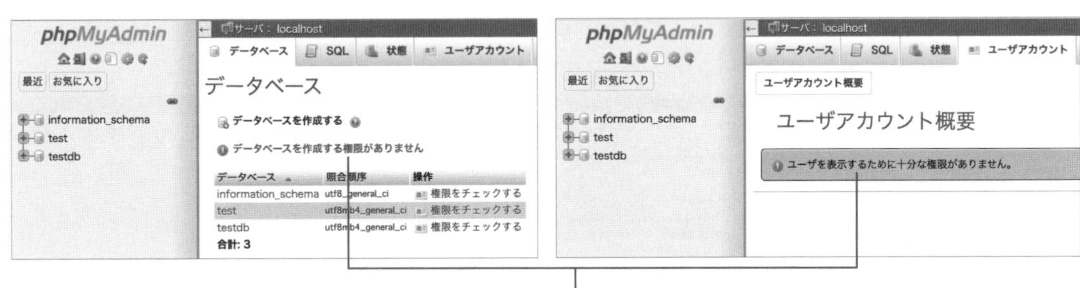

権限がない機能は利用できません

ログアウトする

ログイン画面からのログインができるように設定を行うと、ホームの右のがログアウトボタンとして機能するようになります。ログアウトボタンをクリックするとログアウトしてログイン画面に戻ります。

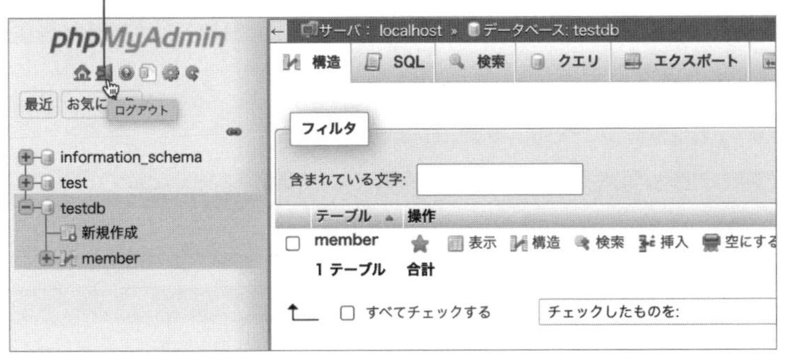

root ユーザアカウントでログインする

データベースの作成やユーザアカウントの追加などは root ユーザでログインして行う必要があります。root ユーザでログインするには、変更前の config.inc.php の password の値が空だった場合は root パスワードが設定されていない状態なので、パスワードの入力欄は空のままで実行すればログインできます。もし、変更前の config.inc.php の password の値が空ではなかった場合は、その値をパスワードの入力欄に入れてログインします。

root パスワードを設定する

PHP の学習目的では root パスワードを設定する必要はありませんが、実際の運用にあたっては必ず設定しなければなりません。root パスワードは、root ユーザでログインした状態でユーザアカウントタブを開いて設定します。root パスワードは注意して設定し、取り扱いには十分注意してください。

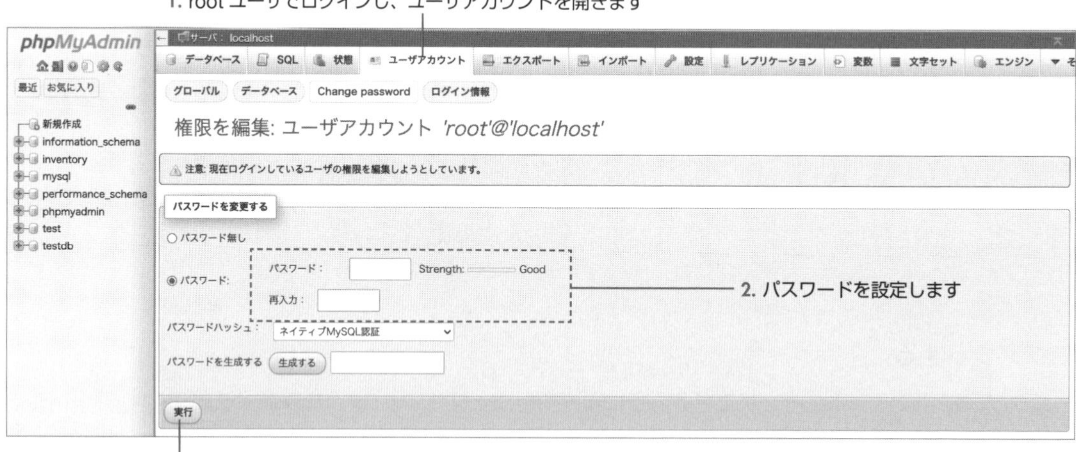

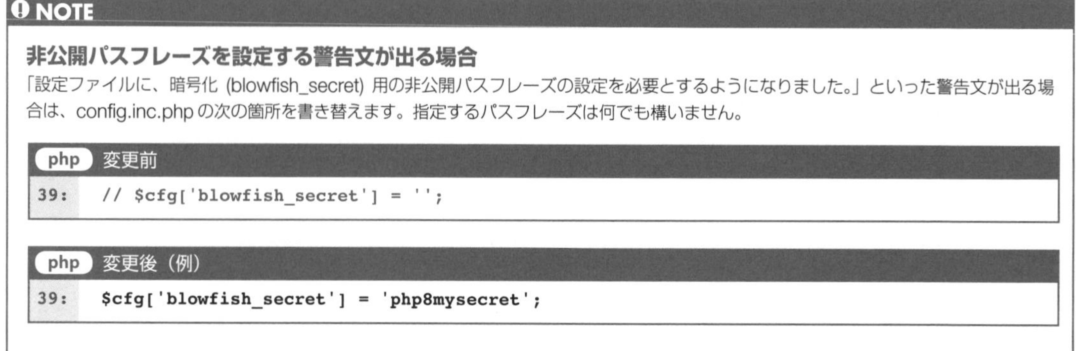

NOTE

非公開パスフレーズを設定する警告文が出る場合

「設定ファイルに、暗号化 (blowfish_secret) 用の非公開パスフレーズの設定を必要とするようになりました。」といった警告文が出る場合は、config.inc.php の次の箇所を書き替えます。指定するパスフレーズは何でも構いません。

php 変更前

```php
// $cfg['blowfish_secret'] = '';
```

php 変更後（例）

```php
$cfg['blowfish_secret'] = 'php8mysecret';
```

Section 13-2

データベースからレコードを取り出す

いよいよ PHP を使って MySQL データベースからデータを取り出します。MySQL には PDO クラスで接続し、SQL 文を PHP から MySQL に送って操作します。この節ではデータベースへの接続とレコードデータの取り出し方の基本を説明します。

データベースを準備する

Section12-2 で作成したデータベース testdb に、前節で追加したデータベースユーザ testuser で接続します。testdb は取り出し条件を組み合わせた例を試すにはカラム数が少ないので、性別(sex)カラムを追加しましょう。レコードもあと 3 人分ほど追加したいと思います。性別カラムとレコードを追加したテーブルの内容は右の表のとおりです。次節以降もこのデータベースを使って、PHP からの接続とレコードの値を取り出す方法を説明します。

ID(id)	名前 (name)	年齢 (age)	性別 (sex)
1	佐藤一郎	32	男
2	塩田香織	26	女
3	雨木さくら	38	女
4	高峯信夫	23	男
5	新倉建雄	51	男
6	青木由香里	32	女
7	佐々木伸吾	28	男
8	井上珠理	27	女

1 性別カラムを追加する

member テーブルを選択して構造タブを開きます。「1 個のカラムを追加する age の後へ」の右の「実行」ボタンをクリックしてカラムを追加します。

2. 構造タブを開きます

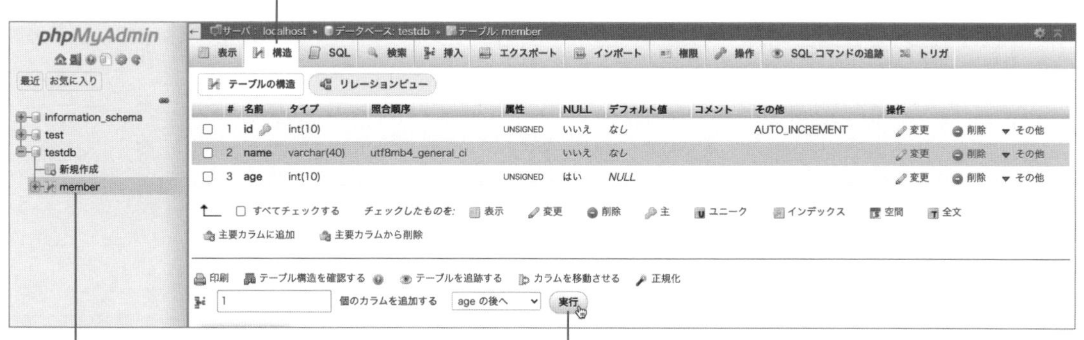

1. member テーブルを選択します

3. クリックしてカラムを追加します

2 性別カラムの設定を行う

カラムの設定が表示されるので、名前「sex」、タイプ「VARCHAR」、長さ／値「2」、デフォルト値ではユーザ定義を選択して「男」にします。以上を入力したならば「保存する」ボタンをクリックします。テーブルの構造に sex カラムが追加されます。

1. カラムの属性を指定します
2. クリックして保存します

3. sex カラムが追加されます

3 入力済みのレコードの性別を変更する

表示タブを開いて現在登録済みのレコードを見ると前節で追加した５人のレコードが入っています。いま追加した sex カラムの値が全員初期値の「男」になっているので、塩田香織、雨木さくらの２人の sex の値を「女」に変更します。値の変更はカラムのフィールドをクリックして書き替えることができます。

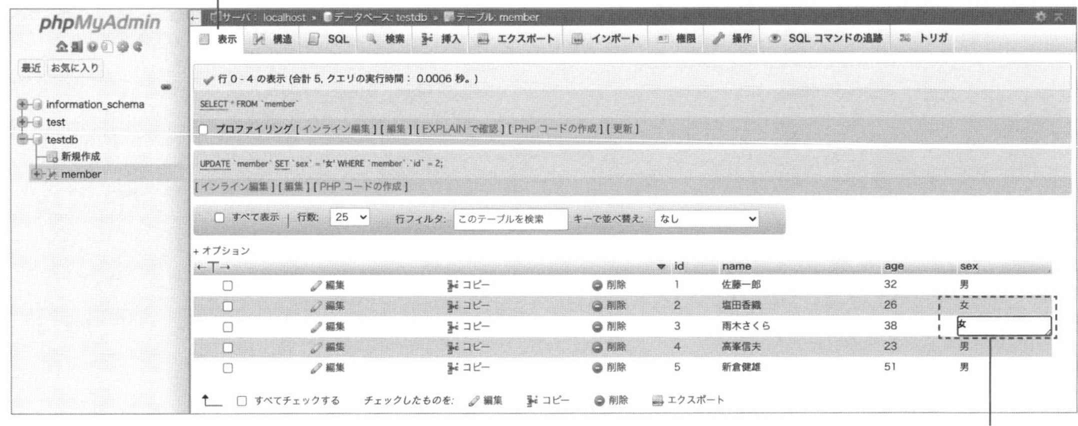
1. 表示タブを開きます
2. クリックして２人の性別を書き替えます

4 3名のレコードを追加する

挿入タブを開き、3人のレコードを追加します。idは自動入力されるので空のままにしておきます。入力が終わったならば表示タブを開いて追加した3人のレコードを確認してください。

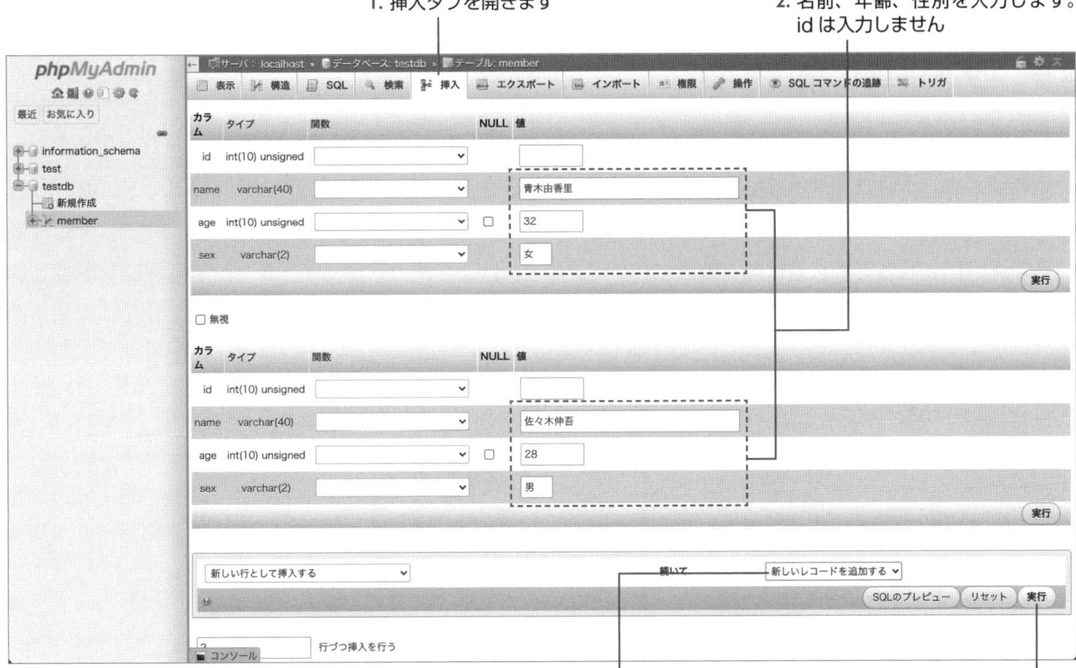

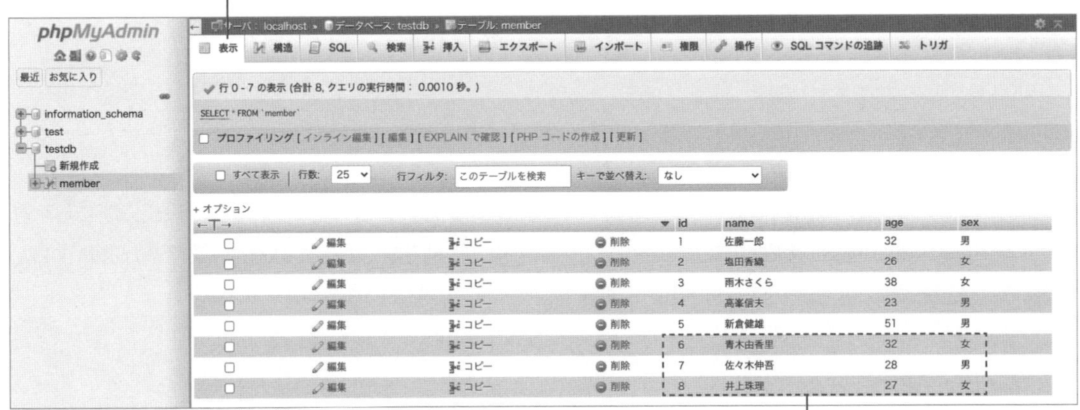

5. 3人を追加したら表示タブを開きます
6. 追加した3人のレコードを確認します

NOTE

性別をプルダウンメニューで入力できるようにしたい
性別をプルダウンメニューで選択できるようにするには、新規に性別テーブルを作りリレーションするようにします。商品データベースのブランドを参考にしてください。（☞ P.513、P.515、P.517）

データベースに接続する

利用するデータベースの準備ができたならば、いよいよデータベースに接続します。PHP からデータベースに接続するには PDO（PHP Data Objects）を利用します。データベースには MySQL、PostgreSQL、SQLite などいろいろな種類があり、データベースごとに接続方法や操作方法などが違ってきます。PDO はそれらの違いを吸収してくれる機能（抽象化レイヤ）で、PDO を使うことでデータベースの違いを意識せずに PHP コードを書くことができます。

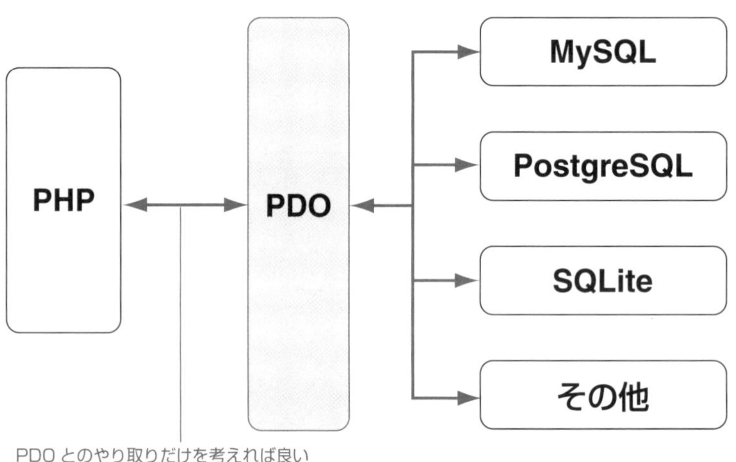

次に示すのは PHP から MySQL データベースの testdb に接続するだけのコードです。接続に成功したならば「データベース testdb に接続しました。」と出力されます。接続できなかったならば「エラーがありました。」に続いて、発生したエラーメッセージが出力されます。

php PHPからMySQLデータベースに接続する

«sample» connect/PDO_testdb.php

```
<!DOCTYPE html>
<html lang="ja">
<head>
<meta charset="utf-8">
<title>PDOでデータベースに接続する</title>
<link href="../../css/style.css" rel="stylesheet">
</head>
<body>
<div>
  <?php
  // データベースユーザ
  $user = 'testuser';
  $password = 'pw4testuser';
  // 利用するデータベース
  $dbName = 'testdb';
  // MySQLサーバ
  $host = 'localhost:3306';
  // MySQLのDSN文字列
  $dsn = "mysql:host={$host};dbname={$dbName};charset=utf8";

  //MySQLデータベースに接続する
  try {
    $pdo = new PDO($dsn, $user, $password);
    // プリペアドステートメントのエミュレーションを無効にする
    $pdo->setAttribute(PDO::ATTR_EMULATE_PREPARES, false);
    // 例外がスローされる設定にする
    $pdo->setAttribute(PDO::ATTR_ERRMODE, PDO::ERRMODE_EXCEPTION);
    echo "データベース{$dbName}に接続しました。";
    // 接続を解除する
    $pdo = NULL;
  } catch (Exception $e) {
    echo '<span class="error">エラーがありました。</span><br>';
    echo $e->getMessage();
    exit();
  }
  ?>
</div>
</body>
</html>
```

DSN文字列を作ります

データベースに接続します

接続に失敗したら、例外処理が実行されます

データベースの接続に成功した場合

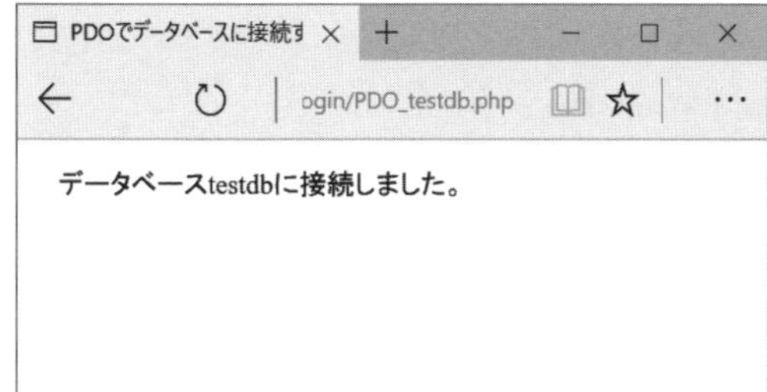

データベースの接続に失敗した場合

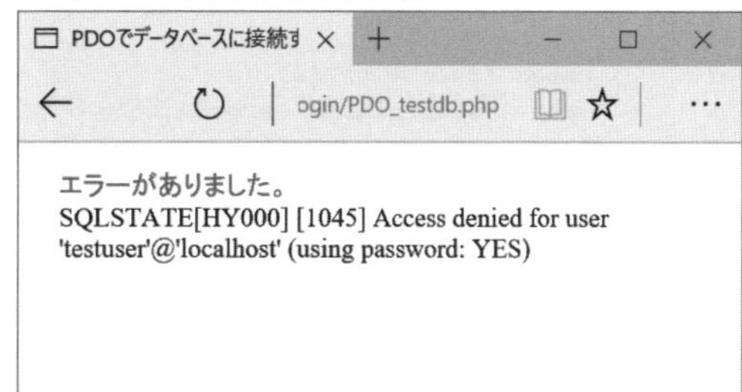

PDOでデータベースに接続す
ogin/PDO_testdb.php
エラーがありました。
SQLSTATE[HY000] [1045] Access denied for user 'testuser'@'localhost' (using password: YES)

PDO クラスを介してデータベースに接続する

まず最初にデータベースに接続するユーザ名、パスワード、さらにデータベース名、ホストを指定して DSN（Data Source Name）の文字列を作ります。データベースユーザには root ユーザではなく、前節で追加した一般ユーザを使います（☞ P.526）。$host に代入する 'local:3306' の 3306 は MySQL のポート番号です（MySQL のポート番号を確認する ☞ 次ページ）。

php データベースユーザと DSN を用意する

«sample» connect/PDO_testdb.php

```
// データベースユーザ
$user = 'testuser';
$password = 'pw4testuser';
// 利用するデータベース
$dbName = 'testdb';
// MySQL サーバ
$host = 'localhost:3306';
// MySQL の DSN 文字列
$dsn = "mysql:host={$host};dbname={$dbName};charset=utf8";
```

安全のために root ユーザは使いません

3306 は MySQL のポート番号です

new PDO($dsn, $user, $password) で PDO クラスのインスタンス $dsn を作るかたちで、DSN で指定したデータベースにデータベースユーザで接続します。接続する際には try ~ catch の例外処理の構文を使い、接続に失敗した場合はスローされる例外オブジェクトをキャッチして対応します。続けて setAttribute() を使って、プリペアドステートメントのエミュレーションを無効にする設定とエラーモードの設定も行います。エラーモードには例外をスローする設定を指定します。

php データベースに接続する

«sample» connect/PDO_testdb.php

```
//MySQL データベースに接続する
try {
  $pdo = new PDO($dsn, $user, $password);
  // プリペアドステートメントのエミュレーションを無効にする
  $pdo->setAttribute(PDO::ATTR_EMULATE_PREPARES, false);
  // 例外がスローされる設定にする
  $pdo->setAttribute(PDO::ATTR_ERRMODE, PDO::ERRMODE_EXCEPTION);
  ・・・ （接続したデータベースを操作します）

} catch (Exception $e) {
  echo '<span class="error">エラーがありました。</span><br>';
  echo $e->getMessage();
  exit();
}
```

データベースに接続します

以上のコードでデータベースへの接続を確かめることができます。接続の解除は自動的に行われるので何もしなくても構いませんが、$pdo = NULL で PDO インスタンスを破棄すれば接続は解除されます。

NOTE

MySQL のポート番号を確認する

XAMPP の Windows 版で MySQL のポート番号を確認する方法

XAMPP を起動すると表示されるコントロールパネルにポート番号が表示されています。右上の Config ボタンから開く XAMPP の設定の Service and Port Settings で設定と確認ができます（☞ P.21）。

現在のポート番号

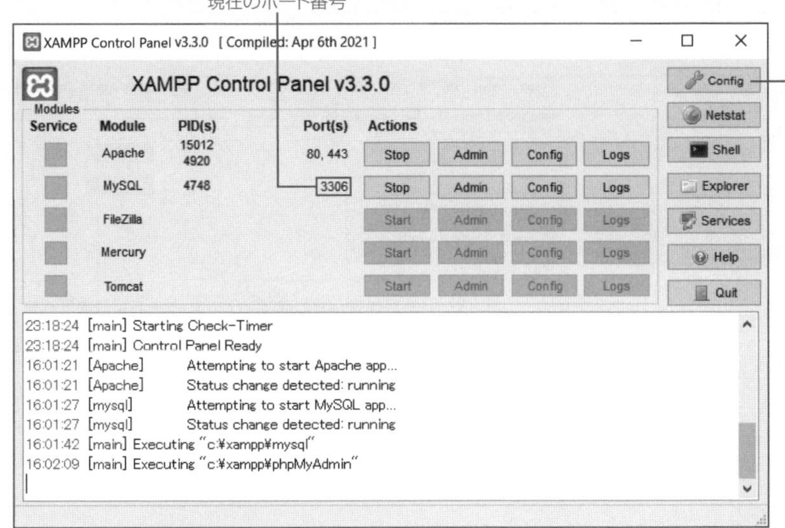

ここから設定／確認ができます

macOS VM 版 XAMPP で MySQL のポート番号を確認する方法

XAMPP の MySQL サーバを起動しておき、コントロールパネルの Open Terminal ボタンをクリックしてターミナルを開きます。ターミナルから MySQL にログインしてポート番号を調べます。
ターミナルから入力するコマンドは次のとおりです。次の例では root ユーザでログインしていますが、一般のユーザアカウントでも構いません。ここでの root ユーザ、ユーザアカウントとは phpMyAdmin で設定しているユーザアカウント、すなわち MySQL のユーザアカウントのことです。

Terminal MySQL にログインしてポート番号を調べる

```
root@debian:~# mysql -u root -p                ――― root でログインします
Enter password: ****                           ――― root パスワードを入力します
MariaDB [(none)]> show variables like 'port';
 ... ここにポート番号が出力されます
MariaDB [(none)]> exit                         ――― MySQL をログアウトします
```

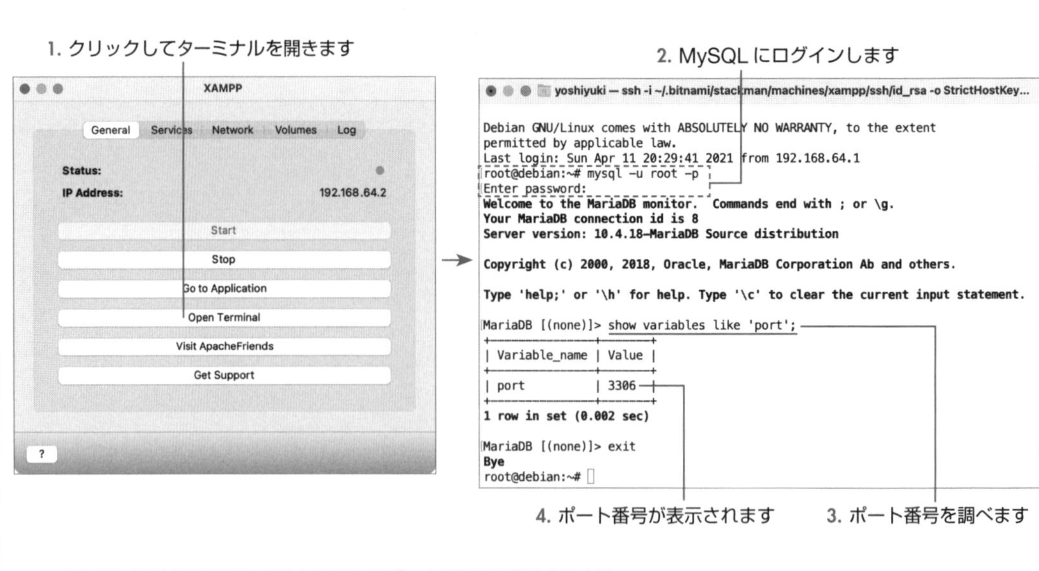

macOS アプリ版 XAMPP で MySQL のポート番号を確認する方法

XAMPP アプリケーションマネージャーの Manage Servers を開き、リストの MySQL Database を選択します。Configure ボタンをクリックすると MySQL のポート番号を設定／確認するウィンドウが表示されます。

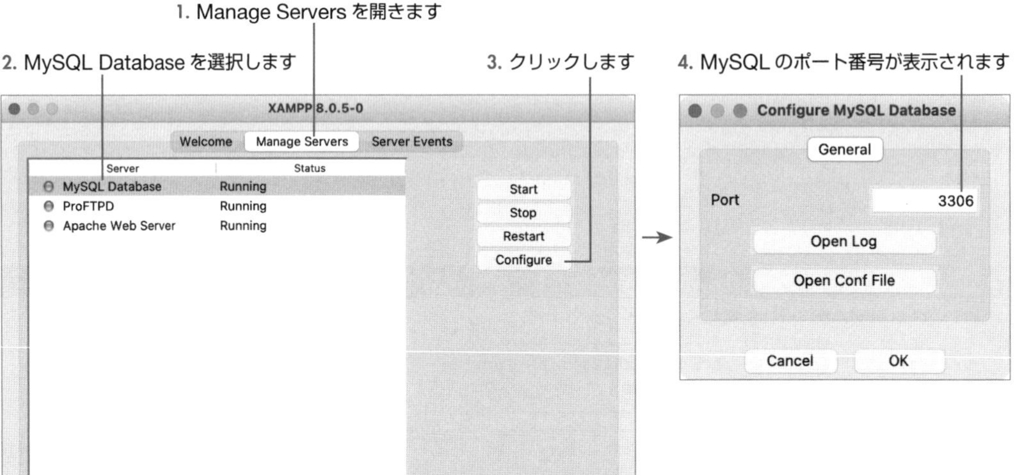

MAMP で MySQL のポート番号を確認する方法

MAMP を起動すると表示されるコントロールパネルの Preferences ボタンをクリックして設定画面を表示し、Ports タグを開くと MySQL のポート番号を確認／設定ができます。

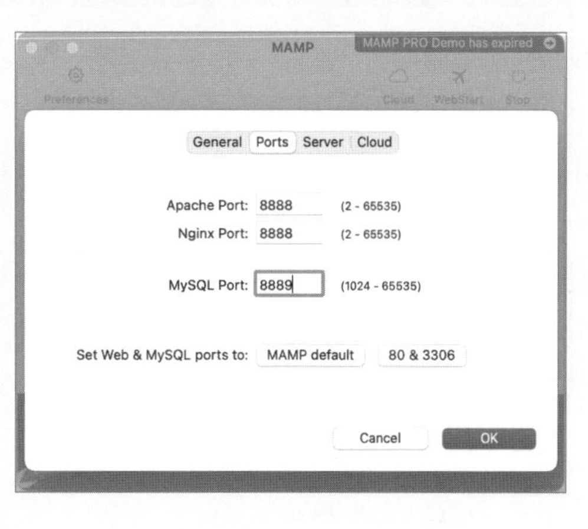

レコードデータを取り出す

データベースに接続したならば、次にレコードデータを取り出します。MySQL データベースを操作するには、MySQL を操作するプログラム言語の SQL 文を使います。SQL 文の実行では、いったんプリペアードステートメントに変換して実行する方式を使います。

次のコードを実行すると、member テーブルにあるレコードをすべて取り出して表にして表示します。全体の流れとしては、大まかに次のようになります。

1. testdb データベースに接続する。
2. member テーブルからレコードを取り出す SQL 文（プリペアードステートメント）を用意する
3. SQL 文を実行する
4. 取り出したレコードを HTML のテーブルで表示する

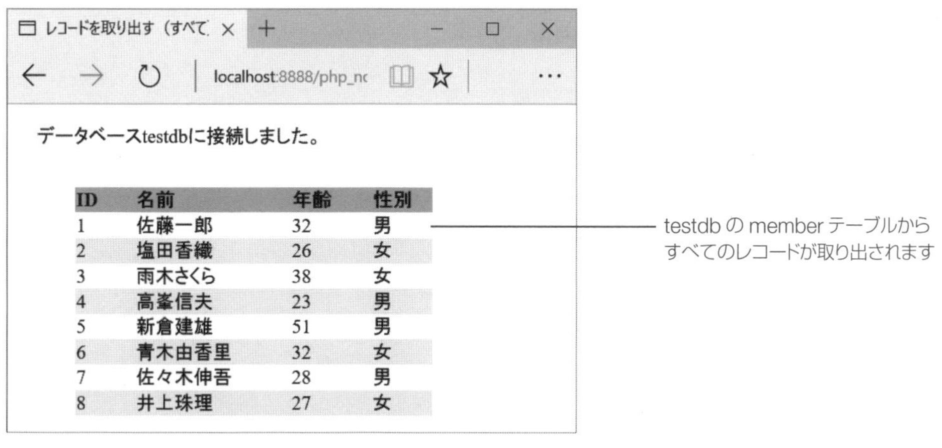

ID	名前	年齢	性別
1	佐藤一郎	32	男
2	塩田香織	26	女
3	雨木さくら	38	女
4	高峯信夫	23	男
5	新倉建雄	51	男
6	青木由香里	32	女
7	佐々木伸吾	28	男
8	井上珠理	27	女

testdb の member テーブルから
すべてのレコードが取り出されます

php　member テーブルのレコードをすべて取り出す

«sample» select/all.php

```
<?php
require_once("../../lib/util.php");
// データベースユーザ
$user = 'testuser';
$password = 'pw4testuser';
// 利用するデータベース
$dbName = 'testdb';
// MySQL サーバ
$host = 'localhost:8889';
// MySQL の DSN 文字列
$dsn = "mysql:host={$host};dbname={$dbName};charset=utf8";
?>

<!DOCTYPE html>
<html lang="ja">
<head>
<meta charset="utf-8">
<title>レコードを取り出す（AND）</title>
<link href="../../css/style.css" rel="stylesheet">
<!-- テーブル用のスタイルシート -->
<link href="../../css/tablestyle.css" rel="stylesheet">
</head>
<body>
<div>
  <?php
  //MySQL データベースに接続する
  try {
    $pdo = new PDO($dsn, $user, $password);
    // プリペアドステートメントのエミュレーションを無効にする
    $pdo->setAttribute(PDO::ATTR_EMULATE_PREPARES, false);
    // 例外がスローされる設定にする
    $pdo->setAttribute(PDO::ATTR_ERRMODE, PDO::ERRMODE_EXCEPTION);
    echo "データベース{$dbName}に接続しました。", "<br>";
    // SQL 文を作る（全レコード）
    $sql = "SELECT * FROM member";
    // プリペアドステートメントを作る
    $stm = $pdo->prepare($sql);
    // SQL 文を実行する
    $stm->execute();
    // 結果の取得（連想配列で受け取る）
    $result = $stm->fetchAll(PDO::FETCH_ASSOC);
    // テーブルのタイトル行
    echo "<table>";
    echo "<thead><tr>";
    echo "<th>", "ID", "</th>";
    echo "<th>", "名前", "</th>";
    echo "<th>", "年齢", "</th>";
    echo "<th>", "性別", "</th>";
    echo "</tr></thead>";
    // 値を取り出して行に表示する
    echo "<tbody>";
    foreach ($result as $row){
      // 1行ずつテーブルに入れる
      echo "<tr>";
      echo "<td>", es($row['id']), "</td>";
      echo "<td>", es($row['name']), "</td>";
      echo "<td>", es($row['age']), "</td>";
```

接続パラメータを準備します

データベースに接続します

SQL 文を実行して、レコードを取り出します
（次節ではこの範囲の SQL 文を変更していきます）

取り出したレコードの値を表示します

```
            echo "<td>", es($row['sex']), "</td>";
            echo "</tr>";
          }
          echo "</tbody>";
          echo "</table>";
        } catch (Exception $e) {
          echo '<span class="error">エラーがありました。</span><br>';
          echo $e->getMessage();
          exit();
        }
        ?>
      </div>
      </body>
      </html>
```

NOTE

DDL、DML、DCL

SQL文はデータベース定義文（DDL：Data Definition Language）、データ操作文（DML：Data Manipulation Language）、データ制御文（DCL：Data Control Language）の3種類に大きく分けることができます。レコードの抽出、追加、削除などを行うSELECT、INSERT、UPDATE、DELETEといった命令はデータ操作文DMLに含まれます。

SQL文のプリペアドステートメントを作る

データベースからレコードを取り出すSQL文は、SELECT命令を使って次のように書きます。

書式 SELECT命令

SELECT カラム **FROM** テーブル **WHERE** 条件 **LIMIT** 開始位置 **,** 行数

カラムにワイルドカードの * を指定するとすべてのカラムを取り出します。WHERE以下を省略すると、条件なしですべてのレコードが取り出す対象になります。次のSELECT文は、memberテーブルにあるすべてのレコードのすべてのカラムの値を取り出す命令文になります。SQL文の全体を" "でくくって文字列にして$sqlに代入します。

php memberテーブルのレコードをすべて取り出すSQL文を作る

«sample» select/all.php

```
        // SQL文を作る（全レコード）
        $sql = "SELECT * FROM member";
```

（SQL文の全体を" "でくくって代入します／* すべてのカラム／member memberテーブル）

プリペアドステートメントを作って実行する

このSQL文を$pdo->prepare($sql)でプリペアドステートメント$stmに変換し、$stm->execute()で実行します。SQL文の実行では、SQL文の構造解析、コンパイル、最適化が行われます。SQL文をプリペア

ドステートメントにしておくと、同じ SQL 文を繰り返し実行する場合に最初の 1 回だけで処理が完了します。また、次節で詳しく取り上げますが、プリペアドステートメントではプレースホルダが使えるという大きな利点があります。

php SQL 文のプリペアドステートメントを作って実行する

«sample» select/all.php

```
        // プリペアドステートメントを作る
        $stm = $pdo->prepare($sql);
        // SQL 文を実行する
        $stm->execute();
```

結果を受け取って表示する

SQL 文を実行した結果を受け取るには、fetch() または fetchAll() をあらためて実行します。fetchAll() を実行すると、変数 $result にすべてのレコードの値を連想配列のかたちで受け取ることができます。引数の PDO::FETCH_ASSOC がレコードを連想配列で取り出す指定です。

php 結果を受け取る

«sample» select/all.php

```
        // 結果の取得（連想配列で受け取る）
        $result = $stm->fetchAll(PDO::FETCH_ASSOC);
```

変数 $result は連想配列なので、次のように foreach 文を使って $row に 1 レコードずつ順に取り出すことができます。なお、ブラウザには念のために HTML エスケープを行った値を表示します。

php 結果を 1 レコードずつ取り出して表示する

«sample» select/all.php

```
        foreach ($result as $row){
          // 1行ずつテーブルに入れる
          echo "<tr>";
          echo "<td>", es($row['id']), "</td>";
          echo "<td>", es($row['name']), "</td>";
          echo "<td>", es($row['age']), "</td>";
          echo "<td>", es($row['sex']), "</td>";
          echo "</tr>";
        }
```

取り出すレコード数を指定する

SELECT 命令に LIMIT 句を付けると取り出す開始位置と行数（レコード数）を指定できます。開始位置は省略でき、省略すると先頭から取り出します。先の SQL 文に次のように LIMIT 句を付けると先頭から 3 人だけを取り出します。

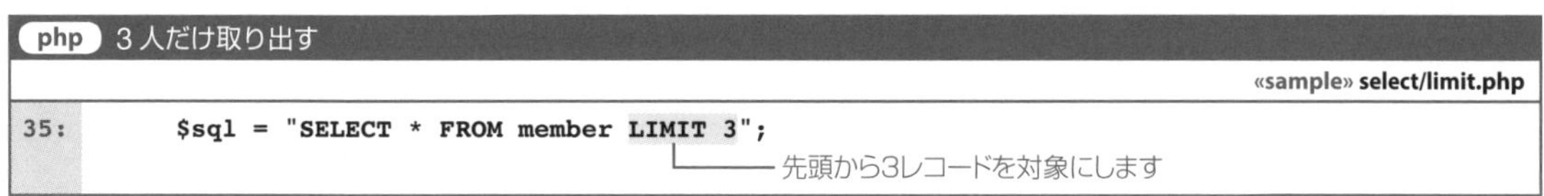

php 3 人だけ取り出す

«sample» select/limit.php

```
        $sql = "SELECT * FROM member LIMIT 3";
```


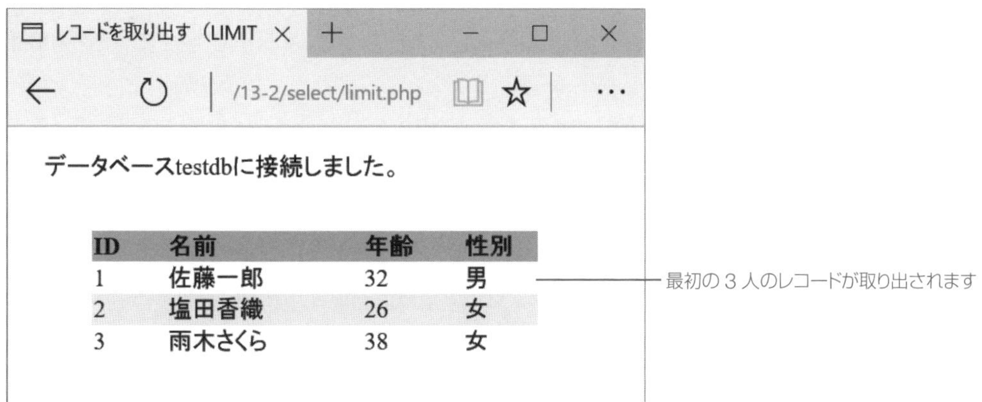

Section 13-3

レコードの抽出、更新、挿入、削除

前節で MySQL データベースに接続して SQL 文を実行するところまでを試しました。本節ではさらに条件を満たすレコードの抽出、複数の条件での抽出、値のソート、値の更新、レコードの挿入、レコードの削除といった、より具体的なレコード操作を行います。

30 歳以上の女性を選び出す

では手始めに「30 歳以上の女性」を選び出して表示してみましょう。前節の最後に説明した member テーブルからすべてのレコードを取り出す all.php との違いは SQL 文だけなので（☞ P.546：色が敷いてある範囲）、その部分だけを抜き出して説明します。

「30 歳以上の女性」という条件をより具体的にすると「age の値が 30 以上、sex が " 女 " の２つの条件を両方満たす」という条件になります。age の値が 30 以上という条件は「age >= 30」の式になります。sex が " 女 " の条件は「sex = ' 女 '」の式になります。この２つの条件を「WHERE age >= 30 AND sex = ' 女 '」のように WHERE を付けて AND で連結すると２つの条件を両方満たすレコードを探す条件式になります。なお、SQL 文の全体を " " でくくるので ' 女 ' のようにシングルクォーテーションを使います。

php　age が 30 以上、sex が " 女 " のレコードを選び出す

«sample» select/and.php

```
        // SQL 文を作る（30 以上、女性）
        $sql = "SELECT * FROM member WHERE age >= 30 AND sex = '女'";
        // プリペアドステートメントを作る
        $stm = $pdo->prepare($sql);
        // SQL 文を実行する
        $stm->execute();
```


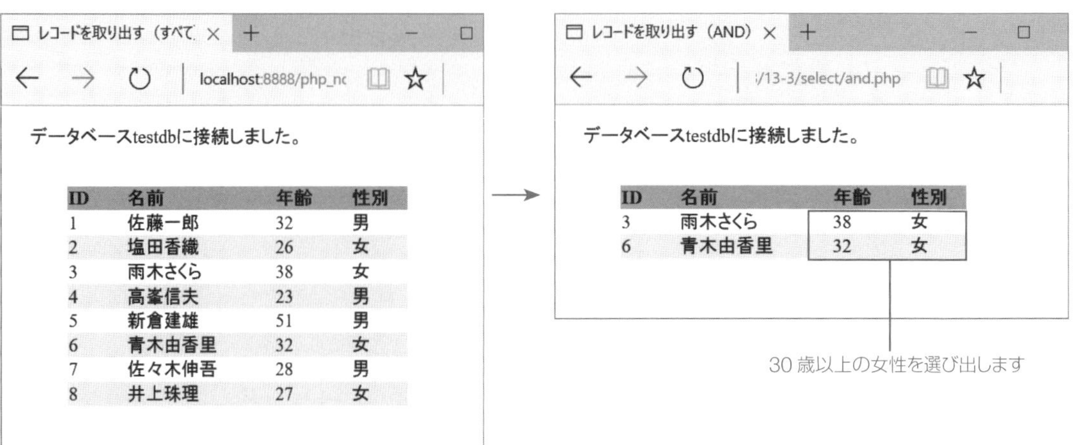

20代を年齢順に取り出す

20代を年齢順、つまり「ageの値が20以上で30未満」の条件で「ageの値の順」で取り出すSQL文は次のようになります。値は>、>=、<、<=、=といった比較演算子で大きさを比較できます。値の順はORDER BYでキーとなるカラムを指定します。並びの昇順、降順はASC、DESCで指定できます。例のように省略すると昇順です。降順にしたければ「ORDER BY age DESC」と書きます。SQL文以外は先の例と同じです。

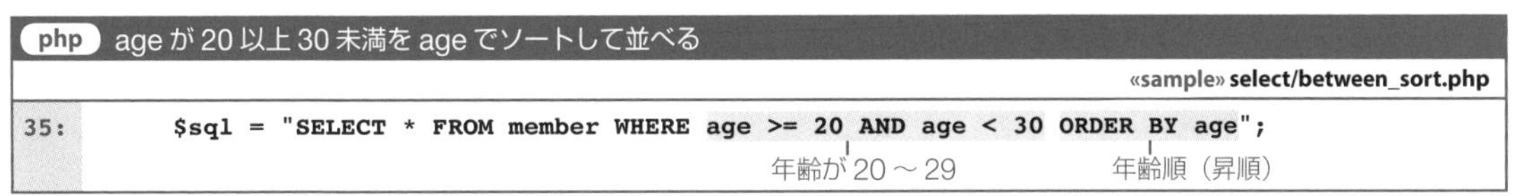

php ageが20以上30未満をageでソートして並べる

«sample» select/between_sort.php

```
$sql = "SELECT * FROM member WHERE age >= 20 AND age < 30 ORDER BY age";
```

年齢が20〜29　年齢順（昇順）

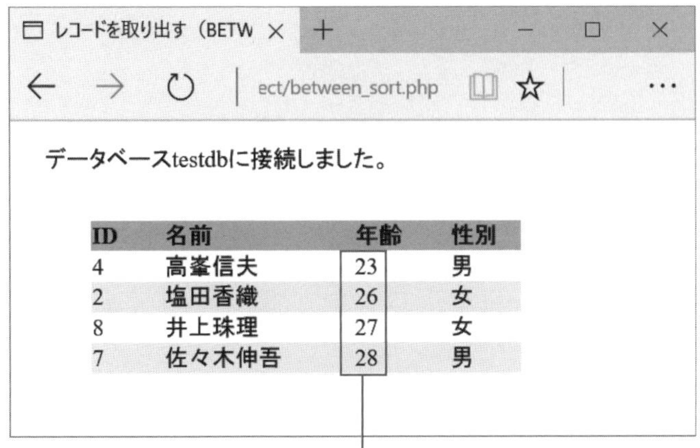

ID	名前	年齢	性別
4	高峯信夫	23	男
2	塩田香織	26	女
8	井上珠理	27	女
7	佐々木伸吾	28	男

20代を選び出し、年齢順で表示します

年齢が20から29の間という式は、BETWEEN a AND bを使って次のように書くこともできます。

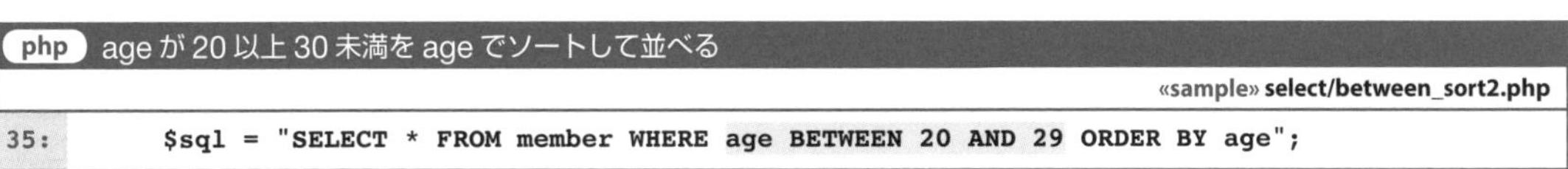

php ageが20以上30未満をageでソートして並べる

«sample» select/between_sort2.php

```
$sql = "SELECT * FROM member WHERE age BETWEEN 20 AND 29 ORDER BY age";
```

名前の部分一致検索を行う

部分一致検索では%とLIKEを利用します。次のSQL文では名前に「木」の文字が含まれている人を選び出します。次の式の「LIKE '%木%'」の%は部分一致検索のための記号です。「'木%'」ならば「木村」のように「木」からはじまる名前を検索します。ここでは「'%木%'」のように「木」の前後に%が付いているので、「木」が含まれている名前を検索します。

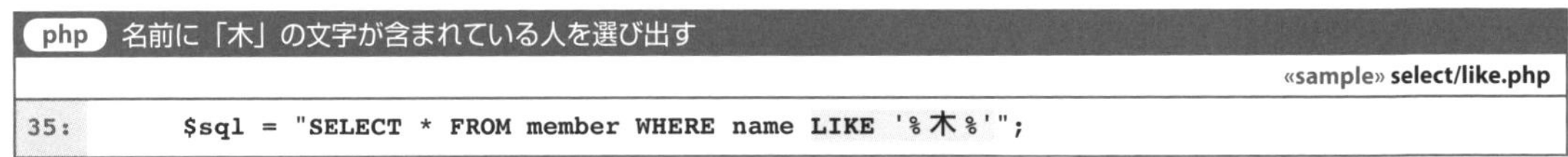

php 名前に「木」の文字が含まれている人を選び出す

«sample» select/like.php

```
        $sql = "SELECT * FROM member WHERE name LIKE '%木%'";
```

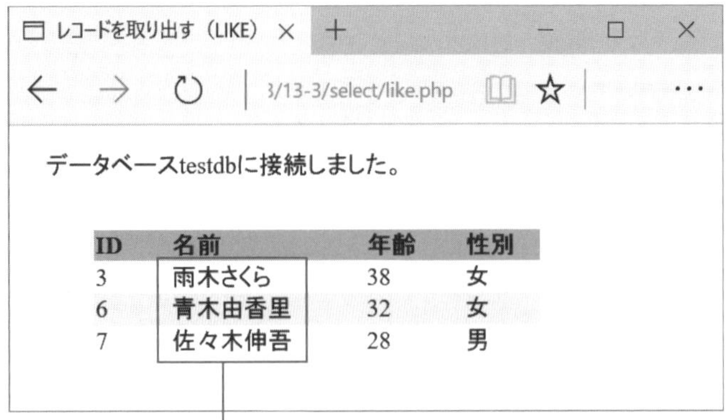

名前に「木」が含まれる人を選び出します

データを更新する

すなわちカラムの値を更新するには UPDATE 命令を使います。書式は次のようになります。

書式 UPDATE 命令

UPDATE テーブル **SET** カラム **=** 値 **WHERE** 条件

名前を変更する

次の例では id が 5 の人の名前（name カラム）を「新倉建雄」から「新倉立男」に変更します。変更後の値を確認するには、改めて SELECT 命令でレコードを取り出す SQL 文を作って実行しなければなりません。ここでは追加した id 5 の人のレコードだけを取り出して確認しています。

php name カラムの値を変更し、変更後の値を確認する

«sample» update/update_name.php

```
        // SQL 文を作る（名前を変更する）
        $sql = "UPDATE member SET name = '新倉立男' WHERE id = 5";  ——id 5 の人の名前を変更します
        // プリペアドステートメントを作る
        $stm = $pdo->prepare($sql);
        // SQL 文を実行する
        $stm->execute();

        // 更新後の値の確認
        $sql = "SELECT * FROM member WHERE id = 5";  ——変更後の id 5 の人を確認します
        $stm = $pdo->prepare($sql);
        $stm->execute();
        // 結果の取得（連想配列で受け取る）
        $result = $stm->fetchAll(PDO::FETCH_ASSOC);
```

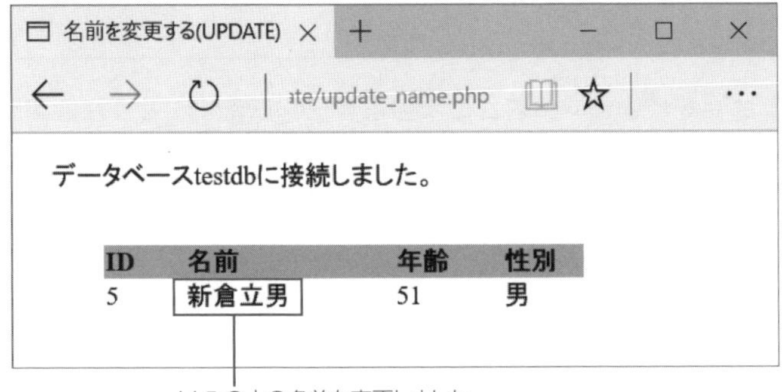

ID	名前	年齢	性別
5	新倉立男	51	男

id 5 の人の名前を変更しました

全員の年齢に 1 を加算する

UPDATE 命令では SET する値を計算式で指定することができます。たとえば、「SET age = age +1」のように式を書けば、全員の現在の年齢に 1 が加算されます。追加後に全員のレコードを表示して確認します。

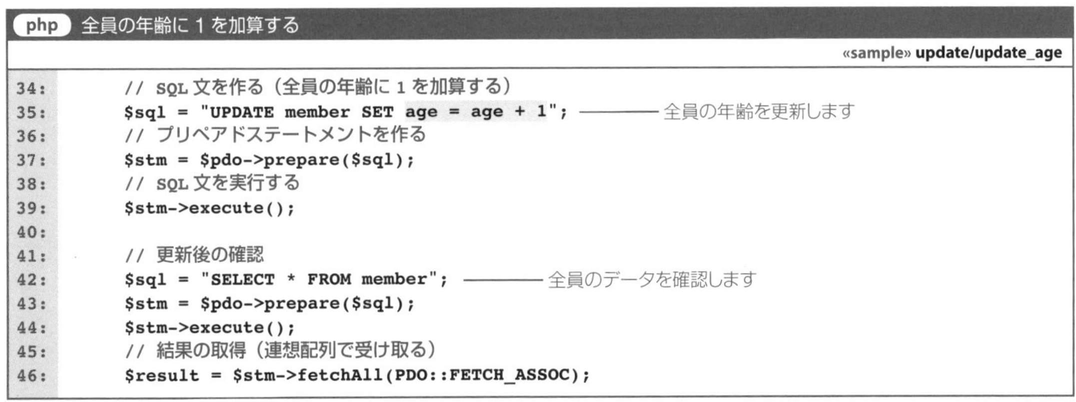

php 全員の年齢に 1 を加算する

«sample» update/update_age

```
        // SQL 文を作る（全員の年齢に 1 を加算する）
        $sql = "UPDATE member SET age = age + 1";
        // プリペアドステートメントを作る
        $stm = $pdo->prepare($sql);
        // SQL 文を実行する
        $stm->execute();

        // 更新後の確認
        $sql = "SELECT * FROM member";
        $stm = $pdo->prepare($sql);
        $stm->execute();
        // 結果の取得（連想配列で受け取る）
        $result = $stm->fetchAll(PDO::FETCH_ASSOC);
```


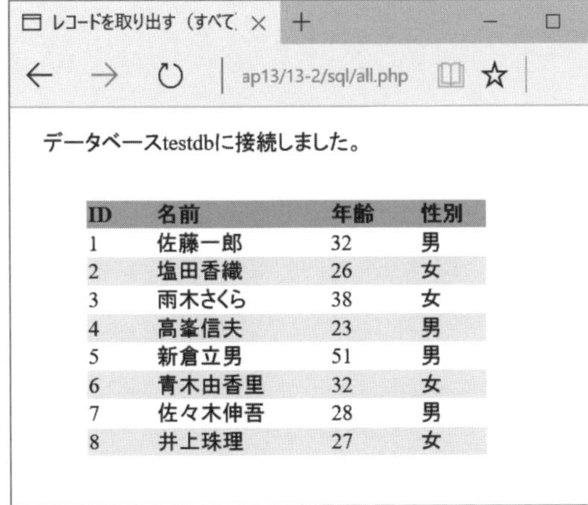

ID	名前	年齢	性別
1	佐藤一郎	32	男
2	塩田香織	26	女
3	雨木さくら	38	女
4	高峯信夫	23	男
5	新倉立男	51	男
6	青木由香里	32	女
7	佐々木伸吾	28	男
8	井上珠理	27	女

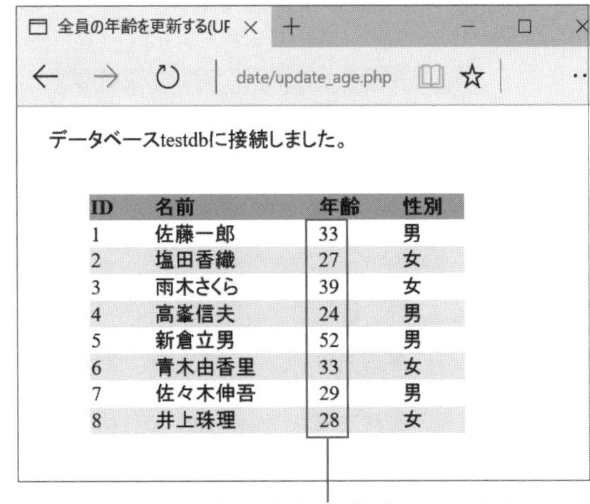

ID	名前	年齢	性別
1	佐藤一郎	33	男
2	塩田香織	27	女
3	雨木さくら	39	女
4	高峯信夫	24	男
5	新倉立男	52	男
6	青木由香里	33	女
7	佐々木伸吾	29	男
8	井上珠理	28	女

全員の年齢に1が加算されています

レコードを追加する

新規レコードを追加するには、INSERT 命令を使います。書式は次のようになります。カラムの値は、VALUES で対応する値を順に指定します。レコードごとに値をカッコでくくり、カンマで区切って並べれば複数のレコードを追加することができます。

書式 INSERT 命令

INSERT テーブル **(** カラム名 **,** カラム名 **, ...) VALUES (** 値 **,** 値 **, ...), (** 値 **,** 値 **, ...), ...**

次の例では 3 人のレコードを追加しています。id の値はインクリメントされるようにテーブル定義がしてあるので値を設定していません。

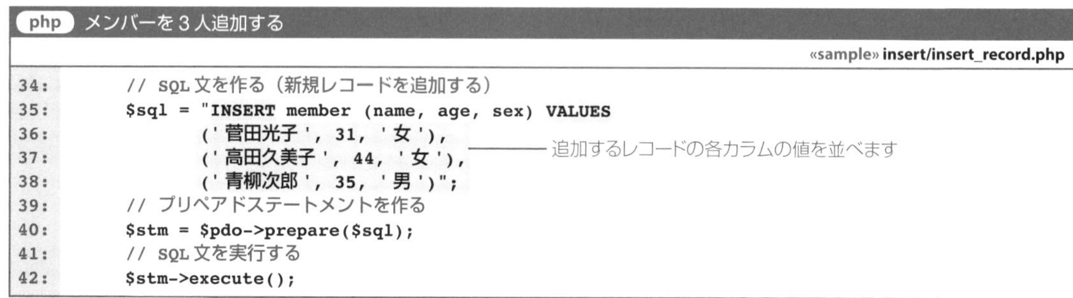

php メンバーを 3 人追加する

«sample» insert/insert_record.php

```
        // SQL 文を作る（新規レコードを追加する）
        $sql = "INSERT member (name, age, sex) VALUES
                ('菅田光子', 31, '女'),
                ('高田久美子', 44, '女'),
                ('青柳次郎', 35, '男')";
        // プリペアドステートメントを作る
        $stm = $pdo->prepare($sql);
        // SQL 文を実行する
        $stm->execute();
```


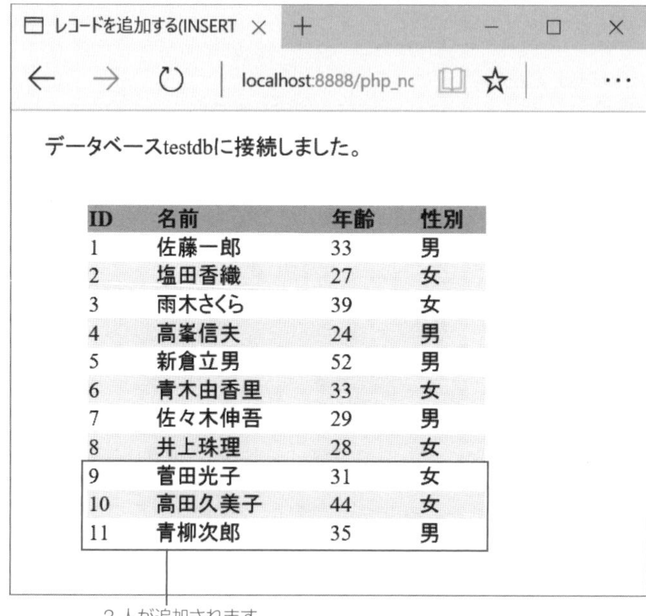

ID	名前	年齢	性別
1	佐藤一郎	33	男
2	塩田香織	27	女
3	雨木さくら	39	女
4	高峯信夫	24	男
5	新倉立男	52	男
6	青木由香里	33	女
7	佐々木伸吾	29	男
8	井上珠理	28	女
9	菅田光子	31	女
10	高田久美子	44	女
11	青柳次郎	35	男

3 人が追加されます

レコードを削除する

レコードの削除はDELETE命令で行います。DELETE命令では削除するレコードの条件をWHEREで指定しないとテーブルの全レコードを削除してしまうので注意が必要です。次の例では男性のレコードを全員削除します。削除を行う前にバックアップを行っておくと安心です。レコードデータのバックアップは、エクスポートタブで行えます。書き出しておけば、インポートタブで読み込み直せます（☞ P.523）。あるいは、操作タブにある機能を使ってテーブルごと複製しておくこともできます（☞ 次ページ）。

書式 DELETE命令

DELETE FROM テーブル **WHERE** 条件

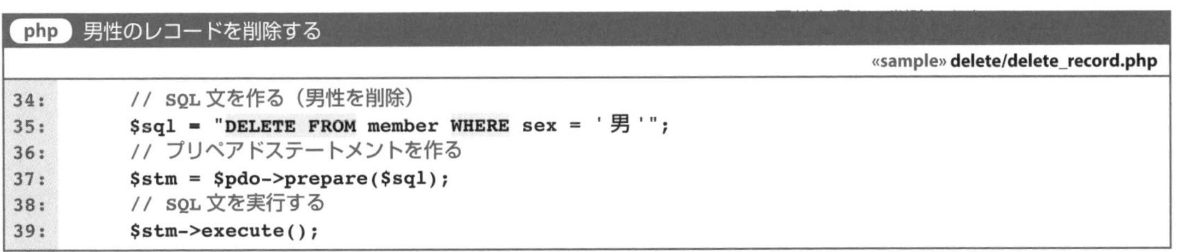

php 男性のレコードを削除する

«sample» delete/delete_record.php

```
        // SQL文を作る（男性を削除）
        $sql = "DELETE FROM member WHERE sex = '男'";
        // プリペアドステートメントを作る
        $stm = $pdo->prepare($sql);
        // SQL文を実行する
        $stm->execute();
```

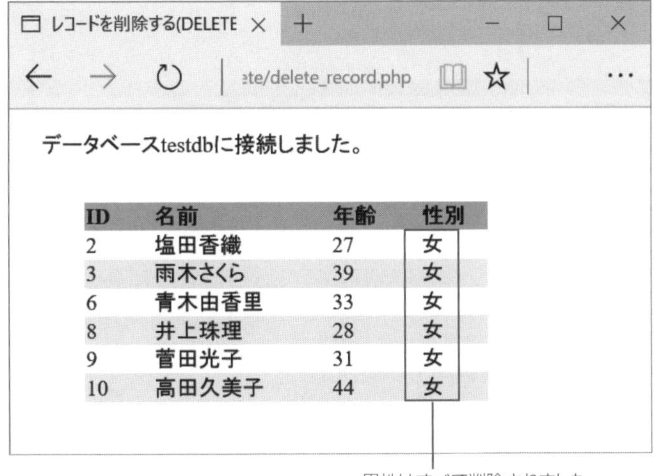

ID	名前	年齢	性別
2	塩田香織	27	女
3	雨木さくら	39	女
6	青木由香里	33	女
8	井上珠理	28	女
9	菅田光子	31	女
10	高田久美子	44	女

男性はすべて削除されました

NOTE

テーブルを複製する

操作タブにはテーブルを別のデータベースに移動したり、複製したりする機能があります。複製の機能を利用して、member テーブルのデータをバックアップしてみましょう。

ナビゲーションパネルで member テーブルを選択し、操作タブを開きます。下にスクロールして「テーブルを（database.table）にコピー」を表示し、testdb データベースの member_copy テーブルに複製されるように複製先を指定しています。テーブルの構造のみ、構造とデータ、データのみを複製することを選べるので、ここでは構造とデータの両方を複製する選択にします。「実行」ボタンをクリックすると member テーブルを複製した member_copy テーブルがナビゲーションパネルに追加されます。member_copy テーブルにはデータも複製されています。

なお、不要になったテーブルの削除はデータベースの構造タブで行うことができ、テーブル名の変更は該当テーブルの操作タブの「テーブルオプション」で行えます。

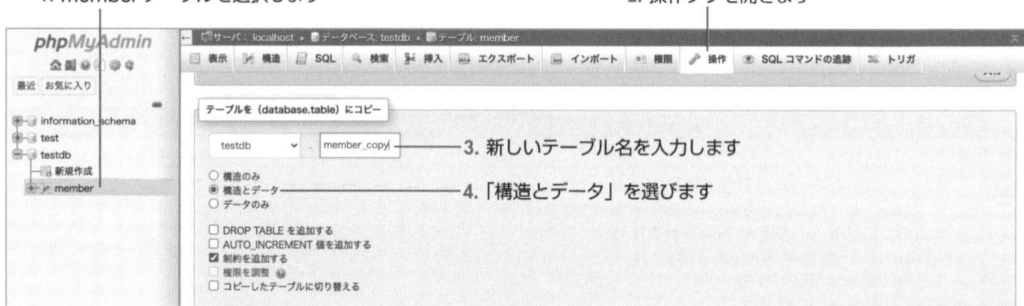
1. member テーブルを選択します
2. 操作タブを開きます
3. 新しいテーブル名を入力します
4.「構造とデータ」を選びます
5. クリックして実行します

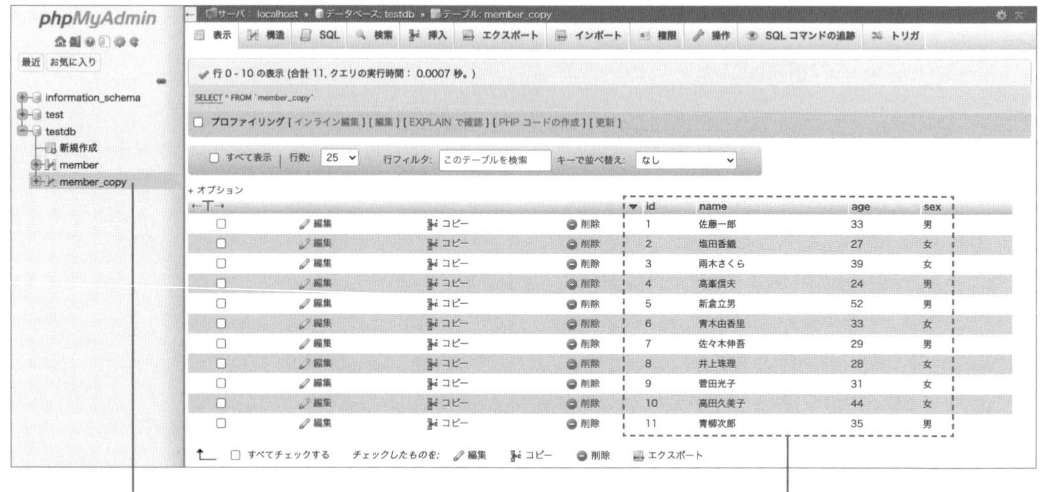
6. 複製されたテーブルが追加されます
テーブルの構造とデータが複製されています

Section 13-4

フォーム入力から MySQL を利用する

フォーム入力を使って MySQL データベースを検索したり、レコードを追加したりすることがよくあります。このような場合にプリペアドステートメントのバインド機能を使うことで、効率的な SQL 文の作成と SQL エスケープによるセキュリティ対策を兼ねることができます。

SQL 文でプレースホルダを使う

前節でもデータベースに対して直接 SQL 文を実行するのではなく、プリペアドステートメントを実行する方法でMySQLを操作してきました。これまではSQLの命令文のWHEREの条件値をそのまま書いてきましたが、ここにプレースホルダを使うことでプリペアドステートメントを使い回したり、フォームから入力された値を代入するといった利便性が出てきます。プレースホルダは SQL インジェクション対策としても有効です（☞ P.563）。

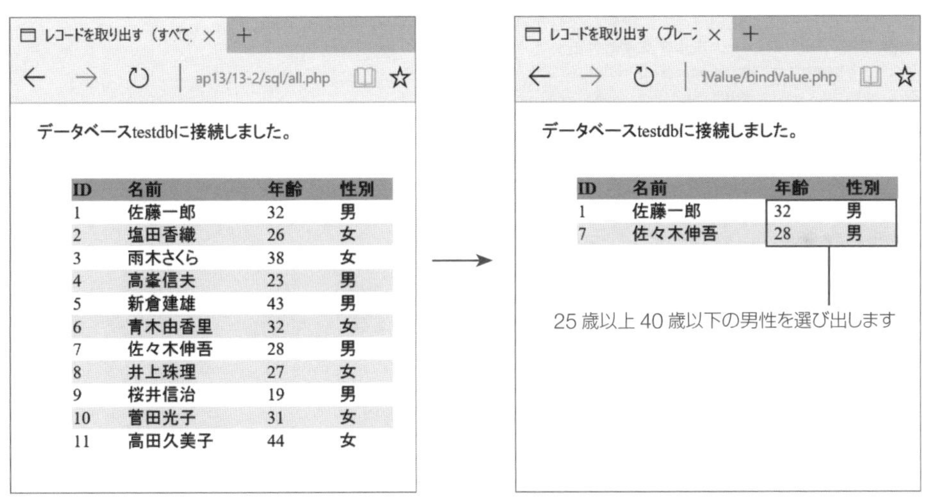

次のコードでは、SQL 文にプレースホルダを使い、後からその値をバインドしています。プレースホルダは変数、バインドは代入と考えるとわかりやすいでしょう。前後のコードはこれまでと変わりありません。

php 25 歳から 40 歳の男性を選び出す

«sample» bindValue/bindValue.php

```
<?php
require_once("../../lib/util.php");
// データベースユーザ
$user = 'testuser';
$password = 'pw4testuser';
// 利用するデータベース
$dbName = 'testdb';
```

```
// MySQL サーバ
$host = 'localhost:3306';
// MySQL の DSN 文字列
$dsn = "mysql:host={$host};dbname={$dbName};charset=utf8";
?>

<!DOCTYPE html>
<html lang="ja">
<head>
<meta charset="utf-8">
<title>レコードを取り出す（プレースホルダを使う）</title>
<link href="../../css/style.css" rel="stylesheet">
<!-- テーブル用のスタイルシート -->
<link href="../../css/tablestyle.css" rel="stylesheet">
</head>
<body>
<div>
  <?php
  //MySQL データベースに接続する
  try {
    $pdo = new PDO($dsn, $user, $password);
    // プリペアドステートメントのエミュレーションを無効にする
    $pdo->setAttribute(PDO::ATTR_EMULATE_PREPARES, false);
    // 例外がスローされる設定にする
    $pdo->setAttribute(PDO::ATTR_ERRMODE, PDO::ERRMODE_EXCEPTION);
    echo "データベース{$dbName}に接続しました。", "<br>";
    // SQL 文を作る（プレースホルダを使った式）
    $sql = "SELECT * FROM member
    WHERE age >= :min AND age <= :max AND sex = :sex";
    // プリペアドステートメントを作る
    $stm = $pdo->prepare($sql);
    // プレースホルダに値をバインドする
    $stm->bindValue(':min', 25, PDO::PARAM_INT);
    $stm->bindValue(':max', 40, PDO::PARAM_INT);
    $stm->bindValue(':sex', '男', PDO::PARAM_STR);
    // SQL 文を実行する
    $stm->execute();
    // 結果の取得（連想配列で受け取る）
    $result = $stm->fetchAll(PDO::FETCH_ASSOC);
    // テーブルのタイトル行
    echo "<table>";
    echo "<thead><tr>";
    echo "<th>", "ID", "</th>";
    echo "<th>", "名前", "</th>";
    echo "<th>", "年齢", "</th>";
    echo "<th>", "性別", "</th>";
    echo "</tr></thead>";
    // 値を取り出して行に表示する
    echo "<tbody>";
    foreach ($result as $row){
      // 1行ずつテーブルに入れる
      echo "<tr>";
      echo "<td>", es($row['id']), "</td>";
      echo "<td>", es($row['name']), "</td>";
      echo "<td>", es($row['age']), "</td>";
      echo "<td>", es($row['sex']), "</td>";
      echo "</tr>";
    }
    echo "</tbody>";
    echo "</table>";
```

プレースホルダを使った SQL 文を作ります

プレースホルダに値をバインド（代入）します

SQL 文を実行します

```
    } catch (Exception $e) {
      echo '<span class="error">エラーがありました。</span><br>';
      echo $e->getMessage();
      exit();
    }
    ?>
  </div>
  </body>
  </html>
```

年齢と性別にプレースホルダを使う

この例の SQL 文では、age カラムの下限を :min、上限を :max、sex カラムの値を :sex というプレースホルダをそれぞれ使って指定する文になっています。プレースホルダの値が決まっていない状態のまま、prepare() で SQL 文をプリペアドステートメントに変換します。

php 年齢の範囲と性別にプレースホルダを使った SQL 文

«sample» **bindValue/bindValue.php**

```
        // SQL 文を作る（プレースホルダを使った式）
        $sql = "SELECT * FROM member
        WHERE age >= :min AND age <= :max AND sex = :sex"; ———— 3つのプレースホルダを使っています
        // プリペアドステートメントを作る
        $stm = $pdo->prepare($sql);
```

プレースホルダに値をバインドする

プリペアドステートメントを作った後から、プレースホルダに値をバインドします。変数に値を代入するのと同じ考え方です。バインドは bindValue() で行います。bindValue() の書式は次のとおりです。

書式 プレースホルダに値をバインドする

bindValue(プレースホルダ **,** 値 **,** 値の型 **)**

値のデータ型は PDO クラスのクラス定数で指定します。よく利用するのは次の定数です。

定数	PHP でのデータ型	MySQL などでのデータ型
PDO::PARAM_STR	string	VARCHAR、TEXT などの文字列型
PDO::PARAM_INT	int、float などの数値	INT、FLOAT などの数値型
PDO::PARAM_BOOL	boolean（論理値）	論理値
PDO::PARAM_LOB	string	BLOB などのラージオブジェクト型
PDO::PARAM_NULL	null	NULL

この例では年齢の範囲を指定するために :min、:max、性別を指定するために :sex のプレースホルダを使っています。:min には 25、:max には 40、:sex には「男」をそれぞれバインド（代入）します。

php プレースホルダに実際の値をバインドする

«sample» bindValue/bindValue.php

```
        // プレースホルダに値をバインドする
        $stm->bindValue(':min', 25, PDO::PARAM_INT);
        $stm->bindValue(':max', 40, PDO::PARAM_INT);
        $stm->bindValue(':sex', '男', PDO::PARAM_STR);
```

$sql = "SELECT * FROM member WHERE age >= :min AND age <= :max AND sex = :sex";

:min → 25 / :max → 40 / :sex → 男

各プレースホルダに値をバインドします

これらの値をバインドすると、プレースホルダを使った SQL 文は、次の SQL 文と同じになります。つまり、25 歳から 40 歳までの男性を選び出します。

$sql = "SELECT * FROM member WHERE age >= 25 AND age <= 40 AND sex = '男'";

データベースをフォームから検索する

次の例ではフォームから入力された値でデータベースを検索します。フォームから入力された値を SQL 文にバインドする処理になります。

名前を検索するフォームを作る

この例では名前を部分一致検索します。検索する名前を入力するフォームを作り、「検索する」ボタンがクリックされたら、入力された値を search.php に POST します。例では名前に「田」の文字が含まれる人を探し出します。

html 名前を検索するフォームを作る

«sample» form/searchform.html

```
<!DOCTYPE html>
<html lang="ja">
<head>
<meta charset="utf-8">
<title>名前検索</title>
<link href="../../css/style.css" rel="stylesheet">
</head>
<body>
<div>
  <!-- 入力フォームを作る -->
  <form method="POST" action="search.php">
    <ul>
      <li>
        <label>名前を検索します（部分一致）：<br>
        <input type="text" name="name" placeholder="名前を入れてください。">
        </label>
      </li>
      <li><input type="submit" value="検索する"></li>
    </ul>
  </form>
</div>
</body>
</html>
```

POST された値でデータベースを検索する

フォームから値が POST されたならば $_POST 変数から値を取り出し（☞ P.300）、SQL 文の :name プレースホルダに値をバインドして名前の検索を行います。

php POST された値でデータベースを検索する

«sample» form/search.php

```
<?php
require_once("../../lib/util.php");
$gobackURL = "searchform.html";

// 文字エンコードの検証
if (!cken($_POST)){
  header("Location:{$gobackURL}");
  exit();
}

// name が未設定、空のときはエラー
if (empty($_POST)){
  header("Location:searchform.html");
  exit();
} else if(!isset($_POST["name"])||($_POST["name"]==="")){
  header("Location:{$gobackURL}");
  exit();
}

// データベースユーザ
$user = 'testuser';
$password = 'pw4testuser';
```

POST された値のチェック

Part 4 Chapter 12 Chapter 13

```
// 利用するデータベース
$dbName = 'testdb';
// MySQL サーバ
$host = 'localhost:3306';
// MySQL の DSN 文字列
$dsn = "mysql:host={$host};dbname={$dbName};charset=utf8";
?>

<!DOCTYPE html>
<html lang="ja">
<head>
<meta charset="utf-8">
<title> 名前検索 </title>
<link href="../../css/style.css" rel="stylesheet">
<!-- テーブル用のスタイルシート -->
<link href="../../css/tablestyle.css" rel="stylesheet">
</head>
<body>
<div>
  <?php
  $name = $_POST["name"];  ——— POST された名前を取り出します
  //MySQL データベースに接続する
  try {
    $pdo = new PDO($dsn, $user, $password);  ——— データベースへの接続
    // プリペアドステートメントのエミュレーションを無効にする
    $pdo->setAttribute(PDO::ATTR_EMULATE_PREPARES, false);
    // 例外がスローされる設定にする
    $pdo->setAttribute(PDO::ATTR_ERRMODE, PDO::ERRMODE_EXCEPTION);
    // SQL 文を作る
    $sql = "SELECT * FROM member WHERE name LIKE(:name)";  ——— SQL 文の作成 / プレースホルダ
    // プリペアドステートメントを作る
    $stm = $pdo->prepare($sql);  ——— プリペアドステートメントを作る
    // プレースホルダに値をバインドする
    $stm->bindValue(':name', "%{$name}%", PDO::PARAM_STR);
    // SQL 文を実行する  プレースホルダ  ——— POST された名前をバインドします
    $stm->execute();  ——— SQL 文の実行
    // 結果の取得（連想配列で受け取る）
    $result = $stm->fetchAll(PDO::FETCH_ASSOC);
    if(count($result)>0){
      echo " 名前に「{$name}」が含まれているレコード ";
      // テーブルのタイトル行
      echo "<table>";
      echo "<thead><tr>";
      echo "<th>", "ID", "</th>";
      echo "<th>", " 名前 ", "</th>";
      echo "<th>", " 年齢 ", "</th>";
      echo "<th>", " 性別 ", "</th>";
      echo "</tr></thead>";
      // 値を取り出して行に表示する
      echo "<tbody>";
      foreach ($result as $row){
        // 1行ずつテーブルに入れる
        echo "<tr>";
        echo "<td>", es($row['id']), "</td>";  ——— 検索結果を表示します
        echo "<td>", es($row['name']), "</td>";
        echo "<td>", es($row['age']), "</td>";
        echo "<td>", es($row['sex']), "</td>";
        echo "</tr>";
      }
      echo "</tbody>";
```

```
        echo "</table>";
      } else {
        echo " 名前に「{$name}」は見つかりませんでした。";
      }
    } catch (Exception $e) {
      echo '<span class="error"> エラーがありました。</span><br>';
      echo $e->getMessage();
    }
    ?>
    <hr>
    <p><a href="<?php echo $gobackURL ?>"> 戻る </a></p>
  </div>
  </body>
  </html>
```

名前の部分一致検索

名前の部分一致検索は LIKE 句を使って行います。検索する文字は :name プレースホルダにした SQL 文でプリペアドステートメントを作ります。

bindValue() では、部分一致検索にするために :name に "%{$name}%" をバインドします。変数 $name には、POST された名前を代入しておきます。（部分一致検索☞ P.551）

php POST された名前を :name プレースホルダにバインドして検索する

«sample» form/search.php

```
      // SQL 文を作る
      $sql = "SELECT * FROM member WHERE name LIKE(:name)";
      // プリペアドステートメントを作る
      $stm = $pdo->prepare($sql);
      // プレースホルダに値をバインドする
      $stm->bindValue(':name', "%{$name}%", PDO::PARAM_STR);
      // SQL 文を実行する
      $stm->execute();
```

プレースホルダ

POST された名前をバインドします

セキュリティ対策　SQL インジェクション対策

フォーム入力などから悪意のある SQL 文を送信し、データベースをハッキングする行為は SQL インジェクションと呼ばれます。SQL インジェクションに対抗するには、この節で説明したようにプレースホルダを使って SQL 文を記述してプリペアドステートメントを作ります。プレースホルダの値を bindValue() を使ってバインドすることで、SQL エスケープも同時に行われます。この手順は SQL インジェクション対策として有効な手段になります。

新規レコードの入力フォームを作る

次の例ではデータベース testdb の「名前、年齢、性別」の値をフォーム入力してレコードを追加します。id はオートインクリメントの設定にしてあるので入力しません。入力フォームを作るコードは次のとおりです。

testdb に追加するレコードの値を入力します

html 新規レコードの入力フォームを作る

«sample» form/insertform.html

```
<!DOCTYPE html>
<html lang="ja">
<head>
<meta charset="utf-8">
<title>レコード追加</title>
<link href="../../css/style.css" rel="stylesheet">
</head>
<body>
<div>
  <!-- 入力フォームを作る -->
  <form method="POST" action="insert_member.php">
    <ul>
      <li>
        <label>名前：
        <input type="text" name="name" placeholder="名前">
        </label>
      </li>
      <li>
        <label>年齢：
        <input type="number" name="age" placeholder="半角数字">
        </label>
      </li>
      <li>性別：
        <label><input type="radio" name="sex" value="男" checked>男性</label>
        <label><input type="radio" name="sex" value="女">女性</label>
      </li>
      <li><input type="submit" value="追加する"></li>
    </ul>
  </form>
</div>
</body>
</html>
```

名前、年齢、性別を POST します

ID	名前	年齢	性別
1	佐藤一郎	32	男
2	塩田香織	26	女
3	雨木さくら	38	女
4	高峯信夫	23	男
5	新倉建雄	43	男
6	青木由香里	32	女
7	佐々木伸吾	28	男
8	井上珠理	27	女
9	桜井信治	19	男
10	菅田光子	31	女
11	高田久美子	44	女
12	朝霧晴夫	18	男

フォーム入力したレコードが追加されます

POST された値で新規レコードを追加する

フォームで入力された値は POST で渡されるので、$_POST 変数の値をチェックした後にデータベースに追加します。前節で説明したように、レコードを追加する SQL は INSERT 命令です。セルの値は「:name, :age, :sex」のようにプレースホルダを利用してプリペアドステートメントを作り、プレースホルダの値にフォーム入力で得られた値（$name、$age、$sex）をバインドして実行します。

INSERT 命令が成功したならば結果を表示する

INSERT 命令が返す値は実行結果が成功（true）か失敗（false）を示す論理値なので、追加後のレコードを表示するには改めて SELECT 命令でレコードを取り出す SQL 文を作って実行する必要があります。

php POST された値で新規レコードを追加する

«sample» form/insert_member.php

```
<?php
require_once("../../lib/util.php");
$gobackURL = "insertform.html";

// 文字エンコードの検証
if (!cken($_POST)){
  header("Location:{$gobackURL}");
  exit();
}

// 簡単なエラー処理
$errors = [];
```

```
if (!isset($_POST["name"])||($_POST["name"]==="")){
  $errors[] = "名前が空です。";
}
if (!isset($_POST["age"])||(!ctype_digit($_POST["age"]))){
  $errors[] = "年齢には数値を入れてください。";
}
if (!isset($_POST["sex"])||!in_array($_POST["sex"], ["男","女"])) {
  $errors[] = "性別が男または女ではありません。";
}

//エラーがあったとき
if (count($errors)>0){
  echo '<ol class="error">';
  foreach ($errors as $value) {
    echo "<li>", $value , "</li>";
  }
  echo "</ol>";
  echo "<hr>";
  echo "<a href=", $gobackURL, ">戻る</a>";
  exit();
}

// データベースユーザ
$user = 'testuser';
$password = 'pw4testuser';
// 利用するデータベース
$dbName = 'testdb';
// MySQL サーバ
$host = 'localhost:3306';
// MySQL の DSN 文字列
$dsn = "mysql:host={$host};dbname={$dbName};charset=utf8";
?>

<!DOCTYPE html>
<html lang="ja">
<head>
<meta charset="utf-8">
<title>レコード追加</title>
<link href="../../../css/style.css" rel="stylesheet">
<!-- テーブル用のスタイルシート -->
<link href="../../css/tablestyle.css" rel="stylesheet">
</head>
<body>
<div>
  <?php
  $name = $_POST["name"];
  $age = $_POST["age"];
  $sex = $_POST["sex"];
  //MySQL データベースに接続する
  try {
    $pdo = new PDO($dsn, $user, $password);
    // プリペアドステートメントのエミュレーションを無効にする
    $pdo->setAttribute(PDO::ATTR_EMULATE_PREPARES, false);
    // 例外がスローされる設定にする
    $pdo->setAttribute(PDO::ATTR_ERRMODE, PDO::ERRMODE_EXCEPTION);

    // SQL 文を作る
    $sql = "INSERT INTO member (name, age, sex) VALUES (:name, :age, :sex)";
    // プリペアドステートメントを作る
    $stm = $pdo->prepare($sql);
```

フォームから POST された値を取り出します

レコードを追加します

セルに代入するプレースホルダ

```
        // プレースホルダに値をバインドする
        $stm->bindValue(':name', $name, PDO::PARAM_STR);
        $stm->bindValue(':age', $age, PDO::PARAM_INT);
        $stm->bindValue(':sex', $sex, PDO::PARAM_STR);
        // SQL 文を実行する
        if ($stm->execute()){
          // レコード追加後のレコードリストを取得する
          $sql = "SELECT * FROM member";
          // プリペアドステートメントを作る
          $stm = $pdo->prepare($sql);
          // SQL 文を実行する
          $stm->execute();
          // 結果の取得（連想配列で受け取る）
          $result = $stm->fetchAll(PDO::FETCH_ASSOC);
          // テーブルのタイトル行
          echo "<table>";
          echo "<thead><tr>";
          echo "<th>", "ID", "</th>";
          echo "<th>", " 名前 ", "</th>";
          echo "<th>", " 年齢 ", "</th>";
          echo "<th>", " 性別 ", "</th>";
          echo "</tr></thead>";
          // 値を取り出して行に表示する
          echo "<tbody>";
          foreach ($result as $row) {
            // 1行ずつテーブルに入れる
            echo "<tr>";
            echo "<td>", es($row['id']), "</td>";
            echo "<td>", es($row['name']), "</td>";
            echo "<td>", es($row['age']), "</td>";
            echo "<td>", es($row['sex']), "</td>";
            echo "</tr>";
          }
          echo "</tbody>";
          echo "</table>";
        } else {
          echo '<span class="error"> 追加エラーがありました。</span><br>';
        };
      } catch (Exception $e) {
        echo '<span class="error"> エラーがありました。</span><br>';
        echo $e->getMessage();
      }
      ?>
      <hr>
      <p><a href="<?php echo $gobackURL ?>"> 戻る </a></p>
    </div>
    </body>
    </html>
```

プレースホルダに POST された値を代入します

SQL 文を実行します

レコードを追加する SQL 文が成功したならば、すべてのレコードを表示します。

Section 13-5

リレーショナルデータベースのレコードを取り出す

リレーショナルデータベースでは外部キーでリレーションしているテーブルの値を取り出す操作があります。また、複数のテーブルを使うとカラム名が重複している場合にそれらを区別する必要があります。この節では商品データベースを使ってこれらの解決方法を説明します。

商品データベース

この節では Section12-3 で作成した商品データベース（inventory）を使って説明します（☞ P.510）。データベース inventory には、商品テーブル（goods）、ブランドテーブル（brand）、在庫テーブル（stock）の3つのテーブルがあります。

商品データベース

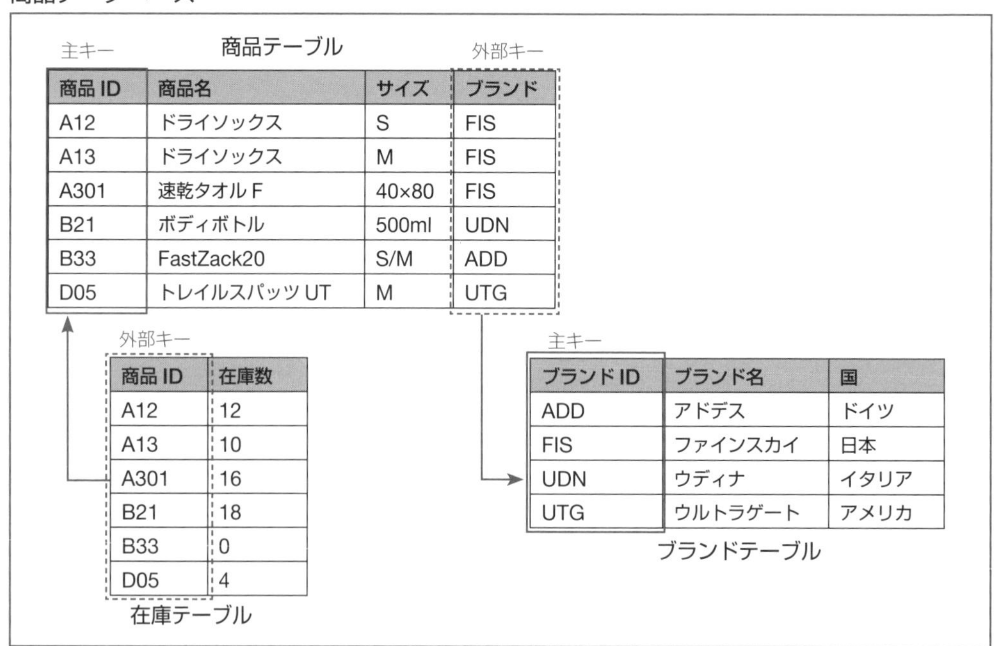

商品テーブル

商品 ID	商品名	サイズ	ブランド
A12	ドライソックス	S	FIS
A13	ドライソックス	M	FIS
A301	速乾タオル F	40×80	FIS
B21	ボディボトル	500ml	UDN
B33	FastZack20	S/M	ADD
D05	トレイルスパッツ UT	M	UTG

在庫テーブル

商品 ID	在庫数
A12	12
A13	10
A301	16
B21	18
B33	0
D05	4

ブランドテーブル

ブランド ID	ブランド名	国
ADD	アドデス	ドイツ
FIS	ファインスカイ	日本
UDN	ウディナ	イタリア
UTG	ウルトラゲート	アメリカ

データベースユーザを追加する

商品データベース inventory を利用するために、データベースユーザ inventoryuser を追加しておきます。データベースユーザを追加する方法は「Section13-1　データベースユーザを追加する」を参考にしてください（☞ P.526）。

データベース：inventory
ユーザ名：inventoryuser
パスワード：pw4inventoryuser

商品のブランド名をブランドIDで調べて表示する

次の例では商品テーブルの内容に加えて、外部キーのブランドIDを使ってブランドテーブルからブランド名を調べて表示しています。

ブランドIDでブランド名を調べて表示します。

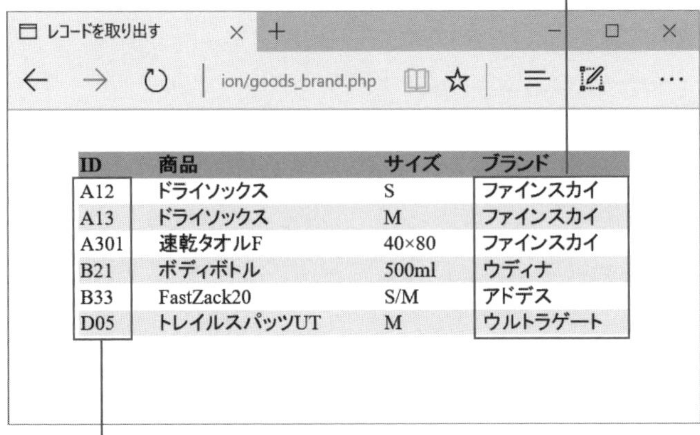

ID	商品	サイズ	ブランド
A12	ドライソックス	S	ファインスカイ
A13	ドライソックス	M	ファインスカイ
A301	速乾タオルF	40×80	ファインスカイ
B21	ボディボトル	500ml	ウディナ
B33	FastZack20	S/M	アドデス
D05	トレイルスパッツUT	M	ウルトラゲート

レコードは商品IDの順に並んでいます

php 商品テーブルのブランドIDからブランド名を調べて表にする

«sample» relation/goods_brand.php

```
<?php
require_once("../../lib/util.php");
// データベースユーザ
$user = 'inventoryuser';
$password = 'pw4inventoryuser';
// 利用するデータベース
$dbName = 'inventory';
// MySQL サーバ
$host = 'localhost:3306';
// MySQL の DSN 文字列
$dsn = "mysql:host={$host};dbname={$dbName};charset=utf8";
?>

<!DOCTYPE html>
<html lang="ja">
<head>
<meta charset="utf-8">
<title>レコードを取り出す</title>
<link href="../css/style.css" rel="stylesheet">
<!-- テーブル用のスタイルシート -->
<link href="../../css/tablestyle2.css" rel="stylesheet">
</head>
<body>
<div>
```

```
    <?php
    //MySQL データベースに接続する
    try {
      $pdo = new PDO($dsn, $user, $password);
      // プリペアドステートメントのエミュレーションを無効にする
      $pdo->setAttribute(PDO::ATTR_EMULATE_PREPARES, false);
      // 例外がスローされる設定にする
      $pdo->setAttribute(PDO::ATTR_ERRMODE, PDO::ERRMODE_EXCEPTION);
      // SQL 文を作る
      $sql = "SELECT goods.id as goods_id, goods.name as goods_name,
       goods.size, brand.name as brand_name
      FROM goods, brand
      WHERE goods.brand = brand.id
      ORDER BY goods_id";
      // プリペアドステートメントを作る
      $prepare = $pdo->prepare($sql);
      // SQL 文を実行する
      $prepare->execute();
      // 結果の取得（連想配列で受け取る）
      $result = $prepare->fetchAll(PDO::FETCH_ASSOC);
      // テーブルのタイトル行
      echo "<table>";
      echo "<thead><tr>";
      echo "<th>", "ID", "</th>";
      echo "<th>", " 商品 ", "</th>";
      echo "<th>", " サイズ ", "</th>";
      echo "<th>", " ブランド ", "</th>";
      echo "</tr></thead>";
      // 値を取り出して行に表示する
      echo "<tbody>";
      foreach ($result as $row){
        // 1行ずつテーブルに入れる
        echo "<tr>";
        echo "<td>", es($row['goods_id']), "</td>";
        echo "<td>", es($row['goods_name']), "</td>";
        echo "<td>", es($row['size']), "</td>";
        echo "<td>", es($row['brand_name']), "</td>";
        echo "</tr>";
      }
      echo "</tbody>";
      echo "</table>";
    } catch (Exception $e) {
      echo '<span class="error">エラーがありました。</span><br>';
      echo $e->getMessage();
      exit();
    }
    ?>
  </div>
</body>
</html>
```

データベースに接続します

2つのテーブルから値を取り出す SQL 文を作ります

プリペアドステートメントを作ります

SQL 文を実行します

商品テーブルとブランドテーブルの同名のカラム名を区別する

商品 ID、商品名、サイズ、ブランド名という並びの表を作る SQL 文を見てみましょう。少し長いですが、構文としては「SELECT カラム FROM テーブル WHERE 条件 ORDER BY 並び順」になっています。

php 商品データの表を作る SQL 文

«sample» relation/goods_brand.php

```
        // SQL 文を作る
        $sql = "SELECT goods.id as goods_id, goods.name as goods_name,
         goods.size, brand.name as brand_name
        FROM goods, brand ———— 2つのテーブルから取り出す
        WHERE goods.brand = brand.id ———— 2つのテーブルでブランド ID が一致しているレコード
        ORDER BY goods_id"; ———— 商品 ID 順に並ぶ
```

まず、FROM の部分を見てください。今から作る表では商品テーブルとブランドテーブルの２つの表から値を取り出します。そこで「FROM goods, brand」と指定します。

次に取り出すレコードを WHERE で指定します。「goods.brand = brand.id」とすると、商品テーブルに入っているブランド ID と一致するブランドテーブルのレコードが取り出されます。

レコードから取り出すカラムを指定する

レコードから取り出す値は SELECT でカラムを指定します。これまではすべてのカラムの値を取り出す * を書いていましたが、ここではカラムを個別に指定します。ここで問題となるのが、商品テーブルとブランドテーブルには同じ名前のカラムが存在するということです。具体的には id カラムと name カラムがど両方のテーブルにあります。そこで goods テーブルの name カラムならば「goods.name」、brand テーブルの name カラムならば「brand.name」のように書くことで両者が混乱しないようにします。

as 演算子で名前を付け直す

さらに「goods.id as goods_id」のように as 演算子を使って、goods テーブルの id を goods_id の名前で扱えるようにしています。同様に「goods.name as goods_name」、「brand.name as brand_name」とすることで、goods テーブルの name は goods_name、brand テーブルの name は brand_name で扱えるようにしています。

値を表示する

as 演算子で付けた名前は、カラムから取り出した値を表示する際に利用します。ORDER BY で goods_id を指定しているので、商品 ID 順に並んだ表になります。

php 取り出した値を表示する

«sample» relation/goods_brand.php

```
        foreach ($result as $row){
          // 1行ずつテーブルに入れる
          echo "<tr>";                      ┌── as 演算子で付けた名前で呼び出します
          echo "<td>", es($row['goods_id']), "</td>";
          echo "<td>", es($row['goods_name']), "</td>";
          echo "<td>", es($row['size']), "</td>";
          echo "<td>", es($row['brand_name']), "</td>";
          echo "</tr>";
        }
```

3つのテーブルの値を連携する

次の例ではさらに在庫テーブルから商品の在庫数を取り出して表に追加します。この表を作るには、商品テーブル、ブランドテーブル、在庫テーブルの３つのテーブルの値を連携する必要があります。

ブランド ID でブランド名を調べて表示します。

レコードは商品名の順に並んでいます　　商品 ID で在庫数を調べて表示します

先のコードと基本的には同じですが、SQL 文と取り出した値を表示する部分が違ってきます。

php 商品 ID、商品名、サイズ、ブランド名、在庫数を合わせた表を表示する

«sample» **relation/goods_brand_stock.php**

```
<?php
require_once("../../lib/util.php");
// データベースユーザ
$user = 'inventoryuser';
$password = 'pw4inventoryuser';
// 利用するデータベース
$dbName = 'inventory';
// MySQL サーバ
$host = 'localhost:3306';
// MySQL の DSN 文字列
$dsn = "mysql:host={$host};dbname={$dbName};charset=utf8";
?>

<!DOCTYPE html>
<html lang="ja">
<head>
<meta charset="utf-8">
<title>外部キーの値を取り出す</title>
<link href="../css/style.css" rel="stylesheet">
<!-- テーブル用のスタイルシート -->
<link href="../../css/tablestyle2.css" rel="stylesheet">
</head>
<body>
<div>
```

```
  <?php
  //MySQL データベースに接続する
  try {
    $pdo = new PDO($dsn, $user, $password);
    // プリペアドステートメントのエミュレーションを無効にする
    $pdo->setAttribute(PDO::ATTR_EMULATE_PREPARES, false);
    // 例外がスローされる設定にする
    $pdo->setAttribute(PDO::ATTR_ERRMODE, PDO::ERRMODE_EXCEPTION);
    // SQL 文を作る
    $sql = "SELECT goods.id as goods_id, goods.name as goods_name, goods.size,
     brand.name as brand_name, stock.quantity
    FROM goods, brand, stock
    WHERE goods.brand = brand.id AND goods.id = stock.goods_id
    ORDER BY goods_name";
    // プリペアドステートメントを作る
    $stm = $pdo->prepare($sql);
    // SQL 文を実行する
    $stm->execute();
    // 結果の取得（連想配列で受け取る）
    $result = $stm->fetchAll(PDO::FETCH_ASSOC);
    // テーブルのタイトル行
    echo "<table>";
    echo "<thead><tr>";
    echo "<th>", "ID", "</th>";
    echo "<th>", "商品", "</th>";
    echo "<th>", "サイズ", "</th>";
    echo "<th>", "ブランド", "</th>";
    echo "<th>", "在庫", "</th>";
    echo "</tr></thead>";
    // 値を取り出して行に表示する
    echo "<tbody>";
    foreach ($result as $row){
      // 1行ずつテーブルに入れる
      echo "<tr>";
      echo "<td>", es($row['goods_id']), "</td>";
      echo "<td>", es($row['goods_name']), "</td>";
      echo "<td>", es($row['size']), "</td>";
      echo "<td>", es($row['brand_name']), "</td>";
      echo "<td>", es($row['quantity']), "</td>";
      echo "</tr>";
    }
    echo "</tbody>";
    echo "</table>";
  } catch (Exception $e) {
    echo '<span class="error">エラーがありました。</span><br>';
    echo $e->getMessage();
    exit();
  }
  ?>
</div>
</body>
</html>
```

3つのテーブルから値を取り出すSQL文を作ります

3つのテーブルから取り出した値を並べて表示します

ブランド ID に一致するブランド名、商品 ID に一致する在庫を取り出す

それでは SQL 文を見てみましょう。商品テーブル、ブランドテーブル、在庫テーブルの３つのテーブルから値を取り出すので、SELECT 命令の FROM には「goods, brand, stock」と書きます。

そして先ほどの表と同じように商品ブランドを表示するのでレコードを取り出す条件として WHERE に「goods.brand = brand.id」を指定しますが、今回は商品の在庫数も取り出すことから、「goods.id = stock.goods_id」の指定も合わせて追加します。取り出すレコードはこの２つの条件を同時に満たしている必要があることから、２つの条件は AND で連結します。

php 商品 ID、商品名、サイズ、ブランド名、在庫数を取り出す SQL

«sample» **relation/goods_brand_stock.php**

```
        // SQL 文を作る
        $sql = "SELECT goods.id as goods_id, goods.name as goods_name, goods.size,
         brand.name as brand_name, stock.quantity
        FROM goods, brand, stock
        WHERE goods.brand = brand.id AND goods.id = stock.goods_id
        ORDER BY goods_name";
```

3つのテーブルから値を取り出す
ブランド ID が一致
商品 ID が一致
ソートキー

選び出したレコードから取り出すカラムは、商品テーブルの「goods.id、goods.name、goods.size」、ブランドテーブルの「brand.name」、在庫テーブルの「stock.quantity」です。ORDER BY で goods_name を指定しているので商品名でソートされた表になります。

Section 13-6

トランザクション処理

商品データの追加と同時に在庫データを更新するというように、複数の関連したデータ処理を行う場合は、すべての処理が成功する必要があります。このような場合には、１つでも処理が失敗したならば元の状態に戻すという仕組みが必要です。この仕組みがトランザクション処理です。

入力フォームから商品レコードを追加する

先の商品データベースを使ってトランザクション処理の例を示します。次の例では、フォーム入力を使って、商品データベースに新しい商品を追加します。このとき、商品テーブルに新規商品を追加すると同時に、在庫テーブルに在庫数を追加します。

この２つの処理はどちらかが失敗すると整合性が保てません。そこで、例外処理とトランザクション機能を合わせて、どちらかのレコード追加処理が失敗したならば、データベースを元の状態に戻せるようにします。

トランザクション処理

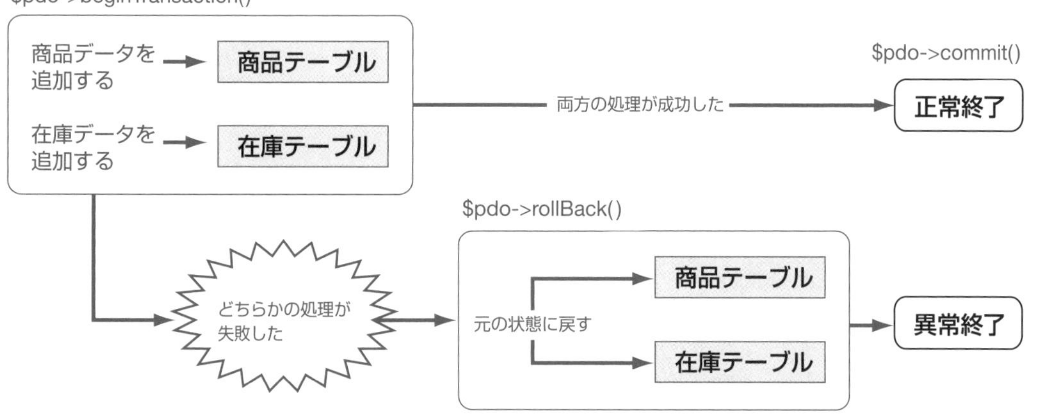

入力フォームから商品データを追加する

まず、商品データを追加する入力フォームを作ります。基本的には商品テーブルに入力するデータですが、在庫テーブルに追加する在庫数も入力します。ブランドはプルダウンメニュー（☞ P.369）からブランド名で選択しますが、実際に入力されるのはブランド ID です。

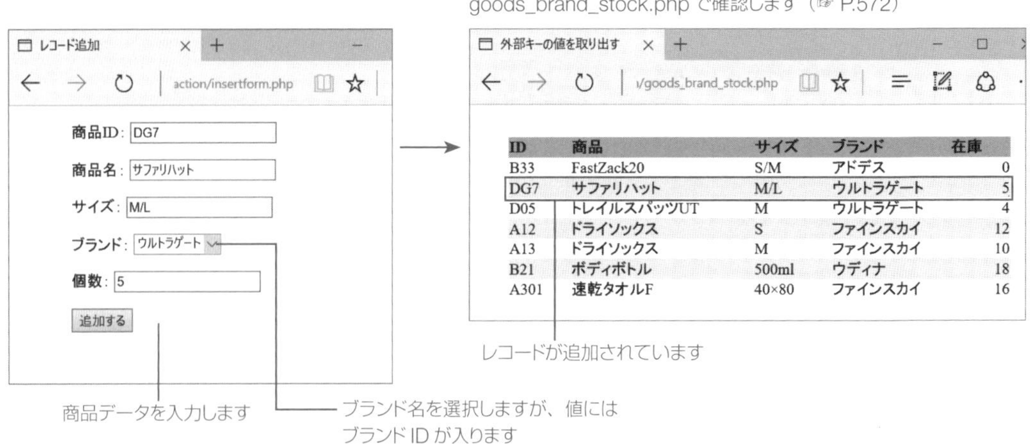

php 商品データの入力フォームを作る

«sample» **transaction/insertform.php**

```
<?php
require_once("../../lib/util.php");
$gobackURL = "insertform.html";

// データベースユーザ
$user = 'inventoryuser';
$password = 'pw4inventoryuser';
// 利用するデータベース
$dbName = 'inventory';
// MySQL サーバ
$host = 'localhost:3306';
// MySQL の DSN 文字列
$dsn = "mysql:host={$host};dbname={$dbName};charset=utf8";
//MySQL データベースに接続する
try {
  $pdo = new PDO($dsn, $user, $password);
  // プリペアドステートメントのエミュレーションを無効にする
  $pdo->setAttribute(PDO::ATTR_EMULATE_PREPARES, false);
  // 例外がスローされる設定にする
  $pdo->setAttribute(PDO::ATTR_ERRMODE, PDO::ERRMODE_EXCEPTION);

  // ブランドテーブルからブランド ID とブランド名を取り出す
  $sql = "SELECT id, name FROM brand";
  // プリペアドステートメントを作る
  $stm = $pdo->prepare($sql);
  // SQL 文を実行する
  $stm->execute();
  // 結果の取得（連想配列で受け取る）
  $brand = $stm->fetchAll(PDO::FETCH_ASSOC);
} catch (Exception $e) {
  $err =  '<span class="error">エラーがありました。</span><br>';
  $err .= $e->getMessage();
  exit($err);
}
?>

<!DOCTYPE html>
<html lang="ja">
```

（$pdo = new PDO(…) の行）データベースに接続します

（ブランドテーブルから取り出す部分）登録済みのブランド ID とブランド名をブランドテーブルから取り出します

```
<head>
<meta charset="utf-8">
<title>レコード追加</title>
<link href="../../css/style.css" rel="stylesheet">
</head>
<body>
<div>
  <!-- 入力フォームを作る -->
  <form method="POST" action="insert_goods.php">
    <ul>
      <li>
        <label>商品 ID：
        <input type="text" name="id" placeholder="商品 ID">
        </label>
      </li>
      <li>
        <label>商品名：
        <input type="text" name="name" placeholder="商品名">
        </label>
      </li>
      <li>
        <label>サイズ：
        <input type="text" name="size" placeholder="（未入力でも OK）">
        </label>
      </li>
      <li>ブランド：
        <select name="brand">
          <?php
          // ブランドはブランドテーブルに登録してあるものから選ぶ
          foreach ($brand as $row){
            echo '<option value="', $row["id"], '">', $row["name"], "</option>";
          }
          ?>
        </select>
      </li>
      <li>
        <label>個数：
        <input type="number" name="quantity" placeholder="半角数字">
      </li>
      <li><input type="submit" value="追加する"></li>
    </ul>
  </form>
</div>
</body>
</html>
```

ブランドを選択するプルダウンメニューを作ります

ブランドテーブルからブランド ID とブランド名を取り出す

商品テーブルに入力するブランド ID はブランドテーブルの外部キーなので、ブランドテーブルから選ばなければなりません。そこで入力フォームでは、プルダウンメニューからブランドを選択するとブランド ID が value に入力されるようにします。

これを行なうために、ブランドテーブルからブランド ID とブランド名を取り出します。次の SELECT 命令では WHERE の条件を付けていないので、ブランドテーブルのすべてのレコードの id カラムと name カラムの値が選択されます。

php ブランドテーブルからブランド ID とブランド名を取り出す

«sample» transaction/insertform.php

```
    // ブランドテーブルからブランド ID とブランド名を取り出す
    $sql = "SELECT id, name FROM brand";——— WHERE の条件がないのですべて取り出されます
    // プリペアドステートメントを作る
    $stm = $pdo->prepare($sql);
    // SQL 文を実行する
    $stm->execute();
    // 結果の取得（連想配列で受け取る）
    $brand = $stm->fetchAll(PDO::FETCH_ASSOC);
```

ブランドテーブルからブランド名のプルダウンメニューを作る

ブランドテーブルからブランド ID とブランド名を $brand に取り出したならば、その値を使ってプルダウンメニューを作ります。value に入力する値はブランド ID ですが、プルダウンメニューではブランド名で選べるようにしています。

php ブランド名のプルダウンメニューを作る

«sample» transaction/insertform.php

```
        <li> ブランド：
          <select name="brand">
            <?php
            // ブランドはブランドテーブルに登録してあるものから選ぶ
            foreach ($brand as $row){
              echo '<option value="', $row["id"], '">', $row["name"], "</option>";
            }
            ?>                      実際の値はブランド ID    メニューにはブランド名で表示
          </select>
        </li>
```

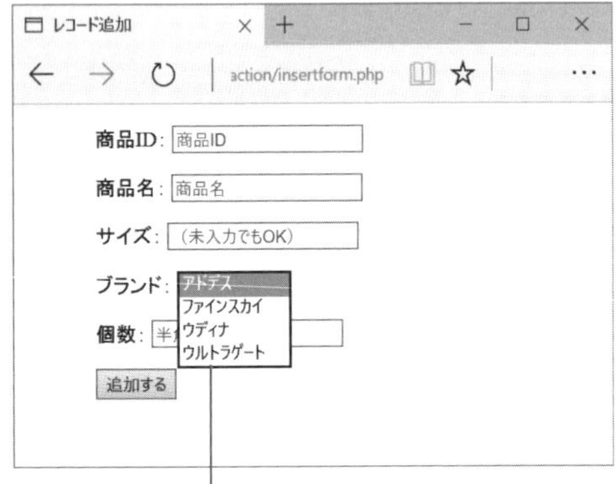

ブランドテーブルに登録済みの
ブランドから選べるようにします

商品の追加に合わせて在庫も追加する

入力フォームの値は次の insert_goods.php に POST されます。insert_goods.php では、POST された値に基づいて商品テーブルと在庫テーブルに新規レコードを追加します。最初に書いたように、ここでどちらかの処理が失敗したならば元に戻すトランザクション処理を行います。

商品テーブル (goods)

←T→	id	name	size	brand
□ 編集 コピー 削除	A12	ドライソックス	S	FIS
□ 編集 コピー 削除	A13	ドライソックス	M	FIS
□ 編集 コピー 削除	A301	速乾タオルF	40×80	FIS
□ 編集 コピー 削除	B21	ボディボトル	500ml	UDN
□ 編集 コピー 削除	B33	FastZack20	S/M	ADD
□ 編集 コピー 削除	D05	トレイルスパッツUT	M	UTG
□ 編集 コピー 削除	DG7	サファリハット	M/L	UTG

POST された値でレコードを追加します

在庫テーブル（stock）

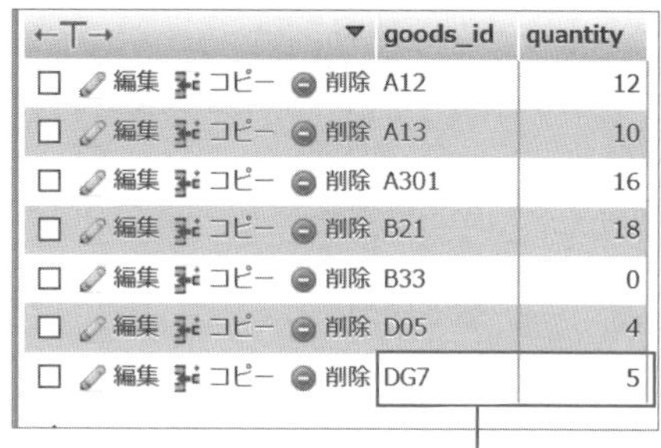

←T→	goods_id	quantity
□ 編集 コピー 削除	A12	12
□ 編集 コピー 削除	A13	10
□ 編集 コピー 削除	A301	16
□ 編集 コピー 削除	B21	18
□ 編集 コピー 削除	B33	0
□ 編集 コピー 削除	D05	4
□ 編集 コピー 削除	DG7	5

POST された値でレコードを追加します

php 商品の追加に合わせて在庫も追加する

«sample» transaction/insert_goods.php

```
<?php
require_once("../../lib/util.php");
$gobackURL = "insertform.php";

// 文字エンコードの検証
if (!cken($_POST)){
  header("Location:{$gobackURL}");
  exit();
}
?>

<!DOCTYPE html>
<html lang="ja">
<head>
<meta charset="utf-8">
<title>レコード追加</title>
<link href="../../css/style.css" rel="stylesheet">
</head>
<body>
<div>
  <?php
  // 簡単なエラー処理
  $errors = [];
  if (!isset($_POST["id"])||($_POST["id"]==="")){
    $errors[] = "商品 ID が空です。";
  }
  if (!isset($_POST["name"])||($_POST["name"]==="")){
    $errors[] = "商品名が空です。";
  }
  if (!isset($_POST["brand"])||($_POST["brand"]==="")) {
    $errors[] = "ブランドが空です。";
  }
```

```
    if (!isset($_POST["quantity"])||(!ctype_digit($_POST["quantity"]))) {
      $errors[] = "個数が整数値ではありません。";
    }
    // エラーがあったとき
    if (count($errors)>0){
      echo '<ol class="error">';
      foreach ($errors as $value) {
        echo "<li>", $value , "</li>";
      }
      echo "</ol>";
      echo "<hr>";
      echo "<a href=", $gobackURL, ">戻る</a>";
      exit();
    }

    // データベースユーザ
    $user = 'inventoryuser';
    $password = 'pw4inventoryuser';
    // 利用するデータベース
    $dbName = 'inventory';
    // MySQL サーバ
    $host = 'localhost:3306';
    // MySQL の DSN 文字列
    $dsn = "mysql:host={$host};dbname={$dbName};charset=utf8";

    //MySQL データベースに接続する
    try {
      $pdo = new PDO($dsn, $user, $password);
      // プリペアドステートメントのエミュレーションを無効にする
      $pdo->setAttribute(PDO::ATTR_EMULATE_PREPARES, false);
      // 例外がスローされる設定にする
      $pdo->setAttribute(PDO::ATTR_ERRMODE, PDO::ERRMODE_EXCEPTION);
    } catch (Exception $e) {
      $err =  '<span class="error">エラーがありました。</span><br>';
      $err .= $e->getMessage();
      exit($err);
    }

    try {
      // トランザクションを開始する
      $pdo->beginTransaction();
      // SQL 文を作る
      $sql1 = "INSERT INTO goods (id, name, size, brand)
               VALUES (:id, :name, :size, :brand)";
      $sql2 = "INSERT INTO stock (goods_id, quantity) VALUES (:goods_id, :quantity)";
      // プリペアドステートメントを作る
      $insertGoods = $pdo->prepare($sql1);
      $insertStock = $pdo->prepare($sql2);
      // プレースホルダに値をバインドする
      $insertGoods->bindValue(':id', $_POST["id"], PDO::PARAM_STR);
      $insertGoods->bindValue(':name', $_POST["name"], PDO::PARAM_STR);
      $insertGoods->bindValue(':size', $_POST["size"], PDO::PARAM_STR);
      $insertGoods->bindValue(':brand', $_POST["brand"], PDO::PARAM_STR);
      $insertStock->bindValue(':goods_id', $_POST["id"], PDO::PARAM_STR);
      $insertStock->bindValue(':quantity', $_POST["quantity"], PDO::PARAM_INT);
      // SQL 文を実行する
      $insertGoods->execute();
      $insertStock->execute();
      // トランザクション処理を完了する
      $pdo->commit();
```

データベースに接続します

トランザクション処理を開始します

商品レコード

在庫レコード

トランザクション処理を終了します

2つの SQL 文を実行します

```
      // 結果報告
      echo " 商品データ／在庫データを追加しました。";
   } catch (Exception $e) {
      // エラーがあったならば元の状態に戻す
      $pdo->rollBack();
      echo '<span class="error"> 登録エラーがありました。</span><br>';
      echo $e->getMessage();
   }
   ?>
   <hr>
   <p><a href="<?php echo $gobackURL ?>"> 戻る </a></p>
</div>
</body>
</html>
```

トランザクション処理を行っている最中にエラーが発生したならば、元の状態に戻します

トランザクション処理を行う

トランザクション処理は、例外処理と組み合わせて行います。まず、beginTransaction() を実行してトランザクション処理を開始し、データベースの操作が完了したならば commit() を実行してトランザクション処理を終了します。

トランザクション処理を行っている間にエラーが発生すると例外がスローされて catch の構文が実行されます。ここで rollBack() を実行することで、トランザクション処理を行う前の状態に戻すことができます。

php 商品の追加に合わせて在庫も追加する（例外処理）

«sample» **transaction/insert_goods.php**

```
   try {
      // トランザクションを開始する
      $pdo->beginTransaction();

      ここでデータベースの操作を行う

      // トランザクション処理を完了する
      $pdo->commit();
   } catch (Exception $e) {
      // エラーがあったならば元の状態に戻す
      $pdo->rollBack();
   }
```

このプログラムでは新商品の追加だけができるようになっていて、登録済みの商品 ID の商品を追加するとエラーになって処理が中断し、トランザクション処理を開始する前の状態に戻ります。

1. 新しい商品を追加します

2. 商品と在庫のデータが追加されました

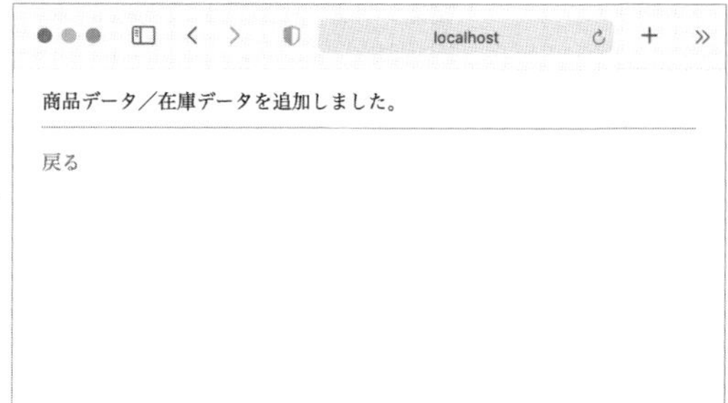

1. 使われている商品 ID で追加します

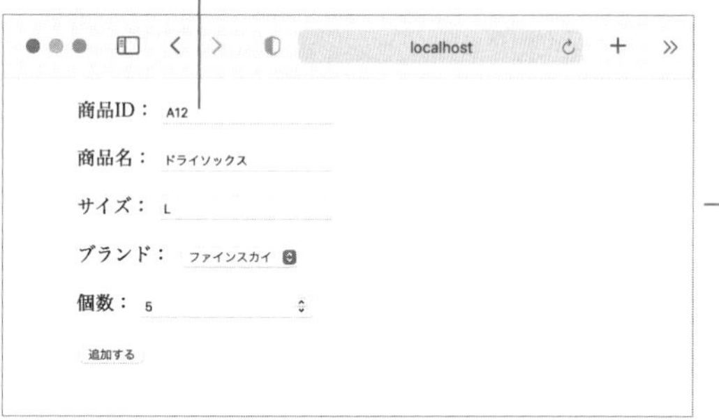

2. エラー表示で中断し、追加処理前の状態に戻ります。

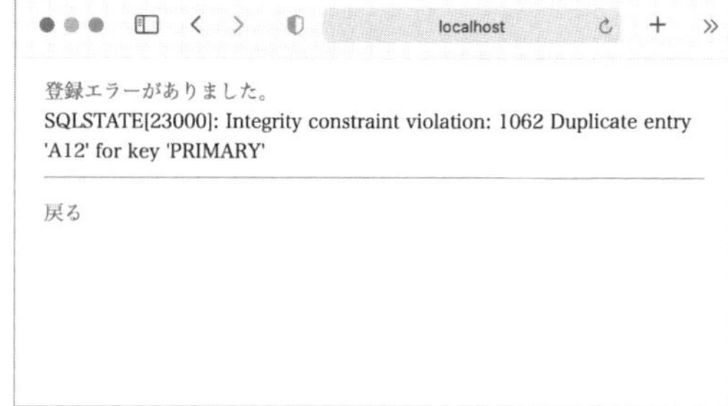

INDEX

記号

数字

A

B

C

D

E

ひ

ふ

へ

ほ

ま

み

む

め

も

著者紹介

大重美幸（おおしげよしゆき）

日立情報システムズ、コミュニケーションシステム研究所を経て独立。コンピュータ専門誌への寄稿、CD-ROM ゲーム、Web コンテンツ、システム開発、教材開発、講師を行う。HyperCard、ファイルメーカー、Excel、Director、ActionScript、Objective-C、Swift、PHP、Python など著書多数。趣味はジョギング、トレイルランニング、サーフィン、レコード鑑賞。https://oshige.com/

近著

詳細！ SwiftUI iPhone アプリ開発入門ノート／ソーテック社
詳細！ Python 3 入門ノート／ソーテック社
詳細！ PHP 7 + MySQL 入門ノート／ソーテック社
詳細！ Swift iPhone アプリ開発入門ノート／ソーテック社
詳細！ Apple Watch アプリ開発入門ノート／ソーテック社
詳細！ Objective-C iPhone アプリ開発入門ノート／ソーテック社
詳細！ ActionScript 3.0 入門ノート／ソーテック社
Flash ActionScript スーパーサンプル集／ソーテック社
Lingo スーパーマニュアル、Director スーパーマニュアル／オーム社
NeXT ファーストブック／ソフトバンク
HyperTalk ハンドブック／ BNN
ファイルメーカー Pro 入門／ BNN
ほか多数（合計 76 冊）

詳細！ PHP 8 + MySQL 入門ノート XAMPP ／ MAMP 対応

2021 年 7 月 31 日　初版　第 1 刷発行
2024 年 4 月 10 日　初版　第 2 刷発行

著者　大重美幸
装幀　INCREMENT-D 廣鉄夫
発行人　柳澤淳一
編集人　久保田賢二
発行所　株式会社　ソーテック社
〒 102-0072　東京都千代田区飯田橋 4-9-5　スギタビル 4F
電話（注文専用）03-3262-5320　FAX03-3262-5326
印刷所　大日本印刷株式会社

Printed in Japan
ISBN978-4-8007-1287-5

本書のご感想・ご意見・ご指摘は
http://www.sotechsha.co.jp/dokusha/
にて受け付けております。Web サイトでは質問は一切受け付けておりません。